工业水处理技术

（第十八册）

秦　冰　傅晓萍　桑军强　主编

中国石化出版社

内 容 提 要

本书为《工业水处理技术》第十八册，集中介绍水处理技术有关内容，是众多从事水处理技术和管理人员近几年来研发成果和经验的总结。主要内容包括：新技术、新材料、新方法，新鲜水、化学水和锅炉水处理技术，循环水处理技术，污水处理与回用技术，污泥、废渣、废液、废气处理与硫黄轻烃回收技术，水处理设施、节能降耗、水平衡、分析与监测等。

本书可供从事水处理工作的技术管理人员参考。

图书在版编目（CIP）数据

工业水处理技术．第18册／秦冰，傅晓萍，桑军强主编．—北京：中国石化出版社，2021.8
ISBN 978-7-5114-6420-0

Ⅰ.①工… Ⅱ.①秦… ②傅… ③桑… Ⅲ.①工业用水-水处理 Ⅳ.①TQ085

中国版本图书馆 CIP 数据核字(2021)第155861号

中国石化出版社出版发行

地址:北京市东城区安定门外大街58号
邮编:100011 电话:(010)57512500
发行部电话:(010)57512575
http://www.sinopec-press.com
E-mail:press@sinopec.com
北京科信印刷有限公司印刷
全国各地新华书店经销

*

787×1092毫米 16开本 26印张 658千字
2021年10月第1版 2021年10月第1次印刷
定价：98.00元

前 言

水资源是一种战略资源，特别是在我国的北方地区，依然是制约生产发展的硬约束。在习近平新时代生态文明建设思想指引下，“十三五”期间工业用水量和占总用水量的比例不断降低，万元工业增加值用水量由2016年的52.8m^3降低至2020年的32.9m^3。在“十四五”开局之年，进一步提出了到2025年万元国内生产总值用水量、万元工业增加值用水量较2020年下降16%的发展目标。这些成绩与目标的实现与广大水务和环保工作者的不懈努力密不可分。

中国石化始终秉持绿色发展理念，以“清污分流、污污分治、分级控制、分类利用、达标排放、总量控制全过程管理”为原则，通过优化过程控制，采取新工艺和新技术，减少废水的产生量并进行资源化再利用。在多年的摸索实践中，在中国石油化工集团公司的支持和鼓励下，下属各企业在新技术开发和应用上开展了大量工作，管理和操作更加科学精细，从研究层面到生产操作层面均积累了丰富经验，节水减排取得了明显成效。为了加强集团内和国内同行业的企业及研发机构间的经验沟通和交流，自1995年以来中国石油化工集团公司水处理技术服务中心每两年召开水处理技术研讨会，在技术发展、应用等方面互通有无，共同进步，为国家的节水减排贡献力量。同时组织编写了《工业水处理技术(第一册至第十七册)》《石化工业水处理技术进展》《水处理药剂及材料实用手册》《水处理工艺与运行管理实用手册》《石油石化工业用水节水实用技术》《冷却水处理技术和管理问答》等系列丛书，由中国石化出版社出版发行，向从事水务工作的管理和技术人员分享经验，获得了很高的业内评价，也是我们继续开展工作的动力源泉。

近年来，随着生态环保要求的不断提升以及“双碳目标”要求的提出，水务工作的目标不再局限于水体，而要兼顾废气、固废、土壤和地下水的污染防控和治理，在新形势下，研讨的领域范围也在不断扩大。同时，也邀请了政府相关部门、高校等提供新的观点和政策解读等，视野更加广阔，内容更加丰富，研讨会也成为“产学研用”相结合的高水平交流平台。

本书为《工业水处理技术》第十八册，系中国石化第十七届水处理技术研讨会论文集，共收录科技论文70余篇，体现了众多从事水处理技术和环保管理人员近几年来的研发成果和经验总结，论文内容丰富、信息广泛、技术新颖、实用性较强，对业内同仁具有较好的参考价值。在此，向本书积极投稿的论文作者们表示感谢！同时向为中国石化水处理技术研讨会和本书审稿和发行做出贡献的全体工作人员表示感谢！

限于水平和经验以及时间仓促，书中疏漏和不妥之处在所难免，敬请读者批评指正。

目　录

新技术、新材料、新方法、综述

新鲜水、化学水和锅炉水处理技术

循环水处理技术

水处理设施、节能降耗、水平衡、分析与监测

微藻处理工业排放含硝酸废水

李 煦 朱俊英 刘 伟 荣峻峰 宗保宁

（中国石化石油化工科学研究院，北京 100083）

【摘要】 水处理是环境保护与绿色化工生产的重要方面，其中工业排放含硝酸废水的处理已经成为水处理领域的研究热点。本文针对两种工业排放含硝酸废水，提出了通过微藻将工业排放无机氮转化固定为生物质的新模式，并使用小球藻和螺旋藻进行了微藻处理含硝酸废水的研究。两种微藻均能在添加含硝酸废水的情况下正常生长，培养体系中的硝酸浓度随着微藻细胞浓度的增加而逐渐下降，表明微藻能够利用工业排放水中的硝酸，为使用微藻处理工业排放硝酸奠定了基础。微藻生物处理是一种非常有前景的工业排放物处理技术，能够在破解环境保护与经济发展的矛盾中发挥更为重要的作用。

【关键词】 微藻 水处理 硝酸

1 引 言

人类社会的快速发展极大提升了对水资源的需求量，而工业化进程的加速在改善人们生活质量的同时带来了严重的水污染。水污染物的种类繁多，其中含氮排放物，特别是含硝酸废水，给人类健康、生态环境都带来了严重的威胁[1,2]。目前对含硝酸废水进行处理的方法主要有生物反硝化法、中和法与化学还原法等几种。这些方法存在处理效率有限、pH 耐受范围窄、产生待处理污泥、资源化利用程度低及存在二次污染等问题，目前仍然缺少能够高效率处理含较高浓度硝酸废水的理想技术[3,4]。因此，含硝酸废水的处理一直是水处理领域的热点，也是难点和重点[5]。

微藻是一类个体微小、种类繁多、能进行光合作用的浮游植物，普遍存在于地球上的水环境中。微藻具有生长快、环境适应性强、能够利用光能进行光合作用的特点，获得的生物质也具有较高的利用价值，是一类具有工业化应用前景的生物[6,7]。微藻作为一种生物体，在生长的过程中需要吸收含氮物质作为营养。某些藻类具有从外界环境中吸收并固定硝酸根的能力。使用微藻对含硝酸废水进行处理，可以作为一种在对硝酸根进行脱除的同时将其转化为高价值微藻生物质的手段[8,9]。因此，研究如何使用微藻转化工业排放硝酸并开发相应技术，具有十分重要的理论和实践意义。

本文选取了两种典型的含硝酸工业废水，作为小球藻（Chlorella sp.）与螺旋藻（Spirulina

sp.)培养体系的氮源，验证了微藻处理含硝酸废水的技术可行性，并在处理工艺优化的基础上初步实现了放大试验，为建立微藻处理含硝酸工业废水的技术路线奠定了基础

2 材料与方法

2.1 工业废水及成分分析

乙二醇装置外排含硝酸废水来自中国石化湖北化肥分公司。己内酰胺装置外排含硝酸废水来自中国石化石家庄炼化分公司。使用离子色谱法对废水中的阴离子与阳离子进行定量检测。

2.2 微藻藻株及培养方式

2.2.1 小球藻

普通小球藻 Chlorella vulgaris sp. C2 来自中国科学院水生生物研究所。从平板保存的小球藻藻种中挑取单藻落接入 20mL BG11 培养基中，在光照 6000lux、温度 28℃的条件下培养 7d。将 20mL 藻液接入 600mL 含 5g/L 葡萄糖的 BG11 培养基中，在光照 6000lux、温度 28℃的条件下通气培养，作为小球藻的小规模培养方式。小球藻的中试放大培养方式为：将小球藻接入 3L 含 5g/L 葡萄糖的 BG11 培养基中，在光照 6000lux、温度 28℃的条件下通气培养 2d，随后全部接入装有 75L BG11 培养基的 100L 发酵罐中培养。培养条件为温度 28℃±0.2℃、通气量 $2.4m^3/h$，pH=8.0±0.5。

2.2.2 螺旋藻

钝顶螺旋藻 Spirulina platensis sp. 来自中国科学院武汉植物园。从液体保存的螺旋藻藻种取出少量螺旋藻，用 Zarrouk 培养基洗涤一次后重悬于 Zarrouk 培养基，在光照 6000lux、温度 28℃的条件下培养 7d。将 100mL 藻液接入 600mL Zarrouk 培养基中，在光照 6000lux、温度 28℃的条件下通气培养 10d，作为螺旋藻的小规模培养方式。螺旋藻的中试放大培养方式为：将小球藻接入 10L Zarrouk 培养基中，在光照 6000lux、温度 28℃的条件下通气培养 10d。将得到的培养物全部接入含有 100L Zarrouk 培养基的柱状光照反应器中，以相同的条件继续培养 10d，随后全部接入含有 $1m^3$ Zarrouk 培养基的 $10m^2$ 跑道池(液深 10cm)中，在自然光照条件下进行培养。

2.3 微藻培养参数检测

2.3.1 微藻生物量

微藻生长过程中取样，检测藻液光密度值(小球藻检测 OD_{680}，螺旋藻检测 OD_{560})，并根据经验公式换算为相应的干重生物量：

$$小球藻生物量(g/L)=OD_{680}\times0.2542-0.0738$$

$$螺旋藻生物量(g/L)=OD_{560}\times0.5331-0.0061$$

2.3.2 硝酸根含量

藻液中硝酸根含量的检测采用水杨酸分光光度法。将藻液在室温、4500r/min 下离心 10min，保留上清液，用水进行适当倍数的稀释(使硝酸根含量约在 0.05~1.0g/L 之间)，取 100μL 稀释后的上清液置于玻璃试管中，加入 400μL 水杨酸试剂(5%水杨酸溶于 98%硫酸)，震荡均匀，室温静置 20min。加入 9.5mL8%NaOH 溶液，震荡均匀，静置冷却至室温后，在 410nm 下检测吸光度。使用已知浓度的 HNO_3 溶液作为标准液，制作标准曲线，获得 A_{410} 与硝酸根浓度之间的关系：

硝酸根浓度(g/L)=(A_{410}-0.0252)/1.476

3 结 果

3.1 工业废水的组成分析

对来自乙二醇生产装置和己内酰胺生产装置的含硝酸废水进行离子分析，结果见表1。两种含硝酸废水中的主要污染物均为NO_3^-，其他离子浓度较低。两种废水未经过碱中和，属于强酸性废水，pH值分别为：乙二醇装置废水，1.8；己内酰胺装置废水，2.1。

表1 两种工业排放含硝酸废水的离子分析

离子种类	离子浓度/(mg/L)	
	乙二醇装置废水	己内酰胺装置废水
NO_3^-	88717	46680
SO_4^{2-}	34	ND①
Cl^-	17	25
PO_4^{3-}	ND	1.7
Na^+	165	99
K^+	12.9	10.8
Ca^{2+}	36.8	10.5

①ND：未检出。

3.2 含硝酸工业废水养殖微藻的可行性研究

微藻培养过程中需要含氮物质作为细胞生长所需的氮源。工业排放含硝酸废水中除了NO_3^-，通常还含有其他杂质。例如本研究所选用的乙二醇装置废水中含有甲醇、甲酸甲酯与草酸二甲酯等有机杂质，而己内酰胺装置废水中则含有环己醇、环己酮与环己酮肟等有机杂质。这些杂质的存在可能会对生物细胞产生毒害作用，影响微藻的生长。因此本研究使用工业废水中所含的硝酸代替培养基中的$NaNO_3$作为氮源，首先研究培养体系中加入工业废水对微藻生长的影响。在小球藻与螺旋藻小规模培养过程中，各设立了一个对照组(使用试剂硝酸)与两个实验组(分别使用两种含硝酸废水)，各组在相同的条件(温度、光照、初始pH值、初始NO_3^-浓度等)下进行培养。如图1，小球藻培养过程中每天检测一次微藻生物量，共培养4天；螺旋藻培养过程中每2天检测一次微藻生物量，共培养10天。

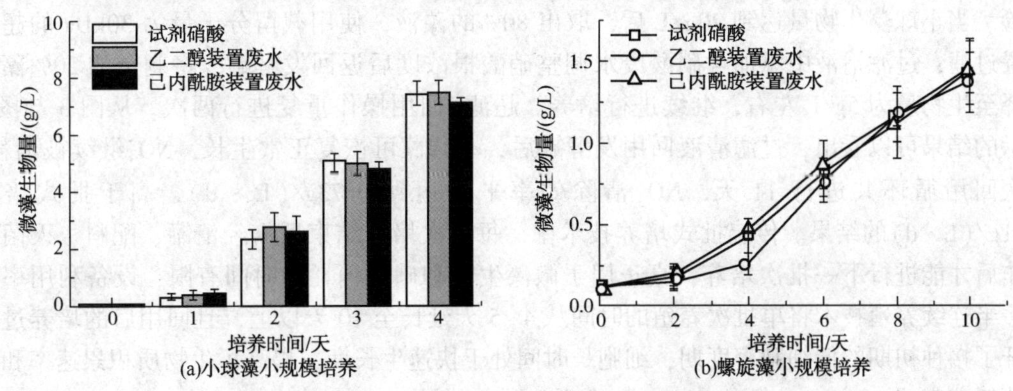

图1 含硝酸工业废水培养微藻小规模实验的生物量积累

使用两种工业废水培养小球藻的生长情况与使用试剂硝酸的对照组之间未出现显著差异，见图1(a)，表明这两种废水能够用于小球藻的培养，废水中的其他成分未对小球藻的生长产生明显的抑制作用。乙二醇废水组在整个试验过程中均保持与对照组相当或略优于对照组的效果，显示乙二醇装置排放的含硝酸废水是异养培养小球藻的理想氮源成分。在螺旋藻的培养过程中，培养初期乙二醇废水组的微藻生物量低于对照组和已内酰胺废水组，这一差异在第4天时达到统计学显著水平($P<0.05$)。在培养中后期，这一差异消失，试剂硝酸对照与两种废水培养的结果之间没有表现出显著差异。根据小规模培养的结果，我们认为两种工业含硝酸废水均能够用于小球藻的异养培养，乙二醇装置废水效果较好；而在螺旋藻的自养培养方面，已内酰胺装置废水的效果较好，乙二醇装置废水则可能会对螺旋藻在低细胞密度下的生长产生一定的不利影响。

3.3 含硝酸工业废水养殖微藻的放大试验

根据工业废水培养微藻的小规模实验结果，选择乙二醇装置废水培养小球藻、已内酰胺装置废水培养螺旋藻，分别进行规模放大的中试试验。

3.3.1 乙二醇装置废水培养小球藻的放大试验

乙二醇装置废水培养小球藻的放大试验在100L发酵罐中进行，培养过程中每天取藻液样品，检测OD_{680}与硝酸根离子浓度，并定期补充葡萄糖、磷酸盐、微量元素等营养成分，每批次共培养5天。从图2所示的结果可以看出，小球藻在发酵罐中可以实现快速的生物量积累，最高生物量可达到约20g/L。通过发酵罐可以较为稳定的控制培养温度、pH等理化条件，并通过补料装置及时向培养体系中补充生长所需的营养物质，因此小球藻在发酵罐中的生长可以达到较高的速度，从而有利于对工业排放废水中的硝酸进行快速清除。在硝酸消耗方面，小球藻在异养培养过程中对培养体系中的无机氮进行固定，藻液NO_3^-浓度从初始的2.77g/L降低至培养结束时的0.23g/L，清除效率达到0.51g/(L·d)，清除率达到91.7%。

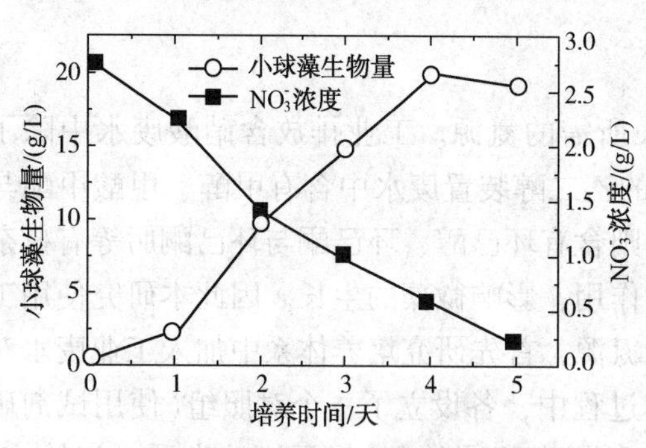

图2 小球藻中试规模培养的生物量积累与硝酸消耗

在上述批式培养的基础上，采用半连续培养技术进行乙二醇装置废水培养小球藻的放大试验。当小球藻生物量达到20g/L后，取出80%的藻液，使用截留分子量为30kDa的超滤装置过滤；过滤清液中添加含硝酸废水调整硝酸根浓度后返回发酵罐，将剩余的20%藻液稀释至生物量为5g/L左右，继续进行培养。超滤-回用操作重复进行两次。从图3与图4所示的结果可以看出，过滤清液回用发酵罐后，小球藻可恢复正常生长，NO_3^-继续被消耗。两次回用循环共进行11天，NO_3^-清除效率平均达到0.73g/(L·d)，高于批式培养0.51g/(L·d)的结果。传统批式培养技术中，每批次培养结束后需经清罐、配料、灭菌等操作后才能进行下一批次培养，真正用于微藻生长和硝酸消耗的时间有限，设备利用率不高。半连续养殖技术将单批次养殖的时间从4~5天延长至10天以上，且回用后的培养过程避开了接种初期的低细胞密度期，细胞长时间处于快速生长期，提高了生物质积累速率和硝酸消耗速率。

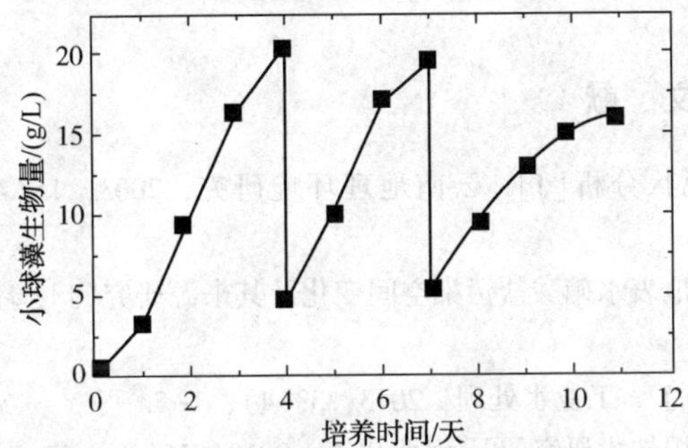

图3 半连续培养小球藻的生物量积累

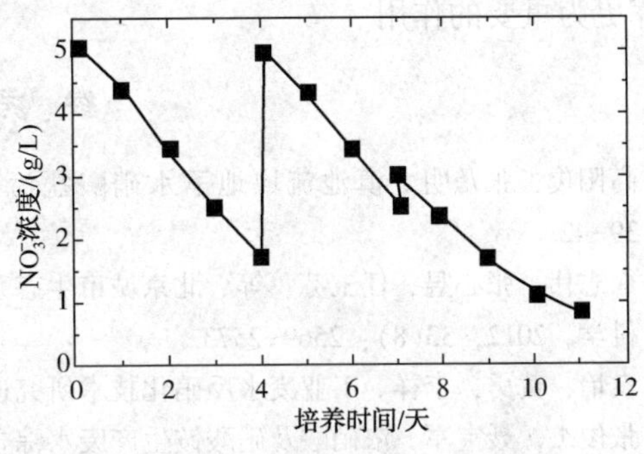

图4 半连续培养小球藻的硝酸消耗

3.3.2 己内酰胺装置废水培养螺旋藻的放大试验

己内酰胺装置废水培养螺旋藻的放大试验在10m^2跑道池中进行，藻液深度10cm。每天取一次藻液样品，检测OD_{560}与硝酸浓度，持续通入CO_2，并定期补充磷酸盐、微量元素等营养成分，共培养13天。从图5所示的结果可以看出，螺旋藻在跑道池中可以正常生长，同时对培养环境中来自己内酰胺装置废水的NO_3^-进行清除与固定。藻液NO_3^-浓度从初始的1.58g/L降低至试验结束时的1.21g/L，清除效率达到0.028g/(L·d)，按面积折算为2.8g/(m^2·d)。

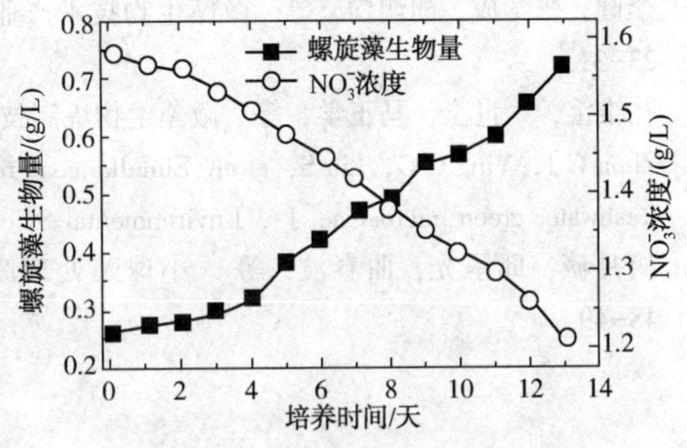

图5 螺旋藻中试规模培养的生物量积累与硝酸消耗

4 讨论与总结

本文通过小规模实验研究了两种工业排放硝酸对小球藻和螺旋藻生长的影响，并通过放大试验，以小球藻异养和螺旋藻自养两种方式实现了微藻脱除工业排放废水中的NO_3^-。小球藻异养采用封闭反应器形式，硝酸清除效率高，但对投资与技术的要求也较高；螺旋藻自养采用开放池形式，实现起来较为简单，但硝酸清除效率较低，占地面积大。这两种微藻处理方式各有其优势与适用场合，在实际应用过程中，需要根据包括工业排放硝酸性质、处理规模、规划面积与工程建设限制等在内的客观条件，并结合技术、经济和环境等多方面因素进行选择，制定出科学合理的处理方案。

使用微藻对工业排放的硝酸进行转化是一种科学上合理、技术上可行、经济上划算的新型环保技术。这一技术将微藻养殖与水处理技术相结合，在实现工业排放硝酸清除的社会效益、环境效益的同时，还能够通过微藻生物质的生产实现一定的经济效益。现阶段，微藻用于各种排放物(例如工业烟气、养殖业有机废水、氨氮废水等)处理的技术正处在飞速发展的过程中，藻种的筛选和改造、光生物反应器的设计、工艺流程的优化、微藻产品加工处理技术等方面还有进一步研究和完善的空间。相信通过科研领域与工程技术领域的不断努力，微藻一定会为提高人类的生活质量、改善人类的生存环境、破解环境保护与经济发展的矛盾发挥更为重要的作用。

参 考 文 献

[1] 高阳俊，张乃明．滇池流域地下水硝酸盐污染现状分析[J]．云南地理环境研究，2003，15(4)：39-42.

[2] 徐志伟，张心昱，任玉芬，等．北京城市生态系统地表水硝酸盐污染空间变化及其来源研究[J]．环境科学，2012，33(8)：2569-2573.

[3] 袁怡，黄勇，李祥．工业废水反硝化技术研究进展[J]．工业水处理，2013，33(4)：1-5.

[4] 张俊杰，聂宝军．浓硝酸及硝酸铵生产废水综合利用技术研究[J]．河北化工，2013，36(3)：67-71.

[5] 毕晶晶，彭昌盛，胥慧真．地下水硝酸盐污染与治理研究进展综述[J]．地下水，2010，32(1)：97-102.

[6] 李健，张学成，胡鸿钧，等．微藻生物技术产业前景和研发策略分析[J]．科学通报，2012，57(1)：23-31.

[7] 孔维宝，牛世全，马正学，等．微藻生物炼制技术[J]．生物加工过程，2008，6(5)：1-7.

[8] Zhou G J，Ying G G，Liu S，et al. Simultaneous removal of inorganic and organic compounds in wastewater by freshwater green microalgae[J]. Environmental Science：Processes & Impacts，2014，16(8)：2018-2027.

[9] 胡月薇，邱承光，曲春波，等．小球藻处理废水研究进展[J]．环境科学与技术，2003，26(4)：48-49.

炼化油泥的梯级资源化利用与无害化处理

张　峰　秦　冰　陆　语　曹凤仪

（中国石化石油化工科学研究院，北京 100083）

【摘要】 研究了梯级资源化利用和无害化处理技术对典型炼化油泥的处理效果，并从化学组成、灰化学组成、灰分黏温特性、共混成浆特性等方面研究了油泥萃余干渣掺配造气原料煤的可行性。结果表明，以催化裂化轻循环油(LCO)在温和操作条件(95℃，油泥与 LCO 质量比 1∶3)下对 6 种典型炼化油泥进行萃取，并对萃取后的混合物料进行三相分离，可高效回收油泥中的高值轻质油分，对原油罐底泥、浮渣、隔油池底泥的油分回收率可达 94.5%以上；油泥萃余干渣与气化原料(煤、“煤+焦”)在化学组成、灰化学组成具有一定相似性，油泥萃余干渣掺入气化原料不影响气化炉排渣，油泥萃余干渣与煤的共混浆体具有良好的流动性和稳定性，因而油泥萃余干渣掺配造气原料是可行的。

【关键词】 油泥　萃取　离心　水煤浆

油泥是原油勘探、开采、集输、储存、炼制以及含油污水在储存、除油过程产生的黑色含油黏稠半固态物质；它是由包括油水固三相在内的多种组分构成的复杂体系，具体组分包含石油类、水、固体颗粒物(黏土颗粒、无机盐、催化剂粉末、焦粉)、微生物及其代谢物、化学药剂等，其组成和性质复杂多样。通常，油泥含油量为 5%~80%，所含油分的烃组成取决于原油种类、炼油厂生产结构和操作条件。油泥含有大量有毒有害物质(例如，苯系物、蒽、芘、酚类等恶臭的有毒有机物，Cu、Pb、Cr 等重金属)已被列入我国危废名录[1]。油泥的产生伴随着石油工业的整个流程，其数量巨大。据统计，炼化企业每加工 1t 原油产生油泥 0.5~1kg，主要油泥类型包括储罐底泥、污水场的隔油池底泥和气浮浮渣等；油田每开采 1t 原油产生油泥 1.5~10kg。随着石油工业的迅速发展，油泥量也日益增加，目前全国油泥产生量超过 500 万 t/a[1]。

许多国家和地区都根据当地的实际情况以法规或指导准则的形式对土壤或污泥含油量提出限制。大部分油泥处理指标要求都与油泥的最终处置方式有直接关系，加拿大、美国、法国要求填埋处置和用于筑/铺路的油泥的含油量分别不超过 2%和 5%。我国尚未出台针对含油污泥处理的国家标准，可供油泥处理技术参考的相关国家标准、行业标准、地方标准要求：用作油田筑/铺路污泥的含油量不超过 2%，用作农用土地的污泥含油量不超过 3000mg/kg 或者 500mg/kg[2]。

不同于油田落地油泥，由于炼化生产过程中存在的多环节机械剪切与油泥中的天然/非天然表面活性物质协同作用下，炼化油泥中油水固三相常形成互相包裹、高度乳化的稳定状态，因而炼化油泥脱水脱油难度大。当以将炼化油泥含油量降至 2%或者 3000mg/kg 以下为处理目标时，常需采用工艺复杂、工况苛刻的多级组合工艺，这导致处理成本大幅升高。文章基于对油泥特性(凝点高、具有界面活性的胶质沥青质是导致油泥流动性差、乳化稳定的关键物质)的认识，并结合炼化企业的生产结构，提出“适度预处理-掺配造气原料”的炼化油泥梯级资源化和无害化处理技术：利用炼油装置副产的劣质重芳烃油对胶质沥青质的较高溶解度，以劣质重芳烃油在温和操作条件下对油泥进行萃取，并在萃取后对混合物料进行三相分离，从而回收油泥中的高值轻质油分并实现油泥大幅减量；将剩余的油泥干渣与造气原料(煤，煤与石油焦的混合料)掺配，通过气化炉将油泥干渣中残留的低值重质油分转化为合成气，可在不影响气化炉平稳运行的前提下利用气化炉实现油泥彻底无害化处理。该技术充分利用炼厂现有生产条件，以达到油泥低成本资源化利用和无害化处理。

1 实 验

1.1 实验原料与试剂

实验所用原油罐底泥 1、原油罐底泥 2、原油罐底泥 3、重污油罐底泥分别采自中国石化的燕山石化公司、茂名石化公司、天津石化公司、高桥石化公司，隔油池底泥(离心脱水后)和浮渣(离心脱水后)分别采自中国石化石家庄炼化公司、中国石油辽河石化公司；催化裂化轻循环油(LCO)采自中国石化长岭炼化公司，其总芳烃质量分数为 78.1%；气化原料(石油焦和神优 2 号煤)采自镇海炼化；四氯乙烯(环保级)、木质素磺酸钠(97%)，购自伊诺凯科技有限公司。

1.2 分析方法与仪器

油泥的水分和固态渣含量分别采用蒸馏法和过滤称重法，油分含量采用称重法。灰化学组成分析分别采用 ICP-AES 法与 XRF 法。采用 Nicolet-560 型傅里叶红外光谱仪(美国 Nicolet 公司)表征样品的表面官能团。采用激光粒度衍射仪(Mastersizer3000，马尔文帕纳科仪器公司)测试样品的粒度分布。

1.3 实验方法

将油泥与 LCO 按照质量比 1∶3 混合，并在 95℃下搅拌萃取 1h。将完成搅拌萃取后的混合物移入离心机，在 1700r/min 对混合物进行粗分离，分出自由水和油相；对剩余的固相残渣进行汽提处理，除去残渣表面黏附的油分和水分，得到油泥干渣；汽提气经过冷凝、静置分层得到水相和油相。最后，将油泥干渣与粉煤(粒度分布见表 1)、添加剂(木质素磺酸钠)、水在 1200r/min 搅拌均匀，制得混合浆。

表 1 粉煤粒度分布

粒度/目	质量分数/%
8~14	2
14~40	8
40~200	30
>200	60

对油泥中油分的萃取回收率 y 按照式(1)计算：

$$y=1-(m_2\times x_2)/(m_1\times x_1) \quad (1)$$

式中 m_1，m_2——分别为油泥、干渣的质量，g；

x_1，x_2——分别为油泥、干渣中油的分质量分数，%。

2　结果与讨论

2.1　LCO 萃取回收油泥油分的效果

催化裂化轻循环油(LCO)为炼厂典型的副产劣质重芳烃油，其总芳烃质量分数一般超过70%。将 LCO 与油泥搅拌掺混后，由于 LCO 对胶质沥青质的较高溶解度，LCO 与油泥的混合物具有良好的流动性，同时油泥中原本牢固的油/水/固界面膜也易被打破，界面膜内包裹的油分更易被 LCO 萃取。LCO 对 6 种典型油泥的油分回收率如图 1 所示。从图 1 可以看出，三种原油罐底泥、重污油罐底泥、隔油池底泥、浮渣的相差别较大；LCO 对各种油泥的油分具有高效萃取效果，对重污油罐底泥的油分萃取回收率为 88.8%，对其他油泥的油分萃取回收率为超过 94.5%。LCO 对重污油罐底泥的油分萃取回收率相对略低，这可能是因为该重污油罐底泥的固相主要为焦粉，吸附于焦粉孔道内的油分不易与 LCO 接触并被其萃取。

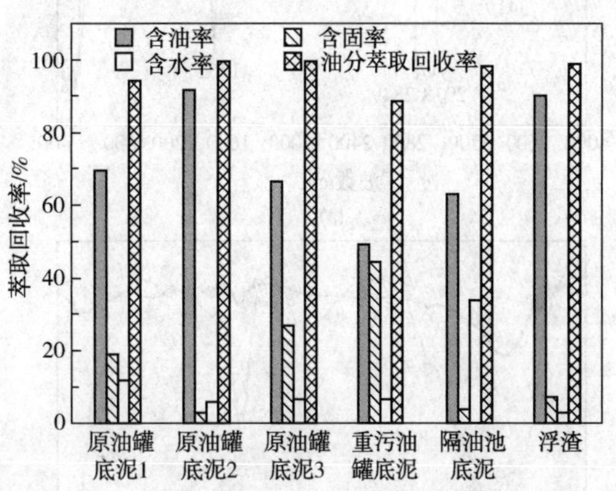

图 1　LCO 对典型炼化油泥油分的萃取回收率

2.2　油泥干渣表面官能团特征

对比了原油罐底泥 1、重污油罐底泥、隔油池底泥、浮渣及其萃取分离后的干渣的红外谱图，结果见图 2。从图 2 可以看出，四种油泥的红外光谱在 $3420cm^{-1}$、$2920cm^{-1}$、$2850cm^{-1}$、$1630cm^{-1}$、$1460cm^{-1}$、$1380cm^{-1}$、$1100cm^{-1}$等处附近存在吸收峰。$3420cm^{-1}$附近的吸收峰是由缔合羟基的伸缩振动而产生的；$2920cm^{-1}$和 $2850cm^{-1}$处附近的吸收峰归属于环烷烃或脂肪烃的亚甲基的 C—H 伸缩振动；$1630cm^{-1}$附近的吸收峰归属于芳环上的 C ═C 的伸缩振动；$1460cm^{-1}$ 附近的吸收峰归属于—CH_3 的反对称变形或—CH_2 的变形振动；$1380cm^{-1}$附近的吸收峰是—CH_3对称弯曲振动而产生的；$1100cm^{-1}$处的吸收峰是由 C—O 键的伸缩振动而产生的。油泥经过萃取分离后，干渣的红外谱图中官能团的特征峰均大幅减少或减弱，仅在 $1630cm^{-1}$附近观察到微弱的芳环内 C ═C 特征峰。这反映出，油泥中的大部分油分已经被 LCO 萃取，干渣主要为无机矿物质，残留的有机成分较少，且有机成分以重质油分(沥青质)为主。所以，从化学组成来看，油泥干渣掺入气化原料是可行的。

2.3　油泥干渣的灰化学组成

对比了 6 种典型油泥的萃余干渣与煤、“煤+焦”(质量比 7∶3)的灰化学组成，结果如图 3 所示。从图 3 可以看出，6 种典型油泥干渣与煤、煤+焦的灰样的主要成分大致相同，主要为 Fe_2O_3、SiO_2、Al_2O_3、CaO、N_2O、SO_3等；其中，铁元素主要源于设备腐蚀产物 Fe_xS_y，铝和硅元素主要源于黏土颗粒，碱金属和碱土金属元素主要源于其盐类。另外，灰样各主要成分的相对含量有所差别；相较于煤、煤+焦，油泥(尤其是原油罐底泥和重污油罐底泥)干渣的灰分中 F_2O_3含量更高(30%~61%)。从灰化学整体情况来看，油泥萃余干渣与煤、“煤+焦”在灰化学组成上具有一定相似性。

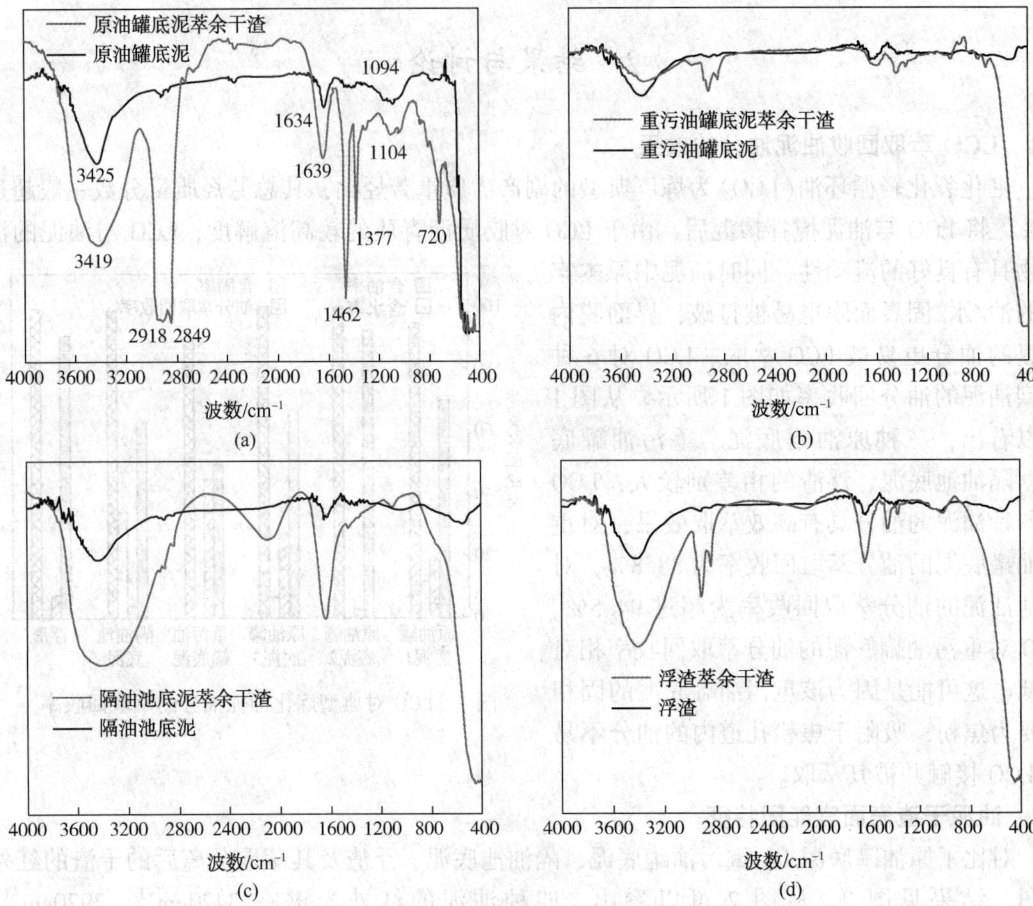

图 2 典型油泥及其萃余干渣的红外谱图

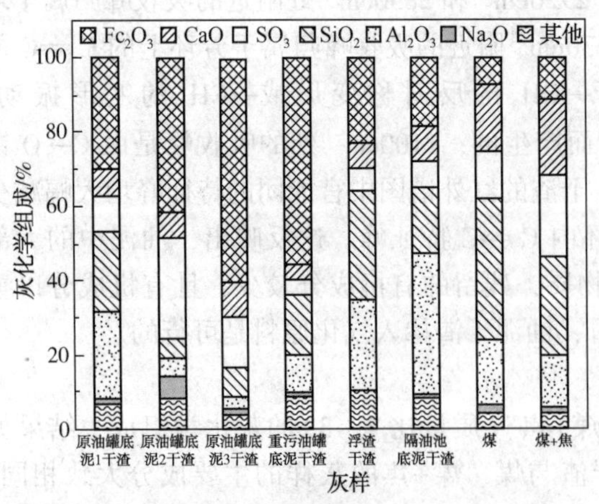

图 3 对比典型油泥萃余干渣与煤、煤+焦的灰化学组成

“其他”包括 MgO、K_2O、TiO_2、ZnO、P_2O_5等；“煤+焦”中煤与石油焦的质量比 7∶3 的混合物

将原油罐底泥 3 的干渣(含油 4.4%)分别与煤、“煤+焦”掺配，考察掺配比例对煤、“煤+焦”的灰化学影响，结果见图 4。从图 4 可以看出，随着干渣掺配比例自 1%增加至 10%，煤与干渣混合物的灰分中F_2O_3自 11.3%增至 25.8%，“煤+焦”与干渣混合物的灰分中 F_2O_3 自 13.4%增至 26.9%，其他成分占比呈现不同程度的增加或减少。这是由于油泥罐底泥 3 的干渣含铁量远超过煤、“煤+焦”。

2.4 油泥干渣灰分的黏温特性

基于油泥萃余干渣、煤、“煤+焦”以及“煤+干渣”、“煤+焦+干渣”的灰化学组成数据，通过热力学模型[式(2)至式(4)]计算相应灰分的黏温特性[3]，计算结果见

图 5。从图 5 可以看出，由于油泥萃余干渣高含铁，因而相应灰分在熔融状态下的黏度均低于煤灰，见图 5(a)；将油泥萃余干渣与煤、“煤+焦”分别掺混，相应灰分在熔融状态下的黏度仍然低于煤、“煤+焦”的灰分黏度[4]，见图 5(b)、图 5(c)。这表明，如果采用煤(焦)气化炉协同处置油泥萃余干渣，不会影响气化炉的顺利排灰渣。

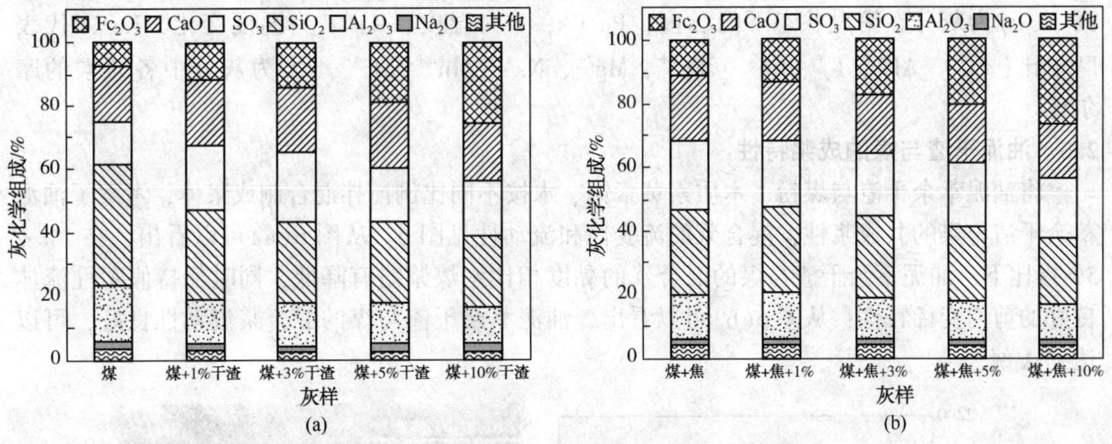

图 4　油泥干渣与煤、“煤+焦”的混合物的灰化学组成

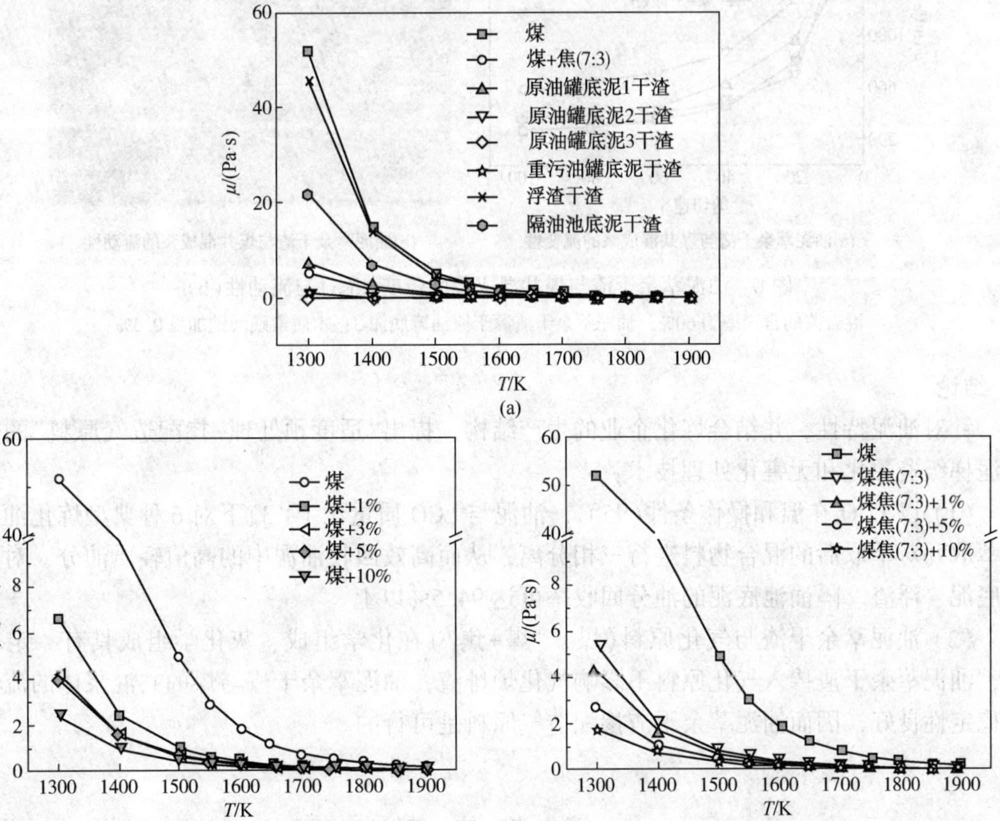

图 5　对比油泥萃余残渣与煤、煤+焦的黏温特性

(b)与(c)中萃余干渣源于原油罐底泥 3

$$\lg[\eta/(T-T_s)]=14788/(T-T_s)-10.931 \tag{2}$$

$$T_s=306.63\ln(A)-574.31 \tag{3}$$

$$A=(3.19Si^{4+}+0.855Al^{3+}+1.6K^{+})/(0.93Ca^{2+}+1.50Fe^{n+}+1.21Mg^{2+}+0.69Na^{+}+1.35Mn^{n+}+1.47Ti^{4+}+1.92S^{2-}) \tag{4}$$

式中，η 为灰分在熔融状态下的黏度，Pa·s；T 为温度，K；T_s 为温度变化，K；A 代表摩尔比；Si^{4+}、Al^{3+}、K^{+}、Ca^{2+}、Fe^{n+}、Mg^{2+}、Na^{+}、Mn^{n+}、Ti^{4+}、S^{2-} 为灰分中各元素的摩尔比。

2.5　油泥干渣与煤的成浆特性

将油泥萃余干渣与煤粉、木质素黄素钠、水按不同比例搅拌混合制成浆体，考察了油泥萃余干渣与煤的共成浆性，混合浆的流变性和流动性见图6。从图6(a)可以看出，在1%~5%掺比下，油泥萃余干渣与煤的混合浆的黏度相比水煤浆略有降低，同时保持假塑性流体良好的剪切变稀特性；从图6(b)可以看出，油泥萃余干渣与煤的混合浆流动性良好，可以达到A级。

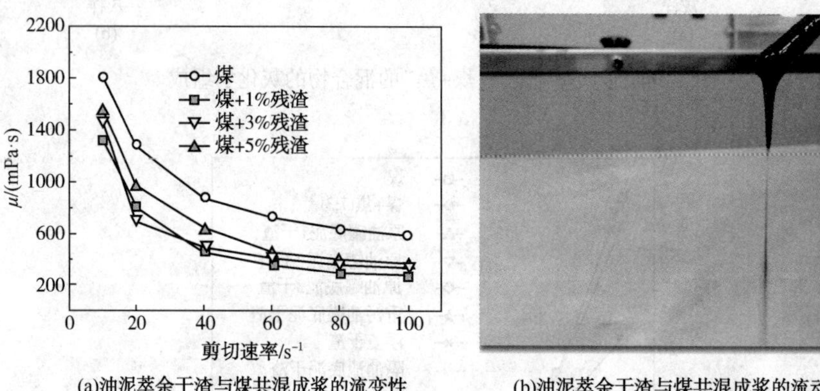

(a)油泥萃余干渣与煤共混成浆的流变性　　(b)油泥萃余干渣与煤共混成浆的流动性

图6　油泥萃余干渣与煤共混成浆的流变性(a)与流动性(b)

混合浆的含固率为60%；油泥萃余干渣源于原油罐底泥3；木质素磺酸钠加量0.3%

3　结论

针对油泥特性，并结合炼化企业的生产结构，提出"适度预处理-掺配造气原料"的炼化油泥梯级资源化和无害化处理技术：

(1) 以LCO在温和操作条件(95℃，油泥与LCO质量比1∶3)下对6种典型炼化油泥进行萃取并对萃取后的混合物料进行三相分离，从而高效回收油泥中的高值轻质油分，对原油罐底泥、浮渣、隔油池底泥的油分回收率可达94.5%以上。

(2) 油泥萃余干渣与气化原料(煤、"煤+焦")在化学组成、灰化学组成具有一定相似性，油泥萃余干渣掺入气化原料不影响气化炉排渣，油泥萃余干渣与煤的共混浆体的流动性和稳定性良好，因而油泥萃余干渣掺配造气原料是可行的。

参考文献

[1] 吕全伟，林顺洪，柏继松，等．热重-红外联用(TG-FTIR)分析含油污泥-废轮胎混合热解特性[J]．化

工进展，2017，36(12)：4692-4699.

[2] 张楠，王宇晶，刘涉江，等．含油污泥化学热洗技术研究现状与进展[J]．化工进展，2021，40(3)：1276-1283.

[3] Browning G J，Bryant G W，Hurst H J，et al. An empirical method for the prediction of coal ash slag[J]. Energy & Fuels，2003，17：731-737.

[4] 胡晓飞，郭庆华，刘霞，等．高钙高铁煤灰熔融及黏温特性研究[J]．燃料化学学报，2016，44(7)：769-776.

炼化一体化企业“环保监控地图”的设计与研发

何　晨

（中国石化天津石化公司，天津 300271）

【摘要】　随着中国经济发展进入新常态，“十三五”期间的环境形势依然严峻，本文基于石化企业环保管理业务现状和需求，从环保管理信息化实现角度提出从环保管理的实时监控、统计分析、快速应对和决策分析四个层面构建“环保监控地图”，保证企业环保管理信息建立实现可视化的“一张图”集中展示，通过预警报警、大数据共享、视频监控与智能分析，为企业环保专业化、精细化、可视化、信息化、智能化管理奠定基础，从而有效支撑企业环保管理和科学决策，业务标准化，数据集成化，管控流程化，预警可视化，实现“一图在手，应有尽有”。

【关键词】　环保管理　GIS 地图　在线监控

1　建设背景

2017 年国务院《深化“互联网+先进制造业”发展工业互联网的指导意见》提出，工业互联网作为新一代信息技术与制造业深度融合的产物，日益成为新工业革命的关键支撑和深化“互联网+先进制造业”的重要基石，对未来工业发展产生全方位、深层次、革命性影响。工业互联网通过系统构建网络、平台、安全三大功能体系，打造人、机、物全面互联的新型网络基础设施，形成智能化发展的新兴业态和应用模式，是推进制造强国和网络强国建设的重要基础，是全面建成小康社会和建设社会主义现代化强国的有力支撑。

为顺应新一轮产业变革趋势，提高制造业智能化水平和核心竞争力，根据《增强制造业核心竞争力三年行动计划(2018-2020 年)》，国家发改委制定了“制造业智能化关键技术产业化实施方案”，提出面向石化等流程制造业，方案要求加快装备智能化改造，推动先进过程控制和制造执行系统的全面应用和优化升级。构建产业链环环相扣，研发生产、质量控制、运行管理和运营服务全面互联的智能化工业园区。为保障方案实施，国家将加大资金支持力度，加强标准体系建设，建立产品认证体系，推进国际交流合作。

在国家生态环境保护和安全压力不断加大的背景下，如何以创新发展促进化工产业转型升级，如何利用智能制造与智慧园区推进化工产业绿色发展，已成为应对当前行业发展各种困境的重要课题。

天津石化，坚定不移践行“绿水青山就是金山银山”重要思想，牢固树立环境保护“红线”意识，积极践行绿色发展理念，2018 年初提出打造世界一流绿色企业，将环保管理逐渐从末端治理向源头防治转变，从被动应对向主动谋划转变。创新环保管理，开展企业环保系统应用推广，建设“环保监控地图”功能模块，进一步实现炼化一体化企业环保管理可视化的“一张图”展示，通过大数据集成、预警报警、视频监控与智能分析，支撑企业环保专业化、精细化、可视化、信息化、智能化管理，实现全过程、全天候、全方位动态监控、高效管理和异常状态下快速反应。

2 建设内容

“环保监控地图”基于二维地理信息建设，将企业各类环境监测信息在“一张图”上集中展示，包括污染源、废水、废气、固废、空气质量、厂界噪声、土壤及地下水、VOCs、环境风险源及管网等十个功能模块，集成视频、在线监测、LIMS、生产运行、实时数据库及环境大气监控系统中数据，实现监测点地理信息、人工监测数据、在线监测数据、污染源分布、“三废”排放、环境风险、应急物资存放点及储备情况、异常状态下处置措施及现场实时场景等业务进行系统化、信息化、可视化展示。建立污水、雨水、事故水管网模型，动态展示污水、雨水、事故水的节点、管线、流向以及水体防控系统信息，如应急事故水池剩余存储能力、可调用事故水池、整体应急；提高企业污水处理及应急事故的处置能力。对企业环境风险进行评估，展示环境风险监测点、环境敏感目标的分布以及基本信息，制定相应的应急预案。

2.1 实时监控

在地图上采用不同风格标注废水、废气、固废、厂界噪声、地下水、VOCs、LDAR泄漏未修复点、环境大气监测点，污水管网、环境风险源、环境敏感目标、污染源，实现监测点地理信息、监测数据历史曲线、现场实时场景等信息的展示。

2.1.1 废水监测

基于地图展示废水外排口在线监测和人工监测数据、企业重点关注的人工监测点数据、炼油化工污水外排口视频影像。展示内容包含pH、石油类、COD、总磷、总氮等监测项，采用折线图显示历史监测数据；集成企业实时数据库数据，展示实时监测数据；对超标报警数据在地图上高亮显示，并短信推送相关信息。对一个窗口展示同一个监测点的监测项、在线监测值、人工监测值、标准等信息。见图1。

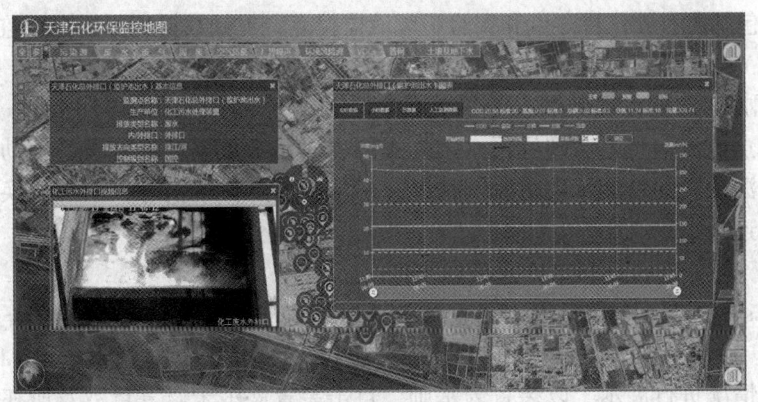

图1 废水监测图

2.1.2 废气监测

基于地图展示废气在线监测及人工监测数据，展示在线监测点、高架源在线监测点及人工监测点地理位置；展示炼油和烯烃火炬视频影像、热电 3 个烟囱视频影像；展示二氧化硫、氮氧化物、烟尘(颗粒物)、VOCs 等监测项，采用折线图显示历史监测数据；对超标报警数据在地图上高亮显示，并短信推送相关信息。见图 2。

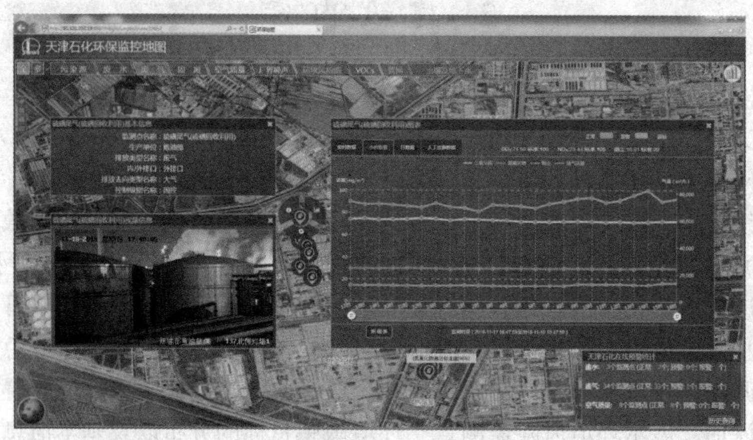

图 2　废气监测图

2.1.3　环境大气监测

基于地图展示环境大气监测数据，包括 SO_2、NO_x、苯系物、非甲烷总烃、硫化氢、甲硫醇等，监测数据和视频信息来源从环境大气监测平台接入。同时动态引入大气五项元素，实时展示空气质量 PM2.5 或 PM10、湿度、风速、风向及气压等。

2.1.4　厂界噪声监测

实现厂界噪声昼夜监测数据的采集，显示监测点地理信息，支持历史查询、曲线显示及异常点位对比。

2.1.5　固废监测监控

在 GIS 地图上展示固废暂存点分布情况、标识牌及基础信息；展示固废暂存点监控视频、暂存的固废种类、性质、数量、去向(处置单位)、暂存库剩余储存能力等；展示固废应急处置措施。范围包括所有固位暂存点和实验室废液监控点，视频数据来源于视频监控平台。

2.1.6　污(雨)水管网

建设污(雨)水管网，在地图上叠加企业污水、雨水管网图(图 3)。动态展示污水流向以及分级控制点监测信息，对超标污水闪烁提醒；对污水数据进行分析，辅助分析水质变化原因，达到溯源的目的。展示雨水管网情况，标注封堵点位置信息，雨污切换信息，以及与水体防控系统连接信息。

2.1.7　VOCs、恶臭监测及 LDAR 泄漏点监控

建立 VOCs 及恶臭分布图，集成 VOCs 在线监测仪表，将移动便携式设备监测的数据自动传输到系统中；展示 VOCs 和恶臭的浓度监测值及分布情况；对最近一轮 LDAR 泄漏点未修复点的分布情况进行展示，以装置为基础，点击装置展示未修复点数及所在区域；展示装置减排量统计。

为更准确、更细致监控 VOCs 实际排放情况，应建立 VOCs 网格化监控模式，将覆盖全厂区布置 VOCs 固定式在线监控仪表，在配以移动式环境监控车，定期巡航。追根溯源，直达病处，为后续综合治理提供第一手资料。

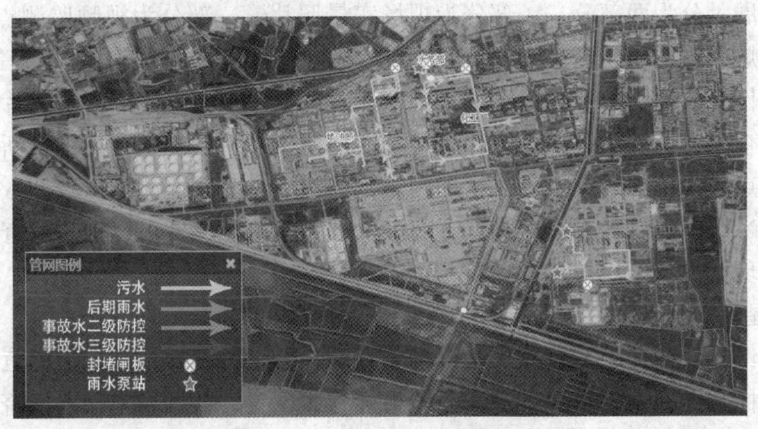

图3　污(雨)水管网图

2.1.8　环境风险源、环境敏感目标监控

对重点环境风险源(如各作业部排名前三的风险)和重点区域内可燃气体报警仪、硫化氢报警仪的分布、监测数据的展示；展示事故水流向、污水池、水体液位以及事故水封堵点分布情况，展示风险防控措施及应急物质储备情况。实现厂区周边环境敏感目标数据采集、地理分布展示，提供环境敏感目标的距离、类型等基础信息。

2.1.9　污染源及环保设施可视化

“环保监控地图”需对污染源地理位置分布的展示，在地图上可动态加载、选择不同类型的污染源进行查看，包括装置、罐区、装卸站台、治理设施等(图4)。基于GIS地图的在线风险源显示，以相同颜色不同色度表示污染源的危害等级，危害等级越高，颜色色度越深，鼠标滑过污染源，显示当前位置污染源的属性信息，包括治理设施的工艺简介、流程图、处理量、投用率、运行状态、“三剂”情况以及装置的废水排放、废气排放、固废产生、取水量等。

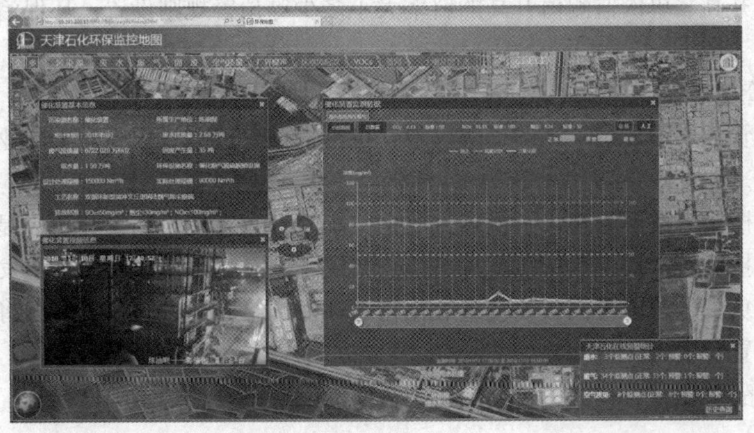

图4

2.1.10　现场实景展示

在环保地图上，实现监测点现场实景照片展示或集成现有视频监控平台进行视频集成展示。

现场实景展示分为两部分，一部分为现场实景照片，一部分为视频监测点(火炬燃烧状态，热电部锅炉、催化裂化再生烟气烟囱，水体监控池液位、煤场、焦场抑制扬尘情况)。现场实景照片作为监测点的业务信息链接到监测点，通过点击监测点查看照片就可以实现现场实景照片的查看，系统后台提供照片上传功能，便于系统管理人员更细更新监测点现场照片；视频监测点作为单独的图层可以叠加到基础图层上，基于监测点做缓冲区分析，可以查看监测点几百米范围内，是否有监测点，有多少视频监测点，并可以把想要查看的视频监控点打开，实现现场视频监控信息的查看。

2.2 预警提醒

实现对环保各项指标超标监控点进行高亮闪烁预警报警，提供超标指标范围、超标指标数据和实时指标数据查询，实现自定义预警指标参数设置。数据异常状态报警，包括传输中断、数据恒值、数据零值报警，环保治理设施停运提醒展示。

2.2.1 预警报警

对于废水、废气监测点，在地图高亮闪烁显示在线监测和人工监测值超标、超预警信息，黄色图标闪烁标识超预警，监测数值没有超标，但是监测数值较高，提醒管理人员需要重点关注，具有提前示警作用；红色图标闪烁，表示监测数值超标，需要负责人跟踪超标原因，对于非仪表等原因的超标需要跟踪整改情况。

固废管理设计贮存量和实际贮存量进行对比预警、贮存时长和规定贮存时长进行对比预警、外委单位处理能力和实际处理量对比预警；应急物质到期情况、应急物质消耗和配备情况对比预警；环保设施“三剂”到期情况预警；消防池液位高度预警；建设项目各阶段环保管理情况进行预警。

2.2.2 异常提醒

提供相关异常提醒规则的设定，包括缺失数据频率、波动范围幅度等条件自定义设置，然后抓取各业务模板异常数据进行提醒。如在线监测传输中断、数据恒值、数据零值报警；监测数值持续升高、单次监测值升高的斜率大于多少等预警规则设置；环保治理设施处理量为零的提醒。

2.2.3 分级管理

根据用户管理职责设定不同的提醒权限，也可根据管理关注程度对不同业务分别配置不同的提醒方式。

在线监测模块可按照管理级别设置，单位、车间负责人接收预警和超标提醒，企业、单位管理人员只接收超标提醒；按照负责单位、装置不同，将不同的超标信息发送给不同的管理人员；按照负责的设施不同，如将氮氧化物超标发送给脱硝设施负责人，将二氧化硫超标发送给脱硫装置负责人。

按照业务受关注重要程度，可分别使用页面提醒、待办提醒、邮件提醒、短信提醒等提醒方式。

2.3 智能分析

“环保监控地图”对废水、废气等按单位、生产装置、监测类型、监测点等多级别多维度的指标计算分析，包括监测数据达标率、传输率、设备完好率、监测数据波动范围以及监测数据趋势预测分析等。对后续监测点指标异常的可行性进行智能评估预测，做到提前防范与应对。

2.3.1 监测点达标率分析

实现对废水、废气等按企业单位、生产装置、监测类型、监测点等多级别多维度的达标率进行计算分析，利用 GIS、图形、表格综合直观展示达标率分析结果。

达标率分析分为两部分，一部分为基于监测点为单位，监测点在一段时间内各个监测内容的达标率分析；基于企业单位，某一时间段的监测点的达标率分析。

2.3.2 监测数据波动范围和趋势分析

实现各类监测数据波动范围分析，包括变化幅度、平均值、超标次数等各类指标，提供波动异常原因追溯分析。结合指标趋势预测算法，进行数据趋势分析，采用线性、指数、历史数据拟合等相关分析模型，对后续监测点指标超标的可行性进行评估预测，做到提前防范与应对。

监测数据波动范围分析实现对废水、废气、固废各监测点的监测数据波动范围分析，包括幅度变化、平均值、超标次数等动态数据进行各类指标分析，进一步提供波动异常原因追溯分析。监测数据波动范围分析主要是针对监测点数据的大数据分析，通过大量数据的分析结果，得出监测数据的波动范围，对于超出波动范围的监测数据做出波动异常的预警。

监测指标趋势预测分析实现对废水、废气、固废按监测点各类数据的曲线展示，进行结合指标趋势预测算法，进行数据趋势分析，采用线性、指数、历史数据拟合模型等相关分析模型，对后续监测点指标超标的可行性进行评估预估，做到提前预测与防范。监测指标的趋势分析也是通过对大量监测数据的大数据分析，预测监测数据的生产趋势模型，通过将监测数据和模型拟合，辅助环境监测预警，趋势预测算法有线性趋势分析、指数趋势预测、历史数据拟合模型、自定义趋势预测算法等。

综上所述，“环保监控地图”应采用“网格化”管理、信息化调度指挥与标准化预警研判三套管理体系有机结合，形成协同联动、同频共振、立体高效的环境管理机制，实现“智慧环保”的数据信息和视频影像“双结合”，平台调度与现场监察“双联动”，环保专业综合监管与“属地”主体自查“双调度”，数据采集与预警研判“双分析”，以“环保监控地图”自发管理为基础，把环境“大数据”分析管理库的智慧应用多层次延伸、使用和共享，为预防环境事件的发生和异常、事故状态下快速响应提供技术支撑。

3 结 语

环保管理工作是一种典型的跨行业、多类型、数据量大的综合业务，环保大数据正在成为企业重要的资产，由于环保业务应用的数据类型繁多，其数据的组织管理的方式、标准、参考体系也各不相同，导致环保大数据的快速集成与综合应用面临着较大的挑战。启动环保数据的标准化工作，开展基于环保管理的工厂模型建模方法研究，统一规范数据标准，解决数据标准不统一造成的数据应用瓶颈，让数据真正流动起来，最终从根本上实现环保大数据的快速分析与应用，对于推进环保大数据的广泛利用具有重要意义。

参 考 文 献

[1] 王淑梅，张芳，栾辉，等．中国石油污染源在线监测系统简介[J]．油气田环境保护，2013(4)：52-54，80.

[2] 胡先春．固定污染源在线监测比对现状及存在的问题[J]．低碳世界，2017(4)：26-27.

[3] 杨文玉．石化行业在线监控管理系统的设计与研发[J]．上海化工，2017(12).

水冷器泄漏预警技术与应用

梁宗忠　陈　萍

（中国石油兰州石化公司，兰州 730060）

【摘要】 通过应用原创高灵敏度和高准确性的光纤型在线泄漏监测仪，精确测量水中油含量，并结合后台系统提供油含量超标报警功能，及时发现泄漏并切出处理，解决了循环水系统污染恶化引起的腐蚀加剧问题，确保了设备的稳定运行。

【关键词】 水冷器　泄漏　监测预警

兰州石化公司生产装置循环水系统共有 21 个水场，其中 4 个循环水场供炼油生产装置，主要为常减压、重催、重整、加氢、焦化等装置提供循环冷却水。

水冷器的介质泄漏是影响循环水质恶化的重要因素，若介质泄漏得不到及时确认和切除，水质得不到有效控制，将会造成循环水系统的恶性循环，致使水冷器腐蚀加剧，黏泥沉积，堵塞管束，水质进一步恶化。

近年来，公司由于水冷器泄漏而严重影响循环水水质的多达 18 台次以上，每一次的泄漏都给循环水质的处理带来严重的较大的冲击，导致循环水浊度、油含量、COD、碱度、pH 等指标超标，对于水冷器泄漏给循环水质造成的影响，循环水场必将进行应急处置，若查漏判断不及时泄漏时间将更长，导致循环水浊度、油含量、COD、碱度、pH 等指标进一步恶化，严重影响循环水水质。目前降低浓缩倍数、杀菌剥离和加大排水置换运行是常用的处置手段，而浓缩倍数又是公司循环水场节水管控的重要指标，由于排水置换带来的浓缩倍数不达标也是在所难免，也必将造成浓缩倍数达不到节水管控指标的要求。

1　水冷器泄漏排查现状

目前，国内炼化企业大多利用水冷器工艺介质对循环水水质影响，通过能够反映循环水水质的特征参数变化监测水系统泄漏情况，包括凉水塔水面出现油污、油污颜色和人工采样分析 pH、浊度、余氯、油含量、COD 等初步判断泄漏装置，然后对主要水冷器进行排查，直至最终锁定泄漏水冷器并将其切出系统进行后续处理。由于受人工分析滞后和人为干扰等因素影响，无法快速、准确地确定泄漏源，因而泄漏发现滞后、排查时间过长，导致循环水系统被严重污染，严重时造成非计划停工，影响生产装置长周期安全运行。因此，研究和建立一种能够实时在线监测水冷器泄漏的预警系统具有非常重要的意义。

目前国内的在线泄漏监测仪，多基于红外法测量，测量精度在 5ppm 至 10ppm 之间，且容易受到的非油类物质的干扰，数据波动大，无法满足微量泄漏早发现的实际要求。而紫外荧光技术使用特定波长的紫外光照射含芳香烃类的工艺油物质，激发出的荧光光强与该物质的含量成正比，因此紫外荧光技术具有选择性，精度达到 0.1ppm，且抗干扰能力强，测量数据稳定，对于循环水中油含量的测量效果明显优于红外法，是一种高灵敏度的水冷器泄漏在线监测技术。

2 水冷器泄漏预警技术

原创光纤型在线泄漏监测仪使用高灵敏度和高准确性的光学检测原理，内置多种自动补偿功能，大大提高了仪器的环境适应能力；仪器安装灵活，操作简单，检测过程无需任何预处理和化学试剂，不产生外排，真正做到绿色无污染；整体结构采用防爆设计，支持在线带压拆装，满足石油炼化企业等高要求场合的应用；远程通信让现场检测和远程管理控制实现无缝衔接，做到管控一体化。

原创光纤型在线泄漏监测仪能够精确测量水中油含量，结合后台系统提供油含量超标报警功能。系统的报警点在量程范围内可调，用户可根据需要调整报警点，以满足不同工艺条件下使用。

原创光纤型在线泄漏监测仪为工业循环水系统安全、经济和可靠运行提供强有力的保障。

2.1 系统策略

在循环水场总出口或者生产装置循环水总进口旁路管道安装一台在线泄漏监测仪，以检测进入各个水冷器之前循环水的当量油含量 CA；在被监测水冷器的出口旁路管道安装一台在线泄漏监测仪，监测该水冷器回水口的油含量 CB；最后，计算该水冷器冷却水进出口油含量差值 ΔC＝CB－CA，以判定该水冷器的泄漏情况，当该台水冷器的油含量差值达到泄漏报警阈值时系统报警，系统的泄漏报警阈值可以自行设置。

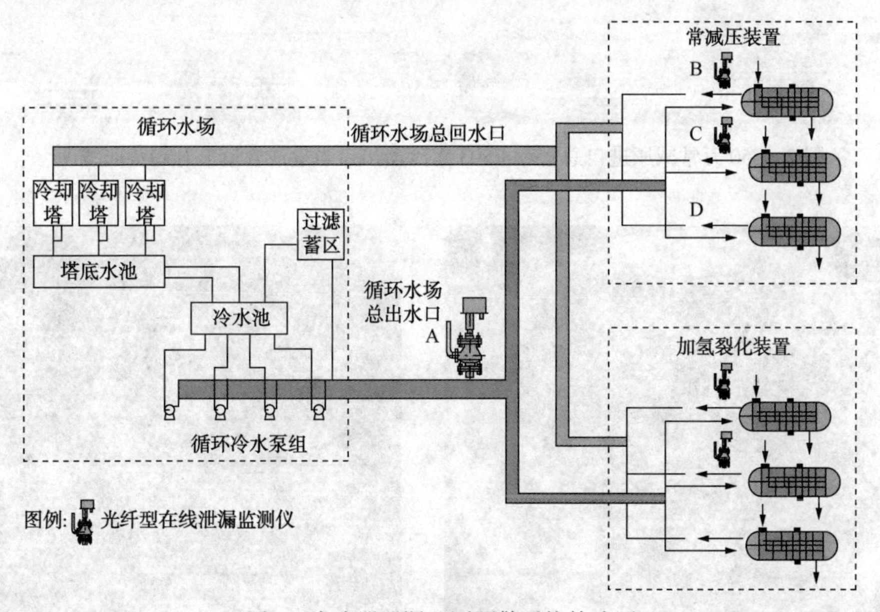

图1 水冷器泄漏监测预警系统策略图

2.2 总线方式

光纤型在线泄漏监测仪总线设计采用 RS485 现场总线进行通讯，用一根专用电缆作为总线，并通过支线将各光纤型在线泄漏监测仪接入总线；总线的另一端，则通过数采转换模块接入企业局域网。

2.3 安装方式

光纤型在线泄漏监测仪主管道原位安装，可带压拆装。现场所需主要物料要求：

（1）带法兰（DN50，PN16，RF）短节

（2）法兰直通式浮动球阀（Q41F-16C，DN50）

3 预警实施效果及分析评价

2016 年公司首次在常减压装置使用 6 个监测点的在线漏油监测技术，该技术采用紫外荧光对特定波长的紫外光照射含芳香烃类的工艺油物质，激发出的荧光光强与该物质的含量成正比，精度达到 0.1ppm。该技术在炼油装置的应用，为水冷器和循环水系统的漏油监测发挥了积极的作用。

2017 年 4 月 21 日 6：00 检测到 550 万常减压进口总管当量油含量上升，同时间检测到 E-503 水冷器出口当量油含量上升。对比分析当量油含量趋势曲线一致，排除本在线漏油检测技术监测的 5 台水冷器无泄漏，判定为其他水冷器泄漏，水场和装置联动排查，确定为 500 万 E-513 换热器泄漏。由于及时监测到系统的油泄漏，以及及时响应快速查漏应急机制，快速锁定泄漏水冷器，确保了循环水系统的水质稳定。

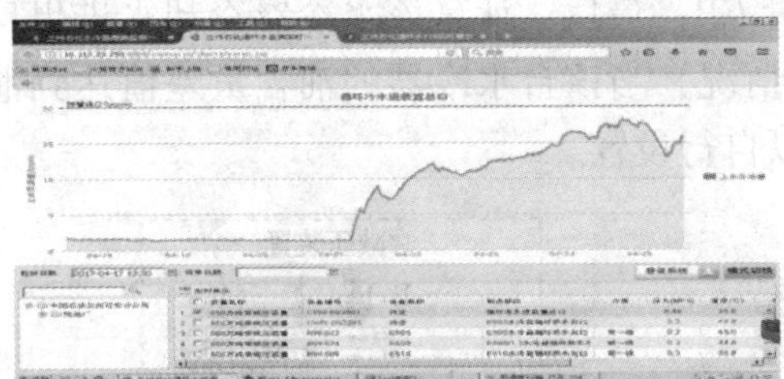

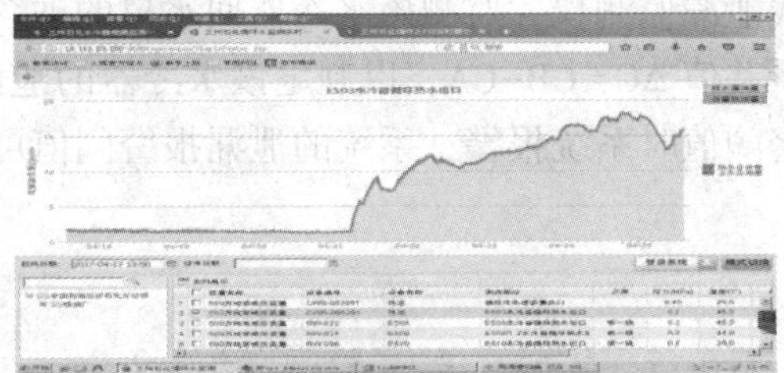

图 2 550 万常减压进口总管和 E503 水冷器出口当量油含量上升趋势曲线图

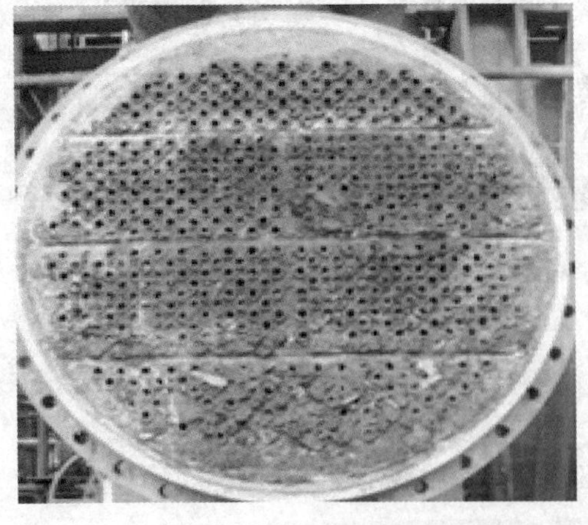

图 3 应用在线泄漏预警技术前后两次装置大修时水冷器对比情况

过跟踪常减压装置同一台水冷器 2016 年和 2019 年两次大修时打开后情形对比，可以看出，由于 2017 年及时监测到系统的油泄漏，同时及时响应快速查漏应急机制，快速锁定泄漏水冷器，减少了泄漏介质对循环水系统的污染，菌澡黏泥量明显减少，减轻了菌澡繁殖引起的腐蚀，抑制了黏泥附着造成换热效率下降，垢下腐蚀减轻，水冷器腐蚀、结垢及堵管现状大有改善。

4 结 束 语

水冷器泄漏是困扰循环水系统正常运行的难题，人为排查存在分析滞后、检出效率低等弊端。高灵敏度水冷器泄漏监测预警系统实现了被监测点水冷器信息和循环水油含量信息的一体化监测与管理，降低水冷器泄漏时的排查难度，可实现水冷器泄漏情况的远程监管，促进了水冷器安全管理水平的提高，对循环水水质管理乃至装置的长满优运行都具有十分重要和深远的意义。

螯合树脂在煤化工高含盐废水处理的应用

胡　璇[1]　胡跃华[2]

(1. Lightship Engineering, LLC, Massachusetts; 2. 中国石化长城能源化工(贵州)有限公司, 贵阳 550008)

【摘要】 为更好保护煤化工高含盐废水处理膜浓缩过程中使用的各种膜元件、进一步提高膜元件使用寿命、降低生产成本，本文针对煤化工高含盐废水在预处理过程中使用螯合树脂技术进行了综述，重点介绍了螯合树脂交换原理、运行过程中应注意事项等。

【关键词】 螯合树脂　高含盐废水　零排放　应用

随着国家对煤化工污水排放控制越来越严，目前要求新建煤化工项目污水处理必须零排放，这对煤化工高含盐废水的处理工艺、设备等就变得尤其重要。高含盐废水一般是指溶解性总固体(TDS)质量分数在3.5%以上的废水[1]，在煤化工高含盐废水处理过程中一般包括高含盐废水的预处理、膜浓缩及蒸发结晶等工序，其预处理过程中去除金属离子的方法有沉淀法、离子交换法、吸附法等，通常在考虑了高含盐水中金属离子浓度和处理运行成本后再选择高含盐水预处理的方法。其中，离子交换树脂法在电厂化学的应用已经非常广泛且有非常成功的经验，其去除金属离子主要是通过离子交换而达到的。而螯合树脂交换在氯碱工业二次盐水精制中得到了广泛应用，已成为从水溶液中去除金属离子非常普遍的方法之一。

1　去除水中残留硬度的方法

一般来说，大规模工业生产装置中的用水点比较多，对水质的要求也不一样，如果是低压锅炉，去除水中残留硬度的处理工艺采用钠离子交换床即能满足生产要求，如果是高中压锅炉，其水质处理工艺将会采用强酸阳床、弱酸阳床或弱酸/强酸联合床另加阴离子交换床和混合离子交换床；为提高氯碱工业离子交换膜的使用寿命，在二次盐水精制中均采用了螯合树脂对盐水中钙镁离子进行交换，得到残留硬度小于0.02mg/L高质量的水[2]。目前在煤化工高含盐废水处理中，其预处理和深度软化单元通常采用混凝沉淀、过滤及离子交换等方法，而使用螯合树脂对煤化工高含盐废水进行深度软化处理后，就可以将高含盐水硬度控制在0.01mg/L以下[3]。各种离子交换型式比较见表1。

表1　各种离子交换型式比较

床型	钠离子交换床	弱酸阳床	强酸阳床	弱酸/强酸联合床	螯合树脂床
交换基团	钠型阳树脂	氢型强酸阳树脂	氢型弱酸阳树脂	氢型强/弱阳树脂	氢型弱酸螯合阳树脂
交换容量	一般	较高	高	较高	低
再生剂	食盐	酸	酸	酸	酸

续表

床型	钠离子交换床	弱酸阳床	强酸阳床	弱酸/强酸联合床	螯合树脂床
再生剂用量	高	高	高	较高	较高
适宜温度	高	一般	一般	一般	较高
适宜 pH 范围	大	一般	一般	一般	大
出水水质	差	较差	一般	一般	好
树脂价格	低	中等偏下	中等	中等偏下	高
树脂使用寿命	一般	长	较长	长	较长

2 螯合树脂的一般特性

螯合树脂是一类能与金属离子形成多配位络合物的交联功能高分子材料。在其功能基中存在着具有未成键孤对电子的 O、N、S、P、As 等原子，这些原子能与金属离子形成配位键，构成与小分子螯合物相似的稳定结构，而离子交换树脂吸附的机理是静电作用，因此与离子交换树脂相比，螯合树脂与金属离子的结合力更强，选择性也更高。螯合树脂可以按母体不同分类，骨架结构不同分类，基团位置不同分类及官能团进行分类[4]。其中氨基膦酸螯合树脂是一种苯乙烯和二乙烯苯交联的具有弱酸性氨基膦酸活性基团的大孔结构螯合树脂，这种化学结构有利于与金属离子形成螯合物。与相应的亚氨基二乙酸树脂相比，氨基膦酸螯合树脂同特定的阳离子有更大的亲和性，同低原子量的阳离子形成更稳定的螯合物，因此，氨基膦酸螯合树脂更适合于煤化工高含盐废水处理。

3 螯合树脂交换原理[5]

螯合树脂是一种离子交换树脂，与普通树脂不同，它能同许多金属离子形成络合物，该树脂对金属阳离子相对亲合力由大到小的顺序为：$Mg^{2+}>Ca^{2+}>Sr^{2+}>Ba^{2+}$。这说明螯合树脂同钙镁的络合能力要大于锶和钡等，可用来制取硬度符合膜处理要求的高含盐废水。

3.1 以胺基磷酸性螯合基团为例，其典型的离子交换反应式如下：

$$2RCH_2NHCH_2PO_3Na_2+Ca^{2+}\longrightarrow(RCH_2NHCH_2PO_3)_2\cdot CaNa_2+2Na^+$$

螯合树脂由中心离子和多基配位体形成，是具有环状结构的络合物。络合物的形成和离解，是两个互相对立而又依赖的过程。一方面中心离子通过配位键与络合剂相结合，形成络合物，表现出一定的化学吸引力；另一方面，由于络合物内部的矛盾运动，其中的部分又要离解，表现出一定的化学排斥力。在一定的外界条件下，会达到一个相对平衡的状态，如果外部条件改变，就会破坏平衡。螯合树脂就是根据这个原理进行再生恢复螯合树脂的交换能力，所以在交换能力明显降低时，必须对螯合树脂进行再生。

3.2 螯合树脂的再生

螯合树脂再生反应是用盐酸来完成的，这时盐酸中的 H^+ 与螯合树脂中的 Ca^{2+} 进行交换，其反应式如下：

$$(RCH_2NHCH_2PO_3)_2\cdot CaNa_2+4HCl\longrightarrow2RCH_2NHCH_2PO_3H_2+CaCl_2+2NaCl$$

为了使氢型螯合树脂转为钠型，用氢氧化钠溶液通过树脂层，此后，转为钠型的树脂即可投入运行，其反应式如下：

$$RCH_2NHCH_2PO_3H_2+2NaOH \longrightarrow RCH_2NHCH_2PO_3Na_2+2H_2O$$

4 影响螯合树脂性能因素[2,5,6]

4.1 进水 pH 值

螯合树脂对 Ca^{2+}、Mg^{2+}的交换能力随高含盐水 pH 值提高而增大，但通常要求小于 11。因为 pH 值过高会使高含盐废水中钙、镁化合物以分子状态存在，而螯合树脂对 $CaCO_3$、$Mg(OH)_2$不能进行交换反应，只能当过滤器使用。某甲公司生产的螯合树脂对进树脂床之前的高含盐废水不加酸，不作 pH 调整；而某乙公司对进树脂床之前的高含盐废水自动加酸，调节 pH 值至 9 左右，使钙镁化合物转变为离子，这有助于螯合树脂的交换，很容易使高含盐出水中 Ca^{2+}、Mg^{2+}指标合格。

4.2 进水质量

高含盐废水经沉淀处理后出水质量将直接影响螯合树脂床的出水质量，因为离子交换过程中螯合树脂的交换容量是一定的，如果高含盐废水中 Ca^{2+}、Mg^{2+}等含量过高，将会增加树脂交换床的负担，造成对结垢阳离子交换不完全，最终会有部分 Ca^{2+}、Mg^{2+}不经交换而直接进入膜处理单元，会影响膜处理效果和使用寿命。

4.3 进水游离氯

当煤化工高含盐水中含有氯酸盐时，必须在酸再生前对高含盐废水充分淋洗与置换，避免酸再生时与盐水中的氯酸盐反应生成游离氯。另外，所用高纯盐酸质量必须合格，不含游离氯为最佳(质量浓度≤60mg/L)。这是因为游离氯是强氧化剂，极易造成螯合树脂降解，使其失去交换性能。

4.4 进水温度

螯合树脂与钙、镁的螯合反应是在一定温度下进行的。温度高时，吸附能力增加，绝对吸附量增加，螯合反应速度快，树脂使用周期长。但高含盐水温度过高，树脂的强度会降低，破碎率升高，会使螯合树脂受到不可恢复的损伤。为保证螯合树脂良好性能的发挥，通常将进入树脂床的高含盐废水温度控制在(60±5)℃，煤化工高含盐废水的出水温度一般是室温，在西北、东北等地的高含盐废水在冬季的温度都比较低，为保证螯合树脂的交换性能，有条件时需对高含盐废水进行加温处理。

4.5 再生质量

树脂的再生质量直接关系到高盐出水的质量，特别是再生时酸碱浓度、再生时间等的控制。酸碱浓度过低或再生时间过短等，都会影响再生质量；酸碱浓度过高或再生时间过长，再生费用太高，形成浪费，酸碱的质量分数应控制在 5%~6%。另外经过一段时间的运行，树脂吸附了一定量的金属离子，而螯合树脂对金属的吸附能力很强，正常洗涤钙镁离子的工艺操作不能将金属离子全部洗脱，会影响螯合树脂对钙镁离子的吸附，所以要根据螯合树脂床出水的钙镁含量，定期对螯合树脂床进行倍量再生，确保螯合树脂床的除钙镁能力。倍量再生会增加对金属离子的洗脱率，进而恢复树脂对钙镁离子的吸附量。

4.6 运行流速

螯合树脂交换床运行流速过低，易在螯合树脂层发生偏流，影响螯合树脂的交换能力，造成出水质量恶化；过高的流速会增大水流阻力，也会使螯合树脂的破损率上升，影响螯合树脂的正常运行。其他影响因素还有运行方式(顺流床、逆流床、浮动床等)、树脂层高度、高含盐废水的浓度、运行压力与压差等。

5 结 语

目前虽然有一定效益规模的煤化工产品生产装置，其高含盐废水处理规模根据原水含盐量的不同而不一样，总的来说和配套的电厂化学离子交换装置相比其规模小很多，又因于螯合树脂体积交换容量仅为 0.5mmol/mL[5]，比常规阳离子交换树脂的体积交换容量低 3-4 倍，可价格又高于常规阳树脂 5~7 倍，这样就造成了螯合树脂在煤化工高含盐水处理的广泛应用存在一些困难。但为提高煤化工高含盐废水处理中膜元件(如 ED、FO、RO、TDRO、NF 等)的使用寿命，降低生产成本，在煤化工高含盐废水中使用螯合树脂是一个较好的办法。要使螯合树脂保持良好的交换性能，必须认知和熟悉螯合树脂交换原理及过程，分析影响螯合树脂性能的因素，以便在生产运行中合理控制运行参数并实施优化方案。

参 考 文 献

[1] OlivierLefebvre, Rene Moletta. Treatment of organic pollution inindustrial saline wastewater: a literature review[J]. WaterResearch, 2006, 40: 3671-3682.

[2] 刘红星，魏成江，王军营，等．影响螯合树脂塔运行的因素[J]．氯碱工业，2015，51(1)：8-9.

[3] 杨楠．煤化工高盐废水零排放工艺技术研究[D]，西北大学，2018：73.

[4] 罗凡，董滨，毕研斌，等，螯合树脂吸附金属阳离子的应用及其研究进展[J]．水处理技术，2011，37(1)：23-24.

[5] 李楚新，螯合树脂使用情况分析及总结[J]．氯碱工业，1999(2)：16-19.

[6] 钟汨江，华克明，螯合树脂的交换容量[J]．氯碱工业，2000，6(1)：7-9.

生物毒性测试在污水预处理工艺选择中的应用

崔凤霞　李　军　赵克品　陈玮娜　段大勇

（中国石化天津石化公司研究院，天津 300271）

【摘要】 在对高浓度、难降解有机污水进行预处理工艺筛选中试试验过程中，使用活性污泥呼吸仪，采用微生物耗氧速率法对三种预处理工艺出水的生物毒性进行测试，介绍了测试原理和主要测试过程，依据毒性测试结果否决了 COD 降幅较大但生物毒性增强的工艺，选择了 COD 降幅较小而生物毒性下降较明显的工艺。

【关键词】 生物毒性　耗氧速率　污水预处理　活性污泥呼吸仪

随着所加工原油的不断劣质化，石油炼制和化工装置产生的污水成分越来越复杂，处理难度不断增大，加重了后续污水处理场的压力，因此需要选择合适的工艺对污水进行预处理，以减轻对后续生化处理系统的冲击，保证污水最终达标排放。

在选择污水预处理工艺时，不但要考察预处理后污水 COD 等指标的降低程度，尤其重要的是要考虑其对污水可生化性的影响。由于一些预处理工艺加入的药剂可能具有一定生物毒性，导致生化处理效果降低，失去了预处理的意义。因此在污水预处理试验过程中，对预处理出水进行生物毒性测试，具有非常重要的实际意义。

本实验在某石化企业废水预处理工艺筛选中试试验过程中，采用耗氧速率(OUR)法对各工艺出水的生物毒性进行测试，并作为工艺选择的最终判据，否决了增强污水生物毒性的工艺，确定了较合适的预处理工艺。

1　实验仪器及试剂

活性污泥呼吸仪：BM-Advance 型，西班牙 SURCIS 公司；

COD 测试仪：哈希 DRB200 消解器、DR3900 分光光度计；

醋酸钠：分析纯；

氯化铵：分析纯；

活性污泥：某污水处理场纯氧曝气二沉池回流污泥。

2　测试原理及主要过程

毒性物质会抑制活性污泥微生物的活性，影响污水生化处理效果，甚至导致生化系统瘫痪，因此，进行污水毒性测试十分必要。对微生物的毒性可以从其生长速率、生物量等方面进行考察，由于测试方法和受试对象不同，其毒性评估结果会存在很大差异[1-3]。Dalzell 等[4]通过对硝化抑制、ATP 发光、呼吸测量、酶抑制和 Microtox5 种毒性检测方法的对比研究认为，呼吸法与活性污泥行为的相关性最好，且成本最低，耗时最少。因此，本研究选择呼吸法，即微生物耗氧速率法对污水的生物毒性进行测试。

2.1 测试原理

BM-Advance 型活性污泥呼吸仪通过连续测定并自动记录污水生化过程中活性污泥溶解氧(DO)的含量，绘制活性污泥微生物的耗氧速率曲线，来反映有机物降解速率。其测试基本原理示意如图 1 所示[5]。

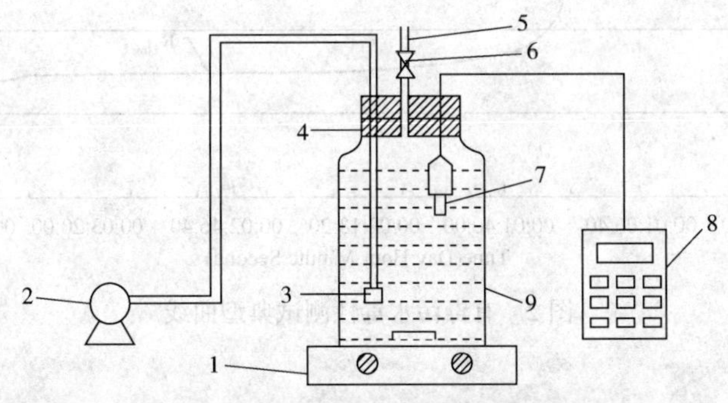

图 1 OUR 反应器及原理示意图

1—搅拌器；2—曝气机；3—曝气头；4—橡皮密封塞；5—排气管；6—密封阀门

7—溶解氧电极；8—溶解氧显数仪；9—反应器

图 1 反应器中装有活性污泥和污水的混合液，反应过程中通过曝气机和曝气头连续通入空气，在连续搅拌下进行生化反应，通过溶解氧电极测定生化过程的溶解氧，软件自动计算并绘制耗氧速率曲线。最大呼吸速率能反映污泥状态，对某个具体的污水处理场来说，在通常运行情况下，最大呼吸速率保持恒定。当足够高浓度的毒物进入曝气池后，微生物耗氧呼吸速率会出现突然下降的现象，通过对下降程度的测量，可计算得到生物毒性数值。

2.2 主要测试过程

采用活性污泥呼吸仪测定废水对活性污泥的毒性，主要测试过程如下：

(1) 取活性污泥并在实验室连续空气曝气至少 24h，使之达到内源呼吸状态；

(2) 向活性污泥呼吸仪反应器中加入 1L 挥发性悬浮固体浓度(MLVSS)在 2~5g/L 处于内源呼吸状态的活性污泥，如果太浓可用去离子水稀释；

(3) 开启仪器，当反应器中的温度、溶解氧稳定后，加入一定量标准物质醋酸钠和氯化铵的混合溶液，进行生化反应，软件自动绘制 OUR 曲线；

(4) 当耗氧速率达到最高点 $R_{s,max}$ 并保持平稳后，加入 10mg 醋酸钠和一定量待测污水的溶液。如果待测水样加入后耗氧速率立即下降，则表明水样有毒；如果耗氧速率明显上升，则待测污水无毒。典型的有毒污水毒性测试曲线如图 2 所示，无毒污水的测试曲线如图 3 所示。

所测污水的毒性 I 计算公式见式(1)：

$$I = 100\% \times (R_{s,max} - R_{s,tox}) / R_{s,max} \tag{1}$$

式中 $R_{s,max}$——加入标准物溶液后达到的最大呼吸速率值，mg O_2/(L·h)；

$R_{s,tox}$——加入待测样品稳定后的呼吸速率值，mg O_2/(L·h)。

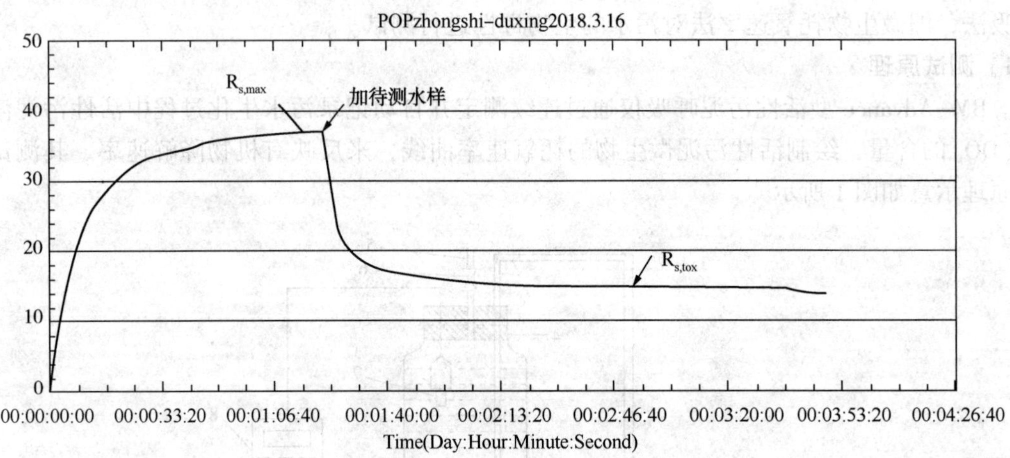

图 2　有毒污水毒性测试典型曲线

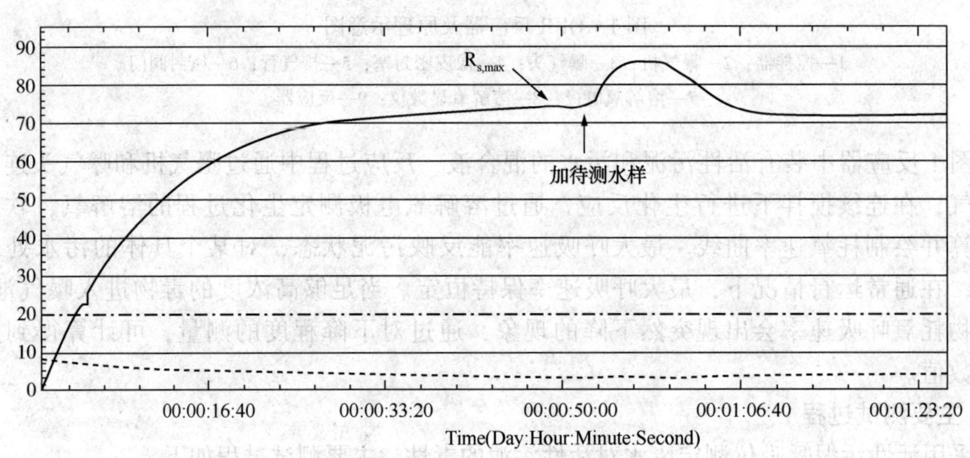

图 3　无毒污水毒性测试典型曲线

3　结果与讨论

某石化企业生产装置产生的污水含有苯乙烯、丙烯腈、环氧烷烃和高分子聚合物等，BOD_5/COD_{Cr}值约为0.15，属于高浓度、难降解有机废水，如果直接进入污水处理场，会对生化处理系统造成一定冲击，影响污水最终达标排放。因此，需要对污水进行预处理，以降低其COD，同时提高可生化性。

该企业选择三种预处理工艺进行中试试验，对各工艺出水COD和生物毒性进行了3天的标定测试，以筛选出适宜的预处理工艺。三种工艺预处理前、后污水的COD_{Cr}测试值见表1，生物毒性测试结果见表2。

表 1 各工艺处理后污水的 COD_{Cr} mg/L

取样时间	第 1 天		第 2 天		第 3 天	
	8：00	16：00	8：00	16：00	8：00	16：00
中试进水	4516	3866	3813	4014	4947	4404
1#工艺出水	2883	2777	2321	2390	2773	2348
2#工艺出水	2633	2385	2016	1932	2073	1964
3#工艺出水	1649	1495	1697	1433	1107	912

表 2 各工艺处理后污水的生物毒性 %

取样时间	第 1 天		第 2 天		第 3 天	
	8：00	16：00	8：00	16：00	8：00	16：00
中试进水	30.2	25.0	25.9	26.5	25.7	28.3
1#工艺出水	20.5	16.8	15.5	17.3	17.0	17.9
2#工艺出水	41.3	36.4	35.2	40.5	37.9	40.4
3#工艺出水	43.9	35.2	37.4	42.6	35.8	38.5

注：测试过程中污水的加入量为 30g。

由表 1 可以看出，经三种工艺处理后，污水的 COD_{Cr}均有一定程度的降低，其中 3#工艺降低最多，1#工艺降幅最小。

由表 2 可见，中试装置的进水即存在一定的生物毒性，这是由污水中的污染物成分造成的。经 1#工艺处理后，污水毒性有一定程度的降低，降幅约 10 个百分点；而 2#和 3#工艺处理后，污水毒性反而明显增强，这应该是由于该两种工艺分别加入了 O_3、H_2O_2。O_3和 H_2O_2都是较强的杀菌剂，二者在污水预处理完成后分解不完全，残留在污水中造成了对活性污泥微生物的毒性。

在发现预处理出水毒性增强之后，对 2#和 3#工艺出水分别采用在缓冲罐中存放 12h、氮气吹脱 0.5h 的处理，以促进残余臭氧和 H_2O_2分解，降低污水的生物毒性，但效果均不好。这可能与臭氧和 H_2O_2在水中的溶解度较高有关，标准状态下 1 体积水可溶解 0.494 体积的臭氧，而 H_2O_2可以任何比例与水互溶。

由于污水经预处理后，还需进入后续生化单元进行深度降解，虽然 2#、3#工艺出水的 COD_{Cr}比 1#工艺降低更加明显，但由于其生物毒性增强，将会严重影响后续生化处理系统的效果，因此，否决了 2#和 3#工艺，最终选择了 1#工艺对该股污水进行预处理。

4 结 论

在某石化企业对其生产装置排出的有机污染物含量高、可生化性差的污水进行预处理工艺筛选中试试验过程中，使用活性污泥呼吸仪，采用微生物耗氧速率法对各预处理工艺出水的生物毒性进行标定测试，结合 COD_{Cr}测试结果，得出如下结论：

（1）2#、3#工艺处理出水的 COD_{Cr}下降幅度较大，但由于其所用氧化剂 O_3或 H_2O_2残留在水中，造成出水生物毒性比进水增强，会对后续生化系统处理效果造成更加严重的冲击。

(2) $1^{\#}$工艺处理后污水的COD_{Cr}下降程度较小，但生物毒性明显降低。

(3) 综合考虑3种预处理工艺出水的COD_{Cr}和生物毒性测试结果，选择$1^{\#}$工艺对该股废水进行预处理。

参 考 文 献

[1] RiccoG, Tomei M C, Ramadori R, et al. Toxicity assessment of common xenobiotic compounds on municipal activated sludge: comparison between respiromtry and microtox R[J]. Wat Res, 2004, 38: 2103-2110.

[2] Gutierrez M, Etxebarria J, de las Fuentes L. Evaluation of wastewater toxicity: comparative study between microtox and activated sludge oxygen uptake inhibition[J]. Wat Res, 2002, 36: 919-924.

[3] 卢培利，张代钧，张欣，等．混合呼吸仪评估pH值和重金属对污泥活性的抑制[J]．中国环境科学，2008，28(5)：422-426.

[4] Dalzell D J B, Alte S, Aspichueta E, et al. A comparison of five direct toxicity assessment methods to determine toxicity of pollutants to activated sludge[J]. Chemosphere, 2002, 47: 535-545.

[5] 周雪飞，顾国维，张冰，等．活性污泥数学模型中异养菌产率系数测定方法的研究[J]．环境污染与防治，2006，28(7)：493-495.

浅谈 PID 法 VOC 检测快速判断循环水漏点

刘晓峰

（中国石化齐鲁石化公司供排水厂，淄博 255400）

【摘要】 循环水系统在日常运行中，常会遇到工艺物料泄漏导致水质恶化。若不能及时发现和妥善处理，会导致换热器换热效率降低、水换设备腐蚀加剧、冷却塔换热效率下降、药剂消耗增加、循环水排污剧增等问题，严重时会造成生产装置负荷降低甚至装置停车。因此，当出现冷换设备泄漏时，如何快速查找泄漏源，定位泄漏点，并快速地采取有效的处置措施，是确保循环水系统和生产装置平稳运行的关键所在。

【关键词】 循环水装置 PID 法 VOC 泄漏

本文中的循环水装置 1997 年 11 月投用，设计能力为 16000t/h，主要设备有：5 间逆流式冷却塔、5 台循环水泵、5 台轴流式螺旋桨风机、原水预处理系统、旁滤池、加药系统等。该循环水装置服务的单位有：乙烯裂解装置、芳烃装置、燃煤锅炉、齐隆，增塑剂等。

由于生产装置设备老化、装置加工腐蚀性较强的高硫原油和检修周期长等原因，冷换设备物料泄漏现象较为突出。泄漏的工艺介质对循环水水质冲击较大；受下游环保设施的限制，无法短时间大量排污置换。因此，快速确认泄漏介质、查漏泄漏源、封堵泄漏点是极为重要的，根据泄漏的介质性质，制定有效的处理措施，迅速恢复循环水水质，确保循环水装置安全稳定保供，是我们职责。

该循环水装置自 2016 年至 2019 年共发生 12 次冷换设备泄漏，泄漏介质 4 类：丙烯、急冷油、环丁砜和苯。其中，丙烯和急冷油主要发生在裂解装置，环丁砜和苯发生在芳烃抽提装置。从介质的特性来看，有气态的丙烯，液态的环丁砜、急冷油和挥发性极强的苯。而日常查漏的方法有 COD、油含量、余氯和可燃气体等监测方法，本文介绍的使用是用 PID 法的 VOC 快速检测法查漏。

1 VOC 快速检测法

VOC 是挥发性有机化合物(volatile organic compounds)的英文缩写。普通意义上的 VOC 就是指挥发性有机物；但是环保意义上的定义是指活泼的一类挥发性有机物，即会产生危害的那一类挥发性有机物。VOC 的主要成分有：烃类、卤代烃、氧烃和氮烃，它包括：苯系物、有机氯化物、氟利昂系列、有机酮、胺、醇、醚、酯、酸和石油烃化合物等，用于检测的方法也主要有 PID 和 FID 法两种。

光离子化检测器(简称 PID)和火焰离子化检测器(简称 FID)是对低浓度气体和有机蒸汽具有很好灵敏度的检测器，优化的配置可以检测不同的气体和有机蒸汽。这两种技术都能检测到 ppm 水平的浓度，但是它们所采用的是不同的检测方法。每种检测技术都有它的优点和不足，针对特殊的应用就要选用最适合的检测技术来检测。

1.1 FID 与 PID 法工作方式的不同

FID 是采用氢火焰的办法将样品气体进行电离，这些电离的离子可以很容易地被电极检测到，这些样气被完全的烧尽。因此 FID 的检测对样品是有破坏性的，检测完毕后排出的样品是不能在用来做进一步分析。

PID 是采用一个紫外灯来离子化样品气体，从而检测其浓度。当样品分子吸收到高紫外线能量时，分子被电离成带正负电荷的离子，这些离子被电荷传感器感受到，形成电流信号。紫外线电离的只是小部分 VOC 分子，因此在电离后它们还能结合成完整的分子，以便对样品做进一步的分析。

1.2 不同气体的灵敏度不同

PID 法灵敏度：芳香族化合物和碘化物>石蜡、酮、醚、胺、硫化物>酯、醛、醇、脂肪>卤化脂、乙烷>甲烷(没响应)。

FID 法灵敏度：芳香族化合物和长链化合物>短链化合物(甲烷等)>氯、溴和碘及其化合物。因此在同样的气流情况下，我们同时用 PID 和 FID 来检测会得到不同的数据。总的来讲，PID 是对官能团的一个响应，FID 是对碳链的响应。只有像丙烷、异丁烯、丙酮这样的分子，PID 和 FID 对它们的响应灵敏度十分相近，另外，使用不同的 PID 灯还会有不同的灵敏度。

1.3 标定的不同

FID 常用甲烷来标定，但是 PID 对甲烷没有任何的响应。

1.4 两者的检测极限、范围

FID 能检测 1~50000mg/L；PID 能检测 1μg/L~4000mg/L 或 0.1~10000mg/L 的 VOC，PID 可以检测更低浓度的 VOC，在高浓度(>1000mg/L)情况下，FID 有更好的线性。

1.5 湿度的适应程度不同

一般情况，湿度对 FID 没有任何影响，因为火焰能将湿度清除，除非有水直接进入到传感器中。PID 在高湿度情况下会降低响应，通过对传感器的清理和维护可以避免因湿度产生的滞后响应。

1.6 惰性气体的影响不同

PID 能在像氮气或氩气的惰性气体环境中直接检测 VOC，响应不会随惰性气体浓度的变化有任何的影响。FID 的工作原理要求有固定浓度的氧气存在，便携式 FID 的氧气来源通常是来自样品气体。因此，如果要测量一个管道或容器内的稳定气体时，FID 就要采用周围的氧气来稀释样品后才能成功检测。

表 1 PID 与 FID 法对比一览表

参　数	PID	FID
方式、便捷度	手持式、重量轻、操作便捷	体积大、重、操作繁琐
5%馏出温度/℃	不低于 288	ASTM D1078
检测范围	1μg/L~10000mg/L	1~50000mg/L
化合物监测	VOC 气体和某些无机气体	VOC 气体和少量无机气体

续表

参 数	PID	FID
惰性气体的影响	无影响	需要输入氧气或空气
样品的保存	对样品无破坏	检测的样品被破坏
可靠性	使用寿命长	因氢气瓶更换有不可靠性
费用	低	高
安全性	本质安全	防爆

2 PID 法 VOC 快速查漏案例 1

2.1 2019 年 2 月该循环水出现一次芳香烃苯的泄漏，诊断和判定过程

泄漏初期的表象为循环水装置现场弥漫着刺鼻的化工异味，而且越往冷却塔方向气味越浓，水体呈暗红色，见图 1。

图 1 集水池南侧泡沫

加样分析数据上看不出明显的泄漏源，该循环水总回水油和 COD 指标超标，而供水和其他装置回水支线取样数据均低于回水数据，具体数据见表 2。

表 2 泄漏时加样数据列表

日期	取样点	COD 锰法	油含量
2 月 19 日	该循环水总回水	22.2	18.3
2 月 19 日	该循环水总供水	11.5	0.81
2 月 19 日	裂解回水		1.6
2 月 19 日	芳烃回水	8.7	1.29
2 月 19 日	齐隆回水	12.4	1.07
2 月 19 日	增塑剂回水 1		1.08
2 月 19 日	增塑剂回水 2		1.09
2 月 19 日	煤粉炉回水		0.66

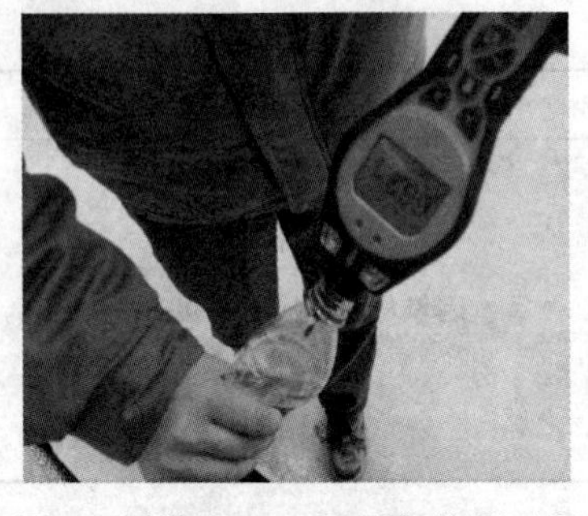

图 2　便携式 VOC 监测仪检测过程

用可燃气体分析仪检测没有明显超标现象。根据分析判断泄漏物质可能为挥发性轻烃类，选择用便携式 VOC 监测的方法查找漏点。现场用取样瓶取三分之一的样品，然后剧烈晃动后，用便携式 VOC 检测仪塞入瓶口(图 2)。用此方法分析后该循环水回水为 662mg/L，而芳烃回水则为 950mg/L 大于该循环水回水。用此方法在芳烃装置逐一排查后，发现一抽提回水 VOC 数据为 19000mg/L，是该循环水回水的 28 倍，从而确定了泄漏源。

表 3　VOC 测量数据列表

日期	取样点	VOC 含量/(mg/L)
2 月 20 日	该循环水总回水	662
2 月 20 日	该循环水总供水	26
2 月 20 日	裂解回水	190
2 月 20 日	芳烃回水	950
2 月 20 日	齐隆回水	77
2 月 20 日	芳烃一抽回水	19000

2.2　苯泄漏后应对的措施

(1) 通过适当加大循环水排污量可将水中的泄漏物浓度降下来，使循环水水质得以尽快恢复至正常水平。

(2) 加大氧化和非氧化型杀菌剂投加力度，以抑制细菌的大量繁殖所带来的危害。

(3) 在加大排污量的同时增加缓蚀剂和阻垢剂的投加量，确保水处理药剂浓度被控制在要求范围内。

3　PID 法 VOC 快速查漏案例 2

2019 年 7 月 3 日车间查找环热管超标原因时发现，挂片器的监测试片上附着大量黏泥且管道内壁有大量黏泥(图 3)，根据黏泥的形态和颜色及以往经验初步判断为微生物爆发所致。为查找细菌爆发的营养源，25 日加样分析了一循回水 COD 铬法为 76mg/L，并不高。26 日用便携式 VOC 气体检测仪分析一循回水为 6000mg/L，从该数据判断有挥发性工艺物料泄漏倾向。

图 3　回水挂片照片图

3.1　泄漏分析

确定一循系统有泄漏后，用便携式 VOC 气体检测仪确定了泄漏换热器为 EA550，该换热器为丙烯冷却器，工艺测压力为 17kg，水侧 VOC 气体含量为 51460ppm，因泄漏物质为丙烯气体，给在气温和湿度都非常易于细菌繁殖的循环水回水管内的细菌提供了营养源，导致水中生物黏泥暴增，黏泥附着在监测换热管表面导致药剂无法发挥应有的缓释阻垢作用，造成的垢下腐蚀致使腐蚀和黏附速率超标。

3.2 采取措施

(1) 通过适当加大循环水排污量可将水中的泄漏物浓度降下来，使循环水水质得以尽快恢复至正常水平。

(2) 加大氧化和非氧化型杀菌剂投加力度，以抑制细菌的大量繁殖所带来的危害。

(3) 在加大排污量的同时增加缓蚀剂和阻垢剂的投加量，确保水处理药剂浓度被控制在要求范围内。

(4) 泄漏装置采用循环水回水管顶部采气的方法，将丙烯引致火炬处理。

4 结 语

(1) PID 法检测循环水泄漏能够直观地显示泄漏物料量的变化，方便现场查找泄漏源。

(2) PID 快速检测仪器能够现场显示数据，COD、油含量等泄漏分析方法需要很长一段时间出数据，因此 PID 法更为便捷。

(3) 采用便携式 VOC 检测仪查找循环水漏点后，大大缩短了泄漏的处置时间，给循环水装置恢复正常和生产装置保供争取了宝贵的时间。

参 考 文 献

[1] 李本高，王建军，傅晓萍．工业水处理技术[M]．北京：中国石化版社，1992，06：113-115.

[2] 周本省．工业水处理技术[M]．2 版．北京：化学工业出版社，2003，07：77-85.

[3] 李本高．中国石油化工水处理技术新进展[M]．北京：中国石化出版社，2001，01：40-50.

除臭钝化清洗技术在气柜倒空置换过程中的应用

岳武平　卢剑飞

（中国石油兰州石化公司，兰州 730060）

【摘要】 石油化工厂中间产品车间火炬装置 30000m^3 螺旋式低压湿式储气柜停工检修倒空置换过程中应用除臭钝化清洗技术，大大缩短了倒空置换时间，并取得了良好的钝化除臭效果，达到了安全、环保管控要求。随着国家环保要求越来越高，环保监管越来越严格，装置停工处理过程中使用除臭钝化清洗密闭吹扫技术为大势所趋。

【关键词】 倒空置换　除臭　钝化　清洗

石油化工厂中间产品车间火炬装置气柜是容积为 30000m^3 的螺旋式低压湿式储气柜，于 2002 年建成投用，气柜水槽壁板及塔节水封圈长期与水接触，其接触面在氧腐蚀和电腐蚀共同作用下，易发生腐蚀导致钢板减薄穿孔。2019 年大检修安排对气柜进行检修，主要是对气柜进行全面检测和内部清理及内外部除锈防腐工作。

1　采用除臭钝化清洗机技术的原因

气柜工艺交检修前传统处置方法是采用氮气吹扫合格后利用蒸汽蒸煮，蒸汽蒸煮直接向大气排放，蒸汽携带的硫化氢和可燃气体会对大气环境造成严重污染，蒸煮不能确保完全去除硫化亚铁，且气柜容积大置换蒸煮用时长，不能满足检修工期需要。采用除臭钝化清洗技术可以消除硫化亚铁自燃问题并消除设备内带有的恶臭类气味，确保检修人员和设备的安全，缩短装置停工检修时间，减少装置停工损耗及费用。

2　除臭钝化清洗机理及过程控制

2.1　液相清洗剂的组成及清洗机理

2.1.1　液相清洗剂

此次除臭钝化技术选用济南惠成达科技有限公司生产的 HCD-PC-O3 高效复配钝化清洗剂进行除臭钝化清洗。HCD-PC-03 型高效复配钝化清洗剂由渗透剂、螯合剂、分散剂等复配制得的。本品用于炼油或化工设备的检修开放前钝化系统中硫化亚铁和除去硫化氢、硫醇、氨等化合物。清洗剂不含重金属等对污水处理有毒成分，清洗结束后，产生废液不会对污水处理造成影响。

2.1.2 除臭钝化机理

(1) 硫化亚铁的清除机理

清洗剂中利用有机胺丙二烯二胺在催化剂的条件下与 FeS 反应，最终生成单质 S 和 Fe^{2+}，达到去除硫化亚铁的目的，消除其潜在的自燃性。

主要化学反应：

$$2FeS + (NH_2)-\underset{\underset{H}{|}}{C}=C=\underset{\underset{H}{|}}{C}-NH_2 \xrightarrow{\text{催化剂}} H-S-\underset{\underset{H}{|}}{C}=\underset{\underset{H}{|}}{C}-S-H + 2Fe^{2+} + NH_3 + \text{未知物}$$

$$H-S-\underset{\underset{H}{|}}{C}=\underset{\underset{H}{|}}{C}-S-H \longrightarrow C_2H_4\uparrow + 2S\downarrow$$

(2) 氨、硫化氢的清除机理

利用从植物提取液提取的饱和或者不饱和醛类物质来消除恶臭。这些醛类可以直接作用于氨、硫化氢以及它们的有机衍生物、挥发性有机酸或者 VOC(挥发性有机化合物)。它是可生物降解的、无害的对环境不会造成污染。

主要化学反应：

$$RCHO + 3NH_3 \longrightarrow 3R-\underset{\underset{OH}{|}}{CH}-NH_2 \xrightarrow{-3H_2O} \text{(2,4,6-三R-1,3,5-三氮杂环己烷)}$$

醛与氨气发生聚合反应生成类似半缩醛的半胺醛，然后失水反应生成 1,3,5-三氮杂环己烷。

$$RCHO + R'-NH_2 \longrightarrow RHC=N-R'$$

醛与伯胺生成亚胺(希夫碱)。

$$RCHO + H_2S \longrightarrow R-\underset{\underset{OH}{|}}{CH}-SH \longrightarrow H_2O + RCH=S$$

醛与硫化氢发生聚合反应生成类似半缩醛的半硫醛，然后失水反应生成硫代醛。

$$3\,RCH=S \xrightarrow{\text{聚合}} \text{(2,4,6-三R-1,3,5-三硫杂环己烷)}$$

硫代醛发生聚合反应生成 1,3,5-三硫杂环己烷。

2.1.3 重油清洗原理

油垢清洗选用HCD007水基清洗剂和HCD-02重油清洗剂。清除焦油垢的机理是清洗剂中的表面活性剂、有机助剂和无机助剂使得清洗液中水的界面张力大大降低，使清洗液润湿污垢的能力提高，加上表面活性剂胶束对油污的增溶、乳化与起泡作用，使得油污质点被分散到清洗液中去，不再沉积到被清洗物的表面。这样把焦油垢中的焦油、沥青、胶性物、酚类等溶解，积碳、灰渣等固体组分被松散、软化、分散，使其变成松散的、颗粒较小的悬浮物，通过循环清洗把它们带出设备达到清除积垢的目的。

2.2 除臭钝化清洗操作条件

气柜经工艺氮气置换结束，气体采样分析连续三点烃+氢≤0.5%。钝化清洗时，要求设备内温度不大于60℃。除臭钝化清洗前气柜置换至pH值≤9。

2.3 除臭钝化清洗终点确认

除臭钝化：采用滴定的方式检测循环清洗液中复配剂的“残余度”，当“残余度”为零时，表明复配剂加入量不足、清洗不彻底，当液相“残余度”介于0.2%~0.5%之间并能平衡时停加复配剂，达到终点。

清洗：分析密度、铁离子含量、残余度及乳化程度。为保证分析数据的一致性，采样口要固定，当密度、铁离子含量及乳化程度变化趋于稳定，变化率≤0.1%时，确定清洗完成。

2.4 除臭钝化清洗技术保证

除臭过的设备人孔打开后，硫化氢浓度≯10mg/m³，氨含量≯30mg/m³；除臭废液排放要求：pH值6~9，石油类≤500mg/L，COD≤1000mg/L，挥发酚≤50mg/L，硫化物≤30mg/L

钝化结束后，打开设备自然或强制通风48h内无硫化亚铁自燃现象。

3 气柜除臭钝化清洗过程及流程

3.1 气柜气相空间VOCs除臭治理

在气柜钟罩顶部放空口处连接临时管线至VOCs治理专用撬装设备；将气体引入吸附塔和除臭剂逆向接触，清除气体中的硫化氢等恶臭气体，对气柜内气相进行除臭处理。处理步骤是：气柜内气体→VOCs成套处理设备吸附→合格排放。流程示意图如图1。

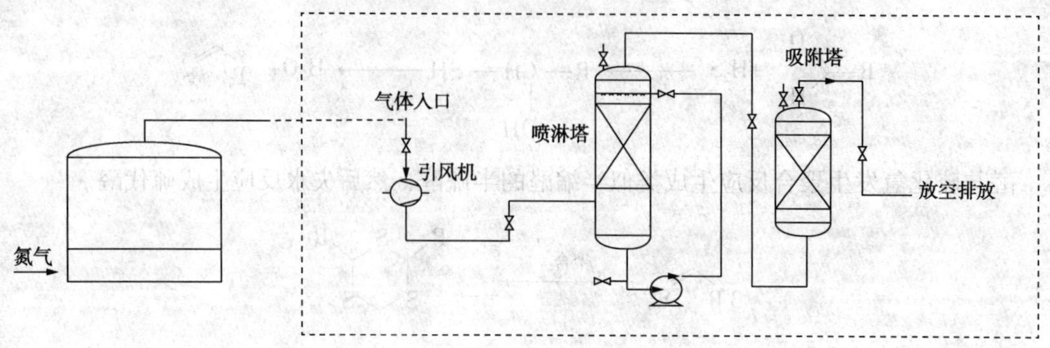

图1 气柜气相空间VOCs除臭流程

5月6日，启动成套密闭气治理设备，对气柜内气相进行除臭钝化清洗。5月8日10：00，根据气柜内气相分析数据车间安排停密闭气治理设备，开始进行气柜除臭钝化清洗。气相除臭过程分析数据见表1。

表1 气相除臭过程可燃气、硫化氢、VOC数据

日期	时间	VOC/(mg/m^3)		可燃气(LEL%)		H_2S/(mg/m^3)		备注
		设备入口	设备出口	设备入口	设备出口	设备入口	设备出口	
5月6日	9：00	1505	30	67	4	23	3	
	15：00	1286	25	57	3	20	2	
5月7日	9：00	1027	23	46	20	17	6	11：00更换吸附剂
	15：00	800	18	40	3	15	0	
5月8日	9：00	605	16	12	1	8	0	
			10：00停密闭气处理设备					

3.2 气柜底部及进出口管线除臭钝化清洗

通过气柜底部排水口和清扫口管线接临时管线对气柜底部循环清洗。自5月8日21：00至5月9日17：00对罐底进行循环清洗，清洗废水经分析合格后，排至指定地点。气柜底部清洗流程简图见图2。罐底清洗过程分析数据记录见表2。

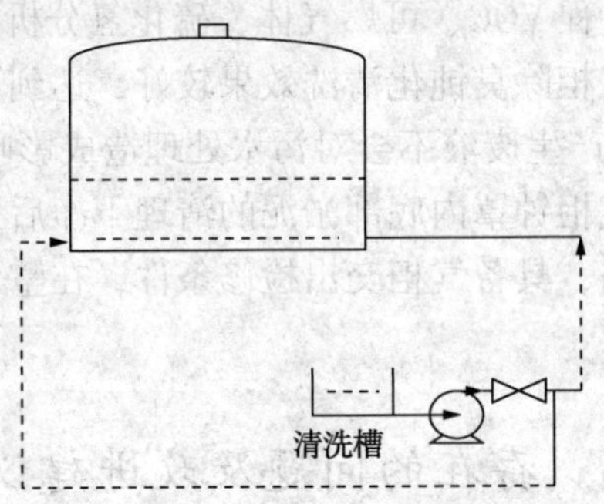

图2 气柜底部清洗流程

表2 清洗过程循环清洗液中复配剂的残余度分析数据

日期/时间	分析项目				备注
	外观	pH	残余度	H_2S	
5月8日21：00	乳白	7	0	1	
5月9日1：00	乳白	7	0.05	0	
5：00	微黄	7	0.11	0	
9：00	微黄	7	0.18	0	
11：00	微黄	7	0.27	0	
13：00	淡黄	7	0.41	0	
15：00	淡黄	7	0.51	0	
17：00	淡黄	7	0.55	0	

3.3 钟罩顶部、中节Ⅰ、中节Ⅱ侧壁板及气柜底部的喷淋清洗

根据打开钟罩顶部各人孔的打开进度以及对气柜清洗进度的安排，对气柜钟罩顶部、钟罩壁板，钟罩、中节Ⅰ、中节Ⅱ相互之间夹层壁板，气柜底部进行喷淋清洗。5月8日22：00，从气柜北侧顶人孔处喷淋罐顶及罐壁。5月9日，分别从气柜南侧顶人孔及气柜顶部中心排气口对罐顶及罐壁进行喷淋。5月10日，对气柜夹层处进行喷淋清洗。5月11日从气柜顶部检查口处喷淋。5月12日办理受限空间作业票进入钟罩内部对钟罩内底部及死角进行喷淋清洗。清洗后废液排放前分析数据见表3。

表3 处理后残液分析数据

指标	COD/(mg/L)	pH	石油类/(mg/L)
数值	642	8.45	20.6

处理后残液分析结果符合公司污水排放标准，可以排污水系统。

钟罩顶部、中节Ⅰ、中节Ⅱ侧壁板及气柜底部的喷淋清洗过程中对气柜内部硫化氢分析数据，5月9日10mg/m^3，5月10日20 mg/m^3，5月11日0mg/m^3，5月12日0mg/m^3。

4 除臭钝化清洗的效果

通过表1除臭钝化清洗过程VOC、可燃气体、硫化氢分析数据对比分析，VOC、可燃气体、硫化氢数据下降明显，气柜除臭钝化清洗效果较好，达到了除臭钝化清洗目的。通过表3残液数据分析可以看出清洗产生废液不会对污水处理造成影响，除臭钝化清洗技术能够满足气柜除臭钝化清洗要求。气柜钟罩内底部淤泥的清理干净后，确认无硫化物等残留，分析确认有机物合格，氧含量合格，具备气柜交出检修条件，在整个施工过程中也没有硫化亚铁自然的情况发生。

5 存在的问题及改进建议

(1) 气柜气相空间密闭除臭处理过程中技术服务厂家成套撬装设备循环风机量太小，造成处理时间过长，建议增大风机循环量，可有效缩短气相空间密闭吹扫除臭处理时间。

(2) 吸附塔容积太小，在密闭吹扫过程中，吸附剂容易吸附饱和需要频繁更换吸附剂，影响整体处理进度，建议适当增大吸附塔容积。

参 考 文 献

[1] 左理胜，曾蔚然，姜建平．硫化亚铁清洗配方的研究[J]．石油化工腐蚀与防护，2003，20(3)：20-24.

撬装高速气浮技术应用分析

李海鹏　吕永良　高　莹

（中国石化青岛石油化工有限责任公司，青岛 266041）

【摘要】　本文阐述了撬装高速气浮技术的原理与特点，通过对该技术的应用分析、及与原有气浮工艺的比对，得出撬装高速气浮具备除油效率高、运行成本低、运行使用方便等优点，适合作为老旧气浮设施的替代者对气浮工序进行升级改造。为污水处理场气浮工艺的选择应用提供了借鉴。

【关键词】　撬装高速气浮　除油效率　运行成本

某炼厂污水处理场采用隔油、浮选、氧化沟、曝气生物滤池处理工艺，日常污水处理量为 200m^3/h。其中浮选工艺选用部分回流压力溶气气浮技术与催化气浮技术，采用混凝土池体结构。由于使用年限较长，运行中存在较多问题。

污水中盐含量偏高、设备结垢严重使得气浮池的溶气罐和释放器经常堵塞，同时气浮池水力负荷低、停留时间长、人工刮渣效果不理想等多方面原因使得浮选出水中石油类含量偏高。氧化沟水面时常覆盖一层油膜，影响了沟中微生物的正常运行，导致氧化沟对污水中COD、氨氮、总氮等污染物的去除率下降。为降低氧化沟进水中石油类含量、改善进水水质，2019 年 7 月新增一套 240m^3/h 撬装高速气浮设备用以替换原有两级气浮设施。污水处理场工艺流程见图 1。

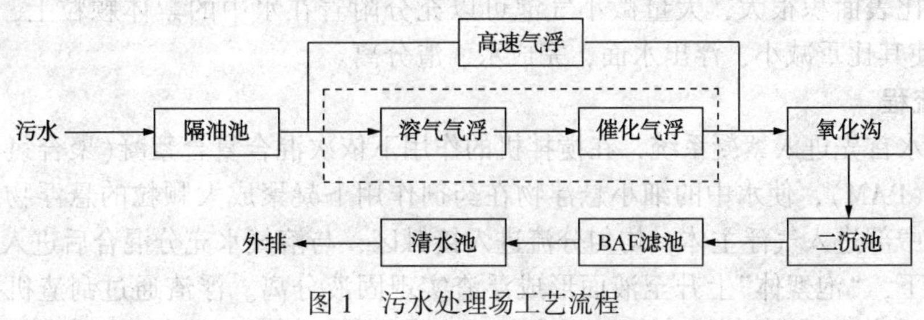

图 1　污水处理场工艺流程

1　设备原理

1.1　系统组成

撬装高速气浮设备主要由气浮主体、絮凝系统、溶气与回流系统、释气系统、布水与收水系统、排渣系统构成。

（1）絮凝系统含有两格槽体，一格投加复合絮凝剂，一格投加聚丙烯酰胺（PAM），采用机械搅拌的方式进行药剂混合，实现快速絮凝与混凝。

（2）溶气系统采用卧式罐体，内部设置射流组件。射流组件端部设置法兰，可从溶气罐外部拆卸检修，溶气气源为非净化风。回流系统中的溶气水为部分气浮出水，内部设置截留器以拦截细小颗粒物。

(3) 释气系统采用喷嘴式溶气释放器，由喉管和喷嘴两部分组成，安装于池体外部溶气水管道上，共16组。如出现堵塞可在不停机状况下实现快速检修。

(4) 布水与收水系统采用侧向全面积微孔布水与格网大阻力收水组件保障进出水的均匀稳定。

(5) 排渣系统采用链板式间歇刮渣机。

1.2 技术原理

气浮技术是在待处理的水中通入大量的、高度分散的微气泡，使之作为载体与杂质絮粒相互黏附，形成整体密度小于水的浮体而上浮到水面，以完成水中固体与固体、固体与液体、液体与液体分离的净水方法[1]。

微纳米气泡是指气泡直径介于200nm~10μm之间的微小气泡，微纳米气泡具有比表面积大、上升缓慢[2]的特点，同时微米气泡气浮工艺相比传统气泡气浮工艺可减少絮凝剂的投加量并加快预处理速率[3]，可大幅增强气浮效率。

撬装高速气浮实现水、渣分离的主要机理如下：

(1) 溶气水(微纳米级气泡)的形成机理：回流水泵(溶气水泵)产生的高压水通过射流器时形成负压而吸入空气，雾化的气水之间具有较大的接触面积，同时由于高压条件的存在，气体可在极短时间内(约0.1s)完成溶解。溶解空气的高压水在释放器中通过“消能”可产生粒径5~10μm的微小气泡群。

(2) 絮体颗粒形成机理：絮体颗粒一部分直接来源于污水中的悬浮物，另一部分则是通过絮凝剂的“架桥”作用和混凝剂的“电中和”作用使污水中的微小颗粒汇集到一起形成的较大絮体颗粒。

(3) “泡絮体”形成机理：溶气水是由大量直径为微纳米级的微小气泡组成，外观为乳化状。由于比表面积很大，大量微小气泡可以充分附着在水中的絮体颗粒上，形成“泡絮体”，从而使其比重减小，浮出水面，完成水、渣分离。

1.3 处理流程

含油污水首先进入絮凝系统，在搅拌机的作用下依次混合复合絮凝(聚合氯化铝为主)、聚丙烯酰胺(PAM)，使水中的细小悬浮物在药剂作用下凝聚成大颗粒的悬浮物。絮凝后的污水从设备中部进入气浮主体，均匀分流进入接触区，与溶气水充分混合后进入分离区，在浮力的作用下，“泡絮体”上升至液面形成浮渣实现固液分离。浮渣通过刮渣机排到浮渣槽然后外排至浮渣池。流经分离区后，污水向下流经斜板组件，污水中未被分离的微小混凝体再次被斜板截留，在斜板中完成二次混凝形成大的絮体再次上升至液面形成浮渣，较重的颗粒则向下沉入污泥收集区。流经斜流组件后的“清水”汇集向上折流进入高速气浮清水区，经过溢流堰进入出水槽，通过管路外排进入后续生化处理单元。高速气浮污泥沉降收集排放区中储存的污泥定期外排。撬装高速气浮流程见图2。

1.4 技术特点

(1) 溶气效率高。溶气罐内部设置射流组件，利用射流、气水雾化混溶机理控制溶气效率超过90%。

(2) 释气效果好。由喉管和喷嘴两部分组成的喷嘴式释放器可产生粒径在5~10μm的微气泡，优于常规气浮产生的20~30μm粒径气泡，且分离区内气泡层深度超过1000mm，

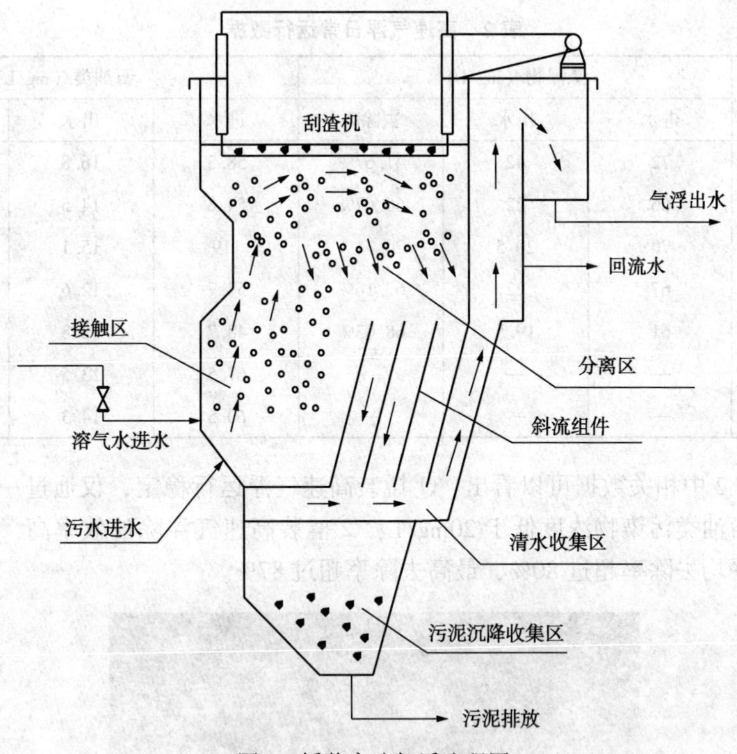

图 2　撬装高速气浮流程图

同时水流雷诺系数低于 2000，极大提升了水中悬浮物、石油类污染物的去除效果。

（3）检修维护方便。释气系统采用的无堵塞自适应弹性释放技术可实现不停机情况下释放器的清洗。

（4）落渣可能性小。撬装高速气浮设备将进水方式更改为长边进水，水流沿着短边行走至对面短边出水。污水向着短边方向流动，在层流状态下浮渣下部始终有微气泡顶托，刮渣时浮渣掉落几率减小。

（5）占地面积小，水力负荷高。撬装高速气浮占地面积 $21.6m^2$；水力负荷为 $20m^3/(m^2 \cdot h)$。

2　运行分析

2.1　运行数据

撬装高速气浮自 2019 年 7 月投用后持续满负荷运行（处理水量 $240m^3/h$，最高时达 $280m^3/h$），整体运行良好，具体运行数据见表 1、表 2，处理效果见图 3。

表 1　2019.9.1~2019.10.31 运行数据

	悬浮物/（mg/L）			石油类/（mg/L）		
	进水	出水	去除率	进水	出水	去除率
最大值	82	42	—	286	39.9	—
最小值	41	16	—	48.7	11.6	—
平均值	69.7	20.1	71.16%	95.5	15.64	83.62%

表 2 高速气浮日常运行数据

日期	悬浮物/(mg/L)			石油类/(mg/L)		
	进水	出水	去除率	进水	出水	去除率
2019.9.2	72	42	41.67%	58.3	16.8	71.18%
2019.9.3	66	22	66.67%	54.8	14.5	73.54%
2019.9.4	70	20.5	70.71%	119	15.1	87.31%
2019.9.5	67	22	67.16%	57.7	12.6	78.16%
2019.9.6	61	19.5	68.03%	48.7	12.8	73.72%
2019.9.7	—	—	—	67.5	13.5	80%
2019.9.8	—	—	—	60.5	14.3	76.36%

从表 1、表 2 中相关数据可以看出：①撬装高速气浮运行稳定，仅通过一级气浮处理仍可控制出水中石油类污染物浓度低于 20mg/L；②撬装高速气浮除油效率高，在选定时间内石油类污染物平均去除率超过 80%，最高去除率超过 87%。

图 3 高速气浮进出水水质对比

2.2 加药成本

高速气浮设备投加药剂为复合絮凝剂、PAM。复合絮凝剂的主要指标如表 3。

表 3 复合絮凝剂主要药剂指标

序号	项目	指标
1	无机有效成分含量(以 AL_2O_3 计)/%	≥3
2	有机有效成分含量(以 N 计)/%	0.005
3	动力黏度(25℃)	10~250mPa·s
4	密度(20℃)	1.10~1.35
5	pH 值(1%水溶液)	≥3.0
6	固含量/%	≥20

运行期间，污水处理量与相应加药量、加药成本见表 4、表 5。

表 4　复合絮凝剂 8~9 月平均加药量与加药成本

日处理水量/t	日加药量/kg	加药当量/(mg/L)	单位加药成本/(元/t)
5427	312	57.5	0.45

注：复合絮凝剂单价为 7759 元/t。

表 5　PAM8~9 月平均加药量与加药成本

日处理水量/t	日加药量/kg	加药当量/(mg/L)	单位加药成本/(元/t)
5427	4.2	0.8	0.015

注：PAM 单价为 18966 元/t。

结合表 4、表 5 中加药成本，投用撬装高速气浮后，在维持出水石油类含量低于 20mg/L 的前提下，总的药剂投加成本为每吨污水 0.46 元左右。

3　工艺技术比对

3.1　设备配置比对

原气浮设施为两级气浮池。其中一级气浮池长 22.1m，宽 18m，高 2.5m，占地面积 397.8m^2。为部分回流水加压溶气工艺，每间水池配有相应溶气罐，溶气罐压力控制在 0.3~0.4MPa。二级气浮池建设规格与一级气浮池相同，采用催化气浮工艺，溶气气源为高级氧化所产臭氧。原气浮设施、撬装高速气浮主要用电设备明细见表 6、表 7。

表 6　原气浮设施主要设备明细

序号	运行设备名称	日运行时间/h	设备功率/kW	安装数量/台	安装功率/kW	运行数量/台
1	一浮溶气泵	24	37(2 台)45(1 台)	3	119	1
2	二浮溶气泵	24	30	3	90	1
3	刮沫机	2	1.5	8	12	8
4	加药泵	24	0.25	4	1	2
5	合计				222	

表 7　撬装高速气浮主要设备明细

序号	运行设备名称	日运行时间/h	设备功率/kW	安装数量/台	安装功率/kW	运行数量/台
1	回流水泵	24	15	2	30	1
2	刮渣机	8	0.55	1	0.55	1
3	混凝搅拌机	24	1.5	1	1.5	1
4	絮凝搅拌机	24	1.5	1	1.5	1
5	加药泵	24	0.25	4	1	1
6	合计				34.55	

原气浮设施用电设备总安装功率为 222kW，其运行设备总功率为 79.5kW。撬装高速气浮总安装功率为 34.55kW，运行设备总功率为 18.8kW。

3.2　处理效果比对

原两级气浮池均为短边进水，加药种类为聚合氯化铝(PAC)，原两级气浮进出水水质指标见表8、表9。

表8 2018.9.1~2018.10.31 原气浮设施运行平均数据

	悬浮物/(mg/L)			石油类/(mg/L)		
	进水	出水	去除率	进水	出水	去除率
最大值	123	98	—	64	34.6	—
最小值	34	17	—	32	18.6	—
平均值	82	39.1	52.32%	45.7	24.94	45.43%

表9 原气浮设施日常运行数据

日期	悬浮物/(mg/L)			石油类/(mg/L)		
	进水	出水	去除率	进水	出水	去除率
2018.9.3	89	24	73.03%	55	30.6	44.36%
2018.9.4	61	19	68.85%	53	26.7	49.62%
2018.9.5	40	17	57.5%	47	27.5	41.49%
2018.9.6	53	19	64.15%	40	27.8	30.5%
2018.9.7	59	22	62.71%	42	28.8	31.42%
2018.9.8	—	—	—	46	23.7	48.48%
2018.9.9	—	—	—	52	25.5	50.96%

通过表1和表8，表2和表9中运行数据的对比，可以看出：①在选取的对比时间范围内，气浮进水水质相对稳定，原气浮设施进水中石油类污染物浓度略低于撬装高速气浮进水相应浓度。②在选取的对比时间范围内，原两级气浮设施对污水中悬浮物、石油类污染物的去除效率低于撬装高速气浮。③原两级气浮设施可将出水中石油类污染物浓度控制在20mg/L以下，但难以保持长期稳定；撬装高速气浮可以长期稳定将出水中石油类污染物浓度控制在20mg/L以下。

3.3 成本比对

原两级气浮加药种类为聚合氯化铝，药剂主要指标及加药成本见表10、表11。

表10 聚合氯化铝主要药剂指标

项目	指标	项目	指标
Al_2O_3质量分数/%	≥10.0	盐基度/%	40.0~90.0
密度(20℃)/(g/cm^3)	≥1.12	不溶物质量分数/%	≤0.2
pH值	3.5~5.0	As的质量分数/%	≤0.0002
Pb的质量分数/%	≤0.001	Cd的质量分数/%	≤0.0002
Hg的质量分数/%	≤0.00001	六价铬质量分数/%	≤0.0005

表11 聚合氯化铝平均加药量与加药成本

日期	日处理水量/t	日加药量/kg	加药当量/(mg/L)	单位加药成本/(元/t)
2018.8	5170	1125	217.6	0.46
2019.4	4797	1700	354.4	0.75

注：聚合氯化铝单价为2129元/t。

根据表6、表7中用电设备运行功率及运行时间，取用电设备需要系数为0.65[4]，电费0.64元/kWh，则原气浮设施、撬装高速气浮处理每吨污水的耗电费用分别为0.1元、0.03元。

单纯计算加药成本和用电成本则原两级气浮运行成本为每吨污水0.71元，撬装高速气浮运行成本为每吨污水0.49元。撬装高速气浮运行成本明显低于原气浮设施。

3.4 运行使用比对

根据设备运行使用状况，对撬装高速气浮与原气浮设施在检查巡检、操作调整和运行维保三个方面进行了比对。

(1) 检查巡检。原两级气浮占地面积大，设备配置多且分散，操作人员巡检工作强度大、难以及时发现运行问题；撬装高速气浮占地面积远小于原两级气浮池，同时设备配置数量少，降低了操作人员的巡检强度；设备配置集中度高，便于操作人员及时发现运行问题。

(2) 操作调整。①原两级气浮池共有8间进水间，每间进水池单独设有链板式刮渣机，刮渣时间长、劳动强度大、无法实现无人值守；撬装高速气浮可通过控制柜设置连续刮渣或间歇刮渣，间歇刮渣模式可设置刮渣时间和停顿时间，刮渣工作可实现无人值守。②原两级气浮加药量大，浮渣产量大，增大浮渣后续处理工作强度；撬装高速气浮加药量小，浮渣产量小，减小了浮渣后续处理工作强度。

(3) 运行维保。①原两级气浮溶气释放器置于池底、为整体设计，出现堵塞需全部吊出进行清理；撬装高速气浮溶气释放器安装于池外溶气水管线上，分散设计为16组，每组可在不停机状态下单独切出进行清理。②原气浮刮渣机检修困难，链条松动或脱落需进行水池放水、冲洗，人工进入进行检修；撬装高速气浮打开观察盖即可对刮渣机进行检修。③原气浮密封面积大，废气收集困难，恶臭气体逸散多；撬装高速气浮密封面积小，废气收集方便，恶臭气体逸散少。

4 结 论

(1) 撬装高速气浮除油效率高。撬装高速气浮对石油类污染物去除效率高，仅通过一级气浮处理便可在$20m^3/(m^2 \cdot h)$的水力负荷下将出水中石油类含量控制在20mg/L以下，石油类污染物去除效率超过87%。

(2) 撬装高速气浮运行成本低，节能降药效果明显。撬装高速气浮加药与用电成本为每吨污水0.49元，明显低于原气浮设施每吨污水0.71元的运行成本；同时浮渣产生量小，有效降低了浮渣处理成本。

(3) 撬装高速气浮运行使用方便。撬装高速气浮具备占地面积小、运行设备少、操作简单、维护方便等优点，同时废气收集方便、恶臭气体逸散少，便于环保管理。

参 考 文 献

[1] 杨梦瑶. 气浮法除油工艺技术的研究[J]. 全面腐蚀控制，2015，29(8)：31-33.

[2] 刘秋菊，熊若晗，宋艳芳，等. 微纳米气泡在环境污染控制领域的应用[J]. 环境与可持续发展，2017，3：100-102.

[3] Liu S，Wang Q，Ma H，et al. Effect of micro-bubbles on coagulation flotation process of dyeing wastewater[J]. Separation and Purification Technology，2010，71(3)：337-346.

[4] 中国航空工业规划设计研究院. 工业与民用配电设计手册[M]. 北京：中国电力出版社，2005：4.

新鲜水、化学水和锅炉水处理技术

锅炉水质化学监督及处理

李道举　范红林

（中国石化齐鲁石化公司热电厂，淄博 255400）

【摘要】 公用工程机组中的水作为热能动力的工质，类似人体中的血液，起着能量传递作用。化学监督的任务是及时发现水质问题，消除隐患，保证机组设备长期稳定运行。重视水处理技术的提升，加强化学监督管理，洞察化学监督指标的变化，是防止热力设备发生突发性损坏事故的有力保证。

【关键词】 水质　污染　腐蚀　化学监督　处理　二氧化硅

1 概　述

某公司三台超高压蒸汽锅炉是公用工程重要动力设备，乙烯装置动力锅炉实施煤代油改造工程，新建1#、2#两台煤粉炉，1#、2#锅炉型号：CG-410/12.5-M 型高温超高压自然循环锅炉，制造厂家：四川川锅锅炉有限责任公司，于 2015 年 8 月建成投用。停用三台燃油锅炉，新增一台燃气炉，于 2018 年 5 月建成投用。

三台锅炉采用母管并列运行，正常情况下为两开一备运行模式。在装置开车及正常运行时，除了向工艺设备提供超高压蒸汽外，剩余部分蒸汽则进入汽轮机发电，汽轮机的抽汽和排汽分别送往各工艺设备，以满足装置内各等级蒸汽使用。

原燃油锅炉 2 台除氧器(EG1201、EG2201)的给水分别去高压锅炉给水泵，经各泵加压后送往高压用户(某动力站燃气锅炉和裂解废热锅炉)、中压水用户。新建煤粉炉 2 台除氧器(DE0101/02)的给水经高压锅炉给水泵 P-105、P-106A/B 供1#、2#煤粉炉。

目前装置加药装置：原有燃油锅炉配套综合加药装置，天然气锅炉利用改扩建增加配套综合加药装置，新增1#、2#煤粉炉配套综合加药装置。

锅炉加药用途：磷酸盐是注入开工锅炉汽包内，防止锅炉结垢。联氨注入除氧器水箱内和除氧器下降管上，药物辅助除氧。氨水注入除氧器下水母管内调节给水 pH。

由于公用工程系统经过多轮改造扩容，现场工艺流程较为复杂，影响锅炉水质变化因素较多，既有化学水处理方面影响，又有化工工艺装置影响。尤其是凝液处理系统，低压凝液多为化工工艺装置产生，一旦发生污染，对整个水汽系统威胁极大。凝液处理系统因流程较短，操作复杂，对除氧器水质影响较大，操作前先与凝液岗位联系，出现异常立即赶赴现场处理，必要时改为手动操作。

近年来，公用工程系统发生了数起水质超标影响装置安全运行的事故，造成锅炉爆管发生。

2 历年精制水、凝液、给水水质事故分析

2.1 精制水箱水质

2016 年 LIMS 数据只有二氧化硅($\leqslant 3.33\times10^{-4}$mol/L)，从曲线中可以看出 8 月 20~21 日二氧化硅含量增高，最大值 3.16×10^{-4}mol/L；12 月 8 日~13 日水质波动较大，最大值 3.33×10^{-4}mol/L。

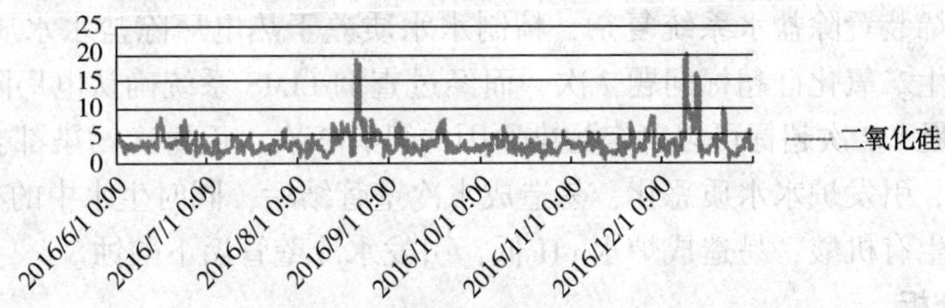

图 1 2016 年精制水箱二氧化硅

2017 年 LIMS 数据有二氧化硅($\leqslant 3.33\times10^{-4}$ mol/L)、pH 值(控制指标 6~9)、电导($\leqslant 0.3\mu S/cm$)，从曲线中可以看出，1 月 4 日~10 日二氧化硅含量增高，最大值 3.33×10^{-4}mol/L；1 月 22 日~24 日二氧化硅含量增高，最大值$\leqslant 3.33\times10^{-4}$mol/L；2 月份电导率整月超标，2 月 8 日~15 日电导平均值 4，最大值 16。6 月 24~29 日二氧化硅和电导率超标，二氧化硅最大值 4.37×10^{-4}mol/L，电导率最大值 13.1。10 月 1 日电厂水务来二级除盐水在氯碱厂处污染，二氧化硅严重超标($>3.33\times10^{-3}$mol/L)，电导率达到 78，10 月 7 日二氧化硅又超标达到 5.5×10^{-4}mol/L。

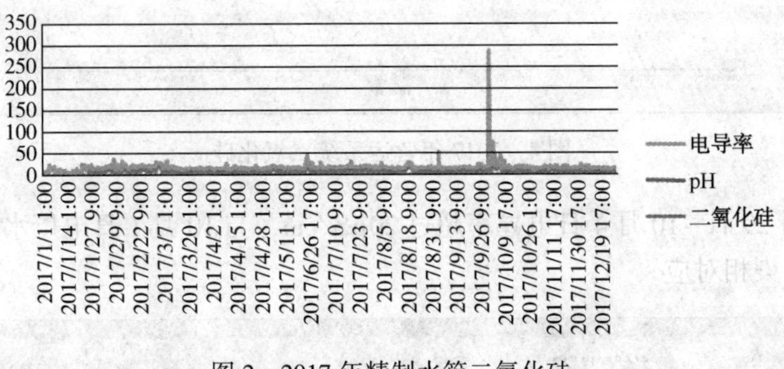

图 2 2017 年精制水箱二氧化硅

2018 年 LIMS 数据有二氧化硅($\leqslant 3.33\times10^{-4}$mol/L、pH 值(6~9)、电导($\leqslant 0.3\mu S/cm$)，从曲线中可以看出 1 月 17 日~19 日水质较差，19 日二氧化硅达到 21.1，电导也维持在 1 左右。4 月 25~27 日二氧化硅含量增加，最高达到 3.33×10^{-4}mol/L。5 月 28 日~6 月 9 日二氧化硅含量较高，6 月 8 日最高达到 4.45×10^{-4}mol/L，此次超标为空气压缩机循环水换热器泄露造成。

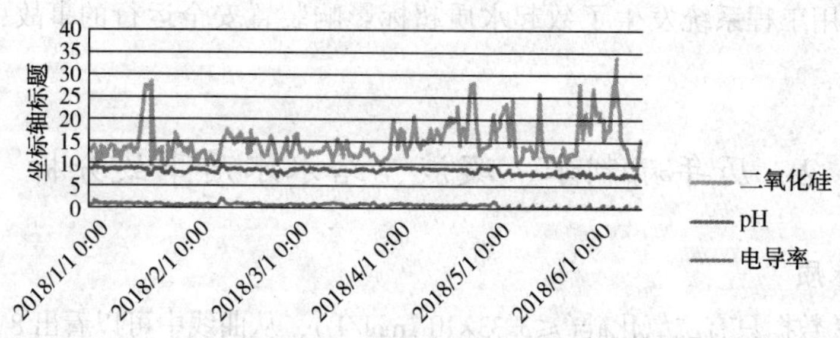

图 3　2018 年精制水箱二氧化硅

综述：因乙烯装置除盐水系统复杂，精制水水质差于热电厂除盐水水质，2016 年至今精制水箱已经发生二氧化硅超标问题 7 次，而经过查询 LIMS 系统确认电厂除盐水从未发生二氧化硅超标问题。7 次超标可以确定污染原因的只有 2 次，而每次污染都会造成含有硬度的生水进入锅炉，引发炉水水质恶化，易造成水冷壁管结垢，同时生水中的有机物进入汽包后将发生热解产生有机酸，易造成炉水 pH 低，引发水冷壁管垢下酸蚀。

2.2　给水水质分析

经查询 2#锅炉给水在线电导率(≤0.3μS/cm)分析历史趋势(2017 年 6 月前无法查询)，可以发现 3 次给水电导超标情况。

2017 年 6 月 16~27 日电导率超过 20μS/cm，与 6 月 24~29 日(1~24 日无分析数据)精制水箱二氧化硅和电导率超标相对应，因大修后开车系统不稳定引起。

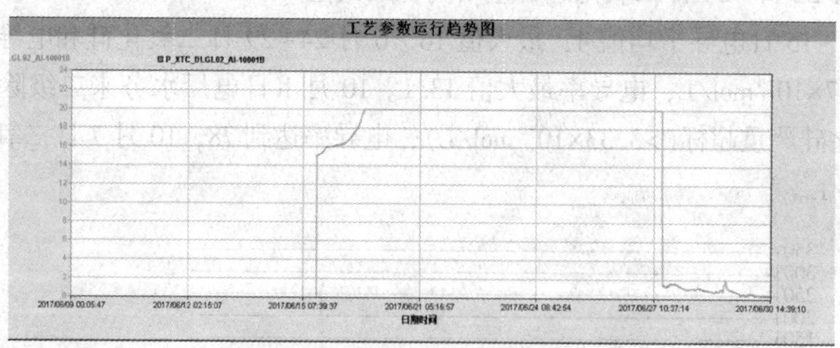

图 4　2017 年营运系统二氧化硅

2017 年 9 月 29 日~10 月 4 日电导率超过 20μS/cm，与 10 月 1 日电厂水务来二级除盐水在上游某厂处污染相对应。

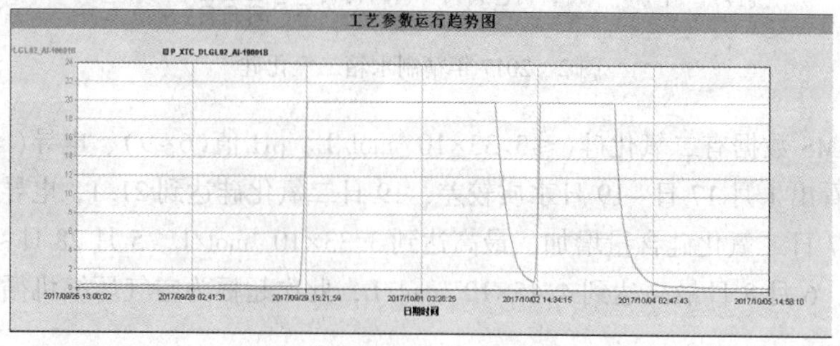

图 5　2017 年营运系统二氧化硅

2018 年 3 月 20~22 日出现给水电导波动，因为仪表水线堵，后期无水样无历史数据。

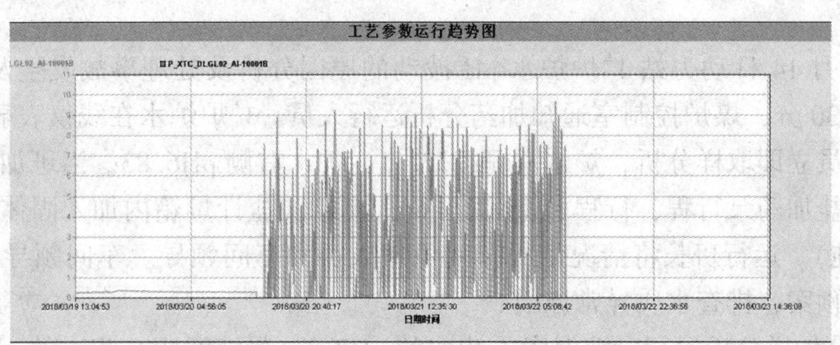

图 6 2018 年营运系统二氧化硅

2.3 凝液混床出水

2016 年 6 月至今凝液混床出水二氧化硅（≤3.33×10^{-4}mol/L）、铁（≤5.36×10^{-4}mol/L）、铜（≤7.8×10^{-5}mol/L）合格率 100%。2016 年 7 月 19 日油含量（≤0.3mg/L）超标，达到 0.37mg/L。2017 年 1 月 3~10 日，油含量超标，最高达到 4.65mg/L，与 2016 年 12 月 29 日裂解装置 EA1325 换热器漏油污染凝液，造成凝液系统、煤粉炉、油炉水质异常相对应。有机物进入汽包后将发生热解产生有机酸，易造成炉水 pH 低，引发水冷壁管垢下酸蚀。

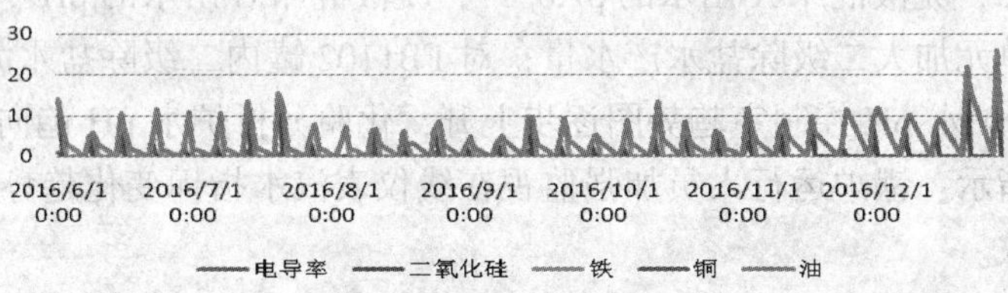

图 7 2016 年凝液混床出水水质

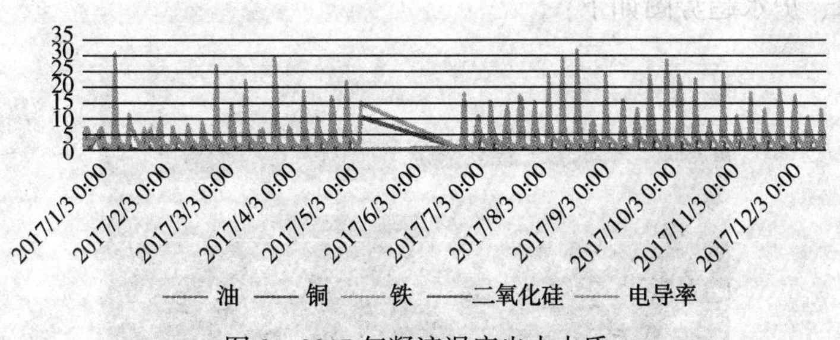

图 8 2017 年凝液混床出水水质

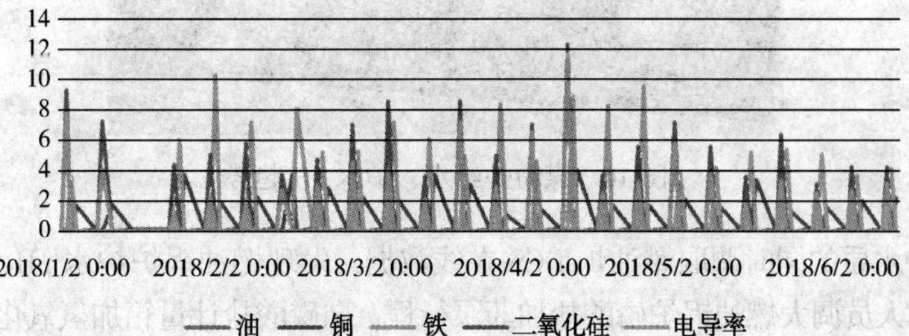

图 9 2018 年凝液混床出水水质

其中2016年6月14日发生的水质严重超标事故很有代表性，该事故涉及全面，值得重点分析、总结。

2016年6月14日动力站1#炉炉水pH波动的原因分析及处理事故发生及处理的经过：6月14日21：30分，煤炉控制室通知加药分析运行人员，1#炉炉水在线仪表显示pH低；加药分析值班人员立即取样分析，炉水左侧pH7.11、炉水右侧pH6.83。当班加药人员现场调整煤粉炉磷酸盐加药泵行程，行程由15调至60。向磷酸盐计量箱内加入固体氢氧化钠1瓶(500g，分析纯)。运行班长将情况汇报车间值班人员和车间领导。车间领导指示立即启动事故处理应急预案，排查水质异常原因.

22点15分加样分析运行凝液混床A出水的pH7.3，凝液混床C出水的pH6.89(控制指标6.0~9.0)；1#高除给水pH9.1，2#高除给水pH8.86，省煤器pH7.55(控制指标8.8~9.3)。为尽快提高炉水pH值，在厂领导和车间领导的指导下，加药操作人员将磷酸盐泵行程调整到70，并再次向磷酸盐计量箱内加入氢氧化钠1瓶(500g，分析纯)，磷酸三钠加入10kg。锅炉岗位开定排进行炉水置换。

23：40分，启用磷酸盐加药2#泵和1#泵同时给1#炉加药，并通知锅炉岗位继续开大定排，进行炉水置换。

0：30分，加样分析精制水水箱FB1102出水pH5.89，凝液水箱FB2304出水pH6.30，凝液LC704pH9.95，凝液混床A出水的pH8.75，凝液混床C出水的pH7.97。联系上游水务车间化学水处理单元加大二级除盐水产水量，对FB1102罐内二级除盐水大比例置换。

1：00给水、炉水pH控制室趋势图逐步上升，化验分析炉水pH趋向合格。

遵照厂领导指示：锅炉运行人员加强监视在线仪表汽水指标变化趋势，化验人员增加给水、炉水分析频次。

6月15日，12点炉水pH达到9.0以上，基本恢复正常，通知锅炉岗位关闭定排。加药岗位调整磷酸盐加药泵，逐渐恢复平稳加药。

煤粉炉给水、炉水趋势图如下：

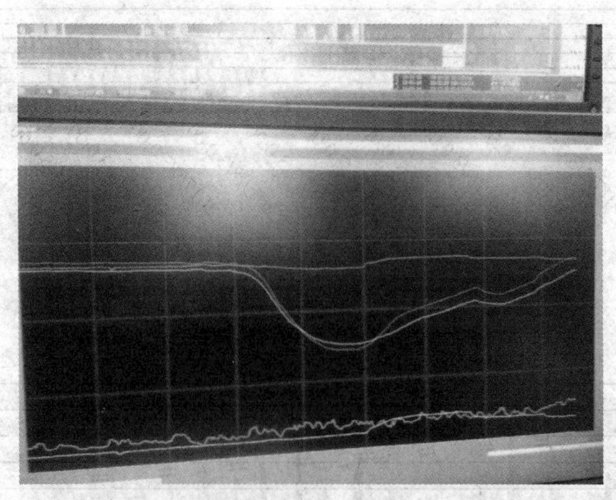

图10　煤粉炉给水、炉水pH趋势

处理煤粉炉水质的同时调取燃油炉DCS在线数据，发现燃油锅炉炉水pH值也有小幅下降，于是加药班操作人员调大燃油锅炉磷酸盐加药泵行程，向磷酸盐计量箱加氢氧化钠1瓶(500g，分析纯)。锅炉运行人员加大对燃油锅炉监视力度，及时汇报在线运行数据变化情况。

燃油炉锅炉给水 pH 趋势图：

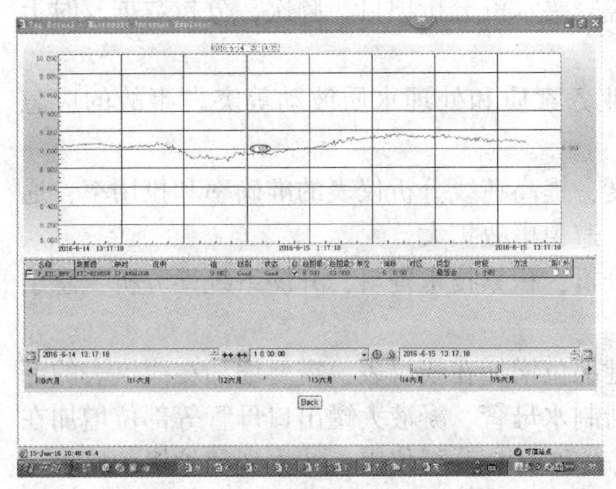

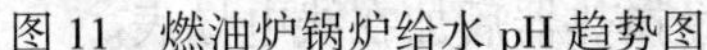

图 11　燃油炉锅炉给水 pH 趋势图

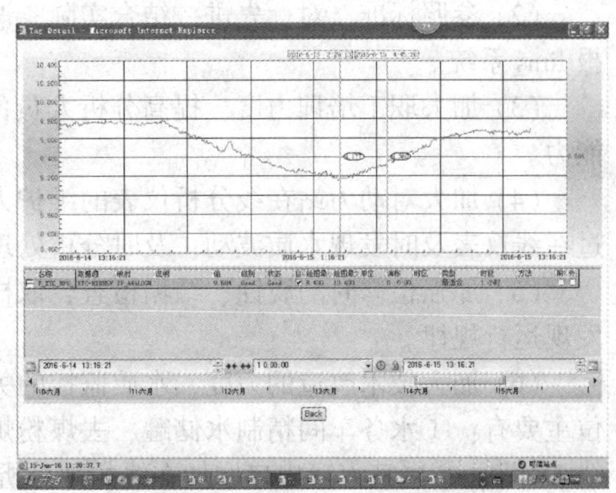

图 12　燃油炉炉水 pH 趋势图

2.4　事故原因分析

(1) 从水质分析结果来看，加样分析二级除盐水水箱除盐水 pH5.89，凝液水箱 pH6.3；本次水质波动是由于供煤粉炉的二级除盐水 pH 低造成的；

(2) 从除盐水来源来看，上游水务车间的化学水储罐 FB1102 的来源有三路：①上游水务车间自产二级除盐水 180t/h；②电厂水务车间供某水务车间二级除盐水 180t/h；③油炉低负荷运行时过剩的凝液从凝液混床出口返回二级除盐水大罐 100t/h。经调查核实，电水务车间由于二级除盐混床跑漏树脂，造成外供除盐水 pH 低，从而造成供煤炉的除盐水 pH 低，pH 值较低的二级除盐水进入煤炉给水系统，是引起本次煤粉炉炉水低的主要原因；

(3) 含有偏酸性有机物的除盐水进入锅炉汽包后在高温下分解，产生有机酸，温度越高，酸性越强，本次炉水 pH 波动明显是炉水降低的幅度比锅炉给水大，锅炉给水的 pH 值一直在正常范围之内；树脂的跑损，造成除盐水中的有机物增加，有机物在锅炉汽包内高温分解，产生酸性物质，导致 pH 急剧下降。

(4) 燃油炉给水、炉水变化趋势较小，是因为凝液处理系统处理的凝液大部分进入 EG1201、EG2201 两台除氧器，二级除盐水补水量小，所以两台燃油炉 pH 基本无影响。

3　针对水质波动采取的预防措施

当水汽质量劣化时，应迅速检查取样的代表性、化验结果的准确性，并综合分析系统中水、汽质量的变化，确认判断无误后，按下列三级处理原则执行：①一级处理——有因杂质造成腐蚀、结垢、积盐的可能性，应在 72h 内恢复至相应的标准值；②二级处理——肯定有因杂质造成腐蚀、结垢、积盐的可能性，应在 24h 内恢复至相应的标准值；③三级处理——正在发生快速腐蚀、结垢、积盐，如果 4h 内水质不好转，应停炉。

在异常处理的每一级中，如果在规定的时间内尚不能恢复正常，则应采用更高一级的处理方法。

(1) 根据系统运行状况，适应在线仪表运行维护、水质化验分析专业化管理要求，制定事故处理预案，落实快速反应机制。

(2) 参照标准，对标先进，结合实际，调整完善水汽分析项目、频次，分析数据及时上报 lims 系统。

(3) 加大职工培训力度，提高分析人员的业务素质和处理水质波动等突发事故的应急能力。

(4) 加大对动力站在线分析仪表的维护力度，提高在线分析仪表的准确率和投用率，通过在线仪表及时发现水质波动，及时分析处理，避免事故扩大。

(5) 加强检修时的腐蚀、结垢检查、取样分析，积累技术资料，开展系统性分析，总结发现运行规律。

(6) 加大技术改造的力度，水质监控的关键部位增加在线仪表，需要增加在线仪表的部位主要有：①水务车间精制水储罐、去煤粉炉精制水母管、凝液大罐出口母管等部位增加在线 pH 计；②凝液大罐出口增加在线的油分析仪表和 TOC 分析仪表；③去裂解炉锅炉给水母管增加在线的 pH 计；④空气压缩机冷却用除盐水回水经换热器后加在线电导表。

4 总 结

通过以上我们采取的所有措施，2019 年 5 月出现事故时我们处理得当，严格按照三级应急预案处理事故。具体为：2019 年 5 月 28 日因公用工程空气压缩机换热器泄漏，造成动力站煤粉炉给水、炉水水质异常，运行人员监盘及时发现氢电导超标，汇报厂调和车间、启动应急预案，在短时间内汽水指标恢复正常。水质异常发现、处理经过如下：

5 月 28 日 15 时 35 分运行人员发现给水氢电导升高，交班时汇报接班班组。运行甲班接班后高度关注水质变化，15 时 53 分发现 1#炉给水电导上升到 1.4，pH 值 8.9；2#炉给水电导上升到 3.3，pH 值 8.5，且氢电导增长速度很快，pH 有下降趋势。立即汇报车间，并询问某厂精致水岗位，结果是空气压缩机换热器泄漏导致精制水污染所致，该厂回复换热器已经切换完毕，车间专工通知水务对二级除盐水箱进行排放置换。根据汽水参数变化情况，立即启动应急预案：汇报调度水质异常情况，加大氨水计量箱氨水浓度，开大氨水泵行程，稳定给水 pH。调整炉水水质，加大排污，提高磷酸盐计量箱浓度，开大磷酸盐计量泵行程，及时投入氢氧化钠进行炉水 pH 调整。得到调度许可后降低 1#、2#锅炉降负荷，1#机调整电负荷，1#、2#炉进行定期排污。在车间领导、生产主任和专工的指导下，各岗位通过一系列有效操作来调整锅炉炉水、给水水质。各专业密切配合，认真操作，18：30 各水质趋于正常，整个处理程序在应急预案要求的时间内所有指标完全合格；由于本次事故发现及时，判断正确，处理得当，有力地保证了设备的安全运行。

今后我们要进一步加大职工培训力度，不断提高职工的业务水平，为平稳运行，安全保供奠定良好的基础。

参 考 文 献

[1] 宋业林．锅炉水处理实用手册．北京：中国石化出版社，2006.
[2] 窦照英．锅炉水处理实例精选．北京：化学工业出版社，2012.
[3] 郝景泰．工业锅炉水处理技术．北京：气象出版社，2003.
[4] 曹杰玉．电厂化学仪表培训教材．北京：中国电力出版社，2017.

两种不同工艺路线化学水装置改造及经济技术分析

张辉俊　魏著宝　仲积军

（中国石化齐鲁石化公司供排水厂，淄博 255410）

【摘要】 某厂化学水装置处理含盐量超过 700mg/L 的高含盐原水时，一级除盐单元分别采用反渗透预除盐+离子交换工艺和三室浮床离子交换工艺。对比分析了两种工艺路线的工艺特点、制水比耗、酸耗、碱耗、电耗以及运行成本等经济技术指标。运行实践表明，三室浮床工艺具有明显的节水、节电效果和较低的运行成本，但排放废水中含盐量相对增加。

【关键词】 化学水　反渗透　三室三层浮动床

1　前　言

某厂化学水装置分一期化学水装置和二期化学水装置。原设计水源采用地下水，平均电导率 620μS/cm。随着生产规模的扩大以及地下水位的逐年下降，根据地方政府要求工业用水由地下水改为黄河水，黄河水设计电导率为 1080μS/cm。黄河水与地下水水质差别很大，其含盐量高出地下水一倍多，离子比例不同，有机物含量高于地下水，冬季水温低（见表 1）。原装置工艺路线不能适应黄河水水质，需进行适黄技术改造。

表 1　黄河水水质与地下水水质对比

项目	地下水	黄河水
总固形物/（mg/L）	435	724
溶解固形物/（mg/L）	432	710
电导率/（μS/cm）	620	1080
Ca^{2+}/（mmol/L）	4.56	3.69
Mg^{2+}/（mmol/L）	1.92	3.27
Na^{+}/（mmol/L）	0.48	3.65
K^{+}/（mmol/L）	0.0435	—
总铁/（mg/L）	—	0.139
总阳离子/（mmol/L）	7.01	10.61
HCO_3^-/（mmol/L）	4.0	2.84
Cl^-/（mmol/L）	1.9	3.33
SO_4^{2-}/（mmol/L）	1.04	3.72
NO_3^-/（mmol/L）	0.3	0.2
SiO_3^{2-}/（mmol/L）	0.28	0.1
总阴离子/（mmol/L）	7.23	10.19
COD/（mg/L）	0.5	3.56

2 一、二期化学水装置适黄改造采用不同的技术路线

在技术改造过程中，一、二期化水装置采用了不同的技术路线。二期改造主要采用三室浮床为核心技术的离子交换工艺，一期改造主要是增加反渗透预除盐设备，结合双室浮床工艺。

2.1 二期化水装置适黄改造简介

二期水处理装置原设计产二级除盐水 560t/h，一级除盐系统采用单元制 $\phi3000$ 双室双层浮动床工艺，分为三个单元，每单元出力 280t/h；二级除盐系统为母管制，包括三台 $\phi2800$ 混合离子交换器。其工艺流程如图 1。

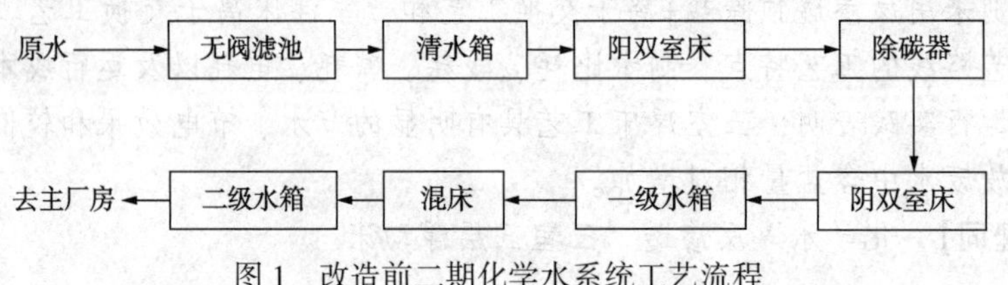

图 1 改造前二期化学水系统工艺流程

改造的主要内容是：预处理单元在原无阀滤池后，增加 4 台活性炭过滤器(后扩至 8 台)，吸附原水 COD；增加 1 台表面式加热器，用于冬季提高原水温度；一级除盐系统拆除双层浮动床，安装三室三层浮动床，相应的更换树脂清洗塔；再生系统由原计量箱+水力喷射器模式，改为酸碱计量泵模式。改造后工艺流程见图 2。

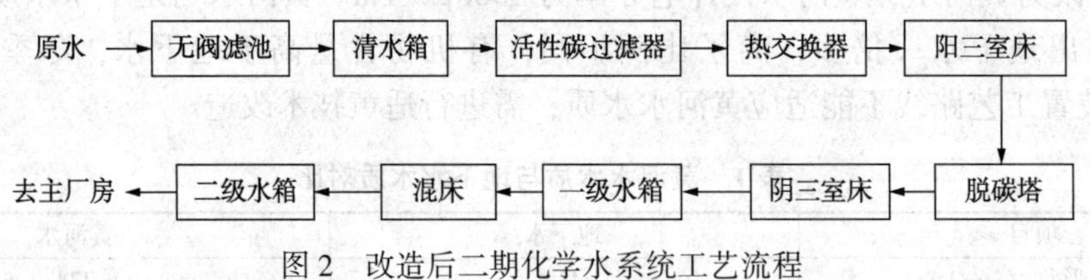

图 2 改造后二期化学水系统工艺流程

2.2 一期化水装置适黄改造工艺简介

一期化水原设计为母管制固定床一级除盐系统，设计产水量 960t/h。主要工艺流程如图 3。

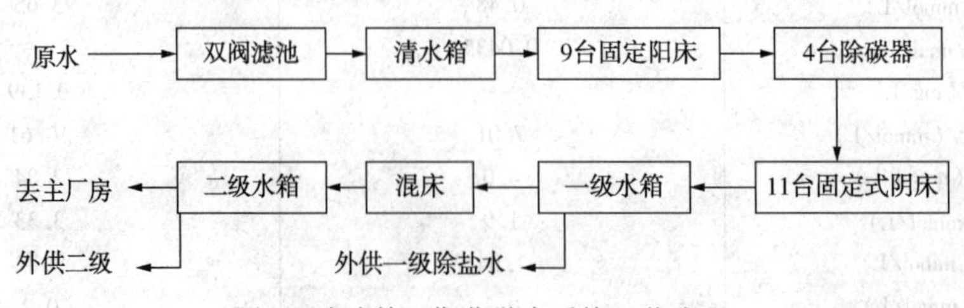

图 3 改造前一期化学水系统工艺流程

改造主要内容：

（1）一级除盐系统改为6个系列单元制双室双层能浮动床。

（2）二级除盐混床由5台增加到7台。

（3）增加200t/h蒸汽凝液处理系统：收集水箱→收集水泵→换热器→纤维过滤器→一级除盐水箱(后改为去清水箱)。

（4）增加400t/h预除盐系统：原水→原水箱→原水泵→多介质过滤器→活性炭过滤器→4×100t/h一级二段RO系统→淡水泵→去一期清水箱。

（5）增加500t/h预处理系统：原水→原水箱→原水泵→盘式过滤器→8台Φ3000活性炭过滤器→去一期清水箱。

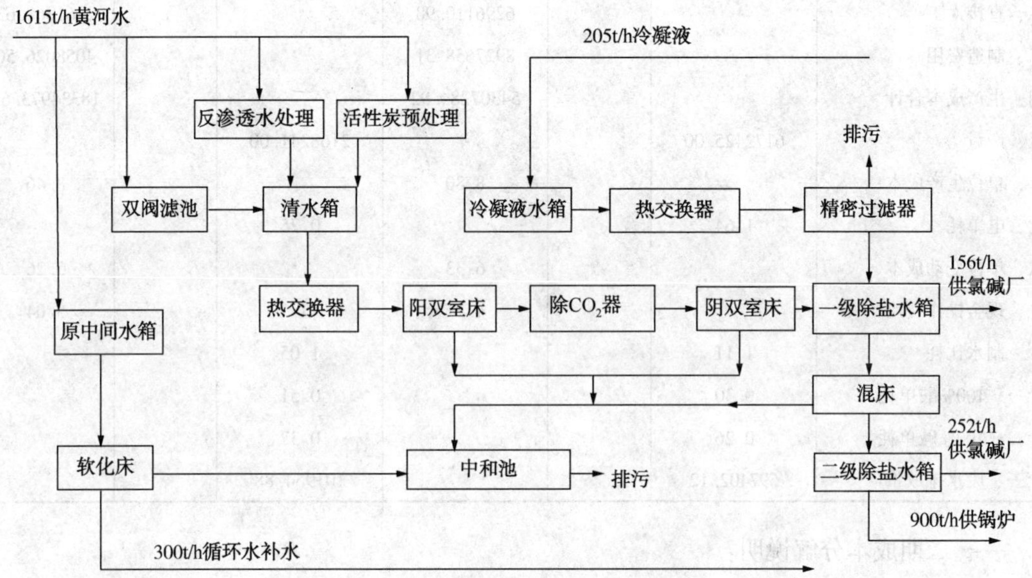

图4 一期化学水适黄改造后流程简图

改造后，一期化水设计最高产水量达1100t/h。流程简图如图4。

3 改造后运行成本分析

一、二期装置采用不同的工艺路线，改造后，均达到设计的水质和水量，经过17年的运行考验及优化工作，装置运行稳定，产水合格。经济技术指标均比设计值有了大幅度提升。

3.1 一、二期装置总体成本分析

以2019年全年的消耗和产出为基础，对一、二期化学水装置成本做如下分析。成本分析中，直接材料指装置主要原料工业新鲜水、堠皋回用水、乙烯回用水等。工业新鲜水按核算价格3.25元/t计算。回用水按7.28元/t核算。

一、二期化学水装置合计全年总产量834万t，总耗原水914万t。总体成本为：单位生产8.72元/m^3，制水比耗1.10.100%酸单耗0.36g/m^3，100%碱单耗0.29g/m^3。经过连年优化，指标均比设计值大幅提升。

3.2 一、二期化水装置成本对比分析

表 2 热电一、二期化水装置对比分析

项目	一期化水			二期化水		
	数量/m^3	单价	金额/元	数量/m^3	单价	金额/元
一、原材料			39083515.64			11415078.52
(一)直接材料	6869827.13	4.03	27682577.40	2270175.88	3.27	7412852.91
(二)辅材			4427187.73			2719931.62
(三)动力			6973750.51			1282293.99
二、直接人工			6296110.98			2861868.63
三、制造费用			8927658.31			4058026.50
四、生产成本合计			54307284.92			18334973.65
五、产量	6172425.00			2168241.00		
六、单位生产成本			8.80			8.46
七、电单耗	1.64			0.75		
八、单位变动成本			6.33			5.26
九、现金操作费用			4.31			5.04
十、制水比耗	1.11			1.05		
十一、100%酸单耗	0.30			0.51		
十二、100%碱单耗	0.26			0.37		
十三、废水排放量	697402.12			101934.88		

一、二期成本分解说明：

(1) 直接材料和产量来自一、二期计量报表数据；一期产量占总产量 74%，二期占 26%。

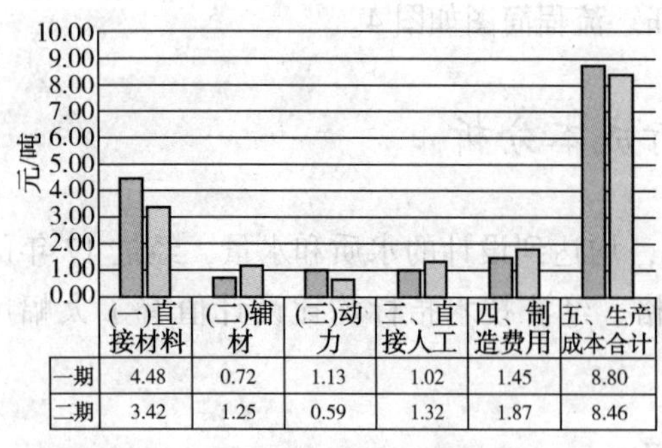

	(一)直接材料	(二)辅材	(三)动力	三、直接人工	四、制造费用	五、生产成本合计
一期	4.48	0.72	1.13	1.02	1.45	8.80
二期	3.42	1.25	0.59	1.32	1.87	8.46

图 5 一二期化水装置成本对比图

(2) 辅材中，酸、碱消耗量按照实际消耗比值分开，具体比重一期占 63%，二期占 27%。；树脂量和其他药剂按实际发生核算。

(3) 动力费用按化水变电表据实核算；

(4) 直接人工按实际工作人员比重，一期占 68%，二期占 32%。

(5) 制造费用比重根据直接人工比重分解，一期占 68%，二期占 32%。

3.3 一、二期装置成本对比分析(如图 5)

可以看出：

(1) 一期单位成本高于二期，主要是直接材料和动力单位成本明显偏高。一期节水、节电效果不如二期。

(2) 一期单位辅材成本低于二期，主要是酸、碱用量低。

(3) 一期单位直接人工和制造费用低于二期，主要是二期负荷率较低，一期负荷率高，

成本摊薄。

3.4 装置成本构成比重分析

3.4.1 一期化水成本比重(如图6)

3.4.2 二期化水成本比重分析(如图7)

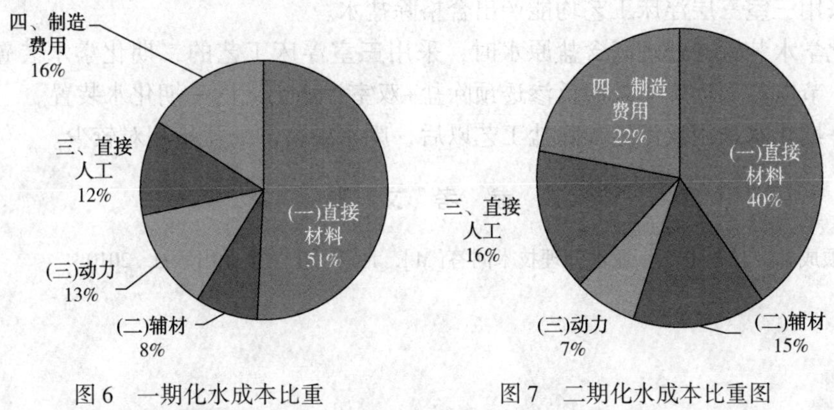

图6 一期化水成本比重　　图7 二期化水成本比重图

3.4.3 成本比重分析

(1) 一期因水耗高，且回用水单价高，直接材料占比51%，二期水耗低，直接材料占40%；

(2) 二期酸碱用量大，辅材占比15%，一期酸碱用量小，辅材占8%；

(3) 一期电耗高。动力占13%，二期电耗低，动力占7%。

4 主要技术指标分析

(1) 一期化水单位生产成本8.80元/t，二期化水单位生产成本8.46元/t。一期化水成本比二期化水成本高出4.01%。考虑到因热电拆除1#~2#机组，总产量降低尤其二期总产量降低更多，不利于直接人工等费用摊薄。如果按同等负荷率生产，二期成本会进一步降低。

(2) 制水比耗=总进水/总产水，体现装置节水指标。一期化水总制水比耗1.11，二期化水1.05。二期化水离子交换工艺具有明显的节水优势。主要是一期化水反渗透单元水耗很高。

(3) 单位电耗：一期化水1.64kWh/t；二期化水0.74 kWh/t。一期化水电耗为二期化水2.2倍。主要一是反渗透单元主要靠高压泵加压脱盐，或者说脱盐依靠电力，而二期化水脱盐依靠酸碱；二是一期化水在离子交换前置的反渗透和预处理单元是1套小型装置，主要有原水泵、高压泵、淡水泵、反洗泵、罗茨风机等耗电设备，总体电耗偏高；三是一期化水外供一级和外供二级脱盐水要供氯碱、乙烯区域，泵的扬程高，电机功率大。

(4) 酸耗一期0.3g/t，二期0.51g/t；碱耗一期0.26g/t，二期0.37g/t。主要原因：二期脱盐依靠酸碱，一期有反渗透、埃皋回用水反渗透、乙烯回用水反渗透等预脱盐设备，酸碱单耗要比二期大幅降低。

(5) 二期化水因使用酸碱较多，每吨废水中增加来自酸碱的盐量为11.5g；一期化水每吨废水中，增加来自酸碱的盐量5.87g。一期化水废水含盐量低。

5 结 论

（1）化水装置在处理高含盐黄河水改造中，一级除盐单元采用反渗透加双室浮床工艺或者是直接采用三室三层浮床工艺均能产出合格除盐水。

（2）化学水装置在处理高含盐原水时，采用三室浮床工艺的二期化学水装置在降低成本、节水、节电方面远优于采用反渗透预除盐+双室浮床工艺的一期化水装置。

（3）一期化水采用反渗透预除盐工艺以后，废水中增加的盐量相对较少。

参 考 文 献

[1] 金熙，项成林，齐东子．工业水处理技术问答[M]．北京：化学工业出版社．2010.

增加反渗透工艺化学水生产成本对比

郑广岭

（中国石化胜利油田石油化工总厂，东营 257000）

【摘要】 化学水除盐生产过程中，会产生大流量的高盐废水。随着国家对环保的要求越来越重视，反渗透作为预脱盐工艺，因其可对溶质与水高效分离、不产生废酸废碱液等优点，得到了广泛的应用。在 GB/T 50109《工业用水软化除盐设计规范》中规定：当原水溶解固形物小于 400mg/L 时，应经技术经济比较，确定是否采用反渗透除盐装置。作者从能耗、环保以及生产成本方面等方面比较增加反渗透工艺的经济性。

【关键词】 反渗透 生产成本 经济性

1 引 言

在原水含盐量低的地区，化学水除盐的一般流程为：预处理+离子交换，在原水含盐量高的地区，则多采用预处理+反渗透+离子交换工艺。相对于离子交换而言，反渗透能耗高，水耗大，但反渗透有分离效果高、占地面积小、运行可靠、操作简便等优点，且不产生废酸(碱)液排放，在环保、自动化方面更具优势。在 GB/T 50109—2014《工业用水软化除盐设计规范》规定，当原水溶解固形物大于 400mg/L 时，宜采用反渗透等预脱盐装置。当原水溶解固形物小于 400mg/L 时，应经技术经济比较，确定是否采用反渗透除盐装置。本文仅对增加反渗透工艺后生产成本比较，不涉及投资成本、维修成本和人工成本等方面。

2 增加反渗透对生产成本的影响

反渗透水处理系统通常由给水前处理、保安过滤器、高压泵、反渗透本体、清洗装置和有关仪表控制设备构成。反渗透给水处理与离子交换预处理有很多重合部分，根据 QSH 0628. 3—2015《水务管理技术要求 第 3 部分：化学水》规定，对比离子交换与反渗透的进水水质要求，如表 1。

表 1 离子交换与反渗透进水水质对比

项 目	离子交换		反渗透(复合膜)
污染指数/SDI	—		<5
浊度/NTU	对流再生	顺流再生	<1
	<1	<3	
水温/℃	5~40		5~40

续表

项　　目	离子交换	反渗透(复合膜)
pH	—	3~11
COD_{Mn}/(mg/L)	<2	<3
游离氯(以 Cl_2 表示)/(mg/L)	<0.1	0
含铁量(以 Fe 表示)/(mg/L)	<0.3	<0.05

从表 1 可知，两种工艺进水水质的区别主要集中在 SDI 值、游离氯、含铁量、阻垢。

2.1 SDI 值

SDI 是表征水中微粒和胶体颗粒危害的一种指标。它是在一定压力下，让被测水通过 0.45μm 的微孔滤膜，根据膜的淤塞速度来测定的。浊度也是水中悬浮物和胶体物质的多少的水质指标，但它不能对水中不感光的一些胶体微粒准确测量。虽然与对流再生离子交换工艺相同，反渗透的进水浊度也是小于 1，此时 SDI 值却不一定满足条件，所以 SDI 值作为反渗透进水指标更精确。降低 SDI 的一般办法是：对预处理出水进行二次混凝和细砂过滤、对预处理出水进行超(微)滤。超滤因其占地面积小、运行压力低、出水水质稳定等优点越来越多的作为反渗透前处理使用。

2.2 游离氯

余氯对反渗透膜有氧化作用，反渗透膜元件(复合膜)比树脂更不耐氧化，因此在进反渗透前需投加还原剂对游离氯进行还原。

2.3 含铁量

天然水中含铁量较低，经过碳钢管道输送时，可能会造成水中铁离子增加，因此，反渗透前一般采用衬塑管线或 PVC 等不会产生铁离子的管线。使用地下水作为水源时，可能铁、锰离子含量超出标准，一般采用曝气—锰砂过滤来去除，且氧化性杀菌剂也能对二价铁、锰离子迅速氧化。本文中暂不考虑除铁工艺。

2.4 阻垢

在反渗透过程中，新鲜水不断浓缩，成为浓水，当浓水中某些盐类浓度超过其溶解度时，就会在膜表面结垢。结垢会导致膜产水量下降，脱盐率升高、进水压力升高等现象，因此要尽量避免结垢。现常用的阻垢方法是投加阻垢剂、调节 pH、软化等方法。

针对进水条件的要求，在离子交换进水水质条件下增加反渗透，还需对反渗透给水进行前处理，前处理选用超滤工艺。预处理+离子交换流程见图 1。

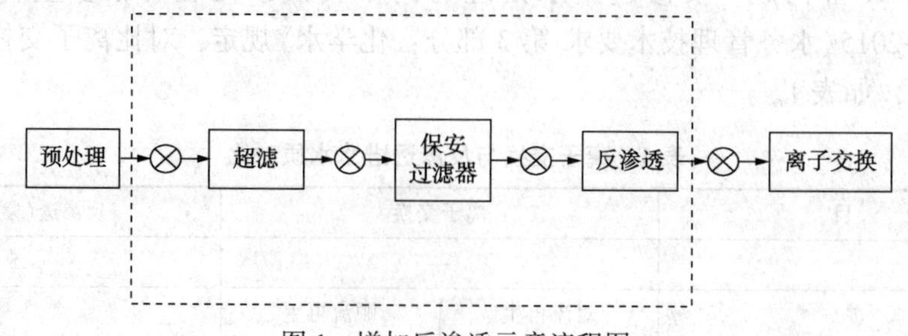

图 1　增加反渗透示意流程图

综上可知，增加反渗透后可能增加的费用($F_{增}$)主要包括：超滤电费 F_1、超滤化洗费用 F_2、还原剂费用 F_3、阻垢剂费用 F_4、保安过滤器加压泵电费 F_5、保安过滤器滤芯损耗费用 F_6、高压泵电费 F_7、反渗透化学清洗费用 F_8、反渗透膜元件更换费用 F_9、超滤膜元件更换费用 F_{10}、浓水排放费用 F_{11}。超滤反洗水可回流到预处理前继续使用，本文中不计超滤水耗。

增加反渗透后，离子交换负荷大大减轻，运行周期延长，会减少一部分费用($F_{减}$)，主要包括：节省酸(碱)费用 F_{12}、节省再生水费 F_{13}、节省再生泵电费 F_{14}、减少补充树脂费用 F_{15}、减少废树脂处理费用 F_{16}。高含盐废水处理费用，由于各地区要求不一致，现阶段大都在污水装置进行处理，本文中暂不考虑。

比较 $F_{增}$ 与 $F_{减}$ 的大小，既可以对比两种方案的运行成本。

3 计算实例

表 2 是长江流域某企业原水水质分析报告，经预处理后达到离子交换进水水质后，假设预处理未增加离子含量。增加反渗透后，流程图如图 1。

表 2　长江流域某企业原水水质分析报告

检测项目	检测结果	实验方法
pH	7.41	GB/T 6904—2008
电导率/(μS/cm)	304	GB/T 6908—2018
总溶固/(mg/L)	181	Q/YZJ06-224.16—2017
浊度/(mg/L)	0.3	Q/YZJ06-224.01—2017
钙离子($CaCO_3$计)/(mg/L)	90.3	GB/T 6910—2006
硬度/(mmol/L)	1.18	GB/T 6909—2018
镁离子/(mg/L)	6.7	GB/T 15452—2009
钠离子/(mg/L)	16.0	Q/YZJ06-224.02—2017
氯离子/(mg/L)	20.7	GB/T15453—2018
总碱度($CaCO_3$计)/(mg/L)	75.1	Q/YZJ06-224.07—2017
二氧化硅/(mg/L)	6.4	SL 91.1—1994
硫酸盐/(mg/L)	43.6	DZ/T 0064.64—93
硝酸根离子/(mg/L)	7.2	GB/T 6912.1—2006
亚硝酸根离子/(mg/L)	0.01	GB/T 6912—2008
水质分析：		
总阳离子/(mEq/L)	3.13	DL/T 502.1—2006
总阳离子/(mEq/L)	3.11	
δ/%	0.32	
铁/(mg/L)	<0.05	GB/T 5750.6—2006
总锌/(mg/L)	0.08	Q/YZJ06-224.04—2017
硬度(碳酸钙计)/(mg/L)	118.0	GB/T 6909—2018

设定产水量为 300t/h，预处理产水量按 350t。

设定超滤采用外压式中空纤维膜，国产 PVDF 材质，180t/h 处理量，共 3 套，两开一备，每套膜组件约 26 万元。

由于水中溶解固形物太少，含盐量低，设定反渗透按一级三段设计，每段压力容器数分别为 15∶8∶5，膜元件采用 BW30-400/34，设计处理量为 175t/h，共三套，两开一备，共需膜元件 504 支，每支膜元件 3500 元左右，共 176.4 万元。设计回收率 87.5%，回收率取 87%，反渗透浓水排放费用 F_{11} 按进水量 13%计。(设计使用反渗透设计软件，价格询问供应商)

3.1 增加的费用 $F_{增}$

3.1.1 超滤电费 F_1

应包括超滤进水泵、反洗泵、化洗泵等耗电设备的总耗电量。由于化洗泵运行时间短，且运行压力低，反洗泵反洗流量一般是处理量的 2~4 倍，若按每半小时反洗一次，每次反洗时间为 30s，一天反洗 48 次，总共反洗泵运行时间才 0.4h/d，化洗泵和反洗泵所消耗电量不会超过进水泵耗电量的 5%(考虑启动耗电量)，按 5%计。一般超滤的初始运行压力在 0.1MPa 左右，跨膜压差不超过 0.15MPa，考虑管道阻力等因素，进水泵扬程按 $25mH_2O$ 计。企业电单价 0.61 元/kWh 计。

$$F_1 = 1.05 \times \rho g Q H / (1000\eta) \times F_{电} \times t = 16.68 \text{ 万元}$$

式中 ρ——水的密度，$1000kg/m^3$；

g——重力加速度，一般记作 $9.81m/s^2$；

Q——进水流量，$0.097m^3/s$；

H——扬程，$25m\ H_2O$；

η——泵效率，按 80%计；

$F_{电}$——电单价，0.61 元/kWh；

t——运行时间，一年运行 8760h。

3.1.2 超滤化洗费用 F_2

超滤化洗药剂主要包括酸洗、碱洗、杀菌剂清洗三步骤，一般药剂使用量不大。清洗一般在 pH=2~12(HGT 4111—2009《全自动连续微/超滤净水装置》)，对应酸碱浓度都在 1%以下，次氯酸钠的浓度与膜材质有一定关系。由于有前期预处理，超滤进水水质已达到离子交换工艺进水水质，参照 HGT 4111—2009《全自动连续微/超滤净水装置》规定，化学加强反洗(有机膜)周期设定在 1 次/2 天，化学清洗周期 3 个月，每台装置的水容积加上管道容积一般不会超过 3t，按 3t 计。设定化学加强反洗和化学清洗药剂浓度相同，1%盐酸、1%氢氧化钠、1000ppm 次氯酸钠，一年约清洗 560 次。需要 31%的盐酸 54t，32%氢氧化钠 52.5t，10%次氯酸钠 1.68t。清洗水(预处理产水)约 1680t。定 31%的盐酸 350 元/t，32%氢氧化钠 1000 元/t，10%次氯酸钠 1000 元/t。新鲜水 2 元/t，预处理产水费用变化不大，按 2.5 元/t 计。(本文中药剂、滤芯、树脂等价格来自阿里巴巴网，水、电、除盐水价格来自当地企业价格)

$$F_2 = 7.73 \text{ 万元}$$

3.1.3 还原剂费用 F_3

还原剂投机量与预处理后余氯有关，其余氯越高，还原剂投加量越大，因为是对比离子交换工艺进水水质，进水余氯要求小于0.1mg/L，按0.1mg/L计，亚硫酸氢钠加药量一般为余氯浓度的3~4倍[1]，即亚硫酸氢钠投加量应小于0.4mg/L。定亚硫酸氢钠2500元/t，还原计加药泵量程、流量都非常小，耗电量忽略不计。

$$F_3 = Q \times t \times 0.4 \times 10^{-6} \times F_{还} = 0.31\text{ 万元}$$

3.1.4 阻垢剂费用 F_4

阻垢剂的加药量应根据进水水质作性能试验来确定。定阻垢剂20000元/t，设定加药量为3ppm。

$$F_4 = Q \times t \times 3 \times 10^{-6} \times F_{阻} = 183960\text{ 元} = 18.4\text{ 万元}$$

3.1.5 保安过滤器加压泵电费 F_5

PP喷熔滤芯控制压差在0.1MPa，一般不会超过0.2MPa，取加压泵扬程0.25MPa，高压泵入口压力为0.05MPa。

$$F_5 = \rho gQH/(1000\eta) \times F_{电} \times t = 15.89\text{ 万元}$$

3.1.6 保安过滤器滤芯损耗费用 F_6

在反渗透前处理后，应安装保安过滤器，防止大颗粒物质进入，对膜造成机械伤害。保安过滤器的滤芯有多种形式，有喷熔滤芯、折叠滤芯等，质量不一，价格也各不相同。设定保安过滤器滤芯为5μm40″PP喷熔滤芯，每支透水量为4t/h，共需要88支，每支定价为20元。每3个月更换一次。

$$F_6 = 7040\text{ 元} = 0.7\text{ 万元。}$$

3.1.7 高压泵电费 F_7

按照反渗透设计，反渗透膜端进水压力在1MPa左右，考虑到管线阻力和以后反渗透流量衰减，需提高高压泵出口压力，选用流量175t/h、扬程1.5MPa的泵运行两台。设定5年内平均高压泵出口压力为1.25MPa. 考虑保安过滤器出口压力，高压泵实际扬程1.2MPa。

$$F_7 = \rho gQH/(1000\eta) \times F_{电} \times t = 76.27\text{ 万元}$$

3.1.8 反渗透化学清洗费用 F_8

依据GBT 23954—2009《反渗透系统膜元件清洗技术规范》，常用药剂有盐酸、氢氧化钠、EDTA、十二烷基苯磺酸钠，其浓度分别为0.2%盐酸、0.1%氢氧化钠、1%EDTA、0.025%十二烷基苯磺酸钠，清洗周期一般为3~6个月。每台装置的水容积加上管道容积一般不会超过5t，按5t计。清洗周期定为3个月，每次都采用上述四种药剂清洗，年需31%盐酸0.38t，需30%氢氧化钠0.2t，需EDTA2t，需十二烷基苯磺酸钠0.05t。定EDTA9800元/t，十二烷基苯磺酸钠10000元/t，配药用除盐水240t，除盐水定价7元，冲洗用水(预处理产水)960t。由于最初设定的超滤进水为离子交换进水，经超滤后再发生铁污染或细菌污染的可能性很小，使用常规的四种清洗方式应该可以保证正常生产。反渗透清洗泵功率小，运行时间短，电费忽略不计。

$$F_8 = 2.45\text{ 万元}$$

3.1.9 反渗透膜更换费用 F_9

反渗透膜的使用寿命主要取决于前处理的运行情况，由于前期设定超滤进水为离子交换进水，再经过超滤，反渗透的运行寿命应该比较长。我厂曾反渗透膜元件运行5年，脱盐率仍然在98%以上，运行压力增加50%(1.5MPa以下)，能达到设计产水量，某工厂反渗透运行6年，脱盐率仍然保持在99%以上，只不过回收率控制在70%(一级二段设计)。在

QSH0628. 3-2015《水务管理技术要求 第3部分：化学水》规定，反渗透三年内脱盐率在96%以上。本文设定反渗透膜元件使用寿命5年运行脱盐率在95%以上作为膜报废标准。平均每年更换膜元件费用约为35. 28万元。

$$F_9 = 35.28 \text{ 万元}$$

3. 1. 10 超滤膜元件更换费用 F_{10}

根据厂家给出的数据，超滤膜的使用寿命约为3~5年，按3年计，每年膜组件更换费用平均为26万元。

$$F_{10} = 26 \text{ 万元}$$

3. 1. 11 浓水排放费用 F_{11}

浓水排放量约为进水量的13%，约为45. 5t/h，此时：

$$F_{11} = 99.65 \text{ 万元}$$

若用反渗透浓水取代预处理的10%的自用水，每小时排放量约为10. 5t，此时：

$$F_{11} = 23 \text{ 万元。}$$

3. 2 减少的费用 $F_{减}$

原水电导304μS/cm，反渗透进水电导还要高，按反渗透脱盐率95%计算，其产水电导大于15. 2μS/cm，仍不符合一级除盐水标准，还需采用一级复床进行除盐。

无反渗透工艺时，设定阳床采用单室浮床工艺，运行流速取40m/h，其工作总面积：

$$A = Q/v = 300/40 = 7.5\text{m}^2$$

直径选择2. 2m阳离子交换器3台，两开一备，实际流速39. 5m/h。选择强酸树脂D001，其工作交换容量取850mol/m^{3}R[2]，按QSH 0628. 3—2015《水务管理技术要求 第3部分：化学水》规定，阳离子可近似为总阳离子浓度≈硬度(以Ca^{2+}计)×2+Na^+/23+K^+/39. 1，阳离子总量约为1. 95mmol/L，按24h再生一次，需装填高度2. 17m计，三台交换器共装填D001树脂24. 74m^3。

阴床采用双室浮动床，运行流速取40m/h，其直径选择2. 2m阳离子交换器3台，两开一备，实际流速39. 5m/h。强碱阴树脂采用D201FC，其工作交换容量取350mol/m^{3}R[2]，弱碱树脂采用D301FC，其工作交换容量取750mol/m^{3}R，按要求阴树脂工作交换容量应富裕10%，三台交换器共装填强碱树脂7. 07m^3，弱碱树脂14. 02m^3。

D001价格为10000元/t，D201价格12000元/t，D301价格11800元/t。再生剂使用31%的盐酸和32%氢氧化钠。阳床再生耗量为45g/mol，阴床再生耗量为50g/mol。D001湿视密度按0. 75g/mL，D201湿视密度按0. 65g/mL，D，301湿视密度按0. 7g/mL[3]。

3. 2. 1 节省酸(碱)费用 F_{12}

经反渗透预脱盐后，离子交换进水含盐量减少，其再生次数减少，酸碱再生剂用量相应减少，无反渗透工艺的酸碱用量比有反渗透工艺的酸碱用量多(1/反渗透透盐率)倍。取5年内反渗透平均脱盐率96%，其透盐率为4%，无反渗透工艺的酸碱用量比有反渗透工艺的酸碱用量多(1/4%=25)倍。再生一次阳床约用31%盐酸2t，每年节省盐酸700t，约为24. 5万元；再生一次阴床约用32%氢氧化钠2. 29t，每年节省氢氧化钠800t，约为80万元。

$$F_{12} = 104.5 \text{ 万元。}$$

3. 2. 2 节省再生水费 F_{13}

再生次数减少，相应再生水耗也减少，酸碱费用节省多少倍，再生水就节省多少倍。阳床再生流速取6m/h，阴床再生流速取5m/h，再生时间30min，置换时间30min，再生一次阴阳床再生剂加置换用水量41.8t除盐水，每年减少除盐水用量2.93万t。正洗使用预处理产水，水耗按1.5m^3/m^3R计，每年减少预处理产水1.81万t。

$$F_{12}=25.04\text{ 万元。}$$

3.2.3 节省再生泵电费 F_{14}

由于再生泵属于变频调节，流量扬程变化多，设定耗电量按10kWh计。每天再生4个床(2阴2阳)，再生泵每次运行时间按1小时计(主要是输送再生剂和置换)，一年运行电费0.89万元。

$$F_{14}=0.89\text{ 万元。}$$

3.2.4 减少补充树脂费用 F_{15}

树脂在使用过程中，会产生破碎、流失等，需要按需补充一定量的树脂。树脂产生破碎除质量原因和管理、操作不当外，主要原因是运行压力、摩擦和再生转型。运行压力两种工艺都一致，但再生次数减少，再生转型减少，其破碎速度会减慢，树脂补充量减少。且增加反渗透工艺后，水中氧化性物质和COD、微生物等对树脂有害的因素可以忽略，树脂受污染的概率降低，使用寿命延长。具体减少量未见明确的数据，按补充量减少80%计。一般树脂寿命为7年，阳树脂每年少补充2.12t，阴树脂每年少补充1.65t。

$$F_{15}=2.12+1.3=3.42\text{ 万元。}$$

3.2.5 减少废树脂处理费用 F_{16}

废树脂的处理方式有多种，常用的是找专业公司外运处理，市场价约为6000元/t，每年少产生废树脂3.77t，节省费用2.32万元。

$$F_{16}=2.32\text{ 万元}$$

3.3 成本分析

在反渗透浓水未回用时，$F_{增}=\sum_{1}^{11}F_i=299.36$ 万元

当反渗透浓水取代预处理自用水时，$F'_{增}=222.71$ 万元

其中，增加电费108.84万元，占 $F'_{增}$ 成本的48.87%；化工物料消耗29.59万元，占 $F'_{增}$ 成本的13.29%；膜更换费用61.28万元，占 $F'_{增}$ 成本的27.52%；水耗23万元，占 $F'_{增}$ 成本的10.32%。见图2。

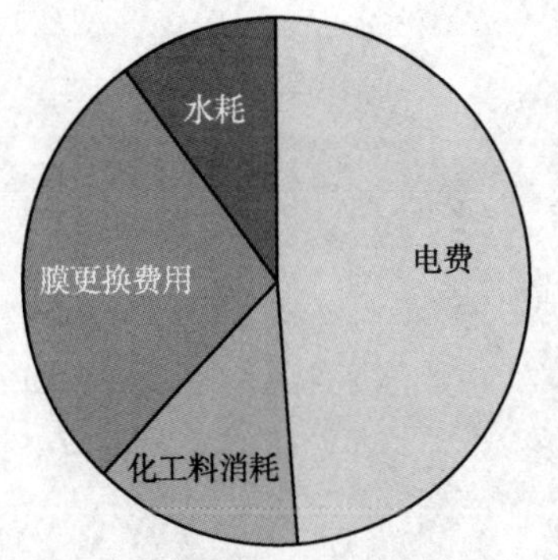

图2 反渗透工艺成本

$$F_{减}=\sum_{12}^{16}F_i=136.17\text{ 万元}$$

(1) 对于总溶固181mg/L的长江流域水质而言，增加预脱盐(反渗透装置)生产成本高于未使用反渗透装置的成本。当总溶固300mg/L时，此时 $F_{增}$ 基本没变化，而 $F_{减}$ 达到225万元，超过浓水回用时 F'增。总溶固越高，其使用反渗透装置的成本越低。

(2) 将反渗透浓水回用为预处理自耗水时，成本下降了27.22%。因此，合理使用反渗透浓水节能效果非常明显。

（3）不增加预脱盐装置(反渗透)，单纯使用一级复床制取一级除盐水，产生的废水含盐量是进水含盐量的2倍；而使用预脱盐装置(95%的脱盐率)，其废水含盐量只不到进水含盐量的1.1倍，其盐分离效果好，若考虑高盐废水治理费用，预处理+离子交换工艺成本还会增加；

（4）增加预脱盐装置，其酸碱的储存量和使用量都会大大减少。盐酸和氢氧化钠都属于危险化学品，其安全成本和运输成本也会越来越高。特别是高盐废水进行结晶处理时，废酸碱液结晶属危废，而反渗透浓水结晶则不属于危废，处理成本截然不同。

（5）随着膜市场的普及，超滤和反渗透的膜元件价格逐渐走低，而对环保的要求日益严格，树脂和处理废树脂的价格会逐渐走高。

（6）超滤与反渗透等膜工艺的运用，自动化程度高，其初期设备投资和后期的设备维护费用高。

4 结 论

是否增加反渗透工艺，除考虑初期设备投资外，还应考虑当地对环保要求和以后的环保处理成本，以及膜元件和树脂市场价格变动趋势。就生产成本而言，在总溶固300mg/L时，使用反渗透工艺具有优势。

参 考 文 献

[1] 丁恒如，吴春华，龚云峰 工业用水处理工程[M].2版．北京：清华大学出版社，2014.
[2] 中国石油化工集团公司企业标准，Q/SH 0628.3—2015.
[3] 中国石油化工集团公司企业标准，Q/SH0378—2010.

膜法水处理工艺及应用

周　聪

（中国石化巴陵石化公司，岳阳 414003）

【摘要】 介绍了几种膜法处理工艺原理、结构特点以及用途，对不同膜法处理工艺的精度和效果进行了比较，分析膜法处理存在的问题，提出解决问题的对策。全膜法是几种不同处理精度膜工艺的组合形式，这种工艺集合了几种膜法工艺的特长，克服了单一膜法处理不足，出水产品更加优良和稳定，应用范围更加宽广，特别是在有机化工污水处理、工业生产中水回用具有更大的优势，在当今是一种技术成熟、自动化程度高、适用领域广的水处理工艺。

【关键词】 膜法处理　全膜法工艺　工艺原理　结构特点　应用

1　概　　述

膜法水处理工艺是指工业生产中，利用水处理设备系列各种膜片如反渗透膜、超滤膜、纳滤膜以及微滤滤芯、MBR 膜等膜片，来实现水处理除盐、除污、除杂、纯化的一种水处理工艺。根据处理水的要求选择不同的膜品种、膜孔大小，除盐主要选择反渗透膜和纳滤膜，生活水净化主要选择纳滤膜，除污和分离、浓缩、纯化等单元操作采用超滤膜，污水处理中活性污泥固定及污水净化采用 MBR 膜，不同的膜组件有不同的精度，用途也有一定区别。膜法处理工艺按照工艺流程组合和用途不同又可以分为全膜法处理工艺和半膜法处理工艺，随着工业生产技术进步以及膜制造技术发展，膜法处理工艺近几年有了快速的发展，用途越来越广，涵盖了炼油、化工、造纸、电力、冶金、医疗、生活水、环保等许多行业，近几年来，全膜法水处理工艺在工业水处理中应用越来越多。

全膜处理工艺则是微滤、超滤、反渗透和 EDI 的组合处理模式。全膜法水处理工艺在制备化学水、中水回用、工业环保达标“零排放”等领域应用技术发展快，已经成为一种实用性强的水处理工艺。

2　膜法处理工艺及特点

2.1　反渗透（RO）工艺

2.1.1　工艺特点

美国 60 年代初验之的一种超高粒径的利用压差的膜法分离技术。过滤粒径为 0.0001μm。反渗透膜是反渗透机组的核心元件，是一种模拟生物半透膜制成的具有一定特性人工半透膜。是最精细的膜分离产品，能有效截留所有溶盐和分子量大于100道尔顿的有机物，同时允许水分子透过。反渗透膜透过性的大小与膜本身的化学结构有关。有的高分子材料对盐的排斥性好，而水的透过速度并不好；有的高分子材料化学结构具有较多亲水基团，因而水的透过速度相对就快，因此一种满意的反渗透膜应具有适当的渗透量或脱盐率。

2.1.2 材质与过滤精度

RO膜是由高分子材料制成，如：醋酸纤维素膜、芳香族聚酰肼膜、芳香族聚酰胺膜。目前使用最多的膜材料为醋酸纤维素和芳香族聚酰胺类。表面微孔直径及过滤粒度(精度)：反渗透膜表面微孔直径为0.5~1nm；过滤精度为0.0001μm左右(万分之一微米)。

2.1.3 膜特性与结构特点

RO膜有如下特性：一是高流速下具有较高脱盐率；二是具有较高机械强度和使用寿命；三是能在较低操作压力下发挥功能；四是能耐受化学或生化作用的影响；五是受pH值、温度等因素影响较小；六是纸膜原料来源方便，加工简单，成本低廉；七是RO膜要避免与氧化性物质接触，对余氯有严格要求。

RO膜分为非对称膜和均相膜两类。其组件有中空纤维式、卷式、板框式和管式。目前使用最多的膜材料为醋酸纤维素和芳香族聚酰胺类。常见产品如杜邦膜、陶氏膜、海德能膜都是芳香族聚酰胺复合卷式膜。

2.1.4 应用领域

近年来我国膜工业发展较快，国产膜应用越来越多，价廉物美，逐步代替了大部分杜邦膜、陶氏膜、海德能膜产品。主要用于分离、浓缩、纯化等化工单元操作，在工业生产中主要用于高纯水制作和污水处理、中水回用处理除盐等。

膜组件运行压力：1.2~7.0MPa

2.2 超滤(UF)工艺

2.2.1 工艺特点

UF工艺是以膜两侧的压力差为驱动力，以超滤膜为过滤介质，在一定的压力下当原液流过膜表面时，膜表面密布的微孔只允许水及小分子物质通过而形成透过液，而原液中体积大于膜表面微孔径的物质被截流在进液一侧，成为浓缩液，从而实现对原液的净化、分离和浓缩目的膜分离技术。

UF膜是一种孔径规格一致，额定孔径范围0.001~0.01μm的微孔过滤膜。在膜的一侧施以适当压力，就能筛分出小于孔径的溶质分子，以便分离出分子量大于500道尔顿(原子质量单位)、粒径大于10nm的颗粒。

2.2.2 膜结构及材料与精度

UF膜有对称和非对称之分，对应为深层过滤和表层过滤。目前工业上使用的为非对称膜。UF膜材料使用的主要有纤维素及衍生物、聚碳酸酯、聚聚乙烯、聚丙烯腈、聚酰胺等。

UF精度：超滤膜过滤精度：0.001~0.01μm。

2.2.3 净化效果与用途

UF运行压力：0.1~0.7MPa，每米长的超滤膜丝管壁上有60亿个0.01~0.02μm的微孔；其孔径只允许水分子、水中有益矿物质和微量元素通过，体积在0.02μm以上的细菌以及胶体、铁锈、悬浮物、泥沙、大分子有机物等都被超滤膜截留下来，从而实现净化过程。UF主要起净化作用，除盐作用比较差。

UF 工艺主要用于分离、浓缩、纯化生物制品、医药制品以及食品工业中，还用于血液处理、废水处理和超纯水制备中的终端处理装置。

2.3 纳滤(NF)工艺

2.3.1 工艺特点

NF 工艺是一种介于超滤和反渗透之间的一种膜分离处理过程，过滤原理跟反渗透膜类似，只是过滤精度不如反渗透膜。UF 膜允许溶剂分子或某些低分质量溶质或低价离子透过的一种功能性的半透膜，它是一种特殊的分离膜品种，它因能截留物质的大小约为 1nm 而得名

截留能力：截留分子量为 200~800 道尔顿，截留溶解性盐能力 20%~98%之间。对高价阴离子脱盐能力大于低价阴离子。

2.3.2 膜材料结构与精度

NF 膜材料与反渗透膜类似，主要是使用醋酸纤维素膜、芳香簇聚酰肼膜、芳香簇聚酰胺膜等高分子材料制成。RO 从上到下分为三层，第一层为聚酰胺材料超薄分离层，约 0.2μm 厚，孔径为 0.02nm；第二层为聚砜材料支撑层，约 40μm 厚，孔径为 15nm；第三层为聚酯材料无纺布，约 120μm，主要作用是增强结构强度。纳滤膜的第一层(分离层)与反渗透不同，是由混合芳胺和杂环脂肪胺构成，又称为聚哌嗪类复合膜，第二层、第三层结构和材料都与反渗透膜相同。从精度上区别两种膜，NF 膜的孔径是 1nm，RO 膜孔径小于 1nm。

纳滤过滤精度：过滤精度为 0.001μm(千分之一微米)，即 1nm。

2.3.3 净化效果与运行压力

NF 膜运行压力：0.35~3.0MPa。运行压力范围比反渗透宽。NF 膜能截留分子量为 200~800Da，截留溶解性盐能力 20%~98%，对高价阴离子脱盐能力大于低价阴离子。

2.3.4 主要用途

NF 工艺常用于去除地表水的有机物和色度，脱除地下水的硬度，部分去除溶解性盐，浓缩果汁以及分离药品中的有用物质等。在饮水处理中，除了软化以外，多用于脱色、去除天然有机物和合成有机物(如农药)以及各类细菌，保证饮用水生物稳定性。纳滤可用于生产直饮水，出水中保留一定量离子，并且比 RO 处理费用低一些，但是膜单元价格比 RO 要高。

2.4 微滤(MF)工艺

2.4.1 工艺特点

MF 工艺是一种精密保安级过滤形式，过滤精度远远不如以上几种膜处理工艺，过滤精度为微米级，一般过滤精度为 0.1~50μm。常见的各种 pp 滤芯、活性炭滤芯、陶瓷滤芯等都属于微滤范围。

2.4.2 微滤滤芯

常见的有 pp 滤芯、活性炭滤芯、陶瓷滤芯，在全膜法水处理工艺中，微滤滤芯安装在保安过滤器内，最常用的是各种 pp 滤芯，如 pp 材料熔喷滤芯、折叠滤芯、绕线滤芯等都属于 MF 范围。

2.4.3 主要用途

微滤膜法水处理中应用较多，是超滤、反渗透、纳滤必不可少的前置过滤器，相当于膜

法处理的“前沿卫兵”，较大颗粒悬浮物、主要污染因子都在微滤被截留去除，保护了后面精度要求高的各种膜单元。一般设置在进 RO 机组、超滤机组、纳滤机组前，进行清水过滤，如保安过滤器、除铁过滤器、管式过滤器、炭过滤器等都属于 MF 工艺。

除以上介绍的几种常用膜法处理工艺以外，还有用于厌氧好氧工艺法(A/O)污水处理工艺中固定污泥、净化水质的膜生物反应器(MBR)工艺、用于污水处理曝气生物滤池(BAF)工艺，以及用于化学水二级脱盐处理的电除盐 EDI 工艺等都属于膜法处理工艺，在本文中不做详细介绍。

3 膜法水处理工艺应用中的问题分析

膜法水处理起步比较早，科技含量高，工艺技术先进，自动化程度高，便于集中程控。采用膜法水处理工艺制备纯水，水质优良、稳定，操作简易，且不会产生工业酸碱废水，不会产生二次污染，优于传统离子交换床。膜单元材料采用高分子聚合材料，具有较高机械强度，能在较低操作压力下发挥功能，并且能耐受化学或生化作用的影响，受温度、pH 值等因素影响小。因此具有良好的稳定性和较长的使用寿命。然而，膜法工艺虽然有这么多优点，但是实际生产中应用中还是有不少问题出现，导致应用效果不佳，生产成本居高不下，推广应用受到一定制约，现将问题以及影响因素简要分析如下：

3.1 清水回收率低

采用 RO、NF、UF 等膜法处理技术，受膜材质和制造技术的限制，制水比耗都在1.25~1.33之间，比离子交换床制水比 1.15 要大不少。清水回收率只有 75%~80%，因此有20%~25%的水作为浓水排放掉了，因此用单一膜法处理生产纯水时水耗大，成本高，除盐软化水成本是离子交换床的1.5倍。这对生产成本是不利的，也不利于节水减排。

要提高膜法处理清水回收率，降低排浓水耗，主要有以下措施：首先要提高膜元件制造质量，采用高性能的高分子材料，依靠高科技手段制造出过滤性能更加优良的 RO 膜和 NF 膜，以降低制水比耗；其次是通过良好的预处理手段，严格控制 RO 机组进水污染因子，通常采用活性炭过滤、MF、UF 层层把关的方法，将污染因子降低到 4.0 以下，甚至低于 1.0，同时根据来水含盐量变化调控好排浓水量，这样是有利于保证清水稳定产量的；再就是通过良好的维护保养，如运行前后控制好开机排浓时间、定期冲洗机组膜组件、定期对 RO 膜组件化学清洗、停机加强冲洗维护、调节控制好水温和 pH 值等。

3.2 排浓水处理困难

膜法处理过程中，经过膜过滤后的水会不断浓缩，含盐量、COD、总氮、总磷以及重金属物质的含量经过浓缩后，一般含量达到一次水的数倍，如果直接排放就会污染水体环境，如果排往污水处理装置，给污水生化反应带来不利影响。

目前，解决排浓水问题的措施，主要有两方面：一是排浓水含盐量高，属于低品质水，低质低用，不少生产企业将排浓水应用于消防补充水、环境卫生冲洗水、绿化用水、除尘降噪喷雾水等；另一方面是继续处理，采取高压 RO 膜进一步过滤回收一部分，然后将超浓水进行蒸发结晶，最终实现零排放。只是末端处理成本比较高，末端产物结晶固废需要妥善掩埋处理。

3.3 膜材质易氧化损坏

RO 膜、NF 膜都属于聚酰胺高分子材质制成，容易受到氧化损坏，要避免与氧化性物质接触，对余氯有严格要求，水中余氯的存在，很容易导致膜元件氧化而老化损坏。

采取措施包括：在一次水生产时，严格控制清水加氯杀菌剂量，以免清水中带入过多的余氯；在清水进入反渗透或者纳滤机组前，预处理装置增加活性炭过滤器，对清水进行活性炭吸附，将余氯和部分有机物吸附在活性炭上，然后通过每天反洗和再生将余氯除去，这样就能够保护膜高分子材料免遭氧化破坏；定期对进水余氯分析，控制水中余氯在 0.05mg/L 以下。

3.4 膜阻力易上升

RO 膜、NF 膜在运行一段时间后，出现膜各段阻力上升，各段之间压差增大，伴随压差增大出现产品水流量下降，电导率上升。这是因为膜单元流道狭窄，容易结垢堵塞，对处理液态介质预处理要求高。膜组件运行一段时间后，水垢生成、污垢积累并沉积阻塞膜单元的流道，造成膜逐渐被污染。膜被污染后，脱盐率就会持续下降，体现在电导上升；同时，膜机组的制水量下降，体现在清水的出水流量逐步减小，远远低于正常值。这个时候，就要对膜机组进行必要的维护了。

采取措施包括：严格控制膜机组进水水质，污染因子必须控制在 4.0 以下才行；当微滤滤芯阻力上升后，要及时更换滤芯，不能强制运行，以免滤芯破损短流，使大量污染因子进入膜单元；当出现清水流量下降、电导上升时，必须尽快实施机组化学清洗，及时疏通膜流道，清除垢类污染物。

3.5 单一膜法处理效果不理想

膜法处理本身具有精度高、出水稳定性好、自动控制程度高、操作简便等特点，但是每种膜法处理都有一定局限性，单独使用任何一种膜，其处理效果都不理想。MF 一般用于预处理比较多，微滤主要用于截留悬浮污染因子，吸附作用比较差，对 COD、余氯等没有吸附作用，同时截污能力不强；UF 对细小颗粒状悬浮物、COD、细菌病毒等截污能力强，但不具备矿物质离子去除能力，因此不除盐，同时运行过程中连续排除废水，需要后续处理程序；RO(包括 NF)除盐、截污能力非常强，出水品质非常好，但是膜十分娇贵，膜流道容易结垢、截污阻塞，需要有良好的机组前预处理保安措施，同时运行中需要加入膜阻垢剂和杀生还原剂，维护要求非常高，并且 RO(NF)运行过程中会排除 20%~25%排浓水，制水比耗高，浓水需要后续回用处理才能不污染环境，达到节水减排效果。

因此，推广应用好膜法处理工艺，发挥膜法处理工艺的优势，除了针对性采取措施解决运行中存在的问题以外，对膜法处理工艺应用方法改进就显得尤为关键，将单一膜法处理改进为全膜法处理工艺后，应用效果大大改善，用途更加宽广。目前，全膜法已经成为膜法处理应用的主要工艺形式，在脱盐软化、海水淡化、污水处理、中水回用等工业生产中成功案例很多，推广应用步伐加快。

4 全膜法工艺应用及效果

4.1 全膜法处理工艺

全膜法处理工艺作为一种高效去除污染物以及深度脱盐的水处理工艺，主要应用于化学纯水制备、中水回收利用、海水淡化等领域。

全膜法处理工艺应用在化学纯水制备时，其流程组合形式如：清水碳滤+微滤+超滤+反渗透+脱盐混床→二级除盐水；清水→砂滤→碳滤→微滤→纳滤→臭氧杀菌→生活饮用水。应用于中水回用领域如：中水(包括达标污水、各类直排中水)→絮凝→砂滤→气浮→超滤→微滤→反渗透处理→清水回收利用→超浓水蒸发结晶。

根据工业使用膜法处理需要，全膜法还有许多种组合流程，用途和水质也因流程设置不同存在一定差异。

4.2 在化学水纯水制备中应用

目前，全膜法处理在化学水处理脱盐软化生产中使用比较多，生产高纯度除盐水，水质稳定，产生的酸碱废水少，程控操作比较容易，应用于生产高纯度二级除盐水的案例很多。但也存在一些缺点。

4.2.1 工艺过程

工业新鲜水通过澄清、砂滤、活性炭过滤等预处理后，再通过微滤除去水中大颗粒污染因子，进入超滤处理除去细小悬浮物颗粒和细菌、病毒、大部分 COD 有机物等污染因子杂质，再进入反渗透机组进行一级除盐处理，反渗透机组制出的一级除盐水送离子交换混床，进行二级除盐，最终得到的高纯度二级除盐水送到用户。过程中产生的各类排水送到污水处理工序或者中水回用装置后续处理，过程产生的污泥送压滤机脱泥，污泥外运掩埋。

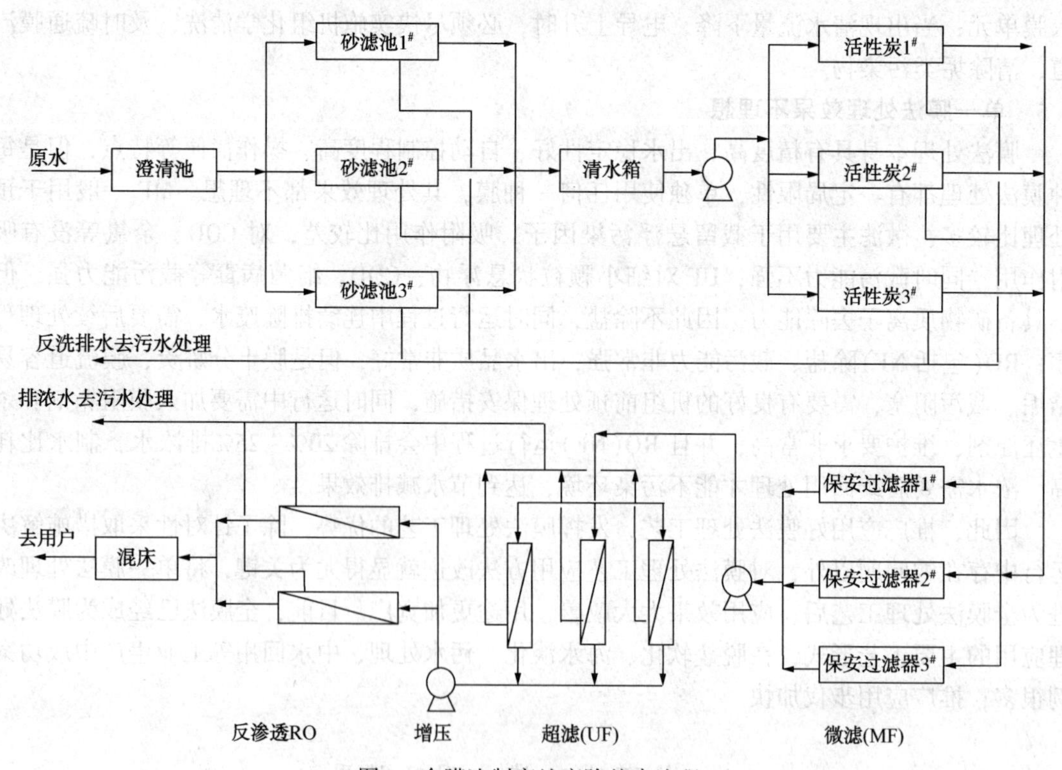

图1 全膜法制高纯度除盐水流程

4.2.2 应用效果

用全膜法工艺生产化学高纯度除盐水，具有水质好、除盐水品质稳定、自动化程度高的特点，生产过程中产生的酸碱废水量少，装置操作控制简易，该工艺所排放的废水可以送污水处理装置，或者直接送中水回用处理装置，相对容易达标回用。该工艺应用效果良好，可以实现生产过程全自动控制，加上后续处理工艺措施，基本可以实现环保达标“零排放”。缺点是工艺路线比传统离子交换床复杂，制水成本偏高，对膜法机组维护保养要求高。

4.3 全膜法在中水回用中应用

在工业生产节水减排工作中，中水回用成为最主要手段之一。中水包括达标污水、雨水、各类反洗排污水以及脱盐再生酸碱废水，水中含盐量高，COD 以及各类污染物含量高且成分复杂，利用传统工艺方法进行处理很难达到回用目的。将全膜法工艺应用于中水回用处理，则完全可以达到回收利用目的。目前比较成熟的中水回用装置，基本上都是采用的全膜法处理工艺，是工业节水减排、环保达标“零排放”应用最多的工艺方法。

4.3.1 工艺过程

工艺过程与纯水制备基本类似，不过在流程中增加了中水均质酸化处理、石灰软化处理工序，后续处理设置了高压反渗透提浓、结晶蒸发等工艺过程。中水处理后所得产品水主要用于循环水场补水，也有的企业将产品水进一步除盐，用于锅炉水。后续工序的超浓水末端处理，通过蒸发结晶，结晶固体物质外运掩埋，蒸发凝液回收利用到循环水场。在北方干燥地带，有的企业将中水回用处理后的超浓水用于道路和煤场除尘降噪。

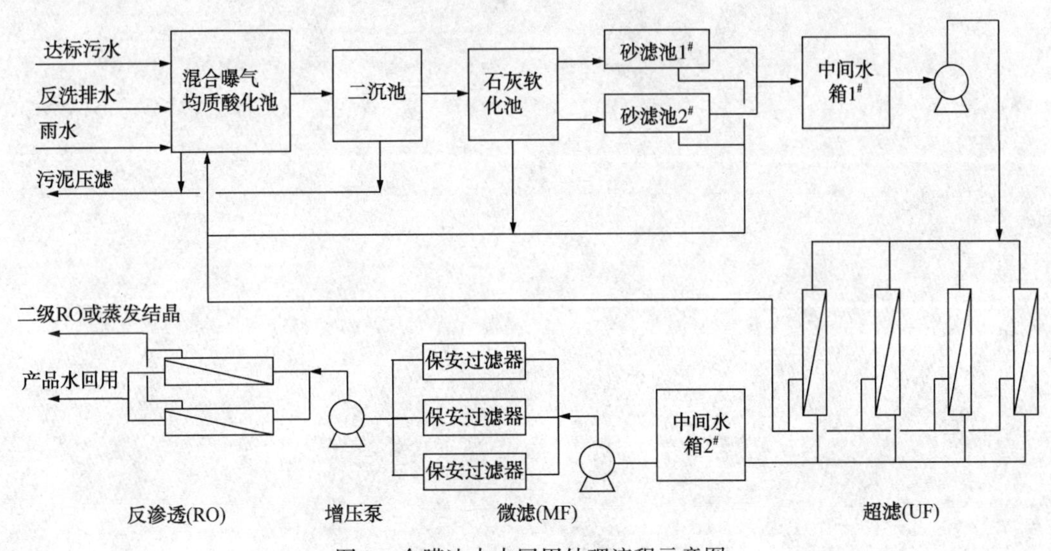

图 2 全膜法中水回用处理流程示意图

4.3.2 应用效果

全膜法工艺用于中水回用处理时，虽然工艺路线比较复杂，但是它克服了传统工艺中回用率低、处理成本高、二次污染严重、复杂水质回用难度大的缺点，具有回用水质好、效率高、适用水质范围广的优点，对含油的炼化中水和有机化工含芳香烃的达标污水都能够较好的回用处理。中水包括达标污水、雨水、各类反洗排水以及脱盐再生酸碱废水，水中含盐量高，COD 以及各类污染物质含量高且成分复杂，利用传统工艺方法很难达到回用目的，而采用全膜法工艺则完全可以做到回用。目前，工业水处理生产中，比较成熟的中水回用装置基本上都是采用全膜法处理工艺，是工业节水减排、环保达标“零排放”应用最多的工艺。

5 结束语

随着膜工业技术进步，膜法处理应用在日常生产、生活中日益增多，在环保达标中也日益成为重要手段。全膜法处理工艺作为一种技术成熟、自动化程度高、应用领域广的水处理工艺，克服了单一膜法处理工艺的局限性，集多种膜工艺所长，达到取长补短目的，具有技术含量高、出水水质稳定、操作控制简易等特点，在废水处理、中水回用、海水淡化过程中的应用效果显著。在“绿水青山就是金山银山”生态环保理念下，膜法水处理工艺已经成为新建工业项目环保设计“零排放”时的首选工艺，是环保技术的发展方向。

参考文献

[1] 中石化上海工程有限公司．化工设计手册：上册[M].5版．北京：化学工业出版社，2018：863~867.
[2] 黄晓家．工业给水排水[M]. 北京：中国建筑工业出版社，1999.

节水减排提高凝液回收率

李　峰　李道举

（中国石化齐鲁石化公司烯烃厂，淄博 255400）

【摘要】　伴随我国经济的高速发展，石化企业作为我国经济的重要组成部分越来越受到国家的重视。冷凝液系统是乙烯装置的相配套设施，冷凝液的回收情况会对水资源起到至关重要的作用。对于公司的节水减排主要体现在冷凝液的回收装置上，要做到节水减排，就要优化车间的相关装置及工艺，提高冷凝液的回收率。本文主要对某厂如何提高凝液的回收率进行研究，文章分三个部分进行阐述，先对某车间冷凝液回收的相关指标等进行了基本测定，后依据测定结果的原因分析给出了提高凝液回收率主要措施。

【关键词】　节水减排　凝液回收率　措施

1　引　　言

该厂重要节能减排项目是裂解车间的冷凝液回收装置，冷凝液回收装置主要是将该厂所有蒸气冷凝液进行回收，回收后作为给水系统提供水量的补充。在实际工作中补水大部分来自冷凝液的回收，其所占比例高达50%以上。由此可见，整个冷凝液回收系统情况会对装置的生产情况产生很大的影响。再加上我国很多工业工厂用到的水资源呈现短缺的现状，缺水会在一定程度上对企业产生制约作用，作为该厂的裂解车间，要做到节水减排就要加强对于蒸气冷凝液的回收。此外，不论是我国还是国外，石油是很紧缺的资源，故石油的价格很高，对于石油化工相关公司企业而言，石油化工的成本已经很高，要保证企业的正常生产，就要在其他方面做到节约成本，降低工艺流程的基本能耗。裂解车间是该厂生产中耗费水资源最多的车间，要提高该厂的整体效益，就要对整体的操作流程进行优化和改善，真正做到节水减排，一定程度上提高工厂企业的整体效益，节约成本。

2　工 艺 流 程

车间化学水处理装置共有五个系列，其中A/B两套是引进日本栗田水处理公司的专利技术，33万t乙烯扩建时增加独立运行的C系列，为扬州第一水处理设备厂生产制造，45万t扩建时增加D系列，2015年为配合煤粉炉改造增设E系列，五套脱盐系统设计制水能力相同，每套设计能力为340t/h，生产能力为256t/h，周期产水量3403t，周期净产水量3072t。

化学除盐是根据阴阳离子交换树脂的特性，将原水通过阳离子交换器和阴离子交换器，经过充分接触反应后，将水中的各种阴阳离子除掉，从而取得高纯度水。

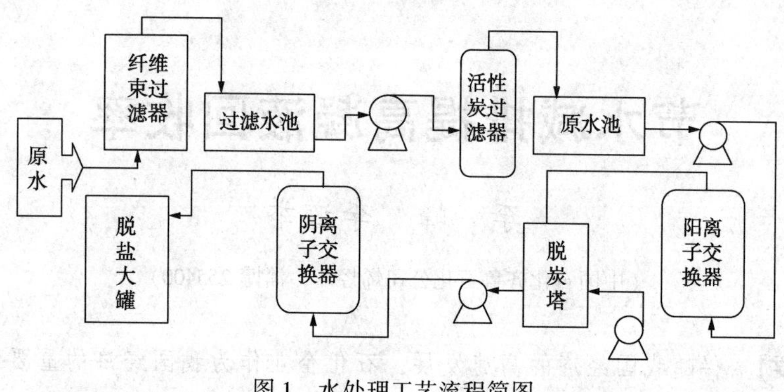

图 1 水处理工艺流程简图

3 水处理相关指标规定

3.1 冷凝液回收相关指标的测定

要对冷凝液回收的相关系统进行改善，就要清楚裂解车间与其相关系统程序的基本情况，要根据该厂的实际情况采取合理的测定方案进行测定工作，为系统的整体改善提供最佳的科学理论依据，以下是该厂裂解车间冷凝液回收相关指标的测定结果。

3.2 对于脱盐系统指标的测定

脱盐系统是该厂裂解车间冷凝液回收的一个部分，首先是再生水的回收，对于脱盐系统指标的测定项目主要包括总硬度、SiO_2等，对于测定项目主要分两个部分进行检测，包括阳床和阴床。具体测定步骤主要为，对于该系统进行加药过后每隔 5min 对于阳床和阴床的相关指标进行测定和分析，经过分析得到阳床在加药之后的 25min 之内出水的水质情况较好，处于较为稳定的状态，且比原水的相关指标情况要好。考虑到塔高及再生液体的基本流动速度，再生碱液排出的时间值大概为 27min 左右可从上部流至下部，同样酸再生液体所需要的排出时间值为 66min 左右。总结以上因素可得，系统加药之后所排出水质属于合格期间的时间段为前 15min，该时间段的水质属于可回收资源范畴。

3.3 所取样品水质的相关测定分析

车间所使用到的原水过滤设备数量为 12 台，每一台设备进行水质取样的两个口阀门所处状态为常开，进口和出口的流水速度值为 0.5t/h，此时的水质情况与原水基本相近。对于脱盐系统和精制所涉及的每个系统的出水状况为长流，当相关设备在投入使用的那一刻起，相关电导表就会有水质排出，此时的出水水质情况和脱盐系统及精制系统的出水状态也基本相近。实际情况下，每个系统的每一套设备都会配备电导表，该电导表的基本流量数值为 1t/h，在一般情况下，脱盐系统及精制系统的相关设备都会配备两套相关设施。

3.4 对于反洗水相关测定分析

反洗水的测定主要针对过滤器，在实际测定时要根据不同的时间间隔进行取样，基本的取样原则为随机取样，保证所取样品的随机概率相似。每一套过滤器进行检测时要在不同的时间段内分别取三次样，主要测定的指标包括：水质的硬度、水质的浊度等，相关测定结果要与新鲜的水质进行相关分析。图 2 为过滤器反洗水和新鲜水质相关指标的对比图，通过对比可以得到过滤器所得到的反洗水的指标与新鲜原水的相关指标基本相近，在经过专业处理之后可用作补充水使用。

3.5 对于低压蒸汽的相关测定分析

在实际生产过程中，相关系统所采用的压力情况属于低压，在低压情况下蒸汽会出现过剩的现象，故需要对低压蒸汽过剩现象进行相关测定与统计。为了保证 HS 与 MS 的使用数量处于均衡状态，LS 一般情况下的剩余数量值位于六十到七十之间，低压蒸汽所使用的冷凝器相关的冷凝能力值要保持在四十四左右，与此同时，管网的压力也要保持基本恒定，对于过剩的蒸汽不能停留保存，要及时排出。伴随企业的不但扩展，公司设计的生产装置在不断进行扩建，因此导致产生的冷凝液数量不断增加，在对冷凝液进行回收时加设了低压的冷凝液回收容器，但相配套的闪凝冷凝器的容量装置没有加设，导致在实际生产过程中原本的闪凝冷凝器只能用于锅炉的冷凝补给。但由于冷凝液回收的数量增大，数量不足的闪凝蒸汽过剩不断增加，蒸气的过剩数量值介于 15~20 之间。2015 年公司煤代油项目上马投用两台 410t 煤粉炉，剩余 25%左右的 LS 用于加热煤粉炉二级除盐水。提高高除补水温度。进一步达到节能效果。

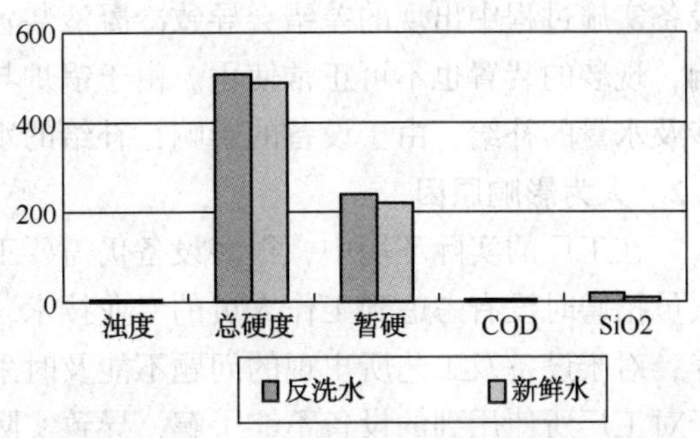

图 2 过滤器反洗水和新鲜水质相关指标的对比图

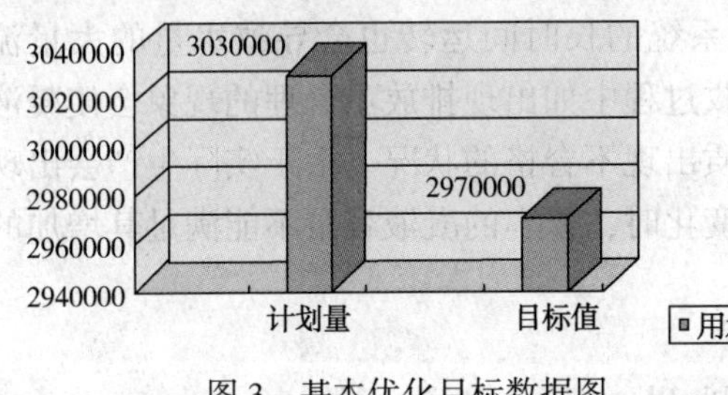

图 3 基本优化目标数据图

4 基本优化目标

预计如相关优化措施做到位，公司在实际生产过程中每个月会产生废水的数量值会减少到 2500t 左右，回收水的数量会增加 5000t。全年回收量在 60000t。图 3 为相关数据值。

5 冷凝液回收会出现的问题及主要原因分析

某车间冷凝液所检测的指标若出现不合格的情况，影响因素有很多，主要包括设备自身的问题、工作人员的人为因素、工艺流程所出现的问题以及环境的影响等。对于设备方面所出现的问题主要包含：锅炉的相关精制补水数量减小、设备的自动控制阀门使用不灵活及扩建之后冷凝液装置的问题等；人为因素主要包含技术方面、操作方面以及工作人员的责任职责方面等；工艺方面主要存在的问题涉及脱盐再生、锅炉精制用水、预处理反洗水及操作方面等；环境方面主要涉及气温及天气的波动等。以下是相关原因的具体分析。

5.1 设备方面影响原因

该厂所安装的设备，部分会配备相关自动控制的阀门，在实际操作过程中刚安装好的设备阀门使用会很灵敏，但长时间使用之后会出现不灵活的现象，会影响到水质的检测。为了满足该厂的生产量，在该厂部分已进行扩建，由于扩建过程属于二次施工，可能在实际安装设备实施过程中出现的差错会导致冷凝液装置受到影响，很多情况下不仅原有的装置受到影响，现装的装置也不可正常使用。由于锅炉与精制系统相联系密切，精制系统在实际生产中涉及水量的补给，由于设备的影响，补给的水量会出现减少的现象。

5.2 人为影响原因

在工厂的实际环境中，很多设备仍需要工作人员进行操作和维护。部分石化企业在进行人员招聘时没有考虑到工作人员的专业技术，导致实际工作中很多工作人员并不具备专业素养，对于设备及工艺所出现的问题不能及时采取合理的措施方案进行解决。部分工作人员由于对工厂所使用到的设备不够了解，导致实际对设备的操作方式不正确，出现基本的技术操作问题，影响到冷凝液的回收。还有部分工作人员对于自身的工作岗位不够了解，导致实际工作中对于岗位的责任心不够强，该做的工作没有做到位，或者工作完成效果不好。

5.3 工艺方面影响原因

该厂实际工作中，工艺会涉及很多方面，对于脱盐再生相关系统在实际使用时所用到的再生水数量很大，对于凝液的回收率所占比例较大，而实际情况下并没有做到很好地节约用水。在预处理系统中会有反洗水的回收部分，由于反洗水的数量较为庞大，且反洗水的水质属于合格的用水装置，会对工厂的实际用水和排水的数量产生很大的影响。乙烯在实际扩建之后，由于成本的影响，相配套的凝液相关装置没有安装齐全，导致冷凝受到影响，会出现蒸气和凝液的大量排出现象。脱盐系统在实际运转时会伴随水流失的现象，如时间过长会导致流量增大，不利于凝液的回收。此外，预处理系统的长时间运转也会导致水量的大量流失。由于冷凝液本身由很多线路组成，在实际回收过程中如出现排放不合理的现象会使凝液大数量的排出，如出现频率过大会导致凝液的水质出现不合格的状况。由于实际生产会出现小范围的波动情况，当凝液的数量发生大数量的变化时，原本的凝液容量不能满足其增加的容量，会导致凝液的外排，不利于凝液的回收。

6 节能减排措施

6.1 冷凝液回收等措施

为了提高凝液的回收率，要针对现存的主要问题进行及时的改善。对于脱盐系统要改进再生的自动装置，增加对于再生水的收集管网和水泵，将原来的脱硫水池用作集水池；对于脱盐系统的电导表可将管线进行预埋，将水流引入原水的集水池中；在对乙烯进行扩建之后要增加喷淋的水管线路，并加设换热器；对于预处理系统的长流水也要预埋管线将其引入过滤水池；当出现水质不合格的状况时，要加强对于水质的分析，进一步强化工厂的整体考核；若凝液出现大数量的增长要加设管线。以下时对于措施改进的具体分析。

6.2 脱盐再生系统的改进措施

对于脱盐再生系统主要分两个方面进行改进，一方面，要优化控制流程，对于加药要分为两个步骤完成，包括水的回收和排放两个部分，在进行清洗时也要分时间段进行水的回收和排放，对主要时间段的把握。另一方面，对设备进行改进主要表现为阴阳床的排水口要增加，还要增加对于再生水的收集管路系统，在原来的脱硫装置之前增加用于集水的池子，相应增加水泵，保证水量的高效率回收利用。图4是改善之后的装置示意图。

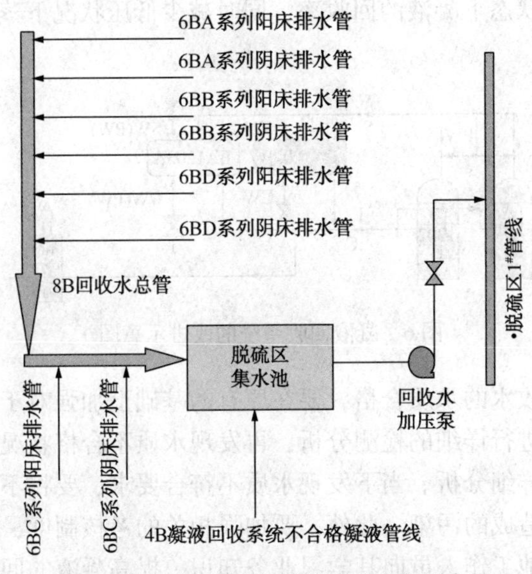

图 4 脱盐再生系统改善之后的装置示意图

6.3 原水过滤系统的改进措施

在原有的原水过滤系统基础上增加水池的建设，加设相关管线，用于将反洗水收集到相应的水池中。反洗水收集之后要进行处理，此时采用的处理方式主要由沉淀和絮凝。清水的使用要借助于水泵，在水泵加压之后经过纤维管道进入过滤器，过滤之后可当作新鲜水使用。该处的集水池主要建设原材料为混凝土，沉淀主要在室内进行，清水要经过相关管路进行回收，对于整个集水池要定期进行清理，保证其清洁度。图 5 为原水过滤系统反洗水改造示意图。

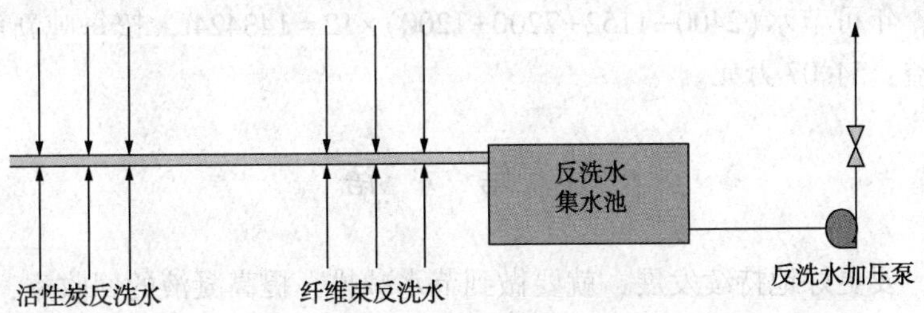

图 5 原水过滤系统反洗水改造示意图

6.4 电导表长流水回收系统的改进措施

对于电导表长水流的回收系统改善的主要措施为预埋管道，将系统中的相关装置出水都引入该预埋的母管中，后将水引入到云水的集水池中，当作新鲜水的再次使用。

6.5 原水过滤器取样水回收系统的改进措施

对于原水过滤器的改建也要借助于母管的预埋，将取水阀门的出水引入到预埋的母管中，最后汇集至滤水池，经过处理之后使用。

6.6 凝液回收系统的改进措施

对于凝液回收系统的改进要在原有设备的基础上增加低压凝液的闪蒸汽冷凝设备，将原来的冷凝介质所使用的精制用水更改为循环水，还要在凝液的存储罐上加设用于喷淋的相关管线，用于增加再低压状态下凝液的回收率，同时减少低压状况下蒸气的排放。图 6 为凝液回收系统的改进示意图。

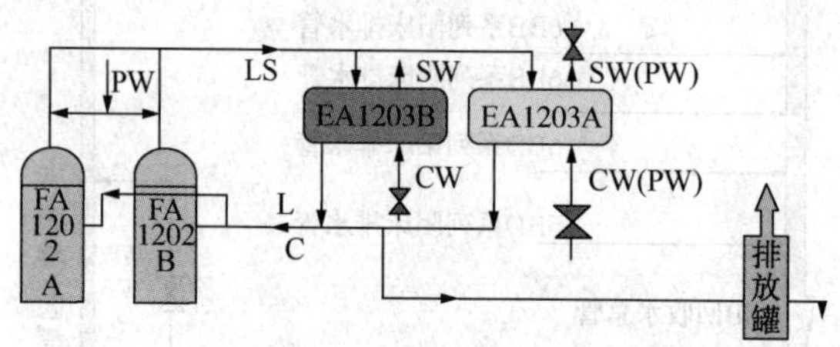

图 6　凝液回收系统的改进示意图

为了保证凝液的回收水的水质合格，要在原有的基础上加强对于水质的管理和控制。主要表现为要定期对凝液进行详细的检测分析，再发现水质不合格状况下，要更改检测时间间隔，并对每次检测进行详细分析。当下发现水质不符合要求，要将不合格部分进行排放，在排放过程中要避免混合造成的污染。此外，要加强相关的考核制度，对于表现较好的工作人员要进行嘉奖，鼓励其他工作人员向其学习业务知识，提高凝液的回收率。

7　经济效益

（1）脱盐再生水回收利用：每个周期回收水 40t，每月脱盐再生 60 次，回收水 2400t。

（2）反洗水回收：每月反洗回收 1200t。

（3）取样水回收：每个取样口节水 0.1t/h，过滤器 12 个，脱盐、精制共 4 个，16×0.1＝1.6t/h，每月可节水 1152t。

（4）增加凝液回收减少排放约 10t/h，每月可节水 7200t。

综上所述，年可节水（2400+1152+7200+1200）×12＝143424t，按每吨新鲜水 3.77 元计算年可创造效益：54.07 万元。

8　结　语

总结可得，要更好地持续发展，就要做到节水减排、提高凝液的回收率，要对本公司的凝液回收相关装置提前进行相关指标数据的测定，依据测定的结果进行实时的分析，分析之后要针对存在的问题采取合理的改进措施进行及时有效的改进，真正做到提高凝液回收率。

参考文献

[1] 陈婧．MTP 装置蒸汽凝液回收系统工艺优化改造[J]．广州化工，2016，44(17)：163-164.

[2] 王海滨．蒸汽凝液回用于循环冷却水系统的运行分析[J]．聚酯工业，2013，26(06)：41-43.

[3] 甄赫南，刘成．聚丙烯装置蒸汽凝液回收及利用的改进设计[J]．黑龙江科技信息，2014(26)：73.

[4] 伍桂松．化学工业冷却节水、凝液回收和污水净化回用措施探讨[J]．化学工业，2007(07)：6-13.

二氧化氯在水处理杀菌中的应用分析

胡发良

（中国石化巴陵石化公司水务部，岳阳 414003）

【摘要】 针对水处理液氯消毒过程中存在问题和二氧化氯在给水处理中的优势，结合工业水处理的应用情况，从工艺特点、杀菌消毒原理、杀菌效果、安全性等方面进行了对比分析，介绍了二氧化氯装置改造的内容，对改造运行后的二氧化氯使用效果进行了小结。

【关键词】 二氧化氯　消毒　应用分析　效果比较

在给水处理工艺中，需要进行的一项工作是杀菌消毒处理，传统采用的杀菌消毒方法比较多，其中液氯应用最为广泛。液氯消毒有利有弊，利在于液氯杀菌效果好、带入杂质少、成本比较低，而弊在于其安全和环境风险较大，且反应更易危害性副产物，而作为替代液氯的新型广谱消毒剂二氧化氯，正以其独特的优良安全高效性能，得到越来越广泛的应用。本文分析了水处理液氯消毒过程中存在问题和二氧化氯在水处理中的优势，介绍了某企业二氧化氯装置改造的内容，对改造运行后的二氧化氯使用效果进行了小结。

1　液氯在消毒处理中危害性分析

1.1　液氯消毒过程中产生有害物质

液氯用于新鲜水消毒处理时，首先是与水发生反应，生成盐酸和次氯酸，次氯酸在水中电离形成次氯酸根（ClO^-），次氯酸根中的新生态氧原子，具有极强的穿透性，可以穿透细菌和微生物的细胞质发生氧化反应，杀灭细菌或微生物，因此用液氯杀菌的效果是非常好的。但是在消毒过程中，氯与水中的有机物反应，会产生一定量的卤代烃和氯化有机物，使得处理后的水中各类氯化有机物的含量不同程度的升高。随着江河湖泊水系纳污量增加，水中污染组分更为复杂，采用此类水源制备新鲜水，采用液氯消毒反应副产物亦更为复杂。有资料表明，氯仿、四氯化碳、氯乙酸、三氯乙酸等有机物被确认为致癌物质和潜在的致癌物质，长期饮用通过液氯消毒的水，对饮用人群的身体健康产生潜在的危害性。

1.2　液氯使用过程中存在危害性

氯气为剧毒有刺激性气味气体，液氯钢瓶为压力容器，在运输和使用过程中存在泄漏风险，一旦泄漏，危险性和破坏性极大。同时液氯消毒系统在投运过程中，加氯机系统也存在氯气泄漏的风险，严重影响运行操作人员的身体健康和人身安全。

某供水装置实际运行过程中，因氯瓶总阀无法关严引起的小事故多次发生过，因处理及时才没有造成环境污染和人身伤害事故。尤其是液氯钢瓶泄漏时，使用单位不能进行消漏处理，必须由厂家派专业人员处理，延误时间，危险系数加大。

2 二氧化氯消毒杀菌原理和性能

2.1 二氧化氯发生器制备二氧化氯反应原理

二氧化氯生产采用的是盐酸和氯酸钠为原料，进行氧化还原反应来制取二氧化氯，其反应式见式(1)：

$$NaClO_3+2HCl = ClO_2+1/2Cl_2+NaCl+H_2O \tag{1}$$

发生器反应效率为80%，生成以二氧化氯为主，氯气为辅的混合消毒剂，其中二氧化氯和氯气的质量比为1.93∶1。为提高二氧化氯的转化率，必须保持较高的温度和相应增加盐酸的过剩量，目前设定的温度为88℃，盐酸加量约为氯酸钠加量的2.0~2.5倍，以减少和防止消毒副产物ClO_2^-和ClO_3^-浓度过高而引起二次污染。生成的二氧化氯进入水中后，继续与水发生氧化还原反应，最终也得到次氯酸根，杀菌消毒作用的也还是次氯酸根中的新生态氧。

2.2 二氧化氯消毒杀菌性能

相对于液氯投加杀菌的加氯机而言，二氧化氯发生器反应平稳且持续性好，副产物少，二氧化氯转化率高，杀菌效果也比较稳定，并且二氧化氯发生器故障少，有安全保护装置，很少出现故障泄漏，大大降低了事故发生率。正是基于液氯消毒杀菌存在的危害性和弊病，采用安全性能高、杀菌效果稳定、自动化程度高的二氧化氯工艺方法，完全替代液氯杀菌消毒工艺成为一种必然趋势，二氧化氯自动投加装置的开发利用也越来越成熟。

从二氧化氯杀菌灭藻应用实践和日常效果对比可知，二氧化氯在我国饮用水处理中的应用越来越多，特别是2007年四川氯碱厂液氯重大泄漏爆炸事故后，某集团指令各自备水厂、循环水装置的消毒系统严禁采用液氯消毒，要求推广应用二氧化氯杀菌消毒工艺。从2007年开始，二氧化氯消毒技术在该企业工业水处理中得到广泛的应用，供水车间的消毒工艺由液氯改为了二氧化氯，取得了比较丰富的运行管理经验。

3 二氧化氯消毒系统改造情况分析

该企业于2007年10月开始陆续对工业水处理消毒系统进行了改造，改造后的工艺流程示意见图1。二氧化氯生产原料是盐酸和氯酸钠，分别通过给料泵输送到1#、2#反应器的混合罐，在罐内发生反应生成二氧化氯，气体二氧化氯通过压力水抽射器及时抽走，送到清水池杀菌消毒。如果反应器超压，安全阀起跳泄压，维持反应器内压力稳定。给料泵通过监控器小型PLC控制给料，维持原料比例和液位稳定，保证二氧化氯连续稳定生产。

系统的控制采用余氯自动控制、定时自动投加、手动控制3种方式，可灵活切换。PLC控制器，触屏操作面板，具有比例-积分-微分控制器(PID)自动恒温控制功能及故障报警、缺料、缺水、欠压保护并自动停机的安全保护功能，由于采用变频调节控制进料量大小，保证了消毒效果。

设备间地面和墙面均作表面耐腐蚀处理。改造时将两种原料配置成一定浓度的液体并储槽隔开，盐酸和氯酸钠储槽保持足够安全距离。

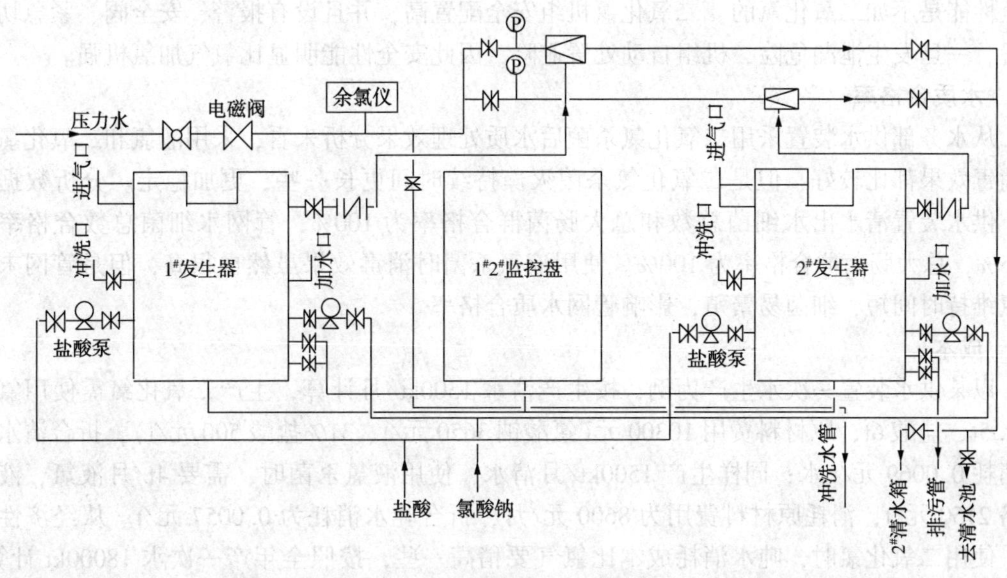

图 1 二氧化氯工艺流程

4 应用效果

4.1 杀菌效果

二氧化氯具有广谱杀菌效果，且安全、无毒性。经相关实验证实，对一切经水体传播的病原微生物均有很好的杀灭效果。二氧化氯除对一般细菌有杀死作用外，对芽孢、病毒、异养菌、铁细菌和真菌等也有良好的杀灭作用，特别是对地表水中大肠杆菌的处理效果更为突出，且不易产生抗药性，液氯杀菌效果也比较好，但是容易使水中异养菌产生抗药性，从而逐步降低了杀菌效果。因此使用二氧化氯比液氯更加高效、强力。在常用消毒剂中，相同时间内到同样的杀菌效果所需的二氧化氯浓度低，对杀灭异养菌所需的二氧化氯的浓度仅为液氯的 1/2，二氧化氯对地表水中大肠杆菌杀灭效果高 5 倍以上，也能有效杀灭水中用液氯消毒效果较差的孢子等。二氧化氯能有效地氧化去除水中的藻类、酚类及硫化物等有害物质，对这些物质造成水的色、嗅、味等具有比液氯更佳的去除效果。

4.2 毒副产物

二氧化氯能直接氧化水中的腐殖酸或黄腐酸等天然有机物，不与其形成三卤甲烷等氧化物，能大大降低消毒后水中的三卤甲烷(THM_S)等有毒副产物。二氧化氯在水中不容易发生水解，不与水中的氨氮反应，因此其杀菌效率不受水中 pH 值和氨氮浓度的影响。如果采用投加液氯作为杀菌消毒剂，水中含有氨氮时，液氯作为氧化剂会与氨氮发生氧化还原反应，从而消耗大量余氯而影响杀菌消毒效果，而二氧化氯比较稳定，这种副反应比较弱，因此不影响杀菌效果。

4.3 安全性能

使用液氯时，加氯机经常发生故障，主要以氯气泄漏故障居多，并且故障处理起来比较麻烦，有毒有害氯气泄漏到空气中污染环境，危害操作人员健康，并且存在火灾爆炸隐患，安全性能是不如二氧化氯的。二氧化氯机组安全配置高，并且设有报警、安全阀、紧急切断装置，一旦发生泄漏危险，机组自动处置避险，因此安全性能明显比氯气加氯机强。

4.4 水质合格率

从水务部供水装置采用二氧化氯杀菌后水质处理效果分析来看，采用液氯和二氧化氯杀菌消毒效果都比较好，但是二氧化氯杀菌灭藻持续时间更长一些，更加稳定。分析数据显示：供水装置清水出水细菌总数和总大肠菌群合格率为100%，管网水细菌总数合格率为99.5%，总大肠菌群合格率为100%。使用液氯杀菌时消毒效果虽然也很高，但是管网末端余氯维持时间短，细菌易繁殖，影响管网水质合格率。

4.5 成本

以某供水装置一次水生产为例，按生产清水1500kt/月计算，生产二氧化氯需使用氯酸钠1.5t、盐酸6t，原材料费用10300元(氯酸钠3650元/t、31%盐酸500元/t)，折合清水吨水消耗0.0069元/t水；同样生产1500kt/月清水，使用液氯杀菌时，需要4t/月液氯，液氯价格2150元/t，消耗原材料费用为8600元/月，折合吨水消耗为0.0057元/t。从经济性分析，使用二氧化氯时，吨水消耗成本比氯气要稍高一些，按照全年产一次水18000kt计算，要多消耗成本费用2.16万元。但是综合二氧化氯多方面优越性，这个成本是完全可以接受的。

5 结 论

(1) 通过上述对比液氯和二氧化氯两种不同方式杀菌消毒应用情况分析，二氧化氯消毒，使用过程中具有明显优于液氯的特点。采用二氧化氯消毒安全性能更高，杀菌持续性更好，水质合格率更高，环境污染也更小。

(2) 对二氧化氯装置转化率和成本控制方面还需要进一步探索，对机组存在的零部件腐蚀问题还有待进一步完善和解决。

除盐水箱出水电导率升高的原因及对策浅谈

张　龙

（中国石化天津石化公司水务部，天津 300270）

【摘要】 随着天津石化某除盐水装置规模的扩大，装置之前只为热电厂和烯烃装置提供二级除盐水，水质要求中电导率指标比较宽泛，而装置扩容后还为化工部提供二级除盐水，电导率要求低于 0.2μs/cm。装置生产的二级除盐水经过除盐水箱的贮存后，出水中电导率出现升高现象，因此有必要分析除盐水箱出水电导率升高的原因，并探讨解决方法。

【关键词】 二级除盐水　除盐水箱　电导率　密封

1　背　景

本文研究对象主要是天津石化某除盐水系统。装置包括两套工艺，一套是采用市政中水、新鲜水作为主要水源，阴阳离子交换器+混合离子交换器工艺制取二级除盐水装置。另一套是以淡化海水为主要水源，新鲜水作为补充水源，采用超滤+反渗透+混合离子交换器工艺的二级除盐水装置。装置水源除了市政中水、新鲜水、海淡水以外，还包括化工部凝液和乙烯凝液。装置有 5 台除盐水箱，水箱液位控制指标是 5.5m-7.0m，水箱结构方面，有 3 台水箱入口在水箱上部，其余 2 台水箱入口从水箱上部引入后通至水箱底部位置。装置共有混合离子交换器 12 台，其中 2 台为处理凝液的高速混合离子交换器。

向外供水方面，装置再扩容之前，二级除盐水用户有三个：分别是热电厂一电站、二电站和乙烯装置。装置扩容后增加向化工部 PTA 装置和 PET 装置供二级除盐水。扩容前除盐水箱出水电导率控制在 0.4μS/cm 以下，但扩容后要求将除盐水箱出水电导率控制在 0.2μS/cm 以下。

装置在运行过程中，始终存在一种情况，两套除盐水系统的混合离子交换器出水电导率在 0.1μS/cm 以下，但除盐水经过除盐水箱的储存后，外供除盐水泵的出口母管电导率增高，外供除盐水电导率达到 0.3μS/cm 或者更高。装置扩容前，用户对电导率的要求比较宽泛，之前的除盐水箱出水电导率可以满足用户需求，但是装置扩容后，用户对水质的要求比较严格，排查除盐水箱出水电导率升高的原因并制定对策势在必行。

2　原因分析

由于装置来水水质比较稳定，装置运行方式未做调整，各台混合离子交换器产水电导率低于 0.1μS/cm，经过水箱后电导率发生突变，表 1 是跟踪一个月的装置混合离子交换器产水平均电导率和除盐水箱出水平均电导率的统计表。

表 1　除盐水箱出入口电导率对比表

	1#除盐水箱	2#除盐水箱	3#除盐水箱	4#除盐水箱	5#除盐水箱
入口电导率/(μS/cm)	0.08	0.09	0.07	0.08	0.08
出口电导率/(μS/cm)	0.25	0.30	0.24	0.2	0.2

其中4#除盐水箱和5#除盐水箱入口管引入水箱底部。

可以看出，五台除盐水箱入口电导率是受混合离子交换器控制，只要混合离子交换器产水合格，电导率就比较低，均在0.1μS/cm以下。但是，各个除盐水箱出水电导率相差较大，尤其是1#、2#、3#除盐水箱，出口电导率均大于0.2μS/cm以上。并且经过一段时间的跟踪发现，2#除盐水箱出水电导率比其他几个水箱的还要高。

装置专业技术人员经过多次分析讨论，决定通过三个方面进行原因排查。

第一、确定除盐水箱进、出水电导率数据真实有效。目前装置各个混合离子交换器的出水管和水箱出口外供母管也都有在线电导率仪表，同时在进行原因分析期间，不定期进行手持仪表进行化验比对。表1中数据真实。

第二、除盐水箱出水的电导率超标与除盐水箱本身的污染有无关系。对出水电导率最高的2#除盐水箱进行解裂，排查水箱内部，发现水箱罐内防腐层减薄，局部有脱落的情况发生，同时由于施工时不慎将碳钢螺栓落在水箱底部排空管处，螺栓锈蚀严重。经过检查其他几个水箱防腐正常，没有污染因素。

第三、除盐水箱自身结构因素。1#、2#、3#除盐水箱和4#、5#除盐水箱出水电导率也存在一定的偏差。在同样的水箱水位情况下，4#、5#除盐水箱出水电导率始终比1#、2#、3#除盐水箱出水电导率偏高。经过分析，发现后建造的4#、5#除盐水箱的结构与其他几个的不一样，造成这一情况的主要原因是其入口管位置靠近水箱底部。混合离子交换器产水进入水箱后，在很短的时间内被除盐水泵抽走外供，使得二级除盐水在水箱停留时间较短，减少了空气等杂质与除盐水接触的可能性。

另外，通过日常运行发现，除盐水箱液位变化也会造成出水电导率发生微弱的变化，可以看出，水箱液位降低时，除盐水箱出水电导率比较高，随着液位上涨和稳定以后，电导率逐渐出现下降趋势并稳定。造成这一情况的原因主要是液位波动后，除盐水箱中水体与空气接触的可能性增加。表2中是#3除盐水箱的液位和出水电导率变化统计表。

表 2　3#水箱液位与出水电导率对照表

	3#除盐水箱		
液位/m	5.1	6.2	7.0
出水电导率/(μS/cm)	0.31	0.28	0.24

通过如上不同结构除盐水箱出水电导率有差异、不同液位除盐水箱出水电导率不同这两种情况，以及经过向设计院和其他兄弟单位请教，发现造成水箱进出口水质差异的主要原因是除盐水箱存在缺陷，即顶部没有密封，导致外界空气中二氧化碳和氧气等溶入比较纯净的二级除盐水中所致。

在除盐水箱没有任何密封措施的情况下，空气中二氧化碳通过呼吸口和溢流口进入除盐水箱，在进水和出水水流扰动帮助下，不断溶解到除盐水中，并在水中发生电离。溶解过程在气体分压定律、电离平衡和温度等条件的作用下，达到溶解和电离平衡。

平原地带空气中二氧化碳气体的分压为 30.4Pa，在除盐水中饱和溶解度为 0.52mg/L（25℃）左右，存在反应如下：

$$CO_2+H_2O=H_2CO_3 \rightleftharpoons H^++HCO_3^-$$

在除盐水中以 CO_2、H^+、HCO_3^-形式存在，由于电离出 H^+，会引起电导率明显升高，对应的除盐水电导率约为 0.7μS/cm[1]。

影响二氧化碳溶解速度的主要因素有除盐水水箱设备的密封程度、停留时间、水位波动幅度、水箱进水高度、进水流量和除盐水温度等。要想有效防止除盐水不被空气中二氧化碳污染，就必须对除盐水箱进行密封处理。

3 制定对策

对于上面关于引起除盐水箱电导率升高的两方面因素逐一制定对策，经过与装置技术人员讨论，确保经过处理后，水箱出水水质尤其是电导率能有比较好的改善，决定制定应对措施如下：

3.1 修复水箱防腐受损的部位

对于水箱防腐受损的情况，将裂解水箱或者借助大修的机会将水箱放空，对水箱内部的防腐情况进行系统的检测，找出受损的防腐部位，按照除盐水箱的标准进行修复或者进行彻底更换。同时，加强水箱防腐后的验收工作，并在条件允许的情况下，验收合格使用一段时间以后再次检查，确保防腐效果。

3.2 水箱增加密封

对于水箱上部未进行密封情况，需进行彻底改造，对除盐水箱上部进行密封处理。如果短期内不具备改造的条件，要保证除盐水箱始终高液位运行，可以避免电导率波动或者持续升高。

通过查阅资料，发现除盐水箱密封的方式主要包括：氮气密封、塑料球密封、浮顶密封、缓冲水隔离法、碱性物质吸收法等。

3.2.1 氮气密封

将除盐水箱内水面上空气全部更换为干净氮气，使箱内水不与外界空气接触，从而达到保持水质。氮封装置由供氮阀、泄氮阀、呼吸阀组成，供氮阀由指挥器和主阀两部分组成；泄氮阀由内反馈的压开型微压调节阀组成，通过氮封装置精确控制。当储罐进水阀开启，向罐内添加二级除盐水时，液面上升，气相部分容积减小，压力升高，当罐内压力升至高于泄氮阀压力设定值时，泄氮阀打开，向外界释放氮气，使罐内压力下降，降至泄氮阀压力设定点时，自动关闭。当储罐出水阀开启，向外供水时，液面下降，气相部分容积增大，罐内压力降低，供氮阀开启，向储罐内注入氮气，使罐内压力上升，升至供氮阀压力设定点，自动关闭。

优点：该方法根本上杜绝了外界空气在除盐水箱内存在，因而达到了预期的效果，在西方国家的设计中常能见到这种密封方案。

缺点：这种工艺对容器上设置的安全措施可靠性要求很高，否则会因为安全装置失灵造成箱体内压力上升或处真空态而造成损坏。由于除盐水箱要在一定压力下工作，因而对箱体的制造也有严格的要求。在运行时要大量消耗氮气，因此该工艺的运行费用较高。同时由于氮气在存储和使用是有一定的危险性，选择此方法需要慎重。

3.2.2 塑料球密封

将特制塑料球放在除盐水箱内部，浮在水面上，隔绝了箱内水面与空气的接触，以达到保持水质的目的。

在实际运行中存在问题较多，如放置数量计算问题，球体形成的覆盖层的外径与箱体内径的封边问题、容器的形状问题等，所以此类产品几乎不可能达到设计中最佳排列。由于液面不是静态的，液面波动也会引起球本身的运动，从而引起除盐水水质的波动[2]。

优点：该方法工艺简单，便于清扫。

缺点：密封效果不尽理想，塑料球易随水箱溢流管流出。

3.2.3 浮顶密封

除盐水箱内加一套浮顶，使其箱内水面与空气隔开。浮顶像活塞一样，随着水箱水位的下降或上升而浮动，从而达到防止箱内水质劣化的目的。浮顶有硬浮顶和软浮顶之分。硬浮顶有金属浮顶和钢架发泡 EPS 浮顶，均因受制于价格及安装、维护等问题，在国内市场上鲜见[3]。软浮顶，其主要覆盖物是一层具有足够强度和气密性的膜，使气液两相隔绝，膜下固定若干浮块，使膜浮于液面。膜的外缘用几层刚性的环固定，在环的周边再固以橡皮环，保证装置外缘与容器壁滑动接触和密封。浮顶上因定绳索牵动了浮标式液位计标尺运动，指示液位。因浮顶与箱壁采用“活塞环”方式-密封橡皮设计，浮顶能上能下运动自如。全部零部件可由人孔门运入箱内，在容器底部拼装，无需搭脚手架，浮顶也无需自带支撑，目前市场常见。

优点：基本上解决液面全密封问题，密封效果好。

缺点：除盐水箱不能从上部进水，底侧部、底部进水均可，对于目前现有水箱进行改造有一定难度，水箱需要解列，另外改造成本偏高。

3.2.4 缓冲水隔离法

将水箱的进出水管接在箱底部的一个接口上。当水箱充满水后，由于水箱仅对进出水流量差值起一个补充作用，所以箱底部管流量很小，箱中液位变化也很小，箱中的存水起了一种缓冲隔离作用，使箱内最上部易被空气污染的一段纯水不会立即流出，减轻了箱中出水水质变坏倾向。该工艺在系统极其平稳运行时，对出水水质变坏有一定控制作用。

优点：缓冲水隔离法无需额外装置，无设备成本。

缺点：该工艺的作用是有限的，不能根本解决问题，装置 4#、5#除盐水箱接近这种结构。由于涉及结构变化，只能在设计阶段考虑，对现有水箱改造也比较困难。

3.2.5 碱性物质吸收法

碱液呼吸器法是在除盐水箱的呼吸管上加装一密封呼吸系统，密封呼吸系统由呼吸器和水封组成。呼吸器的工作原理为外界的空气在受除盐水箱内部液位下降所形成的负压作用下而进入水箱，但在进入水箱前必须先通过吸收液。设计使用的吸收液为 30%NaOH 碱液层。

$$2NaOH+CO_2 = Na_2CO_3+H_2O$$

水封的工作原理为水箱进水时水箱内空气通过水封排向大气，但在水箱吸气时外界大气不能通过水封而进入水箱，它是水箱的排气装置。除盐水箱呼吸器及水封部分是根据除盐水箱有关参数，并结合现场设备实际布置情况来设计，对除盐水箱的水渗漏点进行封堵。国内部分电厂除盐水箱采用该技术密封。

优点：空气隔离效果好。

缺点：水箱彻底密封较困难，运行异常时可能发生水箱吸瘪或碱液吸入水箱现象，冬季应有防止碱液结晶措施。

3.2.6 橡胶气囊浮顶

橡胶气囊浮顶是根据水箱形状设计：橡胶气囊充入气体浮在水面上而隔绝空气，水箱内除盐水容量变化时，橡胶气囊内空气随之变化，隔绝空气的同时保证水箱内部压力恒定。

优点：隔离效果好。

缺点：由于水箱体积庞大，大型气囊加工工艺较复杂，同时胶囊长期使用后易发生老化龟裂，现有的水箱结构不适合使用，国内采用该方法的也较少。

表3中将上述六种形式的密封形式的优缺点进行汇总，并进行比对。

表3 除盐水箱顶部密封方式比较

密封形式	特点	存在问题
氮气密封	节能、动作灵敏、运行可靠、操作与维修方便简单	这种工艺对容器上设置的安全措施可靠性要求很高。
塑料球密封	最佳理论覆盖率可达95%	受现场装填情况及小球运动影响，难以达到最佳密封效果
浮顶密封	覆盖率可达99.5%，应用日益广泛	须底部进出水，有进水冲击损坏风险
缓冲水隔离法	缓冲水隔离法无需额外装置，无设备成本	该工艺的作用是有限的，不能根本解决问题
碱性物质吸收法	可以彻底吸收二氧化碳	水箱运行状态要求严格，维护量大，特别是冬季应考虑防冻，碱性物质不及时进行更换会引起水质波动。
橡胶气囊浮顶	隔离效果好	由于水箱体积庞大，大型气囊加工工艺较复杂，同时胶囊长期使用后易发生老化龟裂，现有水箱结构不适用，需彻底改造。

上面几种密封形式各有优点和不足，根据各种形式的特点、效果和应用条件，经济成本等比较后选择适合装置的密封方式。经过比对技术人员认为选择软浮顶密封比较适合现有装置，可以比较彻底解决除盐水箱出水电导率升高的问题，成本和维护费用相对较低，同时安全风险比较小。

4 结 语

文中对除盐水箱在使用过程中，除盐水箱出水电导率比进水电导率偏高的问题进行深度剖析，找出两方面的影响因素，并针对性地提出了解决对策。主要对水箱结构缺陷进行了验证，还将目前比较常见的几种密封形式进行全面分析，优缺点进行汇总，最终选择一种比较有效、经济、安全的水箱密封方式。通过改造后装置外供除盐水将大幅度降低，可以保证对装置腐蚀、结垢损坏程度降到最低。

参 考 文 献

[1] 周本省．工业水处理技术[M].2版．北京：化学工业出版社，2002.
[2] 廖有为．提高电厂除盐水箱喷涂聚脲涂层质量的研究与探讨[J]．上海涂料，2009.47(01)：21-24.
[3] 孙占民．液碱吸收法防止除盐水箱二氧化碳溶入技术的应用[J]．吉林电力，2005(02)：14-15.

锅炉给水中溶解氧含量高的原因分析

陈　斌[1]　陈晓华[1]　陈　鹏[2]

（1. 中国石油兰州石化公司，兰州 730060；2. 中国石油长庆油田分公司采气三厂，鄂尔多斯 017000）

【摘要】 化肥厂锅炉汽包压力为 11.0MPa，其补给水为二级除盐水，二级除盐水经还原性全挥发除氧处理后作为锅炉给水。溶解氧项目是锅炉给水的一项控制指标，国标规定汽包压力 11.0MPa 的锅炉给水溶解氧≤7μg/L，近 3 个月的平均值为 18μg/L 合格率不达标。从工艺流程和水质监测进行分析，研究影响因素，提出改进措施。

【关键词】 锅炉给水　水质　溶解氧　影响因素

化肥厂三台锅炉，锅炉汽包压力为 11.0MPa，补给水为水处理装置生产二级除盐水，产出的 10.5MPa(G)、495℃的过热蒸汽并入 10.0MPa(G)蒸汽管网，供蒸汽透平及生产工艺用汽。近两个月来，化肥厂锅炉给水溶解氧分析项目合格率不达标，经过对除氧器的排查，分析数据比对，找出影响因素，提出改进建议。

1　溶解氧对锅炉的腐蚀

1.1　锅炉给水水质的重要性

锅炉给水：指从除氧器通过给水泵输送到锅炉的化学水。水质是锅炉运行的重要保证，水质不好对锅炉的危害有一个积累过程，需延迟一定时间才能发现，锅炉水质的长期稳定非常重要。

1.2　溶解氧腐蚀的危害

溶解氧是给水系统和锅炉的主要腐蚀物质之一，锅炉给水溶解氧高应当迅速得到清除，否则造成锅炉汽水系统设备管线腐蚀，造成设备构件破坏。腐蚀产物造成炉水杂质增多，引起炉水、蒸汽品质恶化，引起过热器管道积盐、局部堵塞甚至爆管、汽轮机叶片结盐，影响出力和效率，严重时会使推力轴承符合增大，隔板弯曲，造成事故停机；腐蚀产物促进炉水垢层生成，沉积或附着在锅炉管壁和受热面上，形成难融、导热性差的铁垢，增大传热阻力、影响传热效率、加重垢下腐蚀，甚至发生爆管事故。国家规定蒸发量大于等于 2t 每小时的蒸汽锅炉和水温大于等于 95℃的热水锅炉都必需除氧。

1.3　溶解氧腐蚀的原理

铁受到溶解氧腐蚀后产生 Fe^{2+}，它在水中进行下列反应

$$Fe^{2+}+2OH^{-}\longrightarrow Fe(OH)_2$$

$$Fe(OH)_2+2H_2O+O_2\longrightarrow 4Fe(OH)_3$$

$$Fe(OH)_2+2Fe(OH)_3\longrightarrow Fe_3O_4+4H_2O$$

锅炉给水中溶解氧的浓度增大时，氧的极限扩散电流密度增大，氧离子化反应的速度也加快，化学反应速度加快，腐蚀速度越大。当溶解氧的溶解度大到一定程度，腐蚀电流增大到腐蚀金属的致钝电流而使金属由活性状态转为钝化状态时，则金属腐蚀速度降低。控制水中的溶解氧是防止锅炉腐蚀的有效措施。

2 化肥厂锅炉给水溶解氧的控制

2.1 化肥厂锅炉给水系统流程

化肥厂锅炉装置给水除氧方法采用热力法和化学法联合除氧，以热力除氧为主，通过中压蒸汽在高压除氧器内进行热力除氧后，辅以联胺作为化学除氧剂，通过计量泵注入锅炉给水泵入口管线，在化学除氧剂作用下，给水溶氧进一步降低，流程图见图 1。目前 GB 12145—2016 标准规定，锅炉汽包压力 11.0MPa 的锅炉给水溶解氧≤7μg/L。

2.2 热力除氧

热力除氧其原理是将锅炉给水加热至 105℃，使氧的溶解度减小，水中氧不断逸出，再将水面上产生的氧气连同水蒸气一道排除，还能除掉水中各种气体(包括游离态 CO_2，N_2)。除氧后的水不会增加含盐量，也不会增加其他气体溶解量，操作控制相对容易，而且运行稳定可靠，是目前应用最多的一种除氧方法。经热力除氧后，溶解氧应低于 30μg/L。

2.3 化学除氧

化学除氧多用作热力除氧后的辅助措施，以达到彻底清除水中的残留氧，而不增加炉水的含盐量。化肥厂锅炉采用加联氨作为化学除氧剂，联氨与氧反应生成氮和水，阻碍腐蚀的发生且成本低廉，但联氨有毒容易挥发使用过程中要注意安全。化学除氧后溶解氧可达到 7μg/L。

3 锅炉给水中溶解氧的测试方法

目前溶解氧测试方法共有三种：化验室分析方法、溶解氧测试仪、溶解氧在线仪。

3.1 化验室分析方法

锅炉给水中溶解氧的测定，执行标准 DL/T 502.19—2006《火力发电厂水汽分析方法 第 19 部分氧的测定(靛蓝二磺酸钠葡萄糖比色法)》。

(1) 化验室分析试剂及分析标准符合分析标准要求。

试剂、色阶均按标准要求配制，碱性靛蓝二磺酸钠葡萄糖溶液在测试前 30min 配制，

(2) 采样器与采样口的连接，试样在 8～12s 充满取样瓶，调节试样的流量水流稳定大小均匀。

(3) 显色时间 5min 后，与色阶进行比对，样品结果判定，结果误差约在 5μg/L 之间。

3.2 溶解氧在线仪表

溶解氧在线仪表安装在给水管线上，主要是靠溶解氧传感器进行测量，该传感器由阴电极(金)、阳电极(银)、电解液组成。阴电极上覆盖着一层允许氧气渗透的薄膜，具有维护方便、自动调整压力变化等特点。化肥厂在线仪表测量范围为 0~20ppb，流量约 3L/h。

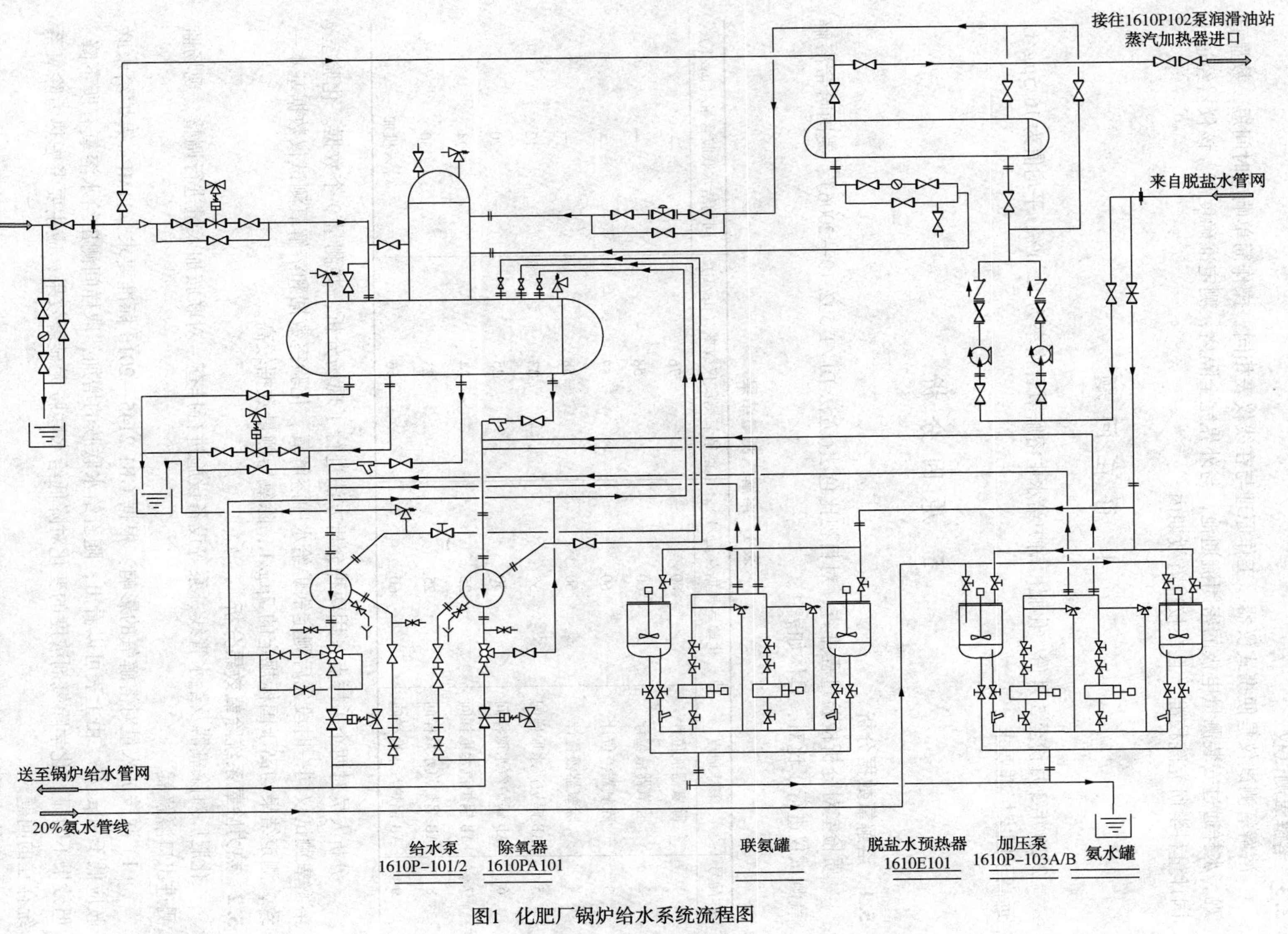

图1 化肥厂锅炉给水系统流程图

3.3 溶解氧测试仪

溶解氧测试仪是便携式仪器，工作原理与在线仪表相同，操作简单响应时间短，数显直观。水样通过安装测量电极的密闭流通池，与外界完全隔离，测定准确度高。该仪器经过中国计量科学研究院校准，且在校准有效期内。

4 存在问题

2020 年 3 月份至 5 月份，化肥厂锅炉给水中溶解氧合格率为 12.0%，平均值为 16.5μg/L，远高于国家标准要求。

5 原因分析

5.1 溶解氧数据分析

质检室对分析检验过程排查，对目视比色法(方法 DL/T 502.19—2006)、美国哈希溶解氧测试仪进行了比对，具体如表 1。

表 1 溶解氧测量结果

样品号	采样地点	化验室数据/(μg/L)	溶解氧测试仪数据/(μg/L)	同期给水联胺含量/(μg/L)
1	除氧器液位计	80	76	—
2	除氧器液位计	60	58	—
3	除氧器液位计	60	57	—
4	除氧器液位计	60	58	—
5	AB 锅炉汽水取样间	35	33	12
6	AB 锅炉汽水取样间	30	25	20
7	AB 锅炉汽水取样间	25	24	24
8	AB 锅炉汽水取样间	25	23	30
9	AB 锅炉汽水取样间	60	56	未投加

分析人员对两个采样点，用两种分析方法进行了现场分析，共测量 9 个数据。化验室、溶解氧测试仪同一时段先后测定锅炉给水中溶解氧，化验室数据和溶解氧测试仪数据基本一致，测定结果均高于国标规定的 7μg/L，除氧器测量数据较高。

5.2 热力除氧系统除氧效果分析

化肥厂对除氧器及给水管线、泵等设备设施进行排查，对联胺加入量进行调整，现场监测进出口溶解氧。

(1) 联胺加入量对溶解氧的影响：根据 GB1 2145—2016 标准要求，11MPa 锅炉给水联胺应低于 30μg/L。由上表可以看出，随着给水联胺的增加，取样间测出给水溶氧有所下降，但效果不明显。化学除氧剂浓度的变化对降低给水联胺无显著效果，应主要考虑热力除氧系统存在的问题。

(2) 给水系统密封性对溶解氧的影响：经过对现场排查发现，除氧器除氧头法兰渗漏、给水取样系统 4 处接头渗漏，经过对泄漏点紧固消漏，给水溶解氧下降不明显。

(3) 除氧器除氧能力不足的影响：通过除氧器液位计与取样间两处采样点数据比对，造成给水溶解氧高的原因主要是除氧器除氧水溶解氧高，热力除氧能力未达到设计要求。

6 解决方案

(1) 调整除氧器运行参数：将除氧器水位由 2.0~2.8m 降至 2.0~2.4m，预留充足的汽相空间，利于氧气逸出。

(2) 停用除氧器底部蒸汽：进入除氧器蒸汽分为三路，一路接入除氧头、一路接入除氧器中部、一路接入除氧器底部停用除氧器底部蒸汽，因除氧器水位在 2.0~2.4m，其液位行程的静压较高，对接入除氧器底部蒸汽形成液封，导致此部分蒸汽不能发挥作用，且易因蒸汽量变化造成除氧器压力、水位波动，故停用此部分蒸汽，适当开大另两路蒸汽阀开度。

(3) 适当开大除氧器蒸汽放空阀：除氧器蒸汽放空阀开大后利于将解析出的氧气携带排放，考虑到经济性，不能盲目开大放空，此部分对降低溶氧的作用有限。

(4) 将除氧器内散装填料改为规整填料：规整填料具有压降小、效率高、处理量大的优势，改为规整填料后，可有效提高除氧效果。

(5) 完善锅炉给水取样器，保证采样设施无泄漏、堵塞、无锈蚀等，冷却效果应达到标准要求，保持样品稳定性。

(6) 强化现场管理：保证设备完好，严格控制除氧器的温度及压力，同过明确水处理人员职责，规范操作，严格执行标准，水质有波动立即调整。

(7) 完善在线仪表：溶解氧化验分析过程时间较长，水流大小对分析结果有影响。标准 DL/T 561—2013《火力发电水汽化学监督导则》推荐使用溶解氧在线仪表，其优点是监测数据实时上传，水质波动及时发现，但对样品的预处理及维护要求较高。石化公司专门成立锅炉水质在线仪表维护班，保证每天巡检，每周和化验室数据进行比对，按照仪表说明书定期校准校验，数据异常及时校准，保证运行正常。

(8) 严格执行标准：化肥厂锅炉给水严格执行 GB 12145—2016，提高水质合格率。

7 取得的效果

通过完善取样设施、完善在线仪表、加强现场管理、严格执行标准，化肥厂 6 月份锅炉给水水质合格率 99.2%，溶解氧合格率 98.8%。锅炉运行良好，无非正常停车。锅炉产出的 10.5MPa(G)、495℃的过热蒸汽品质合格，蒸汽透平及生产工艺稳定，提质增效效果显著。

一电站锅炉给水 pH 异常原因探讨

张　龙

（中国石化天津石化公司水务部，天津 300271）

【摘要】 本文探讨的主要内容是某公司一电站锅炉给水 pH 在各项常规水质数据正常情况下持续异常，为保证锅炉水 pH 合格，单一的磷酸三钠配方无法满足要求，需要增加氢氧化钠配合调整。通过对工艺和水质等方面的排查后，确定锅炉给水 pH 持续异常的原因是制备二级除盐水的原水发生变化，即新增淡化海水原水种类。同时，本文对锅炉给水 pH 异常问题给出解决措施和进一步排查计划。

【关键词】 淡化海水　锅炉给水　pH　氢氧化钠

1 背　景

中国石油化工股份有限公司某公司热电部现有 6 台煤粉锅炉，3 台 CFB 锅炉，8 台汽轮发电机，总蒸发量 2930t/h，总装机容量 400MW。分三期工程建设，一期 2 台 25MW 抽气背压式汽轮机，安装 4 台 220t/h 煤粉炉；二期装机 2 台 50MW 单缸双抽凝气式汽轮机，安装 2 台410t/h 煤粉炉；三期装机 2×100MW 双缸双抽凝气式汽轮机，安装 2 台 420t/hCFB 锅炉。其中一期和二期锅炉和汽机属于一电站。

热电部一电站自建厂以来，一直采用单一的磷酸三钠药剂进行炉水 pH 的校正处理，基本上能够满足炉水各项控制指标的调整要求，炉水 pH 控制范围为 9.0~11.0。一电站除氧器后无加氨设施，锅炉给水 pH 依靠水处理五车间除盐水加氨控制。水处理五车间通过向二级除盐水母管加注氨水调整外供除盐水 pH，加氨后 pH 控制范围为 8.8~9.3。

近几年在节水减排的大形势下，一电站锅炉用二级除盐水的原水由单一的宝坻地下水，逐步增加市政中水、安达水与乙烯凝液、海水淡化水等多种水源，针对不同水源的水质特性，制备二级除盐水的工艺也有所不同。老系统采用阳离子交换器(阳床)+阴离子交换器(阴床)+混合离子交换器(混床)制备二级除盐水，而新系统采用超滤+反渗透+混合离子交换器制备二级除盐水。老系统原水分别是地下水、自来水、市政中水、乙烯凝液，而新系统原水是淡化海水。淡化海水是由海水和市政污水经过预处理+超滤+反渗透工艺制备。

2018 年 6 月底，水处理五车间新建消化富裕淡化海水项目投产，项目的主要水源是淡化海水，所制备二级除盐水主要供一电站锅炉做补充水，即自新系统运行以来，双膜装置后续的混床运行周期一般为 4~6 天，其产水电导率控制在 0.15μS/cm 以下，产水常规水质指标符合锅炉给水水质要求。自从新系统运行以后，热电部一电站各运行炉的炉水 pH 先后出现急剧下降情况，仅用磷酸三钠调整无法保证炉水 pH 在合格范围内，只能通过补加氢氧化钠进行紧急处理才能将炉水 pH 控制在合格下限，氢氧化钠的消耗量增加，同时锅炉给水加氨量也有所增加。

2 基础数据

2.1 水处理五车间加氨量和供一电站二级除盐水水量统计

水处理五车间主要负责向一电站供应二级除盐水，为保证锅炉给水 pH，在供水管路加注氨水调整供水 pH，车间 pH 控制范围为在线表 8.8~9.3，由于在线表与实际有偏差，经过试验和理论计算，采用控制加氨后二级除盐水电导率指标来确定加氨量，控制范围为 3.5~5.0μS/cm。按照理论计算，加氨后电导率与 pH 关系为 $pH=8.57+\lg D$，要维持加氨后 pH 在 8.8~9.3 范围内，需控制加氨后电导率在 1.71~5.41 范围即可满足要求。

表 1 加氨量和供一电站二级除盐水水量统计表

时间	2018 年上半年	2019 年上半年
供一电站二级除盐水量/m^3	1930051	2033737
加氨量/kg	6000	9900
除盐水氨水含量/(g/m^3)	3.1087	4.8679

表 1 选取淡化海水制备二级除盐水装置投运前后加氨量和送一电站二级除盐水量进行对比。2018 年 6 月底开始使用淡化海水制备二级除盐水以后，一电站反映锅炉给水 pH 偏低，水处理五车间增加氨水投加量，通过表 1 可以看出，二级除盐水中氨水含量有明显的增加，每立方米二级除盐水中氨水含量从 3.1 克增加到 4.8 克。由于一电站给水系统中有含铜的低加设备，加氨量不能无限制增加，否则会在氨的富集区引起铜材质的氨腐蚀[1]。

2.2 一电站炉水 pH 校正消耗氢氧化钠量统计

在 2018 年 7 月份之前，一电站锅炉炉水 pH 调整极少用氢氧化钠，仅仅用磷酸三钠调整即可保证炉水 pH 在合格范围内。但从 7 月份以后，氢氧化钠用量明显增加，本文中氢氧化钠规格为分析纯。对 2018 年下半年一电站炉水加氢氧化钠用量进行统计，期间一电站锅炉运行方式为一期 2 台炉；二期 1 台炉。

表 2 2018 年下半年一电站氢氧化钠用量统计

时间	一期加药间/kg	二期加药间/kg	合计/kg	日用均量/kg
2018.7.26~2018.8.26	4.50	11.00	15.50	0.50
2018.8.27~2018.9.26	28.50	28.00	56.50	1.85
2018.9.27~2018.9.30	7.50	4.50	12.00	3.00
2018.10.1~2018.10.10	27.50	6.00	33.50	3.05
2018.10.11~2018.10.28	42.00	17.00	59.00	3.25
2018.10.30~2018.10.31	1.00	0.00	1.00	0.50
2018.11.1~2018.11.12	0.00	0.00	0.00	0.00

2018 年 7 月初开始使用淡化海水制备二级除盐水以后，一电站锅炉给水 pH 偏低，水处理五车间增加氨水投加量，仍不足以保证炉水 pH 在合格范围内。为保证炉水水质，一电站一直延续磷酸三钠和氢氧化钠共同调整的紧急处理方式，对 2019 年上半年一电站所用的氢氧化钠情况进行统计。

表 3　2019 年一电站各炉氢氧化钠用量统计

时间	运行设备		合计/kg	日用均量/kg
2019 年 1 月	3#炉运行 31 天 4#炉运行 21 天	6#炉运行 31 天 7#炉运行 10 天	34.00	1.10
2019 年 2 月	3#炉运行 28 天 4#炉运行 5 天	6#炉运行 24 天 7#炉运行 28 天	37.50	1.35
2019 年 3 月	3#炉运行 31 天	6#炉运行 31 天 7#炉运行 31 天	73.50	2.35
2019 年 4 月	3#炉运行 10 天 4#炉运行 20 天	6#炉运行 30 天 7#炉运行 10 天	44.00	1.45
2019 年 5 月	3#炉运行 16 天 4#炉运行 27 天	6#炉运行 19 天 7#炉运行 17 天	83.50	2.70
2019 年 6 月 1 日至 24 日	3#炉运行 24 天	6#炉运行 24 天 7#炉运行 24 天	72.00	3.00
2019 年 7 月 1 日至 18 日	3#炉运行 16 天, 4#炉运行 13 天	6#炉运行 18 天 7#炉运行 6 天	75.00	4.15

通过表 3 可发现 2019 年 5~7 月氢氧化钠的用量仍有较大的增加，同时氢氧化钠的消耗量随着气温的升高有一定的增加，正好验证随着温度升高二级除盐水的 pH 降低[1]。

3　原因分析

3.1　工艺流程排查

通过切换制备除盐水原水种类来对比炉内处理的药剂消耗量。老系统制备二级除盐水的原水在 2018 年 7 月之前一直使用，一电站炉水 pH 调节加碱量未见异常，同时，各装置用水量主要依赖老系统制水，为安全生产暂未安排实验。特对乙烯凝液和淡化海水两水源进行切出实验，期间一电站运行方式：一期 2 台炉；二期 1 台炉。

表 4　切出乙烯凝液期间一电站氢氧化钠用量统计

时间	一期加药间/kg	二期加药间/kg	合计/kg	日用均量/kg
2018.10.11~2018.10.28	42.00	17.00	59.00	3.47

表 5　切出淡化海水期间一电站氢氧化钠用量统计

时间	一期加药间/kg	二期加药间/kg	合计/kg	日用均量/kg
2018.10.30~2018.10.31	1.00	0.00	1.00	0.50
2018.11.1~2018.11.12	0	0	0	0

先后安排两种水源切出制水系统观察一电站氢氧化钠的消耗情况，2018 年 10 月 11 日~10 月 26 日期间，装置切除乙烯凝液运行，锅炉侧氢氧化钠的消耗量无明显变化。而2018 年 10 月 29 日~11 月 13 日，将淡化海水切出装置运行，锅炉侧加氢氧化钠的量逐步下降，切

出淡化海水三天后不再消耗氢氧化钠，仅投加磷酸三钠即可满足正常需求。

3.2 质量控制排查

3.2.1 水质控制方面

通过阳离子交换器、阴离子交换器、反渗透、混合离子交换器等装置的进出水水质指标变化来排查是否存在异常。从7月26日~10月期间，对水处理五车间过程产品、产品进行全面排查，包括电导率、二氧化硅、钠离子等常规指标，也包括全流程TOC开展专项排查。

表6 过程产水和产品水分析数据

项　目	电导率/(μS/cm)	SiO_2/(μg/L)	Na^+/(μg/L)	pH
2#混床	0.10	10	6	—
5#混床	0.10	9	5	—
8#混床	0.10	7	5	—
101A 混床	0.076	8	5	—
供一电站1#除盐水母管加氨后	3.0	8	5	9.0
供一电站2#除盐水母管加氨后	3.1	8	5	9.0

注：101A混床为的原水是淡化海水。

表7 原水和部分产水TOC分析数据

序号	采样时间	采样点位	TOC/(mg/L)(标准≤400μg/L)
1	7.31	乙烯凝液	0.4
2	7.31	新建淡化海水装置M102混床产水	<0.1
3	7.31	3#混床产水(老系统)	<0.1
4	7.31	淡化海水	0.6
5	7.31	市政中水	<0.1

表8 装置产水和外供二级除盐水TOC分析数据

序号	送样时间	采样点位	TOC/(mg/L)(标准≤400μg/L)
1	8.01	3#混床产水	<0.1
2	8.01	5#混床产水	0.1
3	8.01	8#混床产水	<0.1
4	8.01	M102混床产水	<0.1
5	8.01	除盐水母管未加氨	<0.1
6	8.01	供一电站1#除盐水母管加氨后	0.4
7	8.01	供一电站2#除盐水母管加氨后	0.8

表9 外供水箱二级除盐水、新系统过程产水及氨水TOC分析数据

序号	送样时间	采样点位	TOC/(mg/L)(标准≤400μg/L)
1	8.02	新建海淡水装置超滤产水箱出水	0.5
2	8.02	新建淡化海水装置反渗透产水箱出水	0.9
3	8.02	2#除盐水箱出水	<0.1

续表

序号	送样时间	采样点位	TOC/(mg/L)(标准≤400μg/L)
4	8.02	5#除盐水箱出水	<0.1
5	8.02	氨水(稀释分析然后数据还原)	16.5

注：TOC仪器检出限为0.1mg/L。

从表6、表7、表8中水质分析数据可以看出，电导率、二氧化硅、钠离子等常规指标全部合格，部分原水TOC含量偏高，但水处理五车间装置最终的混床产水和外供的未加氨二级除盐水的TOC均<0.1mg/L(该仪器的最小检出限0.1mg/L)，均符合标准规范的要求。供一电站二级除盐水加氨后的TOC含量在0.4~0.8mg/L之间偏高。此外，氨水的TOC含量偏高16.5mg/L。

但经过了解，氨水对TOC的测量会产生较大影响。同时，GB/T 12145—2016《火力发电机组及蒸汽动力设备水汽质量》关于补给水TOC指标已修订为TOC_i，随后委托有资质的某热工院进行部分水质的分析。

表10　某热工院过程产水和产品水水质分析数据(取样时间为2019.8.20)

序号	名称	检测结果/(μg/L)								
		F^-	CH_3COO^-	$HCOO^-$	Cl^-	NO_2^-	SO_4^{2-}	NO_3^-	PO_4^{3-}	TOC_i
1	1#除盐水箱	<0.1	<0.2	<0.2	0.19	<0.2	<0.2	<0.2	<0.3	195.6
2	2#除盐水箱	<0.1	0.31	<0.2	0.21	<0.2	<0.2	<0.2	<0.3	200.2
3	3#除盐水箱	<0.1	<0.2	0.25	0.28	<0.2	<0.2	<0.2	<0.3	202.0
4	4#除盐水箱	<0.1	0.39	0.27	1.86	<0.2	7.93	5.70	<0.3	133.0
5	5#除盐水箱	<0.1	0.33	<0.2	1.70	<0.2	<0.2	<0.2	<0.3	109.9
6	2#混床	<0.1	<0.2	0.31	0.33	<0.2	<0.2	<0.2	<0.3	173.5
7	5#混床	<0.1	<0.2	<0.2	0.25	<0.2	<0.2	<0.2	<0.3	186.3
8	3#混床	<0.1	0.55	0.29	5.47	<0.2	1.16	<0.2	<0.3	228.4
9	8#混床	<0.1	0.53	0.39	3.81	<0.2	0.68	1.72	<0.3	197.7
10	M-101A混床	<0.1	<0.2	<0.2	0.43	<0.2	<0.2	<0.2	<0.3	93.1
11	M-101B混床	0.19	0.61	0.28	16.48	<0.2	<0.2	<0.2	<0.3	141.1

从表10分析数据，水处理五车间产品水TOC_i全部符合标准要求。

3.2.2　酸、碱、氨水、磷酸三钠质量分析

由于日常对酸、碱等辅料的质量分析主要是浓度和有效成分，没有杂质的数据积累，无法做到前后对比。热电部一电站和二电站的锅炉补充用二级除盐水来源不一，但消耗的氨水是同一个厂家、同一个批次，通过和二电站消耗的氨水做横向比较，发现在一电站锅炉给水pH异常时，二电站氨水和氢氧化钠的消耗量均没有增加，可初步排除氨水等辅料造成锅炉给水pH异常。

经过对不同批次的磷酸三钠质量进行分析化验，未发现和2018年7月份之前药剂品质有异。

4 结　论

2018 年 7 月初开始使用淡化海水制备二级除盐水以后，一电站锅炉给水 pH 出现持续偏低，水处理五车间增加氨水投加量，仍不足以保证炉水 pH 在合格范围内。为保证炉水水质，一电站一直延续磷酸三钠和氢氧化钠共同调整的紧急处理方式。实验停运淡化海水后，炉水消耗氢氧化钠的量明显减少，经过多次试验和化验数据分析基本确定影响炉水 pH 调整用碱量增加的原因是制备的二级除盐水的原水发生变化，即淡化海水。淡化海水水温偏高，导致系统溶解二氧化碳量增加，最终导致锅炉给水 pH 偏低。

5 解决措施、效果、下一步计划

5.1 解决措施和效果

(1) 近期安排水处理五车间提升加氨量，以保障锅炉给水 pH 合格为准，但由于一电站给水系统中有含铜的低加设备，给水 pH 值控制范围在 8.8~9.3 之间，为保证低加设备安全，给水 pH 控制靠下线运行。远期对含铜设备进行改造，将给水系统改成无铜系统；在高压除氧器下水管增设加氨设施，提高给水 pH 值。

(2) 单独设置氢氧化钠和磷酸三钠加药系统。现有的一电站炉水加药系统 2 套，3#、4 炉共用一套，6#、7#炉共用一套。现有的一电站炉水加药系统是按单一试剂(磷酸三钠)和单一浓度的加药方案设计，虽然锅炉车间对原有加药系统做了调整和改造，仍不能满足生产的要求，择机增加单独的加药系统。

(3) 继续使用加氢氧化钠和磷酸三钠组合的方式调整炉水 pH。淡化海水的使用是势在必行，为保证一电站炉水 pH 合格，需长期利用投加氢氧化钠的紧急加药方式进行炉水调整。

通过以上措施，经过三个月的观察，增加了氨水投加量、并稳定使用氢氧化钠和磷酸三钠组合的方式调整炉水 pH 后，炉水 pH 合格稳定。

5.2 下一步计划

(1) 根据一电站调整炉水 pH 使用氢氧化钠的量的变化情况，发现氢氧化钠消耗情况有随季节变化而变化的趋势。夏天淡化海水受工艺限制，温度最高达到 42℃，可以看出氢氧化钠消耗量明显增加，接下来将继续研究温度对水质的影响。

(2) 虽然已确定一电站锅炉给水 pH 异常是由淡化海水引起，但是具体是淡化海水中哪一个成分导致的仍然需要验证，下一步将进一步进行水质分析，排查出导致异常的确定成因。

参 考 文 献

[1] 周本省. 工业水处理技术[M]. 北京：化学工业出版社，2002：465；485.

浅谈反渗透膜的污染与化学清洗

曾小满

（中国石化巴陵石化公司煤化工部，岳阳 414003）

【摘要】 本文主要分析了反渗透膜污染的原因，提出运行中判断反渗透膜被污染的途径和方法，叙述了反渗透膜化学清洗的操作步骤、清洗要点以及效果检验，说明了膜化学清洗是确保膜运行效果和延长使用寿命的可靠保证。

【关键词】 反渗透膜　污染　清洗　循环　效果

1　概　述

反渗透膜是反渗透系统中的关键元件，在实际应用中，膜元件都会发生不同程度的污染，导致系统进出口压差增大，产水量减少，脱盐率下降，进而影响反渗透系统的正常运行，因此必须对其进行有效清洗，最大限度地恢复已经污染的膜元件的性能，使膜元件能有效地持久运行。那么如何分析判断反渗透膜被污染呢？针对反渗透膜被污染后又如何通过有效的化学清洗来恢复膜的过滤性能呢？以下进行分析和叙述。

2　反渗透膜污染的分析与判断

反渗透膜污染后，会出现一系列症状，如膜阻力上升、清水产量下降、出水电导上升以及出现运行故障等等，这个时候就需要对反渗透膜进行化学清洗，已恢复膜的过滤性能。然而，膜污染的种类多种，化学清洗是有针对性的，必须在清洗前对膜污染的状况进行分析，确定污染物的种类，根据反渗透膜污染、结垢的具体情况，选择有针对性的清洗药剂进行清洗。

2.1　分析内容与途径

（1）分析设备性能和运行数据。

（2）分析给水中潜在的污染、结垢成分。

（3）分析 SDI 仪的膜过滤器收集的污染物成分。

（4）分析保安过滤器截留的污染物成分。

（5）检查管道内表面和膜元件两端的污染状况。

（6）必要时剖开膜元件进行分析，取样分析污染物、结垢成分。

2.2　分析判断

（1）目测

在确定系统已经发生污染，需要实施化学清洗时，最好先打开压力容器端板，直接观察污染物在压力容器端板与膜元件之间的间隙内累积的情况。一般根据直接观察即可基本确定污染物的类型，继而确定相应的清洗方案。

① 前段污染观察

预处理滤料(砂粒、活性炭)泄漏、胶体污染、有机物污染和生物污染，前端最严重，可以从前端膜元件入口观察到颗粒物及黏液状污染。发生生物污染时会发现腥臭味黏液物质，灼烧刮取的生物黏泥(黏膜)，会有蛋白质的焦臭气味。

② 末端污染观察

无机盐结垢在系统末端最为严重，在末端膜元件端头处可以摸到粗糙的粉状物。用盐酸(pH 值 3~4)溶解时有气体冒出，说明沉淀物极可能是 $CaCO_3$。硫酸盐垢、硅垢在 pH 很低时也很难溶解，如果垢在 0.1mol/L HF 溶液中是可溶的，则可能是硅垢。

(2) 根据污染物特征分析判断

参考反渗透膜污染物的污染特征进行分析判断，常见污染物如下：

① 碳酸盐垢：表现为标准渗透水流量下降，脱盐率的下降。

② 铁/锰：浓度低至 0.05mg/L 的铁/锰业足以污染膜表面，表现为标准压差升高(主要发生在系统前面的膜元件)，也可能引起标准渗透水流量的下降。通常锰存在时，铁也会存在。

③ 硫酸盐垢：影响系统中盐浓度最高的、最后面的膜元件。严重的硫酸盐垢污染是极难清洗的。

④ 硅胶垢类物质：硅在 RO 给水中以颗粒硅、胶硅(也称非活性硅或非晶体硅)或溶解硅形式存在，主要是污堵膜元件水流通道，导致系统压差增加。

⑤ 悬浮物/有机物类型：给水 SDI>4 或浊度大于 1 时，表面给水悬浮物有较大的污染倾向。分析软垢是悬浮物污染还是有机物沉积污染。

⑥ 微生物：如果 RO 给水不含杀菌剂(如残留药剂)，则细菌和其他类型微生物污染产物可能发生，污染会引起标准压差增加或机组清水流量下降。

3 反渗透膜的化学清洗

3.1 清洗条件

一般以设备最初运行 48h 所得到的运行记录为标准化后的对比数据，通常在运行中出现下列情况时需要及时清洗膜元件：

① 比标准化产水量降低 15%以上；

② 进水和浓水之间的压差上升了 20%以上；

③ 比标准化透盐率增加 15%~20%；

④ 系统各段压差明显上升，每段压差超过 0.4MPa。

3.2 清洗设备

(1) 清洗箱

起混合与循环作用，要求耐腐蚀，材料可选用玻璃钢、聚氯乙烯塑料或钢罐内衬橡胶等。清洗水箱应设有温度计。清洗箱的大小大致是空的压力容器的体积与清洗液循环管路的体积之和，一般应考虑 20%的裕度。

(2) 清洗泵

应耐腐蚀，如玻璃钢泵。它所提供的压力应能克服保安过滤器的压降、膜组件的压降和管道阻力损失等，一般选用压力为0.3~0.5MPa。水泵的材质至少必须是316不锈钢或非金属聚酯复合材料。

(3) 辅助设备

清洗系统中应设有必要的阀门、流量计和压力表以控制清洗流量，pH计和电导仪等，连接管线既可以是硬管也可以是软管，应耐酸碱腐蚀。

3.3 清洗步骤

(1) 准备工作：

RO机组：全关清水阀、排浓阀、进水总阀。

配药：①药剂过滤罐更换一次性滤袋。

② 配药前从运行机组小清水阀打开进2/3槽清水。为了保证清洗温度，冬天通入蒸汽加热。

③ 将有机酸(或碱)倒入药槽，然后启动药剂泵排打循环至药剂槽内溶液均匀即可。

(2) 有机酸循环酸洗

① 循环清洗一段膜

打开一段进水、出水阀门，小清水阀门。然后启动泵，通过回流阀调节流量50~60m^3/h，循环清洗30min(注意压力表指示不超过0.3MPa)。然后切换阀门清洗二段膜。

② 循环清洗二段膜

打开机组二段膜组件进水、出水阀门，保持小清水阀开度不变．然后启动泵，调节流量40~50m^3/h，循环清洗30min。(注意：压力表指示不超过0.3MPa)

(3) 有机酸浸泡

停运药剂泵，关闭机组一、二段所有进、出水阀门以及小清水阀。浸泡事件2h左右。

(4) 一、二段循环串洗

打开一、二段冲洗进水阀、出水阀以及小清水阀，重新启动药剂泵，以40~50m^3/h流量循环清洗30min。然后打开循环回槽排放阀，将药槽排尽，停泵进行置换阶段。

(5) 置换排放

① 打开运行机组小清水阀，关闭清洗机组小清水阀，放满一槽水，然后关闭运行机组清水阀，打开清洗机组小清水阀，(这个步骤千万不能弄错)。打开一、二段串联清洗进水阀和出水阀，循环15min，然后排水，步骤跟酸洗排水一样。

② 重新进一箱水，再置换一次，排水，测pH值在6.0~7.0，然后进入碱洗阶段，跟酸液配制一样，循环15min，使药液均匀，碱清洗步骤跟酸洗步骤相同(浸泡4~6h)。

3.4 循环碱洗

酸洗完成后，将膜组件内残余酸置换干净，测得出水pH值7.0左右后，进入碱洗阶段，选用有机片碱作为碱洗剂，配置碱洗液时要调整溶液温度，充分循环搅拌，保证片碱充分溶解形成均匀溶液。这时要测pH值，维持稀碱液pH值10.0~12.0，再进行充分循环和浸泡。循环清洗步骤与酸洗相同，但是浸泡时间不能超过1h。

3.5 化学清洗特点

(1) 高流速

清洗流速应比正常运行时的流速高，一般为正常运行浓水流速的1.2倍。

(2) 低压力

清洗压力应尽可能低，建议控制在 0.3MPa 以下。如果在 0.3MPa 以下很难达到流量要求时，应尽可能地控制进水压力，以不出产水为标准。一般进水压力不能大于 0.4MPa。

(3) 浸泡充分

为了保证软垢充分分散、硬垢充分溶解，需要在循环酸洗完成后进行浸泡，时间不少于 1.5h。

3.6 清洗关键要素

(1) 合理选择清洗药剂配方

使用清洗化学品时，必须遵循获得认可的安全操作规程。当准备清洗液时，应确保在进入元件循环之前，所有的清洗化学品得到很好的溶解和混合。药剂配方根据污染物成分，针对性选择成熟的配方药剂以及合适浓度。

(2) 清洗液的洁净度

用于反向清洗的清洗液中小分子杂质应尽可能少，且不能用含余氯等氧化剂的水对膜元件进行冲洗(最低温度>20℃)，防止对膜系统造成二次污染，或对膜表面造成一定的机械性损伤。建议用系统产水排放在 10min 以上或直至系统正常启动运行后产水清澈为止。

(3) 清洗液流动方向

清洗液流动方向与正常运行方向必须相同，以防止元件产生逆流破坏现象，因为压力容器内的止推环仅安装在压力容器的浓水端。反向清洗仅针对进料端被严重污堵的组件，并且不能在膜的透过液一侧反向施压，以免使膜本身出现机械性损伤。

(4) 清洗液的控制条件

清洗液的温度对清洗效果的影响极大。在合理的温度范围中，尽可能地提高清洗液温度可更有效地恢复膜的原有性能。通常在清洗液循环期间，pH 值 2~10 时温度不应超过 50℃，pH 值 1~11 时温度不应超过 35℃，pH 值 1~12 时温度不应超过 30℃。

(5) 清洗顺序

膜分离系统的化学清洗，大多数情况下采用酸法、碱法交替进行的方法，但一定要注意酸法、碱法不能连接进行。合理的清洗顺序为：酸洗→水洗至呈中性→碱洗→水洗至呈中性或碱洗→水洗至呈中性→酸洗→水洗至呈中性。

4 效果检测

反渗透膜组件完成循环酸洗和碱洗后，需要开机验证化学清洗效果，检验运行指标是否达标，步骤以及检验指标如下：

(1) 将完成酸洗、碱洗的反渗透机组按照手动开车操作程序启运，初期制得清水进入药剂槽，浓水排放地沟，此时清水电导严重超标，绝对不能进入脱盐成品水箱。

(2) 侧脸各段膜取样阀出水电导值，记录各点分析数据，进行分析判断，确定各支膜管清洗出水电导是否一致，清洗是否清洗到位。

(3) 当各段膜检测电导小于 20μS/cm 时，停止清水排放，打开大清水阀，将机组出水引进一级脱盐成品水箱，调节排浓阀开度，使排浓水流量小于总进水量的 25%。

(4) 将机组手动控制模式改为自动控制模式，机组进入正常运行。

（5）观察清水流量、清水电导、各段压差，与清洗前进行对照，并取样分析机组出水电导，与在线电导表对照。如果清洗效果好，那么清水流量应该接近设计值，且清水电导小于10μS/cm，各段压差明显下降，总压差小于0.4MPa。

5 结 束 语

反渗透膜的化学清洗是RO运行维护中的一个重要环节，其清洗效果如何直接影响着反渗透机组的运行效果和膜组件使用寿命。如何优化膜组件清洗效果，需要对膜组件污染种类进行详细分析，采取针对性强的清洗药剂配方，并在清洗步骤控制上严格控制，如药剂浓度选择、每一步清洗时间确定、清洗终点确定等。化学清洗周期选择也比较重要，一般是每3~5个月1次。清洗不及时可能导致无法清洗彻底，频繁的清洗，则对膜的损害也是比较大的。因此需要适时、针对性的实现反渗透膜化学清洗，保证膜性能，延长使用寿命。

浅析反渗透膜压差高原因及对策

周 聪

（中国石化巴陵石化公司，岳阳 414003）

【摘要】 本文首先提出反渗透膜运行存在的最常见问题是各类污染阻塞导致膜组件压差升高和运行效果下降，并对反渗透膜运行中阻力大的原因进行了详细分析，针对性提出了解决膜污染和膜压差升高问题的对策措施，简述了反渗透膜化学清洗的步骤，并对反渗透装置减少污染因子、加强污染指数监测控制提出了合理化建议。

【关键词】 RO 膜 污染因子 阻力 对策 化学清洗

反渗透装置是应用较广的水处理除盐装置，在工业化学水处理中主要用于生产一级除盐水。反渗透膜(简称 RO 膜)是反渗透系统中的关键元件，在实际应用中，膜元件由于运行后时间长，各类污染因子的进入并积聚，导致膜元件发生不同程度的污染，体现在反渗透机组进出口压差不断增大，产水量逐渐减少，脱盐率下降，一级除盐水电导上升，进而影响反渗透系统的正常生产运行。因此必须对其采取对策进行处理，除了日常运行中采取优化运行的常规措施外，将反渗透膜进行在线化学清洗是最有效的处理手段，能够最大限度地降低机组阻力，恢复膜元件的性能，使反渗透膜能有效地持久运行，确保一级除盐水品质。

1 RO 膜运行存在的主要问题

反渗透属于一级除盐装置，具有自动化程度高、产水品质稳定、除盐效率高、操作简易、不产生酸碱废水的优点，同时也存在 RO 膜运行维护比较复杂、膜单元容易被污染等缺点。在运行中经常会出现一些问题，需要及时处理。常见的问题主要有：产水率下降，除盐率降低，膜接头 O 型圈断裂短路，膜管端盖泄漏，电导率升高超标，各段膜阻力持续上升等。而最常见的、对机组运行影响最大的问题是：各段膜之间压差异常增大，导致运行效果急剧下降。而产水率下降、除盐率降低、电导超标等几乎都是膜被污染后阻力上升而导致的。因此，解决 RO 膜污染阻力上升的问题，成为解决机组高效、稳定运行的关键。

2 RO 膜阻力升高原因分析

反渗透机组运行一段时间后，因为水中污染因子的进入和积聚，各段膜之间阻力会逐渐上升，运行效果逐步下降，不仅制水率慢慢下降，而且机组出水电导率会上升，脱盐水品质变差，如果不及时采取措施处理，最终会导致 RO 膜功能完全失效，机组无法继续运行下去。那么导致 RO 膜阻力上升的主要因素有哪些呢？分析判断如下。

2.1 预处理效果差，污染指数高，导致膜污染严重

主要是砂滤池和活性炭过滤器的过滤效果差，残余浊度高，不仅导致保安过滤器运行周期短，滤芯的更换频率较高，而且反渗透装置在运行过程中，高污染指数的悬浮物、矾花类有机物、润滑油等物质没有完全被保安过滤器截留，不可避免的有部分悬浮杂质进入膜组件，在膜流道中黏附并沉积，引起膜组件污染，用物理冲洗方法比较难以将这些污染杂质冲洗出来，运行时间一长，这类污染物积聚越来越多，导致阻力不断上升。这种因悬浮杂质导致的阻力上升，是最主要影响因素之一，对 RO 装置清水预处理成本及除盐水成本升高的影响比较大。

2.2 细菌迅速繁殖导致膜组件污染阻塞

工业清水中带有大量异养菌，异养菌菌体相对于水分子较大，无法经过反渗透膜，在浓水端由于浓缩水富营养化，单位细菌数量成倍繁殖增长，而细菌的繁殖容易产生生物黏液，与浓水中悬浮杂质接触形成生物黏泥，这些生物黏泥极易黏附在膜表面上，污染膜单元组件，堵塞膜单元流道，导致阻力升高，过水面积减小，严重影响纯水产量，同时也会导致出水品质下降。

2.3 树脂和铁锈等异物侵入，堵塞 RO 膜流道，导致膜组件阻力升高损坏

日常运行中，为了保持膜单元表面清洁，设置有膜冲洗程序步骤，进入到这一步时，时常利用离子交换床生产的一级除盐水冲洗反渗透膜，使一些碎树脂直接进入膜组件流道。同时预处理中活性炭过滤器漏出来的细碎活性炭粉末以及管道中的铁锈，在捕捉器清洗、保安过滤器更换滤芯时不慎漏入，被清水带入膜组件，造成膜组件流道异物堵塞，膜元件通道面积变小，逐步失去除盐性能。

2.4 操作维护不当，污垢形成和沉积，堵塞反渗透膜流道

由于职工操作技术参差不齐，操作不熟练，保安滤器的日常维护保养不够，污染指数没有控制好的水进入了反渗透膜单元，药剂配置不符要求或者加药不当，机组冲洗操作不及时等原因，造成反渗透机组日常运行维护不到位，在膜组件各单元里逐渐形成了污垢(包括软垢和硬垢)并沉积，各段膜的压差慢慢增大，进一步影响到 RO 机组的产水量及出水品质，缩短了运行周期，增加了化学清洗成本。

2.5 RO 专用药剂质量差，阻力上升快

反渗透装置运行过程中，在一次水预处理时需要往水中注入两种药剂，一种是杀生还原剂，主要作用是杀灭水中细菌、藻类微生物，同时对水中氧化性物质如余氯进行氧化还原反应，去除氧化性物质，保护反渗透膜被氧化性物质破坏；另一种是阻垢分散剂，通过阻垢分散剂作用促使碳酸钙、碳酸镁、硫酸钙等水垢物质发生晶格形变，及时分散开来，防止沉淀长大形成硬垢沉积到 RO 膜中堵塞流道。如果加入的药剂质量差，起不到应有的杀菌灭藻、阻垢分散作用，就很容易形成软垢和硬垢物质，很快就会堵塞 RO 膜流道，导致膜单元阻力迅速上升，尤其是二段膜阻力上升更快，一旦完全堵塞膜单元流道，就会造成不可逆破坏，膜组件只能报废。

3 主要对策与措施

反渗透机组各段膜阻力是有比较严格的控制指标的，一段与二段、二段与三段膜组件之

间的压差控制指标是小于 0. 15MPa(中国石化贯标标准)，一段与三段之间总压差不大于 0. 3MPa，只要有一个压差指标超出控制值，就可以判断为 RO 膜阻力超标，运行效果下降，必须进行化学清洗来清洗膜单元，清洁膜表面，降低各段阻力。同时，如果运行中虽然各段阻力没有超标，但是电导升高超出控制指标(<20μS/cm)，或者清水产量下降比较快，也可以判断为膜单元被污染，流道出现污染因子沉积，阻力升高即将来临，这个时候也必须尽快采取有效的对策措施，预防 RO 膜处理效果进一步恶化。

针对膜单元被污染、阻力升高的原因分析，一般采取的措施分为常规措施和非常规措施，常规措施主要是日常运行中优化运行操作、管理、加药处理、机组维护保养等方面下功夫，而非常规措施是当机组膜组件污染严重、阻力达到一定程度时，必须采取化学清洗的手段来清除污染物，恢复膜单元过滤性能。简述如下：

3. 1　优化预处理水质，减少污染指数来源

工业清水进入反渗透机组前提高预处理水品质，降低预处理水浊度，从源头减少污染因子。首先必须要保证砂滤池过滤效果，保证活性炭过滤器的吸附效果，这就要求日常运行中做好砂滤池和活性炭过滤器反洗操作，并每周适当增加空气吹洗次数，有效地降低过滤器的残余浊度；其次，加强反渗透机组运行维护，每天启运机组前对 RO 膜组件进行反冲洗，同时维护保安过滤器，开机前进行管道冲洗和保安滤芯反洗，及时将保安滤芯上截留的污染物清洗干净，并定期测定污染指数。对于机组连续运行时间超过 24h 的，要按照运行程序切换下来冲洗 15min；再就是当保安过滤器进出水压差超过 0. 1MPa 时，及时更换滤芯，保证保安过滤器有良好的运行环境，才能减少污染因子进入 RO 膜单元。

3. 2　严格控制污染指数，避免膜机组遭受严重污染

污染指数(SDI)是检验预处理出水(也即机组进水)中污染因子是否达到 RO 膜水质要求的一个硬性指标。反渗透膜比较娇气，必须有良好的水质作保证。定时测量污染指数是保证进入膜单元水质的重要措施，必须坚持并严格完成。测量原理是保持 0. 3MPa 给水压力状态下在 15 min 滤膜透过的水量。工艺规定反渗透给水的最高 SDI 值为 4. 0，因此严格控制进水 SDI 值对保护 RO 膜非常重要。

其计算计算公式如下：

$$SDI=100(1-t_1/t_2)/T$$

式中　t_1——初始测定时收集 500mL 水样所需的时间，s；

t_2——经过 T(min)后收集 500mL 水样所需的时间，s；

T——对应 t_2 可分别选 5min，10min 和 15min。

污染指数越小，进入反渗透膜的污染因子越少，对膜单元过滤环境越有利，一般要求进入反渗透膜的污染指数小于 4. 0，大于 4. 0 则需要排放处理。

3. 3　改进反渗透装置进水管以及捕捉器，减少铁锈和活性炭异物来源

反渗透装置附属管道腐蚀产物和活性炭碎末是主要的异物来源。装置建设时由于设计原因，进水管采用了流体碳钢管道，异物捕捉器滤网选择不当等原因，管道内的铁锈和从活性炭过滤器漏出来的碎炭末，在机组运行时送到保安过滤器造成堵塞，在滤芯出现破损时进入了反渗透膜组件内，堵塞甚至直接破坏膜单元流道，缩短膜单元使用寿命。解决这个问题的方法是：除了初期排放并检测污染指数外，采取的措施是将进水管道换成不锈钢管道，减少铁锈来源；在进水总管上增加一道异物扑捉器，内部采用 100 目以上的过滤网。规定日常操

作中每周必须清洗扑捉器两次以上，将管道产物和其他颗粒状异物消除在源头。

3.4 采用优质水处理药剂，合理调节控制加药量

采取优良的反渗透膜专用水处理剂，严格控制药剂的浓度和投加量，是阻垢分散沉积物、预防 RO 膜单元被垢类物质堵塞的最有效手段。首先是严格按照规定采购市场上优良品质的反渗透膜专用药剂，严格按配比要求配置药液，保证药液浓度；其次是根据季节温度变化、机组负荷变化、浓水流量变化合理调控加药泵冲程，保证最适宜的加药量。通过对膜专用阻垢剂和膜专用杀菌剂的剂量的调整，可以及时杀灭膜单元流道内的异养菌，可以预防和分散垢类物质的形成，防止膜单元流道被垢类物质堵塞。春夏季节细菌繁殖快，要适当提高杀菌剂浓度和投加剂量；湖水含盐量高和气温较高的季节，容易形成水垢和有机生物软垢，要适当提高膜专用阻垢剂浓度，以便及时分散垢类物质、预防污垢沉积。

3.5 优化工艺条件，控制好进水温度

根据反渗透膜固有的渗透压随温度变化的性能，合适的水温可以提高膜的清水产量，温度高时产水量明显增大，温度低时因水分子之间氢键的影响，渗透压升高，反渗透膜产水量明显下降。正常情况下，进水最佳水温为 25±5℃，夏季水温超过 35℃，可以通过调节浓水流量控制，即适当提高排浓水量。冬季水温低，水的透过性能差，清水回收率明显下降，应该通过低压蒸汽加热来提高预处理水温，提高反渗透进水温度，改善水的透过性能。进入反渗透水温过高或者过低都不好，会使反渗透膜组件造成损坏。因此操控水温同等重要，对降低膜阻力也有较大帮助。

3.6 根据 RO 膜阻力或污染情况，适时对膜组件进行化学清洗

反渗透装置尽管采用了合理的预处理和保安过滤系统，采取良好的运行管理，降低进水污染指数，使反渗透膜的污染程度降到最低限度，但随着生产运行时间增加，要完全消除膜的污染是不可能的，污染因子积累或者垢类物质的沉积到一定程度，各段膜阻力会升高，过滤性能和除盐效率都会下降，最终会无法继续运行制造纯水。因此，反渗透装置在正常运行一段时间之后，当膜单元流道中微量有机物、无机物的污染到一定程度，或者水垢类物质积累形成沉积、堵塞引起膜阻力升高到一定值，反渗透装置的产水量明显下降、脱盐率明显降低、电导迅速上升。这时表明膜组件污染阻塞比较严重了，必须进行化学清洗，才能及时恢复膜性能。化学清洗是通过在线清洗方法，通过分散剂浸泡、有机片碱和有机酸浸泡清洗、机组循环清洗、置换冲洗等步骤完成，达到去除污染物的目的。清洗周期除了通过工艺参数判断外，一般要求每季度清洗一次。另外，当反渗透装置需要长期停用保护时，也需要进行一次化学清洗。为了延长膜单元使用寿命，当机组运行时间达到 3 年时还需要把所有膜单元拆离装置，送专业厂家进行离线强化清洗，同时利用专业药剂和工具进行膜检测和破损膜修复。

3.7 完善 RO 膜日常维护措施，加强职工操作责任心

日常运行中日常维护也非常重要，除随时观察膜机组运行参数变化、及时判断和消除膜机组故障外，还需要落实一些预防措施，如避免冻结避免高温防止膜干裂等。运行中对每个膜管出水要每班次至少分析一次电导和硅。停运机组时间超过 24h 要用除盐水冲洗 15 min。每 h 巡检一次机组，发现来水压力超过 0.45MPa 时，要调低活性炭过滤器压力，来水压力低于 0.35MPa 时则要调整供水泵压力。当发现高压泵频繁跳车时，要停止机组运行，查找跳车原因，及时联系工程技术人员处理等。总之要杜绝违章操作和野蛮操作。

4 结论与建议

4.1 结论

综上所述，导致反渗透膜阻力升高的原因比较多的，除了客观因素如温度、压力、水中含盐量、膜机组本身性能有关以外，操作因素也不可忽视。从一次水预处理、污染指数控制、专用药剂的投加、日常操作维护到化学清洗周期的确定，以及化学清洗效果如何，都会影响到反渗透装膜组件压差变化和出水品质，进一步影响到反渗透运行的技术经济性，以及反渗透膜单元的使用寿命。优化操作维护，控制好机组预处理水中污染指数，消除异物侵入，采取优良水处理药剂，适时进行膜化学清洗，都成为降低反渗透膜阻力、提高运行效果、解决反渗透装置运行问题的重要手段。

4.2 建议

（1）反渗透装置所有进水管道、热交换器材质最好不要使用碳钢材质，采用不锈钢材质较好，管道材质还可以采用 UPVC 材料，这样可以从源头上减少污染因子数量和来源。

（2）保安过滤器的过滤效果是降低机组进水污染指数的关键因素之一，常规小滤芯过滤器过滤通量小，运行周期短，滤芯易折断，过滤效果不理想。建议采用超大滤芯，增加过滤通量，延长使用周期、提高截污能力，尤其是更换方便，可以减轻操作人员劳动强度。

（3）由于污染指数测定必须每个班都要完成，人工测量误差大，误导性强，甚至造成排放一次水浪费，建议对反渗透机组都采用在线仪表监测，便于污染指数实时监测控制。

参 考 文 献

[1] 周本省．工业水处理技术[M]．2 版．北京：化学工业出版社，2002.

[2] 俞斌，俞明华．工业水处理[M]．北京：化学工业出版社，1989.

循环水处理技术

消除大量使用替代水源瓶颈，迈步循环水系统“零新鲜水”目标

张庆华

（中国石化天津石化公司，天津 300271）

【摘　要】分析了替代水源回用中水、淡化海水的水质特点，主要探讨了替代水源对循环水水质的影响，并提出消除该影响的对策，为推进替代水资源化利用提供宝贵经验。

【关键词】淡化海水　回用中水　循环冷却水　浓缩倍数　碱度　氯离子

1　前　　言

天津石化坐落于水资源严重匮乏的华北地区，实现节水和水资源综合利用，是企业持续发展的必要前提，是工业用水逐渐向降量减排方向发展必要条件。目前，回用中水、淡化海水等替代水资源用于循环水系统已经成为天津石化节约水资源的一种必然趋势，替代水资源的水质特性对循环水水质产生不利影响，成为实现循环水系统“零新鲜水”的瓶颈，调整循环水药剂投加方案，加强用水和排水的精细管理，消除替代水源的不利影响，有助于提高替代水源的大量使用。

天津石化某敞开式循环水系统总循环冷却能力达 26460t/h，循环水场年需要补水量高达 200 万吨，系统补水水源有回用中水、淡化海水、凝结水、新鲜水等，虽然已经大量使用回用中水、淡化海水，但是新鲜水占比在 20% 以上，替代水资源未能充分利用，其中最主要原因是淡化海水氯离子含量较高，回用中水和淡化海水中钙离子、碱度较低，如果大量进入循环水补水系统中，会给循环水系统带来很大风险。

2　替代水源的水质特性

表 1　替代水源（回用中水、淡化海水）与新鲜水水质对比

分析项目	新鲜水	回用中水	淡化海水	分析项目	新鲜水	回用中水	淡化海水
pH	7.57	6.82	8.26	Cl^-/(mg/L)	51.5	80	126.7
电导率/(μS/cm)	507	670	515	总碱度(以 $CaCO_3$ 计)/(mg/L)	181.2	40	29

续表

分析项目	新鲜水	回用中水	淡化海水	分析项目	新鲜水	回用中水	淡化海水
K+/(mg/L)	3.1	2.36	4.1	总硬度(以 $CaCO_3$ 计)/(mg/L)	254.2	34	50.6
浊度/(mg/L)	0.62	0.37	0.19	Ca^{2+}(以 $CaCO_3$ 计)/(mg/L)	133.2	24	未检出
总铁/(mg/L)	0.04	0.01	0.09	Mg^{2+}(以 $CaCO_3$ 计)/(mg/L)	121	10	50.6

回用中水、淡化海水与当地新鲜水的水质存在差别，Cl^-偏高，其中 Cl^-是新鲜水的 2 倍以上；硬度和总碱度偏低，只为新鲜水碱度、硬度的 25%以下。

3 替代水源对循环水水质的影响

3.1 浓缩倍数波动大

3.1.1 现状

在敞开式循环冷却水系统中，由于蒸发系统中的水会愈来愈少，水中各种矿物质和离子含量就会愈来愈浓，用浓缩倍数来控制水中的含盐量。N 的含义就是指循环水中某种物质的浓度与补充水中某种物质的浓度之比。N = CR/CM，原来以 K^+来计算浓缩倍数[2]。由于循环水补水水质多样，补充水 K^+的浓度采取多种水源 K^+的平均值。

CM =(Q 新 CM 新+Q 海 CM 海+Q 中 CM 中)/(Q 新+Q 海+Q 中)

从图 1、图 2 看出淡化海水 K+不不稳定，导致循环水浓缩倍数的波动。

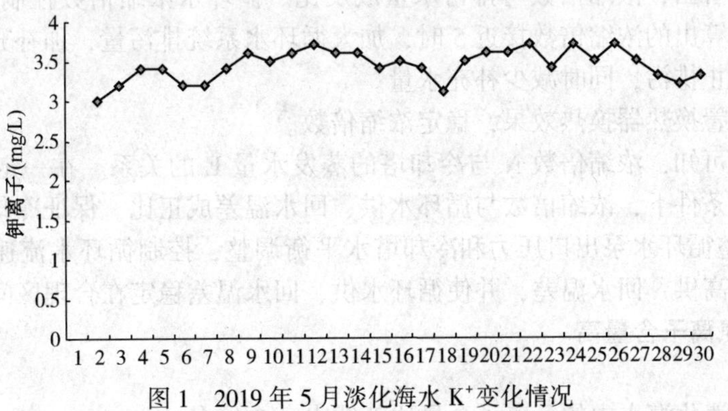

图 1 2019 年 5 月淡化海水 K^+变化情况

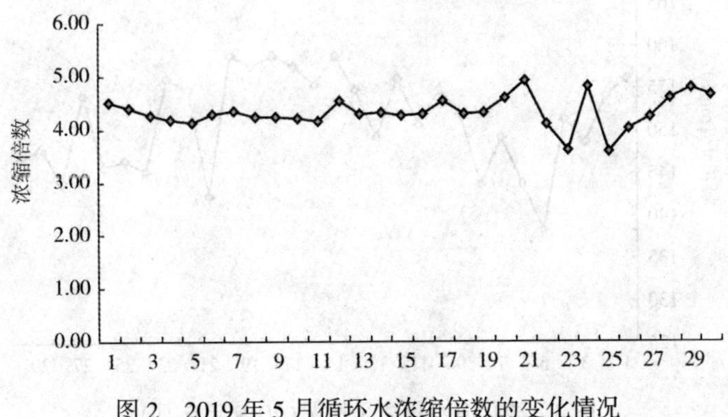

图 2 2019 年 5 月循环水浓缩倍数的变化情况

但是替代水的 K^+浓度及补水量对浓缩倍数产生影响，淡化海水 K^+偏高，并且不稳定，经常对循环水浓缩倍数的计算值产生影响。淡化海水 K^+偏低，循环水浓缩倍数偏高，淡化海水 K^+偏高，循环水浓缩倍数偏低，使浓缩倍数计算值存在失真情况。不利于通过控制浓缩倍数来控制系统补水量和排污量。

3.1.2 处理措施

（1）采用电导率计算法，保证浓缩倍数真实性。

在敞开式循环冷却水系统中，浓缩倍数是一项最主要的经济技术指标，随着浓缩倍数的提高，循环水重复利用率增加，排污量减少。为了避免补充水源 K^+大幅波动对浓缩倍数的影响，用循环水电导率和补充水的电导率进行测算，保证了浓缩倍数的真实性。

（2）科学控制浓缩倍数在 4~5。

按照集团公司工业水管理标准，补充水源有回用中水，浓缩倍数大于 4，针对该循环水装置替代水资源的特殊性，科学控制浓缩倍数在 4~5。

由冷却塔的物料平衡可推导浓缩倍数 $N=E/B+1$，$E=R\Delta t/r$[3]

式中 N——循环水系统浓缩倍数；

E——冷却塔的蒸发水量，m^3/h；

B——冷却塔的排污量，m^3/h；

R——循环水量，m^3/h；

Δt——冷却塔进、出口水温之差，℃

r——水在一定温度下的蒸发潜热，kcal/kg。

从公式中可看出，浓缩倍数与排污水量成反比。循环水浓缩倍数控制在 4~5 之间，当通过离子浓度计算出的浓缩倍数接近 5 时，加大循环水系统排污量，加补充水量；当浓缩倍数低于 4 时，停止排污，同时减少补充水量。

（3）提高装置换热器换热效果，稳定浓缩倍数。

由上面公式可知，浓缩倍数 N 与冷却塔的蒸发水量 E 的关系。在一定的环境温度和设定的循环水量的条件下，浓缩倍数与循环水供、回水温差成正比。保证冷却塔的进出口温差在 8~10℃，调整循环水泵出口压力和冷却塔水平衡调整，控制循环水流速，提高装置换热器换热效果，提高供、回水温差，并使循环水供、回水温差稳定在合理区间。

3.2 淡化海水氯离子含量高

3.2.1 现状

从图 3 可见淡化海水中的氯离子含量比新鲜水高 2 倍多。

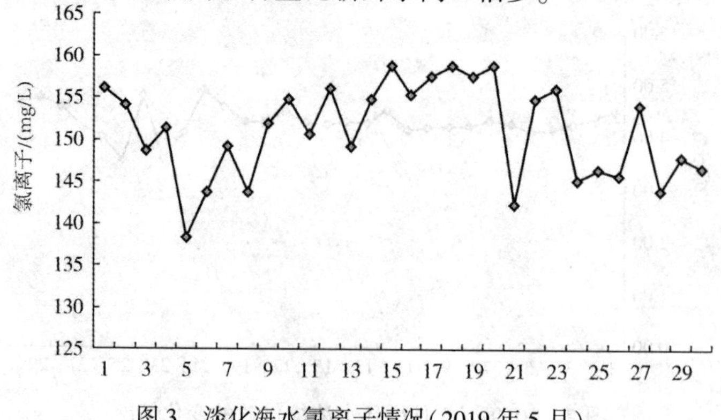

图 3 淡化海水氯离子情况(2019 年 5 月)

高浓度的氯离子易穿透金属表面的保护膜，形成可溶性氯化物，导致局部腐蚀。该循环水装置用户换热器材质是由碳钢、铜、不锈钢组成的复杂系统中，当氯离子浓度增加到200mg/L时，碳钢单位面积上的蚀孔数随着氯离子浓度的增加而增加；当氯离子浓度增加到500mg/L时，碳钢表面上除了孔蚀外，将还有溃疡状腐蚀。

3.2.2 处理方向及措施

(1) 确定氯离子控制指标

当投加缓蚀剂进行水质处理时，对于含不锈钢换热设备的循环水系统，氯离子浓度不宜大于300mg/L；目前循环水氯离子控制指标为低于500mg/L，以氯离子含量300mg/L为报警值进行控制。当氯离子浓度达到300mg/L时，减少淡化海水的回用量，增加回用中水用量。

(2) 做好淡化海水用量的控制

跟踪回用中水、海淡水水质变化，做好几种补水水源的优化配比

在循环水氯离子不能超过500mg/L的前提下，按照海淡水：新鲜水=2：1、4：1、1：2三种配比、浓缩4.5倍、保持现有药剂配方的条件下，碳钢腐蚀速率分别为0.052、0.089、0.046mm/a，淡化海水比例越小，腐蚀速率越低，4：1配比方式不可取(腐蚀速率超标)，而1：2方式虽然腐蚀速率最低，但消化淡化海水最少，因此也不可取，因此最适宜的配比2：1。

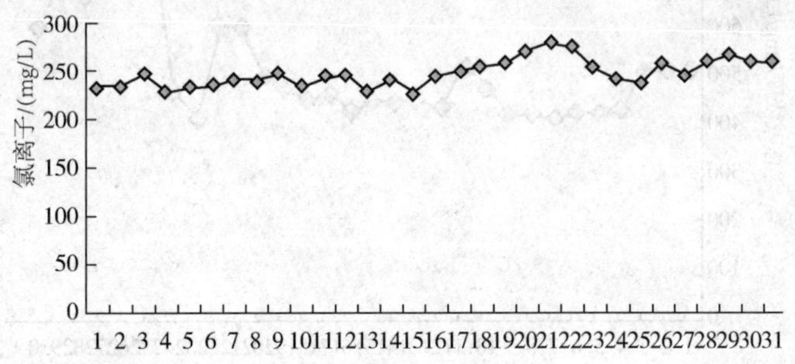

图4 2019年9月淡化海水与(回用中水、凝液水、新鲜水)比例2：1循环水氯离子变化情况

在实际操作中，由于回用中水氯离子接近新鲜水，凝结水不含氯离子，为了实现零新鲜水的目标，循环水系统用水水源的配比为比例为：淡化海水：(回用中水、凝液水)=2：1。

3.3 低碱度、低硬度

3.3.1 现状

从表1可见回用中水、淡化海水中的总碱度为新鲜水的25%以下，淡化海水钙离子未测出。

钙离子在循环水系统是结垢性离子，如果钙离子含量适中，碳酸钙可在金属表面形成保护膜，使金属免受腐蚀。低碱度、低硬度回用中水、淡化海水大量补入循环水系统，使循环水水质钙、碱降低，具有较强的腐蚀性。

3.3.2 水处理方向及工艺措施

Ca^{2+}浓度+碱度数值低限控制。Ca^{2+}浓度和碱度这两个因素对$CaCO_3$沉积及碳钢的腐蚀影响中，碱度为主要因素。在加药条件下，当Ca^{2+}浓度和碱度小于400 mg/L时，对阻$CaCO_3$垢率影响较小，水质腐蚀倾向加剧，而大于400 mg/L时，随着Ca^{2+}浓度和碱度的增大，对阻$CaCO_3$垢率影响较大且逐渐降低，抗腐蚀性趋势增加。

图5、图6为2019年9月回用中水、淡化海水占总补水量80%，没有及时补充氯化钙和碳

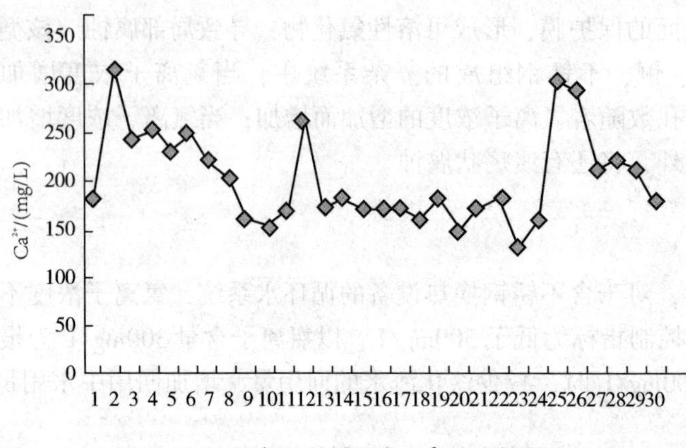

图5 2019年5月循环水 Ca^{2+} 浓度情况

酸钠，循环水 Ca^{2+} 浓度、碱度偏低，采取投加200公斤氯化钙、300公斤碳酸钠后，循环水 Ca^{2+} 浓度和总碱浓度出现上升情况。

Ca^{2+} 浓度+总碱度数值低限控制为不低于400 mg/L，高限控制不高于1100 mg/L。当循环水 Ca^{2+} 浓度低于100mg/L时，水循环水药剂调整，投加氯化钙和碳酸钠补充循环水系统的硬度和碱度，监测循环水 Ca^{2+} 浓度+总碱度数值变化趋势，保持 Ca^{2+} 浓度+总碱度数值稳定。

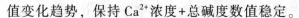

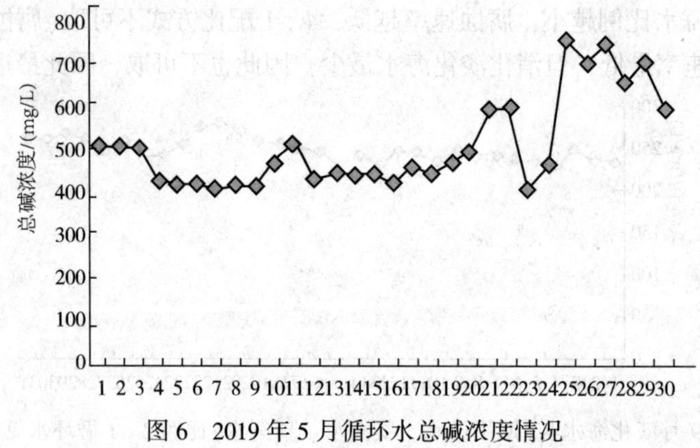

图6 2019年5月循环水总碱浓度情况

4 结 论

2019年下半年，该循环水系统使用回用中水、淡化海水、凝结水总量达到总用水量的99.12%，该循环水系统基本实现了“零新鲜水”的目标。

替代水源回用中水、淡化海水用于循环冷却水系统后，其经济、环保效益明显，由于回用中水和水海淡水水质的特性，给循环水水质控制带来难度，结合回用中水、淡化海水的水质特点科学计算循环水浓缩倍数，从而有效控制系统的用水量，控制氯离子偏高的淡化海水用量，适当调整循环水药剂投加方案，做好 Ca^{2+} 浓度+碱度数值控制，实现替代水资源使用的最大化。

参 考 文 献

[1] 祁鲁梁，李永存，李本高，等. 水处理工业运行管理实用手册[M]. 中石化出版社，2002：118.

[2] 周本省. 工业水处理技术[M]. 北京：化学工业出版社，1997：169-184.

[3] 李永存，朱泽华，李本高，等. 工业水处理技术(第六册)[M]. 中国石化出版社，2002.

[4] 商永鑫，刘光华，李映川，等. 中水回用循环冷却水系统现场应用[J]. 工业水处理，200, 25(12)：70-72.

多水源补水提高循环水系统浓缩倍数

高　莹　吕永良

（中国石化青岛石油化工有限责任公司，青岛 266043）

【摘　要】 本文以青岛石化一循为例，阐述了在循环水系统中应用多水源补水，通过筛选合适高效药剂且加强现场应用，能够改善循环水水质，保证循环水场正常稳定运行，同时提高循环水浓缩倍数，节水减排，经济效益显著。

【关键词】 多水源　循环水　浓缩倍数　高效药剂　经济效益

我国是世界最贫水的国家之一，按照统计数据，我国人均水资源占有量仅为世界人均水资源占有量的1/3[1]，全国各省份的人均水资源量也存在较大差异。例如青岛市，其人均水资源占有量247m^3，仅为全国平均水平的11%，世界水平的3%，是我国北方严重缺水城市之一[2]。为此，国家和省市颁布了一系列政策，并实施最严格的水资源管理制度。青岛石化将节水减排提升为日常的重点工作任务。

作为石化行业，循环水系统是青岛石化的用水大户，其用水量排在单位工业用水的首位，因此，实现循环水系统节水运行是青岛石化节水减排工作的首要攻关方向[3]。

1　循环水系统节水措施

1.1　循环水系统流程简介

青岛石化公司内设有循环水场3座，其中1#循环水场（简称一循）为炼油部分循环水场，设计规模为12000m^3/h，为机械抽风逆流式混凝土结构冷却塔工艺。配套设施主要有：水泥骨架玻璃钢结构、带有轴流风机的逆流通风冷却塔，塔底集水池、泵吸水池、循环供水泵、无阀过滤器、监测换热设备、水稳剂加药设施和杀菌剂加药设施等。其流程见图1。

一循和二循（含酸原油项目配套循环水场，设计规模为8000m^3/h）设有连通阀门组，管网相互联通。通过阀门调整，可实现部分装置供水切换。

1.2　循环水节水措施

通过对循环水浓缩原理分析可以看出，如果要想实现循环水系统的节水运行与管理，主要就是在保证生产装置对于循环水科学合理需要的基础上，通过采取有效的工艺和措施，降低循环水的排污损失量，尽可能提高循环水的浓缩倍数[4~5]，既要“节流”，又要“开源”[6]。

所谓“节流”，就是要控制系统蒸发水量，降低风吹损失；同时加强日常管网设备管理，杜绝系统渗漏损失；加强系统水质运行管理和旁滤运行管理，降低非正常排污水损失。而所谓“开源”，就是充分利用各种替代水源，提高水重复利用率。通过替代水源减少总补水中的新鲜水耗量，实现循环水系统的多水质补水运行，同时也可通过各种水质的调配，降低排污量，提高循环水系统的浓缩倍数。在诸多节水措施中，采用多种替代水源补水提高循环水浓缩倍数成为一种较好的节水减排方向[7]。

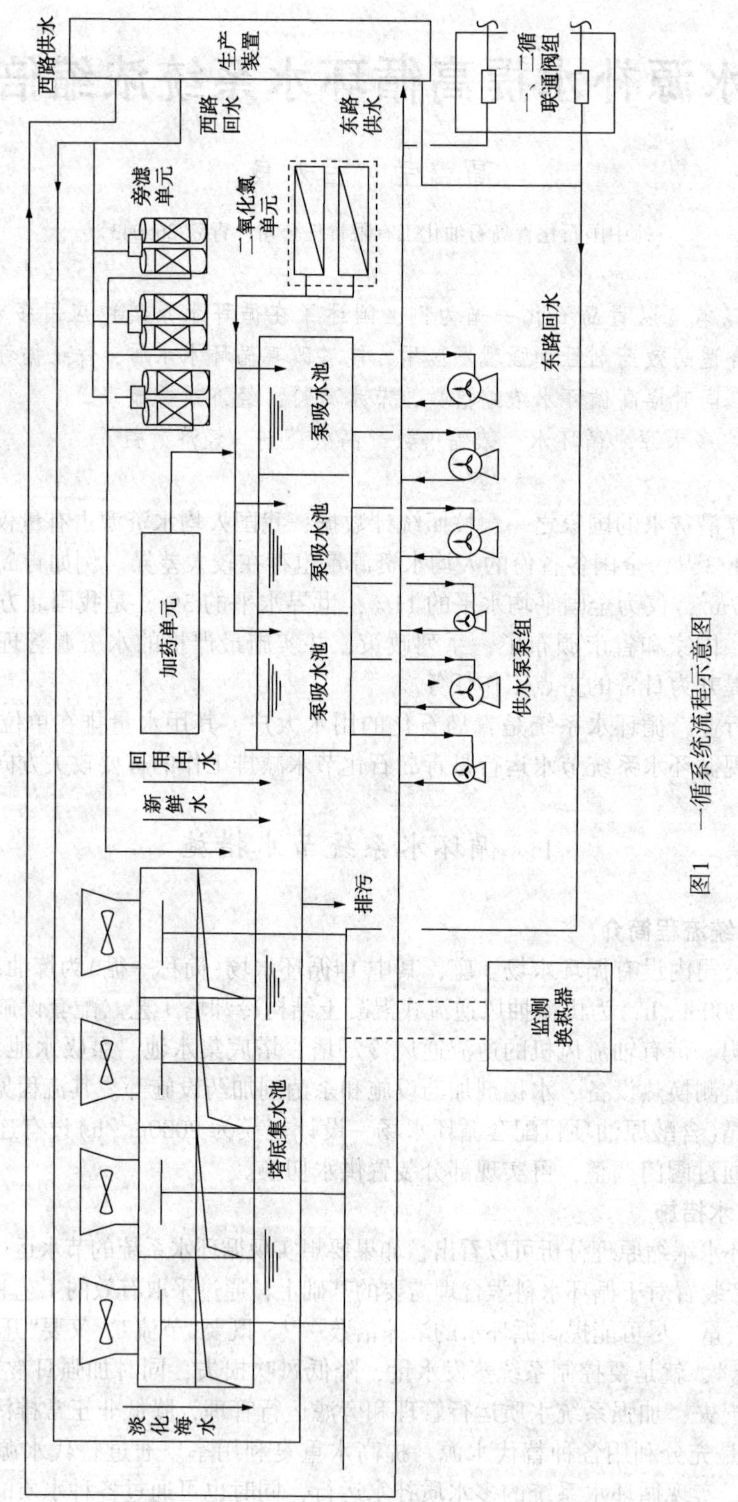

图1 一循系统流程示意图

2 循环水系统多水源补水应用

2.1 多水源概况

青岛石化一循原设计补充水为市政管网新鲜水；为节约水资源，青岛石化于2012年底开始投用污水回用装置，达标污水经双膜装置处理后回用至循环水场；2016年10月，为进一步节约淡水资源，提高水资源利用率，青岛石化将淡化海水引入工业生产，从而进一步提高循环水浓缩倍数、降低循环水场补水量。目前一循补充水主要由新鲜水、回用污水和淡化海水按一定的比例构成，在不影响循环水运行的情况下，根据水质分析数据，调节回用污水、新鲜水和淡化海水比例，尽量降低新鲜水用量，减少系统排污水量，节约用水，保护环境。

目前一循各补充水水质如表1所示。

表1 一循补充水水质数据统计表

统计项	浊度/(NTU)	总碱度/(mg/L)	pH值	电导率/(μS/cm)	硬度(以 $CaCO_3$ 计)/(mg/L)	钙离子(以 $CaCO_3$ 计)/(mg/L)	氯离子/(mg/L)
新鲜水	0.30	137.83	7.70	863	237.60	136.86	158.23
淡化海水	0.50	16.58	8.05	89.20	25.38	13.44	27.96
回用污水	0.10	35.7	6.70	388	71.50	20.46	39

青岛石化新鲜水来自市政管网，为典型北方强结垢性水源，硬度、碱度等指标较高；淡化海水来自海水淡化水厂，采用海水作为水源，经双膜处理后通过专用淡化海水线管输入厂；回用污水来自青岛石化污水处理场，达标污水经污水回用单元双膜工艺处理后回用。淡化海水与回用污水均采用膜法工艺生产，其硬度、碱度极低，氯离子相对较高，此类水质属于“软水”，腐蚀性极强，不适宜单独用作循环水的补水[8~9]，如用作补水，则可和其它含钙离子的水混合、或在循环水系统中加入钙离子或硬度，才能较好较经济地控制住循环水系统的腐蚀，同时提高循环水浓缩倍数。

将两类水源作为一循补水，有两种极端情况，一种为接近全部用软水作为补水，另一种则为接近全部用新鲜水作为补水。根据中国石化企业标准《水务管理技术要求 第2部分：循环水》规定和企业自身运行条件及经验，规定循环水中的钙离子和碱度都在150mg/L以上，但钙离子+碱度要控制在1200mg/L以下，使循环水系统的结垢腐蚀倾向在可控范围内。

由于生产规模等限制，青岛石化回用污水产量较稳定，在40~50t/h左右，因此控制新鲜水与软水的补水比例，主要是控制新鲜水与淡化海水的补水比。如前文中所述，由于目前节水形势严峻，循环水场一直在控制钙离子和碱度都达标的情况下，尽可能使用淡化海水补水来提高循环水场浓缩倍数。

2.2 运行关键

2.2.1 筛选高效缓蚀阻垢剂

针对新鲜水、回用污水和淡化海水的水质特点，以现场补充水为实验用水，在浓缩倍数5倍的条件下，采用静态阻垢试验(pH=9.0，80℃水浴，16 h)、耐余氯性能比较(pH=8.8，50℃水浴，16 h)、旋转挂片缓蚀试验(pH=9.0，40℃水浴，72 h，75 r/min)、稳锌率试验(pH=8.0~9.0，80℃水浴，10 h)和动态模拟试验等进行试验研究，筛选出适合该水质使用的缓蚀阻垢剂，该药剂由生物易降解羧酸盐聚合物、有机磷、磺酸盐共聚物、高分子缓蚀剂等成分组成，是一种低磷、高效、低毒、化学稳定性强环境友好型水处理药剂，并与循环水场现用辅剂复配性能良好。根据前期实验结果和现场水质情况等实际条件，最终确定了水质稳定处理方案并实施。

2.2.2 现场控制

一循运行过程中需要严格控制循环水系统的水质，并根据水质稳定处理方案控制循环水场补水、加药、排污、旁滤等运行操作，在循环水进行置换的过程中也要严格保证水质和水质稳定药剂的有效含量，以达到良好保护循环水系统的目的。补充回用污水和淡化海水时，可同时补加少量污水处理场达标排放污水提高循环水碱度，缓解“软水”补充水的腐蚀倾向。此外，需严格控制循环水系统中的菌藻、黏泥量。现场一般通过投加强氧化性三氯异氰尿酸作为氧化性杀菌剂，同时配合以异噻唑啉酮和醛类复合药剂为主的非氧化性杀生剂，达到控制循环水系统中藻类、黏泥量的目的。

2.3 应用效果

2.3.1 循环水水质得到优化改善

2018 年一循水质情况如表 2 所示。

表 2 一循循环水水质数据统计表

月份	铁含量/(mg/L)	总碱度/(mg/L)	pH 值	电导率/(μS/cm)	硬度(以 $CaCO_3$ 计)/(mg/L)	钙离子(以 $CaCO_3$ 计)/(mg/L)	总磷(以 PO_4^{3-} 计)/(mg/L)	浓缩倍数	氯离子/(mg/L)	腐蚀速率/(mm/a)	黏附速率/mcm
1月	0.333	488.88	9.01	2073.5	1245.24	697.72	3.162	6.406	802.03	0.055	6.53
2月	0.63	358.98	8.8	2120.6	930.92	542.822	3.358	6.326	648.02	0.05	6.08
3月	0.745	391.55	8.95	2488.6	1118.48	636.928	3.72	6.26	739.36	0.055	6.53
4月	0.668	327.86	8.85	3215.2	819.7	479.025	3.925	6.592	675.5	0.061	8.21
5月	0.489	288.64	8.57	2179.6	508.42	293.818	3.112	5.848	439.17	0.058	6.78
6月	0.576	307.65	9.05	2555.2	595.92	325.01	3.101	6.682	566.81	0.068	8.36
平均	0.57	360.59	8.87	2438.8	869.78	495.89	3.40	6.35	645.15	0.058	7.08

从表 2 中可以看出，一循上半年浓缩倍数均在 6 以上(5 月份由于淡化海水部分停工只补新鲜水故浓缩倍数下降)，其腐蚀速率和黏附速率控制较好，铁离子含量均达标[10]。因此一循系统的水质稳定处理方案是适合的，能够满足循环水系统的运行要求。

采用多水源补水使循环水水质也得到优化改善，统计 2012 年(纯新鲜水补水)、2016 年(新鲜水、回用污水补水)和 2018 年(新鲜水、回用污水、淡化海水混合补水)上半年一循水质变化情况如表 3。

表 3 一循水质数据变化统计表

年度	pH 值	浓缩倍数	碱度(以 $CaCO_3$ 计)/(mg/L)	钙离子(以 $CaCO_3$ 计)/(mg/L)	腐蚀速率/(mm/a	黏附速率/mcm	COD_{Cr}/(mg/L)	水质合格率/%
2012	8.69	4.83	408.92	1265.79	0.06	15.42	46.26	92.12
2016	8.96	5.00	445.30	1146.51	0.04	9.43	40.95	97.59
2018	8.87	6.35	362.20	493.06	0.06	7.09	56.80	97.71

从表 3 可以看出，采用多种水源补水，特别是引入淡化海水进行调控之后，一循浓缩倍数明显上升，使原本只靠新鲜水补水导致的循环水浓缩倍数低、水耗大、结垢倾向严重的现象得以改善，同时也解决了膜法产水作为循环水水源使用长期存在的硬度碱度低、水质偏软、高腐蚀性的问题，水质合格率明显提高。有力保证了一循系统中换热器的安全平稳运行，降低了因换热器泄漏影响生产运行的风险。

2.3.2 经济效益显著

采用多种水源补水，特别是引入淡化海水进行调控之后，一循浓缩倍数明显上升，补水率下降，经济效益明显。统计 2012 年、2016 年和 2018 年上半年一循水量进行对比见表 4。

表 4 一循水量数据统计表

年度	循环量/m^3	补水量/m^3	其中:			补水率/‰	变化率/%
			新鲜水/m^3	回用污水/m^3	淡化海水/m^3		
2012	41766746	347548	347548			8.32	
2016	39782773	343147	227792	115355		8.63	3.7%
2018①	40015248	215129	74257	77600	63272	5.38	-35.4%

① 因污水提标项目建设影响，2018 年 1~3 月污水回用单元未运行，故回用污水量较少。

因 2012 年 5~6 月处于运行末期即将检修，为节水控制循环水场排污，浓缩倍数高，因此其补水率较低，根据以往运行数据，一循补水率一直在 9‰左右。从表中可以看出，采用多种水源补水对循环水场补水率变化影响巨大，特别是采用新鲜水、回用污水、淡化海水三种水源混合补水，循环水场补水率较传统补水方式至少降低了 35%。经核算，全年外购用水量至少节约 24 万 t，节约水费约 130 万元，节水效果明显。

同时，水耗降低，药耗也随之下降，统计 2012 年、2016 年和 2018 年上半年一循药耗对比见表 5。

表 5 一循药耗数据统计表

年度	药耗/t	费用/万元	同比 2012 变化率
2012	42.8	31.16	—
2016	25.5	22.45	-28.0%
2018	16.3	18.49	-40.7%

由表 5 可以看出，多水源混合补水后，一循药剂费用较以往降低了 40.7%，全年可节约药剂费约 35 万元，经济效益可观。

3 结 论

(1) 循环水采用多种水源补水，既改善了循环水场水质，有利于循环水场正常稳定运行；同时也提高了循环水浓缩倍数，降低了工业用补水量和药剂消耗，有利于企业节水减排工作的顺利进行，经济效益显著。

(2) 有针对性地筛选出合适药剂并通过现场应用，能够确保循环水系统的腐蚀速率、黏附速率达到标准的要求，从而保证整个生产过程的顺利进行。

参 考 文 献

[1] 代婷．大型乙烯企业的节水工作[J]．安徽化工，2016，42(5)：81-84.

[2] 张国辉．青岛市海水淡化矿化发展理念与成效[J]．城乡建设，2018，10：14-15.

[3] 于振记．海水淡化水在循环冷却水中的应用[J]．化工科技市场，2010，33(12)：18-19.

[4] 郭跃英．循环冷却水系统节水减排技术分析[J]．化工进展，2009，28：9-13.

[5] 李军．循环水场深度减排初探[J]．中国科技信息，2018，5：69-71.

[6] 王浩英，王小红，张成藩．炼化企业节水减排技术措施的应用[J]．给水排水，2016，42(8)：67-69.

[7] 姜之宇．循环水多水源、高浓缩倍数成套节水工艺技术[J]．石油和化工节能，2018，4：24-31.

[8] 肖驰．淡化海水冷却水系统水源优化措施[J]．广州化工，2015，43(24)：181-183，246.

[9] 李耀．海水淡化水在循环冷却水中的应用分析[J]．中国氯碱，2018，5(5)：39-41.

[10] Q/SH 0628.2—2014 水务管理技术要求 第2部分：循环水[S]．北京：中国石化出版社．

高含硫天然气净化装置循环水系统节水优化

郭新根

（中国石化中原油田普光分公司天然气净化厂，达州 635000）

【摘　要】针对高含硫净化装置中的锅炉取样排污及开工初期凝结水排污现象，进行工艺优化，将排污水进行回收作为循环水补充用水再次利用，减少了循环水系统生产补水，同时减少了污水排放，具有显著的经济效益和环保效益。

【关键词】循环水　凝结水回收　污水处理　高含硫

循环水作为炼化企业的主要冷却介质，为装置的水冷器提供冷源，在企业生产运行中起着重要的作用；同时，循环水系统又是企业的重要耗水耗能大户。研究循环水系统的节水优化，实现节能减排，为企业的可持续发展有着积极的意义。以某高含硫天然气净化装置为例，对其循环水系统节水情况进行分析。

1　背　　景

某高含硫天然气净化厂共有12系列天然气净化装置，单列装置由脱硫单元、硫黄回收单元、尾气处理单元等部分组成，处理负荷为300万 m^3/d，装置有E-105/106/403等水冷器，单列装置循环水用量约3000~4000m^3/h。循环水系统的补充用水主要有生产给水（新鲜水）、汽提净化水、锅炉排污水。其日常运行过程存在如下问题。

1.1　锅炉取样水排污量大

1.1.1　中低压锅炉

为实现节能降耗并满足工艺要求，在硫黄回收和尾气处理单元共设置两台中压锅炉和三台低压锅炉。中压锅炉包括过程气废热锅炉E-301/302和尾气废热锅炉E-404，用于发生3.5MPa等级的中压饱和蒸汽。低压锅炉包括第一级硫冷凝器E-303、第二级硫冷凝器E-305和加氢反应器出口冷却器E-401，用于发生0.4MPa等级的低压饱和蒸汽。装置自产高低压蒸汽分别用于为蒸汽透平提供动力、为胺液再生塔重沸器和液硫池伴热等提供热量。联合装置正常生产时，各高低压锅炉是保证能量回收和利用的重要环节。

1.1.2　炉水化学监测运行

为了保证锅炉产出蒸汽品质，并促进锅炉运行的安全、经济、节能和环保效果。根据《蒸汽锅炉安全技术监察规程》及有关技术规范，需对锅炉蒸汽、炉水及给水等进行化学监测。在联合装置内对各高低压锅炉都设置了锅炉取样冷却器，主要用于汽水化验取样冷却，如蒸汽化验取样，炉水化验取样和除氧器出水化验取样，根据锅炉汽水的化学检测结果，通过指标化管控，调整锅炉加药量，确保锅炉高效运行。

根据《工业锅炉水处理设施运行效果与监测》汽水取装置运行要求，联合装置所有的锅炉取样冷却器均采用常流水取样方式[1]，冷却后的取样水直接排入地沟汇入联合装置的污水池。这种方式存在两个问题：一是大量锅炉取样水的浪费，同时增加了联合装置污水排量，增加了污水处理系统的负荷。现场示意图如图1所示。

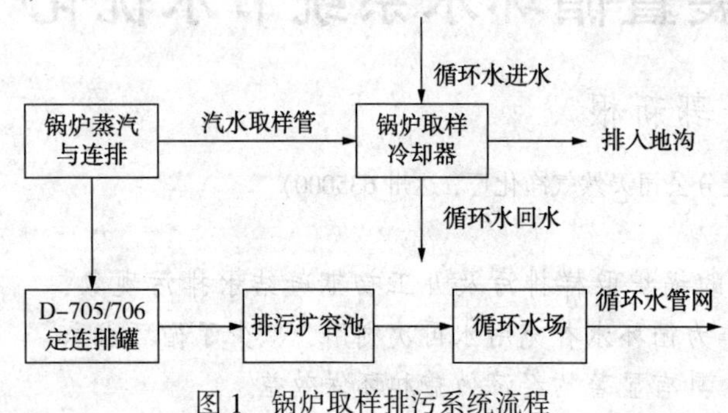

图1 锅炉取样排污系统流程

1.2 凝结水系统运行

1.2.1 凝结水系统

天然气净化厂蒸汽热力系统将凝结水回收再利用，以减少能源浪费，节约成本。如图2所示，蒸汽在各用户点经过热交换后冷凝为凝结水，产生的凝结水汇入凝结水回收罐（D-702）进行回收，乏汽空冷器（A-701）冷却凝结水中蒸汽以提高凝结水回收率。在凝结水水质合格的情况下，凝结水通过凝结水回收泵（P-701）输送至回水管网重新进入锅炉使用。

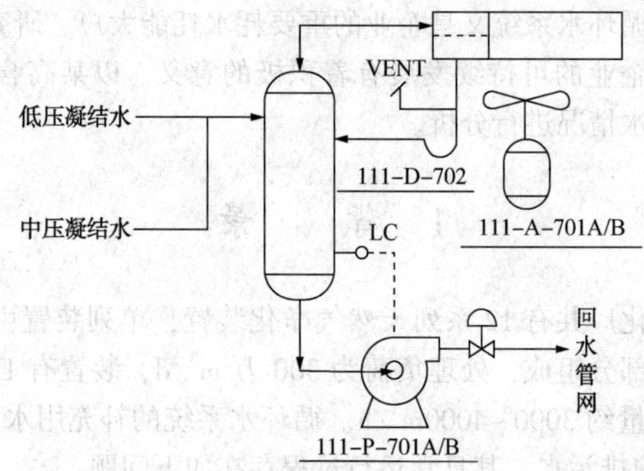

图2 凝结水回收再利用流程

1.2.2 开工初期凝结水系统运行

联合装置开工期间，凝结水铁离子浓度偏高，不满足凝结水回用水质要求（铁离子含量<0.1mg/L）。凝结水铁离子含量如表1所示。这部分凝结水作为污水直接排掉，造成大量的凝结水浪费，同时增加污水处理单元的处理负荷。

表1 凝结水铁离子含量（装置开工期间）

装置	凝结水铁离子含量/（mg/L）
装置1	0.4
装置2	0.3
装置3	0.4

1.2.3 日常运行凝结水系统运行

（1）凝结水系统压力较高，影响脱硫溶剂再生效果

日常运行过程中，由于中压蒸汽用户端疏水阀故障、乏汽空冷器（A-701）冷却效果差和

环境温度高等因素影响，凝结水系统压力有时会升高，具体表现为凝结水回收罐(D-702)压力高。凝结水系统压力升高将影响净化装置脱硫溶剂再生系统的蒸汽流量，降低脱硫溶剂MDEA的再生效果，进而降低产品气和烟气脱硫效果，影响产品气中H_2S指标和烟气中SO_2的指标。因此，采取合理措施控制凝结水管网压力，尤为必要。

(2) 现场伴热阀组多，影响凝结水系统故障处置

装置现场有多个凝结水点，当凝结水系统有管线出现故障时，需要临时切出各蒸汽用户点凝结水对管网进行泄压，以便进行故障处置。装置中低压蒸汽使用点多，凝结水切除工作量巨大，影响故障的快速处置。因此，异常工况下凝结水管线快速泄压是亟须解决的问题。

2 优化改造

2.1 锅炉取样水排污系统流程改造

针对锅炉取样排污量大情况，技术人员分析研究，进行优化改造，将经过冷却后的取样水不间断地流入取样总管，通过管道流向改造汇入锅炉排污扩容降温池，然后送入循环水系统用于循环水补水。这样既确保了取样的代表性，减少了汽水损失，又降低了污水处理场及雨水监控池的环保压力。

锅炉取样水系统改造前后示意图如图3所示。改造后，取样水汇同锅炉定排及连排排污水，并入循环水系统回收使用。

在各系列4个取样集液池下方另外焊接一根*DN*50的管线，沿地面最优路径汇总至排污扩容器降温池，排污扩容器降温池排放至循环水系统再利用。在该管线上设一明排至集液池下方的地漏，在管线检修或其他非正常情况下使用。临时流程管线需要穿越混凝土道路1条，需进行水泥路面切割破除及后期恢复，依据管线走形要求采用切割机进行水泥路面的切割，施工完成后加装过路套管。见图4。

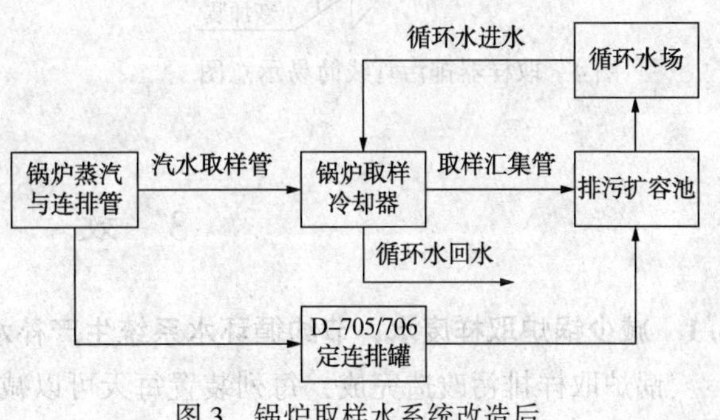

图3 锅炉取样水系统改造后

2.2 凝结水系统改造

在中压凝结水和低压凝结水主管线各增加一条连接排污扩容降温池(SU-701)的管线，即将中低压蒸汽凝结水引入排污扩容降温池(SU-701)，以解决凝结水管网系统出现的问题。见图5。

(1) 凝结水的回收利用

凝结水和循环水铁离子浓度指标如表2，由表可见，循环水对铁离子含量要求远低于凝结水回水要求，因此回收利用满足循环水补水要求的凝结水可减少凝结水资源的浪费和环境污染[2]。

(2) 平稳控制凝结水管网压力，保证设备换热效果凝结水管网压力高于工艺要求范围时，除了要迅速排查中压蒸汽用户端疏水阀故障点、乏汽空冷器(A-701)冷却效果和环境温

度等因素，以便解决压力异常故障，还要迅速控制降低凝结水管网压力降至正常范围。该改造可在排查故障的同时，迅速降低凝结水管网压力，保证设备换热效果。

表 2 凝结水回水和循环水补水铁离子指标(装置开工期间)

项目	铁离子指标/(mg/L)
凝结水回水	<0.1
循环水补水	≤0.5

(3) 凝结水管路故障快速处置

本次改造迅速降低凝结水管网压力，继而对故障进行处置，实现凝结水管线故障的快速处置，提高工作效率，降低运行风险。

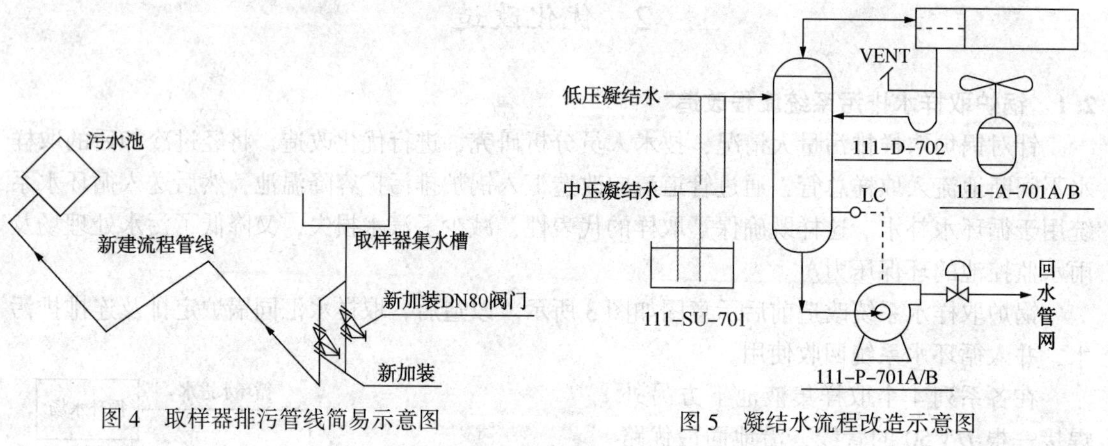

图 4 取样器排污管线简易示意图　　图 5 凝结水流程改造示意图

3 效　果

3.1 减少锅炉取样废水，节约循环水系统生产补水

锅炉取样排污改造完成，每列装置每天可以减少污水外排约 10m^3，按全年平均开 10 列计算，全年可以减少污水：10×10×365＝36500m^3。

取样排污水作为循环水补水，每年可节约循环水系统生产补水 36500m^3。

该项目改造完成，取样排污水作为循环水补水，每年可节约循环水系统生产补水约 36500m^3，可有效降低运行成本，实现挖潜增效；同时可以减少污水外排，降低了污水处理运行成本，实现节能环保，创建绿色企业，具有显著的社会效益和安全环保效益。

3.2 回收利用开工初期凝结水，优化凝结水系统运行

开工初期每小时产生凝结水约 40 m^3/h，运行约 2 天即 48h 后方可并入凝结水管网。改造完成单列装置凝结水每次开工初期可回收排水凝结水量　40 m^3/h×24h×2d＝1920 m^3，回收凝结水作为循环水系统补水，同时减少污水排放量 1920 m^3。

凝结水系统优化改造完成，将开工初期凝结水作为循环水补水，单列装置每次开工可以节约循环水系统生产补水 1920 m^3，避免水资源浪费，有效降低了运行成本，实现挖潜增效；同时可以减少污水外排，降低了污水处理系统运行成本，实现节能环保。

同时，该改造优化可以控制凝结水管网压力在工艺要求范围，保障设备换热效果，保证产品气质量、尾气 SO_2 排放指标控制；异常工况下可以迅速降低凝结水管网压力，快速处置凝结水管线故障，提高装置运行安全系数。

4　结论与建议

随着社会发展，国家和社会对节能减排要求越来越高，需要企业不断优化工艺，为国家和社会做出贡献，为子孙后代节约宝贵的水资源。生产运行中，发现异常及需要改进的地方，要及时整改。可以采取合理化建议征集、“头脑风暴”、等方法，开源节流并取，寻找更多补充水源，挖掘潜力，不断改进工艺，降低循环水蒸发、风吹损失等，促进企业安全高效绿色可持续发展。

参 考 文 献

[1] 金栋，杨麟，葛升群，等．GB/T 16811—2018 工业锅炉水处理设施运行效果与监测[S].
[2] 吴小芳，董绍平，贺建平，等．Q/SH 0628. 2—2014 水务管理技术要求 第 2 部分：循环水[S].

炼油循环水水质稳定提升的重点策略

刘 伟

（中国石化天津石化公司水务部，天津 300271）

【摘　要】 结合炼油循环水质特点及现场运行情况，分析了影响水质稳定提升的因素，总结了炼油循环水水质稳定提升的重点策略与经验。

【关键词】 炼油循环水　水质稳定提升　策略

石油炼制循环水系统因其主要服务于炼油生产装置，水冷器众多，工艺物料成分复杂，工艺物料泄漏难于避免，泄漏物料进入循环水对循环水污染较为严重。特别是目前炼油装置加工原油劣质化，生产装置长周期运行，水冷器工艺物料泄漏频繁问题凸显。加上大量多种工业废水、中水的回用。节水减排要求愈来愈严格，水质处理排污受限，高浓缩倍数运行等，使得引起循环水水质波动的因素越来越多，循环水水质控制难度加大。针对以上不利因素，结合水质特点制定相关措施消除不利因素是水质稳定提升的挖潜点。

1　影响循环水水质因素分析

1.1　用水装置工艺物料泄漏的影响

水处理一车间用水装置泄漏一直是影响循环水水质稳定的主要因素。循环水长期处于泄漏状态，多属于微漏，漏点难于查找。虽然能及时发现泄漏迹象，但由于查漏及装置生产等原因漏点不能有效及时的切出，甚至长时间查不到漏点或泄漏水冷器暂时性不能切出导致循环水长期处于泄漏状态。一些泄漏介质直接导致腐蚀加剧。换热器内的金属表面被油膜或黏泥覆盖，阻止了缓蚀阻垢剂与金属表面的接触，使保护膜不能充分发挥作用。长期微漏泄漏，泄漏物及菌藻滋生杀菌产物较多，使循环水中生物黏泥增加，浊度、悬浮物增多，造成局部垢下腐蚀严重。多数泄漏物料一旦泄漏排出循环水系统较为困难，泄漏物料污染循环水旁滤滤料，同时使循环水中悬浮物胶体更加稳定，使旁滤失去过滤效果。

表 1　水处理一车间 2017 年 1~12 月份循环水用水装置水冷器泄漏统计

序号	循环水场	发现时间	泄漏换热器	介质	确认日期
1	1#循环水	3/21	催化冷 2013	汽油	3/23
2	1#循环水	5/8	催化冷 2013	汽油	5/8
3	1#循环水	5/31	催化冷 2015-1/2	液化气	6/15
4	1#循环水	9/8	催化冷 2015-3/4	液化气	11/1
5	1#循环水	11/4	催化冷 2008	油浆	11/4
6	2#循环水	1/17	1#裂化 E-210、E-208	柴油、石脑油	2/13

续表

序号	循环水场	发现时间	泄漏换热器	介质	确认日期
7	2#循环水	4/7	1#裂化 E-201D	航煤	4/26
8	2#循环水	5/27	柴油加氢冷-04	柴油、氢气	8/31
9	3#循环水	3/2	3#常减压 E-104w/x	航煤	3/14
10	3#循环水	3/19	3#常减压 E-104w/x	航煤	3/19
11	3#循环水	3/. 27	3#常减压 E-104w/x	航煤	3/28
12	3#循环水	5/17	重整抽提装置 E102	预加氢反应后产物	5/18

1.2　循环水水补水水质的影响

在现代工业水用水要求高水平管理及污水减排提标准循环水场近零补新鲜水的压力背景下，中水、工业废水、边沟雨水、循环水排污回用水等非传统水源的使用以成为大势所趋。各种回用水的水质波动较大，水质参差不齐，也引起了循环水的水质不稳定。相较于传统水源补水水质劣质化。影响循环水的水质稳定的因素增加。

1.3　循环水水质处理排污受限高浓缩倍数运行的影响

近年来工业水用水管理及污水排放标准的日益提高，节水减排进一步严格，循环水排污受到越来越严格的限制，使循环水传统的水质处理排污难以实现，循环水浓缩倍数过高。排污受限，浓缩倍数过高带来了循环水水质控制的以下影响：

（1）在用水装置物料泄漏情况下，难以保障水质处理的及时，降低泄漏影响缩短影响时间，水质恢复处理受到极大限制，水质恶化情况下也造成查漏困难。

（2）由于排污受限，缓蚀阻垢剂药剂停留时间过长，药剂分解排出更新不平衡，缓蚀阻垢效果降低。

（3）循环水浓缩倍数过高，循环水高度浓缩含盐量不断增升高，腐蚀结垢因子增加，特别是钙硬、总碱过高，结垢加剧，加上污垢蓄积造成黏附速率增高引起垢下腐蚀严重。电导、氯离子过高造成腐蚀加剧，超标影响水质合格率。钙硬、电导、氯离子及药剂停留时间的控制，目前也只能通过适当排污来实现控制。

表 2　水处理一车间 2018 年 1~11 月份循环水用浓缩倍数

时间	1 月	2 月	3 月	4 月	5 月	6 月	7 月	8 月	9 月	10 月	11 月
1#循环水	4. 02	5. 32	7. 91	7. 50	6. 55	6. 00	6. 27	6. 37	5. 81	5. 71	8. 93
2#循环水	4. 04	3. 59	6. 80	6. 32	6. 24	5. 64	5. 25	5. 85	4. 9	4. 8	4. 67
3#循环水	5. 79	6. 70	6. 80	4. 18	3. 67	4. 96	6. 06	6. 54	5. 33	7. 43	9. 39

1.4　循环水净化处理设施发展滞后的影响

随着现代循环水高品质、高浓缩倍数运行，节水减排要求愈来愈严格，加之生产装置长周期运行的需要。循环水水质净化系统在循环水运行的作用也越来越重要。目前多数循环水场建设年代较早，循环水仅有传统的循环水旁滤设施仅能降低循环水浊度，且旁滤量已偏小。结合炼油循环水的水质特点强化循环水净化处理十分必要。适当增加循环水旁滤量，提高旁滤过滤效果，增加循环水净化水处理设施等技术也亟待发展。

2 循环水水质稳定的主要措施

针对目前循环水状况及水质影响因素，进一步改善提升循环水水质，主要从以下几方面重点控制：

2.1 针对用水装置工艺物料泄漏的措施

（1）日常加强循环水水质控制，关注循环水水质变化趋势，及时发现水质异常变化，加强与前方厂相关人员联系沟通，严格要求药剂服务商并及时沟通制定先关措施。日常加强水质监控，从班组操作人员、技术人员、服务商每天对循环水现场水质层层监控，定期采样加样监测重点泄漏指标。及时发现泄漏迹象力争将泄漏影响降至最低。

（2）班组操作人员巡检中，加强注意水质观察，发现异常及时上报，特别是循环水外观、PH、浊度、碱度、气味、水色、冷却塔集池及滤池水面等重点泄漏特征。车间技术人员每天到循环水现场对水质情况检查，关注循环水水质变化趋势做好日常总结，发现泄漏迹象，工段长、技术人员、主管主任现场复查确认。

（3）发现泄漏迹象时，及时采样监测泄漏指标：油、氨氮、COD、硫化物等，以便进一步快速确认泄漏，配合及时查漏，对于前厂难于查找漏源，联系药剂服务商现场监测配合查漏。

（4）坚持物料泄漏处理的及时性原则，加强对泄漏期间及漏点切出的及时水质处理，漏点切出后应及时对循环水进行水质恢复，及时排出清除系统中的泄漏介质，加强杀菌，剥离置换。查漏期间也应采取必要的水质措施包括及时根据现场情况制定实施溢流置换，加强杀菌，除油，调节 pH、钙碱，强化缓蚀阻垢等水质保证措施。总之尽量要缩短泄漏影响时间，减小泄漏对循环水水质的影响。

2.2 有针对性剥离置换，日常加强杀菌

适时适当剥离置换，加大杀菌力度，防止细菌大量滋生、黏泥污垢蓄积。对于水用水装置泄漏频繁，微漏泄漏经常性存在，菌藻滋生、污垢蓄积严重的现状也至关重要，日常应加强杀菌，保证杀菌持续有效，采用有针对性的新型高效的剥离剂进行除油剥离，改善循环水水质，对具备清淤条件的循环水进行清淤。根据循环水菌藻及黏泥情况，及时抑制藻类黏泥滋生。同时保证一定的排污量，加强钙、碱、浊度、悬浮物及黏泥等结垢、污垢黏附因素控制。避免系统循环水停留时间过长，超出现有药剂配方的控制能力。

2.3 缓蚀阻垢药剂配方优化调整与运行管理

缓蚀阻垢药剂配方的优劣是循环水在一定水质情况下控制腐蚀结垢的关键之一，针对目前泄漏频繁，水质较为波动，循环水浊度、COD 长期经常性偏高，污垢易蓄积，大量回用水做补水情况，药剂服务商应及时综合实际水质情况通过动静态实验，强化调整缓蚀阻垢配方。及时根据现场水质情况适时增加重点指标检测项目、频次。保证药剂的质量、数量、投加方式及供给的充足及时性，根据现场水质异常情况，及时制定有效处理措施，人员、设备的配备安排到位。对循环水加药设施加强维护。加强药剂服务商现场服务管理，提高服务要求。积极沟通探讨，根据现场水；质调整加药方案，调整药剂配方；根据目前循环水水质、适当提高缓蚀阻垢剂投加量，监测换热器检查情况强化缓蚀阻垢剂阻垢分散成分；缓蚀阻垢剂增加适当无磷缓蚀剂、锌，同时增加 HPA 缓蚀剂增强缓蚀效果；调整氧化性杀菌剂投加

合理控制余氯；调整非氧化剂投加加强杀菌效果，同时加强系统清洗，排除泄漏介质及泄漏产物，缓解污垢蓄积及垢下腐蚀。

2.4　加强循环水补水水质的控制

从补水水质抓起，积极与生产部门协调中水质避免不合格补水进入循环水，根据循环水及补水水质合理调整个循环水补水比例，将循环水电导、氯离子指标控制在合理范围内。

2.5　加强旁滤运行管理，避免污垢蓄积

对旁滤运行操作进一步改进，加强滤速、反冲洗控制。根据循环水水质调整反冲洗频次，在循环水悬浮物较多浊度较高，适当增加反冲洗频次有利于有效排除循环水中悬浮物，改善循环水水质。浊度较高无阀滤池适当强制反冲洗，防止滤料板结。泄漏污染滤料进行清洗、更换，定期监测过滤效果，提高旁滤过滤作用。把旁滤设施作为循环水日常排出系统污垢、循环水净化、水质稳定、日常排污控制浓缩、水及药剂停留时间的重要手段。

2.6　循环水现场单管监测换热器管理

加强循环水现场单管监测换热器运行操作管理，保证单管监测换热器监测数据的真实性，以便及时准确反映循环水腐蚀结垢控制。严格单管监测换热器运行参数控制要求，班组操作人员巡检中重点检查监测换热器流量、蒸汽温度、给回水温差是否合格，如不符合要求随时调节。巡检中发现故障及时上报。车间对单管监测换热器运行参数及运行不定期检查，定期对单管拆装检查。每月单管更换技术人员到现场监督拆装，查看单管腐蚀结垢情况，拍照留档做好分析评价总结为药剂、运行调整提供可靠依据。

3　主要效果评价分析

通过以上主要控制措施车间三套循环系统，2018 年 7~12 月份监测换热器单管腐蚀速率、黏附速率监测结果不同程度的提升优于之前 1~6 月份，见图 1、图 2。

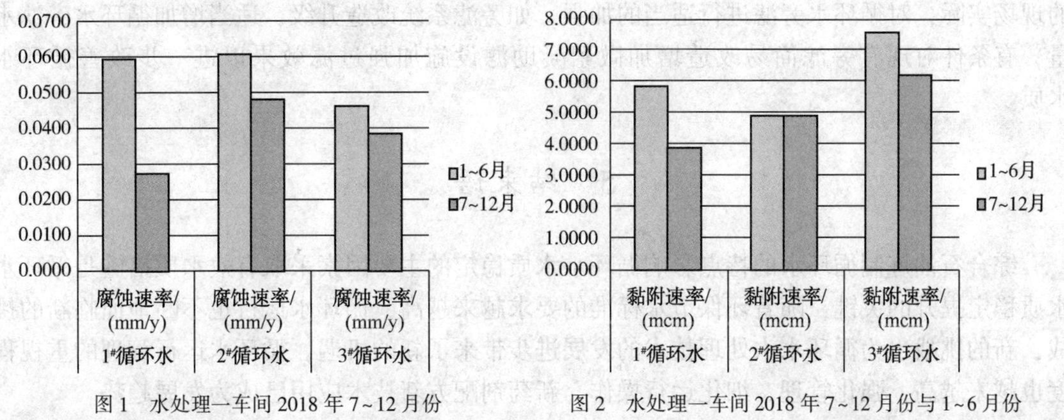

图 1　水处理一车间 2018 年 7~12 月份与 1~6 月份平均腐蚀速率监测数据对比

图 2　水处理一车间 2018 年 7~12 月份与 1~6 月份平均黏附速率监测数据对比

三套循环系统，2018 年 7~12 月水质合格率(pH、电导、浊度、总铁、钙离子、钙离子+总碱度、总磷、余氯、氯离子)明显提升优于之前 1~6 月份，见图 3。

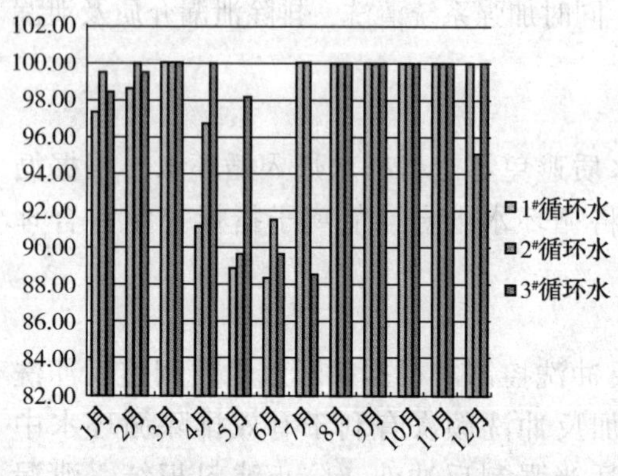

图 3 水处理一车间 2018 年 1~12 月份水质合格率(%)对比

4 循环水水质改善的进一步展望

(1) 水处理一车间目前还是存在前方厂炼油用水装置换热器物料泄漏频繁，查漏滞后，漏点不及时有效处理问题。然而泄漏是造成循环水水质恶化的首要因素。因此必须加强用水装置换热器管理积极应对系统发生的泄漏，建立高效的查漏机制，及时查找泄漏点，提高查漏效率。尽快切出泄漏点，及时进行处理，减少和避免泄漏对循环水造成水质严重恶化的影响。

(2) 加强循环水排污协调，保障泄漏情况下水质处理的及时，降低泄漏影响缩短影响时间，由于排污受限，缓蚀阻垢剂药剂停留时间过长，缓蚀阻垢效果降低。水质恢复处理受到极大限制，水质恶化情况下也造成查漏困难。电导、氯离子、钙硬过高影响水质合格率目前也只能通过排污降低。因此还需要进一步加强循环水排污协调。根据泄漏情况及时清洗及必要的排污，减少泄漏产物的附着造成的垢下腐蚀。加强漏源切出后水质恢复，漏源切出及时杀菌清洗置换，减少泄漏的后续影响。

保障旁滤系统的排污作用保证一定排污量，有效地利用旁滤反冲洗排污排出循环水系统内杀菌产物。避免水质恶劣的旁滤排污水不能排除回收再次进入循环水系统。导致浊度、电导、氯离子超标，药剂停留时间过长。

(3) 随着现代工业水用水管理及污水排放标准的日益提高，循环水高品质、高浓缩倍数运行，节水减排的严格，循环水旁滤等循环水水质净化系统在循环水运行的作用也越来越重要。结合炼油循环水的水质特点强化循环水净化处理十分必要。适当增加循环水旁滤量，提高旁滤过滤效果，增加循环水净化水处理设施等技术也亟待发展。根据水务部水处理一车间的现场实际，对循环水旁滤进行适当的加强，如旁滤系统改造升级，适当增加循环水旁滤水量，有条件对现有旁滤简易改造增加微絮凝助滤设施加强过滤效果以进一步改善循环水水质。

5 结束语

综合石油炼制循环水的特点影响循环水水质稳定的主要因素采取有效水质措施是循环水水质稳定提升的关键，随着环保节水标准的要求越来越高，循环水运行也不断地面临新的挑战，新的挑战也为循环水水处理技术的发展进步带来了新的机遇，循环水运行管理的重视程度也越来越高，强化管理，细化运行操作，新药剂配方新技术应用已成为发展趋势。

上海石化循环水场电化学水处理应用

蒋桂云　钱　兵

（中国石化上海石化股份公司，上海 200540）

【摘　要】 电化学循环水处理技术是基于电解和极性分子理论，在直流电作用下使水溶液中的正、负离子电离产生有效成分，能防垢除垢不结新垢，老垢变为酥松软垢并去除，使结垢管道恢复畅通，同时能抑制水中的有机物菌藻生长，杀菌灭藻，整个电化学过程都是利用水体本源物质，不再投加化学药剂，不产生污染，属于绿色环保型的水处理方法。

【关键词】 循环水　电化学　阻垢缓蚀　杀菌灭藻

1　概　　况

上海石化某废气回收装置 2015 年 7 月投用后，配套的小循环水系统也一直未做缓蚀、阻垢、杀菌处理，直接用工业水进行循环，运行 10 个月后发现换热器、真空泵等设备结垢严重，造成真空泵故障，2016 年 5 月开始在公司主管部门协调下，水场开始定期投放杀生剂、阻垢缓蚀剂，但总体效果不佳，水质情况依然不理想，见图 1。

其后，根据市场调研，目前在循环水处理行业中较流行一种以色列及欧美的电化学水处理技术，经技术交流并决定试点应用。

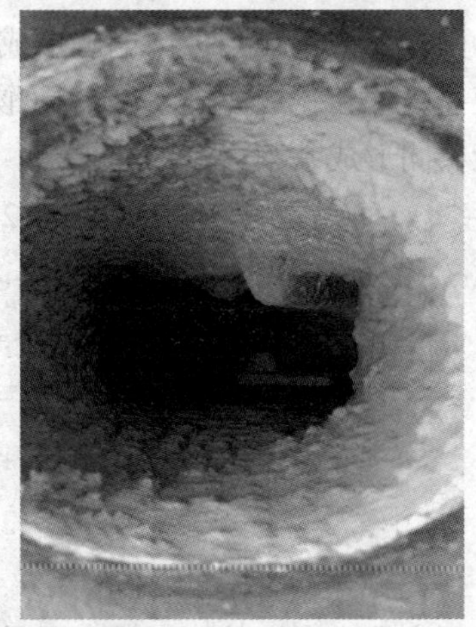

图 1　2017 年 4 月结垢状况

2　循环水场电化学水处理

循环水场电化学处理技术是欧美等西方社会逐步推广的一种技术，其关键设备为电化学除垢仪，通过电化学处理法达到除垢、防腐、灭藻、杀菌、节水、节电的效果，使循环水处理更环保、更节能、更节水、处理效果更好。

电化学除垢仪(图 2)是电解设备，其中包括用电流对水中盐分进行化学分解。电化学除垢仪在一个受控的反应室中提供一个受控的电解过程，以阻止各种规模和形式的冷却水系统普遍存在的结垢问题，并控制细菌、藻类和黏泥的滋生。

电化学除垢仪用于取代冷却水处理的化学药剂，这些药剂不仅价格昂贵而且具有危险性，最后被作为废水排放。由于本技术无需化学药剂，电化学除垢仪所排出的水均为洁净水，从而大大节省水费、排污费及其他费用。

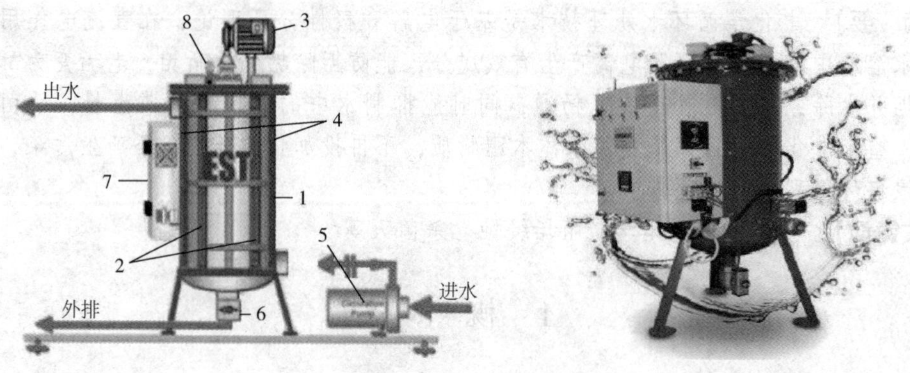

图 2 电化学除垢仪

1—反应室；2—电极；3—刮刀驱动电机及减速器；4—刮刀；5—循环泵(选购配置)；6—电动排污阀；7—控制箱；8—排气/进气阀

电化学除垢仪根据电解原理运行，当电流通过阴极(反应室)与阳极(电极装在反应室里)时，水源不断地流进反应室，水中的盐分解为离子，阳离子被吸附在反应室内壁上，而阴离子则被阳极吸引。

阳极反应：阳极反应室在阳极区电解形成了强酸环境，生成羟基自由基、氧自由基、臭氧和双氧水，使氯离子转化成游离氯或次氯酸，这些都是目前广泛使用的杀菌药剂(拟制)的有效成分，能共同形成杀菌灭藻的效果。

$$2Cl^{-}-2e^{-}\rightarrow Cl_2$$

$$Cl^{-}-e^{-}\rightarrow Cl$$

$$OH^{-}-e^{-}\rightarrow OH$$

$$2\ H_2O\ -2e^{-}\rightarrow H_2O_2+2H^{+}$$

$$4OH^{-}\rightarrow O_2+2\ H_2O+4\ e^{-}$$

$$O_2+\ 2OH^{-}-2e^{-}\rightarrow O_3+\ H_2O$$

$$H_2O-2e^{-}\rightarrow O+2\ H^{+}$$

阴极反应：阳离子中含有的钙、镁离子是水垢的罪魁祸首，它们与水中存在的碳酸根、氢氧根结合，在反应室的内壁上形成“被控制的水垢”。被控制的水垢不会坚固地黏附在反应室内壁上，从而可被刮刀刮除并被流水冲洗掉，电解形成强碱环境能有效起到杀菌灭藻效果。

$$2\ H_2O\ +2e^{-}\rightarrow 2OH+H_2\uparrow$$

$$CO_2 + OH^- \rightarrow HCO_3^{2-}$$

$$HCO_3^- + OH^- \rightarrow CO_3^{2-} + H_2O$$

$$Mg^{2+} + OH^- \rightarrow Mg(OH)_2 \downarrow$$

$$Ca^{2+} + CO_3^{2-} \rightarrow CaCO_3 \downarrow$$

缓蚀防腐蚀：$Fe^{2+} + 2OH^- \rightarrow Fe(OH)_2$，$Fe(OH)_2$进一步被氧化后生成氧化铁和四氧化三铁，形成钝化膜，使管壁和水环境隔离开来，防止金属管道的持续腐蚀。

3 上海石化某循环水场电化学水处理应用

本循环水场电化学水处理设备于2017年经物装完成招标，设备有沙缸过滤+电化学除垢仪+PLC控制系统三部分组成，并于2018年3月30日建成投用。具体情况及运行效果见图3至图5、表1。

表1 循环水电化学装置投运前后对比

时间	pH值	浊度/NTU	电导率/(μS/cm)	钙离子/(mg/L)	氯离子/(mg/L)	总碱度/(mg/L)	总锌/(mg/L)	余氯/(mg/L)	总铁/(mg/L)	COD(铬)/(mg/L)	钾离子/(mg/L)
控制范围	8.0~9.0	≤10	≤5000	≤800	≤700	100~300	1.0~3.0	0.1~1.0	≤1.0	—	—
1月3日	8.08	19.75	2610	581	585	390	2.9	0.08	0.97	189	—
1月17日	8.33	5.41	1456	487	501	241	1.33	0.06	0.29	87.65	—
1月31日	8.68	11.52	1936	427	378	293	3.84	0.12	1.6	67.7	—
2月14日	8.63	12.59	1774	515	409	320	2.61	0.1	1.41	109.8	—
2月28日	8.24	4.89	1610	376	332	206	3.42	0.14	0.8	74.1	—
3月15日	8.55	13.58	2460	577	473	346	3.91	0.14	1.73	101.87	—
3月30日	8.47	7.63	2300	636	463	355	3.77	0.18	0.84	133	—
4月9日	8.45	7.96	1909	440	346	285	2.06	0.14	0.9	101	—
5月8日	8.53	5.64	2040	431	335	241	0.72	0.09	0.36	97	—
7月20日	8.89	8.54	1600	316	287	257	0.61	0.25	0.1	75.9	24.6
8月2日	8.74	6.7	1736	298	247	248	0.4	0.13	0.18	72	—
10月12日	8.35	2.11	1886	307	325	271		0.15	0.15	33	30
10月29日	8.36	1.64	1994	302	333	259		0.15	0.16	36	32
11月26日	8.54	1.85	1766	239	301	220		0.15	0.18	30	27
12月14日	8.41	1.62	1346	201	213	158		0.1	0.17	28	25
1月4日	8.28	2	1346	258	198	201		0.1	0.17	21	25
1月9日	8.46	2.2	1303	253.1	191.4	188		0.05	0.15	19	24
2月5日	8.35	1.11	1196	210	169	106		0.1	0.11	19	17
2月19日	8.24	1.06	1088	196	154	101		0.1	0.08	18	16
3月13日	8.26	2.45	1214	254	296	166		0.1	0.15	20	16
3月25日	8.3	2.49	1305	274	209	169		0.1	0.15	21	17
4月9日	8.43	0.84	1122	231	172	111		0.1	0.12	20	18
4月26日	8.41	0.76	998	112.4	140	128		0.1	0.11	19	18
5月14日	8.35	3.62	1326	263	200	174		0.1	0.15	22	19

图 3 现场设备状况

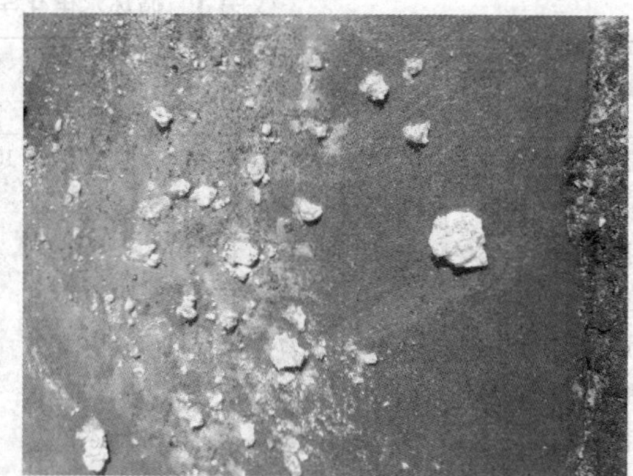

图 4 阴极析出的结垢物

图 5 电化学水处理设备投运 1 年后水冷器状况

自 3 月 30 日设备投用后，系统就停止了杀生剂和阻垢缓蚀剂的投放。从投用后的循环水数据来看，水质改善明显，水体含盐量下降，系统循环水浊度、铁离子、氯离子、COD 等大幅下降并处于较好水平，系统 pH、余氯稳定，排污口有大量的结垢物排出，2019 年 4 月 2 日，循环水电化学水处理设备投运一年后换热器打开检查，老垢已溶解并被流水带走，水冷器管束表面光洁，无污物沉积。

4 结 论

电化学循环水处理设备是基于电解和极性分子理论，在直流电作用下正、负极板之间水溶液中的正、负离子向极性相反的极板移动，发生电子得失反应，能防垢阻垢，老垢转变为酥松软垢，逐渐脱落，使已结硬垢去除，恢复已结垢管道畅通，杀菌灭藻去除水中的有机物抑制菌藻生长，本产品有 PLC 控制实现全自动运行，实时监控，操作简单，运行维护费用低，能够将垢以固体形式取出，可提高浓缩倍数，减少排放，对系统无腐蚀(还有很好的防腐作用)，电化学过程都是利用水体本源物质，不再投加化学药剂，不产生污染，属于环境友好型绿色环保的水处理方法。

炼油循环水系统快速除油清洗方法探讨

魏敬乾

（中国石油兰州石化公司，兰州 730060）

【摘　要】 本文针对炼油装置油品泄漏引起循环水系统水质污染问题，结合炼油区循环水装置水质实际情况及历次油品泄漏处理的经验，对循环水系统的快速除油清洗方法进行研究探讨，为今后再次发生循环水系统油品泄漏处理提供参考依据，以提高循环水水质合格率。

【关键词】 循环冷却水　除油清洗　有机分散剂

炼油装置循环水系统的污染，85%来自冷换设备泄漏的污染。当油品漏入循环水系统后，对设备的正常运行带来很多危害。当重质油类如渣油、沥青等漏入循环水系统后，将会黏附在管道设备的表面、冷却塔的喷头和填料等部位，一般难以靠水流清除干净，也难以降解。因此长期在系统中累积，会引起更为严重的水质污染问题。为此，当油品泄漏后一方面要迅速隔离泄漏的冷换设备，另一方面需要采取一系列的措施来去除油污，减少油污在系统管线、设备中的沉积及腐蚀。

1　快速除油清洗方法探索

针对炼油装置循环水系统泄漏污染的现状，目前比较常用的循环水的系统除油清洗方法主要有化学清洗方法和生物化学清洗方法两种。

化学清洗方法一般是采用除油剂将水中的油品均匀分散乳化而改性，或利用集油剂把水中的油品集合成一层厚油漂浮水面，通过水质的置换、隔油、收油等方法加以去除。此方法存在清洗耗水量大和二次污染问题。

生物化学清洗方法则是利用生物酶制剂，通过氧化、脱氨、脱卤、羟基化、脱碳、水合等一系列的生物和化学作用，使原黏性的、团块的油块，变性成为松散的、非黏性的物质，随循环水的排污而带出系统。并通过氧化作用刺激油脂分子瓦解，加快自然微生物的消化进程，使原较大的有机物粒子分解为越来越小的粒子，直到基本元素。近年来生物酶制剂在清除有机沉积物方面的应用有不少的报道，表现出的优异的性能引起了普遍的关注，但其清洗时间较长，清洗期间菌藻控制难度较大[1]。

对于油品泄漏造成的循环水系统污染的解决办法，必须考虑清洗时间的长短，清洗过程中水质置换的二次污染，菌藻控制在指标要求范围内，清洗泡沫产生的气浮问题，系统管线及设备的腐蚀问题等。

2 实施办法

为了解决以上问题，通过调查研究，结合各炼油装置的清洗除油经验，总结出了以下除油清洗方法：对于大量油品泄漏后，在泄漏源切除的情况下，关闭系统排污阀，提高系统循环量，保证满管高液位运行。冲击投加有机分散剂100mg/L对黏附在系统管壁、设备、填料上的污油进行系统剥离，视剥离情况继续投加20~50mg/L的有机分散剂继续剥离。剥离1h后，提高氧化性杀菌剂的投加浓度至余氯为1mg/L进行系统杀菌处理，维持2~4h，有效控制系统菌藻。待系统余氯自然衰减至0.2mg/L时，投加非氧化性杀菌剂80~100mg/L对黏附在清洗剥离出的杂质中的菌藻继续进行杀菌处理。依据塔池表面泡沫情况投加消泡剂10mg/L对水体进行消泡处理。6~12h后同时投加阻垢剂和缓蚀剂60~120mg/L，保证系统中缓蚀阻垢剂浓度在正常控制范围内。当水体中浊度、总铁等指标稳定或无明显上升，之后进行排污置换，排污量控制在30t/h。根据需要补加阻垢剂和缓蚀剂，以便于系统形成缓蚀保护膜。此方法中至关重要的环节是对黏附在系统管线及设备上的污油是否能够快速地进行分散和去除[2]。

3 应用实例

兰州石化公司动力厂供水车间共有五套循环水装置，系统用户有炼油厂250万t/a常减压(12单元)、300万t/a常减压(11单元)、500万t/a常减压、550万t/a常减压(含轻烃回收)等装置。

2017年4月24日一循用户装置500万t/a常减压装置E-513换热器泄漏，泄漏物料为减压渣油，对循环水水质造成了污染，其表现为循环水浊度大幅度上升，最高达到62NTU，水中油含量最高达18.6mg/L。泄漏的渣油经凉水塔喷淋冷却后，黏附在凉水塔喷头与淋水填料表面，降低了淋水填料的散热性能，影响冷却塔的冷却效果。同时由于循环水的冲刷，黏附的渣油缓慢释放，使循环水水质无法在短期内恢复至原有水平。未经凉水塔隔离的油通过循环水泵再次进入系统循环，在低流速处沉积，将引起垢下腐蚀等不良后果，同时进入旁滤池，造成滤料失效，且无法恢复，油膜沉积在换热管束表面影响了传热效果[3]，系统循环量增大。虽然已及时切除了泄漏源，但是残留在系统中的油类必须进行及时有效的清理，才能尽快恢复水质，确保系统正常运行。

根据一循系统污染期间的现状，在调查研究的基础上，选用有机分散剂Bulab 8012对黏结在系统冷却塔填料、喷头、冷换设备表面的渣油进行清洗，选用Bulab 4884消泡剂进行系统泡沫消除处理，选用次氯酸钠及Bulab 6042非氧化性杀菌剂进行系统菌藻控制，选用Bulab 7082阻垢剂和Bulab 9209缓蚀剂进行系统腐蚀控制。

由于一循保有水量为4600t，所以按照除油清洗方法的投加浓度计算出本次除油清洗所需投加的药剂量及投加方式如表1所示。

表 1 除油清洗期间一循装置药剂用量

药剂作用	药剂品种	药剂用量	投加方式
有机分散剂	Bulab 8012	500 kg	冲击投加
氧化性杀菌剂	次氯酸钠	2000kg	冲击投加
消泡剂	Bulab 4884	50 kg	冲击投加
非氧化性杀菌剂	Bulab 6042	368kg	冲击投加
阻垢剂	Bulab 7082	138kg	冲击投加
缓蚀剂	Bulab 9209	138kg	冲击投加

4 除油效果

通过除油清洗，黏结在设备表面的渣油形态发生了变性，大部分被清洗下来，清洗效果较好。原有悬浮在水中的小颗粒渣油被分散成更细小粒子，稳定分散在水中(如图 1 所示)，粒子的黏性减少，可过滤性增强，通过旁滤后的去除率提高。黏附在填料等设备管道表面的渣油被分散后，随水流进入冷却塔的集水池，并漂浮在水池表面，在出水格栅前凝聚成大块。清洗下来的渣油块的性状与原先已有较大区别，油块的表面变得多孔，松散(如图 2 所示)，失去黏性，易于清除。

图 1 分散下来的渣油在格栅处聚集结块

清洗后，对冷却塔内填料与喷头进行再次检查，与清洗前相比，大部分喷头、填料上黏附的渣油已清除干净(如图 3 所示)，有明显脱落的痕迹。个别污染严重的喷头与填料上黏附的渣油也变得松脆多孔，失去了黏性，不断被水流冲刷进入水中。

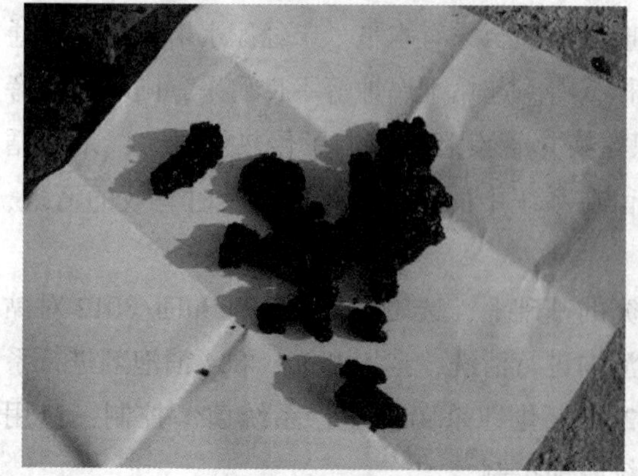
图 2 格栅处捞出失去黏性的油块

图 3 填料表面油脱落的痕迹

由表 2 可以看出，有机分散剂加入水中 8h 后，水中浊度迅速提高至 95mg/L；水中

COD、油含量变化不大。COD 值从清洗前的 3.2mg/L 到清洗结束时为 5.4mg/L，增加了 2.2mg/L，油含量从 11.9mg/L 上升到 52.1mg/L 再减少到 7.6mg/L；水中总铁变化不大，水中总铁含量从清洗前的 0.32mg/L，至清洗结束时为 0.37mg/L，清洗期间水中总铁含量略有增加，主要是由于清洗期间水质浓缩所致，说明未加快水质的腐蚀性；水中总硬度从清洗前的936mg/L，至清洗结束时为872mg/L；总碱度从 261.8mg/L 到 257.1mg/L。即本次除油清洗对无机盐垢没有分散能力，也不影响缓蚀阻垢剂的性能，仅仅对有机沉积物有分散作用。

表 2　清洗前后水质指标的变化

水质指标	清洗前	清洗期间			
		8h	24h	48h	72h
COD/(mg/L)	3.2	—	4.75	4.59	5.4
油含量/(mg/L)	11.9	36.5	52.1	14.9	7.6
总铁/(mg/L)	0.32	—	0.33	0.37	0.34
总硬度/(mg/L)	936	—	889	890	872
总碱度/(mg/L)	261.8	259.2	253.5	255.6	257.1
浊度/NTU	62	95	65	46	27

2013 年 7 月 25 日一循系统受到 500 万 t/a 常减压装置 E-511 换热器渣油泄漏污染，于 7 月 30 日将泄漏换热器切出系统，通过化学清洗恢复水质，系统于 8 月 10 日恢复正常。与 2017 年 4 月 24 日污染后的除油清洗效果对比见图 4。

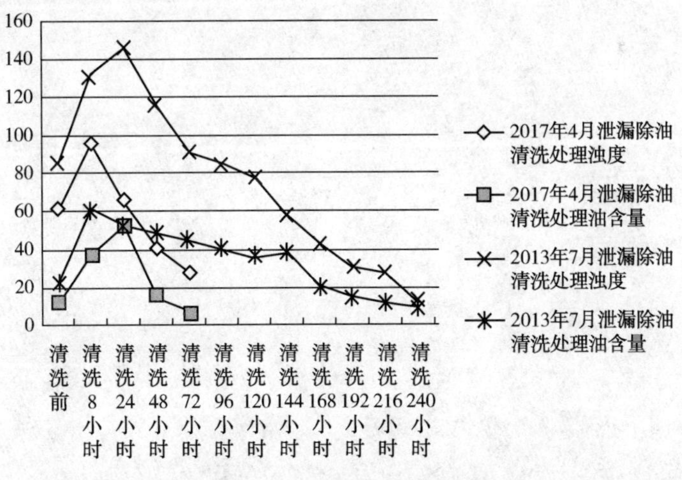

图 4　除油清洗效果对比

由图 4 对比可以看出，相对于传统化学清洗及生物化学清洗，使用上述方案加入有机分散剂进行污染后的循环水系统除油清洗，除油效果非常明显，它能够快速降低循环水系统污染后的浊度，尤其是在浊度不高，很难降浊的情况下，大大提高污染后水体水质的恢复时间(由原来的 10 天缩短为 3 天)，减少由于污染造成水体降浊置换的水量，既节约了水资源，以每小时排污 30t 计算，节约排污置换水量：30×24×7＝5040t，又降低了成本。

针对有机分散剂降浊快速的性能，我们还将其应用至八千制氮装置循环水单元的日常运行中，因循环水补充水为新鲜水，其浊度较高，尤其是在雨季时，循环水系统经过浓缩后，浊度经常出现超标情况，使用有机分散剂 Bulab 8012 后，效果良好，浊度超标情况基本杜绝。

5 结 论

根据一循循环水系统被污染后除油清洗方法的实践，快速除油清洗效果得以圆满实现，主要依赖于对系统污染后的油污去除效果明显的有机分散剂的使用，有机分散剂主要通过渗透和分散作用去除黏附在设备表面的油膜或油块，从而达到清洁设备表面的目的。有机分散剂去除漏入循环水的油污具有良好的效果，能与生物酶制剂的除油剂效果相媲美，但清洗时间却大为缩短，且不产生二次污染，节水省时，且不影响有机磷等缓蚀阻垢剂的性能，还具有一定的缓蚀作用。

参 考 文 献

[1] 周伟生，吕勇，王冀生，等．微生物分散剂 TS-830 的研究与应用[D]．天津化工研究设计院，2005.
[2] 陈军．双阴离子分散剂的合成与应用[D]．上海师范大学，2014.
[3] 冯敏．现代水处理技术[M]．北京：化学工业出版社，2012.

长岭炼化污水回用至二循的应用

戴　敏　倪菊华　张旭龙

（中国石化长岭炼化公司水务部，岳阳 414012）

【摘　要】 长岭炼化为提高达标外排污水的回用率，经过了回用水水质提标、循环水缓蚀阻垢剂研发和二循工业试验阶段，连续3个月的试验结果表明：二循腐蚀速率平均值0.060mm/a，黏附速率14.17mg/(cm^2·月)，异养菌低于$2×10^4$个/mL，黏泥平均值0.52mL/m^3。二循系统的运行效果满足循环水处理效果要求，工试期间同比减少新鲜水消耗55701t，降低外排污水45365t，取得较好的经济和社会效益。如推广至其他循环水场，可实现企业污水减排40%以上。

1　前　言

长岭炼化污水处理系统分含油污水和含盐污水两个部分，一直以来处理达标合格后的含油污水除少量回用生产装置外，其余和达标含盐污水一起直接排放长江。

达标污水回用自2014年10月始至今，主要存在两方面问题，一是回用水加剧了管网的腐蚀趋势。达标污水的瑞兹那稳定指数约为7，属于腐蚀性水质，在回用过程中，由于未进行缓蚀和杀菌水质处理，势必增加管网的腐蚀趋势，造成近两年回用水管线频繁泄漏。二是回用污水用水点有限。目前，达标污水主要回用于1#催化、3#催化和CFB的三套烟脱装置，回用量仅50m^3/h左右，约占污水处理量11%，远未达到绿企创建要求回用水量达到40%以上的要求。

随着绿企创建、环保和节能降本的要求，加大达标含油污水回用是企业发展的必然趋势，同时也在实现企业减排的同时，降低了加工吨原油取水量。

为提高污水回用量，针对企业炼油污水的水质特点及循环水场运行的工况条件，经过回用污水水质分析、回用水提质稳定达标、研发适用缓蚀阻垢剂和回用污水工业试验等四个阶段，实现达标含油污水作为补充水回用至循环水系统。从2020年3月20到6月26日在二循的工业试验，现场监测结果显示，监测试管的腐蚀速率和黏附速率、试管在线腐蚀速率分析、异养菌总数和生物黏泥量均达到中国石化水处理效果的指标（Q/SH 0628.2—2014），满足生产装置对水处理效果的要求。

2　循环水系统

二循为污水回用工业试验的循环水场，主要负责炼油一部所属的120万t/a柴油加氢、100万t/a柴油加氢转化、低温热回收、脱硫、第一空压站等装置循环冷却水的供给。系统运行参数如表1所示。

表1 二循系统运行参数

项 目	二 循	项 目	二 循
循环水量/(m^3/h)	5800~6200	蒸发量(计算值)/(m^3/h)	41~62
保有水量/m^3	4000	补充水量/(m^3/h)	50~80
供回水温差/℃	4~6	排污量/(m^3/h)	8~13

3 处理工艺

3.1 回用污水的提质

3.1.1 含油和含盐污水分开运行

污水回用的瓶颈问题主要是回用水水质中电导率和氯离子等指标偏高，造成水体腐蚀性较大，根本原因是含盐污水受调节设施和负荷波动影响，部分串入含油污水处理工艺，因此造成作为回用水源的达标含油污水盐含量超标。经过一系列技术攻关，2020 年 2 月 26 日实现了含油与含盐污水的稳定分开运行，保证了回用污水各项水质达标。

3.1.2 增加氧化杀菌处理

在回用水池靠近回水管进口适当位置投加三氯异氰尿酸氧化杀菌剂，进行微生物杀菌处理，控制回用水微生物腐蚀和滋生。

3.2 二循的水质稳定

3.2.1 腐蚀与结垢控制

循环水为自然 pH 运行方式，回用水与新鲜水的混合水作为循环水系统的补充水，采用污水回用型缓蚀阻垢剂，控制循环水有机膦 3.0~3.5mg/L、“钙硬+总碱”≤1100mg/L，循环水浓缩倍数 3.0~5.5。

3.2.2 微生物控制

日常杀菌以氧化性杀菌剂为主，非氧化性杀菌剂为辅。氧化性杀菌剂主要为二氧化氯，冲击式投加，投加余氯在 0.5~0.8mg/L。根据水质情况辅助性投加三氯异氰尿酸，投加方式为在凉水池悬挂装有三氯异氰尿酸的药筐。间断投加双季胺盐(SS513)和水合肼(SS321)等非氧杀菌剂进行黏泥剥离处理。

4 循环水系统水质控制指标

循环水日常分析项目及控制指标见表 2。

表2 循环水水质控制指标

分析项目	二 循	分析项目	二 循
pH 值	7.0~9.5	电导率/(μS/cm)	≤4600
有机膦(以 PO_4^{3-}计)/(mg/L)	3.0~3.5	Cl^-/(mg/L)	≤700
钙硬度+总碱度(以 $CaCO_3$计)/(mg/L)	≤1100	$Cl^-+SO_4^{2-}$/(mg/L)	≤2500
余氯/(mg/L)	0.1~0.8(间断)	COD/(mg/L)	≤100

续表

分析项目	二 循	分析项目	二 循
异养菌总数/(个/mL)	≤1×10^5	硫化物/(mg/L)	≤0.1
总铁/(mg/L)	≤1.0	浊度/NTU	≤20NTU
浓缩倍数	3.0~5.5	生物黏泥/(mL/m^3)	≤3.0
总碱度(以$CaCO_3$计)/(mg/L)	100~450	油/(mg/L)	≤10
钙硬度(以$CaCO_3$计)/(mg/L)	100~650		

5 工业试验情况

5.1 补充水水质

二循补充水为回用水和新鲜水。新鲜水水质波动不大，水质相对稳定。回用污水在《炼化企业节水减排考核指标与回用水控制指标》(Q/SH 0104—2007)中，明确了污水回用于循环冷却水的15项水质指标，如表3所示。

表3 污水回用于循环冷却水水质指标

项 目	水质指标	项 目	水质指标
pH值	6.5~9.0	挥发酚/(mg/L)	≤0.5
COD_{Cr}/(mg/L)	≤60	钙硬(以$CaCO_3$计)/(mg/L)	50~300
BOD_5/(mg/L)	≤10	总碱(以$CaCO_3$计)/(mg/L)	50~300
氨氮/(mg/L)	≤10	氯离子/(mg/L)	≤200
悬浮物/(mg/L)	≤30	硫酸根离子/(mg/L)	≤300
浊度/NTU	≤10	总铁/(mg/L)	≤0.5
硫化物/(mg/L)	≤0.1	电导率/(μS/cm)	≤1200
油含量/(mg/L)	≤2		

针对回用水指标，对企业2019年1月~5月回用污水电导率、浊度、碱度、钙硬、总铁、pH值、COD_{Cr}、氨氮和油含量等10项关键水质指标进行监测和分析，回用水水质中电导率超指标2倍以上，总铁、氯离子合格率均较低，具体见表4。

表4 2019年1月~5月回用污水水质

项 目	最大值	最小值	平均值	合格率
pH值	8.18	7.43	7.8	100%
COD_{Cr}/(mg/L)	59	31	45	100%
氨氮/(mg/L)	2.62	0.31	0.63	100%
浊度/NTU	46	2	10	71%
油含量/(mg/L)	1.08	0.14	0.32	100%
钙硬/(mg/L)	332	188	259	68%
总碱/(mg/L)	542	147	226	86%

续表

项　目	最大值	最小值	平均值	合格率
氯离子/(mg/L)	314	186	241	14%
总铁/(mg/L)	7.09	0.4	1.58	32%
电导率/(μS/cm)	3310	2052	2848	0%

通过实现污水处理系统含油与含盐污水的分开稳定运行，回用水水质得到大幅提升，水中氯离子、硫酸根、浊度等指标均控制较好，总铁因输水管线腐蚀偶尔出现超标，电导率仅超标1次，见表5。

表5　2020年4月~6月回用污水水质

项　目	最大值	最小值	平均值	合格率
pH值	8.90	7.05	7.78	100%
COD_{Cr}/(mg/L)	49	20	36.32	100%
氨氮/(mg/L)	0.69	0.15	0.24	100%
浊度/NTU	5.03	0.25	1.71	100%
钙硬/(mg/L)	160	88	137	100%
总碱/(mg/L)	158	72	116	100%
氯离子/(mg/L)	96	26	70	100%
总铁/(mg/L)	1.52	0.08	0.38	83.33%
硫酸根/(mg/L)	226.56	115.20	176.64	100%
电导率/(μS/cm)	1219	633	806.55	95.83%

5.2　二循运行状况

5.2.1　系统运行工况

2020年3月~6月二循工业试验期间，回用污水比例27%~63%，平均35.6%，污水回用率偏低的主要原因是5月22日~6月3日配合系统查漏停回用水13天，以及更换回用水主管线停水3天。5月19日~21日循环水浊度明显上升，余氯监测出现“假氯”现象，疑为物料泄漏引起。由于无法采样直观判断漏源，且循环水COD已达到176mg/L，难以通过COD分析查找到泄漏点，因此为避免循环水水质进一步恶化，停止回用污水，通过新鲜水大量置换降低循环水COD至60mg/L以下，配合查找内漏换热器。

二循运行工况如表6所示，污水回用期间平均供水温度30.63℃，循环水量5999m^3/h，满足生产装置供水温度要求。剔除因配合查漏停回用水13天，二循污水回用比例平均47.38%，浓缩倍数4.09。

表6　二循污水回用期间系统运行工况

时　间	供水温度/℃	循环量/(m^3/h)	浓缩倍数	新鲜水/(m^3/h)	回用污水/(m^3/h)	回用比/%
3月24日~4月27日	30.19	5859	4.17	43.05	16.54	27.76
4月28日~5月21日	30.66	6194	4.09	31.03	31.86	50.66

续表

时　间	供水温度/℃	循环量/(m^3/h)	浓缩倍数	新鲜水/(m^3/h)	回用污水/(m^3/h)	回用比/%
5月22日~6月3日	30.83	6098	3.64	67.31	0	0
6月4日~6月10日	30.85	5979	4.07	28.25	26.1	48.02
6月11日~6月27日	30.82	5963	4.01	22.41	38.26	63.07

5.2.2　二循水质情况

表7为二循污水回用后水质统计。

表7　二循循环水水质

分析项目	最大值	最小值	平均值	合格率
pH值	9.14	8.60	8.90	100%
有机膦(以PO_4^{3-}计)/(mg/L)	5.24	1.48	3.65	24.83%
钙硬度(以$CaCO_3$计)/(mg/L)	699	224	477.50	89.29%
总碱度(以$CaCO_3$计)/(mg/L)	422	145	306.93	100%
钙硬度+总碱度(以$CaCO_3$计)/(mg/L)	1100	374	784.43	100%
余氯/(mg/L)	0.8	0.15	0.45	100%
异养菌总数/(个/mL)	17000	82	1799.00	100%
总铁/(mg/L)	1.56	0.35	0.82	82.14%
油/(mg/L)	0.91	0.04	0.19	100%
电导率/(μs/cm)	2680	514	1667.43	100%
Cl^-/(mg/L)	353	67	216.64	100%
$Cl^-+SO_4^{2-}$/(mg/L)	805.64	115	488.05	100%
CODcr/(mg/L)	176.1	38.5	106.76	50%
硫化物/(mg/L)	0.087	0.005	0.01	100%
浊度/NTU	40.8	1.88	14.34	96.30%
生物黏泥/(mL/m^3)	1.5	0.2	0.52	100%
总磷/(mg/L)	6.53	2.07	4.77	—
真菌/(个/mL)	0	0	0	100%
铁细菌/(个/mL)	11.5	2	6.75	100%
硫细菌/(个/mL)	8	1.1	4.55	100%
硫酸盐还原菌/(个/mL)	11.5	3	7.25	100%

从表7可见，二循工业试验期间循环水运行总体情况良好，水质指标如pH值、“钙硬+总碱度”、余氯、油含量、氯离子、硫化物、异养菌等均在水质要求范围内。

有机膦是衡量水中缓蚀阻垢剂浓度的关键指标，工试期为确保药剂浓度，保证缓蚀阻垢的效果，药剂投加以有机膦指标上限为参考。以有机膦$\not<3.0$mg/L统计，有机膦合格率为96.08%。

循环水总铁和COD多次出现超标，主要是受回用污水水质的影响。回用污水因管网腐蚀较严重，回用水总铁合格率较低。工试期间回用污水 COD 平均 36.32mg/L，当浓缩倍数>4.5 时，循环水 COD 极易超标。其次，COD 合格率偏低还与系统物料泄漏有关。第三，COD 的化验分析疑似受到氯离子的干扰，分析结果随着掩蔽剂的加入大幅降低。

浊度在剔除系统黏泥剥离处理的因素外，主要是物料泄漏到循环水中造成浊度超标。

工试期间循环水钙硬度超标 3 次，钙硬度和总碱度是判断水中碳酸钙垢沉积的关键指标，也是影响缓蚀阻垢剂阻碳酸钙作用的因素之一。在循环水不停蒸发浓缩的过程中是通过系统强制排污进行控制的，由于钙硬度分析频次仅 2 次/周，增加了控制难度。同时在实际操作中主要以监控“钙硬度+总碱度”≤1100mg/L 进行水质调整。

5.2.3 二循循环水运行效果

循环水处理效果采用监测换热器和监测挂片器监控。监测换热器中的监测试管用来监测循环水系统的腐蚀速率和黏附速率，监测挂片用来辅助监测腐蚀情况，同时监测换热器加装了在线腐蚀速率仪，实时监控系统腐蚀趋势，加强污水回用期间的过程控制。表 8 是污水回用期间二循水处理效果。

表 8 二循污水回用期间水处理效果

项 目	指 标	最大值	最小值	平均值	合格率
黏泥/(mL/m³)	≤3	1.5	0.2	0.52	100%
异养菌/(个/mL)	≤1×10⁵	17000	82	1799	100%
腐蚀速率/(mm/a)	≤0.1	0.091	0.034	0.060	100%
黏附速率/mcm	≤20	18.8	5.83	14.17	100%
在线腐蚀速率/(mm/a)	≤0.1	0.093	0.041	0.063	100%

由表 8 可见，二循工业试验期间，异养菌和黏泥量控制均在指标范围内，且远优于中石化标准，说明水体中微生物得到有效控制。

监测数据中，循环水系统监测换热器的监测试管腐蚀速率和黏附速率均达标；在线腐蚀速率随着循环水浊度降低同步减少(见图 1)，因为引起循环水高浊度的颗粒物质带有电荷，与缓蚀阻垢剂中小分子阴离子化合物产生吸附作用，从而破坏了复合剂中药剂沉积和阻垢分散能力的平衡，使复合剂缓蚀阻垢效果下降。综合评判，二循在污水回用期间水处理效果较好。

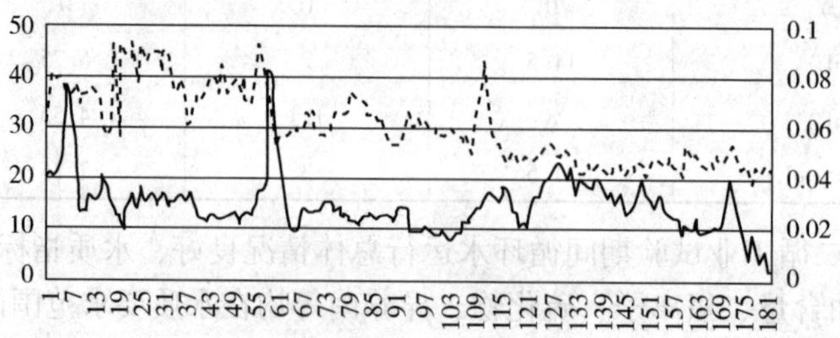

图 1 二循工试期间循环水浊度与在线腐蚀速率变化统计

5.2.4 二循水处理药剂和水耗成本核算

二循工业试验期间，使用药剂主要有缓蚀阻垢剂、二氧化氯(原料为盐酸、氯酸钠)、杀生剥离剂SS513、SS321和三氯异氰尿酸。污水回用期间药剂消耗和新鲜水消耗及成本详见表9。

表9 工业应用期间药剂和新鲜水消耗及成本对比

项 目	去年同期	工试期	较去年同期
新鲜水单耗/(t/t)	1.122	0.699	-37.74%
缓蚀阻垢剂/kg	4541	3122	-31.25%
盐酸/kg	8441	3890	-53.92%
氯酸钠/kg	3650	2205	-39.59%
三氯异氰尿酸/kg	0	275	27500%
SS321/kg	1000	400	-60.00%
SS513/kg	1000	900	-10.00%
缓蚀阻垢剂单位成本/(分/t)	0.284	0.297	4.30%
杀菌剂成本/(分/t)	0.562	0.326	-42.03%
水、剂成本合计/(分/t)	2.900	1.901	-34.44%

注：因2019年氧化杀菌业务外包，此表中药剂同比时间为2020年一季度。

工试期间，为确保氧化杀菌的力度，增加了三氯异氰尿酸辅助杀菌。虽然污水回用缓蚀阻垢剂较现用缓蚀阻垢剂单价上升34%，但由于药剂配方中有效浓度较高，实际复合剂在使用中单位成本仅增加4.3%。回用污水的使用，降低新鲜水消耗37.74%。二循工业试验期间，综合药剂和水耗单位成本共减少0.01元，降低34.44%。

6 污水回用后存在问题及改进措施

(1) 循环水总铁增加。

回用污水属腐蚀性水质(瑞兹那稳定指数约为7.1)，在提标稳定后(4月13日)总铁平均为0.36mg/L。随着循环水不断地蒸发浓缩，循环水总铁存在超标的可能性(指标≤1mg/L)。

改进措施：一是利用时机更换部分回用水输送管线，减少前期管线严重腐蚀给循环水系统带来的影响；二是严格控制回用污水水质，确保总铁≤0.5mg/L。

(2) 物料微漏时，增加了查漏难度。

当循环水系统因为装置物料微漏造成水质异常时，因内漏量微小，通常采用化验分析循环水进、出水COD比对方法判断内漏点。在试验期间，回用污水COD平均值36.3mg/L，通过蒸发浓缩，循环水COD上升，甚至能达到150mg/L左右。在这种情况下极难通过COD分析结果准确判断出内漏点。

改进措施：一是通过强制排污，合理控制浓缩倍数，使循环水COD受控；二是循环水COD分析增加掩蔽剂，减少氯离子干扰；三是根据实际情况，通过大量置换快速降低循环水COD到较低值，再进一步通过采样分析判断物料内漏点。

(3) 缓蚀阻垢剂工试应用还未实现低磷目标。

由于循环水加药系统还未实现自动加药，操作工根据每日两次分析数据凭经验投加。工试期间，为保证水中药剂浓度达到试验要求，新剂按水中有机膦≥3.5mg/L投加，且操作工对新药剂投加经验极为有限，工试期间有机膦平均达到3.61mg/L。

后期，将通过水质监控和班组开展投药竞赛，摸索有机膦最佳控制范围，逐步降低有机膦在3.0mg/L以下，实现药剂在低磷范围内满足水质缓蚀和阻垢分散的要求。

(4) 循环水浓缩倍数受水质碱度、CO等指标影响，D不宜高浓缩倍数下运行。

因污水回用水质远差于新鲜水，系统在高浓缩倍数下运行(≥5.5)会造成循环水多项指标处于控制范围上限，甚至超标，增加水体腐蚀和结垢的趋势，因此，使用回用污水的循环水场要根据回用水比例，合理控制浓缩倍数在3.5~5.5之间。

7 结 论

从二循污水回用工业放大试验可以看出，在保证回用污水水质的前提下，回用至循环水场后通过专用缓蚀阻垢剂，做好日常杀菌处理，能有效控制循环水系统管网的腐蚀和结垢趋势，运行效果满足生产装置对水处理效果的要求，在实现企业减排的基础上，有效降低了工业取水量。如推广至其他循环水场，可大幅提高我企业回用污水量，提升污水回用率，减少加工吨原油取水量。

助滤剂在改善循环水水质中的作用

吴小芳

（中国石化镇海炼化公司，宁波 315207）

【摘　要】 针对因污水回用及周边环境污染严重的Ⅱ电站循环水系统，通过辅助投加助滤剂 N8102 的方式，提高旁滤效果，降低循环水浊度、总铁等指标，达到改善循环水水质、减缓系统腐蚀结垢程度的作用。

【关键词】 循环水系统 助滤剂 浊度 腐蚀结垢

1　概　　述

敞开式循环水系统在运行过程中，由于冷却塔的蒸发作用，使溶解性固体物浓度逐步浓缩，同时因受阳光照射、风吹雨淋、灰尘杂物的进入等因素影响，导致循环冷却水的水质变差并造成水冷设备造成腐蚀、结垢等现象，同时影响换热效果，严重的影响系统的长周期运行。此现象在低流速水冷设备上尤其突出。因此改善循环水水质，提升循环水系统的腐蚀结垢控制对循环水系统的长周期运行有着重要的意义。

旁滤系统通过对循环水系统中部分冷却水(通常为循环水量的 1%~5%)的过滤处理，可以降低了循环水的悬浮物、浊度等杂质，达到改善循环水水质的目的。本文通过投加助滤剂的方式来提高旁滤效果，从而改善循环水水质，并在Ⅱ电站循环水系统得到很好的应用。

2　N8102 助滤剂在现场的应用

2.1　系统情况

Ⅱ电站循设计循环水量为 12000 m^3/h，系统保有水量为 4000m^3，运行浓缩倍数为 5~6，主要承担 II 电站汽机凝汽器、空冷器、给水泵、冷油器等设备的换热，水冷设备材质主要为碳钢、铜，还有少量的不锈钢。旁滤系统采用重力式无阀滤池，共 4 台，每台设计旁滤量为 150t/h，旁滤总量为 600 t/h，占设计循环水量的 5%，滤料为石英砂。

Ⅱ电站循环水场采用炼油达标外排污水回用作补充水，回用比例为 40%~60%，炼油达标外排污水因没有经过除盐处理直接回用于循环水场，水质较差(具体水质控制指标见表 1)且不稳定，后序循环水处理难度较大，同时因循环水场位于煤场附近，煤灰粉尘严重，直接影响循环水水质，特别是风向不对的时候，煤灰影响相当严重，回水总管采样口排水经无纺布过滤后有明显煤灰残留物(见图 1)。通常旁滤系统全开情况下，循环水浊度、总铁等指标仍偏高，腐蚀速率、粘附速率数据存在波动。为改善循环水水质，提升腐蚀结垢控制效果，选择投加助滤剂的解决方案。

表 1　回用污水水质指标控制范围

项目	控制指标	项目	控制指标
浊度/NTU	≤5	油含量/(mg/L)	≤5
pH	6.8~9	氨氮含量/(mg/L)	≤15
电导率/(μS/cm)	≤1500	余氯含量/(mg/L)	≥0.1
总碱度/(mg/L)	50~300	COD_{Cr}/(mg/L)	≤60
总钙含量/(mg/L)	≤120	总铁含量/(mg/L)	≤0.5
氯离子含量/(mg/L)	≤250	硫化物含量/(mg/L)	≤0.1
硫酸根含量/(mg/L)	≤400		

2.2　助滤剂的投加

N8102 助滤剂为水溶性的低分子量强阳离子聚合物，是美国 US FLITER 认证可用于多介质过滤器助剂，具有增大悬浮固体物尺寸、反应时间迅速等特点，能克服冷却水因使用分散剂防垢同时细化悬浮固形物使旁滤器效率降低问题，从而进一步提高循环水系统的旁滤效果，尤其是环境污染、污水回用及高浓缩倍数系统，投加 N8102 助滤剂后，循环水中浊度、总铁等指标能有效降低。N8102 投加量低，最高使用量不超过 2mg/L，正常投加量在 1.0mg/L 以下，长期投加能降低系统污堵、沉积结垢与腐蚀。

Ⅱ电站循环水场从 2015 年 2 月 19 日开始投加助滤剂 N8102，助滤剂 N8102 投加浓度控制为 0.3~0.5mg/L，投加量按旁滤量控制。因投加剂量低，为方便控制，现场实际投加时采用先将 N8102 稀释 100 倍(即 1%水溶液)后连续投加控制。加药点为旁滤器入口总管，具体见图 2。

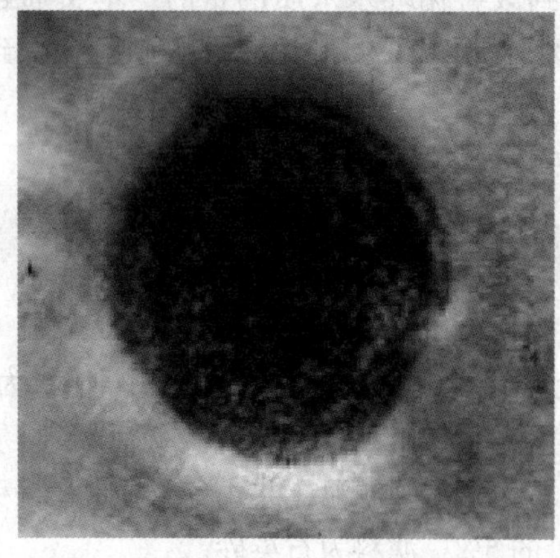

图 1　无纺布过滤后的循环水中残留物

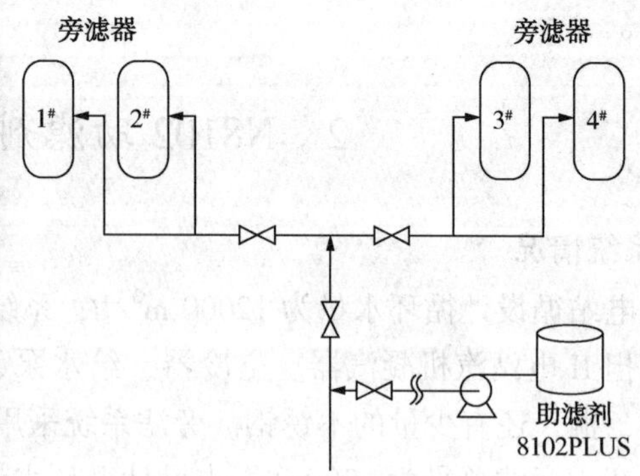

图 2　N8102 现场投加示意图

2.3　实施效果

2.3.1　旁滤器出入口浊度对比

对循环水系统旁滤器出入口浊度进行对比分析，具体结果见表 2。

表 2 旁滤器出入口浊度比较

采样时间	1[黏]		2[黏]		3[黏]		4[黏]		入口浊度/NTU
	出口浊度	过滤效率/%	出口浊度	过滤效率/%	出口浊度	过滤效率/%	出口浊度	过滤效率/%	
加药前 72h	8.1	5.81	7.8	9.30	7.5	12.79	7.6	11.63	8.6
加药后 72h	5.4	34.94	5.7	31.32	4.8	42.17	5.2	37.35	8.3
加药后 168h	6.3	32.25	5.9	36.56	5.2	44.08	5.5	40.86	9.3

从表 2 中数据可以看出，助滤剂投加后，循环水中浊度的过滤效率大幅上升，最高过滤效率可达 44.08%。

2.3.2 循环水中浊度和总铁的变化

投加助滤剂 N8102 后，循环水中浊度和总铁浓度明显下降，分别采用投加药剂后 10 个月的月平均数据和前一年未加药的同期数据作对比，具体情况见图 3、图 4。

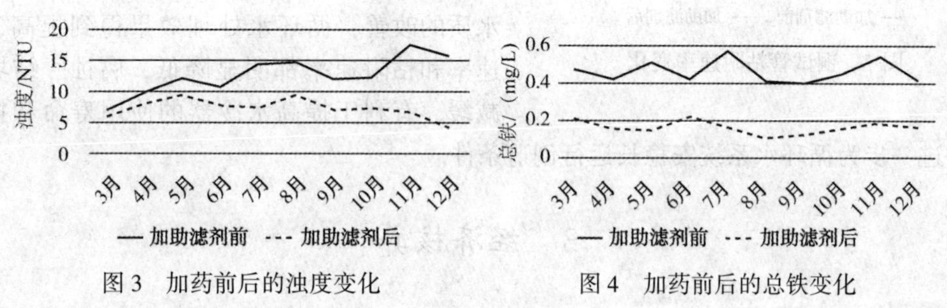

图 3 加药前后的浊度变化　　图 4 加药前后的总铁变化

从图 3、图 4 数据对比情况可以看出：投加助滤剂后，Ⅱ电站循环水中浊度和总铁下降明显，循环水水质得到显著改善。

2.3.3 监测换热器监测数据的变化

Ⅱ电站循水冷设备材质以铜为主，还有少量的碳钢和不锈钢，所以循环水场现场监测换热器监测以铜材质为主，现场安装了铜监测试管和试片以监测铜设备的腐蚀和沉积情况，同时安装了碳钢试片以监测碳钢设备的腐蚀状况。

(1) 腐蚀速率的变化

分别对助滤剂投加前后同期月份的碳钢和铜的腐蚀速率监测数据进行跟踪和对比，具体情况如图 5、图 6。

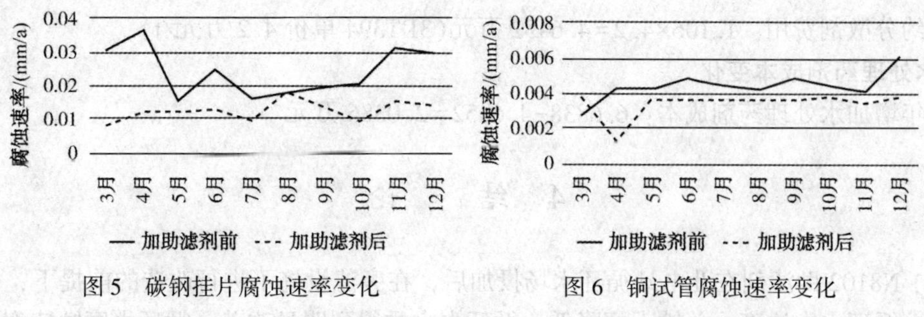

图 5 碳钢挂片腐蚀速率变化　　图 6 铜试管腐蚀速率变化

从图 5、图 6 可以看出，投加助滤剂后，碳钢和铜的腐蚀速率数据明显降低，碳钢腐蚀速率平均值从 0.02427mm/a 降低至 0.01286mm/a，铜的腐蚀速率平均值从 0.00438mm/a 降低到 0.00343mm/a，助滤剂投加后，在改善水质的基础上，在保证原有水处理方案不变的前提下，水处理效果更能有效地发挥，腐蚀速率的控制效果得到明显提高。

(2) 粘附速率的变化

分别对助滤剂投加前后同期月份铜的粘附速率监测数据进行跟踪监测和对比，具体情况如图 7 所示。

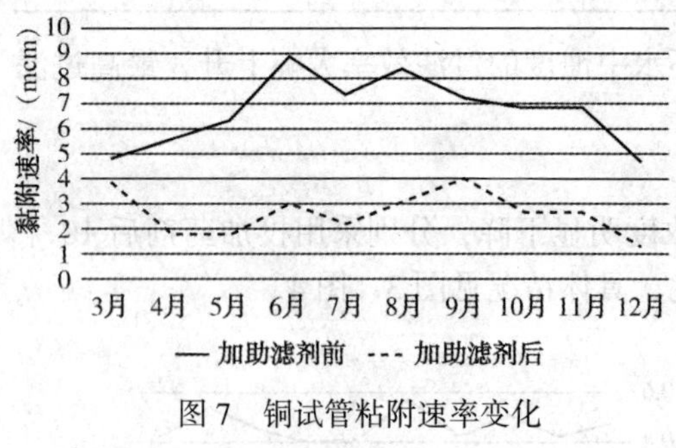

图 7 铜试管粘附速率变化

从图 7 可以看出：助滤剂 N8102 投加后，铜试管粘附速率明显降低，其平均值从 6.696mcm 降低至 2.611mcm，助滤剂投加后，在改善水质的基础上，在保证原有水处理方案不变的前提下，阻垢分散效果得到明显提高。

从上述数据可以看出，N8102 投加后，因为水质的改善，循环水处理效果得到提高，腐蚀速率和粘附速率都明显降低，腐蚀、结垢倾向减缓，有利于提高水冷器的使用寿命和换热效果，并进一步为循环水系统安稳长运行创造条件。

3 经济核算

3.1 N8102 投加后增加的助滤剂成本

助滤剂 N8102 实际投加 0.42mg/L，按实际年度平均旁滤量 395t/h 计：

一年消耗量 = 0.42×395×8760/1000000 = 1.453t。

增加 N8102 费用：1.453×4.6 = 6.6838 万元(N8102 单价 4.6 万元/t)

3.2 N8102 投加后节约的分散剂成本

随着 N8102 的持续投加，循环水水质的不断改善，循环水中悬浮、浊度稳步下降，在水处理方案总体不变的前提下，分散剂 3DT394 的投加浓度稳步降低，加药前一年的平均浓度 26mg/L，投加后一年内其实际投加浓度下降到 19mg/L，药剂降低量为 7mg/L。按运行浓缩倍数 5.5 倍计，全年的实际补水量 80.6 万 t，排污量为 15.8 万 t。

3DT394 一年的节约量为：15.8×10000×7/1000000 = 1.106t

节约分散剂费用：1.106×4.2 = 4.6452 万元(3DT394 单价 4.2 万元/t)

3.3 水处理药剂成本变化

全年增加水处理药剂成本：6.6838−4.6452 = 2.0386 万元

4 结 论

(1) N8102 助滤剂在Ⅱ电站循环水场投加后，在旁滤设施不进行改造的前提下，旁滤效率提高，循环水中浊度、总铁大幅降低，循环水水质得到明显改善，循环水腐蚀速率和粘附速率数据明显提升，有利于提高水冷设备的换热效果、延长水冷设备的寿命和循环水系统的安稳长满优运行。

(2) N8102 投加量低，现场投加方便，投入成本低，Ⅱ电站循投加应用后，年增加水处理药剂成本仅约为 2 万元，而因节约旁滤设施改造费用、节约水冷设备投入费用及提高换热效果所带来的经济效益巨大。

(3) 助滤剂应用在循环水系统，要求有足够的快速反应速度，这样能避免反应后产生的悬浮固体未能在旁滤系统内完全过滤而沉积在系统换热器表面，影响换热效果。

浅析煤化工部二循冷却塔温差影响因素及措施

曹美琴

（中国石化巴陵石化公司煤化工部，岳阳 414000）

【摘　要】 本文针对煤化工部二循冷却塔回水与给水温差小的问题，比较详细地分析温差影响因素，针对主要原因落实相关对策措施，进行系统调优。经过水轮机改电机、冷却塔扩能改造、风机节能叶片改造、循环水总量控制、以及关键换热器用水水量平衡分配等调优措施，优化了循环水系统工况，提高了冷却塔热力性能，达到了提高冷却塔温差的良好效果。

【关键词】 循环水量　淋水密度　温差　优化改造　措施

1　概　　述

巴陵石化公司煤化工部水汽第二循环水场（以下简称"二循"）是化肥新区煤气化主装置生产的配套循环水装置，主要供应合成新区和煤气化装置换热器循环冷却水，原设计有5跨钢混结构逆流式冷却塔，设计循环水总量27500m^3/h，单塔风机风量为339.7万Nm^3/h，单塔淋湿密度14.9 m^3/(m^2·h)，气水比0.7，设计温差10℃，出水温度小于33.5℃。该座冷却塔于2006年，1月投运，投运后热力性能效果不佳，夏季出水温度超标，最高达35℃，冷却塔温差小于7℃。尤其是2011年11月塔顶5台电动风机进行免电节能改造后，循环水总量从升高到30000m^3/h以上，淋湿密度增大到17.0 m^3/(m^2·h)，气水比则下降到0.5以下，导致整个冷却塔热力性能严重下降，仅仅只有设计值的58%左右，成了煤化工装置高负荷生产的瓶颈，高温季节尤其严重。

那么，导致二循冷却塔回水与出水温差小的原因主要有哪些？如何通过优化手段和改造措施来改变二循系统工况？我们经过详细分析论证，找出了主要影响因素，针对性采取了相关优化措施，大大改善了该座冷却塔的运行工况。

2　影响因素分析

2.1　淋水密度偏高

该塔的塔型属于普通支撑式逆流冷却塔，煤气化项目设计时由于受占地面积限制，将冷却塔开发设计为单塔水量5500m^3/h特大型冷却塔，淋水密度取值为14.9 m^3/(m^2·h)，超过常规逆流式冷却塔取值范围12.0~14.0m^3/(m^2·h)。设计时气水比虽然选取0.7，但是投运后发现由于风机实际风量达不到设计值，最大只有310万Nm^3/h，气水比明显低于0.7，尤其是水轮机代替电动风机后，风量下降到290万Nm^{3}左右，导致单塔气水比在0.54以下，加上淋湿密度严重超标，最终导致冷却塔热力性能急剧降低，成为煤气化生产提高负荷的瓶颈，有效气负荷一直无法突破95%，一般只能达到92%左右，且蒸汽消耗非常高。

根据常规设计标准选值（淋湿密度小于等于13.0、气水比0.7）来测算，单塔设计5500m^3/h，而实际处理能力仅仅4800m^3/h左右，这是制约煤气化有效气负荷不能超过95%的主要原因，是冷却塔能力严重不足的瓶颈问题所在。

2.2 水轮机转速低

2011年11月二循五台电动风机进行免电改造，将电动风机改为水轮风机，当时水轮机用在冷却塔上的应用技术并不成熟，选择水轮机机型不当、设计水轮机参数不合理，设计水轮机驱动水量达不到5500m^3/h，实际超过了6000 m^3/h以上，使原本有冷却塔内填料的淋湿密度超过了逆流塔临界值的情况下，塔内实际淋湿密度进一步增大，最大时接近17.0m^3/(m^2·h)。尤其是水轮机投运后，转速达不到设计值109r/min，风机转速降低，风量严重减少，测量水轮机改造后最大风量只有29.2万Nm^3/h，与最初设计风量34万Nm^3/h相差很大。在水量的增加的情况下，风量的降低严重减小了系统的气水比，塔内气水比从原来电动风机的0.66下降到0.54，塔效率只有设计的58%左右（从水轮机改造后冷却塔性能测试得出的数据）。

2.3 水轮机故障率高

由于水轮机型号选择和制造原因，水轮机自2011年11月投运后故障不断，轮休周期短，多次出现齿轮磨损，轴承脆裂、油封漏油、振动大等问题，每年夏季停水轮机风机检修次数较多，不仅检修费用高，而且停机检修影响其他风机运行以及单塔处理水量，进一步使降温效果变差，出水温度升高，温差减小，形成了恶性循环。虽然2015年对4$^\#$、5$^\#$水轮机进行了提质改造和填料配水优化改造，使冷却塔工况有所改善，但是根本性问题没有得到解决，冷却塔温差小仍旧是制约高负荷生产的主要瓶颈。

2.4 水量控制和分配不平衡

二循设计总循环量是27500 m^3/h，分配到每个塔的数量应该是5500 m^3/h，每个塔安装填料数量、面积是均等的，但是由于水轮机的型号、运行状况、转速、调节控制存在差异，导致每个塔实际分配水量并不均匀，有的单塔达到6800 m^3/h，有的单塔只有5800 m^3/h，在风机转速一致情况下由于水量差异大，气水比和淋湿密度差异也比较大，各个塔的热力性能严重不一致，最终影响到了整座冷却塔的热力性能。另一方面，循环水总量控制不当，水轮机上马后，总量控制一直在30000 m^3/h以上，最高时达到了31500 m^3/h，严重偏离27500 m^3/h设计处理能力，一度在主装置生产车间形成一个误区，认为装置生产必须要这么多循环水量才能维持生产。实际上是无法调节控制循环水总量，无法调节到每个单塔处理水量平衡，因为受水轮机运行制约，一旦将每个塔水量都调节到一致，那么五台水轮机转速高的高、低的低；如果将总量降低到接近设计水量27500 m^3/h了，则五台风机转速都会很低了，根本无法维持生产。因此要解决总量控制和单塔处理量平衡问题，还只能从解决水轮机瓶颈问题着手，通过改造去除2~3台水轮机，改成电动风机后实现有效调控。

3 对策与措施

3.1 将水轮机改电机，解决水轮机制约因素

经过技术方案研究论证，鉴于水轮机时制约二循冷却塔生产的主要瓶颈，确定了将水轮

机改成电动风机的主要对策。2017 年 4~5 月利用装置大检修，将 1#~3# 水轮机改为电动风机，4#、5# 水轮机因设备本体和运行状况相对较好，兼顾节约电能原则予以保留。改造完成投运后，电动风机运行平稳，测定风机风量达 33.2 万 Nm^3/h，风量明显增加，在同样循环水量的情况下，气水比相应提高。水量调节控制也变得容易控制，为循环水总量调节控制创造了条件。

3.2 优化控制循环水总量，平衡分配换热器用水量

2017 年 6 月，水汽车间组织技术人员对循环水系统换热器进行了一次数据测量，本次普查二循共测出流量数据 136 个，温度数据 60 个。

表 1 部分换热器流量测量情况

设备名称	设计用水量/(m^3/h)		实际测定用水量/(m^3/h)	循环水侧温差/℃	阀门开度	水量偏差/%
	正常	最大				
蒸汽透平冷凝器 E1180	10500	10500	13958	6.2	全开	32.9
蒸汽冷凝液换热器 E1189	200	230	353	5.6	入口全开 出口 75%	53.4
循环灰水冷却器 E1401	681.45	1144	697	5.2	全开	范围内
汽提塔冷却器 E2110	140	150	142	9.2	全开	范围内
工艺冷凝液冷却器 E2109	845	890	594	10.4	入口 80% 出口 33%	-29.7
变换器冷却器 E2107	625	1075	1838	2.2	入口 80% 出口全开	70.9
锅炉水冷却器 E2108	80	120	183	2.8	全开	52.5
热再生塔顶冷却器 E2212	590	650	414	7	入口 40% 出口全开	-29.8
甲烷化水冷器 E2302	312	343	320	4	全开	范围内
氨冰机出口冷却器 E2501	220	242	207	6.4	全开	-5.9
1#冷却器 E2503	160	176	208	4.4	全开	18.1
2#冷却器 E2504	182	200	389	3.2	全开	94.5

从表 1 中数据可看出，换热器实际流量存在与设计值偏离现象。其中正偏差较多，如 E-1189、E-2107 、E-2108、E-22504 等换热器正偏差超过了设计值 50%以上，其中 E-2504 正偏差最大，达 94.5%；正偏差流量数据最大的是蒸汽透平表冷器 E-1180，设计用水量为 $10500m^3/h$，而实际测得用水量为 $13958m^3/h$，仅此一个换热器就多用循环冷却水 $3458m^3/h$，属于典型的循环水用水偏多的一个案例。负偏差比较典型的换热器有 E-2109，负偏差都在 29.7%，进出口循环水温差 10.4℃，明显属于循环水量不足。由于原免电改造水轮机使二循整体流量达到 $29500 \sim 30500m^3/h$，换热器多数偏大是属于正常现象，但是正偏差超过

50%或者出现负偏差就属于一种不正常工况，有较大的调节优化空间。

2017 年 7 月，在水轮机改电机投运稳定后，车间在合成、煤气化协同下，对系统换热器用水量进行优化调整，使每台换热器用水量尽可能靠近设计值，在此基础上，平衡调节二循每个塔上水量，最终调节总量，使总循环量降低至 27500m^3/h 左，解决了每个塔填料淋水密度问题。优化调整后，循环水进出水平均温差达 7.5℃，较往年同期温差提升 1.0℃以上。

3.3 增加一垮新塔

2017 年 6~11 月在二循冷却塔西侧增加一垮处理量为 5000m^3/h 的机械通风逆流式冷却塔，配到风机采用电动风机。新塔建成后，将原循环水系统的部分循环水分流至新塔进行冷却处理，并重新优化调整各个塔处理水量，控制循环水总水量在 28000 m^3/h 以下，系统平均淋水密度小于 13 $m^3/(m^2 \cdot h)$，达到了设计规范要求。新塔扩能改造投用后，二循循环水进出水温差达 8℃以上，最高时达 9℃。

3.4 调整旁滤量

目前二循共有旁滤罐 4 组 8 个，高效纤维过滤罐 3 个，运行过程中旁滤系统全部投用，总旁滤量为 1430m^3/h。高温季节旁滤系统中的循环水几乎无法散热降温，对二循旁滤系统进行优化调节，在循环水浊度较低，水质指标分析较好的情况下，减少高效纤维过滤器的投运数量，减小旁滤系统中未进行散热的循环水对出水温度的影响。

3.5 风机节能改造

煤代油项目上马时，二循冷却塔风机为开发的 10.06m 大型风机，当时没有这么长叶片的大型风机，作为中国石化一个科研项目委托河北保定螺旋桨风机厂研发，在巴陵煤气化循环水冷却塔风机上试用。这个项目虽然开发试用成功，但是风机各项参数指标不达标，尤其是风量指标不达标，设计风量目标是 339.7 万 Nm^3/h，而投用后电动风机实测数据只有 310 万 Nm^3/h，改造成水轮机后风量只有 295 万 Nm^3/h 左右。同时作为国内最大型风机，运行时存在动平衡性能差、风阻大、迎风面多次出现裂纹等问题。针对这种情况，经过研究探索，并于 2017 年初进行节能风机市场调研，引进了中石化总部推荐产品—江苏中金环保工程公司碳素节能风叶，在先安装使用一台取得良好效果的前提下，将二循冷却塔风机风叶全部改成了该型号的碳素节能风叶。该风叶不仅迎风面叶型好、全碳素材质、风阻小，而且最大的特点是动平衡性能特别佳。节能风叶改造完毕后，不仅电动风机电能消耗降低了 30%，而且风机风量测试数据显示，最大风量达到了 332 万~335 万 Nm^3/h。

节能风叶使用后风量增加，在循环水量控制在 5500m^3/h 时塔内气水比从 0.54 上升到了 0.65 以上，冷却塔进出水温差因此得到了提高。

4 效果与结论

4.1 温差提升效果

提高循环水进出水温差旨在降低循环水出水温度，提高换热器换热效果，降低主装置蒸汽消耗，解决高温季节循环水部分对主装置高负荷的生产瓶颈。2016 年与 2017 年 7~9 月二循系统运行数据统计见表 2。

表 2 2016 年与 2017 年 7~9 月份运行情况统计

项 目	2016 年			2017 年		
	7 月	8 月	9 月	7 月	8 月	9 月
进出水温差/℃	6.5	6.7	6.8	7.9	8.2	8.1
出水温度/℃	34.5	35.2	34.3	33.2	33.6	31.8
流量/(m^3/h)	28788	28906	28822	27589	27545	27486
煤气化有效气负荷/%	92.5	92	91	95.5	96.07	94.6

2016 年 7~9 月平均循环水量为 28838m^3/h，温差 6.63℃，2017 年同期循环量为 27540 m^3/h，温差 8.03℃，2017 年较 2016 年同期每小时多吸收热量为 $Q=27540\times c\times 8.03℃-28838\times c\times 6.63℃=29950.26c$，相当于 2017 年较 2016 年同期循环水出水温度降低 1.15℃。

根据合成生产运行数据，核算出循环水出水温度每降低 1℃，合成新区蒸汽消耗降低 2t/h，中压蒸汽结算价格 165 元/吨，计算 2017 年 7~9 月份节约蒸汽费用：1.15℃×2 t/h×92 天×24h×165 元/t=837936 元；2017 年 7~9 月二循耗电 11784110kWh，2016 年同期耗电 12195360 kWh，2017 年同期节约电费 411250×0.587=241403 元。合计 2017 年 7~9 月节能降耗：837936+241403=1079339 元。

4.2 结论

通过冷却塔水轮机改造和调优、扩能新建一格冷却塔、节能风叶技术改造、全系统条又运行等措施，有效地控制好了循环水总量，提升了风机风量，循环水处理和换热器平衡用水量得到优化，最终降低了冷却塔淋水密度，提高气水比，使二循整个冷却塔热力性能得到了较大的提高。二循装置进出水温差是体现冷却塔性能的一个最重要指标，温差高，说明冷却塔热力性能好，循环水出水温度就低。提高循环水温差，有利于提高合成 J2501 真空度，减少蒸汽消耗，为高温季节主生产装置高负荷、低消耗生产创造良好条件。通过以上原因分析、对策措施实施，为我们日后进一步实现循环水系统优化探索了一条正确的方法。

循环水重质油类泄漏处理与减排的要点

刘 伟

（中国石化天津石化公司水务部，天津 300271）

【摘 要】 介绍了石油炼制循环冷却水系统重质油类物料泄漏的特点、危害及处理措施，并结合实例阐述了处理要点循环水重质油类泄漏处理与减排要点，总结了相关处理经验。

【关键词】 循环水 重质油 物料泄漏 处理措施 减排

炼油循环水服务于炼油生产装置，用水装置水冷器众多，工艺物料成分复杂，加之炼油装置加工原油劣质化，生产装置长周期运行，水冷器工艺物料泄漏频繁问题凸显。工艺物料泄漏难于避免，频繁泄漏导致循环水水质波动，特别是重柴油、蜡油等组分较重的物料泄漏，对循环水系统产生严重影响，因此及时妥善的处理循环水重质油物料泄漏尤为重要。

1 重质油泄漏对循环水系统的影响

1.1 循环水重质油物料泄漏的特点

炼油循环水系统主要重质油泄漏物料有蜡油、渣油、油浆、重柴油、重石脑油等，不同物料泄漏具体表现有所不同，重质油泄漏一般都有浊度上升明显，油含量、铁离子 COD 上升，余氯降低甚至消失。循环水成乳化状，水面上有黄白色泡沫，大量泄漏时循环水后续乳化严重，水面出现黏性较大油泥，黏到池壁、填料。多数泄漏物料一旦泄漏，排出循环水系统较为困难，后续造成进一步危害。并且不易处理，水质恢复周期长，根据以往经验泄漏处理须经多次清洗剥离置换，水质影响达 2~3 月之久，置换水量达系统容积的数倍甚至近十倍之多。

以 2018 年 4 月 13 日水处理一车间 2#循环水供水的 2#常减压装置 E-124 换热器轻蜡油泄漏为例，2#循环水短时间出现泄漏迹象，循环水乳化，塔池浮沫增多可见黄色油沫，13 日浊度由 12 日 15.7NTU 升高至 53.6NTU。加样化验油含量达 28.8mg/L。泄漏期间主要泄漏指标如表 1，泄漏后 2#循环水表观见图 1。

表 1 泄漏期间主要泄漏指标如

项 目	浊度/NTU	总铁/(mg/L)	COD/(mg/L)	硫化物/(mg/L)
最大值	336	3.05	205	0.64
最小值	40	0.74	140	0.04
平均值	131	1.68	186	0.36

图 1　泄漏后 $2^{\#}$循环水表观

1.2　循环水重质油物料泄漏的危害

换热器内的金属表面被油膜或黏泥覆盖，阻止了缓蚀阻垢剂与金属表面的接触，使保护膜不能充分发挥作用。若泄漏时间较长，泄漏物及菌藻滋生杀菌产物较多，使循环水中生物黏泥增加，浊度、悬浮物增多，造成局部垢下腐蚀严重。黏附管壁造成阻塞换热效率降低。炼油部高含硫原油加工过程中，介质泄漏中伴有硫化物对循环水系统危害极大。

2　循环水系统重质油泄漏的主要处理措施

针对循环水重质油物料泄漏的特点，以 2018 年 4 月 13 日 $2^{\#}$常减压 E-124 换热器轻蜡油泄漏为例，主要从以下几方面着手重点控制：

（1）及时发现泄漏迹象，尽量缩短查漏时间减少泄漏影响。

加强循环水外观及泄漏指标监测发现泄漏迹象，及时汇报生产技术科并通报炼油部；积极与炼油沟通、配合、督促查漏。

（2）查漏及处理期间及时调整缓蚀阻垢剂成分及杀菌剂投加方案。

2018 年 4 月 13 日确认泄漏后车间及时组织药剂服务商根据现场泄漏情况，适当提缓蚀阻垢剂高分的散成分，适量投加无磷缓蚀剂、锌、HPA 等缓蚀剂种，增强缓蚀效果。

加大氧化型杀菌剂的投加，在确保日常系统余氯控制指标的同时，每周 2 次冲击式投加氧化型杀菌剂。并将非氧化杀菌频次由一次/两周，提高至一周一次。定期少量投加聚季铵盐降低油类污垢黏附。

（3）漏点切出后及时清洗剥离排污尽快做好水质恢复工作。

药剂调整方面 2018 年 4 月 20 日，炼油部查出漏点并切出后，车间立即组织药剂服务商精华公司及时采用除油剂对系统进行清洗，1227 与聚季铵盐交替使用多次杀菌剥离。

运行操作方面尽量及时排除泄漏介质及泄漏产物，每次除油清洗、杀菌剥离后人工清理 $2^{\#}$循环水塔池油沫，通过现场阀门操作轮流提高各组冷却塔池液位，及时有效地排除系统泄漏物料及浮泥。

通过分组轮流停运冷却塔池放空，利用冷却塔自身淋水、外接消防水等方式冲洗塔壁、填料、冷却塔池底淤泥，排除系统淤泥、浮泥及与之混合的物料。

除油清洗、杀菌剥离后，泄漏物料基本排除后，投加旁滤助滤剂利用加强旁滤运行操作，去除循环水中处理后期的黏泥、悬浮物进一步降低浊度，尽快恢复水质至合格范围内。

3 主要效果评价分析

通过以上主要处理措施，克服了此次重质油泄漏中泄漏量大，查漏滞后泄漏时间长，排污受限等不利因素，有效控制改善了循环水水质，缩短水质恢复时间，过程控制指标中除部分浊度、总铁受泄漏影响不可控超标外，其他指标及腐蚀速率、黏附速率均控制合格，处理期间浊度趋势如图 2，处理期间总铁趋势如图 3，4 月份 2#循环水腐蚀速率、黏附速率控制情况如表 2。

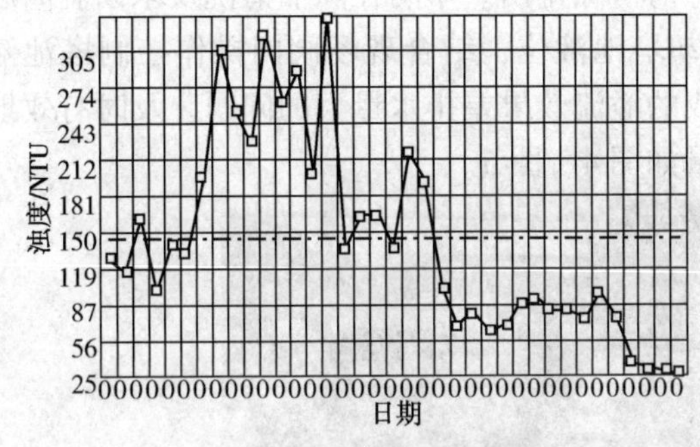

图 2 处理期间浊度趋势

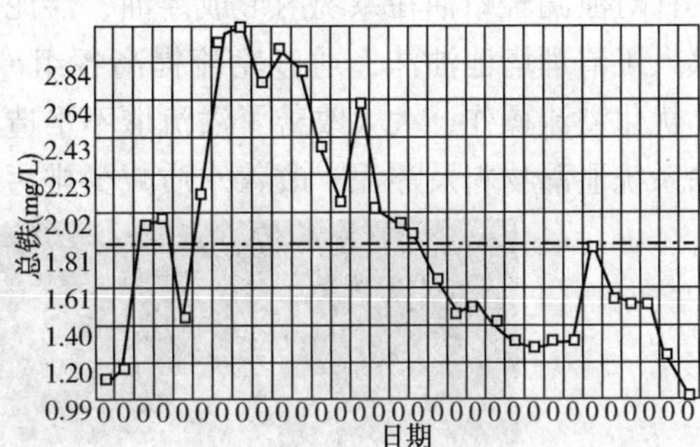

图 3 处理期间总铁趋势

表 2 4 月份 2#循环水腐蚀速率、黏附速率

项　目	控制指标	检测值
腐蚀速率/(mm/a)	≤0.10000	0.0721
黏附速率/mcm	≤20.00	10.8

处理后水质恢复良好。同时减少了循环水排污量。降低水耗药耗，减少排污 2~3 万 t。

4 处理要点分析经验总结

4.1 保障漏点的及时切出，减少泄漏的影响

水处理一车间目前还是存在前方厂炼油用水装置换热器物料泄漏频繁，查漏滞后，漏点不及时有效处理问题。造成循环水长时间带漏运行。因此必须加强用水装置换热器管理积极应对系统发生的泄漏，建立高效的查漏机制，及时查找泄漏点，提高查漏效率。

此次泄漏从 2018 年 4 月 13 日发现迹象到炼油部 20 日查出 2#常减压装置 E-124 换热器轻蜡油泄漏，导致泄漏物料量大，泄漏时间长，循环水不得不长时间带漏运行。增加了处理难度，延长了水质恢复周期。因此车间积极与炼油沟通、配合、督促查漏。

4.2 根据泄漏特点及时制定针对性的带漏运行及泄漏处理的药剂方案

查漏及处理期间及时调整缓蚀阻垢剂成分加强分散剂投加，同时强化缓蚀。炼油循环水泄漏物料及黏泥等后续泄漏产物极易附着金属表面造成严重的垢下腐蚀。根据现场观测，炼

油循环水的腐蚀主要以垢下腐蚀最为严重，因此加强分散阻垢是控制腐蚀的关键环节。

查漏及处理期间要加强杀菌剂投加，其主要作用一是抑制系统内细菌、黏泥滋生；二是通过氧化型杀菌剂氧化分解微生物减少黏泥等污垢，同时氧化去除泄漏物料中腐蚀性极强的硫化物；三是在剥离前冲击式投加氧化型杀菌使混杂泄漏物料的黏泥松动易于剥离。

由于重质油泄漏黏性较大黏到池壁、填料排出循环水系统较为困难，除油清洗、杀菌剥离适当增加次数与频次，并定时少量投加聚季铵盐降低油类污垢对金属表面的黏附，此措施有利于在排污量受限条件下，泄漏物料及后续污垢的有效排出。

4.3 加强循环水排污协调，提高排污效率

保障泄漏情况下水质处理的及时，降低泄漏影响，缩短影响时间，排污过度受限，水质恢复处理将受到极大限制。

针对泄漏轻蜡油在系统内形成浮油、浮泥急需清除排出。车间在除油清洗及杀菌剥离后多次人工清理塔池油沫，通过轮流提高各组冷却塔池液位，结合现场阀门操作控制塔池液位，优化溢流操作，大大改善了溢流堰不平造成的溢流效果差排水量大的问题。及时有效地排除系统泄漏物料及浮泥，改善水质减少排污量如图4、图5。

图4 塔池溢流前

图5 塔池溢流后

大量淤泥在冷却塔池底部淤积，泥层下难以接触杀菌剂细菌滋生，特别厌氧菌滋生使淤泥膨胀上浮，是在系统内造成浊度居高不下难以降低，有条件的进行塔池清淤将经有利于水质恢复。车间根据 2#循环水现场冷却塔具备分组轮流停运这一有利条件，通过轮流停运 4 组冷却塔池放空，利用冷却塔自身淋水、接消防水枪冲洗进行冷却塔池清淤。经过 4 天清淤，清淤效果显著。及时有效地排除系统淤泥、浮泥，改善水质减少排污量如图 6、图 7。

有效地利用旁滤排除循环水中处理后期的黏泥、悬浮物进一步降低浊度污排出循环水系统。根据水务部水处理一车间的现场实际，增加微絮凝助滤加强过滤效果进一步降低循环水浊度改善循环水水质。

图 6　塔池清淤前

图 7　塔池清淤后

5　结束语

前方厂用水装置换热器物料泄漏是造成循环水水质恶化的首要因素。炼油用水装置换热器物料泄漏频繁，泄漏难于避免。环保节水标准的提高，循环水排污受限，因此积极应对系统发生的泄漏，根据泄漏物料的特点采取有效水质措施是减小泄漏影响保障循环水水质稳定的关键。

石化循环水场微生物爆发处理方案

季淑娟

（中国石化金陵石化公司，南京 210033）

【摘　要】　石化循环水场由于回用达标污水、物料泄漏、杀菌剂投加不当等原因，容易产生微生物问题。一旦微生物爆发，会导致系统生物黏泥迅速上升，堵塞冷却塔集水池出水格栅，减少冷换设备循环水过流面积，降低冷换设备换热效率，导致装置生产负荷受影响，严重时甚至造成装置停产。在微生物黏泥爆发时，采用合适的杀菌剥离方案，控制微生物的生长，剥离系统中产生的生物黏泥，迅速恢复水质，保证生产装置的生产安全和生产负荷，可有效控制微生物爆发对生产造成的影响。

【关键词】　循环水　微生物　爆发　生物黏泥　杀菌剥离　定点处理

某石化循环水场循环量约20000t/h，主要服务于炼油常减压、催化裂化、气分、硫黄等装置。日常补充水主要为达标污水(占总补水的70%及以上)，少量补充新鲜水(经混凝沉淀及过滤后的长江水)。由于服务装置多，负荷高，存在物料间断泄漏问题，泄漏的物质主要为汽油、柴油、富气、烯烃等。该循环水场投运五年来，一直运行相对平稳，水质也在工艺指标范围内。但在某一年的春夏之交，发生了一次大规模的微生物爆发，导致生物黏泥大量滋生，装置换热效率下降，严重影响安全生产。

1　微生物爆发前循环水系统早期特征

1.1　生产装置

生产装置主要反应循环水压力、流量不足，换热器介质出口温度偏高，无法满足工艺要求。查循环水场运行状况，供水总压在0.49MPa，水量在18500m³/h，循环水冷热温度分别为27.3℃、35.2℃，运行正常。由于天气预报说当日气温最高将达34℃，为保证生产装置安全生产，对运行水泵进行了调整，循环水场压力提高到0.52MPa，达工艺指标上限，流量也增加了近2000m³/h，但生产装置的换热效果未有明显改善。

当日上午10：00~12：00，组织对各装置关键部位循环水的温度进行了详细检测，测定结果见表1。

表1　生产装置循环水温度测定结果

序号	名称	循环冷水温度/℃	循环热水温度/℃	温差/℃
1	硫黄装置	29.9	35	5.1
2	常减压抽真空立管	29.9	34.8	4.9

续表

序号	名称	循环冷水温度/℃	循环热水温度/℃	温差/℃
3	常减压主框架立管	29.9	33.4	4.5
4	气分总管	29.2	33.8	4.6
5	催化水冷器1	29.2	33.8	4.6
6	催化水冷器2	29.2	34.1	4.9
7	催化水冷器3	29.2	36.8	7.6
8	催化水冷器4	27.8	30.6	2.8
9	催化水冷器5	27.9	30.9	3.0
10	催化稳定西框架	29.2	33.4	4.2
11	催化富气压缩机级间冷却器	29.0	34.0	5.0

从表1可以看出，循环水整体温差偏小，而关键水冷器催化富气压缩机级间冷却器物料进出温差仅35.2℃，低于控制指标要求的大于40℃，导致装置不能满负荷运行。

进一步对生产装置关键水冷器进行循环水流量测定(见表2)，确认是否存在流量偏小、黏泥堵塞问题。安排生产装置对测试流量偏小的冷换设备进行反冲洗处理，但反冲洗后循环水流量未有明显加大。

表2 生产装置关键水冷器循环水流量测定

序号	设备名称	冷换设备			
		管程	壳程	实测循环水流量/(m^3/h)	设计循环水流量/(m^3/h)
		介质名称	介质名称		
1	气压机级间冷却器	循环水	富气	335	750
2	稳定塔顶油气后冷器	循环水	稳定塔顶油气	485	550
3	稳定塔顶油气后冷器	循环水	稳定塔顶油气	463	550
4	稳定塔顶油气后冷器	循环水	稳定塔顶油气	280	550
5	稳定塔顶油气后冷器	循环水	稳定塔顶油气	120	550
6	脱丙烷塔顶后冷器	循环水	塔顶组分	120	680
7	脱丙烷塔顶后冷器	循环水	塔顶组分	390	680
8	丙烯精馏塔后冷器	循环水	塔顶组分	370	680
9	丙烯精馏塔后冷器	循环水	塔顶组分	550	680

1.2 循环水场水质

该循环水场在年初由于装置停工检修，进行了清洗预膜，表3为清洗预膜后运行至黏泥爆发前共四个月的主要水质分析数据。

表 3 黏泥爆发前循环水水质分析数据

时间	项目	浊度	pH	余氯	Ca^{2+}	碱度	氯化物	铁	油	锌	总磷	异养菌	生物黏泥	试管腐蚀	试管黏附
		NTU		mg/L	mg/L	mg/L	mg/L	mg/L	mg/L	mg/L	mg/L	10^4个/mL	mL/m^3	≤0.100 mm/a	≤20.00 mcm
第一月	最大	23	8.93	0.21	448	339	590	3.07	4.4	0.81	5.36	12	1.6	装置检修后清洗预膜	
	最小	12	8.80	0.07	390	288	405	1.38	0.5	0.43	3.09	7	1.0		
	平均	18	8.87	0.13	426	316	508	2.25	1.1	0.61	4.40	7.6	1.3		
第二月	最大	74	8.99	0.33	418	342	595	1.43	44.7	0.79	6.98	14	1.6	0.0743	11.31
	最小	11	8.79	0.10	375	301	420	0.39	0.4	0.32	2.53	1.7	1.0		
	平均	22	8.86	0.19	395	325	476	0.81	2.7	0.46	5.00	8.4	1.3		
第三月	最大	22	8.94	0.13	470	362	550	0.60	0.7	0.67	7.09	9.0	1.2	0.0847	15.24
	最小	5	8.77	0.08	380	318	460	0.18	0.3	0.33	2.53	1.7	1.0		
	平均	14	8.86	0.11	427	334	506	0.38	0.5	0.46	4.39	2.1	1.0		
第四月	最大	6	8.80	0.13	540	494	645	0.29	0.8	0.63	6.14	9.0	1.0	0.0257	14.06
	最小	2	8.57	0.07	460	360	550	0.19	0.2	0.33	2.25	7.0	1.0		
	平均	3	8.67	0.10	508	458	603	0.23	0.5	0.47	3.85	2.5	1.0		

从表 3 可以看出，除清洗预膜当月及次月因发生物料泄漏，水质部分数据出现超标外，其余水质分析数据和监测换热器监测数据均符合中石化循环水管理专业控制指标要求。加药系统正常，但余氯偏低，少数时间不合格。集水池外观、循环水的颜色、气味等未有明显异常。循环水场特征不明显。

2 堵塞原因查找

根据装置和循环水场特征，初步判断部分换热器发生过流通道受阻现象，但具体是何种原因造成的堵塞无法确认。通过提高循环水压力和循环量，加大补水和排污，加强杀菌等措施，未能缓解生产装置换热量不足问题。为给下一步处理提供依据，对部分流量下降较多的冷换设备进行了开盖处理。换热器打开后的外观情况分别见图 1、图 2 及图 3。

从打开的换热器表观特征和黏泥分析结果看，腐蚀、结垢，微生物控制和机械杂物堵塞问题都不同程度存在，腐蚀、结垢较轻，微生物问题较为严重。对打开的换热器进行高压水冲洗，可以彻底清除堵塞物，恢复水流通道。初步判断堵塞物为软泥及软垢，基本无硬垢。

黏泥样品分析结果显示有机物和腐蚀产物占大部分。

3 处理措施

3.1 循环水系统杀菌及黏泥剥离

3.1.1 前期准备工作

发现装置换热不足时，即开始对循环水系统大剂量投加非氧化性杀菌剂及剥离剂，投加后系统浊度和黏泥升高，但均在 15 以下，经过排水置换后浊度降至 5.0NTU 左右，生物黏泥在 2.0mL/m^3以下。

每天冲击性投加次氯酸钠，提高系统余氯量，控制余氯在 0.5~1.0mg/L 范围，为下一步的强力黏泥剥离打好基础。在剥离处理前增加旁滤反洗频率或开排污阀，尽可能快速降低系统的碱度和 pH 值。

此阶段持续 7 天时间，主要是用于原因查找和判断，为下一步精准处理作准备。

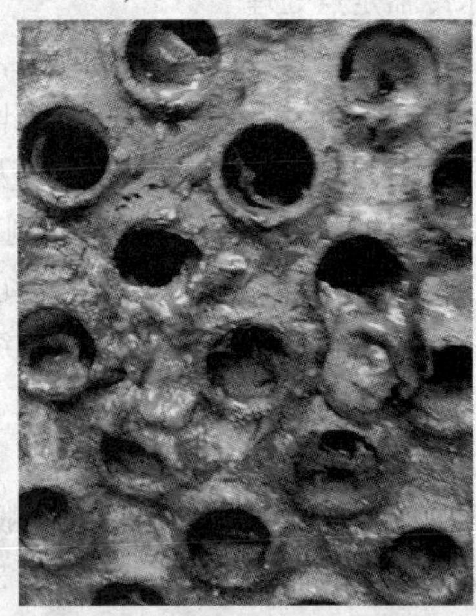

图 1　脱丙烷塔顶后冷器(未冲洗)

图 2　丙烯精馏塔后冷器(未冲洗)

图 3 稳定塔顶后冷器(未冲洗)

3.1.2　强力黏泥剥离

先提高次氯酸钠用量，控制余氯在 0.5~1.0mg/L，关闭循环水排污和旁滤系统。投加高浓度杀菌剥离剂，进行系统循环。在黏泥剥离期间，尽量维持余氯，同时在浊度和生物黏泥升至最高时增加分散剂的投加。旁滤系统关闭 8h 后，开始进行反洗及排污。剥离期间分析浊度、余氯、生物黏泥等指标。在浊度不再继续升高时进行排污置换。此过程可以重复进行，每次剥离前后加药及排水约 5~7 天时间，每天对浊度和黏泥数据进行分析记录，根据现场水质分析情况持续进行杀菌剥离，直至恢复供水流量。

此次黏泥剥离共进行三轮，药剂的投加浓度根据现场水质情况进行及时调整，每次都不尽相同。系统浊度在升高以后，基本维持，系统排污和置换都未有明显下降；生物黏泥高峰在第一、第二次剥离期间上升明显，第三次剥离时上升不多，此后一路下降，很快恢复正常。浊度也在第三次剥离，生物黏泥下降至 10mL/m^3左右时，开始明显下降，三天后即降到控制指标内。

3. 1. 3 关键水冷器定点处理

因部分关键水冷器直接影响到装置负荷，为尽快恢复换热器效率，对这些换热器进行了定点杀菌剥离。定点杀菌剥离即在换热器进口寻找合适的加药点，使用加药泵定点投加杀菌剂及剥离剂，监测换热器出口余氯、浊度以及进出口温差来调整投加量和剥离时间，从而达到恢复循环水流量的目的。此次定点杀菌剥离共清洗了 12 台关键水冷器，过程虽有区别，但原理相同。部分水冷器清洗效果明显，但也有部分清洗前后改变不多，可能冷却效果不理想还存在设备或工艺自身的原因。以气压机级间冷却器清洗为例，说明定点杀菌剥离的全过程及清洗效果。

(1) 强化杀菌

在换热器进口处找到合适的加药点(一般为排空口)，使用加药泵冲击性投加非氧化性杀菌剂，投加浓度为循环水系统强化剥离的 3~4 倍(以换热器的实际流量计)，同时投加杀菌剥离剂。此阶段时间持续约 4 小时。重点监测换热器进出口物料、循环水温度，出口侧循环水浊度、余氯。

(2) 强化剥离

使用加药泵冲击性投加次氯酸钠，投加量从最小量起，逐步加大投加量。投加量根据余氯维持在 0. 5~1 mg/L 之间来调整，此阶段时间持续 2~4 小时。重点监测换热器进出口物料、循环水温度，出口侧循环水浊度、余氯。余氯需控制在≤1. 0mg/L，不可过高，避免对设备造成损害。

(3) 持续剥离

使用加药泵冲击性投加杀菌剥离剂。此阶段是巩固剥离效果，重点监测换热器进出口物料、循环水温度，出口侧循环水浊度、余氯。

(4) 清洗效果

从水侧来看，连续监测的循环水流量在逐渐增加，未定点投加前为 592 m^3/h ，第二日增加到 692 m^3/h，第三日增加到 752 m^3/h，温差也从开始的 4. 6℃上升到 6. 2℃，见图 4。

从工艺侧来看，介质温差从 37. 9℃上升到 47. 5℃，温差上升接近 10℃，对比去年同期介质温差 40~41℃，目前该换热效率有明显改善，见图 5。

4 系统水质变化情况

在生物黏泥剥离阶段，循环水水质变化较大，期间还发生过两次生物黏泥急剧上升现象，分别发生在第一、第二次剥离期间，见表 4。急剧增加的生物黏泥堵塞了集水池出口滤网，见图 6、图 7。通过紧急人工清洗滤网，未对生产造成影响。

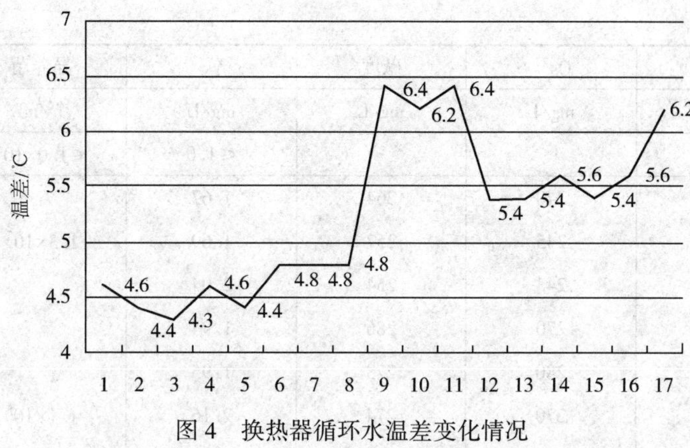

图 4 换热器循环水温差变化情况

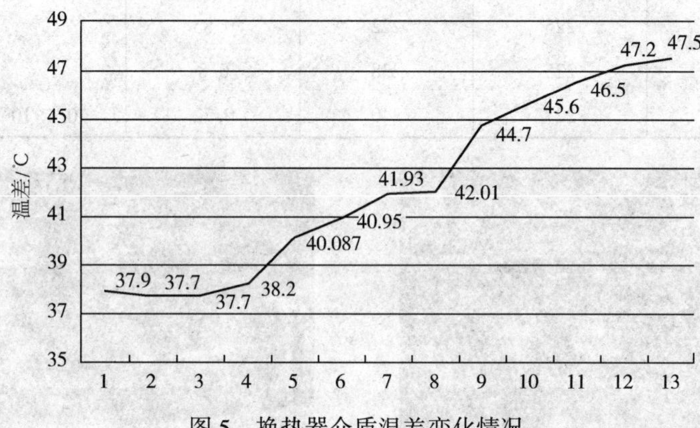

图 5 换热器介质温差变化情况

表 4 生物黏泥剥离期间循环水水质

时间	浊度	Ca^{2+}	碱度	铁	异养菌	生物黏泥
	NTU	mg/L	mg/L	mg/L	个/mL	ml/m^3
	≤20			≤1.0	≤1.0×10^5	≤3.0
1	2	475	448	0.15	3.2×10^5	1.0
2	2	483	440	0.2		5.0
3	2	460	418	0.26		67.0
4	3	405	362	0.23		58.0
5	24	355	338	0.65	3.1×10^5	59.4
6	21	350	352	0.78		60.0
7	39	280	270	1.26		35.0
8	46	255	240	1.56	3.3×10^5	52.0
9	50	268	266	1.69		31.0
10	43	240	245	1.41		48.0
11	46	238	242	1.59		48.0
12	40	235	242	1.63	1.4×10^5	30.0

续表

时间	浊度	Ca^{2+}	碱度	铁	异养菌	生物黏泥
	NTU	mg/L	mg/L	mg/L	个/mL	ml/m^3
	≤20			≤1.0	≤1.0×10^5	≤3.0
13	45	240	264	1.67		38.0
14	48	245	257	1.69	1.3×10^5	45.0
15	52	243	254	2.04		48.0
16	44	270	286	1.94		19.0
17	45	280	278	1.95		14.0
18	49	270	274	2.16	1.1×10^5	12.0
19	40	248	330	1.37		11.0
20	22	225	222	0.85		8.0
21	23	225	238	0.8		4.0
22	19	227	240	0.72	0.7×10^5	2.0

图6 集水池出口滤网第一次堵塞

图7 集水池出口滤网第二次堵塞

5 原因分析

5.1 回用水水质发生变化

该系统原回用水为边沟水、杂用水及雨水等相对清净的水，经混凝、沉淀、过滤后回用，溶解性物质较少，生物活性低，水质相对稳定。由于污水处理系统改造，临时将污水处理场的部分排水合并到回用水系统，导致回用水水质发生根本性变化。污水处理场污水带有大量的活性微生物，因未进行针对性的杀菌，导致气温较低时聚积在循环水系统中。

5.2 水质变化滞后导致警惕不足

由于循环水系统水质变化具有滞后性，特别是微生物繁殖具有潜伏期、快速生长期、爆发期的特点，在气温较低，且是回用初期，细菌检测结果均合格，导致杀菌剂的加药量和以前同期相比也基本持平。在气温升高至微生物最适合温度时，进入快速生长期，对冷换设备造成一定影响，但由于微生物隐藏在系统内部，附着在管壁、换热器内壁等处，并不随水流动，水质分析及现场状况和往年同期相比均未出现明显异常。水质处理方案未及时进行调整。

5.3 气温回升后杀菌不够

因细菌、生物黏泥、监测试管等分析数据一直合格，导致杀菌剂的投加一直按最低要求控制。余氯控制偏低，一直徘徊在控制指标下限，也给微生物的爆发创造了条件。

5.4 生产装置工艺介质泄漏

该循环水系统近半年来陆续泄漏过丙烷、富气、溶剂油等，漏量不大，但断断续续一直存在。在生物黏泥爆发的过程中也发现存在丙烷、丙烯的少量泄漏。烷烃、烯烃类物质的泄漏，也促进了生物黏泥的繁殖。

6 结 论

（1）循环水系统微生物爆发可以通过强制杀菌剥离进行处理和恢复，保证生产装置安全运行，避免紧急性停工。

（2）对关键水冷器进行定点处理，可以取得显著成效，能有效缩短由于生物黏泥爆发对生产装置带来的降负荷或停产影响。

（3）微生物生长隐蔽性较强，爆发时间短，对生产危害大。日常需全方位关注循环水场的运行变化，掌握各项水质数据及工艺调整，及时调整水处理方案，才能有效避免生物黏泥爆发这种突发状况。

参 考 文 献

[1] 栾金义，傅晓萍．石油化工水处理技术与典型工艺[M]．北京：中国石化出版社，2015.

[2] 周本省．工业水处理技术[M]．北京：化学工业出版社，2015.

[3] 齐鲁梁，李永存，张莉．水处理药剂及材料实用手册[M]．北京：中国石化出版社，2006.

pH 值、碱度对循环水腐蚀控制的影响及对策

张尔东

（中国石油哈尔滨石化公司，哈尔滨 150056）

【摘　要】 本文重点论述了针对当前环保新标准对标工作中，为实现污水源头污染物减量化，降低污水源头的磷含量，探讨因污水回用水做补充水源的循环水场 pH 碱度幅度较大应用低磷配方缓蚀剂跟分散剂对腐蚀控制的影响，作为下步循环水运行调整的依据。

【关键词】 pH 值 碱度 正磷 腐蚀 低磷配方

哈尔滨石化公司循环水场停机检修之后，循环水系统工艺、浓缩倍数、污水回用水水质变化的影响循环水 pH 值、碱度发生相应的变化随之循环水中正磷产生相应的变化，循环水腐蚀速率相应的发生改变。

1　循环水现场具体情况

1.1　循环水场 pH 值、碱度、正磷的变化

哈尔滨石化一循 9 月初开始系统 pH 值、碱度、钙离子、浓缩倍数浊度逐渐升高，调整加大补水让塔池溢流降低浊度，现场及时投加季氨盐非氧化杀菌剂加强剥离清洗。随着过滤反洗频次增加系统浊度逐渐降低，19 号开始系统正磷浓度逐渐降低，最低降到 0.2mg/L，现场加大缓蚀剂加入量正磷浓度依然偏低。循环冷却水系统中正磷，在 pH 跟碱度，硬度高的循环水系统中，它将与 Ca 发生如下反应

$$3Ca^{2+} + 2PO^{3-} \rightarrow Ca_3(PO)_3 \downarrow$$

磷酸钙是极难溶的盐，25℃时的溶度积为 2.0×10^{-29}，故在高浓缩倍数下，冷却水系统中也可能生成磷酸钙沉积，沉积后垢污下腐蚀加重，使试管腐蚀、黏附速率增大。10 月下旬四循水温升高，系统呈逐渐浓缩趋势，浓缩倍数、碱度逐渐升高正磷含量逐渐降低。

一循、四循水质趋势见图 1、图 2。

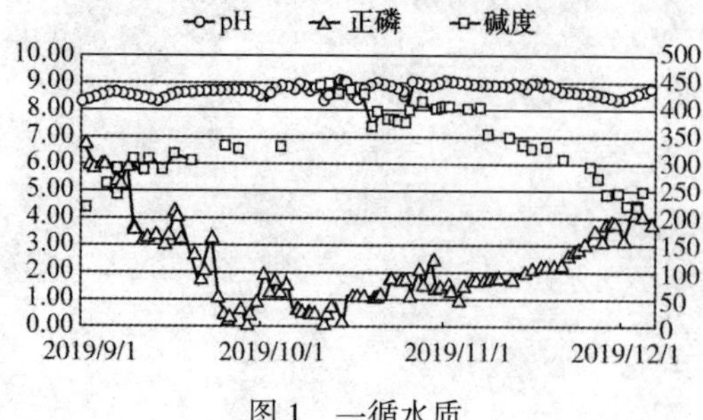

图 1　一循水质

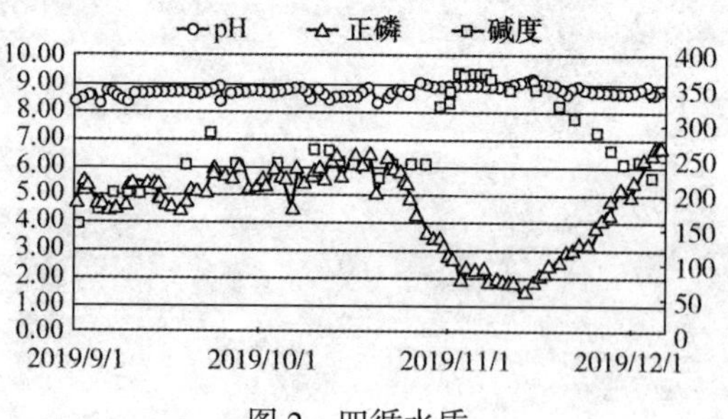

图 2　四循水质

一循、四循水质趋势图可以看出，一循在 9 月中旬循环水浓缩倍数、碱度逐渐升高，循环水正磷含量逐渐降低。四循在 11 月初开始碱度升高正磷含量逐渐降低。两系统在 11 月低增大排污碱度逐渐降低，加大分散剂的加入量正磷逐步升高维持稳定运行。

1.2 运行结果分析

监测试管结果见表 1、表 2。

表 1 一循监测试管结果

项目	试管腐蚀速率	黏附速率
控制指标	≤0.075mm/a	≤20mcm
2019-9	0.1074	35.04
2019-10	0.072	16.4
2019-11	0.081	7.67

表 2 四循监测试管结果

项目	试管腐蚀速率	黏附速率
控制指标	≤0.075mm/a	≤20mcm
2019-9	0.271	2.66
2019-10	0.013	1.32
2019-11	0.002	2.61

1.3 试管数据分析

在三个月的试管腐蚀指标显示 8 月底完成清洗预膜，9 月初期循环水药剂浓度低 9 月中旬开始循环碱度浓缩倍数逐渐升高，循环水运行中正磷持续偏低。10 月份为控制循环水腐蚀速率缓蚀剂加药量逐渐增大，后期加大排污量增大缓蚀剂、分散剂用量循环水系统正磷逐步维持稳定，循环水试管腐蚀速率逐渐降低。

1.4 运行数据分析

1.4.1 一循正磷、总铁变化趋势图及结果分析

由图 3 一循 11 月份正磷、总铁趋势图可以看出来，一循系统在运行过程中总铁变化随正磷逐渐稳定呈现上升趋势，说明系统的磷酸盐沉积逐渐控制以后系统的运行逐渐恢复稳定铁在水中不再沉积。

1.4.2 四循浓缩倍数与正磷变化趋势图及结果分析

由图 4 四循浓缩倍数跟正磷变化趋势图可以看出，随浓缩逐渐降低，正磷逐渐恢复正常，说明低磷循环水控制指标对循环水浓缩倍数，循环水碱度和硬度有一定的适应范围。

2 pH 值、碱度对循环水腐蚀控制的影响及对策

2.1 运行管理方面

为保障循环冷却水系统稳定运行生产部、设备部、现场运行加药人员应加强联系、监视和监测，出现异常及时处理。

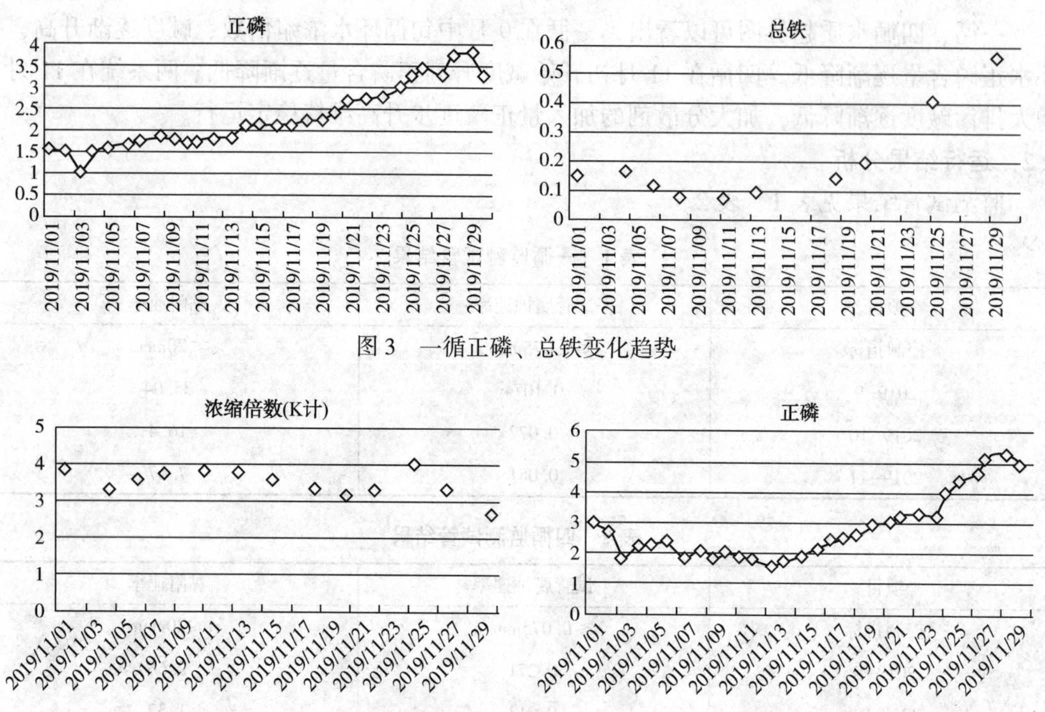

图 3　一循正磷、总铁变化趋势

图 4　四循浓缩倍数与正磷变化趋势

2.2　循环水现场监测方面

对循环冷却水系统实施有效的监测是保证系统良好运行必不可少的方法，能方便查找水质异常的原因并通过对药剂投加或水处理工艺参数的及时、适当调整有效地控制水质；水质分析是保证水处理取得良好效果的重要保证，应严格按照《质量检验规程》操作，对循环冷却水与补充水进行分析；炼油厂循环冷却水中往往由于工艺介质泄漏等原因，造成循环水的严重污染。导致循环水中腐蚀性物质含量升高，杀菌效果的降低，致使循环水中微生物大量繁殖生物黏泥及铁细菌，硫酸盐还原菌等急剧上升，导致水质严重恶化，影响水的换热效果，甚至对管道造成严重腐蚀现象，为此要对循环冷却水系统运行进行定期和不定期的和抽样化验检查。实施全面跟踪监控，以确保水质污染情况得到及时解决；

2.3　现场加药方面

通过运行数据分析，低磷指标控制在循环水运行中因浓缩倍数、补水水质变化引起的 pH 值、碱度、硬度影响现场运行出现波动，在保证现场控制指标的前提下及时调整缓蚀剂跟分散剂的加药量保证系统正常稳定运行。低磷指标循环水运行需要循环水药剂管理人员更加细致地分析水质的变化针，对现场具体情况针对性地进行药剂的投加，确保循环水系统的稳定运行。

氨泄漏对循环冷却水系统的影响及对策

戴　敏　舒作舟

（中国石化长岭炼化公司水务部，岳阳 414012）

【摘　要】长岭炼化水务部第五循环水场自2015年开始，多次发生污水汽提装置换热器氨类物料泄漏至循环水中，造成水中游离氯减少，pH值和碱度快速降低，加速了循环水系统所供换热器及管网的腐蚀趋势。通过在该特定条件下水质处理方案的筛选应用和杀菌灭藻处理，较好地控制了水中微生物滋生，循环水腐蚀速率达标，保证了系统的稳定连续运行。

【关键词】循环水　氨　泄漏　措施

1　系统概况

长岭炼化公司水务部第五循环水场(以下简称五循)主要担负着为3#催化、3#常压、污水汽提等南区装置提供循环冷却水的任务。该系统循环水量约为12000 m^3/h，保有水量6000 m^3。缓蚀阻垢方案采用自然pH值运行下磷酸盐系复合配方进行循环水的缓蚀、阻垢控制，杀菌灭藻以氯剂为主剂，采用二氧化氯冲击式投加，三氯异氰尿酸视水质补充投加。辅剂为双季铵盐类和水合肼类的非氧化性杀菌剂，与主剂交替使用投加。系统补充水为净化处理后的长江水(浊度≤3NTU)和以山体雨水回收为水源的大排回用水，其中回用水约占循环水系统总补水量40%左右。

2　氨漏入循环水系统的判断

2.1　氨泄漏后水质特征

2015年至2019年5月，五循共发生7台次氨类换热器泄漏，均属于加氢污水汽提装置。由于氨为无色气体，具有强烈的刺激气味、极易溶于水(700：1)，与水和酸发生反应等特性，当氨漏入循环水中，会快速造成水体污染，水中pH值出现一个上升过程，游离氯浓度下降甚至消失，异养菌数上升较快，一段时间后pH值下降，总铁、COD、硝酸盐含量显著上升[1]。

案例：

2018年8月底五循系统出现水质异常，二氧化氯投加后余氯难以达到工艺控制0.5mg/L以上，pH值、碱度下降，9月3日查出污水汽提E210氨冷凝器泄漏，受装置工艺条件制约，9月18日方停运并切出循环水系统。为控制水质，9月7日和14日分别进行了杀菌剥离和排污置换处理。日常杀菌延长了二氧化氯投加时间，期间进行了一次72h连续投加，确保杀菌力度。同时在此基础上，采取每日定量投加碳酸钠的方式减缓循环水碱度的下降，减

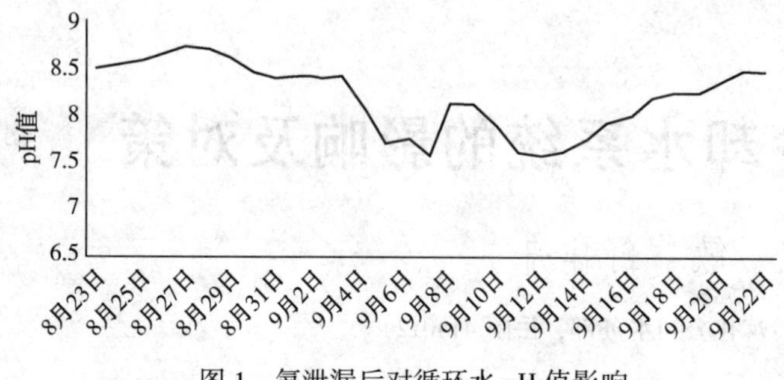

图 1　氨泄漏后对循环水 pH 值影响

缓系统腐蚀趋势。在 18 日漏点切出系统后，20 日再次进行了杀菌剥离和置换处理，24 日水质指标恢复正常，pH 值 8.47，总磷 0.38mg/L，总碱度 208 mg/L，异养菌 200 个/mL，COD 降至 96mg/L，投加二氧化氯 2h 余氯即达到 0.8mg/L。在换热器 E210 氨泄漏期间以及切除后的水质恢复过程中因循环水处理方案采取到位，未到系统造成明显影响。

表 1　E210 氨泄漏后循环水特征水质指标变化

日期	余氯/(mg/L)	总铁/(mg/L)	总碱度/(mg/L)	异养菌/(个/mL)	COD/(mg/L)
8 月 20 日	1.0	0.46	251	140	46.8
8 月 23 日	0.8	0.48	220		
8 月 27 日	0.8	0.42	241	160	38.7
9 月 3 日	0.6	0.4	97	210	108.4
9 月 6 日	0.4	0.99	92		
9 月 10 日	0.4	1.09	74	170	162.4
9 月 18 日	0.4	0.91	120	2500	169.5
9 月 25 日	0.8	0.38	205	200	94.6

2.2　原因分析

由于硝化菌群的存在，当循环冷却水系统中含氨时，硝化菌群会对其发生作用，分别产生氨的亚硝化、硝化以及硝酸的反硝化过程[2]：

$$NH_3+H_2O = NH_4^++OH^-$$

$NH_4++1.5O_2 \longrightarrow NO_2^-+H_2O+2H^+$（在亚硝化菌作用下，氯剂加速这个过程，pH 值下降）

$NO_2-+0.5O_2 \longrightarrow NO_3^-$（在硝化菌及氯剂作用下）

$NO_2^-+HClO \longrightarrow NO_3^-+HCl$（氯剂水解，氧化亚硝酸根，氯剂被消耗）

亚硝化菌和硝化菌都是自养型细菌，从反应中获得所需能量进行细胞合成，其反应式为：

$$22NH_4^++37O_2+4CO_2+HCO_3^- \longrightarrow C_5H_7NO_3+21NO_3^-+20H_2O+42H^+$$

可知，氧化 1kg 氨氮需要 4.57kg 氧，硝化 1kg 的氨氮需要消耗 7.1kg 的 $CaCO_3$ 碱度，造成 pH 值、碱度严重下降。由于系统腐蚀性增加，水中总铁呈上升趋势。从上式中可看出氯在漏入氨后被大量消耗，杀生性的降低致使水中微生物滋生，异养菌增加，COD 升高。

3　氨泄漏对循环水系统的影响

3.1　杀生力度大幅减弱

五循测定分析循环水中的余氯是采用联邻甲苯胺比色法，这种方法只在水与联邻甲苯胺溶液接触后(1~2s)迅速比对时，所得结果方为游离氯，在生产实际应用中多是在滴入溶液10s后进行比对，所以比色测定结果多为水中总氯，即化合性氯(氯胺)与游离氯之和。当出现泄漏造成循环水中含氨时，氯剂中 HClO 与氨发生作用，产生氯胺类化合性氯，其杀菌效果远不如 HClO(游离氯)，因氨消耗掉大量氯剂，游离氯无法保证，甚至为零，杀菌效果大大降低，微生物难以控制，造成水质恶化。在上表 1 案例泄漏期间，当余氯(总氯)达到0.4mg/L 时分析此时游离氯仅为 0.05mg/L。

3.2 系统腐蚀性增强

水中氨与氧反应产生的亚硝酸和硝酸，电离反应产生氢离子，使 pH 值下降，加速了腐蚀电池的工作，使金属腐蚀加剧。溶于水后生成的铵离子还可与铜离子形成铜氨络合物，加速铜换热器的腐蚀。

在循环水 pH 值下降、总铁上升的过程中，水质处理杀生控制不到位，势必会造成水中铁沉积细菌(简称铁细菌)增加。铁细菌把可溶于水中的亚铁离子变为不溶于水的三氧化二铁的化合物，因此产生大量氧化铁沉淀。由于铁细菌通常被包裹在铁的化合物中，生成体积很大的红棕色的黏性沉积物，易引起换热器管束被堵塞的情况。同时由于铁细菌的锈瘤覆盖了钢铁表面，形成氧浓差腐蚀电位，从而引起了系统中钢铁介质的腐蚀[3]。

案例中五循循环水腐蚀速率由泄漏前 0.01mm/a 升高至 0.03mm/a，此时由于系统腐蚀性增加，铁细菌增加近 300 倍，最高为 9.5 个/mL。随着部分管网中沉积物酸解，致使五循总磷在 9 月 12 日由 3.61mg/L 突变至 9.79mg/L(控制指标 3.5~5.0mg/L)，且持续高数值直至泄漏换热器切出系统，期间最高达到 10.27mg/L(如图 2)。图 2 中总磷在 9 月 7 日和 9 月 14 日下降是由于对系统进行了杀菌剥离和置换处理。

3.3 增加循环水的水处理成本

当循环水中漏入氨后，需要提高游离性余氯保持系统的杀菌能力，这将提高氯剂投加量，并且增加非氧化杀菌的频次和力度，以达到控制微生物快速滋生繁殖的目的。在非氧化杀菌处理后为尽快恢复水质，采取了大量的排污置换，本文案例中五循氨泄漏期间同比 2017 年，非氧化杀菌量同比提高一倍，循环水补新水耗提高 1.7%。这些药剂投加、水量的排放补给都将增加循环水的处理成本。

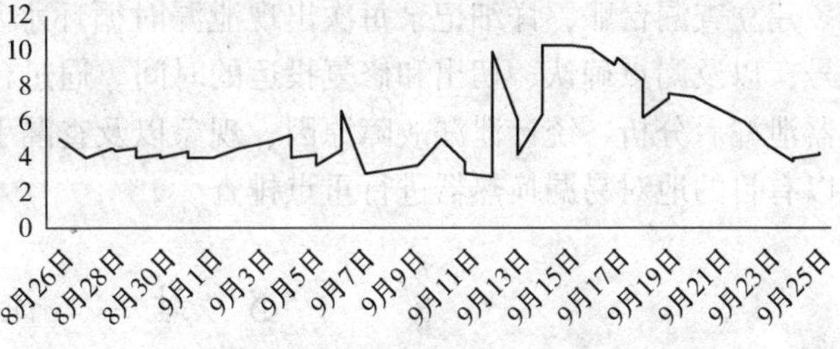

图 2 氨泄漏对循环水总磷的影响

4 氨泄漏应对措施

4.1 泄漏设备的查找

由于氨溶于水中呈碱性，可采取 pH 或氨氮等特征水质指标实现泄漏点的定位。当循环水中 pH 值由升高向降低发生转变时，采用 pH 值试纸比对法，通常能快速找到漏源。在确认泄漏点后应尽快从系统中切出，减轻水质恶化对系统中换热器和管网造成的腐蚀伤害。在暂时无法切出时，可适当进行工艺侧调整，视情况在采取安全和环保措施的条件下，在换热器高位进行气体置换。

4.2 加大杀菌力度

增加氯类氧化型杀菌剂投加浓度至游离氯 0.1~0.5mg/L，如游离氯难以保证，冲击式投加非液体型有机溴类非氧化型杀菌剂（在漏氨时溴类药剂杀菌效果优于其他非氧性药剂），控制微生物滋生；或可在间断投加二氧化氯的同时辅助投加三氯异氰尿酸，提高氧化杀菌力度。同时增加黏泥剥离频次，提高剥离剂投加浓度 50%~100%，剥离后迅速进行系统排污置换。

4.3 提高抗腐蚀能力

由于水中 pH 值和碱度的下降，应快速、均匀和分散地投加碳酸钠或碳酸氢钠，控制 pH≥7、碱度≮80mg/L，宜保持碱度在 100mg/L 以上为佳。提高缓蚀阻垢剂投加浓度，在提升系统抗腐蚀的同时，对预先生成的保护膜进行了一定的补充修复。针对有铜材质换热器的系统，需单独增加铜缓蚀剂浓度。

4.4 加强循环水带漏下的运行管理

在实际生产中，多发生由于生产装置工艺限制造成泄漏换热器无法及时切出循环水系统。对在泄漏状态下运行的系统，应针对氨泄漏的特点及危害，制定合理的带漏运行方案，加强杀菌和剥离，调整缓蚀阻垢剂投加浓度或药剂组成，降低循环水浓缩倍数，提高相关水质指标的监测频次，关注 pH 值、碱度、腐蚀速率、异养菌、生物黏泥量等关键指标变化，确保系统稳定运行。生产用户在暂时无法切出漏源时，可适当进行工艺侧调整，视情况在采取安全和环保措施的条件下，换热器进行高位气体置换。

4.5 建立换热器和查漏台账

摸清循环水系统负责供给的生产装置性质，循环水换热器台数，以及换热器管/壳程介质、运行压力等参数，建立换热器台账，有利于在确定系统发生泄漏后快速找到泄漏点。

建立查漏台账，详细记录每次出现泄漏时循环水水质的现象、特征，泄漏介质、位置、编号，以及漏点确认、切出和修复投运的时间。通过台账便于统计易漏换热器，并在每次换热器泄漏后分析、统计泄漏故障原因、现象以及查漏手段，有利于在每次循环水系统泄漏后可以有目的地对易漏换热器进行重点排查。

5 结 论

当循环水系统发生氨漏入时：

（1）关注水中 pH 值和总碱度变化，必要时采取投加碳酸钠等措施控制系统碱度 >80mg/L、pH≥7，减缓循环水腐蚀。

（2）增加杀菌剥离投加浓度和频次，多种氧化性杀生剂辅助投加，保证循环水系统的杀菌灭藻力度，控制微生物和黏泥量。

（3）待漏点切除后采取剥离、排污置换等措施快速恢复水质，降低泄漏对系统造成的影响。

参 考 文 献

[1] 栾金义 傅晓萍．石油化工水处理技术与典型工艺[M]．中国石化出版社，2013：223.

[2] 梁宗忠．浅析循环水铜腐蚀超标的原因[G]．工业水处理技术（第十四册），北京：中国石化出版社，2012：20-21.

[3] 周本省．工业水处理技术[M]. 2 版．北京：化学工业出版社，2002：123-124.

炼油高盐污水处理实践与运行优化探讨

欧焕晖　官　盛

（中国石化齐鲁石化公司供排水厂，淄博 255410）

【摘　要】 本文介绍炼油厂生产过程中产生的几种典型高含盐污水的水质特征，通过对 A/O 活性污泥法+微砂高效沉淀池+臭氧催化氧化工艺的运行优化，可以实现 GB 31570—2015《石油炼制工业污染物排放标准》规定的污水排放标准。

【关键词】 含盐污水　硝化反硝化　碳氮比　高效沉淀　催化氧化

1　前　言

我公司炼油含盐污水处理装置主要处理污水回用装置反渗透（RO）浓水、除盐水站化学中和废水及炼油厂催化装置产生的脱硫脱硝废水等高盐废水，设计处理能力 300m³/h。

含盐污水处理装置采用匀质、缺氧/好氧（A/O）生化、微砂高效沉淀和臭氧催化氧化工艺，工艺流程较为简洁，单元特征污染物去除效率高。其中匀质罐主要作用是对各种含盐污水进行水量水质调节，缺氧/好氧活性污泥生化单元主要去除氨氮和总氮，微砂高效沉淀池主要去除悬浮物、磷和 COD，臭氧催化氧化单元主要去除 COD 和 TOC。处理后污水水质达到《石油炼制工业污染物排放标准》GB 31570—2015 规定的污水排放标准。

针对污水处理装置运行期间出现的进水可生化性差、生化单元污泥驯化难、反硝化碳源不足、水质易结垢和深度处理单元 COD 去除效率低问题，采用有效的工艺技术措施，可以实现装置稳定运行和污水排放标准。

2　炼油含盐污水处理装置工艺概况

2.1　工艺流程简介

含盐污水处理装置工艺流程见图 1。

含盐污水处理过程：炼油污水回用装置产生的浓水、除盐水站产生化学中和水和炼油厂催化装置产生的脱硫脱硝废水，分别经泵提升输送至 5000m³ 匀质罐进行污水调节均质，出水自流进入缺氧/好氧（A/O）生物曝气池，去除氨氮和总氮，沉淀池出水进入微砂加炭高效沉淀池去除总磷、悬浮物和 COD，出水进入臭氧催化氧化装置进一步去除 COD、TOC，出水达标排放。

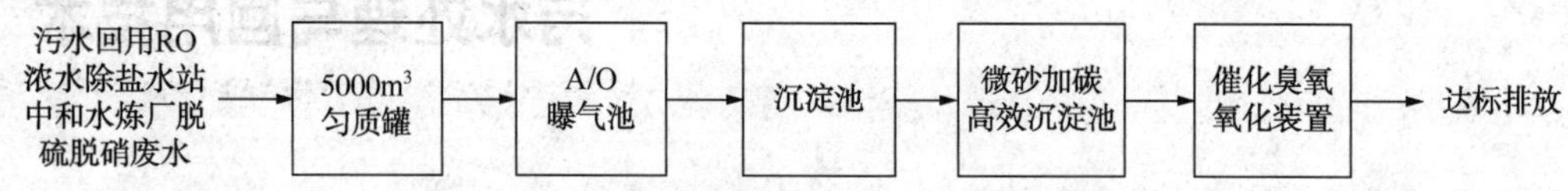

图1 炼油含盐污水处理装置工艺流程图

2.2 含盐水质特征分析

(1) 污水回用装置反渗透(RO)浓水水质特征

炼油污水回用装置采用超滤、反渗透工艺，设计处理规模 500m³/h。在反渗透单元获得 70%的高品质再生水时，也产生了 30%的反渗透(RO)浓水。RO 浓水中的 COD_{Cr} 64~98mg/L，组分主要是难生物降解的溶解性有机物，可生化性差。TOC 为 29~35mg/L，氨氮 6.21~53.61mg/L，总氮 117~138.9mg/L，碱度 364~436.2mg/L，pH 值 7.75~8.0，钙硬 441~818mg/L，电导率 4280~7250mg/L，氯离子 1150~1719mg/L。见表 1。

RO 浓水水质特点：COD 可生化性差，总氮高。

表1 污水回用装置污染物浓度一览表

序号	项目	污水回用 RO 浓水	序号	项目	污水回用 RO 浓水
1	水量/(m^3/h)	100~150	6	碱度/(mg/L)	364~436.2
2	COD_{Cr}/(mg/L)	64~98	7	pH 值	7.75~8.0
3	TOC/(mg/L)	29~35	8	钙硬/(mg/L)	441~818
4	氨氮/(mg/L)	6.21~53.61	9	电导率/(μS/cm)	4280~7250
5	总氮/(mg/L)	117~138.9	10	氯离子/(mg/L)	1150~1719

注：钙硬、碱度、总硬度均以 $CaCO_3$ 计。

(2) 除盐水站化学中和废水水质特征

除盐水站采用离子树脂交换工艺，设计处理规模 1100m³/h。以反渗透产水和新鲜水为原料。装置中和废水的 COD_{Cr} 162~175mg/L，TOC96~118mg/L，氨氮 4.99~83.24mg/L，平均值 34.40mg/L，总氮 180~240mg/L，碱度 188.98mg/L，pH 值 6.8~7.4，钙硬 528~3899mg/L，电导率 16050~22600mg/L，氯离子 8228mg/L。水质见表 2。

化学中和废水的水质特点：电导率高、含盐量高、钙硬高、总氮高。

表2 除盐水化学中和废水水质

序号	项目	除盐水站	序号	项目	除盐水站
1	水量/(m^3/h)	60~90	8	pH 值	6.8~7.4
2	电导率/(μS/cm)	16050~22600	9	COD_{Cr}/(mg/L)	162~175
3	钙硬/(mg/L)	528~3899	10	TOC/(mg/L)	96~118
4	碱度/(mg/L)	188.98	11	氨氮/(mg/L)	4.99~83.24(34.40)
5	总硬度/(mg/L)	742.07	12	总氮/(mg/L)	180~240
6	氯离子/(mg/L)	8228	13	总磷/(mg/L)	10
7	硫酸根/(mg/L)	330.9			

注：钙硬、碱度、总硬度均以 $CaCO_3$ 计。

（3）脱硫脱硝污水水质特征

炼油厂共有2套催化裂化烟气脱硫脱硝装置，产生脱硫脱硝废水量20～30m^3/h。外观浑浊呈乳白色，为悬浮的催化剂颗粒所致。硫酸根4088～10530mg/L，总氮22.5～211.5mg/L（主要成分为硝酸根），电导率9570～28700μS/cm。送入含盐污水处理系统处理存在硫酸钙结垢的隐患，影响污水处理装置长期稳定运行。

脱硫脱硝污水水质特点：电导率高、硫酸根高，易结垢。

表3　脱硫脱硝废水水质

序号	项　　目	二催化脱硫脱硝装置	三催化脱硫脱硝装置
1	水量/(m^3/h)	10～15	10～15
2	电导率/(μS/cm)	9570～16600	15500～28700
3	钙硬/(mg/L)	21.2～42.6	21.3～47.5
4	碱度/(mg/L)	562.7～5363.1	71.6～828.7
5	总硬度/(mg/L)	38.1～95.8	31.9～87.6
6	氯离子/(mg/L)	80.6～117.8	77.6～95.2
7	硫酸根/(mg/L)	4088.7～6029.1	6230.0～10530
8	pH值	8.7～9.4	7.4～9.3
9	COD/(mg/L)	25.6～43.7	18.9～26.5
10	TOC/(mg/L)	2.3～4.1	3.2～5.1
11	氨氮/(mg/L)	未检出	未检出
12	浊度/NTU	8.54～20.3	43.4～78.5
13	总氮/(mg/L)	22.5～72.0	118.2～211.5

注：钙硬、碱度、总硬度均以$CaCO_3$计。COD、TOC为充分沉降后分析结果。

2.3　含盐污水处理装置运行分析

2018年1月含盐污水处理系统改造后投用试运行，11月对含盐污水处理装置进行了技术标定。见表4。

表4　含盐污水处理装置各工艺单元出水水质

序号	项目	pH值	COD_{Cr}/(mg/L)	氨氮/(mg/L)	TOC/(mg/L)	总氮/(mg/L)
1	匀质罐出水	8.14	67.2	8.77	41	104
2	沉淀池出水	7.86	76.7	0.05	43	6.07
3	高效沉淀池出水	7.83	39.7	0.05	19.2	5.41
4	臭氧出水	8.0	37.5	0.05	14.5	5.40

（1）生化单元运行情况

生化单元采用缺氧/好氧活性污泥法。从标定结果可以看出生化单元去除氨氮和总氮效果良好，出水氨氮0.05mg/L，达到了不大于5mg/L排放指标；出水总氮6.07mg/L，达到了不大于15mg/L排放指标，硝化、反硝化功能和效果良好。但是出水COD和TOC出现上升现象，主要原因是进水可生化性很低、含盐量高，通过微生物作用较难去除，另微砂沉淀排泥废水部分进入O池、二沉池出水夹带部分悬浮物所致。

（2）微砂高效沉淀单元运行情况

微砂高效沉淀单元采用威立雅水处理技术有限公司“微砂加炭高效沉淀池”技术。先后投加混凝剂、絮凝剂对进水中的悬浮物进行絮凝，并通过一定量的微砂作为晶核加快絮体的沉降速度和效率，有效去除污水中悬浮物质和总磷；而粉末活性炭用来吸附降低污水中溶解性有机物。从标定结果可以看出，COD 去除率 48%，TOC 去除率 55%，出水 COD 达到了不大于 50mg/L 排放指标。出水悬浮物 17. 7mg/L，能够满足悬浮物不大于 20mg/L 排放指标。出水总磷 0. 03mg/L，满足不大于 0. 5mg/L 排放指标。

（3）臭氧单元

臭氧单元采用液相臭氧催化氧化工艺。从标定结果可以看出，可以进一步降低 COD 和 TOC，实现出水 COD 达到了不大于 15mg/L 排放指标。

3 装置运行期间出现的问题和解决措施

（1）进水自身碳氮比严重失衡

含盐生化进水碳源不足是影响总氮去除的主要因素。

含盐污水处理装置采用缺氧/好氧工艺去除总氮。缺氧段水力停留时间 10h，采用液下搅拌器来实现溶解氧不大于 0. 5mg/L，污泥回流比 50%，硝化液回流比 100%。其机理是在无分子态氧条件下，反硝化菌利用硝酸盐和亚硝酸盐中的 N^{5+} 和 N^{3+} 作为电子受体，有机物则作为碳源及电子供体提供能量，通过异化作用将 NO^{2-} 和 NO^{3-} 还原为 N_2。

含盐系列生化进水 COD67. 2mg/L 且难以生物降解，总氮 104mg/L，碳氮比严重失衡。因此考虑投用外加碳源以满足反硝化脱氮电子供体的要求，通过试验筛选，确定乙酸为含盐污水脱氮的最佳碳源。在生化进水投加乙酸，乙酸投加浓度为进水总氮浓度的 4~5 倍，即碳氮比调整为 5∶1 左右，能够解决反硝化碳源不足问题，提高生化脱氮效果。生化出水总氮满足不大于 15. 0mg/L 排放指标。

针对含盐系列生化进水总氮高特点，实际操作中硝化液回流比从 100%增加 200%，引入其他污水装置驯化成熟的反硝化污泥，提高了总氮去除效率。

（2）生化单元进水可生化性差

装置原料水为反渗透浓水、化学中和水和脱硫脱硝污水。混合后的污水 COD67. 2mg/L，TOC41mg/L，可生化性差，造成生化系统 COD 污泥负荷非常低，污泥持续处于内源代谢状态，难以建立正常的活性污泥和生化环境。

通过采取部分引入生活污水的措施，生化进水 COD 从平均 67. 2mg/L 上升到 83mg/L，污水可生化性有所提高，活性污泥性能得到改善，COD 去除率较调整前提高了 22%。同时可减少外加碳源的投加量，相比引入生活水前，每月减少乙酸使用量 60 吨，年节约费用 200 万元。

（3）提高深度处理 COD 去除率

微砂加炭高效沉淀技术和臭氧氧化技术作为深度处理工艺，可以提高 COD 去除率，确保外排水 COD 关键指标达标。

通过筛选微砂加炭高效沉淀 PAC、PAM 和活性炭型号和投加量，确认选取聚合氯化铝、阴离子聚丙酰胺和椰壳活性炭，适合炼油高含盐污水水质。结合进水水质，通过对三种药剂投加量和配比进行优化，COD 去除率从 48%提高至 56%，出水 COD 从 39.7mg/L 降至 33.2mg/L。

在臭氧装置增加 GX-3、GX-4 催化剂。其中催化剂 GX-3 具有较强的氧化催化作用，GX-3 与进水混合，进入臭氧反应塔内与 O_3 一起参与反应，起到了强化 O_3 氧化功能的作用，有助于提高 COD 去除率。催化剂 GX-4 在反应塔出水投加，可以进一步降低出水 COD。两种催化剂配合使用，可以提高 COD 和 TOC 去除效果。

（4）水质易结垢

为了解决含盐污水来水水质钙硬高、硫酸根高，混合污水后存在硫酸钙结垢问题。在脱硫脱硝污水预处理增加混凝沉淀过程，降低脱硫脱硝污水硫酸根含量。

4 结 论

（1）炼油含盐污水水质具有电导率与含盐量高、硬度高、总氮高且 COD 低、可生化性差特点，与传统市政和工业废水性质具有较大差别。

（2）采用缺氧/好氧活性污泥可以去除氨氮和总氮，通过投加乙酸作为补充碳源，碳氮质量比为 5：1 左右，可以解决反硝化碳源不足问题，配合合理调整污泥和硝化液回流比，可以有效保障去除效率。

（3）微砂加炭高效沉淀技术和臭氧催化氧化技术作为深度处理工艺，可大幅度提高悬浮物和 COD 去除率，促进外排水 COD、总磷关键指标达标。

（4）采用 A/O 活性污泥法+微砂高效沉淀池+臭氧催化氧化工艺，能够实现炼油高含盐污水处理后 COD、氨氮、总氮、总磷、悬浮物等水质满足《石油炼制工业污染物排放标准》GB31570—2015 规定的污水排放标准，对于相近废水达标处理和消除假定清净下水排放具有积极借鉴意义。

参 考 文 献

[1] 李龙，刘晓明．石油化工企业含盐污水深度处理试验研究[J]．当代化工，2019(3).
[2] 张广，刘婷婷．高含盐污水脱氮碳源选择研究[J]．齐鲁石油化工，2017，45(2).

炼油污水深度处理技术应用及优化措施

郭延燕　宋红兵

（中国石化洛阳石化公司水务部，洛阳 471012）

【摘　要】 介绍炼油污水装置工艺流程，分析炼油污水深度处理设施运行情况，存在的问题，提出相应的优化措施。

【关键词】 炼油污水　深度处理　工艺优化

1　前　言

随着国家对环境保护的日益重视，出台了很多环境保护策略和法律法规，水资源利用和污水处理排放标准相应提高，使得污水的深度处理及再生利用十分迫切，特别是 GB 31570 等标准的推出，石油化工行业污水深度处理及再生利用技术得以快速发展。

一般情况下，污水经二级生化处理后还会有相当数量的污染物质，如 COD60～100mg/L、悬浮物 20～80mg/L、氨氮、总氮、总磷等，为了更好地去除这些物质，提高出水水质，进而达到更高的排放标准和回用要求，需要对污水进行深度处理。

深度处理的对象与目标是：①去除污水中残存的悬浮物、脱色、除臭，使污水进一步澄清；②进一步降低污水的 BOD_5、COD、TOC 等指标，使水进一步稳定；③脱氮、除磷，消除能够导致水体富营养化的因素；④消毒、杀菌，去除污水中的有毒有害物质。常用的深度处理工艺有：混凝沉淀、臭氧氧化、活性炭吸附、生物滤池、超滤、微滤、反渗透等。

2　炼油污水装置简介

水务部炼油污水装置主要接收处理洛阳石化炼油系统各生产装置及相关公用工程装置所排放的工业污水，按照清污分流、分质处理原则分为含油污水、含盐污水两个污水处理系统。2008 年改造中工程设计规模：含油污水处理量 $550m^3/h$、含盐污水处理量 $150m^3/h$，污水总处理规模为 $700m^3/h$。

含油污水、含盐污水工艺流程相同，均采用隔油、浮选、生化“老三套”和活性炭吸附工艺。两级隔油采用均质调节罐和斜板斜管隔油池(简称 CPI)工艺，主要去除污水中的可浮油。两级浮选采用涡凹气浮(CAF)和斜板加压气浮(ADAF)工艺，主要去除污水中的乳化油。两级生化均为生物好氧工艺，采用好氧活性污泥法，利用活性污泥中微生物的新陈代谢作用，吸收氧化分解污水中的污染物，去除污水中 COD。

2008 年增上了 MBR 膜系统，膜生物反应器(MBR)是将超滤、微滤膜分离技术与生物处理技术相结合的一种新型工艺技术，以膜组件取代二沉池的泥水分离作用，MBR 膜系统采用帘式吊装膜，用机泵负压抽吸方式得到纯净的水，使水质得以改善。

2014 年和 2019 年，为进一步提高排放水质，达到新的国家污水排放标准，在炼油污水原有的工艺流程后端先后增上了两套含油污水深度处理装置，处理后污水达到 GB 31570—2015《石油炼制工业污染物排放标准》一般区域标准，部分作为中水回用，多余污水达标排放。

3 深度处理装置工艺技术及运行情况

3.1 350m³/h 深度处理装置

2014 年增上的污水深度处理装置设计处理水量 350m³/h，采用上海助邦“高效沉淀池+曝气生物滤池”工艺，主要由一间高效斜管沉淀池（LHPS）、四间曝气生物滤池（BAF）、三套加药装置及其配套设备设施组成。2013 年 9 月开工建设，2014 年 4 月完工中交，设计进出水水质如表 1。

表 1 350m³/h 深度处理装置设计进出水水质

项　目	设计进水水质	设计出水水质
pH 值	6~9	7~8.5
COD/(mg/L)	≤150	≤55
BOD_5/(mg/L)	≤20	≤12
悬浮物/(mg/L)	≤150	≤15
氨氮/(mg/L)	≤25	≤5
石油类/(mg/L)	≤5	≤5

高效沉淀工艺是一种多用途的高效澄清系统，是在传统的平流沉淀池的基础上，充分利用动态混凝、载体絮凝原理和浅池理论，把混凝、载体絮凝、斜管沉淀三个过程进行优化组合而成。高效沉淀池由混凝区、絮凝区和斜管沉淀区组成，主要去除污水中的有机物、胶体、悬浮物。混凝区投加混凝剂三氯化铁（$FeCL_3$），絮凝区投加絮凝剂聚丙烯酰胺（PAM）和粉末活性炭，同时从沉淀区回流部分含有未消解的药剂和絮状体的轻质污泥，促使污水中的悬浮物发生凝聚，形成絮团，实现化学沉降反应。

曝气生物滤池（BAF）是将传统的生物曝气池与滤池相结合的一种污水处理技术，是一种生物膜法，即在曝气池中填充生物填料，利用填料表面附着的生物膜，降解水中污染物，滤料同时可将新增的微生物污泥和进水中带入的悬浮颗粒截留在滤料层内，使出水变得清澈，起到二沉池作用，最大限度地去除污水中 COD、BOD_5、悬浮物、氨氮、总磷、总氮等。

该装置采用浙江中控自动控制系统，自动化控制程度相对较高，药剂投加、滤池反洗均可自动控制运行。随后的运行中，又陆续针对装置存在的问题进行了工艺改造，如增加了来水直接进 BAF 池跨线，高效沉淀池出水、BAF 池出水跨排线，三氯化铁投加系统改造等，使装置运行更加稳定，各单元进出水水质如表 2。

表 2 装置运行各单元进出水水质

项目	高效沉淀池进水	高效沉淀池出水	BAF 出水
pH 值	7.434	6.96	7.258
COD/(mg/L)	131.2	68.54	53.8
悬浮物/(mg/L)	67.03	8.275	—
氨氮/(mg/L)	0.996	—	0.536
总磷/(mg/L)	0.315	0.097	—

备注：以上数据为 2020 年 1~3 月统计数据。

3.2 200m³/h 深度处理装置

2019 年增上的污水深度处理装置设计处理水量 200m³/h，是对 350m³/h 深度处理装置在处理水量和总氮去除能力方面的补充。该装置采用苏州科环"高密沉淀池+反硝化滤池+臭氧催化氧化池+内循环 BAF 滤池"工艺，由一间高密池、三间反硝化滤池、三间臭氧催化氧化池、三间内循环曝气生物滤池组成，同时新增一套臭氧制备系统和一套碳源投加系统，三氯化铁、聚丙烯酰胺加药装置、反洗系统设施依托原深度处理装置。装置 2019 年初开工建设，2019 年 10 月完工中交，设计进出水水质如表 3。

表 3 200m³/h 深度处理装置设计进出水水质

项目	设计进水水质	设计出水水质
pH 值	6~9	6~9
COD/(mg/L)	≤150	≤40
总氮/(mg/L)	≤40	≤25
氨氮/(mg/L)	≤10	≤4
悬浮物/(mg/L)	≤120	≤10
石油类/(mg/L)	≤5	≤3

200m³/h 深度处理装置工艺单元更多，增加了反硝化滤池和臭氧催化氧化池两个单元，流程设置更加完善。高密沉淀池工艺设置上增加了斜板体吹扫系统，避免了斜板体被污泥絮体堵塞的问题，且不需要投加碳粉药剂。反硝化工艺采用重力流反硝化滤池，通过补充碳源，为反硝化菌提供生长所需的营养物质，使硝态氮不断被还原成氮气，配合滤料层的过滤作用，实现去除总氮、有机物、悬浮物的作用。臭氧池采用非均相臭氧催化氧化技术，池内填充多孔无机材料载型催化剂，通过注入适量臭氧，促进有机物降解。内循环曝气生物滤池是在传统的曝气生物滤池基础上，采用新型多孔无机填料、新型曝气技术和反洗技术，提高了生物床的微生物种类、数量、活性及生物床传质速度，从而达到提高 BAF 处理效率和处理深度的目的。

200m³/h 深度处理装置 2019 年 10 月投用，目前正在调试。通过在反硝化滤池、内循环 BAF 池投加污泥和菌种，间断闷曝、定量投加碳源方式培养驯化生物挂膜。调试步骤如下：

（1）调整装置处理水量，从 50m³/h 水量开始调试，摸索积累调试经验，观察调试效果。

（2）根据高密池絮凝情况，调整 PAM 药剂投加量，降低三氯化铁投加浓度，分析铁盐对后序过程的影响。调整排泥时间，根据泥位定时定量排泥。

（3）试用乙酸钠代替葡萄糖，根据水质水量核算乙酸钠投加量，提高反硝化反应速率。

（4）反硝化滤池注入活性污泥 30t/间，补充反硝化菌种 35kg/间，间断鼓风曝气促进生物膜生长。采集反硝化滤料，观察分析滤料上微生物生长及挂膜情况。

(5) 内循环 BAF 池注入活性污泥 14t/间，用临时泵依次对各间滤池进行内循环，充分保证滤料层与菌种接触时间，促进生物膜生长。

(6) 调整各池反洗参数，对反硝化滤池、臭氧催化氧化池、内循环 BAF 池进行强化反洗，清理干净填料层积存的多余污泥及杂质，保持池体畅通。

4 深度处理装置优化措施

4.1 350m³/h 深度处理装置

(1) 根据二级生化出水水质及深度处理装置进水要求，停运 MBR 膜系统。

MBR 膜系统因膜污染严重、产水系统经常漏气等原因，含油膜组部分停运，含盐膜组全部停运，膜产水量很低，大部分污水走事故沉淀池处理，事故沉淀池受吹扫回流缝及池面浮泥影响出水水质较差，导致高效沉淀池进水水质波动较大，不利于高效沉淀池稳定运行。建议新建含盐污水装置投用后，事故沉淀池全部运行，优化回流缝吹扫程序，清除泥面浮泥，提高沉淀池出水水质，停运 MBR 膜系统。既降低了运行能耗，又解决了 MBR 系统故障率高、维修费用大的问题。

(2) 完善高效沉淀池斜板体吹扫设施。

高效沉淀池没有设置斜板体吹扫设施，斜板体经常积泥堵塞，影响污泥絮团沉降，且沉淀区易积存污泥不易排出。目前池上接一根临时风线，人工定期吹扫，耗时耗力且吹扫效果差。建议进行工艺优化改造，增上斜板体自动吹扫系统，同时可解决沉淀区积泥问题。

(3) 解决曝气生物滤池(BAF)曝气不均问题。

曝气生物滤池(BAF)自 2014 年投用以来未进行过检修，四间滤池均不同程度出现滤料板结和底部曝气不均情况。建议新建深度处理装置调试正常后，根据处理水量停运部分 BAF 滤池，切换检修，检查曝气器，解决滤池曝气不均问题，提升 BAF 出水水质。

(4) 开展絮凝剂优化筛选工作。

三氯化铁药剂含杂质多，经常堵塞加药计量泵及加药管线，虽经过多次改造，采用人工上药、人工加药方式，但仍不易调整加药量，池上加药口经常堵塞，导致高效沉淀池出水水质波动。建议筛选聚合铝铁、聚合铝等复合絮凝剂。

4.2 200m³/h 深度处理装置

结合目前调试过程中出现的问题，建议进行以下优化：

(1) 更换三氯化铁絮凝剂

三氯化铁投加系统未完成施工，目前使用临时加药桶，人工上药、人工投加，加药量不易调整和控制，影响高密池絮凝沉淀效果，加药系统需尽快施工，实现自动化投加。且在反硝化滤池和臭氧池反洗过程中发现，三氯化铁分解后铁离子易黏附在反硝化滤料和臭氧池催化剂填料上，影响两个单元正常运行，建议更换为聚合氯化铝。

(2) 更换反硝化碳源葡萄糖

碳源葡萄糖反应速率较慢，利用率低，影响反硝化反应进程，此次试用乙酸钠，反应速率较快，利用率高，且试用效果较好，宜将葡萄糖更换为乙酸钠。不同碳源对反硝化速率和耗碳速率的影响，见表 4。

表 4 不同碳源对反硝化速率和耗碳速率的影响

碳源	反硝化速率/[$mgNO_3$-N/(mgVSS · d)]	耗碳速率/[mgC/(mgVSS · d)]	表观 C/N
乙酸	0.603	1.236	2.05
丙酸	0.362	0.505	1.40
丁酸	0.519	0.928	1.79
戊酸	0.487	0.929	1.91
甲醇(20℃)	0.289		
乙醇	0.349	0.601	1.72
消化污泥上清液	0.575	1.212	2.12
内源反硝化	0.084		

(3) 碳源投加设施完善

碳源制备罐内壁黏附的药剂黏液及杂物无法通过放空阀全部排空，经常堵塞加药泵滤网及加药泵单向阀，滤网清理频繁，易造成加药量下降。需对药剂投加系统进行改造，对制备罐放空点进行改装，易于放空清理，加药泵入口总线增加滤网，防止加药泵堵塞。

(4) 臭氧池增加防止催化剂跑损设施

臭氧池反洗时催化剂易涌至出水格网，堵塞格网影响反洗出水及正常出水。需在臭氧池催化剂上方增加催化剂拦截设施。

(5) 解决现场臭氧浓度超标问题

臭氧池上现场臭氧余气较大，检测严重超标，臭氧破坏器催化剂失效。臭氧气味不仅刺激人呼吸道影响身体健康，而且破坏周围环境，存在安全环保风险。失效催化剂需尽快更换，并定期检测臭氧池环境空气质量，做好职防监控。

5 结 语

深度处理装置工艺技术种类繁多，发展迅速，更迭频繁，广泛应用于各类污水处理的末端，对提高处理后污水水质，减轻水体污染起着重要的作用。石化企业作为国企，身担环境保护责任，为达到国家污染物排放标准，现已在各企业推行使用深度处理装置，并取得了良好地效果。

350m^3/h 深度处理装置优化后，不仅可以提高系统运行的可靠性，提升污水总排水质，降低环境风险，而且能大大降低炼油污水装置运行费用及检维修费用，特别是停运 MBR 膜系统后，可以减少膜更换费用 800 余万元(每 3~5 年更换一次膜)，节省膜组化学清洗药剂费用(每年两次化学清洗)和设备设施日常维修费用。

200m^3/h 深度处理装置的优化，可以加快调试进度，解决调试难题，尽快实现装置正常运行，降低污水排放总氮指标经常预警风险，确保污水达标排放。

参 考 文 献

[1] 张林生．水的深度处理与回用技术[M]. 3 版．北京：化学工业出版社，2016.
[2] 徐亚同．不同碳源对生物反硝化的影响[J]. 环境科学，1994，15(2).

高含硫气田水除硫控氮互效关系及对深度处理的影响

苏三宝[1]　李春红[1]　董佳佳[1]　刘凤艳[1]　商剑峰[2*]

(1. 中原石油勘探局水务分公司，濮阳 457001；2. 中原油田普光分公司，达州 635002)

【摘　要】 高含硫气田水从主要回注转变为深度处理回用，要求厘清除硫环节对氨氮控减和深度处理的影响。本文开展了双氧水、次氯酸钠、两段法除硫控氮实验。结果双氧水除硫反应率 95.9%，效率高；但与氨氮和 COD_{Cr} 反应弱，易残余，影响深度处理的生化单元。次氯酸钠除硫、控氮、氧化 COD_{Cr} 同时进行，虽除硫反应率仅 24.1%，但氨氮去除率 94.5%、COD_{Cr} 去除率 32.1%；因此用量大，氯离子和硫酸根大幅增加。两段法表明，第一段 H_2O_2/H_2S(m) 为 1.0~1.1 时，除硫高效，无残余；第二段次氯酸钠在较宽加量范围，既能全部清除硫化物，又不残余游离氯，同时大幅降低氨氮含量，利于后续深度处理。这些发现为增强高含硫气田水深度处理效率和处理稳定性奠定了基础。

【关键词】 硫化氢　双氧水　次氯酸钠　COD_{Cr}　氨氮

1　引　言

高含硫气田水硫化物含量高，浓度 1000mg/L 以上[1]，安全风险大[2]，除硫是处理的首要环节和关键步骤。除硫方法多样，有化学氧化法、气提法[1]、硫化物氧化-硝酸盐还原菌生物法[3]、催化空气氧化法[4]。其中化学氧化法反应速度快、现场应用广；常用氧化除硫剂主要有双氧水[5,6]和次氯酸钠[7,8]，也有使用氯气等[9]。

随着社会发展，高含硫气田水从简单处理后回注[1]转向深度处理后回用[10]，处理工艺从简单絮凝过滤去除悬浮物[11]转变为预处理(生化和臭氧高级氧化去除 COD_{Cr} 和氨氮)联合脱盐(RO 膜或蒸发降低氯化物)[10]复杂工艺。高含硫气田使用胺类溶硫解堵剂[12,13]，导致气田水氨氮含量极高。杨杰等人使用氧化剂去除氨氮效率超过 96%[14]，因此有必要研究氧化除硫与氧化除氨氮(除硫控氮)的相互关系。

本文从高含硫普光气田采集了水样，研究了双氧水、次氯酸钠和双氧水+次氯酸钠两段法除硫控氮互效关系，以及使用 BOD_5/COD_{Cr}(B/C)[15]评价除硫控氮方法对深度处理的影响，旨在为增强高含硫气田水深度处理效率和处理稳定性奠定基础。

2 材料与方法

2.1 污水样品

样品取自1#水处理站接收罐进口，详情见表1。

表1 污水样品详情表

名称	硫化物/(mg/L)	pH	水温/℃	备注
水样20200523	840.1	6.54	35.5	黄色浑浊液体
水样20200524	1648	6.75	34.4	黄色浑浊液体

2.2 实验仪器

主要仪器有磁力搅拌器(HJ-6A，常州丹瑞)，高速冷冻离心机(H2050R，湘仪)，折光双氧水浓度计(PAL-39S，ATAGO株式会社)，pH计(S220-K-CN，梅特勒-托利多)，硫化物测定仪(LH-S3H，连华科技)，氨氮测定仪(5B-6D，连华科技)，COD_{Cr}微波消解仪(HT-III，青岛海特尔)，紫外可见分光光度计(UV-1901i，岛津)，BOD测定仪(BODTrak II，哈希)，离子色谱仪(Aquion RFIC，赛默飞世尔)。

2.3 实验药剂

工业级双氧水，使用双氧水浓度计测定含量27.2%(m)；工业级次氯酸钠，使用碘量法(GB 19106—2013)测定有效氯含量8.78%(m)。

2.4 实验方法

2.4.1 除硫控氮实验

高含硫气田水硫化物含量高，剧毒，需全程佩戴正压式空气呼吸器。

在广口瓶(容积1L)中准确移取1.0L污水样品，置于磁力搅拌器上；然后按表2，依次开展双氧水、次氯酸钠和双氧水+次氯酸钠两段法除硫控氮实验。加药后，室温搅拌、密闭反应。双氧水、次氯酸钠除硫控氮实验的反应时间60min；两段法中，第一段加入双氧水后反应30min，第二段加入次氯酸钠后反应30min，合计60min。

反应结束，13000r/min室温离心5min，取上清液分析化验。

表2 除硫控氮实验详情表

编号	H_2O_2/初始H_2S(m)	编号	有效氯/初始H_2S(m)	编号	H_2O_2/初始H_2S(m)	有效氯/二段起始H_2S(m)
H2O2-1	1.01	NaClO-1	1.67	两段法-1	1.12	3.47
H2O2-2	1.30	NaClO-2	2.28	两段法-2	1.07	7.39
H2O2-3	1.64	NaClO-3	2.64	两段法-3	1.08	10.81
H2O2-4	1.96	NaClO-4	3.20	两段法-4	1.10	14.13
H2O2-5	2.29	NaClO-5	3.78	两段法-5	1.11	17.33
H2O2-6	2.59	NaClO-6	4.39	两段法-6	1.08	21.26
		NaClO-7	5.35	两段法-7	1.08	28.82
		NaClO-8	6.48	两段法-8	1.11	35.39
				两段法-9	1.10	41.88
				两段法-10	1.09	49.30

2.4.2 水质分析化验

使用硫化物测定仪(GB/T 16489—1996)和 pH 计分析反应前、后污水硫化物含量和 pH。

在双氧水实验中，使用钛盐比色法(GB 5009.226—2016)分析反应后污水残余 H_2O_2 含量。在次氯酸钠实验中，使用 N,N-二乙基-1,4-苯二胺分光光度法(HJ 586—2010)分析反应后污水中游离氯含量。在两段法中，第一段反应后分析残余 H_2O_2 含量，第二段反应后分析游离氯含量。

因含盐量高，使用硫酸汞掩蔽和微波消解法测试污水 COD_{Cr} 含量[16]；使用氨氮测定仪(HJ 535—2009)测试污水氨氮含量。

使用离子色谱仪(HJ 84—2016)测试污水中氯离子、硫酸根、硝酸根的含量。

使用 BOD 测定仪分析污水的 BOD_5 含量。根据除硫控氮实验结果，每组选择 3 个样品，分析 BOD_5。需根据样品残余 H_2O_2 或游离氯含量进行预处理：添加适量的 0.1M 硫代硫酸钠，50℃反应 30min，反应结束后测试，确保残余 H_2O_2 或游离氯彻底去除。测试时，添加适量驯化的接种液，并设置空白对照组。

3 结果与讨论

3.1 双氧水除硫控氮

以双氧水作为唯一除硫控氮药剂，使用水样 20200523，开展双氧水除硫控氮实验，结果示于图 1。

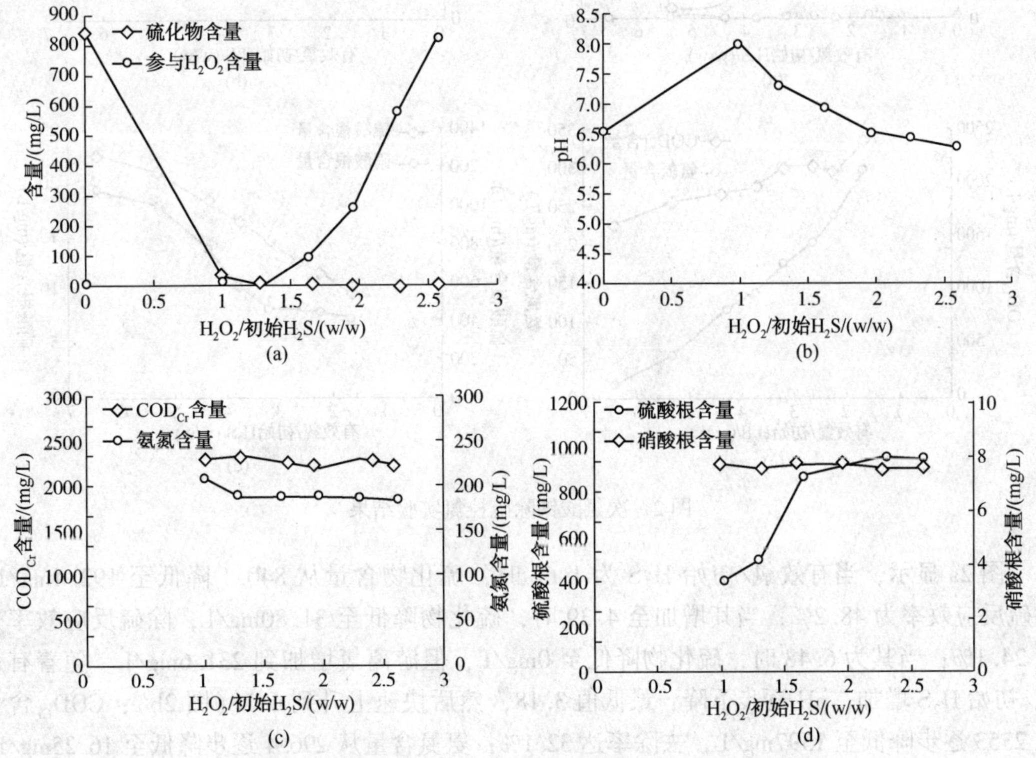

图 1 双氧水除硫控氮实验结果

图 1A 显示，当 H_2O_2/初始 H_2S(w/w)为 1.01 时，硫化物含量从 840.1 降低至 28.96mg/L，除硫反应效率高达 95.9%；随后，残余 H_2O_2 含量迅速增加，最高达到 825mg/L。随着 H_2O_2/初始 H_2S 增加，pH 先增加到 7.97，随后缓慢降低至 6.27(图 1B)。COD_{Cr} 和氨氮含量变化小，分别维持在 2200mg/L 和 185mg/L 附近(图 1C)。硝酸根基本保持在 7.8mg/L 不变，但硫酸根从 408 大幅增加到 949mg/L(图 1D)。另外，氯化物基本保持在 6600mg/L 水平不变。

双氧水除硫控氮实验说明，双氧水除硫反应效率高。双氧水加入后，优先与硫化物反应；当加量进一步增加，如在 H_2O_2/初始 H_2S 增加到 1.30 时，部分双氧水与单质硫黄反应，导致 pH 降低和硫酸盐含量增加；但是双氧水与 COD_{Cr} 和氨氮反应弱，导致 H_2O_2 易残留，对后续深度处理产生不利影响。

3.2 次氯酸钠除硫控氮

以次氯酸钠作为唯一除硫控氮药剂，使用水样 20200523，开展次氯酸钠除硫控氮实验，结果示于图 2。

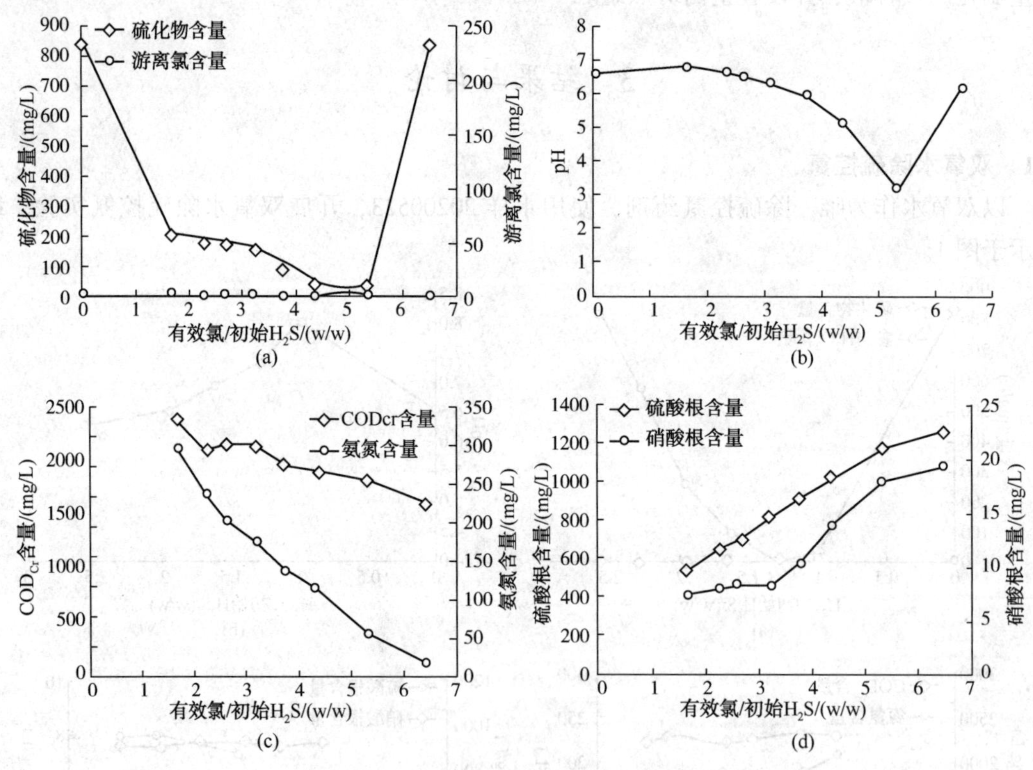

图 2　次氯酸钠除硫控氮实验结果

图 2a 显示，当有效氯/初始 H_2S 为 1.67 时，硫化物含量从 840.1 降低至 192.4mg/L，除硫反应效率为 48.2%；当其增加至 4.39 时，硫化物降低至 31.80mg/L，除硫反应效率只有 24.1%；当其为 6.48 时，硫化物降低至 0mg/L，但游离氯增加到 231.6mg/L。随着有效氯/初始 H_2S 增加，pH 逐步下降，最低值 3.18，然后快速上升到 6.18(图 2b)；COD_{Cr} 含量从 2353 逐步降低至 1597mg/L，去除率达 32.1%；氨氮含量从 296.4 逐步降低至 16.25mg/L，去除率高达 94.5%(图 2c)；硝酸根从 7.2 增加到 19.2mg/L，硫酸根从 526 增加到 1255mg/L

(图 2d)。另外，氯离子从 7898 增加到最高 12231mg/L。

次氯酸钠除硫控氮实验结果表明，次氯酸钠除硫、氧化去除氨氮、氧化 COD_{Cr} 几乎同步进行，早期阶段约 50%的次氯酸钠参与除硫反应；但随着硫化物减少，参与除硫反应的次氯酸钠比例减少。氨氮下降曲线表明氨氮氧化速率，几乎不受除硫反应影响，产物硝酸根增加趋势亦证明这一点。硫酸根和 pH 变化都表明，随着次氯酸钠增加，会氧化单质硫黄。次氯酸钠除硫控氮反应会引起氯离子和硫酸根大幅增加，一方面对后续深度处理的生化环节产生不利影响，同时会增加深度处理的 RO 膜脱盐处理负荷[17,18]。

3.3 两段法除硫控氮

联合双氧水和次氯酸钠两种药剂，使用水样 20200524，开展两段法除硫控氮实验。第一段，按照 H_2O_2/初始 H_2S 范围 1.07~1.12 加药，反应 30min；结束时硫化物 128.5mg/L、残余 H_2O_2 0mg/L，除硫反应效率高达 84.1%。第二段，按照有效氯/二段起始 H_2S 范围 3~50，逐步增加次氯酸钠用量，继续反应 30min，实验结果示于图 3。

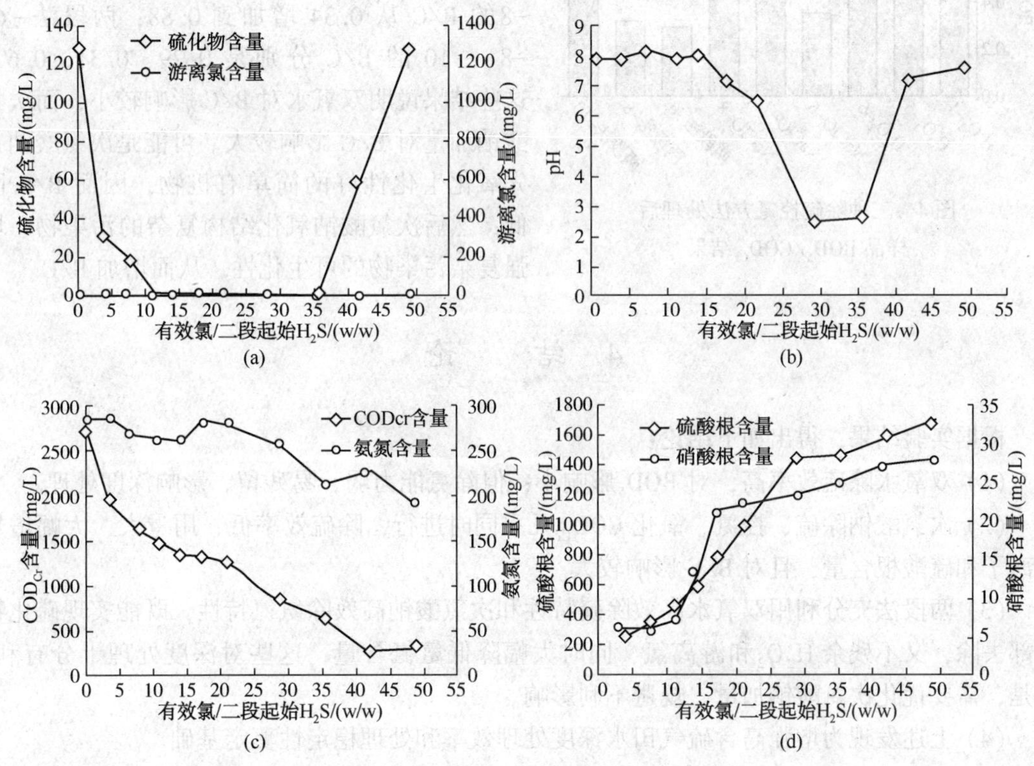

图 3 两段法除硫控氮实验结果

图 3a 显示，当有效氯/二段起始 H_2S 为 14.1~35.4 范围时，硫化物含量和游离氯含量均为 0mg/L；随后，游离氯快速增加至 1279mg/L。当有效氯/二段起始 H_2S 为 28.8~35.4 范围时，pH 存在波谷，最低达 2.46，随后 pH 快速增加到 7.20(图 3b)。随着有效氯/二段起始 H_2S 增加，COD_{Cr} 从 2857 逐步降低至 1890mg/L，去除率为 33.8%；氨氮含量从 272.1 降低至 26.0mg/L，去除率为 90.4%(图 3c)；硝酸根从 6.1 增加至 27.8mg/L，硫酸根从 273 增加至 1685mg/L(图 3d)。另外，氯离子从 8882 增加至 14927mg/L。第二段反应中的 pH、COD_{Cr}、氨氮、硫酸根、硝酸根和氯离子变化，与次氯酸钠除硫控氮实验结果基本一致。

两段法除硫控氮实验结果表明，第一段在 H_2O_2/初始 H_2S 为 1.0~1.1、H_2O_2加量稍欠条件下，充分利用了双氧水的高效除硫特性，同时避免 H_2O_2残余；第二段在有效氯/二段起始 H_2S 为 14-35 的较宽范围，既能将硫化物全部去除，又不残余游离氯，同时大幅降低氨氮含量，这些对于后续深度处理是十分有利的。但是，需要优化次氯酸钠加量，规避 pH 快速下降和氯离子快速升高的不利影响。

3.4 对深度处理生化单元的影响

深度处理的核心环节是生化单元，主要用于去除 COD_{Cr}和氨氮。在次氯酸钠、两段法除硫控氮中，氨氮含量已经到较低水平，所以 COD_{Cr}去除成为关键。测试了三种除硫控氮方法处理后样品的 B/C，用来评价对深度处理的影响，结果示于图 4。

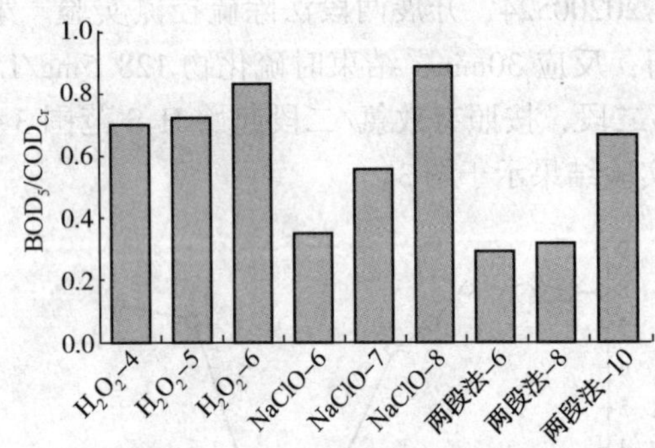

图 4 三种除硫控氮方法处理后样品 BOD_5/COD_{Cr}结果

图 4 显示，样品 H_2O_2-4、-5、-6 的 B/C 保持较高范围（0.69~0.82）；NaClO-6、-7、-8的 B/C 从 0.34 增加到 0.88；两段法-6、-8、-10 的 B/C 分别是 0.29、0.31、0.67。这些结果说明双氧水对 B/C 影响较小，而次氯酸钠加量对 B/C 影响较大。可能是次氯酸钠首先氧化生化性好的简单有机物，因而 B/C 降低；然后次氯酸钠氧化结构复杂的污染物，增强复杂污染物的可生化性，从而增加 B/C。

4 结 论

根据实验结果，得出如下结论：

（1）双氧水除硫效率高，对 BOD_5影响小；但除氮能力弱，易残留，影响深度处理。

（2）次氯酸钠除硫、控氮、氧化 COD_{Cr}几乎同时进行，除硫效率低、用量大，大幅增加氯离子和硫酸根含量，且对 B/C 影响较大。

（3）两段法充分利用双氧水高效除硫特性和次氯酸钠高效除氨氮特性，既能实现硫化物全部去除，又不残余 H_2O_2和游离氯，同时大幅降低氨氮含量，这些对深度处理十分有利。但是，需要优化次氯酸钠加量，规避不利影响。

（4）上述发现为增强高含硫气田水深度处理效率和处理稳定性奠定基础。

参 考 文 献

[1] 范伟，高继峰，刘畅．高含硫气田含硫污水三级除硫技术优化[J]．油气田地面工程，2017，36(07)：55-58.

[2] 翁帮华，杨杰，陈昌介，等．气田水中硫化物控制指标及处理措施[J]．天然气工业，2019，39(03)：109-115.

[3] ZHANG R，CHEN C，SHAO B，et al. Heterotrophic sulfide-oxidizing nitrate-reducing bacteria enables the high performance of integrated autotrophic-heterotrophic denitrification（IAHD）process under high sulfide loading[J]. Water Research，2020，178：115848.

[4] RATHORE D S，CHANDEL C P S. Kinetics and mechanism of the aqueous phase oxidation of hydrogen sulfide by oxgen：catalyzed by hydroquinone[J]. Rasayan Journal of Chemistry，2020，13(1)：112-120.

[5] HOFFMANN M R. Kinetics and mechanism of oxidation of hydrogen sulfide by hydrogen peroxide in acidic solution[J]. Environmental Science & Technology，1977，11(1)：61-66.

[6] MILLERO F J，LEFERRIERE A，FERNANDEZ M，et al. Oxidation of hydrogen sulfide with hydrogen peroxide in natural waters[J]. Environmental Science & Technology，1989，23(2)：209-213.

[7] 朱权云．高含硫气田水脱硫处理研究[J]. 石油与天然气化工，1993(01)：57-62.

[8] 李毅．普光高含硫气田水中 H_2S 去除技术研究[J]. 油气田环境保护，2012，22(04)：11-14.

[9] AZIZI M，BIARD P F O，COUVERT A，et al. Competitive kinetics study of sulfide oxidation by chlorine using sulfite as reference compound[J]. Chemical Engineering Research & Design，2015，94：141-152.

[10] 袁增，李小斌，马伶俐，等．川东地区气田水处理技术及工程应用[J]. 油气田环境保护，2020，30(01)：28-33.

[11] 刘倩，唐建荣，喻宁．气田水回注处理工艺技术探讨[J]. 钻采工艺，2006(05)：58-60.

[12] 徐国玲，王慧，王振华，等．高含硫气井新型胺类溶硫剂的性能研究：溶硫规律和再生性能(上)[J]. 石油与天然气化工，2015，44(05)：82-85.

[13] 刘建仪，刘敬平，李丽，等．含硫气井新型溶硫剂研究与评价[J]. 应用化工，2013，42(03)：401-403.

[14] 杨杰，向启贵．含硫气田水达标外排处理技术新进展[J]. 天然气工业，2017，37(07)：126-131.

[15] 秦芳玲，宋绍富，周娟．采油及炼油厂废水的可生化性研究[J]. 西安石油大学学报(自然科学版)，2007(05)：58-60.

[16] 张力辛来举郑雪丹李艳红．环境监测中 4 种 COD 测定方法的对比实验[J]. 桂林工学院学报，2004(02)：231-234.

[17] 曲余玲，毛艳丽，翟晓东．焦化废水深度处理技术及工艺现状[J]. 工业水处理，2015，35(01)：14-17.

[18] 何绪文，张斯宇，何灿．焦化废水深度处理现状及技术进展[J]. 煤炭科学技术，2020，48(01)：100-107.

城市中水有效回用降低石炼化工业取排水量

杨 帆 姬文荣 代 磊

（中国石化石家庄炼化公司，石家庄 050000）

【摘 要】 2018年石炼化工业取排水量866.79万m^3。城市中水引入后，优化攻关，有效提高中水使用率和污水回用率。石炼化工业取排水量大幅下降至722.73万m^3。

【关键词】 新鲜水 中水 污水回用

随着世界人口增长和社会经济发展，城市用水量明显增加，再加上水质不断恶化，水资源情况日趋紧张。据统计我国有300多个城市不同程度缺水，包括北京、上海等108个城市严重缺水，日缺水量达到1000多万m^3。水问题已经成为制约我国经济可持续发展的重要因素。面对水资源短缺问题，全世界积极探索，中水回用由于水源稳定、污水处理技术日趋成熟，常被作为首选方案。

"中水"介于上下水之间，主要是指城市污水成生活污水经处理后达到一定的水质标准，可在一定范围内重复使用的非饮用水。如果实现炼油企业的有效回用，可大幅降低企业取排水量。

1 市政城市中水

1.1 城市中水概述

桥东城市中水借用良村热电厂和园区建投公司管线引入企业。经调研和化验分析，桥东城市中水依据《城镇污水处理厂污染物排放标准》，符合一级A外排污水质量标准，见表1。

表1 桥东城市中水质量

项 目	质量指标	项 目	质量指标
总磷（以PO_4^{3-}计）/（mg/L）	1.68	钙硬度（以$CaCO_3$计）/（mg/L）	301.3
浊度/FTU	1.9	镁硬度（以$CaCO_3$计）/（mg/L）	105.6
电导率/（μS/cm）	1065	氯离子/（mg/L）	156.3
pH	7.80	硫酸根/（mg/L）	231
TDS/（mg/L）	553	COD/（mg/L）	28
碱度（以$CaCO_3$计）/（mg/L）	218.1	总氮/（mg/L）	64.2
二氧化硅/（mg/L）	4.78	氨氮/（mg/L）	4.29
总硬度（以$CaCO_3$计）/（mg/L）	304.0		

1.2 城市中水引入分析

分析显示，城市中水电导率1065μS/cm，钙硬度+碱度（以$CaCO_3$计）519.4mg/L，具备作为循环水补水的条件。同时浊度较低，无需通过高密度澄清池处理，直接作为循环水补水等、或经超滤+反渗透膜工艺处理后用于制备除盐水。

南水北调水引入后，2019 年石家庄工业新鲜水价格上涨至 5.6 元/m^3(含税)。城市中水价格 1.4 元/m^3。城市中水的替代使用，可大幅降低企业成本。

含盐污水经反渗透膜浓水 COD 较高(200mg/L 左右)，需排放大量可回用中水稀释，导致外排水量增加。城市中水 COD 较低(20~30mg/L)，使得反渗透浓水 COD 下降，可以达标排放(外排污水≤120mg/L)。可有效减少外排水量 70Nm^3/h，全年减排 60 万 m^3。

2 中水流程改造及效果

石家庄炼化公司现有中水处理装置分为含油污水、市政中水两个处理系列。含油污水系列：来水为污水处理装置曝气生物滤池处理后出水，经“高密度澄清池+流砂过滤工艺”处理后回用于循环水补充水，处理能力 450m^3/h。市政中水系列：来水为石家庄市政城市中水，经“高密度澄清池+V 型滤池+自清洗过滤器+超滤+反渗透工艺”处理后回用于制备除盐水装置，处理能力 350m^3/h。

依据城市中水分析，对中水流程进行改造。(1) 引入城市中水进入含油污水中水处理序列处理后回用。(2)城市中水改入含盐污水系列清水池，经超滤-反渗透膜处理后回用。示意图如图 1。

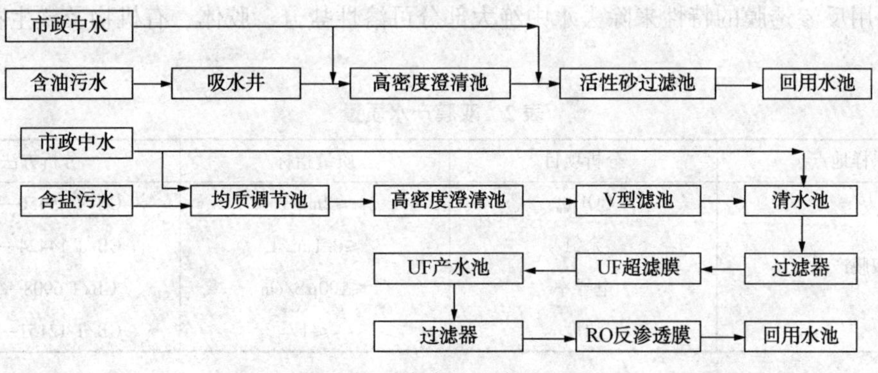

图 1　中水处理流程

改造后，城市中水直接并入回用水系统，作为循环水补水、绿化等使用，全年节水 200 万 m^3，实现效益 900 万元；城市中水流程跨过高密度澄清池，有效减少石灰/PFS/PAM 药剂、人工等相关中水费用 1 元/m^3，全年实现效益 450 万元。

3 中水有效回用

3.1 溴化锂改造项目

原设计：新鲜水与 1#常减压装置减顶油气换热，进入化学水装置用于制备除盐水，使得该部分新鲜水无法使用城市中水替代。增上溴化锂设施，改用溴化锂机制备冷冻水与减顶油气换热，实现介质冷却的目的。

改造完成后，化学水装置 160m^3/h 新鲜水均可利用处理后中水替代，降低工业取水量。

3.2 提高脱硫净化水回用率

脱硫净化水为各装置含硫污水经污水汽提处理后净化水，目前脱硫净化水产量过剩，需进入污水处理场二次处理，造成资源浪费。

3.2.1 提高电脱盐脱硫净化水回用率

95%的原油属于稳定的油包水型乳化液，电脱盐装置依靠化学物质、电场以及重力多种因素的作用，破坏这种稳定的乳化液，最终使水滴聚结、沉降，达到油水分离的目的。

目前石家庄炼化电脱盐注水率约 11.67%，对标青岛炼化电脱盐注水率仅为 8%。经调研企业 2 套常减压装置电脱盐二级含盐污水回注均未投用。优化操作，投用含盐污水回注流程，企业电脱盐注水率降至 6%，注水量由 $75m^3/h$ 降至 $50m^3/h$。年节水 21.9 万 m^3。

3.2.2 烟气脱硫装置脱硫净化水代替新鲜水

烟气脱硫脱硝工艺采用中“有机催化烟气综合治理技术”，简称“OCT”。催化烟气降温至饱和状，进入吸收塔脱硫脱硝后，通过水洗涤除去水雾和气溶胶合格排入大气。烟气脱硫使用新鲜水 $15m^3/h$。

实验分析脱硫净化水氯离子含量 10mg/L 左右，经过脱硫脱硝工艺过程浓缩后，其水中氯离子含量远小于 700mg/L 设备腐蚀要求。具备引入代替新鲜水的使用条件。

使用后，每年可节约新鲜水 13 万 m^3，污水处理费用 26 万元。

3.3 双膜产水补除盐水

城市中水系列采用“高密度澄清池+V 型滤池+自清洗过滤器+超滤+反渗透工艺”，反渗透装置利用反渗透膜的特性来除去水中绝大部分可溶性盐分、胶体、有机物及微生物，质量见表 2。

表 2 双膜产水质量

采样地点	分析项目	质量指标	分析方法
双膜产水	COD_{Mn}	≤2mg/L	GB/T 15456—2008
	余氯	≤0.1mg/L	GB/T 14424—2008
	电导率	≤100μS/cm	GB/T 6908—2008
	浊度	≤1	GB/T 12151—2005

处理后产水电导率<100μS/cm，达到初级除盐水的水质标准。具备作为模式空冷用水、加氢注水等工艺的使用要求。引入除盐水系统后。实现中水与除盐水的替代。每年节约除盐水 90 万 m^3，实现利润约 540 万元。

3.4 提高循环水补回用水率

城市中水引入后，拥有更多可以直接回用的廉价水源。石炼化拥有循环水场 5 座，2018 年新鲜水用量 178.89 万 m^3，占比 29%。因此提高循环水场回用水补水率，减少新鲜水耗量，成为企业节水关键。

3.4.1 优化加酸、加药控制，提高回用水补水率

城市中水钙硬度+碱度含量 500mg/L 左右(以 $CaCO_3$ 计)，循环水控制指标≯1300mg/L。浓缩倍数仅为 2.6，低于行业≮3.0 要求。因此企业积极优化加酸、加药控制，降低循环水钙含量。

循环冷却水系统加酸主要是降低 pH 值稳定碳酸氢盐，在循环冷却水系统中加入硫酸，

将水中碳酸盐钙硬转变为溶解度大的非碳酸盐钙硬，使水中的碳酸盐钙硬降至结垢危险限制之下，防止产生碳酸钙水垢。反应式如下：

$$Ca(HCO_3)_2+H_2SO_4 \longrightarrow CaSO_4+2CO_2+2H_2O$$

加酸后，钙碱度降低，pH 值下降，当 pH 值接近 pHs 或 2pHs-pH 接近 6.0 时，水质稳定，不结碳酸盐钙水垢。但是 pH 值降低至 6.0~7.0，水质变为腐蚀性水质，加大换热设备腐蚀风险，需要投加缓蚀剂来解决腐蚀问题。石炼化与药剂公司积极配合，进行水质实验，优化缓蚀剂加药配方的筛选，加强 pH 值监控，确保循环水水质稳定。

3.4.2　变更氯离子水质指标，4#循环水场引入回用水

4#循环水场(聚丙烯循环水场)，聚丙烯装置内部分水冷器材质为 304#不锈钢，设计要求循环水氯离子≮150mg/L 控制。城市中水氯离子 150mg/L 左右，引入回用后按 3 倍浓缩倍数计算，循环水氯离子含量≮450mg/L，远高于设计指标。

依据《石油化工设备设计选用水册》要求，304#不锈钢氯离子要求<700mg/L，提高循环水氯离子控制指标具备理论基础。同时与青岛炼化、洛阳石化对标，其聚丙烯装置均存在 304#不锈钢材质循环水换热设备，均统一按≯700mg/L 控制，实时监控腐蚀速率。因此企业对氯离子水质指标实施变更，引入城市中水回用，节约用水。

以上措施，城市中水大量引入循环水场回用，回用水率由 60%上升至 85%，年可实现节水 130 万 m^3。

3.5　实现中水绿化全覆盖

2018 年绿化等用水量 20 万 m^3 左右，依据《城市污水再生利用城市杂用水水质》GB 18920—2002 相关水质要求，桥东城市中水符合绿化灌溉标准。

2019 年完成绿化官网改造工程，全厂绿化、景观、地面冲洗等用水全部实现中水替代，有效减少工业取水量。

4　结　　语

2019 年 7 月城市中水引入后，对中水处理流程进行改造，依据中水水质和

系统工艺情况，大幅提高中水回用量。取得良好效果，2019 年全年企业工业取排水量较去年同期减少 144 万 m^3，见图 2。

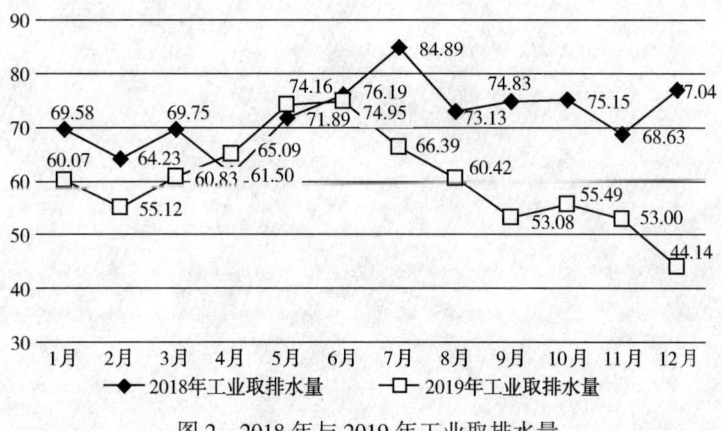

图 2　2018 年与 2019 年工业取排水量

参 考 文 献

[1] 刘昌明．中国21世纪水问题方略[J]. 北京：科学出版社，1998.

[2] 钱茜，王玉秋．我国中水回用现状与对策[J]. 再生资源研究，2003. 1.

[3] 沈光范，徐强．积极稳妥地开展中水回用工作[J]. 中国给排水，2001. 17(14)

[4] 吕蒙，徐岩．中水回用工业循环水系统运行研究[J]. 全面腐蚀控制，2011.

[5] 董晓璞，罗萌，芦晓蕾．西北地区城市水景设计探析[J]. 现代农业科技，2009(2)：56-62.

浅谈中水回用工艺及应用

周　聪

（中国石化巴陵石化公司煤化工部，岳阳 414000）

【摘　要】 介绍了几种中水处理工艺的工艺过程、工艺特点及存在问题，并从工艺过程、处理效果、经济性等三方面进行了对比，着重介绍了膜法综合处理工艺在中水回用处理的应用。膜法综合处理工艺是传统澄清过滤法工艺与全膜法处理工艺的结合，克服了单一处理工艺方法的不足，具有适用范围广、处理效果好、回用水质优良、末端处理比较彻底的特点，是目前工业生产中比较成熟的中水回用处理工艺方法，也是环保达标"零排放"技术发展方向。

【关键词】 中水回用　处理方法　膜法综合工艺　应用　效果

中水是介于一次水和废水之间的一种水质，包括达标污水、雨水、工艺反洗水、循环水排污水、化学水处理装置再生废水等。这种水质具有特殊性，它比各种生产污水和生活污水干净，但是比新鲜水（即一次水）水质差，中水的含盐量通常是一次水的2～5倍，在工业化生产中来源比较复杂，可以是经过生化处理后的达标污水，也可以是生产过程排放的清净下水，如砂滤池和活性炭过滤器的反洗排水、离子交换床再生排放的酸碱废水、循环水连续排污水等，也可以是收集的雨水等。由于工厂生产中将生活废水和几乎所有的生产废水都集中到污水处理装置进行了生化处理，因此文中所指的中水主要就是达标污水和过滤器反洗排放的清净下水。这股水因为含盐量高，不能直接回用到工业生产中，但是排放流走又会导致水资源浪费，甚至可能导致自然水体污染。中水回用处理就成为解决这一问题的一个有效途径，也是现代企业节水减排的主要手段。

中水回用处理方法有多种，不同的地域、不同的生产厂、不同水质的中水，回用方法是有较大差异的，常见中水处理方法主要有澄清过滤处理法、离子交换处理法、半膜法处理法、全膜处理法等，这些处理方法各有各的优势和劣势，回用成本和回收率都差别较大，回用后的中水应用的领域也有所不同。如：澄清过滤法处理后的中水含盐量仍旧比较高，只能作为一般冲洗水、绿化用水、除尘降噪水，而全膜法处理后的中水优于一次水水质，用途更加宽广。

由于环保达标和水资源综合利用的重要性，节水减排在工业生产中有着举足轻重的作用，而中水回用成为节水减排主要手段之一，越来越受到重视。

1　中水回用处理工艺特点

1.1　传统的澄清过滤处理法

1.1.1　工艺过程

传统的澄清过滤工艺法处理中水，主要工艺过程是将收集的中水经过澄清池絮凝沉降除去中水中的悬浮物，形成的胶体在沉降过程中也会吸附少量矿物质离子和有机物，清水浊度可以降低到 10mg/L 以下，然后进入砂滤池过滤，进一步将悬浮物浊度降低到 3mg/L 以下，然后送到对清水水质要求不高的用户。该方法处理过程中要加入石化软化剂、净水剂、杀菌消毒剂等药剂，处理过程中需要定期排放活性污泥。

1.1.2 工艺特点

澄清过滤工艺处理法工艺简单，加入药剂品种少，处理成本低。中水通过澄清池加药石灰软化、絮凝沉淀、胶体吸附部分钙镁硬度和有机物杂质后，再经过砂滤池过滤后，悬浮物浊度可以降低到比较低，清洁度比较高，但是除盐率很低，不到 20%，出水含盐量仍旧很高，只能用在要求不是很高的工业用水。如消防水补充水、卫生清洁水、绿化用水等。在南方丰水区域，经过这种简单处理直接排放。

1.1.3 问题与不足

澄清过滤工艺处理中水为简单处理，虽然悬浮物浊度大大下降，清洁度可以达到较好水平，但是含盐量并没有降低多少，即使将处理后的中水回用，它的应用价值也较低，可应用范围小，用量也受到了制约，并且澄清池排泥水中 COD 含量和有害杂质量浓缩，会污染水体，可能造成二次污染。

1.2 离子交换法

1.2.1 工艺过程

离子交换法处理中水的工艺过程，实际上是澄清过滤法的延续，中水经过澄清过滤法简单处理后的中水，不是直接送到低端用户，而是将这个清洁度比较高的中水送进活性炭过滤器过滤吸附后，进入离子交换床除盐，经过复床除去大量阳离子和阴离子制成一级除盐水，再通过混床进一步除去矿物质离子，制成二级除盐水送锅炉做给水或者送高纯软水用户使用。

1.2.2 工艺特点

离子交换法处理中水是一种利用离子交换床除盐的回用方法，中水经过絮凝过滤降低浊度后，经过固定阳床除去阳离子、固定阴床除去阴离子，然后再经过混合床进一步除去残余的矿物质离子，得到品质优良二级除盐水，直接回用到锅炉产生蒸汽。这种方法回用处理得到的产品水质好，价值高。

1.2.3 问题与不足

离子交换法处理中水回收率低，生产成本是处理一次水三倍以上，而且离子交换床再生很频繁，周期短，回收率也不高，且成本较高，会产生大量酸碱废水，再生过程消耗大量酸碱，并且由于中水水质比一次水差，离子交换树脂使用寿命短，不到正常寿命的三分之一；离子交换床再生次数比正常情况要频繁三倍以上，会产生大量酸碱废水，并且这些酸碱废水不仅 pH 值低，而且含有大量难降解的有机物，氨氮等污染物，重新排入污水装置很难处理，容易造成二次污染。

1.3 膜法处理工艺

1.3.1 工艺过程

膜法处理工艺包括了反渗透处理、超滤处理、微滤处理、纳滤处理、电除盐 EDI 膜法处理等，单一的膜法处理一般不会应用到中水处理回用中，一般是两种或两种以上的膜法处理组合起来应用到中水处理，可以分为全膜法和半膜法处理工艺方式。半膜法一般是中水经过澄清、过滤后得到清水，再通过碳滤、微滤后进入反渗透机组处理，得到的产品为一级除盐水，处理过程中会产生25%以上的排浓水。膜法处理工艺是清水经过碳滤、微滤、超滤、反渗透处理，得到一级除盐水后经过电除盐EDI膜，或者经过混床除盐后，获得二级除盐水，送到锅炉或者高端软水用户使用，膜法工艺产生排浓水将进一步经过高压反渗透处理，最终排水蒸发结晶。现代企业进行中水回用处理工艺大多是采用膜法处理工艺。

1.3.2　工艺特点

膜法处理工艺是一种目前新建现代企业应用最广的一种中水回用处理法，中水(达标污水、清净下水)经过碳滤、微滤、超滤去除绝大部分悬浮杂质和微生物后，再经过两级以上反渗透膜处理除去盐类矿物质杂质，所得到的产品非常纯净，相当于一级除盐水标准，可以回用到要求较高的工艺生产领域用水，或者再经过二级除盐后直接应用于锅炉生产蒸汽。这种回用水应用价值大，可使用范围广。采用膜法处理工艺回收率高，除盐率达到90%以上，水质优良，机组排浓水通过二级高压反渗透处理、蒸发结晶等工序后，可实现环保达标“零排放”，最终产物结晶盐类作为固废掩埋，不会造成二次污染。

1.3.3　问题与不足

膜法处理工艺处理中水处理流程比较复杂，自动化程度要求高，处理成本较高，通常吨水处理成本达到8元甚至更高，一级反渗透膜处理回用率不到70%，二级反渗透膜处理对膜产品要求高，膜组件使用寿命短，并且高压膜比较贵。膜法工艺处理后超滤、反渗透排出的浓水含污染因子高，送生化处理难度大，如果排放则造成二次污染，因此在许多企业推广应用时受到了限制，没能发挥膜法处理的优势。另外膜法工艺法一次性投资大，从节水减排经济性角度分析，是不合算的。

但是，近几年来，随着各种膜工业技术的迅速发展，反渗透膜和超滤膜的质量大大提高，膜产品成本下降，高压膜价格明显降低了许多，尤其是我国国产膜发展迅速，质量可与进口膜产品媲美，价格也远远低于进口膜产品。利用膜法处理进行中水回用的技术也日趋成熟，综合经济性也不断提高，在环保达标“零排放”上应用优势得到了充分体现，结合浓水蒸发结晶终处理工艺技术，不仅解决了中水回用率低的问题，而且解决了污染物末端治理问题，应用更加广泛。

综合以上几种处理方法工艺特点可以看出：澄清过滤处理法是一种较为简单的初级处理，它是将收集的中水经过絮凝、沉淀、石灰软化、砂滤处理后，去除绝大部分悬浮物浊度和部分钙镁硬度盐类后，不再进行后续处理，直接排放或者回用到较低端水质用户，这个过程比较简单、技术含量不高，只适用于对中水回用处理要求不高的情况。

离子交换处理法是在澄清过滤处理的基础上，采取离子交换床进一步对中水脱盐处理，主要利用离子交换树脂对矿物质离子吸附、交换的性能去除中水中的阳离子和阴离子，使初级处理后的中水变成杂质含量少的软化水，回用到高端水质用户，如锅炉、冷冻水、循环水补充水，这个工艺过程比前一种方法复杂，水质明显好得多，处理过程难度也要大得多，但是仍旧属于一种常规处理方法。

膜法处理工艺过程比前两种技术含量更高，处理程序更加复杂，在进入膜法处理前，首先要通过澄清过滤法对中水进行预处理，降低浊度和部分钙镁硬度，然后通过微滤、超滤、反渗透循序渐进的工艺过程，最后得到高品质产品水，产品回用价值明显提高，工艺过程可以实现全自动化控制，回用技术水平比较先进。

2 工艺对比分析

通过上述介绍几种中水处理工艺特点，对其处理过程特性、效果、经济性对比分析如表1所示。

表1 中水回用处理工艺对比

工艺方法	工艺特性及优势	处理效果	经济性	应用范围
澄清过滤处理法	简单初级处理法，经过絮凝、沉淀、石灰软化、砂滤处理，去除绝大部分悬浮物浊度后直供低端水质用户，过程简单、技术含量低。在中水回用中只能作为预处理	处理过程简单，处理效果差，悬浮物浊度3NTU以下，除盐效果差，污染物COD、总磷、总氮、金属离子除去少，达不到回用标准，为中水回用预处理	工艺简单，成本低，约0.3元/t左右，用于低端水质回用95%左右	简单处理，低端水回用工艺。可以作为中水回用预处理
离子交换法	在预处理基础上，利用离子交换树脂吸附特性，去除中水中的阳离子和阴离子，使中水变成杂质含量少的软化水，回用到高端水质用户。处理难度虽大，水质优良，比初级处理优势要大	矿物质离子去除效果较好，产品水含盐量低，但无法去除有机物及化学需氧量COD类杂质。运行周期短，树脂再生频繁，再生废水后续处理难度大，易造成二次污染	运行批量小，酸碱消耗大，回收率50%，成本高在15元/吨左右，经济性差	可用于清净水回用，适用于对离子含量要求高的二级除盐水，适用范围小
膜法处理工艺	膜法处理工艺处理程序高端复杂，进入膜法处理前，必须经过澄清、过滤、微滤吸附等预处理，降低浊度和污染因子，再进入超滤、反渗透的膜法处理过程，最终得到高品质产品水。工艺过程自动化程度高、技术含量高，在中水回用领域优势最大	克服了前两种处理工艺缺点，除盐和过滤效果非常好，出水水质优良且稳定，除盐率可达90%以上。矿物质离子、有机物类杂质、微生物都拦截在反渗透、超滤浓水一侧，后续处理措施得当，可实现环保达标“零排放”	回收率在80%左右，耗材消耗较多，成本较高，处理成本10元/t左右，综合环保达标经济性良好	应用在水质成分复杂的达标废水回用，产品水质可达一级除盐水标准。适用于环保达标“零排放”

从表1工艺对比分析可以看出，虽然三种中水处理方法各有特色和优势，应用的领域和要求有些差别，膜法处理工艺在实际应用过程中优势更加明显，处理效果更好一些，从环保角度考虑经济性也是比较合理，是目前工业节水减排、实现环保达标“零排放”的最常用的一种工艺方法，具有工艺推广应用价值。

3 膜法综合处理工艺应用及效果

3.1 膜法综合处理法应用

膜法综合处理具备一般传统工艺不具备的工艺特性和优势，可以将成分复杂的中水处理成合格的水质，再回用到工业生产中，既减少了水资源浪费，又避免了自然水体环境的污染，处理效果在目前所采用的中水回用方法中是最优的。全膜法综合处理法水质适应范围广，尤其适用于水质成分复杂的达标废水回用，回用率较高，产品水质比较优良。是实现环保达标“零排放”的有效途径。

3.2 工艺过程

在工业生产中，中水回用一般都是综合预处理絮凝、沉淀、过滤和膜法处理、末端处理的综合工艺流程(见图1)，来达到中水产品回用和三废末端处理目的。

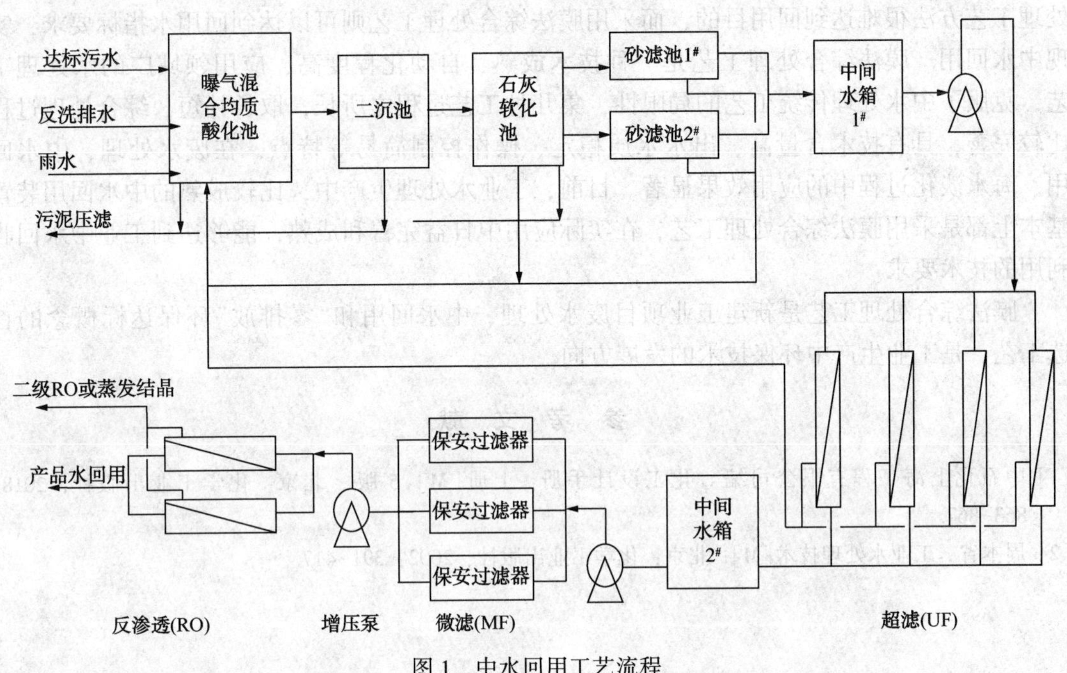

图1 中水回用工艺流程

从图1可以看出，膜法综合处理工艺用于中水回用处理时，经过了酸化、澄清、石灰软化、气浮、过滤等传统预处理过程，去除中水中悬浮物杂质和少量钙镁硬度物质，然后经过微滤、超滤等膜法过滤处理，除去大量悬浮物、COD以及微生物、细菌、病毒等，再通过反渗透膜处理除去盐类矿物质离子，制成一级除盐水，回用到锅炉或者循环水系统。处理过程中污泥等固体废物送脱泥机压滤，污泥外运掩埋。膜法处理排放的浓水和反洗排水、压滤机排水再回到收集池均质酸化处理，或者收集浓水后经过预处理，送高压反渗透膜处理，最终浓水送到蒸发结晶装置末端处理，蒸发凝结水回用，结晶物质是矿物质盐类，作为固废掩埋处理。

3.3 应用效果

以上中水回用实际处理过程比较复杂，膜法综合处理工艺是一种中水回用处理工艺的组合，而回用效果较好，具有回用率高、中水产品质量好、末端处理比较彻底的特点。膜法综合处理工艺过程虽然比较复杂，但是它克服了传统工艺中回用率低、处理成本高、二次污染严重、复杂水质回用难度大的缺点，具有回用率高、适用水质范围宽广的优点，对含油的炼化中水和有机化工污水都有较好的回用处理效果。目前工业生产环保达标“零排放”是工厂企业追求的最高目标，实际中达到该目标难度比较大，用常规处理方法无法做到，而采用膜法综合处理工艺则可以达到“零排放”目的，在中水回用领域具有一定优势。

4　结　束　语

随着工业生产技术进步，中水回用处理成为一项比较重要的生产工艺，也是环保达标的重要手段。对对COD高、含盐量高以及各类污染物质含量高且成分复杂中水，利用传统的处理工艺方法很难达到回用目的，而采用膜法综合处理工艺则可以达到回用水指标要求，实现中水回用。膜法综合处理工艺是一种技术成熟、自动化程度高、应用领域广的水处理工艺，克服了中水处理传统工艺的局限性，集几种工艺过程之所长，取长补短，综合处理过程比较完善，具有技术含量高、出水水质稳定、操作控制简易等特点，在废水处理、中水回用、海水淡化过程中的应用效果显著。目前，工业水处理生产中，比较成熟的中水回用装置基本上都是采用膜法综合处理工艺，在实际应用中日益完善和成熟，能够达到工业中水回收利用的技术要求。

膜法综合处理工艺是新建工业项目废水处理、中水回用和“零排放”环保达标概念的首选工艺，是工业生产中环保技术的发展方向。

参　考　文　献

[1] 中石化上海工程有限公司编．化工设计手册：上册[M].5版．北京：化学工业出版社，2018：863-867.

[2] 周本省．工业水处理技术[M].北京：化学工业出版社，2002：391-417.

A/O-Fenton 氧化组合工艺处理炼油废水研究

李述良

（中国石化上海高桥石化公司水务部，上海 200137）

【摘　要】某炼油废水中含有一定量的难降解有机污染物，本文通过实验室小试，研究了A/O-Fenton 氧化组合工艺处理该炼油废水的技术，优化了 Fenton 试剂氧化的工艺条件，Fenton 氧化法处理 A/O 系统出水的适宜条件是：初始 pH 值 3.5、H_2O_2投加量 1~2mmol、$FeSO_4 \cdot 7H_2O_2$投加量 0.2~0.3mmol、反应时间 2h。

某炼油 3#污水处理场处理高浓度含盐污水，含有一定量的难降解有机污染物，单纯通过生物处理使 COD_{Cr}达到排放标准是很困难的，必须借助于非生物手段对生化出水作进一步处理。本文通过实验室小试，研究了 A/O-Fenton 氧化组合工艺处理该炼油废水的技术，优化了 Fenton 试剂氧化的工艺条件。

1　Fenton 技术概述

Fenton 高级氧化利用 Fe^{2+}作为催化剂，使 H_2O_2产生氧化性极强的 ·OH（标准电极电位为 2.80）。·OH 可以进攻有机分子，将大分子有机物降解为小分子有机物或矿化为 CO_2和 H_2O 等无机物；在 Fenton 反应结束时需要将溶液调碱，氧化过程中形成的 Fe^{3+}在碱性条件下与 OH^-发生水解-聚合反应，形成水解络合物，对水中残余的污染物进行混凝-吸附去除。因此 Fenton 反应的机理主要归结为：·OH 氧化、Fe_{aq}^{4+}氧化和铁水络合物絮凝吸附等。其具体的反应原理如下式所示：

$$Fe^{2+}+H_2O_2 \longrightarrow Fe^{3+}+OH^-+\cdot OH$$

$$Fe^{3+}+H_2O_2 \longrightarrow Fe^{2+}+HO_2\cdot+H^+$$

$$Fe^{2+}+\cdot OH \longrightarrow Fe^{3+}+OH^-$$

$$Fe^{3+}+HO_2\cdot \longrightarrow Fe^{2+}+O_2+H^+$$

$$\cdot OH+H_2O_2 \longrightarrow HO_2\cdot+H_2O$$

$$Fe^{2+}+HO_2\cdot \longrightarrow Fe^{3+}+HO_2$$

$$\cdot OH+RH \longrightarrow R\cdot+H_2O$$

$$R\cdot+Fe^{3+} \longrightarrow R^++Fe^{2+}$$

$$R\cdot+H_2O_2 \longrightarrow OH+\cdot OH$$

Fenton 试剂主要是 H_2O_2和 Fe^{2+}，Fenton 反应体系没有质量传输的阻碍，具有设备相对简单、操作方便、高效，投资少等优点；氧化产生的 ·OH 自由基能够破坏污染物原有分子结构，削除毒性，提高出水可生化性，也被一直广泛用于有毒有害废水的处理上。

2 试验方法

2.1 连续生化处理试验方法(A/O工艺)

在实验室建立了一套A/O试验装置(见图1),以模拟3#污水处理场的生化处理部分。模拟装置的水力停留时间、污泥浓度、pH、温度、溶解氧等运行条件与3#污水处理场基本相同;模拟装置的进水为3#污水处理场二级加压浮选池的出水;兼氧池和好氧池有效容积分别为1L和3L,水力停留时间分别为4h和12h,模拟装置兼氧池和好氧池的接种污泥均取自3#污水处理场的好氧池,曝气池pH值通过加$NaHCO_3$进行控制。

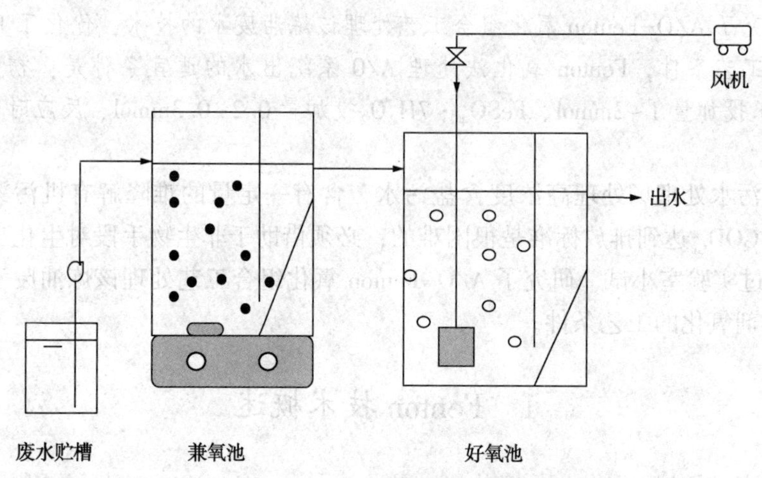

图1 A/O生化处理试验流程

2.2 Fenton氧化试验方法

取A/O试验装置的出水,置于1000mL烧杯中,加入适量的硫酸亚铁,然后把废水的pH值调至预先设定的值,再加入适量的H_2O_2搅拌反应一定时间后用氢氧化钠溶液把反应液的pH调节至7.5~8.0,静置沉淀,取上清液测定COD_{Cr}。

3 结果与讨论

3.1 A/O系统的运行结果

A/O法处理气浮出水的试验结果如图2和图3所示。

由图2、图3可见,3#污水处理场气浮水的水质变化较大,尤其是第10至25天,由于上游装置生产波动,来水浓度相对偏高,不过A/O系统有一定抗冲击负荷的能力。在整个试验期间,A/O系统出水COD_{Cr}始终未能达到100mg/L以下。

3.2 Fenton氧化条件的优化

3.2.1 pH值对Fenton氧化的影响

pH值是影响Fenton氧化法处理废水的重要因素之一,图4示出了初始pH值对A/O系统出水COD_{Cr}去除率的影响。

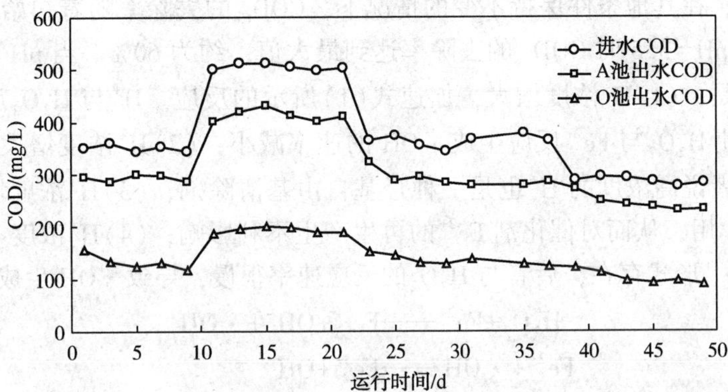

图 2　A/O 系统处理气浮出水的运行结果(COD_{Cr})

(运行条件：A 池：HRT=9h，MLSS=3318mg/L(平均值)，DO<0.5mg/L；
O 池：HRT=16h，MLSS=3532mg/L(平均值)，DO=2-4mg/L)

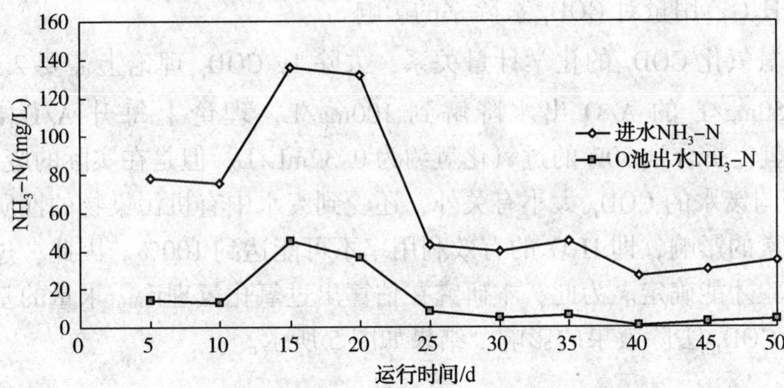

图 3　A/O 系统处理气浮出水的运行结果(NH_3-N)

(运行条件：A 池：HRT=9h，MLSS=3318mg/L(平均值)，DO<0.5mg/L；
O 池：HRT=16h，MLSS=3532mg/L(平均值)，DO=2-4mg/L)

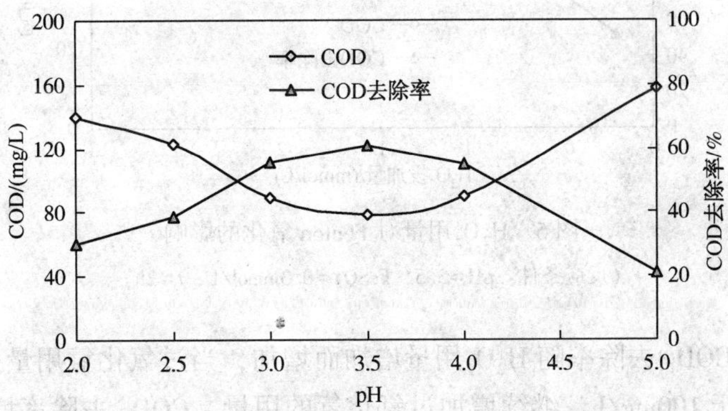

图 4　pH 值对 Fentomn 氧化的影响

(反应条件： H_2O_2 =2mmol/L， $FeSO_4$ =0.3mmol/L，t=2h)

由图 4 可知，在其他条件保持不变的情况下，COD_{Cr}的去除率随着初始 pH 值的上升先增大后下降，在 pH=3.5 时 COD_{Cr}的去除率达到最大值，约为 60%。当 pH 较低时 COD_{Cr}去除率下降的原因是：(1)H^+浓度增大，加速式(1)所示的反应。H^+与 H_2O_2反应生成稳定的 $[H_3O_2]^+$，从而使 H_2O_2与 Fe^{2+}反应生成 · OH 的速率减小；(2)H^+浓度增大，式(2)所示反应速率增加，或者说高浓度的 H^+也是一种羟基自由基清除剂；(3)H^+浓度增大，会对反应式(3)产生抑制作用，从而对催化剂 Fe^{2+}的再生产生不利影响；(4)H^+浓度<2.5 时，Fe^{2+}主要以$[Fe(H_2O)_6]^{2+}$形式存在，后者与 H_2O_2的反应速率很慢，导致 · OH 生成速率减少。

$$H_2O_2+Fe^{2+} \longrightarrow Fe^{3+}+OH^-+\cdot OH \quad (1)$$

$$Fe^{2+}+\cdot OH \longrightarrow Fe^{3+}+OH^- \quad (2)$$

$$Fe^{3+}+H_2O_2 \longrightarrow Fe^{2+}+H^++HO_2\cdot \quad (3)$$

至于 pH 升高导致 COD 去除下降的原因则有：(1)pH>4 时，反应液中会产生氢氧化铁沉淀，既抑制了 · OH 的生成，又抑制了催化剂的再生；(2) · OH 的氧化电位随 pH 升高而下降；(3)pH 升高加速了 H_2O_2分解成 O_2和 H_2O 的速率。

3.2.2 氧化剂(H_2O_2)用量对 COD_{Cr}去除率的影响

根据过氧化氢氧化 COD_{Cr}的化学计量关系，去除 1g COD_{Cr}理论上需要 2.13g 过氧化氢，把 COD_{Cr}约为 150mg/L 的 A/O 出水降解到 100mg/L，理论上每升 A/O 出水需要消耗 106.5mg 过氧化氢，折合到 30%的过氧化氢约为 0.32mL/L。但是在实际的废水处理过程中，H_2O_2的用量除了与废水的 COD_{Cr}大小有关外，还受到废水中有机污染物的性质、组成以及反应条件等多种因素的影响，即 H_2O_2的有效利用率不可能达到 100%。因此，过氧化氢的实际用量仍需通过试验才能确定。为此，本研究在估算出过氧化氢理论需求量的基础上，考察了过氧化氢用量对 COD_{Cr}去除效果的影响，结果如图 5 所示。

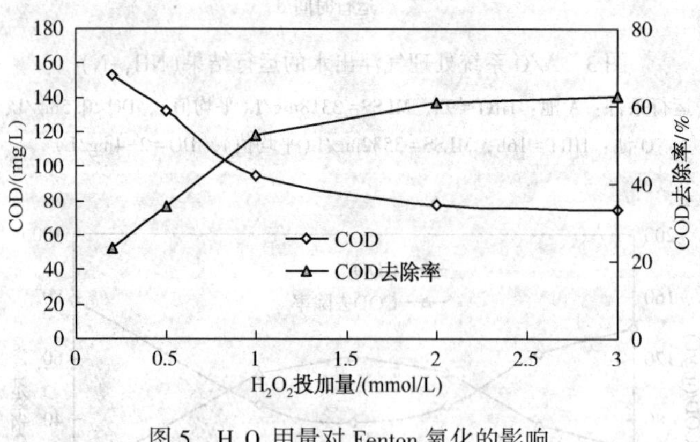

图 5 H_2O_2用量对 Fenton 氧化的影响

（反应条件：pH=3.5，$FeSO_4$=0.3mmol/L，t=2h）

由图 5 可知，COD_{Cr}去除率随 H_2O_2用量增加而增加，当过氧化氢用量达到 1mmol/L 时，相应的 COD_{Cr}即小于 100mg/L。继续增加过氧化氢的用量，COD_{Cr}去除率增加甚微，相反运行费用却会显著增加。这是因为 H_2O_2既是氧化剂，也是羟基自由基的清除剂，当过氧化氢用量太大时，H_2O_2与 Fenton 氧化系统中产生的 · OH 反应，生成氧化能力较低的 HO_2 ·，使得在相同的氧化时间内 COD_{Cr}的去除效果变差。所以，过氧化氢的用量控制在 1~2mmol/L 较好。

3.2.3 催化剂(硫酸亚铁)用量对 COD_{Cr} 去除率的影响

催化剂可以加快化学反应的速度，在通常情况下，化学反应的速度会随催化剂用量的增加而加快。但由 Fenton 试剂法的反应机理可知，催化剂用量过大产生消耗羟基自由基的副反应，从而降低反应的效率。另一方面，催化剂用量大，后续混凝沉淀产生的化学污泥量亦多，这会增加污泥处置费用。因此，用 Fenton 试剂法处理 A/O 系统出水的过程中，存在催化剂最佳用量的问题。为此在过氧化氢用量不变的情况下，通过改变硫酸亚铁的用量，研究了 Fe^{2+} 投加量对 COD_{Cr} 去除率的影响，结果如图 6 所示。

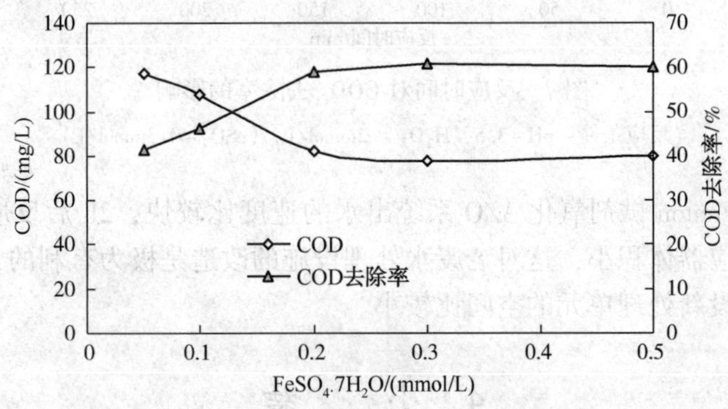

图 6 催化剂用量对 COD_{Cr} 去除效果的影响

(反应条件：pH=3.5，H_2O_2=2mmol/L，t=2h)

由图 6 可知，COD_{Cr} 去除率随催化剂硫酸亚铁的用量增加而增加，但当硫酸亚铁的用量超过 0.2mmol/L 时，COD_{Cr} 去除率就不再增加了。硫酸亚铁作为过氧化氢分解生成羟基自由基的催化剂，其用量对有机物的去除效果至关重要。当 $FeSO_4$ 用量太低时，羟基自由基(·OH)的生成量也随之降低，从而影响 COD_{Cr} 去除效果；而 $FeSO_4$ 用量过高，过量的亚铁离子变成羟基自由基的清除剂也会对氧化效果产生不利影响。另外，催化剂硫酸亚铁用量的增加还会导致化学污泥量的增加，增加污泥处置费用，因此硫酸亚铁的用量不宜过多，控制在 0.2~0.3mmol/L 较好。

3.2.4 反应时间对 COD_{Cr} 去除率的影响

大量研究表明，在 Fenton 试剂氧化过程中，COD_{Cr} 去除率在反应初始阶段迅速增加，但是经过一段时间后，随着反应时间增加，COD_{Cr} 去除率增加甚微。Neyens 等采用 Fenton 法处理垃圾填埋场的渗滤液时发现 COD_{Cr} 在最初 20min 内快速下降，当反应时间大于 20min 后，废水的 COD_{Cr} 没有明显的变化，30min 时反应基本已达终点。但也有许多废水需要更长的时间才能使 Fenton 氧化反应趋于平衡。换句话说，由于 Fenton 氧化的反应体系、过程及机理十分复杂，且不同废水中污染物结构和性质差别很大，需要的反应时间当然也不一样。而反应时间的长短直接有关系到 Fenton 氧化反应器的大小或设备投资的大小，在实际工程中如果一味延长反应时间，COD_{Cr} 的去除率并不会有太大提高，但设备投资会显著增加。为此，本文考察了 Fenton 氧化反应时间与 A/O 系统出水 COD_{Cr} 去除率之间的关系，结果如图 7 所示。

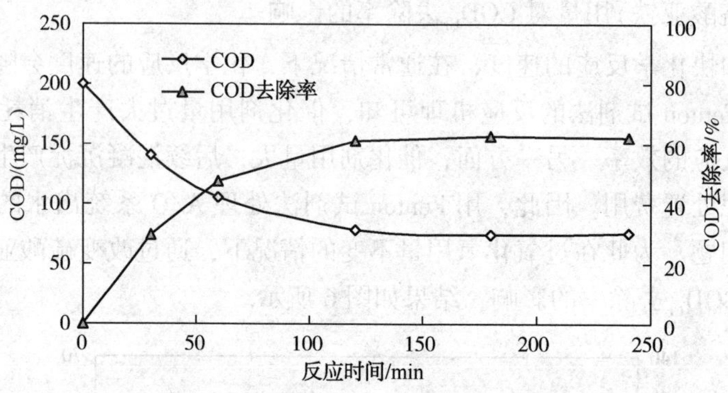

图 7 反应时间对 COD_{Cr} 去除率的影响

（反应条件：pH＝3.5，H_2O_2＝.2mmol/L，$FeSO_4$＝0.3mmol/L）

由图 7 可知，Fenton 试剂氧化 A/O 系统出水的速度比较快，2h 后反应即趋完成。反应时间短，需要的反应器体积小，这对老废水处理设施的改造是极为有利的，因为大多数老废水处理设施可供增设新处理单元的空间比较小。

4 小 结

A/O-Fenton 氧化组合工艺能有效降低难生物降解的废水的 COD_{Cr} 等污染物，Fenton 氧化法处理 A/0 系统出水的适宜条件是：初始 pH 值 3.5、H_2O_2 投加量 1～2mmol、$FeSO_4 \cdot 7H_2O_2$ 投加量 0.2～0.3mmol、反应时间 2h。

三级生化存在的问题与对策

周　敏　彭　波

（中国石化金陵石化公司公用工程部，南京 210033）

【摘　要】 三级生化装置已运行了两年，该装置已能稳定运行并达到设计要求。在装置运行过程出现了一些这样或那样的问题，本文针对运行中出现的问题，查找根源，从设计、工艺优化、设备选型、安全等全方位提出了切实可行的措施。

【关键词】 三级生化　问题　措施　稳定

金陵石化分公司污水处理场三级生化装置采用多介质过滤、高级氧化（臭氧催化氧化）+内循环 BAF 耦合技术（OBR 工艺）等技术，是分公司 2016 年全面实施“碧水蓝天”整体改造的重要改造项目之一，目的是通过改造使出水指标稳定达到或优于 GB 31570—2015《石油炼制工业污染物排放标准》中 4.3 里面表 2 规定的水污染物特别排放限值，同时也满足《石油化学工艺污染物排放标准》江苏省地方排放标准 DB32/939—2006 污水排放标准。该项目自 2016 年 7 月开始建设，2017 年 7 月建成运行至今已两年。

通过两年运行暴露了诸多设计、工艺、选材、设备选型、安全等实际问题，急需工艺、设备等方面加以完善改造。

1　三级生化装置工艺及运行概况

1.1　三级生化装置工艺原理及流程简介

分公司炼油污水处理场污水经过两级生化处理后，废水的 COD 和 TOC 已降低了 90%，大量易生化和可生化的有机污染物均大部分得到降解，而残留于水中的微量有机物已难以满足最新排放标准要求[2]。残留于污水中的有机污染物主要包括两类，第一类为污水中原有的难生化有机物，如含氮杂环类，基本上不为生物所氧化，通过生化处理其降解率不到 1%，石化外排水中含有正构烷烃、苯系物、二甲酚及三甲酚、吡啶类等均属难生化有机物；第二类为生化过程中产生的少量微生物溶解性残留物（见图 1）。

这些残留有机物降解速率很慢，仅为一般可生化有机物生化速率的几十分之一或更低。为确保污水稳定达标排放，我们选择了三段式工艺，如图 2 所示。

该工艺首先通过多介质过滤器以去除二级生化污水中夹带的大量悬浮物。含盐污水和 MBR 装置处理后的未回用含油污水分别进入多介质过滤器，其里面两种以上滤料将污水中大量的悬浮物截留在滤料层中，极少的悬浮物随污水进入臭氧催化氧化池处理；截留在滤料层的悬浮物通过风、清水的反洗转入清水池，池底悬浮物（污泥）经泵送到三泥脱水装置处理。

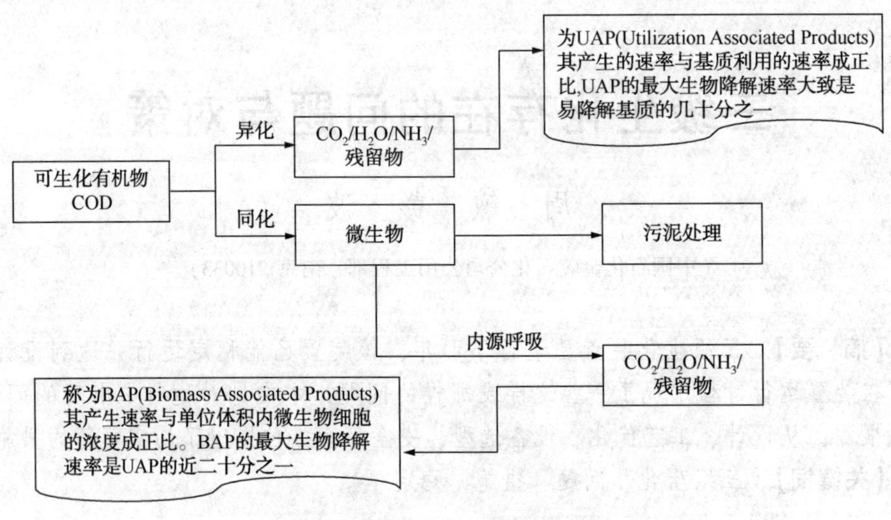

图 1　生化过程中产生的少量微生物溶解性残留物

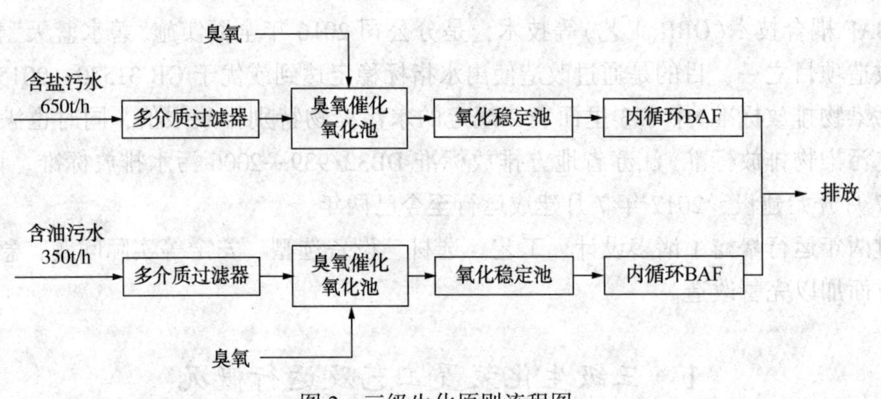

图 2　三级生化原则流程图

再由高级催化氧化法通过在污水中投加一定量的强氧化剂——臭氧，在特种催化剂的作用下，形成产生羟基自由基—OH 中间体，并以—OH 为主要氧化剂与有机物发生反应，同时反应中可生成有机自由基或生成有机过氧化自由基继续进行反应，达到将有机物彻底分解或部分分解的目的。由于羟基自由基的反应速率高出了 10^5倍，且不存在选择性，对几乎所有的有机物均能进行反应，因此高级氧化的效果稳定，去除能力稳定高效。

通过利用臭氧氧化极强的选择性，向臭氧催化氧化池内通入足够的臭氧与装填的多孔无机材料载体型催化剂一道，采用非均相臭氧催化氧化技术，产生羟基自由基—OH 中间体，并以—OH 为主要氧化剂与污水中有机物发生反应，同时反应中可生成有机自由基或生成有机过氧化自由基继续进行反应，达到将有机物彻底分解或部分分解的目的，这样不仅提高了臭氧利用效率，也增强了臭氧氧化能力[4]。

通过臭氧氧化，可以破坏难降解大分子物质的结构，提高废水的可生化性。经过臭氧催化氧化池处理过的污水再经氧化稳定池消除残留的臭氧进入内循环 BAF 曝气生物滤池，在该池中装填了较小的颗粒状滤料，滤料表面附着生长生物膜，滤池内部曝气。污水流经时，污染物、溶解氧及其他物质首先经过液相扩散到生物膜表面及内部，利用滤料上高浓度生物膜的强氧化降解能力对污水进行快速净化，此为生物氧化降解过程；同时，因污水流经时，滤料呈压实状态，利用滤料粒径较小的特点及生物膜的生物絮凝作用，截留污水中的大量悬浮物，且保证脱落的生物膜不会随水漂出，此为截留作用；运行一定时间后，因水头压力损失增加，需对滤池进行反冲洗，以释放截留的悬浮物并更新生物膜，反洗水送入清水池，池底悬浮物(污泥)经泵送到三泥脱水装置处理。

炼油污水处理场深度处理(三级生化)采用非均相臭氧催化氧化技术与内循环 BAF 技术耦合工艺。为了确保二者功能有效耦合，在两个处理单元之间设置了氧化稳定池(耦合器)，以确保高级氧化过程彻底，并防止氧化残留物和残留氧化剂抑制后生化过程的微生物活性。

臭氧催化氧化池所需的大量臭氧是经过将大气中的空气通过变压吸附方式制备纯净的氧气(含氧大于 90%)，氧气再经臭氧发生器的高压放电制备出合格纯度的臭氧源源不断满足臭氧催化氧化池需要。

1.2　三级生化装置运行情况及分析

深度处理装置(三级生化)自 2017 年 7 月 1 日开始运行，已稳定运行两年之久。这期间为了全面考核含盐污水和含油污水系列三级生化的处理能力和效果，核算能耗、物耗，考察各主要设备运行情况，于 2017 年 11 月 8~11 日，对含盐污水和含油污水系列三级生化装置进行 72h 标定。通过标定，三级生化项目进水水质满足该工艺要求，出水水质达到设计指标。含盐污水系列多介质过滤、臭氧催化氧化、后生化 BAF 的 COD 去除率分别为 6.4%、45.9%、39.8%；含油污水系列多介质过滤、臭氧催化氧化、后生化 BAF 的 COD 去除率分别为 40.6%、40%、5.4%。臭氧投加量为 40~60g/m^3 污水，三级生化设计处理量含盐系列为 650t/h，含油系列为 350t/h。含盐系列三级生化处理量为第一天平均为 618t/h，第二天平均为 590t/h，第三天为 506t/h，分别达到设计负荷的 95.1%，90.7%，77.8%。

两年来污水处理平均负荷含盐、含油系列分别达到 88%、76%。处理出水水质以 BAF 出水水质统计见图 3。

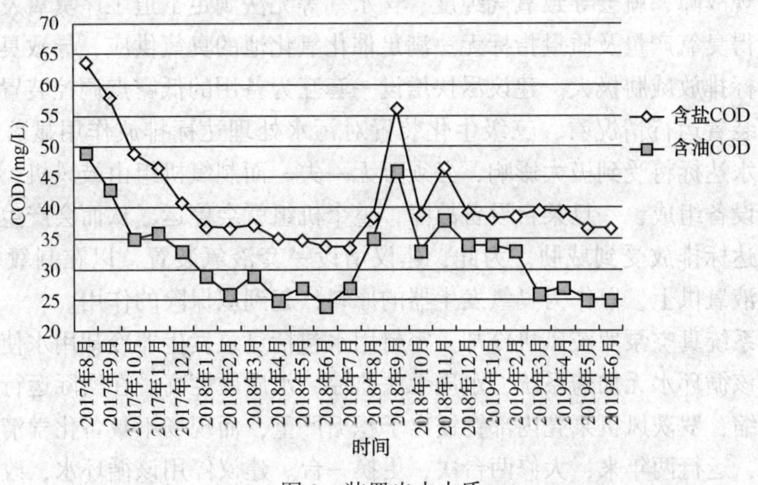

图 3　装置出水水质

从图 3 可看出，装置运行初期的 7 月~9 月数据偏高外，该装置一直运行较为稳定，其中 2018 年的 9 月受来水高氨氮冲击，使得出水水质有一些波动，抗冲击能力不够，但总体 COD 仍控制在排放指标 60mg/L 以下。

三级生化装置能耗情况：新装置满负荷运行每小时电耗为 750kWh 左右，新鲜水消耗 5t/h 左右，循环水 274t/h 左右，折合综合能耗约 0.06kg TEO/t。吨污水处理费用约为 0.97 元。三级生化催化剂等使用情况见表 1。

表 1　三级生化催化剂等使用情况

名称	主要成分	数量		指标参数
		含盐	含油	
多介质过滤器滤料	粗砂	7.6m^3(每台 0.816m^3，1.55t)	4.08m^3(每台 0.816m^3，1.55t)	直径 1.2mm
	石英砂	44.1(每台 4.9m^3，9.8t)	24.5(每台 4.9m^3，9.8t)	直径 0.5mm
	无烟煤	7.6m^3(每台 0.816m^3，1.22t)	4.08m^3(每台 0.816m^3，1.55t)	直径 1.2mm
超低符合生物填料	KH-FF（级配 1.3-1.4）	1820	910	堆密度≤0.85t/m^3，空隙率 54%
臭氧催化剂	非均相金属离子负载型催化剂	975	525	堆重 700-900kg/m^3 使用寿命 4~6 年
瓷球(垫层)	KH-BD 三氧化二铝	175	88	直径 10~50，堆重 1100~1300kg/m^3

2　三级生化装置存在问题及对策建议

三级生化装置是污水处理场工艺的最末端，其处理效果好坏直接影响到总排出水水质的达标排放。通过两年的运行，越来越多的设计、工艺、选材、设备选型、安全等实际问题已充分显现。必须针对问题加快工艺完善改造，提高装置运行的可靠性、稳定性、安全性。

（1）三级生化装置制氧单元分 a/b 套互为备用，而氧气低露点调控装置仅有一套，一旦该控制装置出现故障，就会导致氧气纯度、含水率等无法满足下道工序臭氧发生器需要的指标要求，会使得臭氧产量及质量指标无法满足催化氧化池的臭氧供应，导致臭氧催化氧化单元停工，对达标排放威胁极大。建议尽快增设一套互为备用的低露点调控装置。

（2）通过装置运行情况看，三级生化装置对污水处理达标排放作用显著，一旦出现问题，其总排出水达标将受到极大影响，必须万无一失。而制氧机组由鼓风机、真空泵、氧气压缩机等多套设备组成，一旦某台设备故障，整个机组就会停运，从而会产生联锁效应，臭氧难以产生。达标排放受到威胁。为此，建议增设一套液氧装置，以在制氧机组出现故障时，能及时将液氧供上，以作为臭氧发生器的原料，起到双保险的作用。

（3）制氧系统真空泵罗茨风机冷却、密封用水包括臭氧发生器冷却用水使用的是本装置自制循环水。该循环水无加药系统，水质无法监控，水质硬度高。在实际运行过程中发现因冷水汽化、浓缩，罗茨风机泵壳内部钙镁离子积垢严重，而现场不具备化学清洗条件，导致风机故障率高，运行两年来，大修两台次，更换一台。建议停用该循环水，改为软化水，由在焦化装置处将软化水引至三级生化装置作各机泵及臭氧发生器等循环水。

（4）制氧厂房内一共有 8 台电力低压柜，内带变频器，2018 年夏天多次因为厂房温度过高(48℃)，变频器故障，导致制氧系统停机，臭氧装置无进料，三级生化装置停工。三级生化鼓风机变频器也是安装在厂房内，温度高，特别是在夏季已多次出现跳停故障。建议将制氧厂房内低压柜单独隔出一个房间，并增设空调。同时考虑将鼓风机房 4 台变频控制柜一并移入。

(5) 目前三级生化含盐污水系列进料泵 3 台，每台泵设计流量 320t/h，上游来水量较大时，经常需要开三台泵来满足生产需求，导致现场没有备用泵，存在生产隐患。三级生化反洗水实际流量较设计流量偏大，运行过程中两台反洗沉降池抽出泵连续运行，仍无法满足生产需求，且反洗泵 P8003、P9003 运行中需要限量运行，否则电机因超载跳停，影响了反洗操作的连续运行。建议：原三台含盐污水提升输送泵(设计流量 320t/h)扩容至 400t/h，考虑原电缆承受最高负荷考虑，尽量不换电缆。反洗泵括容由原设计流量 30t/h 至 50t/h。

(6) 三级生化反洗风储罐由空气压缩机提供风源压力约 0.6~0.7MPa，由于含油和含盐多介质过滤器、臭氧催化氧化池、BAF 池每天都需要风反洗，在反洗过程经常出现风压偏低，无法松动床层，现接了一根临时非净化风做补充风源，一方面虽采取反洗操作错时或反洗间隔时间延长措施，其反洗效果仍不理想。建议三级生化反洗风储罐扩容，由原容积 $15m^3$ 扩至 $25m^3$。

(7) 含盐、含油多介质过滤器一共为 14 台，反洗水流程并联设置，隔断阀门为气动蝶阀，目前维修多介质过滤器或维修更换阀门，一部分阀门关不死，导致无法进行阀门更换等维修。建议：将多介质过滤器流程优化，分列布置，3~4 台为一列，前后用闸阀隔断，利于停工检修。

含盐、含油多介质过滤器每台有 7 只大小不一气动阀门在运行了近两年来已腐蚀损坏，自动操控已大都失灵，现多介质过滤器的反洗全靠人工手动操作，工作量大。建议：含油、含盐多介质过滤器气动阀门换型更换(大小共 98 只)。

(8) 三级生化 BAF 池床层堵塞问题显现，分析原因及措施见表 2。

表 2 三级生化 BAF 池床层堵塞问题分析与处理

问　题	原　因	处理方法
曝气空气达不到标准	鼓风机故障	检查鼓风机
	曝气管堵塞	清洗曝气管
膜组件内或膜组件间曝气状况不稳定	该膜组件的曝气管堵塞	清洗该膜组件的曝气管
透过水量减少或膜间压差增大	有膜堵塞	进行药剂清洗
	曝气异常导致对膜面未进行良好清洗	改善曝气状态
	污泥形状异常致污泥过滤性能恶化	改善污泥性状 调整污泥排放量 阻止异常成分的流入 BOD 负荷调整 原水的调整(添加氮、磷等)

针对堵塞情况，也可适当增大反洗水量以在刚进行完风的吹动能及时迅速将反洗出的悬浮物从池内随反洗水置换，同时也可增加风吹频次及强度确保每一次反洗能尽可能将悬浮物反洗干净。

(9) BAF 池内泡沫较多，堆积性较好。分析原因有：①污泥停留时间较长；②pH 值低；③溶解氧较高；④活性污泥负荷过高；⑤憎水性物质流入，增加了水的表面张力；⑥曝气方式使得泡沫无法消除；⑦气温、气压和水温的交替变化。

对策：①喷洒水等增加表面搅拌的方法：喷洒水是一种最简单和最常用的物理方法，通过喷洒水流或水珠以打碎浮在水面的气泡，可以有效减少表面泡沫。打散的污泥颗粒部分重新恢复沉降性能，但丝状菌仍然存在于混合液中，所以，不能消除泡沫现象的根本原因。②降低活性污泥负荷，通过高质量的反洗将污泥负荷予以达到一个平衡值；同时通过水质调节以使进入装置污水中污染物浓度稳定；降低污泥龄：一般来讲，采用降低污泥；停留时间，可以抑制生长周期较长的放线菌的生长。③回流厌氧消化池上清液：厌氧消化池上清液能抑制丝状菌的生长，因而采用厌氧消化池上清液回流到曝气池的方法，能控制曝气池表面的气泡形成。由于厌氧消化池上清液中有浓度较高的 COD_{CR}(BOD_5)和氨氮，有可能影响最后的出水水质，应慎重采用。

(10) 反洗管线腐蚀泄漏。三级生化自运行以来，多介质过滤器入口(反洗管线)管线、含油和含盐 BAF 反洗管线(材质为碳钢)已发现十多处出现泄漏，如图 4 所示。

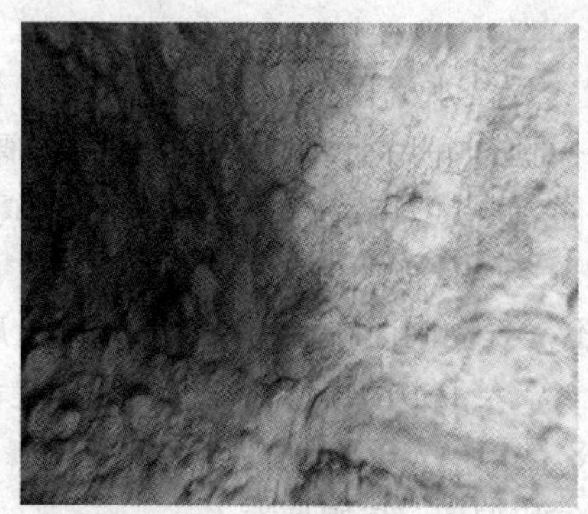
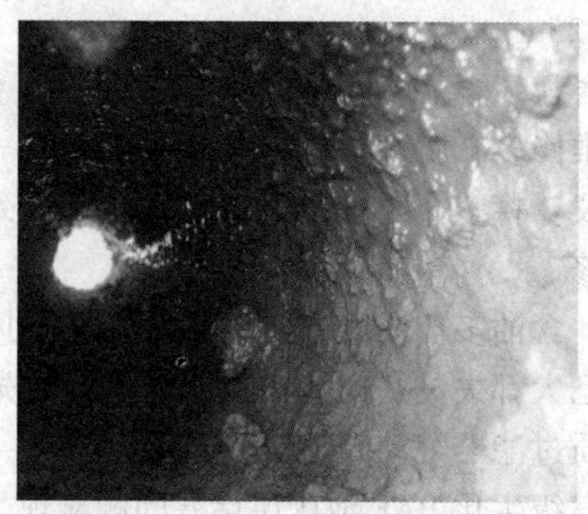

图 4　管道内部腐蚀形貌

三级生化使用的臭氧在污水中存在一定的残余，其最后转化为氧溶于水中与 BAF 曝气溶解氧叠加，致使溶解氧较高；而三级生化反洗用水采用 BAF 池出水作为反洗用水，对三级生化反洗系统管道腐蚀严重，经检测，三级生化出水水质情况见表 3。

表 3　三级生化出水水质

采样对象	样品名称	检测项目	单位	检测结果
废水	三级生化出水	石油类	mg/L	1.5
		氨氮	mg/L	0.4
		硫化物	mg/L	<0.05
		化学需氧量	mg/L	45
		铁	mg/L	0.09
		氯离子	mg/L	186.2
		硫酸根	mg/L	209.5
		磷酸根	mg/L	<1.0
		总硬度	mg/L(以碳酸钙计)	313.0
		总碱度	mg/L(以碳酸钙计)	71
		pH 值	—	6.85
		DO 值	mg/L	3.35

续表

采样对象	样品名称	检测项目	单位	检测结果
废水	三级生化出水	浊度	NTU	0.60
		悬浮物	mg/L	3
		钾离子	mg/L	22.0
		钠离子	mg/L	315.5
		镁离子	mg/L	28.0
		钙离子	mg/L	132.2
		硝酸根	mg/L	41.1
		碳酸氢根	mg/L	0.18

经分析有以下几种腐蚀：

（1）垢下腐蚀。由于金属表面腐蚀产物或其他固态沉积物的不均匀分布形成锈垢层，而引起垢层下严重腐蚀，称为垢下腐蚀。分析垢的成分主要为铁的氧化物和氢氧化物，含有少量的碳酸钙与泥沙。流速较低时疏松的腐蚀产物容易附着在金属表面上，垢下腐蚀的产生是因为在缝隙中存在的液体不能流动，不能流动的液体不能补充氧，遂成为缺氧区，缺氧区的管壁是阳极，发生铁的氧化反应，其余没有垢层的管壁或是有大间隙的管壁，因为有饱和氧而成为阴极，发生氧的还原反应。大阴极和小阳极的组合使阳极区的垢下金属加速腐蚀，见图5。

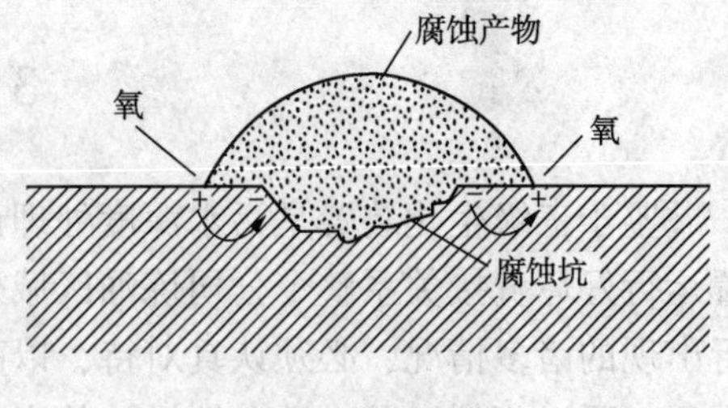

图5 垢下腐蚀

（2）氧腐蚀。电极过程由电荷传递过程和扩散过程共同控制，电化学极化和浓差极化同时存在，阴极表现出明显的氧扩散控制，氧在阴极上的去极化过程虽然比较复杂，但大致可认为分成两步：①把氧输送到阴极；②使氧离子化，在中性或碱性溶液中为：

$$O_2+2H_2O+4e \longrightarrow 4OH^-$$

因为水中溶解氧是一种去极化剂，促进阴极过程，引起金属的腐蚀。所以在水中溶解氧的含量愈多，金属腐蚀愈严重。当水中溶解氧腐蚀时，在其表面形成许多小型鼓包，其直径1~30mm不等，这种腐蚀特征称为溃疡腐蚀，鼓包表面的颜色由黄褐色到砖红色不等，次层是黑色粉末状物，这些都是腐蚀产物。腐蚀产物清除后，会出现因腐蚀而造成的陷坑。随着上游管线内溶解氧的消耗，使下游溶解氧含量降低，从而使上游管线最先腐蚀穿孔，下游管线陆续穿孔。

（3）氯离子的促进作用。氯离子造成的腐蚀一般发生在坑蚀和缝隙腐蚀中，在这种情况下金属在坑蚀内和缝隙内腐蚀而溶解，生成Fe^{2+}，引起腐蚀点周围的溶液中产生过量的正电荷，吸引水中的氯离子迁移到腐蚀点周围以维持电中性，因此腐蚀点周围会产生高浓度的金属氯化物，之后金属氯化物会水解产生不溶性的金属氢氧化物和可溶性的盐酸。盐酸是种强腐蚀性酸，能加速多种金属和合金的溶解。

$$FeCl_2+2H_2O \longrightarrow Fe(OH)_2+2H^++Cl^-$$

总的来说在金属机体中Fe3O4膜的形成会降低铁的溶解速率，然而随着冷却水的不断循环，有越来越多的氯离子等腐蚀离子在金属表面积聚，由于水膜层的不断增厚，使得氯离子等腐蚀离子难以从金属表面扩散出去，从而使金属表面发生腐蚀破坏，腐蚀现象越来越严重。

（4）流速的影响。当流速增加时，会减小边界层的厚度，有利于氧气向金属表面的扩散。另外，较大的流速可以冲刷掉附着在金属表面的沉积物和腐蚀产物，破坏金属保护膜，进一步加大系统的腐蚀速率。由此可见，流速对系统腐蚀的影响主要是促进了溶解氧向金属表面扩散的速度，从而加剧了系统的腐蚀速率。因此流速既不能太低也不能太高。

为此，建议更换管道材质为塑钢管，同时做好如下措施：(1)控制溶解氧含量，经过调查好氧生物膜法的溶解氧一般以4mg/L左右为宜，此时，生物膜结构正常，沉降、絮凝性能也良好。最低不应低于2mg/L，而这个低值也只限于反应器的局部地区，如进口端，有机物浓度高的部位。供氧过多，反而会使代谢活动过强，营养供应不上，使生物膜自身产生氧化，促使污泥老化。(2)建立流量、温度、压力、液位等操作参数的在线监控，以及pH值、电导率、浊度、溶解氧、COD等水质指标的在线测量，以确保操作参数的及时调控。(3)根据实际腐蚀控制情况考虑加注缓蚀阻垢剂。

3 小 结

鉴于三级生化装置是污水深度处理设施，更是污水处理场最为重要的最末端装置，该装置运行好坏直接关系整个公司炼油区域外排污水的达标排放。因此，面对两年来装置实际运行出现的诸多情况，必须认真对待，以高度负责任的态度开好现有装置，加快优化完善装置进程。可以相信，通过针对性措施的实施，三级生化装置必将发挥其更大作用，展现其璀璨夺目之光。

参 考 文 献

[1] 王晓莲，彭勇臻. A/O法污水生物脱氮除磷处理技术与应用[M]. 北京：科学出版社，2009.

[2] 张林生. 水的深度处理与回用技术[M]. 3版. 北京：化学工业出版社，2016.

[3] 株式会社西原环境. 污水处理的生物相诊断[M]. 北京：化学工业出版社，2012.

[4] 克里斯蒂安·戈特沙克. 水和废水臭氧氧化：臭氧及其应用指南[M]. 北京：中国建筑工业出版社，2004.

反硝化生物滤池在炼油污水深度处理中的工程应用

张　哲　吴盼盼　乐淑荣　宋晓林

（苏州科环环保科技有限公司，昆山 215332）

【摘　要】 本文针对洛阳石化炼油污水生化出水，开展了新型反硝化滤池深度脱氮去除研究，出水水质符合 GB 31570—2015《石油炼制工业污染物排放标准》的排放标准，达到 TN≤25mg/L，氨氮≤4mg/L 和 SS≤10mg/L 的处理要求。以乙酸钠作为碳源，在 ΔCOD∶ΔTN≈4∶1 条件下运行对 TN 的去除效果显著，药剂运行成本核算为 0.42 元/t。为了保证反硝化滤池的稳定运行，建议反冲洗采用气水联洗模式，并定时水冲洗排氮。新型反硝化滤池在洛阳石化炼油污水处理中的成功应用案例，能够为石油化工行业污水的脱氮改扩建工程提供参考。

【关键词】 反硝化生物滤池　炼油污水　碳源　反冲洗

炼油污水在原油的炼制以及加工过程中产生，具有排放量大、成分复杂和冲击性强等特点，并且含有大量的碳氢化合物及其衍生物等难降解污染物。传统的炼油污水处理技术主要包括隔油、气浮和生化处理三类，这些处理技术对 COD 以及氨氮的去除效果较好，但是对总氮的去除效果有限。近年来，国家对环境污染治理及生态环境保护的要求越来越严格。根据 GB 31570—2015《石油炼制工业污染物排放标准》的要求，总氮的排放限值为 40mg/L，传统的“老三套”处理工艺出水很难符合现有的总氮排放标准。因此，亟须对污水处理厂进行提标改造，使出水水质符合日益严格的排放标准。

本研究以洛阳石化炼油污水生化出水为研究对象，深度处理段采用苏州科环设计的新型反硝化生物滤池工艺对总氮进行去除，并且系统地分析了反硝化滤池的工艺设计及调试运行情况，以期为该工艺用于其他污水处理厂的升级改造提供参考。

1　工程概况

中国石油化工股份有限公司洛阳分公司炼油污水处理厂需要进行升级提标改造工程，在现有生化处理设施后段增加 $200m^3/h$ 深度处理设施，设计进、出水水质见表 1，出水水质符合 GB 31570—2015《石油炼制工业污染物排放标准》中规定的排放要求。其中，总氮（TN）去除是该升级提标改造工程中的重点及难点所在。

结合水质特点及处理要求，拟采取工艺路线如图 1 所示。其中，反硝化生物滤池工艺具有生物量丰富、反硝化速率快和占地面积小等优点，是升级改造脱氮的首选工艺[1]。

表1　工程设计进出水水质表

项　目	进水指标/(mg/L)	出水指标/(mg/L)
COD_{Cr}	≤150	≤40
TN	≤50	≤25
氨氮	≤10	≤4
SS	≤120	≤10

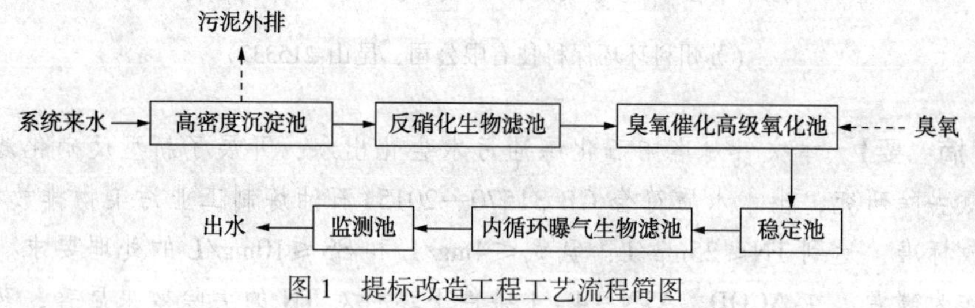

图1　提标改造工程工艺流程简图

2　工艺设计

2.1　工艺流程

反硝化生物滤池工艺流程见图2。高密池出水与外加碳源在反硝化滤池配水渠充分混匀后借助重力作用流入池床，污水流经床层时，与其负载的反硝化细菌发生反硝化作用去除总氮，同时大部分悬浮物通过过滤、沉淀及截留等方式留在床层中，反硝化滤池出水进入臭氧高级氧化池进行更深度的处理。

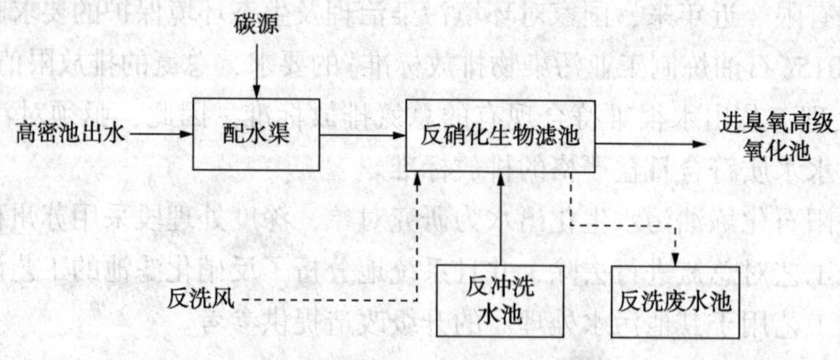

图2　反硝化生物滤池流程图

滤池运行一段时间后，填料表面的生物膜增厚，微生物分泌的胞外聚合物以及被截留的悬浮物不断累积，导致床层阻力增大。此时，需要对床层进行反冲洗，脱除表面的生物膜和部分被截留在填料间隙的悬浮物，恢复微生物活性。同时，由于反硝化过程中不断产生氮气，滤池中逐渐集聚大量氮气，造成气阻，增加填料水头损失，故在运行一段时间后，启动驱氮系统脱除填料间的氮气，以保证反硝化滤池的正常运行。反硝化滤池采用气液联合方式进行反冲洗，依次为气洗-气液联合冲洗-水洗。

2.2　系统组成

反硝化生物滤池是集生物脱氮及过滤功能为一体的先进处理工艺[2]。反硝化滤池处理系统主要由池体、滤料、垫层、滤砖、进气管、堰板、阀门、碳源投加系统、控制系统、反冲洗泵、鼓风机及自控仪表和管路等组成。反硝化生物滤池脱氮单元设计参数如表2所示。

表2 反硝化滤池脱氮单元设计参数

名称	单位	规格	备注
处理水量	m^3/h	200	
运行温度	℃	20~35	
水力停留时间	h	1.75	
TN 容积去除负荷	$kgNO_3^-$-N/(m^3·d)	1.03	
反硝化滤池规格	mm	14000×3000×5200	净空，共3间
有效容积	m^3	117	
填料高度	m	2.80	
反洗水强度	L/(m^2·s)	1.9~2.2	
反冲洗风强度	L/(m^2·s)	13~16	
反洗风压力	MPa	0.2~0.6	非净化风源

(1) 滤料

反硝化滤池采用专属反硝化填料，安装高度2.8m，单格装填量117m^3，总量350m^3。滤料垫层采用天然卵石，粒径4~32mm，采用3~4种分层安装，每层厚度宜为70~100mm，总厚度不小于350mm。

(2) 碳源投加系统

设置加药系统1套。加药桶规格φ2000×2000mm，数量2个，材质为玻璃钢；计量泵流量300L/h，扬程50m，功率0.55kW，共2台，1用1备，泵头采用PVC。

(3) 自控

反硝化滤池设进水、出水、反洗进水、反洗排水、反洗进气自控阀门，实现自动反洗。反硝化滤池配置总进水流量计、滤池液位计、进出水硝氮分析仪。反硝化滤池采用恒水头过滤，出水采用调节型液控阀门，根据滤池水位调节阀门开度，当阀门开度调到最大后，水位达到最高设计水位启动自动反洗。碳源投加量根据进水量、进出水硝氮含量反馈信号确定。

2.3 工艺特点

该工程中采用的新型反硝化生物滤池，具有以下技术优势：

(1) 高效反硝化菌

系统采用新型高效反硝化细菌，具有以下特点：

① 菌种活化周期短，启动速率快；

② 抗冲击负荷能力强；

③ 耐盐度高，最高可耐受15000mg/L左右的盐含量；

④ 抗低温能力强，在10℃左右时仍具有一定的生物活性；

⑤ 耐毒性，可以较有效地耐受化学毒性物质，包括氯化物、氰化物和重金属等。

反硝化菌种的这些特性使得该工艺在高硝酸盐氮负荷、低温、高盐度、高毒性等较为苛刻的环境下仍能保持稳定、高效的总氮去除率，提高污水处理系统的生物模块整体耐受性。

（2）反硝化填料

采用优质反硝化专属填料，滤池容积利用率及容积负荷高；滤料粘接力和抗压能力强，具有良好的化学稳定性能，还具有载污能力强的特点，能将悬浮的物质阻拦并沉淀下来从而达到很好的过滤效果。该填料具有过滤周期长、滤后水质好、过滤水头损失增长小的优点，同时新型滤料更易于挂膜，且能较好解决堵塞的问题，提高过滤效率。

（3）采用新型反冲洗技术，降低了反冲洗能耗，提高了反冲洗效率，延长了反冲洗周期，预防了反硝化滤池在处理工业污水时易出现的填料板结现象。

（4）采用专属氮气释放技术，在恢复水头的同时有效避免沟流现象。

3 调试运行情况

3.1 碳源投加量

反硝化菌为异养菌，需有机碳源作为电子供体，因而碳源对反硝化的影响很大，不同的有机碳源将导致反硝化速率的差异。一般多采用甲醇作为外加碳源，但甲醇具有一定毒性且易爆，因而使用受到限制；而葡萄糖作为碳源的利用率较低。相比之下，乙酸钠是一种良好的碳源，易于被微生物利用，可实现较高的 TN 去除率。反硝化生物滤池系统运行过程中 COD 和 TN 的变化趋势如图 3 和图 4 所示。

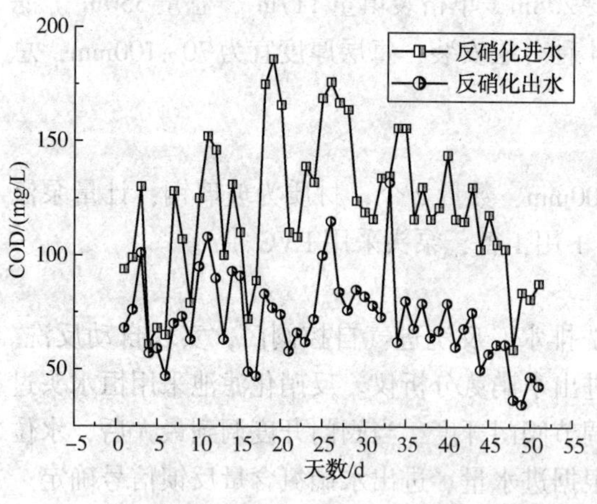

图 3 反硝化生物滤池系统 COD 变化趋势图

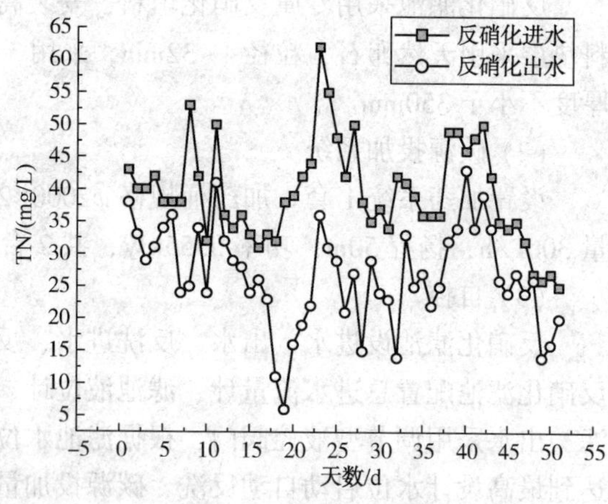

图 4 反硝化生物滤池系统 TN 变化趋势图

综合图 3 和图 4 运行结果可以看出，在投加碳源 5 天后，反硝化生物滤池系统反硝化菌逐渐增多，TN 去除率出现了明显提升；另外，TN 的去除率与进水 COD 密切相关，外加碳源的投加量越高，总氮的去除量越多，在调试运行期间，TN 最高的去除率可达 66.67%，乙酸钠的利用率可达 90%；COD 去除量与 TN 去除量呈现一定的比例关系，根据实际测量数据计算得 ΔCOD：ΔTN≈4：1，与理论投加量基本吻合。需要说明的是，图 3 和图 4 中出现的波峰为池子切换初期的运行结果。

3.2 反冲洗参数

反硝化滤池运行过程中，需维持适宜的反冲洗周期和强度。若长时间不进行反冲洗，则易造成填料结团成块而形成短流；若反洗周期过于频繁，一方面造成溶解氧含量过高，另一方面导致填料上负载的未老化的生物膜提前脱落，最终影响脱氮的效果。综合考虑碳源特性、出水水质、滤料磨损情况以及系统的操作压力，系统的反洗参数如表3所示。

表3　反硝化生物滤池反洗参数

反洗周期/h	排氮周期/h	反冲洗参数				排氮参数
		气洗时长/min	气+水洗时长/min	水洗时长/min	静置时长/min	水洗时长/min
24	3	10	10	4	2	2

滤池排氮采用水冲洗方式，单格驱氮时间间距为2~6h，持续时间2~4min。在此反洗参数控制下，反硝化系统运行基本稳定。在保障反洗及排氮操作正常的情况下，TN的去除效果较好，出水SS≤10mg/L，反硝化生物滤池的运行情况良好。

3.3　运行成本核算

在保障反硝化生物滤池达到处理要求的前提下，运行成本核算基础参数如下：无水乙酸钠：纯度98%，单价4200元/t（批量供货），折4.20元/kg；单位总氮去除量乙酸钠投加比：乙酸钠（COD）/ΔTN=4∶1。

表4　反硝化生物滤池药剂运行成本

碳源种类	进水TN/（mg/L）	出水TN/（mg/L）	碳源投加量/（kg/t）	碳源单价元/kg	碳源运行成本/（元/t）
乙酸钠	50	25	0.100	4.200	0.420

根据表4可以看出，乙酸钠作为碳源时反硝化生物滤池药剂运行成本约为0.42元/t。

4　结　论

（1）新型反硝化滤池是实现污水深度脱氮的有效手段，适用于炼油及石油化工污水处理厂的改扩建工程。

（2）由于二级处理出水有机物难生物降解，故需要外加碳源。碳源种类及其投加量对反硝化滤池处理效果的影响较大，乙酸钠作为碳源时，在ΔCOD∶ΔTN≈4∶1的运行条件下可实现较好的TN去除效果，药剂运行成本核算为0.42元/t。

（3）反硝化滤池需控制适宜的反冲洗周期和强度，建议反冲洗采用气水联洗，并定时水冲洗排氮，可实现反硝化滤池脱氮稳定运行。

参　考　文　献

[1] 尚玉，吴顺勇，马天添，等．反硝化生物滤池在污水处理中的应用[J]．中国给水排水，2016，32(8)：84-87.

[2] 周平，杨勇，佘步存，等．反硝化滤池在污水处理厂提标改造工程的设计应用[J]．水处理技术，2019，39(12)：122-124.

[3] 阎宁，金雪标，张俊清．甲醇与葡萄糖为碳源在反硝化过程中的比较．上海师范大学学报(自然科学版)，2002，31(3).

[4] 刘金瀚，白宇，林海，等．反硝化生物滤池用于污水深度处理脱氮研究[J]．中国给水排水，2008，24(21)：26-29.

S-IBR 生物反应器处理炼油污水中试研究

石亚飞[1] 周 生[1] 陈青山[2] 孙亚钢[2] 张 荻[2] 赵 蓉[2]

(1. 麦王环境技术股份有限公司，上海 200082；2. 中国石化荆门石化公司，荆门 448000)

【摘　要】 利用 S-IBR 生物反应器对石化炼油污水进行中试试验研究，试验结果表明，在一定的工艺条件下：pH≈7.5、T=30℃、NH_3-N=20mg/L、好氧区 DO≈2.8mg/L、缺氧区 DO<0.5mg/L、MLSS=4500mg/L，内回流比 R=9，出水 TN=5~7mg/L、出水 COD≤80mg/L，COD 去除负荷达 0.28kgCOD/kgMLSS·d，TN 去除负荷为 0.014kgTN/kgMLSS·d，远高于设计出水要求。与传统 AO 工艺相比，S-IBR 技术具有污泥浓度高、占地小、无内部活动部件、操作维护简单的优点。

【关键词】 S-IBR　生物反应器　炼油污水　中试

石油化工行业炼油过程会产生大量高污染的废水，其中的含盐及含油废水是一种有机污染物浓度高、电导率高、含大量无机盐的难处理废水[1]，随着社会经济的发展，其产量也是逐年增加，但日益严苛的环保政策对 COD、TN、氨氮等排放指标要求越来越严格，因此，急需一种新型的、高处理效率的污水工艺对石化炼油污水进行处理[2]。

传统生物处理工艺如 AO、SBR 等工艺由于其具有占地大、处理效果不佳、运行成本较高等问题已经不能满足目前石化行业的处理需求[3,4]。内置沉淀一体化生物反应器即 S-IBR (Sedimentation Integral Biological Reactor 集生化、沉淀、污泥回流、混合液回流反应器)结合了微生物技术、曝气技术、空气提升技术、大比倍回流稀释技术及快速澄清技术，因此其具有污泥浓度高、抗冲击能力强等优点使得在工程上实现了比较彻底的同步硝化反硝化脱氮，与传统生物硝化反硝化池子结构相比，池子由原来的 3 个减少为 1 个，极大减少了占地面积[5]。因此，采用 S-IBR 技术对石化炼油污水进行研究，旨在为工程应用提供理论设计参考。

1　实　验

1.1　中试目的

利用中试设备，进行模拟生产试验，主要有以下内容：

(1) 通过调节进水量、水质，改变生化系统的负荷及水力停留时间，并控制混合液的 SV30 值间接控制污泥浓度等，从中确定最佳的实际运行参数，在设计条件均满足情况下，出水水质能够稳定达标(TN≤15mg/L，NH_3-N≤5mg/L，COD_{Cr}≤80mg/L，TP≤0.5mg/L)。

(2) 进行耐冲击负荷试验，在水质、水量波动情况下，取得系统冲击负荷试验值，确定 IBR 系统的耐冲击强度以确保装置运行后在可控范围内的冲击负荷时出水仍能够达标排放。

(3) 为后续提标改造基础设计提供最可靠的工艺设计参数。

1.2　中试进水水质

根据中试方案中提供的水质资料，工程设计水质如表 1。

表 1　项目设计处理水质水量

项　目	含盐废水		含油废水	
水量	$300m^3/h$		$400m^3/h$	
	原水	S-IBR 出水	原水	S-IBR 出水
pH 值	6~9	6~9	6~9	6~9
COD_{Cr}/(mg/L)	900~1000	100	500~600	80
温度/℃	≤40		≤40	
石油类/(mg/L)	20~30	5	20~30	5
SS/(mg/L)	100~200	70	100~200	70
氨氮/(mg/L)	60	5	50	5
总氮/(mg/L)	70	15	60	15

由于含盐污水较含油废水水质更恶劣，经双方协商，决定采用含盐废水作为本次中试实验用水，试验进水流量为 $Q=1m^3/h$。

1.3　工艺流程

本试验装置有效容积为 $50m^3$，在生化池中，利用空气提升装置将池子中的泥水混合物进行循环，循环流量根据进水水质情况可以达到进水量十几倍甚至几十倍，从而实现对进水的大比例回流稀释，极大避免了微生物遭受冲击，为微生物的生长提供了稳定的水体环境。

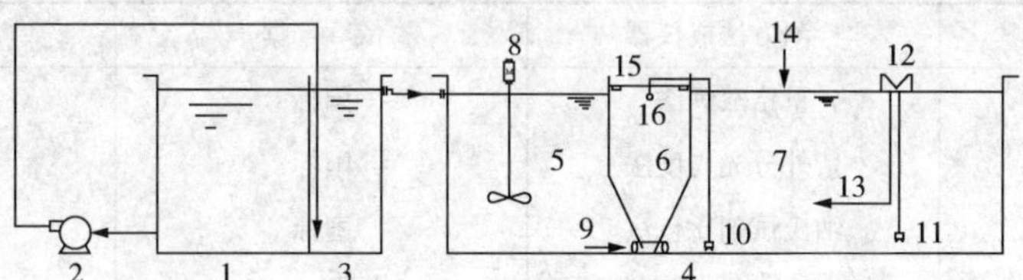

图 1　工艺流程图

1—调节池；2—进水泵；3—水解酸化池；4—S-IBR 系统；5—缺氧区；6—沉淀区；7—好氧区；8—搅拌机；9—自流管；10—汽提泵；11—混合液回流汽提泵；12—DTF(排气/过渡/絮凝)槽；13—回流管；14—加药系统；15—溢流槽；16—中心导流系统

图 2　中试构筑物

S-IBR 系统成功实现了将二沉池结合到了生化池中，形成一体化生物处理装置，且池子内部无刮泥机等活动部件。

其特殊的池体结构设计，利用较小能耗的空气作为提升原动力，产生较大的水流推动力，进而推动生化池中泥水混合物进行流动，使得池内物质高速循环，从而实现了大比倍循环的技术要求。

1.4 实验过程

接种污泥采用荆门某市政污水厂脱水污泥，接种总共约 1.5 吨含水率 75%污泥到水解酸化池，然后通过曝气使污泥完全溶解开并进入 S-IBR 系统，从而进行闷曝 2d 后开始连续进水进行污泥的培养与驯化，同时测定系统的 COD、氨氮、TN 等指标。试验中控制硝化液回流比=9~15，污泥回流比=1~2，具体运行条件如表 2。

表 2 实验运行条件

反应器	温度/℃	pH	DO/(mg/L)
水解池	35±2	6.5~7.5	≤0.3
缺氧区	35±2	7.3~8.0	≤0.5
好氧区	35±2	7.0~7.6	2.5~3.5

1.5 分析方法与仪器

本次中试水质检测指标的方法和仪器如表 3 所示。

表 3 检测指标方法及仪器

参 数	检测方法或仪器	依 据	设备型号
COD	重铬酸钾法	国标	DR3900
TN	紫外分光光度法	国标	DR3900
氨氮	纳氏试剂比色法	国标	DR3900
DO	溶解氧仪		9010
pH	在线 pH 计		3-2724-10
电导	在线电导率仪		DDS-11A

1.6 计算公式

综合考虑业主要求与进水污染物浓度和流量的影响，本次中试主要研究 COD 和 TN 的去除负荷，在系统稳定运行后主要以出水 COD 和 TN 为考核指标，具体计算公式[6]如(1)和(2)。

$$\text{COD 去除负荷} = QS/(VX) \tag{1}$$

其中：COD 去除负荷，kgCOD/kgMLSS · d；Q—进水流量，m^3/d；S—COD 浓度，mg/L；V—设备有效容积，m^3；X—污泥浓度，mg/L。

$$\text{TN 去除负荷} = QC_{TN}/(VX) \tag{2}$$

其中：TN 去除负荷，kgTN/kgMLSS · d；Q—进水流量，m^3/d；C_{TN}—TN 浓度，mg/L；V—设备有效容积，m^3；X—污泥浓度，mg/L。

1.7 药剂说明

本次中试试验所需药剂主要为以下两类：

(1) 液碱：好氧硝化反应需要消耗碱度，因此需要往好氧池投加液碱补充碱度；

(2) 营养盐：磷盐、尿素等提供微生物生长所需营养源。

由于药剂投加量与进水水质水量有关，因此，本文仅分析中试设备稳定运行后的药剂投加量。

2 结果与讨论

2.1 活性污泥培养与驯化

本次实验接种污泥采用荆门某市政污水厂脱水污泥，接种总共约 2.5 吨到水解酸化池，然后通过曝气使污泥完全溶解开并自流进入 S-IBR 系统，经过闷曝 2d 后开始连续进水，使活性污泥浓度稳定在 4500mg/L 左右，从而免去活性污泥培养增值阶段缩短生化启动周期。

进入污泥驯化阶段主要采用逐步加大进水流量来实现达到设计去除负荷的要求，试验从 0.4m^3/h 水量开始，具体水质指标为：TN = 45mg/L、COD = 850mg/L、pH ≈ 7.5、T = 30℃、NH_3-N = 20mg/L、好氧区 DO ≈ 2.8mg/L、缺氧区 DO<0.5mg/L、MLSS = 4500mg/L，驯化阶段总共历时 20 天。

实验结果表明(图 3 与图 4)，S-IBR 反应器对于 COD 去除效果明显，在很短的几天内就达到 80%以上的去除率，COD 去除负荷从 0.0355kgCOD/kgMLSS · d 上升到 0.1kgCOD/kgMLSS · d，最终 COD 去除率达到 89%左右。分析原因：废水可生化性较好，且 S-IBR 前有水解酸化阶段，进一步提高了废水的可生化性，使 COD 去除率较高；另一方面，废水中可供反硝化的碳源 COD 反应较充分，从而使微生物对于 COD 适应性较好。

TN 去除负荷随着进水量的增加是不断增加的，相比较于对 COD 的去除，其上升趋势较为平缓，也较晚于 COD 达到 80%以上的去除率，这是由于活性污泥对于含氮废水的适应需要一个过程，其要逐步实现反硝化细菌达到优势菌种的过程，最终在进水量达到 0.9m^3/h 以后，历时 16 天的驯化有了突破性进展，TN 去除率达到 80%以上，TN 负荷也达到要求。综合 COD 和 TN 的去除情况，标志着对于活性污泥的驯化获得成功。

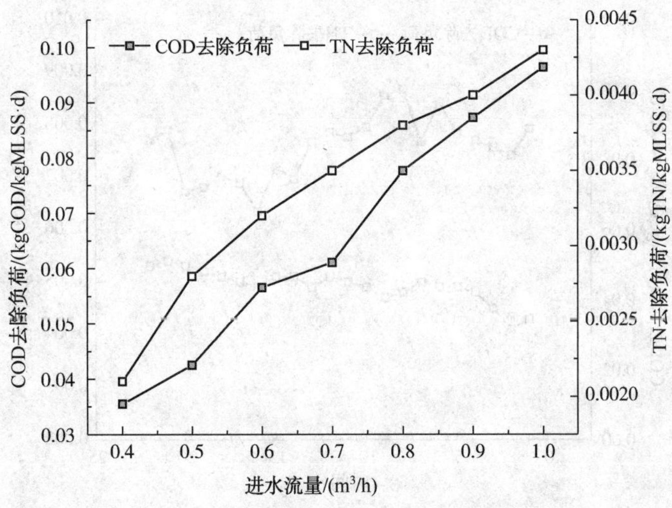

图 3 不同流量下 COD/TN 去除负荷

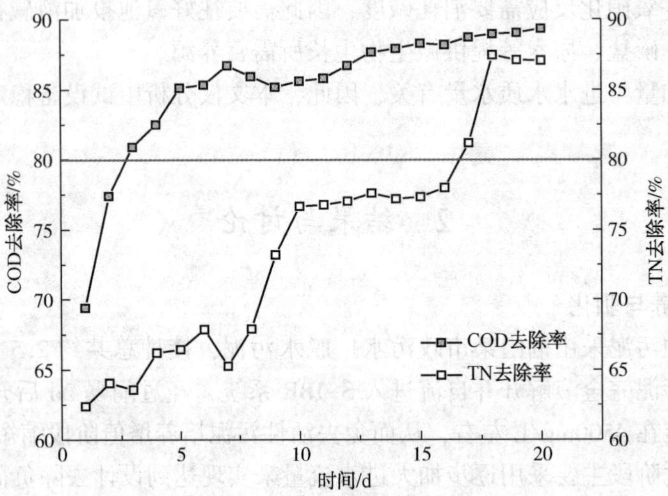

图 4 污泥驯化阶段 COD/TN 随驯化时间的变化

2.2 中试运行阶段

活性污泥驯化阶段结束后正式进入中试运行阶段，期间水量 $Q=1.0m^3/h$，具体运行指标为：TN=45mg/L、COD=850mg/L、pH≈7.5、T=30℃、NH_3-N=20mg/L、好氧区 DO≈2.8mg/L、缺氧区 DO<0.5mg/L、MLSS=4500mg/L，内回流比 R=9，中试运行阶段总共历时 25 天。

图 5、图 6 为中试运行阶段数据分析，通过连续监测可以看出中试设备运行稳定，出水总氮和 COD 均达标，期间经历了业主为期三天的考核，考核期间完全符合业主的要求。进水 COD 除个别波动比较大外，基本稳定在 850mg/L 左右，出水 COD 取平均值约为 65mg/L，COD 去除负荷基本维持在 0.08kgCOD/kgMLSS · d 左右；进水 TN 比较稳定，基本在 40mg/L 左右，而出水 TN 平均值约为 5mg/L，TN 去除负荷在 0.005kgTN/kgMLSS · d 左右，去除率高达 90%。

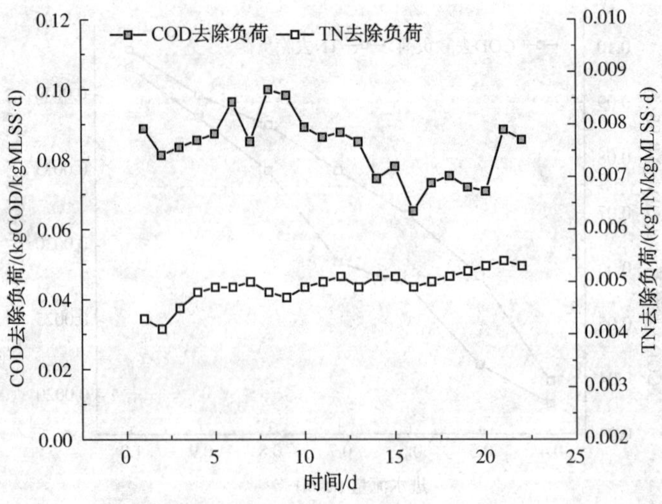

图 5 中试阶段 COD/TN 去除负荷

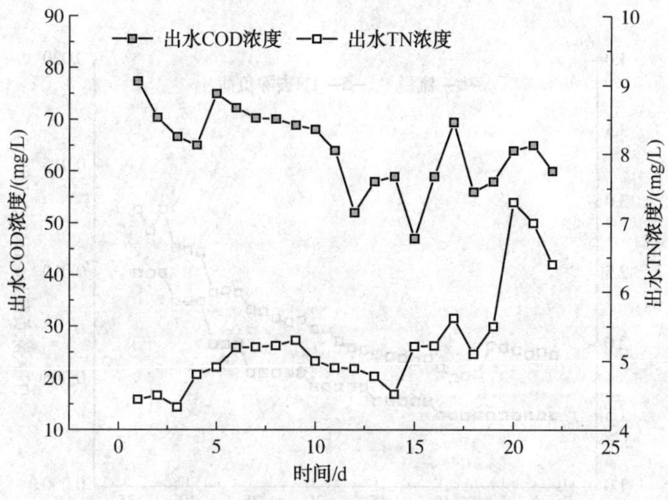

图 6　中试阶段出水 COD/TN 浓度

2.3　负荷增加阶段

本中试的试验目的不仅要使在设计参数下稳定运行，还要考察在水质、水量波动情况下，取得系统冲击负荷试验值，确定 IBR 系统的耐冲击强度以确保装置运行后在可控范围内的冲击负荷时出水仍能够达标排放，同时为后续提标改造基础设计提供最可靠的工艺设计参数。由于实验进水为荆门石化二级气浮出水，水质较为稳定，COD 和 TN 值已达到本次实验的最大浓度值，其他控制因素如 pH、DO、TDS、温度等均控制在最佳范围内，因此，采取的增加负荷措施为在原有中试运行基础上进一步提高水力负荷。

具体运行指标为：TN=45mg/L、COD=850mg/L、pH≈7.5、T=30℃、NH_3-N=20mg/L、好氧区 DO≈2.8mg/L、缺氧区 DO<0.5mg/L、MLSS=4500mg/L，内回流比 R=9，增加负荷阶段总共历时 40 天。

中试结果(见图 7、图 8 和图 9)表明：随着进水量的增加，出水 COD 和 TN 始终达标，COD 稳定在 80mg/L 以下，TN 在 5mg/L 左右，且 COD 和 TN 负荷在不断上升，且并未趋于

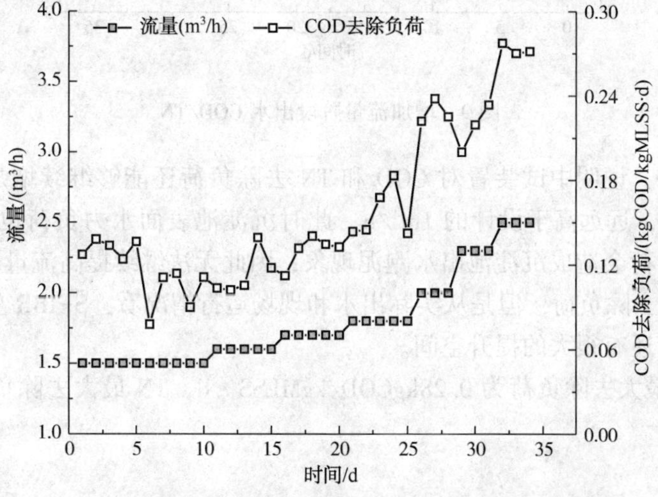

图 7　增加流量阶段 COD 负荷

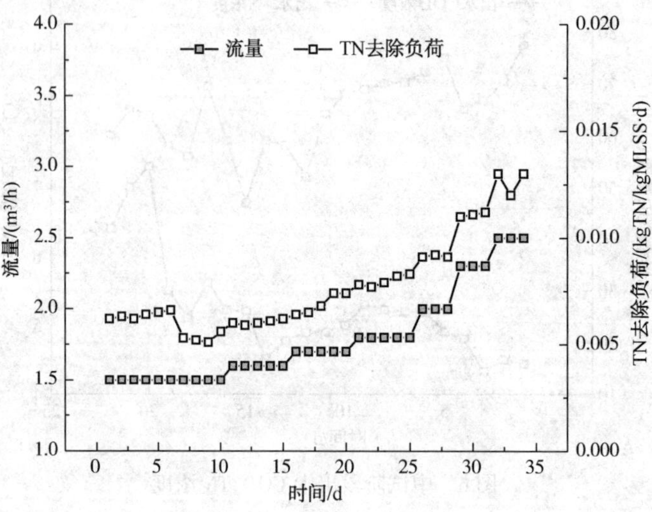

图 8 增加流量阶段 TN 负荷

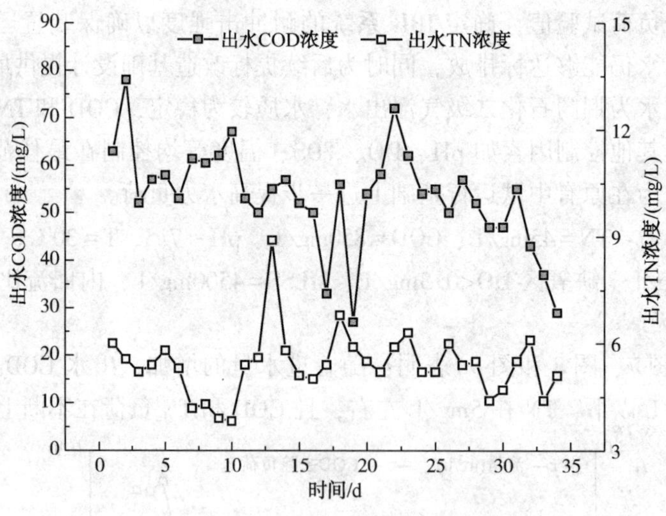

图 9 增加流量阶段出水 COD/TN

稳定还有上升趋势，说明中试装置对 COD 和 TN 去除负荷还能够继续增加，但此时进水流量已高达 $2.5m^3/h$，远远高于设计的 $1m^3/h$，此时沉淀池表面水力负荷也远远高于设计值，再继续提高进水负荷会造成沉淀池出水跑泥现象，因此无法继续提高流量研究中试装置对于 COD 和 TN 的最大去除负荷，但是从实际出水和现场运行情况看，S-IBR 生物反应器对于炼油污水的去除负荷还有很大的提升空间。

试验中 COD 最大去除负荷为 0.28kgCOD/kgMLSS · d，TN 最大去除负荷为 0.014kgTN/kgMLSS · d。

3 运行费用分析

3.1 药剂费用

本中试药剂主要用到纯碱、少量磷盐。

纯碱药剂投加量：处理 $1m^3$ 的污水消耗 15% 碱液 0.67～1.0L，即 102～153mg/L（折算 98% 固体纯碱）。折中取 120mg/L，规格为 98% 固体（依据新国标《GB 210—92》，合格品纯碱（以 Na_2CO_3 计）含量≥98%），价格为 1 元/kg 计：

$$120\times1//1000/98\%=0.12 \text{ 元/t}$$

理论碱投加量：（试验水质均值为 COD_{Cr} 850mg/L，NH_3-N 20mg/L，TN 45mg/L，硝态氮基本未检出，进水总碱 150mg/L，反硝化一般要求维持一定出水碱度，按出水总碱 100mg/L 计）根据理论原理，好氧区消耗 1gNH_3-N 消耗 7.14g 碱度（不考虑细菌增殖），缺氧区还原 1g 硝态氮产生 3.57g 碱度，本次实验废水氮主要为 NH_3-N 和有机氮，其中有机氮氨化转化为 NH_3-N，在通过反硝化去除，忽略氨化作用对碱度影响，得出：

理论耗碱量为：$7.14\times45+100-150-3.57\times45=110.65$mg/L 即处理 $1m^3$ 的污水消耗纯碱 110.65g。

此次中试由于未能做到碱度和 pH 全天 24h 连续在线监测，为保证生化系统稳定运行，故实际投加量会比理论投加量有所偏大。未来工程中将考虑设置 pH 计连续在线监测系统，与纯碱投加系统实现联动，有效保证耗碱量的精确投加。

磷盐（以三聚磷酸钠计）药剂投加量：0.2mg/L（以 P 计），规格为 98% 固体（依据新国标《GB 25566—2010》三聚磷酸钠（$Na_5P_3O_{10}$）含量≥85%，总磷酸盐（以 P_2O_5 计）含量 56%－58%）取含磷量 20%，价格为 1.5 元/kg 计：

$$0.2\times1.5/1000/20\%=0.0015 \text{ 元/t}$$

则，吨水药剂费用约为：

$$0.12+0.0015=0.1215 \text{ 元/t 水}$$

3.2 电耗费用

考虑中试设备的操作弹性，本套设备配套提升泵、搅拌机、曝气风机等设备选型偏大，功率过高，耗电量计算不代表实际电耗，故本次报告 IBR 系统实际耗电量可参考工程设计方案。

表 4 S-IBR 工艺电耗

序号	设备名称	单套功率/kW	运行时间/h	总耗电/kWh
1	调节池提升泵（1 台）	0.25	24	6
3	双曲面搅拌机（1 台）	3.00	24	72
4	曝气风机（1 台）	1.50	24	36
5	合计（每天）	4.75	24	114

本污水处理系统估算每天耗电量为 114.0kWh，按 0.60 元/kWh 计，设备处理水量 1.0m^3/h，则每 m^3 污水处理耗电成本为：

$$114.0\times0.60/(1.0\times24)=2.85 \text{ 元/t 水}$$

对于传统 AO 工艺，由于其与 S-IBR 相比增加了刮泥机、内循环泵和污泥回流泵，因此，电耗较高，通过理论计算以及与 S-IBR 对比传统 AO 工艺具体电耗见表 5。

表 5 传统 AO 工艺电耗

序号	设备名称	单套功率/kW	运行时间/h	总耗电/kWh)
1	调节池提升泵(1 台)	0.25	24	6
3	双曲面搅拌机(1 台)	3.00	24	72
4	曝气风机(1 台)	0.75	24	36
5	内循环泵	0.75	24	18
6	污泥回流泵	0.26	24	6.24
7	刮泥机	2.0	24	48
8	合计(每天)	7.01	24	168.24

每 m^3 污水处理耗电成本为：

$$168.24\times0.60/(1.0\times24)=4.21\ 元/t\ 水$$

因此，S-IBR 工艺较传统 AO 工艺电耗低 1.36 元/t 水。

4 结 论

(1) S-IBR 技术对石化炼油污水具有很好的去除效果，在一定的工艺条件下：pH≈7.5、T=30℃、NH_3-N=20mg/L、好氧区 DO≈2.8mg/L、缺氧区 DO<0.5mg/L、MLSS=4500mg/L，内回流比 R=9，出水总氮和 COD 均达标，COD 去除负荷达 0.28kgCOD/kgMLSS·d，TN 去除负荷为 0.014kgTN/kgMLSS·d。

(2) S-IBR 在整个中试试验过程中运行稳定，出水水质远高于设计要求，由于 S-IBR 可以保持更高的污泥浓度和稀释回流比：MLSS=6000~10000mg/L，回流比 R=10~20，且超负荷运行阶段出水亦稳定达标，因此 S-IBR 技术对于此类废水的去除仍具有很高的余量。

(3) S-IBR 技术处理此类废水的运行费用较低，相比较传统 AO 工艺吨水电费少 1.36 元，且其内部部件较少，操作简单，也大大降低了维修成本。

参 考 文 献

[1] 程志磊．炼油汽提净化水循环回用治理工艺研究[D]．合肥：合肥工业大学，2015.

[2] 李龙，刘晓明，薄远，等．石油化工企业含盐污水深度处理试验研究[J]．当代化工，2019，48(03)：613-615.

[3] 张超．浅谈 AO 工艺的影响因素及控制方法[J]．石化技术，2016，23(10)：20+14.

[4] 周学双．石化企业含盐废水、含油污泥与石油焦共成浆气化技术研究[D]．青岛：中国石油大学(华东)，2014.

[5] 陈希飞，胡明龙，常定明，等．一体化生物反应器(IBR)工艺处理高浓度总氮废水的中试[J]．净水技术，2017，36(06)：76-80.

[6] 崔玉川，刘振江，张绍怡，等．城市污水厂处理设施设计计算[M]．北京：化学工业出版社，2004：118-119.

次氯酸钠对污水提标装置的影响

张天祥

（中国石化天津石化公司水务部生产技术科，天津 300271）

【摘　要】 本文介绍次氯酸钠的原理，以及对污水中 COD 和氨氮的影响，对管线的影响和一些解决方法，以便全面了解其对污水处理的作用。希望对以后次氯酸钠投加提供技术支持。

【关键词】 次氯酸钠　COD　氨氮　污水

1　理化性质

次氯酸钠(俗称：漂白粉)，熔点-6℃，沸点：102.2℃，具有强氧化性，但其氧化能力低于重铬酸钾，其水溶液为碱性，并缓慢分解为 NaCl、$NaClO_3$和 O_2，受热受光快速分解。主要用于漂白、工业废水处理、造纸等领域。

2　去除氨氮反应机理

在含氨氮的水溶液中加入次氯酸钠后，次氯酸、次氯酸根离子能够与水中的氨反应产生一氯胺(NH_2Cl)、二氯胺($NHCl_2$)和三氯胺(NCl_3)。由于 NCl_3在 pH<5.5 时才能稳定存在，而且在水中溶解度很低，只有 10^{-7}mol/L，所以在天然水溶液中 NCl_3几乎不存在。相关反应机理可用下列反应式表示：$2NH_3+3NaClO \longrightarrow N_2+3H_2O+3NaCl$。由此可知，只要提供足够的次氯酸钠剂量，水中的氨氮就可以通过一系列反应转化成氮气去除。通过查找文献可知影响次氯酸钠氧化脱除氨氮反应的主次顺序为：氯与氨氮的量比>反应时间>pH 值。当投加比约为 100∶8，处理效率达到最大。

3　实际氨氮去除效果

目前实验中提标装置高密池日常处理量为 450t/h，药剂投加量为 1t/h，药剂浓度为 20%，投加比为 450∶1，远小于最佳处理量。但其仍具有一定处理氨氮作用。表 1 为 2018 年 9 月 5 日至 11 月 4 日投加药剂处理情况(11 月 17 日开始投加次氯酸钠，红色为加药后效果)。

表1　氨氮去除实验

时　间	提标均出氨氮/(mg/L)	监护池氨氮数据/(mg/L)
2018-09-05	0	8.87
2018-09-12	0	0.14
2018-09-19	0	0.29
2018-09-26	0	1.21
2018-09-28	0	5.48
2018-10-03	0	4.63
2018-10-10	0	1.24
2018-10-17	2.12	7.69
2018-10-24	7.78	1.97
2018-10-29	6.37	1.02
2018-10-31	2.12	0.77
2018-11-04	0	0.8

从目前情况看次氯酸钠可以通过化学反应有效去除废水中氨氮。

4　对COD的去除及在线仪表数据为0分析

反应原理：次氯酸钠具有强氧化性，但其氧化性弱于重铬酸钾(COD氧化剂)，可在去除氨氮的同时氧化水中有机物。从而降低了COD值。次氯酸钠与水中有机物反应被还原成Cl^-。目前外排口使用的是HACH公司的COD_{max}在线分析仪，可以屏蔽最高5000mg/L的Cl^-，目前Cl^-实测值均为未检出，所以对仪器本身无影响，但其氧化水中有机物，降低了水中COD值，当COD仪表在数值低于10mg/L时，该仪器会出现测不准现象，且其数值受仪器校正影响。当校正零点高于测定值时仪器自动显示0mg/L。

由于提标出口COD一直保持在30mg/L以下，数值较低，当投加过量次氯酸钠时仪器完全可能出现0值。

5　投加次氯酸钠后其他影响分析

5.1　Cl^-对不锈钢的腐蚀

304、316不锈钢目前在水处理中应用比较多，其对含氯介质引起的缝隙腐蚀最为敏感，通过北京化工大学材料与工程学院吕国诚等在化工进展杂志发表的《304不锈钢应力腐蚀的临界氯离子浓度》中得出304不锈钢在60℃中性溶液中发生腐蚀的临界Cl^-浓度约为90mg/L。通过卢日时发表的《316、317不锈钢耐氯离子腐蚀能力浅析》[1]中得出：(1)不锈钢主要依靠一层超薄的氧化铬钝化膜抵抗氯离子腐蚀，当材料中因贫铬或其他因素导致钝化膜破裂时，不锈钢就会发生孔蚀，缝隙腐蚀、应力腐蚀开裂等。(2)不锈钢钼含量大于3%时，可以完全阻止Cl^-向材料基体内渗透，即可以避免腐蚀。(3)不锈钢在氯离子环境中腐蚀速率跟温度有关，温度越高腐蚀速率越高。

表 2 监护池和 BAC 数据

日期	监护池		BAC	
分析项目	氯离子	盐含量	氯离子	盐含量
11.12	621mg/L	2160mg/L	454mg/L	1950mg/L
11.13	560mg/L	2100mg/L	468mg/L	2000mg/L
11.14	546mg/L	2120mg/L	471mg/L	1940mg/L
11.15	588mg/L	2140mg/L	489mg/L	1960mg/L
11.16	574mg/L	2150mg/L	528mg/L	2070mg/L

由于实验中投加药剂比例低，表 2 为 11.12~11.16 监护池和 BAC 出口氯根含量，其监护池均值为 578mg/L，BAC 出口均值为 482mg/L，由于在未投加前监护池和 BAC 出口氯离子均值为 450mg/L 左右，投加次氯酸钠约增加 100mg/L 氯离子，由此推断其对 304 不锈钢腐蚀有一定影响，不能长时间投加。

5.2 Cl^-对碳钢的腐蚀

碳钢在湿热的沿海环境中易发生高速度的腐蚀，通过河北师范大学化学与材料科学学院发表的《碳钢在含氯离子环境中腐蚀机理的研究》得出碳钢在含 Cl^-环境中形成锈层，锈层为 Fe_3O_4等晶体，其生长速度快，颗粒大结构疏松易脱落。且锈层没有保护作用，腐蚀速度比较稳定。

由此推断当水中含有 Cl^-时增加了碳钢的腐蚀速度。

6 意见和建议

由于目前天津滨海新区为沿海城市，环保部门对外排水中 Cl^-和盐含量没有具体要求，目前在提标实验中次氯酸钠投加比为 450：1，在投加后在 10 月 17 日到 11 月 4 日，严密监测 Cl^-含量，化验数据均值为 577mg/L。其对管线有一定影响，建议不要连续投加，可将次氯酸钠加药设施纳入提标装置应急处理流程，在控制投加量的情况下去除污水中氨氮和 COD。

参 考 文 献

[1] 卢日时，李刚．0316、317 不锈钢耐氯离子腐蚀能力浅析[J]. 机械工程师，2013(06)：246-248.
[2] 周华珍．次氯酸钠消毒在城市污水处理的应用解析[J]. 科技创新导报，2018(13).

电絮凝+双膜工艺回用炼化企业自备电厂高盐废水的应用与改进

张辉俊　欧焕晖　郝格格

（中国石化齐鲁石化公司，淄博 255410）

【摘　要】介绍了对炼化企业自备电厂化学水和循环水排污产生的高盐废水，采用电絮凝、斜板沉淀池、多介质滤池一体化技术进行预处理，采用超滤和反渗透双膜技术进行除盐处理，达到高盐废水深度回用的目的。对该装置的运行效果、经济性以及改进做了总结。

【关键词】污水回用　双膜　电絮凝

某公司热电厂拥有 8 台 $410m^3/h$ 燃煤锅炉、6 台 60MW 汽轮发电机组和 2 台 65MW 汽轮发电机组，以及与之配套的燃料、化水、输电、供电等系统。锅炉总蒸发量 $3280m^3/h$，装机总容量 495MW，对外供汽能力 $1600m^3/h$。

化学水处理系统由一期水处理装置、二期水处理装置、反渗透装置组成，总产量 $2000m^3/h$。循环水系统四座冷水塔，1#、2#冷水塔为 $25000m^2$ 自然通风逆流塔；3#、4#冷水塔为 $30000m^2$ 自然通风逆流塔，总循环量 $78000m^3/h$。热电厂新鲜水用量为 $49491.2m^3/d$，水源是黄河水，电导率高达 $1080\mu S/cm^1$。主要供给化水装置 $33680.3m^3/d$、循环水补水用 $8791.2m^3/d$、化学水制水和循环水补水是全厂的主要用水，占总用水量的 85.8%。其中循环水系统排污产生废水 $200m^3/h$，化学水预处理反渗透单元产生浓水 $100m^3/h$，离子交换单元产生中和废水 $87m^3/h$，合计产生含盐废水 $387m^3/h$。这部分废水的处理回用，可产生较高的节水减排效益和社会效益。

1　回用工艺的选择

1.1　废水水质分析

化学水预处理反渗透浓水用于多介质过滤器和活性炭过滤器反洗后，排污废水系统，含盐量大约是新鲜水的 4 倍，循环水浓缩倍率控制 4~5，含盐量基本浓缩 4 倍。这两部分废水水质相近，可以合并处理回用。热电考虑三循排污废水用于脱硫装置，因此，需处理的总废水量为 $200m^3/h$。离子交换废水含盐量大约浓缩 10~15 倍，主要考虑达标排放，暂不考虑回用。

由表 1 可见，废水水质特属于高含盐水质，电导率不低于 $3500\mu S/cm$，总硬度高达 1100mg/L。废水中油、COD、铁含量少。水质具有高硬度、高含盐量的特点。在基本的工艺路线上，不需要进行除油、除铁处理。但是，预处理需要考虑降低浊度、硬度。为有效利用，后续应进行深度除盐处理。

表 1 热电水务系统高盐废水的水质

序号	项 目	循环水排污	反渗透废水 1	反渗透废水 2
1	浊度/NTU	15	30	60
2	悬浮物/(mg/L)	60	50	100
3	异氧菌总数/(个/mL)	57000	—	—
4	生物黏泥(mL/m^3)	0.3	—	—
5	油/(mg/L)	—	—	—
6	Fe/(mg/L)	0.254	—	—
7	Cl^-/(mg/L)	600	390	390
8	SO_4^{2-}/(mg/L)	800	624	624
9	钙硬度($CaCO_3$计)/(mg/L)	650	700	700
10	总碱度($CaCO_3$计)/(mg/L)	300	750	750
11	电导率/(μS/cm)	3800	3500	3500
12	pH(25℃)	8.5	8.04	8.04
13	总磷/(mg/L)	6.50	—	—
14	余氯/(mg/L)	0.9	0.06	0.06
15	总硬度($CaCO_3$计)/(mg/L)	1100	1250	1250
16	COD_{Mn}/(mg/L)	6.20	4.84	4.84
17	SiO_2/(mg/L)	35	34	34

1.2 回收工艺路线的选择

废水的回用的工艺路线依托中国石化节水减排“十条龙”技术攻关项目，整套工艺采用“电絮凝+双膜”的工艺流程。经过3个月的现场中试，基本得到整个工艺深度处理的参数，试验结果表明：“电絮凝+超滤+反渗透处理排污水工艺可行；利用预处理电絮凝去除了对膜系统造成影响的有害物质，保证了膜系统的稳定运行；循环水系统所使用剥离剂有机溴对膜系统运行基本没有影响；整个工艺出水水质较好。”工艺流程如图1。

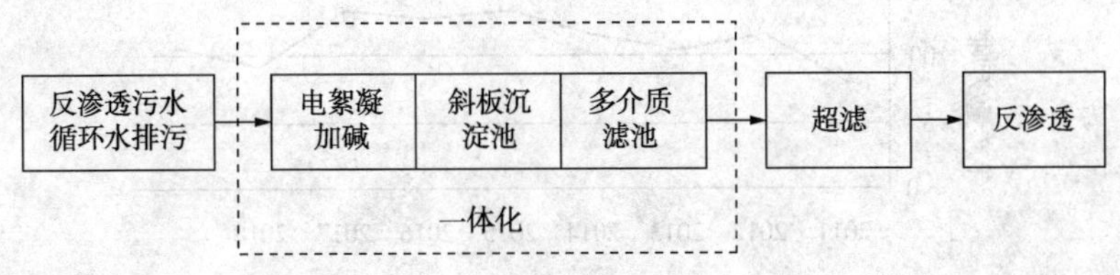

图1 污水回用流程简图

该工艺预处理系统含电絮凝、加碱、沉淀池、滤池四部分，按照一体化设计模式，做在一个钢制立方体设备内。减少自电絮凝至多介质滤池各单元间采用重力自流方式运行，节省了各单元间提升水泵，会降低了能耗，避免了管线结垢污堵等问题。

超滤进一步降低了污水浊度和SDI值，除盐部分反渗透采用一级二段设置，回收率达75%。装置总回收率达到74%。回用水质好，电导率小于300μS/cm，回用水量达到145m^3/h。设计年回用废水116万t，回用于化学水装置，替代新鲜水。

1.3 回用水装置的工艺原理和特点

（1）利用直流电电解铁电极，产生凝絮离子Fe^{3+}，再经过一系列的水解、聚合等过程，使水中的胶态杂质与悬浮杂质发生混凝沉淀而分离。电极反应如下：

① 阳极：$Fe-3e \longrightarrow Fe^{3+}$

$4OH^- - 4e \longrightarrow 2H_2O + O_2\uparrow$

② 阴极：$2H^+ + 2e \longrightarrow H_2\uparrow$

③ 水中pH值适宜时，从阳极进入水中的Fe^{3+}，与水中迁向阳极的OH^-发生反应，生成$Fe(OH)_3$絮状沉淀：

$$Fe^{3+} + 3OH^- \longrightarrow Fe(OH)_3\downarrow$$

氢氧化铁絮凝体与水中胶态杂质，悬浮杂质以及由加氢氧化钠形成钙镁颗粒的混凝、聚集、形成较大的凝絮体，进而沉淀分离。

（2）斜板沉淀池中，大部分的絮体和杂质在此沉淀下来，剩余的少量絮体杂质进入多介质过滤池中，滤料由石英砂、无烟煤组成，滤除水中余留的絮体、悬浮物、泥沙、铁锈、大颗粒物质等机械杂质，在沉淀池进水槽加酸（盐酸）调节pH值，使其达到pH值在6.5~7.5范围内，防止滤料及后续设备结垢。

（3）排污水经过电絮凝、斜板沉淀池、多介质过滤器“三法净水”处理后的出水，进入滤后水池，在滤后水池中，经泵提升再进入后续的双膜脱盐处理设备。其中超滤采用外压膜，膜净通量为47LMH，反渗透采用抗污染膜，为一级二段设置，设计反渗透回收率为75%，设计反渗透膜平均通量≤20LMH。

2 回用装置的运行情况

2.1 长周期高负荷运行概况

装置2009年12月建成投产，实际年产量如图2所示。

图2 装置开车以来历年产量

可见，该装置运行稳定，年产量基本达到设计值。年产量均值111万t，负荷率96%。回用水电导率处于100~200μS/cm，浊度<1.0，实际脱盐率96%。产水可用于循环水补水或者化学水装置原水。水质均好于工业新鲜水。

2.2 运行成本和经济性分析

2.2.1 运行的经济性分析

（1）节水减排效益

年产准脱盐水：111 万 t，同时减排 111 万 t。取水吨水的费用是 3.5 元，排污费 14 元。每年节约费用为：111×(3.5+14)= 1942.5 万元。

（2）主要成本

耗电 345 万 kWH/a，189.8 万元，原辅材 1500t，费用 151 万元/a，折旧 150 万元/a，人工 25 万元/a。合计成本 515.8 万元/a。

（3）效益：1942.5−515.8＝1426.7 万元。

3 存在的问题和技术改进

3.1 滤池滤料结垢现象及改进方案

由于反应池加碱后，污水 pH 值提高到 10.0 左右，水质出现结垢倾向。经斜板沉淀池污水进入滤池后，碳酸钙垢等与滤料接触，在其表面结垢，造成阻力增大，产水量减小。为此，将原设计在滤池出口的加酸点，提前到斜板沉淀池和滤池之间。具体做法是：在一体化斜板沉降池出水布水槽锯齿侧焊接一块高 40cm 厚度 4mm 长 20m 铁板，挡住出水。把北侧斜板沉降池上东侧现有高 50cm 厚 8mm 长 10m 的出水挡板西移 50cm 焊接固定住，这样在挡板和出水布水槽形成一个宽 50cm 的通道，其底部用一块宽 50cm 厚 4mm 长 10m 铁板焊接封底就形成了一个布水槽。加酸点只留一个，加在新增加布水槽的南侧进水口位置，并沿水流方向增设几块斜向挡板，以便水流混合均匀。pH 表从滤后水池移至原滤池布水槽。

因加酸后水质出现腐蚀倾向，同时，为防止滤池钢结构腐蚀，滤池壁做三层环氧树脂漆防腐，滤池出水布水管由碳钢材质改为 1Cr18Ni9Ti。改造达到了预期目的。如图 3 所示。

图 3　滤池出水收集水管由碳钢材质改为不锈钢

3.2 反渗透脱盐率的下降及对策

污水回用反渗透开车初期产水电导率为 100μS/cm，后来逐渐上升到 400μS/cm，脱盐率由 98%下降到 91%，下降幅度很大，原因分析：

(1) 水温的影响

反渗透的脱盐率与水温度成反比，温度越高，脱盐率越低；如图4：

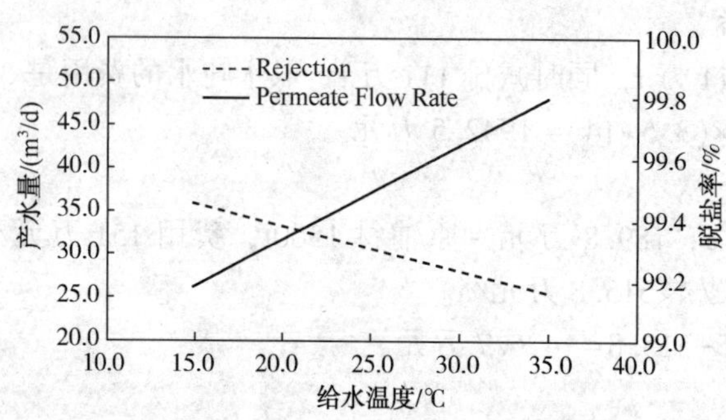

图4 RO产水量、脱盐率与给水温度的关系

到了夏季，循环水排水温度达到40℃，所以脱盐率比标准下降幅度很大。

(2) 余氯的影响

污水回用核心装置反渗透系统采用海德能复合反渗透膜元件，型号：proc10。污水回用运行一段时间以来，其来水包括反渗透污水和循环水污水，均含有杀菌用的余氯，为强氧化剂，余氯对复合反渗透膜元件具有侵蚀作用，会极大降低反渗透膜元件运行寿命。虽然反渗透前设有加还原剂亚硫酸氢钠计量泵，但是来的污水瞬时冲击性的大量的余氯，使加入的还原剂不足以消除余氯，一年来，反渗透膜元件受余氯侵蚀，脱盐率有了明显下降。

(3) 改进措施：

活性炭过滤器对余氯去除效果良好，几乎可以除去100%余氯，而且耐来水大量余氯冲击。如果新增加活性炭过滤器，投资很大。经过研究，在现有4台多介质过滤器内部的滤料之上，各加入1.5t活性炭，形成40cm厚度的活性炭过滤层。用于去除余氯。为了保证过滤效果，活性炭滤料采用2~4mm规格。这样，与原有的无烟煤滤料、石英砂滤料配合，在过滤方面形成3层滤料，进一步提高了过滤效果。

改进后，进入反渗透原水ORP由200~300mV稳定下降到150mV左右，效果非常好。

3.3 一体化斜板出现翻池现象的对策

斜板沉淀池上部翻池，出水浑浊。通过观察实验，发现自动排污频次和时间按设定不合理。斜板沉淀池分为左右2个平行池，每个平行池有4个锥形漏斗排污。根据水利分布的特点，每个锥形漏斗的污泥沉积量有差异，因此，对每个漏斗根据实际污泥沉积量设定排污时间，取得了较好的效果。同时，对电絮凝工艺参数反复优化，设定如下：

进水量控制200m^3/h时，电絮凝电流调为85A左右；加碱池pH值控制10.50；一体化出水pH值控制8.0。

3.4 超滤和反渗透在实际运行中的污堵及清洗方案

膜法过滤发生污堵是必然的，需判断污堵的主要原因，找出化学清洗的最佳方案。实际运行中，反渗透的污堵现象明显表现为一段压差显著增加，二段压差增长缓慢，从现象看，基本排除了有机污堵和结垢的可能性，经化学清洗，清洗液明显呈黄褐色，而且酸洗效果对恢复性能效果明显。因此，污堵物主要是铁的氧化物。

原因是：一是循环水以及原反渗透装置的运行都要加氯处理，所以进入污水回用装置的有机物会被氧化降解，微生物被杀灭，排除有机污堵及微生物污堵；二是污水虽然硬度高，但由于一体化运行正常，硬度去除效果达到设计要求，加上阻垢剂效能高，所以排除了结垢的可能性；第三，由于一体化加酸，易造成了设备的腐蚀，腐蚀产物为铁的氧化物，进入到双膜系统，产生了铁的氧化物的污堵。另外，由于电絮凝采用铁电极，电解产生的铁离子进入水中形成 $Fe(OH)_3$胶体，因此，双膜体统发生了铁的氧化物以及铁胶体污堵。

因此，在超滤运行的 CEB 清洗环节，为消除铁污堵，采用加盐酸的方式，而不加氢氧化钠。每 20 周期加酸 CEB 洗一次，对稳定超滤效果很好

4 结论

(1) 电絮凝三法净水一体化+双膜工艺处理炼化企业自备电厂循环水排污以及反渗透污水具有工艺成熟、装置运行稳定、节水减排和经济效益显著的优点。

(2) 因地制宜的工艺调整和设备改造是确保污水回用装置长周期、大负荷稳定运行的必要条件。

双膜装置 RO 反渗透膜污染分析及控制措施

王君翰

（中国石化金陵石化公司，南京 210033）

【摘　要】 为解决由于有机物、微生物污染造成双膜装置 RO 反渗透系统运行过程中出现的一段压差升高过快、运行周期缩短明显、化学清洗频繁等问题，该文提出了一种特殊杀菌维护方案。结果表明，该方案不仅有效地减轻有机物、微生物的污染程度，大幅度地延长了 RO 反渗透系统的运行周期，而且减少了系统的化学清洗频次，提高了膜的使用寿命，降低了成本，为系统的正常运行积累了宝贵的经验。

【关键词】 双膜装置　反渗透膜污染　运行周期

1　引　　言

水资源短缺日益严重，污水与废水的深度处理回用已然成为解决水资源短缺问题的一项重大战略措施，而反渗透技术正是污水深度回用中的核心技术之一[1]。与其他水处理技术相比，反渗透技术具有占地少、出水质量好、操作方便、自动化程度高以及能量消耗少等优势，因而广泛应用于电力、石油化工、冶金以及海水淡化等领域。随着反渗透技术应用领域的不断扩大，所处理的水质越来越差，膜污染问题日益严重、复杂，近年来对其分析与控制已逐步成为水处理研究的重点。

目前许多学者做了大量有关反渗透膜污染与控制的理论与试验方面的研究。莘仲明[2]等对反渗透系统膜污染现状及解决方法进行了概括与总结；姜晓锋[3]对电镀废水回用的膜工艺以及污染控制进行了优化；毛维东[4]通过绘制反渗透指数曲线对矿井水反渗透处理膜污染状况进行预判。

该文在上述研究基础上，针对双膜装置 RO 反渗透系统运行过程中存在的一段压差升高过快、运行周期缩短明显、化学清洗频繁等问题，通过对反渗透运行周期的数据及症状进行分析，提出了一种特殊杀菌维护方案。

2　双膜工艺与工艺指标

2.1　双膜工艺

中国石化金陵石化公司于 2014 年 12 月底建成投产 500t/h 炼油污水深度处理回用双膜装置，将经过 MBR 和气浮装置预处理后的生产废水和清净下水按一定比例混合后作为双膜装置的原料水，经过双膜装置的深度过滤和脱盐处理后产出合格的 RO 产水。双膜装置主要由多介质预处理及 UF 超滤膜、RO 反渗透膜组成的预处理加双膜处理工艺，设计脱盐率大于 95%，系统总回收率大于 60%，其中 RO 反渗透回收率大于 70%，满负荷运行时每年预计回收污水 438 万 t 左右，其具体工艺流程如图 1 所示。

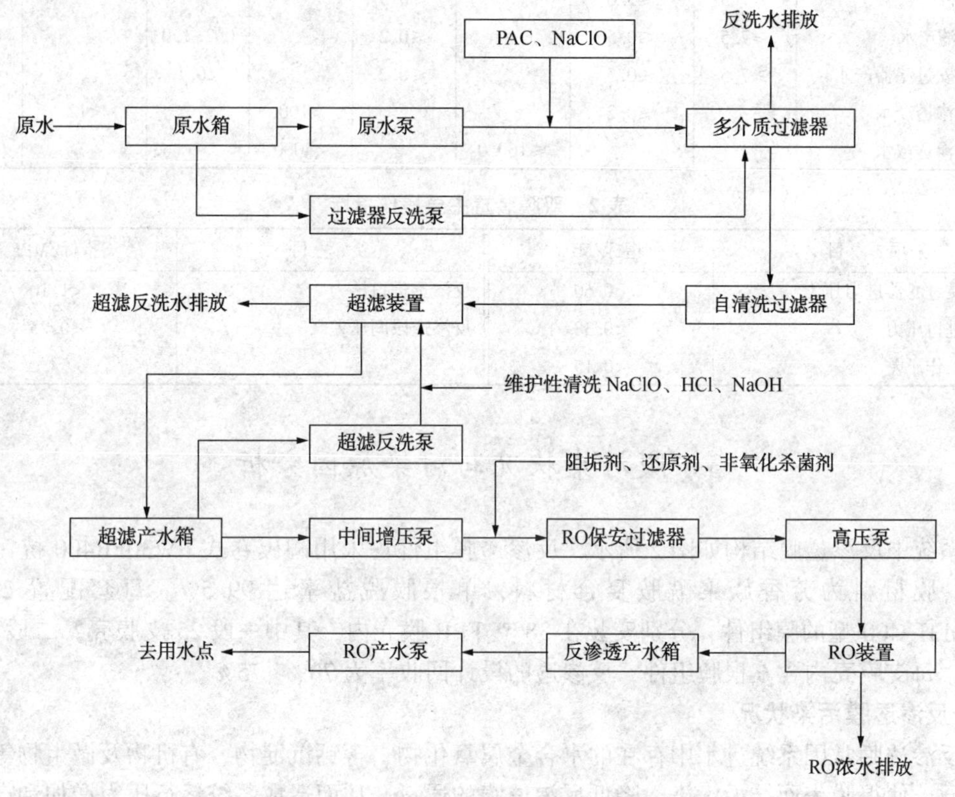

图 1　双膜工艺流程

双超滤产水箱的出水经过中间增压泵一次加压后，配合连续性投加还原剂(≥35 亚硫酸氢钠)和高效阻垢剂，以降低水中余氯和防止结垢，再间断性投加非氧化杀菌剂以杀死和控制水中的细菌、微生物、病毒等。反渗透进水通过 RO 保安过滤器进行预过滤截留，以保证反渗透进水水质，高压泵二次加压后送入 RO 反渗透处理，以去除水中的无机盐、有机物、微粒以及细菌等多种污染物。最终 RO 产水进入产水箱中储存，作为除盐水系统的部分原料水使用。RO 装置运行中会连续地产生高含盐浓水和间断地产生清洗废水，这部分高含盐废水进入 RO 浓水箱后储存起来并通过浓水泵送至净水工区 12#生化池处理。

2.2　工艺指标

双膜装置中多介质过滤器、自清洗过滤器以及超滤的分别为大于 95%、大于 99.5%与大于 90%，其中 RO 反渗透采用一级二段式，回收率为 70%~75%，具体的水质指标和操作指标详见表 1、表 2。

表 1 双膜装置各部分主要水质指标

项目	pH	浊度/NTU	COD_{Cr}/(mg/L)	油/(mg/L)	电导率/(μS/cm)	余氯/(mg/L)	氯离子/(mg/L)	SD115
进水水质		<20.0	<65.0	<2.0				
预处理产水	≥7.5	≤3.0		≤0.5				
UF 超滤产水	≥7.5	≤0.5		≤0.2		0.2-1.0		≤3.0
RO 保安过滤器产水	≥7.5	≤0.5		≤0.2		<0.1		≤3.0
RO 反渗透产水		≤0.2			<100		<12	
RO 反渗透浓水			≤160.0		<4000			

表 2 双膜装置主要操作指标

项 目	指标/MPa	项 目	指标/MPa
多介质过滤器进口压力	<0.60	反渗透进口压力	<1.10
超滤进口压力	<0.38	反渗透段间压差	<0.25
超滤工作压差	<0.15		

3 膜污染状况与污染原因分析

系统中反渗透膜结构如图 2 所示，反渗透膜组件均采用陶氏卷式 BW30FR400 抗污染复合膜，膜材料为芳香族聚酰胺复合材料，单根膜脱盐率达 99.5%。每套配置 228 根 BW30FH-400 型的膜组件，分别安装在 38 支 FPR 膜壳内，其中一段 25 支膜壳，二段 13 支膜壳，每支膜壳内含 6 根膜组件，反渗透的设计回收率为 70%~75%。

3.1 反渗透膜污染状况

反渗透膜常因系统进水中存在的水合金属氧化物、含钙沉淀物、有机物及微生物等难溶盐物质，使得膜表面结垢污染，降低反渗透膜的通量，从而造成系统运行压力增加和产水水质下降[2]。R0001B 套反渗透运行过程中发现，在产水率、脱盐率等数据未见明显变化的情况下，B 套反渗透运行一段时间后常出现一段压差增长较快的现象。现场拆开 B 套反渗透膜一段部分膜壳前后端板后发现，膜元件均受到污染，其中第 1 支膜元件污染最为严重，重量高达 20kg 以上(新膜约在 13.5kg)，现场膜元件污染情况如图 3 所示。

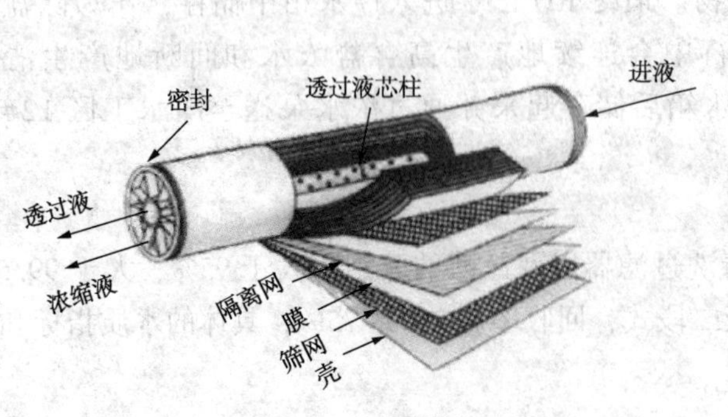

图 2 反渗透膜结构

图 3 膜污染状况

3.2 膜污染原因分析

反渗透膜污染主要由于有机物和胶体及颗粒的污染、系统结垢的污染以及细菌与微生物的污染三个方面造成的，该文从系统进水水质和膜元件污染物燃烧两个方面来分析 B 套反渗透膜污染的原因。

3.2.1 系统进水水质分析

现场对超滤、反渗透进水取样分析，结果详见表 3。

表 3 系统进水水质分析

项目	pH	电导率/(μS/cm)	总碱度/(mmol/L)	总硬度/(mg/L)	污染物含量/(mg/L)							
					Cl^-	Ca^{2+}	Fe^{3+}	PO^{4-}	Al^{3+}	SO_4^{2-}	SiO_2	COD
超滤进水	7.17	1870	3.42	196.98	311.83	121.47	0.21	0.91	0.15	239.16	10.94	41.93
加药前反渗透进水	7.14	1834	3.54	210.93	311.47	116.55	0.13	0.45	0.07	246.02	10.23	32.26
加药后反渗透进水	7.12	1840	3.54	200.26	314.00	117.37	0.12	0.74	0.06	250.92	9.94	38.71

(1) 由表 3 计算可得反渗透加药后进水 LSI 值为-0.455，属于腐蚀性水质。当该水质经反渗透浓缩后(按回收率 75%计算)LSI 值仍为 1.08，属于结垢性水质，但该 LSI 值未超过 1.8，说明该水质碳酸盐结垢很好控制。

(2) 反渗透进水中二氧化硅含量并不高，符合小于 15mg/L 的要求，系统结硅垢的可能性也比较小。

(3) 反渗透进水中铁离子为 0.12mg/L，超出铁离子小于 0.05mg/L 的要求，系统存在轻微铁污染的可能。

(4) 反渗透进水水质中铝离子为 0.07mg/L，相对偏高，系统存在铝污染风险。

(5) 反渗透进水与超滤进水中的磷、铝、铁的含量相比有所下降，在水质中有磷存在的情况下，有助于超滤对铁和铝的去除，改善反渗透系统铁、铝污染。

(6) 反渗透进水 COD 偏高，容易引起系统的有机物及微生物污染。

综上所述，B 套反渗透系统最容易受到的是有机物、微生物污染及铁、铝污染。

3.2.2 膜元件污染物燃烧分析

从一段膜壳内污染较重的膜元件端面取污染物，进行灼烧损失分析。将膜面上残留的污染物在 105℃下干燥后加热至 550℃以破坏污染物中的有机物，称量加热前后的污染物重量，以确定有机污染物的百分比。然后再将温度加热至 950℃，分解碳酸盐，称量加热前后的污染物重量，以确定碳酸盐垢污染物百分比。

灼烧损失分析结果表明：B 套反渗透系统污染物在 550℃灼烧时失重比例占总污染物的 89.57%，说明该污染物中有近 90%物质为有机物、微生物。在 950℃灼烧时失重比例占总污染物仅为 0.88%，说明该污染物中碳酸盐垢类物质很少。最终剩余未能灼烧分解的无机污染物所占比例为 9.55%。

4 特殊杀菌维护方案

通过分析现场膜元件拆装情况、系统进水水质以及污染物灼烧情况可以得出：B 套反渗透主要污染物为有机物及微生物，所占比例约为 89.57%；碳酸盐垢为 0.88%；剩余污染物应为铁、铝、磷无机污染物，所占比例约为9.55%。结合表4双膜反渗透常见故障症状、起因以及维护措施，现提出一种特殊杀菌维护方案。

表4 双膜反渗透常见故障症状、起因以及维护措施[5]

故障症状			直接原因	间接原因	解决方法
产水流量	盐透过率	压差			
↑	↑↑	—	氧化破坏	余氯、臭氧、$KMnO_4$等	更坏膜元件
↓	↑↑	—	膜片渗透	产水背压膜片磨损	更坏膜元件改进保安过滤器过滤效果
↑	↑↑	—	O型圈泄漏	安装不正确	更换O型圈
↑	↑↑	—	产水管泄漏	装元件时损坏	更换膜元件
↓↓	↑	↑	结垢	结垢控制不当	清洗；控制结垢
↓↓	↑	↑	胶体污染	预处理不当	清洗；改进预处理
↓	—	↑↑	生物污染	原水含有微生物预处理不当	清洗；消毒改进预处理
↓↓	—	—	有机物污染	油、阳离子聚电解质	清洗；改进预处理
↓↓	↓	—	压密化	水锤作用	更换膜元件或增加膜元件

注：↑增加；↓降低；—不变；↑↑主要变化；↓↓主要变化。

4.1 特殊杀菌维护

反渗透运行至7d左右为微生物滋生高峰期，故初期每天停机进行循环杀菌，每次1h左右，非氧化杀菌剂浓度先尝试500μg/g，并同步控制加药泵脉冲式加药杀菌。待污染情况得到控制后，根据实际情况适当延长杀菌周期。初期预计为运行10d之后改为每周循环杀菌2~3次，工区配合维保单位对B套反渗透进行特殊杀菌方案试验清洗。

图4、图5分别为B套反渗透未经特殊杀菌维护和经历特殊杀菌维护后一段压差、二段压差的变化趋势。由图4、图5可知，经特殊杀菌维护后，B套反渗透运行状况较好，运行周期明显延长，运行周期由14d延长到35d，特殊维护后运行前期压差没有明显增大趋势，对微生物的控制较为理想。双膜装置产水率工艺指标控制在70%~75%，经计算，特殊杀菌维护后B套反渗透产水率基本维持在71%~72%左右，效果理想。

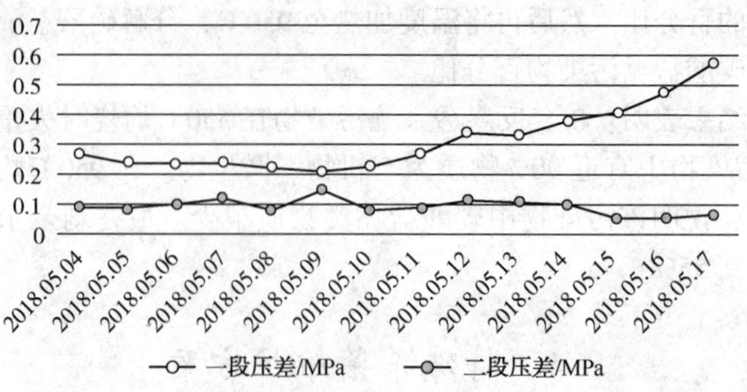

图4 B套反渗透未特殊杀菌维护前一段、二段压差变化

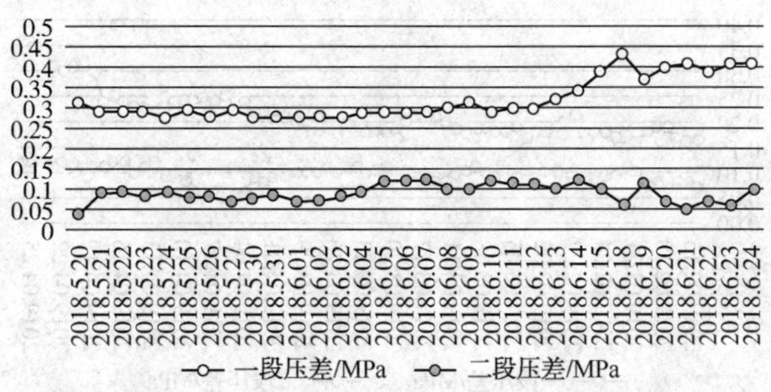

图 5 B 套反渗透特殊杀菌维护后一段、二段压差变化

工区也配合维保单位对 A 套反渗透进行特殊杀菌维护，图 6、图 7 分别为 A 套反渗透未经特殊杀菌维护和经历特殊杀菌维护后一段压差、二段压差的变化趋势。由图 6、图 7 可知，特殊杀菌维护后 A 套反渗透运行压差维持较好，运行周期从原来的 16d 延长至 29d 左右，膜污染状况也得到了较大的改善。

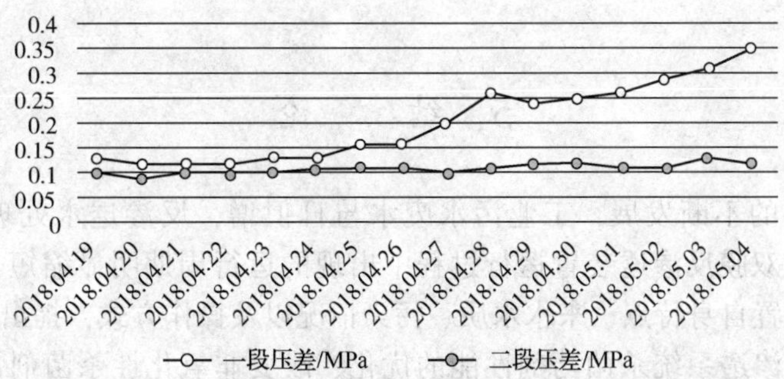

图 6 A 套反渗透未特殊杀菌维护前一段、二段压差变化

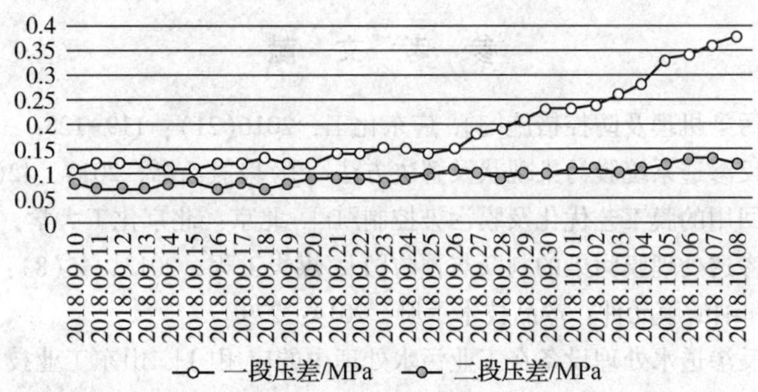

图 7 A 套反渗透特殊杀菌维护后一段、二段压差变化

为了更有效延长反渗透系统运行周期，在特殊维护方式不变情况下，调整非氧化杀菌剂浓度，由 500μg/g 提升至 1000μg/g 左右，并停止加药泵脉冲式加药杀菌。图 8 为试验和 A 套反渗透特殊杀菌维护后一段压差、二段压差的变化趋势。由图 8 可知，特殊维护期间，A 套反渗透运行状况良好，运行周期进一步延长至 68d，一段与二段压差长时间内都较为稳定，系统运行愈发稳定。

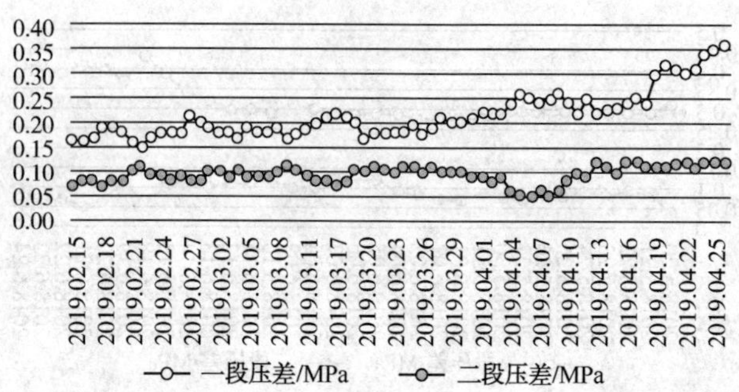

图 8　A 套反渗透 2019 年 2 月 15 日至 4 月 26 日一段、二段压差变化

4.2　前移高效阻垢剂投加点

为了进一步保证反渗透系统运行稳定，利用铝、铁离子(阳离子)与阻垢剂(阴离子)不兼容特点，后期可考虑将高效阻垢剂投加点移至超滤系统前端，在前端进行反应，通过在超滤出水端增设回流管线，使得自清洗过滤器回流至原水箱，再通过超滤系统将铝和铁离子过滤出系统。

5　结　　论

随着我国工业的不断发展，工业污水废水与日俱增，反渗透水处理的应用越来越广泛[6]。该文针对在双膜反渗透装置运行过程中出现的运行周期明显缩短、化学清洗频繁等实际问题，结合装置自身特点、来水水质、污染情况以及操作方式，提出了一种特殊杀菌维护方案。通过对反渗透系统杀菌药剂性能的优化、改变非氧化性杀菌剂常规投机方式等措施，有效地控制了反渗透膜污染状况，延长了反渗透膜的运行周期，减少了系统的化学清洗频次，提高了膜的使用寿命，为系统的正常运行积累了宝贵的经验。

参　考　文　献

[1] 肖世全. 反渗透膜污染机理及防控措施[J]. 广东化工，2016(21)：119-123.

[2] 莘仲明，郭凌云. 反渗透系统膜污染现状及解决方法[J]. 聚氯乙烯，2014，42(8)：40-43.

[3] 姜晓锋. 电镀废水回用的膜工艺优化及膜污染控制[D]. 北京：北京化工大学，2017.

[4] 毛维东. 矿井水反渗透处理膜污染的判断与预防[J]. 煤炭工程，2013，45(8)：98-100.

[5] FILMTEC™反渗透和纳滤膜元件：产品技术手册，2014：279.

[6] 闫婷婷，陈伟鹏. 反渗透水处理设备在工业污水处理中的应用[J]. 山东工业技术，2018(20)：61-61.

南化公司六循循环水反洗水回收改造与运行实践

童光和

（中国石化集团南京化学工业有限公司，南京 210048）

【摘　要】 介绍了南化公司六循循环水反洗水回收改造工艺及运行实施。针对六循循环水反洗水水质含盐量高、硬度高、生化性较差等特点，比较了 ABR 高效生物反应器、臭氧催化氧化+BAF、高效沉淀+折点加氯和高级氧化 4 种水处理工艺技术的优缺点，确定了 ABR 高效生物反应器为优选工艺，并提出相应的控制方法。改造后，污水处理指标达到设计值，系统产水合格，六循循环水补水减少了约 30t/h，循环水浓缩倍数由约 3.0 上升到约 4.2，改善了水质。

【关键词】 循环水　反洗水　高效生物反应器　工艺选择

南化公司六循循环水系统分别向站区、稀硝、浓硝、制氢等化工装置供应循环水，目前使用 8 个滤池，滤池反洗水量平均 25t/h 左右，冷却系统补给水全部采用新鲜地表水，所添加化学药剂为无磷配方，循环水排水中磷的含量低，而含盐量高、硬度高、COD、SS 较高，可生化性较差。六循供浓硝酸循环水系统，循环水浓缩倍数偏低，在 3.0 左右，可以处理回收含盐量较高的反洗水，用于六循浓硝酸系统的补水，达到提高浓缩倍数，回收反洗水的目的，同时探索循环水排污水的处理途径。

1　循环水旁滤系统作用

循环水冷却水使用过程中需对循环水进行处理，保持循环水的水质。总循环水量的 1%～5%循环水进入旁滤滤池。滤池截留下来的杂质在滤池的过滤层逐渐累积，滤池过滤层的阻力逐渐上升，阻力达到一定数值时，旁滤滤池就自动或手动利用循环水进行反洗，把滤池截留下来的杂质清洗，保证滤池处于正常工作状态。循环水旁滤系统作用如下：

（1）循环水通过冷却塔时把空气中的大量灰尘洗涤到水中，水的浊度增加，故必须经过旁滤系统，去除进入水中的灰尘，防止污泥沉积。

（2）循环水运行中不断加入化学药剂及工艺介质的泄漏，造成水中污染物、杂质不断增加，影响水质。通过旁滤去除水中产生的悬浮物，改善水质。

（3）循环水蒸发过程溶解盐不断被浓缩，含盐量增加引起结垢和腐蚀风险，因此必须不断地排掉一部分循环水，补充新鲜水，改善水质。

在实际操作中，受到补充水量、循环水的浊度、pH 值、微生物、含盐量等因素的影响，循环水质差时，可适当增加旁滤排污。

2 六循反洗水水质分析

南化公司检验部提供的2018年循环水水质分析数据见表1。

表1 2018年循环水水质分析

组　分	指　标	最大值	最小值	平均值
COD/(mg/L)	≤80	62.8	13.8	36.54
pH值	7.0~9.0	8.99	6.76	8.48
$\rho(SiO_2)$/(mg/L)	≤175	35.6	5.34	18.0
余氯(ρ)/(mg/L)	0.10~0.50	1.8	0.1	0.29
异养菌	≤100000	47000	20000	29321
总碱度(ρ)/(mg/L)	50.0~500.0	490.4	0	197
总磷酸盐(ρ)/(mg/L)	≤1.5	0.66	0.08	0.29
氨氮(ρ)/(mg/L)	≤1.0	0.17	0.01	0.02
$\rho(Cl^-)$/(mg/L)	≤300	299	26	110
浑浊度/NTU	≤20.0	26.1	0.63	5.29
电导率/(μS/cm)	≤2000.0	1998	270	886
$\rho(SO_4^{2-}+Cl^-)$/(mg/L)	≤1500.00	465.13	139.92	256.11
$\rho(SO_4^{2-})$/(mg/L)		216.71	108.02	172.662
$\rho(Ca^{2+})$/(mg/L)	50~600	635.14	51.09	292.76
$\rho(Fe^{3+})$/(mg/L)	≤1.0	0.89	0.03	0.16
$\rho(Cu^{2+})$/(mg/L)	≤0.1	0.095	0.006	0.048
$\rho(Zn^{2+})$/(mg/L)	0.5~2.5	2.018	0.54	1.46

循环水反洗排污水水质与循环水系统补充水和循环水的浓缩倍率有关，还与循环水处理中添加的阻垢剂、缓蚀剂和杀菌剂等药剂有关。南化公司循环水处理药剂采用无磷配方药剂，由于不含磷，减少了循环水系统中微生物的繁殖，减少了杀菌剂的用量，且循环水反洗水排污水中磷的含量低。由表1可见：循环水反洗水排污水具有含盐量高、硬度高、COD、悬浮物、Cl^-含量较高等特点。此外，循环水排污水中的有机物有一部分来自循环水系统运行过程中投加的水质稳定剂，水质稳定剂为化学合成药品，难以被生物降解，故循环水排污水的可生化性较差。

六循反洗水排水悬浮物含量变化较大，反洗水的悬浮物质量浓度可达700mg/L，排放水的COD经常超准，为了满足排放，反洗水应COD控制在50mg/L以下。为了提升清洁生产水平，必须对六循反洗水进行处理回收。

3 处理六循反洗水技术比选

针对六循循环水滤池反洗水COD、难生物降解污水常用的处理工艺有膜处理工艺、高级氧化工艺、臭氧氧化、特种微生物处理等工艺，也有耦合 BAF、BAC 等生物处理工艺，补充或增强处理效果。

膜分离技术可以去除大部分盐分和难降解的有机物，同时可以回收水资源，常用超滤和反渗透双膜处理工艺。膜分离优点为：①分离过程为物理过滤，不会产生副产物，适用于有机物和无机物、病毒、细菌的分离，还适用于大分子与无机盐的分离；②具有占地面积小、处理效率高等特点。缺点是：①进水水质要求高，需去除废水中悬浮固体、硬度、铁锰等离子，控制废水中的微生物，以防膜污染；②膜寿命受水质影响，膜更换成本大；③浓水不能达标排放，还需要再处理。

由于滤池循环水反洗水中悬浮固体、硬度均较高，因此，膜分离技术不适用于六循循环水反洗水处理。主要比较高效生物反应器、臭氧氧化与 BAF 联用工艺、二级高效沉淀工艺和高级氧化工艺。

以上工艺除二级高效沉淀本身有沉淀工艺，对进水悬浮物无要求外，其余工艺均要求进水悬浮物质量浓度降到 20mg/L 以下，故前端需设置沉淀池或过滤器等悬浮物去除设备。沉淀常用高密度沉淀池，高密度沉淀池将混凝、絮凝、沉淀分离、污泥浓缩集为一体，综合了斜管沉淀和污泥循环回流技术，具有较高的表面负荷和优良的出水水质，并且具有抗冲击负荷能力强、药剂消耗低、污泥同步浓缩、设施结构紧凑、占地小和运行操作全部自动化控制的特点。

以下对 ABR 高效生物反应器工艺、臭氧催化氧化+BAF 工艺、微砂高效沉淀+加炭微砂高效沉淀工艺和高级氧化工艺进行简述和工艺比选。

3.1 ABR 高效生物反应器工艺

ABR 为 Advanced Biological Reactor for COD polishing 的缩写，即高效生物反应器，该技术采取针对难降解 COD(BOD5/COD<0.2)的特效生物菌群，将其接种于特殊的高效生物载体上，形成稳定并可耐受多种底物作为能量来源的生物膜。在好氧条件下，通过高效生物接触氧化，将污水中的难去除 COD 进一步生物降解，最终合成微生物内源物质或用于代谢，从物质上消除水中的有机物。高效生物工艺技术能够常态维持生物量于较高浓度，挂膜成功后即使在入水营养贫瘠且无额外补充营养源的情况下，依然能利用水中难降解 COD 作为维持细菌稳定性与生物活性的能量来源，从而持续去除水中 COD。

ABR 是一种气水向上流曝气充氧式高效生物反应器，它是专门针对低负荷且生物降解性较差的污水开发的，具有一定的抗冲击负荷，能够适应原水水质的变化，使处理出水水质保持稳定。

ABR 的工作原理是污水经去除悬浮物预处理后进入 ABR 高效生物反应器单元，在反应器中通过专性微生物去除污水中的有机物，将 COD 降低至 50mg/L 以下，ABR 反应器出水自流进入下游系统或达标排放。

运行一段时间后，由于系统内死亡菌体和悬浮固体的增加，ABR 需要进行反洗以恢复性能，反洗排水排放至上游沉淀处理单元进行处理。

在反应器的运行过程中，载体表面会黏附越来越多的杂质，甚至造成载体结成泥球，反应器须定期反冲洗，恢复功能。反冲洗的周期随入水浊度的增加而缩短，要在运行中根据实践经验制定。反冲洗流速一般要高于运行流速，该值需要通过观察反冲效果调速。过滤器运行较长时间时，会有部分载体被反冲水冲洗掉，因此需定期检查，必要时补充载体。

反洗采用气-水联合反冲洗，从静止载体层下部同时送入空气和反洗水，空气在上升过程中遇到载体时变成小气泡，对载体表面产生擦洗作用；反洗水顶松滤层，使载体呈悬浮状态，有利于空气对载体的擦洗。反洗水和反洗空气的膨胀作用相互叠加，比单一进行时，作用更强。

3.2 臭氧催化氧化+BAF 工艺

臭氧氧化+BAF(曝气生物滤池)或 BAF+臭氧氧化是现阶段应用最广泛的低浓度 COD 废水处理工艺，臭氧具有极强的氧化性，通过臭氧氧化可以将难降解的有机物进一步分解，再通过 BAF 生物滤池的生物降解和吸附过滤，达到较高的水质要求。水质具有一定生化性时，也可将 BAF 置于臭氧氧化前端，充分利用 BAF 的生物降解作用，减少后端臭氧消耗，后端臭氧专用于氧化难降解有机物，废水中 COD 可以降到较低水平。

臭氧氧化能力仅次于氟和·OH，可以直接参与氧化反应，也可以通过产生羟基自由基间接参与氧化反应，臭氧通过亲核或亲电作用直接参加反应，具有直接氧化有机物、反应较慢、有选择性、有直接氧化产物产生特征；臭氧在催化剂作用下，可以产生氧化能力更强的羟基自由基，通过羟基自由基·OH 与污染物反应，羟基自由基的反应速率快(高出了 105 倍)，不存在明显选择性，对几乎所有的有机物均能进行反应，故高级氧化的效果稳定，不会随水中的残留有机物的变化而变化，应用也越来越多。

臭氧催化氧化分为均相臭氧催化氧化和非均相臭氧催化氧化，均相臭氧催化氧化是指在溶液中加入溶液状态的催化剂，引发剂或引入紫外光，与臭氧构成催化氧化体系，强化臭氧氧化能力。目前常见的均相催化剂为 Fe^{2+}，Mn^{2+}，Cu^{2+}，Co^{2+}，Ag^{+}，Ni^{2+}，Zn^{2+}等。

均相催化催化剂易于流失，不易回收，且在被处理水中引入金属离子，增加出水中金属离子浓度等缺点。

非均相催化臭氧化技术中的催化剂以固态形态存在，易于与水分离，可重复使用，既避免了催化剂的流失，也降低了后续处理成本。非均相催化剂可分为活性炭催化剂，金属氧化物催化剂，负载型催化剂等 3 种类型催化剂。如今国内外研究较多的是铁系列、铜系列、锰系列、稀土系列等廉价催化剂，贵重金属催化剂因成本过高而被淘汰。根据水中有机物成分不同，通过试验选择合适的催化剂，可以极大增强废水氧化效果，减少臭氧消耗，起到事半功倍的效果。

BAF 是 20 世纪 80 年代末在欧美发展起来的一种新型生物膜法污水处理工艺，该工艺具有去除悬浮物、COD、BOD、硝化、脱氮、除磷等作用，其特点是集生物氧化和截留悬浮固体于一体，节省了后续沉淀池，其容积负荷、水力负荷大，水力停留时间短，所需基建投资少、出水水质好、运行能耗低、运行费用省。

BAF 同时具有生物氧化降解和过滤的作用，因而可获得很高的出水水质；由于填料本身截留及表面生物膜的生物絮凝作用而具有良好的过滤功能，使得出水悬浮物很低，BAF 之后不设二次沉淀池，可省去二次沉淀池的占地和投资。BAF 单位体积容纳的生物膜数量多于其他生物处理工艺，设计、选择合理的滤料能够使一部分生物膜存在于滤料内孔道，因而具有抗冲击负荷能力强、耐低温、启动快的特点。为保持生物滤池的活性，去掉滤料吸附的部分固体悬浮物和老化脱落的微生物膜，必须对生物滤池进行反冲洗。反冲洗的废水可以通过水泵送回沉淀池去除固体悬浮物。

3.3 微砂高效沉淀+加炭微砂高效沉淀+折点加氯工艺

微砂高效沉淀池是集含沙絮凝和斜板澄清的优势于一体的高速沉淀工艺，整个装置停留时间约为20min。混凝剂在进入混凝槽之前先被注入污水供水管，在第一个池中高速混合开始混凝过程，混凝后的污水随后进入了加有微砂和高分子的絮凝池，池中缓慢的混合过程促使了絮状物的熟化并增加了絮状物的颗粒，微砂成为了新形成的絮状物的核心，含砂絮凝物在斜板澄清部分实现了高速沉淀，微砂使斜板澄清的高速性的设计成为可能，然后澄清水通过集水槽被收集，最后，防磨损离心泵将污泥从澄清池的底部抽出，根据离心旋流定理，水力旋流器将污泥从可再使用的微砂中分离出来，这些微砂从水力旋流器下溢被排出再应用于注射池，较轻的污泥和大部分的水一起向上移动从旋涡溢流中排出。

使用微砂可以减少化学品加药量，水质更好，微砂颗粒的密度与形状增加了絮凝和沉淀的效率，即使加入更轻的固体颗粒，依旧能更容易、更快速地产生大的絮凝物，此外含砂絮凝技术不受污水温度迅速变化的影响。

加炭加砂高效沉淀池处理工艺为：粉末活性炭被投加至接触池，在此污水、活性炭和回流的活性炭混合在一起，污水中的溶解性有机物在此被活性炭吸附。接触池内的快速搅拌，促进活性炭对有机物的吸附反应，接下来废水和活性炭的混合液流入混凝池，与投加的混凝剂发生混凝反应，混凝后的废水和活性炭混合液接着进入加有微砂和高分子聚合物的熟化池，在池中缓慢的混合过程促进了污染物絮体颗粒的增大。由于微砂的加入，微砂与絮体颗粒被高分子聚合物包围形成了新的絮状物的核心，含有微砂、活性炭的污染物絮体颗粒利用微砂自身的重力在斜板澄清池内实现了高速沉淀，微砂的重力加速沉淀使得斜板澄清区可以设计成很高的上升流速，然后澄清水在沉淀池表面通过集水槽被收集起来。最后，活性炭、污泥和微砂的混合物通过防磨损的离心泵从澄清池的底部泥斗被吸出，打入离心旋流分离器(水力旋流器)，水力旋流器将活性炭和污泥从可循环使用的微砂中分离出来。微砂从水力旋流器的下口溢流排出并且再循环利用至熟化池内，而较轻的活性炭、污泥和大部分的水则一起向上移动从水力旋流器上口中溢流排出。从水力旋流器溢流排出的活性炭和污泥流入一个分离池，通过流量控制，其中一部分活性炭混合物重新进入接触池，继续利用活性炭的吸附能力，其余部分则溢流进入污泥储池作进一步处置或回用。

3.4 高级氧化工艺

高级氧化技术(advanced oxidation process，简称AOPs或AOTs)是指通过某种反应形成高活性的羟基自由基，羟基自由基具有极强的氧化能力，氧反应速度极快，且无选择性，对污染物的破坏能达到或接近完全，甚至彻底的矿化为无机物，最终产物为二氧化碳，水和无机盐，反应不产生有害的副产品。针对低COD具有生物毒性，生化抑制作用的物质的废水，高级氧化技术系统($AOPs-O_3$)是有效的解决方案。

传统的Fenton氧化通过H_2O_2与Fe^{2+}产生的羟基自由基，氧化效果较好，但也存在许多问题：酸碱消耗量大，反应需要调pH值至2~3，反应后需调pH值至中性；流程长，反应后需要pH值调整、中和、混凝、沉淀等工艺；产生大量化学污泥，Fe^{2+}氧化变成Fe^{3+}最终形成氢氧化铁沉淀，难处理。

3.5 污水处理工艺比选

高效生物反应器、BAF+臭氧催化氧化、高效沉淀+折点加氯和高级氧化对比见表2。

表 2 污水处理工艺对比表

项目	高密沉淀+高效生物反应器（ABR）工艺	高密沉淀+臭氧催化氧化+曝气生物滤池工艺（O_3+BAF）	微砂高效沉淀池+加炭微砂高效沉淀池工艺	管式气浮沉淀一体机+高级氧化工艺（H_2O_2+O_3+UV）
工艺特点	启动挂膜时间 7~10d；需接种经筛选的特殊菌群；需添加有利于细菌成膜的特殊高效载体；反洗频率 1~4 月/次；无需制备臭氧，只需曝气；除启动阶段外，正常运行后不再需要投加任何物质；不产生新的污染物或引发新的环保问题；剩余污泥产生量少	使用催化剂填料，臭氧利用率高，催化氧化效果好；催化填料会截留部分悬浮物，需定期反冲洗；臭氧后需设置较大缓冲池，防止对后续微生物影响；BAF 通过微生物作用和填料截留去除残余有机物；反洗频率 1~2 天/次	物理沉淀和活性炭吸附相结合；一级沉淀作用可以去取悬浮物及附着的有机物；二级加活性炭吸附有机物并通过沉淀将污染物转移到泥中；不需利用微生物；工艺简单；污泥包括流失的微砂和活性炭，污泥量稍大	无需启动挂膜；无需添加菌种和载体；无需反洗；需要添加 H_2O_2、O_3等强氧化剂；反应为常温常压反应，适应不同的 pH 值范围；反应产物为 H_2O 和 CO_2，不产生新的污染物或引发新的环保问题
适应性	适用于难降解废水的三级处理或特种水的处理，中低浓度 COD	可处理高、中、低浓度 COD 污水，COD 过高时臭氧消耗量大	活性炭吸附有机物效果好，处理低浓度 COD 废水更经济	适用高、中、低浓度 COD
对难降解 COD 的处理效率	>50%	臭氧催化氧化处理效率 10%~60%	>50%	高级氧化处理效率较高，>58%
工艺及操控复杂程度	设备少，流程短，工艺连锁较多，自动化控制，ABR 反洗频率低	设备较多，流程长，自动化运行，BAF 反冲洗频率较高	设备较少，流程较短，自动化运行，操作简单	设备较多，全自动运行，当流量/浓度发生变化时，无须系统任何调整，开停机瞬间立即完成
应用业绩	仅天津炼化一例	传统工艺，业绩较多	在工业污水提标改造及市政污水中有应用	在电子和化工行业有部分业绩
直接运行成本	低，约 1.0 元/t	较高，约 2.05 元/t（与臭氧用量相关）	较低，约 1.5 元/t	高，2.3~4.0 元/t
占地面积	布局紧凑，占地面积较小	占地面积大，约臭氧催化需考虑安全间距	占地面积小，二级沉淀占地，配套加药占地较多	占地面积较小

通过对比，ABR 高效生物反应器主要通过特种微生物去除低浓度废水中难降解 COD，来水中 COD 不能过高，可耐一定冲击负荷，特种微生物菌种和填料为专利产品，虽然设备投资较高，由于规模较小，投资相对较小，并且运行费用低，设备较少，控制过程相对简单，技术先进，目前仅有天津炼化一例，现场调研后，运行稳定。

臭氧催化氧化+BAF 通过臭氧氧化产生都羟基自由基和微生物共同作用降低废水中难降解 COD，该技术为常用工艺，应用广泛，耐冲击负荷能力高，投资最低，但臭氧氧化耗电较多，运行成本较高。

微砂高效沉淀池+加炭微砂高效沉淀池通过物理沉淀和活性炭吸附作用去除废水中难降解 COD，流程简单，但活性炭用量较大，污泥量稍多，投资与臭氧催化氧化+BAF 相当，运行费用较低；高密度沉淀池应用较多，加砂加炭高密度沉淀池在化工污水和市政污水行业也都有应用。

高级氧化（H_2O_2+O_3+UV）完全通过催化反应产生的羟基自由基氧化水中难降解 COD，流程简单，设备规模需根据来水中 COD 最大值设计，污染物去除效果好，但投资和运行成本最高，业绩不多。

以上对比基于该工艺其他工程项目运行资料，根据以上对比，以上各工艺技术都可行，ABR 完全靠特种微生物处理含杀菌剂废水，技术先进，对天津炼化循环水处理进行了调研，运行稳定，六循循环水反洗水水质情况与天津循环水排污非常接近，适应该项技术，由于规模小，实际投资于其他工艺相比，相差不大；臭氧要固定消耗大量电能，长时间运行时成本高的劣势比较明显；高级氧化投资和运行成本都最高；微砂高效沉淀+加炭微砂相比其他工艺虽然投资较低和但是运行成本高于 ABR 高效生物反应器，综上所述技术人员决定采用 ABR 高效生物反应器这一先进技术。并且有利于新技术推广。

4 工艺流程及主要设备的选定

为了使 ABR 高效生物反应器的技术运行于六循反洗水，动力部、设计单位、德鑫公司等技术人员进行现场调研，进行充分讨论，确定工艺流程。

最终确定采用工艺为：调节池—高密池—转盘过滤器—集水井—ABR 反应器—清水池—循环水补水。

主要工艺设备如下：

(1) 原水调节池：原水调节池的主要作用是调节水质及水量，设计约 4h 的水力停留时间。

(2) 高密池、转盘过滤器：高密池、转盘过滤器主要用于去除废水中的悬浮物。同时投加混凝剂、聚合物助凝剂促进沉淀。

(3) 集水井：装盘过滤器出水进入中间水池储存，通过输送泵泵送入 ABR 反应器。

(4) ABR 反应器：ABR 反应器的用于生物降解废水中 COD。

(5) 清水池：ABR 产水送入清水池，合格产水通过 ABR 产水泵送入循环水池，不合格产水仍送入原水调节池重新处理。

5 控制方法的确定

确定了工艺流程后，考虑到岗位人员少，在不增加操作人员的条件下，动力部技术人员针对设计部门在控制方法设计的不足，根据实际情况，提出了控制方案，并得到了设计部门技术人员的认可，增加了 2 个自调回路、11 个工艺联锁。

联锁回路如下：①原水调节池液位高于 5500mm，联锁投入的调节池提升泵自启；②原水调节池液位低于 3500mm，联锁投入的调节池提升泵停车；③集水井液位高于 2500mm，联锁投入的 ABR 进水泵泵自启；④集水井液位低于 1500mm，联锁投入的 ABR 进水泵泵停车；⑤清水池液位高于 2500mm，联锁投入的产水泵泵自启；⑥清水池液位低于 1500mm，联锁投入的产水泵泵停车；⑦污泥池液位低于 500mm，联锁投入的污泥泵泵停车；⑧2 台原水提升泵同时停运，4 台投入联锁的加药泵停车；⑨只要有一台原水提升泵开车，投入联锁的加药泵自启；⑩原水调节池液位高于 4500mm，联锁投入时清水泵出口气动阀，产水阀开，回原水池阀门关，系统自动产水；⑪原水调节池液位低于 4000mm，联锁投入时清水泵出口气动阀，产水阀关，回原水池阀门开，系统自动产水。

自调回路如下：①集水井池液位：ABR 进水泵调频转速自调(增减输出流量)；②清水池液位：产水泵调频转速自调(增减输出流量)。

6 系统开车调试

(1) 运行部技术人员编制了六循反洗水回收操作法及六循反洗水系统试车方案。方案编制后水务作业区组织操作人员进行了技术培训，从工艺技术、现场交底、DCS 控制系统进行了培训，并进行了考试考核，为新系统的一次安全开车成功奠定了坚实的基础。

(2) 动力部供水作业区技术人员在 ABR 高效生物反应器细菌培养前，根据试车方案配合设备工程处、建设单位对调节池提升泵潜水搅拌机、高密池、转盘过滤器、ABR 产水输送泵、污泥外送泵等单体设备进行了试车，对系统进行了联动试车，满足了 ABR 高效生物反应器细菌培养的要求条件。

(3) 自 2019 年 10 月 18 日起 ABR 反应器开始培养细菌，在天津德鑫公司技术人员的指导下，细菌分 3 次投加，调节好压缩空气曝气流量，2019 年 10 月 28 日细菌培养完成，经确认合格后，系统正式于 2020 年 10 月 28 日 13：00 开车，一次开车成功。

(4) 系统一次开车成功后，由于初期 ABR 高效生物反应器含有少量细菌载体，技术人员对初期产水回原水调节池进行再次处理。产水浊度降低后 29 日 ABR 产水送入六循浓硝系统，系统开车后对产水 COD 在线分析仪用标准液进行校对，自 2019 年 11 月 1 日起系统产水 COD 基本维持在 50mg/L 以下。

7 系统开车后性能测试

系统一次性开车成功后，一直运行稳定，基本上实现无人值守，通过 72h 生产标定，为了验证工艺设计实施效果，考察新增设备运行状况、装置污水处理能力及处理后的污水是否达到回收利用标准，2020 年 1 月 15 日 9：00 至 2020 年 1 月 18 日 9：00 对系统进行了标定，结果如表 3。

表 3 装置生产能力

项 目	ABR 出水量/m^3	ABR 出水累积量/m^3
01-15T09：00 至 01-16T09：00	772	46408
01-116T09：00 至 01-17T09：00	760	47168
01-17T09：00 至 01-18T09：00	763	47931
平均值	765	47169

72h 性能标定期间累计处理污水量 2295t，ABR 装置均值 31.9m^3/h，处理能力达到设计处理目标值。结果见表 4。

表 4　生化优化系统运行数据

项　　目	COD/(mg/L)		悬浮物(ρ)/(mg/L)	
	原水	监护池	原水	监护池
01-15T09：00	30.2	2.0	20.9	17.5
01-15T15：00	24.1	22.9	183.3	19.3
01-16T09：00	14.1	4.0	23.8	23.8
01-16T15：00	20.1	1.5	17.2	18.7
01-17T09：00	20.1	2.4	17.3	12.2
01-17T15：00	24.1	4.0	8.5	13.6
平均	22.1	6.1	45.2	17.5

72h 性能标定期间数据全部达标。

由于该项目没有独立的电表，通过动力设备的实际运行情况进行计算，在 72h 标定期间，用电量计算见表 5。

表 5　系统电力消耗

项　　目	运行电流/A	运行功率/kW	72h 用电量/kWh
调节池提升泵 A	9.5	5.0	360.15
调节池提升泵 B	11.7	6.2	443.55
潜水搅拌机	16.3	8.6	617.93
快混搅拌机		1.1	79.20
絮凝搅拌机		1.1	79.20
刮泥机		1.1	79.20
ABR 反应池进水泵	5.6	2.9	212.30
ABR 产水输送泵	9.1	4.8	344.98
合计		30.8	2216.50

由于反洗水选用的工艺较为先进，初期电耗预测 0.9kWh/t，72h 考核实际电耗是 0.97kWh/t，略超预测值。

该项目主要使用聚氯化铝，72h 标定期间用量 $w(Al_2O_3)\geq 10\%$ 聚氯化铝 287kg，消耗量为 0.125kg/t。药剂为高密池使用，小于高密池 150mg/L 的指标要求。

8　结　　论

南化公司六循滤池反冲洗水回收改造项目实施后，排口出水达到排放及回收利用要求，污水处理在实际运行负荷下出水指标达到设计值，系统产水合格。六循反洗水回收系统开车后，回收水作为补充六循浓硝酸循环水的补水，减少了六循浓硝酸循环水补水约 30t/h，降低了循环水补水率，浓硝酸系统循环水浓缩倍数由约 3.0 上升到约 4.2，改善了六循浓硝酸系统的水质。

ABR 反应器产水，虽然浊度合格，经过 3 个月运行，取样水颜色仍略微呈现一点黑色，后续可进一步处理，降低浊度。

反洗水回收系统自动化程度高，基本实现无人值守，但是若检测仪表出现问题，将会影响系统稳定运行，建议今后更换质量较好的仪表。

排泥水回收装置无人值守设计方案

杨福武　杨克盛

（中国石化金陵石化公司，南京 210033）

【摘　要】 本文主要介绍了，金陵石化公司排泥水回收装置的单体自控和流程衔接的联运控制及设备故障状态下自动调整方案，为 DCS 程序和联锁控制下达到无人值守目标提供有益参考。

【关键词】 排泥水回收装置　无人值守　单元自控　流程衔接

1　排泥水回收装置无人值守的设计思路

1.1　排泥水回收装置工艺流程

排泥水回收装置工艺流程见图 1。

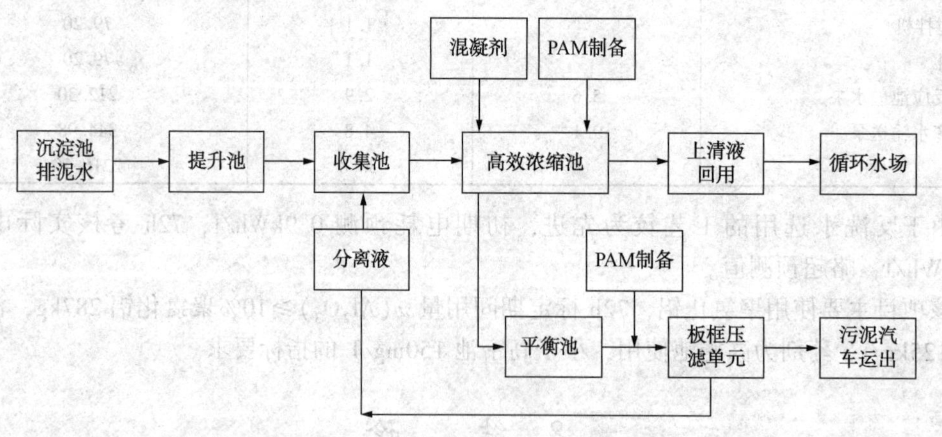

图 1　排泥水回收装置工艺流程

1.2　排泥水回收装置无人值守设计思路

根据金陵分公司沉淀池排泥水的水量特点及各单元之间的工艺衔接要求需解决以下几个问题：①排泥水有短时间量较大，提升池与收集池相距较远的特点，两座水池如何完成排泥水的暂存、提升、收集任务。②高效浓缩池（以下简称浓缩池）如何自动控制（包含设备运行、加药及排泥）。③浓缩池上清液如何回用于循环水场。④板框压滤机单元如何自动运行（包含设备运行、加药）。⑤设备故障情况如何能保障系统运行。⑥各单元之间如何保障流程顺利衔接。

2 单元自控方案

2.1 提升池、收集池单元自控方案

因沉淀池采用人工定时排泥方式，排泥水有短时间内水量较大的特点，沉淀池与排泥水回收装置距离较远，提升池(靠近沉淀池)和收集池(回收装置内)组合完成排泥水的暂存、提升、收集作用。①提升池设置搅拌器、潜水泵，设备启动由 PLC 控制。液位上升首先主泵启动，液位再升高辅泵、搅拌器启动，液位冲高后下降辅泵停，最低液位泵、搅拌器全停。②收集池设置潜水泵为浓缩池提供排泥水，防止泥沙沉淀设置搅拌器，回流潜水泵。DCS 接收收集池液位信号控制潜水泵、搅拌器启停。

2.2 浓缩池如何自动运行

浓缩池把排泥水分为上清液作为循环水场补水使用，污泥汇集底部经排泥泵送入平衡池，浓度均衡后进行压滤。①浓缩池运行是 DCS 接收到收集池潜水泵运行且浓缩池进泥水流量计有数值的“与”信号，控制浓缩池搅拌器、刮泥机、加药泵启停运行。②高效浓缩池絮凝剂 PAM 采用自动制备装置，制备完成药液由 DCS 控制投加。③浓缩池混凝剂、絮凝剂加药控制是 DCS 程序按照烧杯试验得出最佳加药量，用浓缩池进泥水量或浊度为变量计算，控制加药泵频率完成加药量调节。④浓缩池底部污泥排出是 DCS 程序设定的间隔时间，以平衡池液位和污泥含固率为限制条件启动排泥泵完成排泥。

2.3 浓缩池上清液回用

浓缩池上清液回用于循环水场必须保证浊度要求，回用水池收集上清液由变频泵加压，经浅层过滤器后进入循环水场，回用水池液位控制是 DCS 程序根据回用水液位变化调节回用水泵频率完成。浅层过滤器冲洗在 DCS 冲洗程序控制下完成。

2.4 板框压滤机单元如何自动运行(包含加药)

板框压滤机系统 PLC 依据时间设置定时启动压滤程序，首先自检包括(平衡池最低液位、絮凝剂 PAM 自动制备装置、进料泵状态、挤压水罐液位、冲洗水罐液位等)，自检完成启动进料泵向板框压滤机进料。PLC 根据最佳进药量(烧杯试验得出)和进料泵流量经计算后，调整加药泵运行频率完成加药控制。进料压力达到标准后 PLC 控制后续挤压、吹泥、螺旋输送机运行、卸泥、冲洗滤布程序完成。DCS 对板框压滤 PLC 进行通讯，完成监视及报警功能。

3 设备故障情况下如何保障系统运行

3.1 机泵故障处理

提升池潜水泵设置漏水、超温、超载故障报警，PLC 接收到故障信号自动切换到备用泵运行。收集池、浓缩池排泥泵、加药泵均设置了故障报警由 DCS 控制备用泵自动切换。

3.2 浓缩池平衡池压滤系统设备故障处理

浓缩池、平衡池、压滤系统均为 A、B 套，日常两套同时运行。①如果浓缩池进泥水流量、搅拌器、刮泥机、加药系统故障 DCS 程序控制停运相应故障 A 套或 B 套浓缩池。②压滤系统 PLC 自检到设备故障信号后停止运行相应故障 A 套或 B 套压滤系统。

4 各单元之间如何保障流程衔接方案

排泥水回收装置单元之间流程衔接由 DCS 程序控制完成，①收集池液位通过调节进泥水管线气动阀开度控制，收集池液位过低报警并降低浓缩池处理量。②浓缩池排泥程序监测到平衡池液位过高或浓缩池排泥含固率未达标停止排泥。③压滤系统 PLC 检测到平衡池液位过低自动停止压滤系统运行。

5 结 论

综上所述，采用 DCS 程序及联锁控制为主，PLC 个体单元控制为辅助，各项仪表数据为配合组成完整的排泥水回收装置运行方案。DCS 接收液位、流量、设备故障、浊度、含固率等信号，依据程序设定和逻辑联锁来控制设备的开停和浓缩池的处理量调整，整套排泥水回收装置自动化程度很高。且 DCS 可灵活地进行参数设置，中石化金陵分公司排泥水回收装置无人值守设计方案是具有可行性的。

参 考 文 献

[1] 王桂芳．排泥水处理的自动化控制[J]．山西科技，2009(03)．

FCC 废催化剂用于臭氧催化氧化可行性实验研究

裴旭东　涂先红　李朝恒　陈卫红

（中石化炼化工程（集团）股份有限公司洛阳技术研发中心，洛阳 471003）

【摘　要】以 FCC 废催化剂上的分子筛作为基体，重金属作为活性组分，考察了 FCC 废催化剂用于臭氧催化氧化处理难降解含胺废水 COD 脱除效果，实验室针对不同催化剂添加量、pH 值、臭氧浓度、原料 COD 变化等条件进行了研究，并与工业常用臭氧催化剂进行了对比，实验结果显示：FCC 废催化剂臭氧催化氧化效果明显优于工业常用臭氧催化剂，含胺废水 COD 在 200mg/L 时，经 1h 处理可降至 50mg/L 以下，同时对 FCC 废催化剂催化机理也进行了分析，拓宽了 FCC 废催化剂的资源化利用领域。

【关键词】FCC 废催化剂　臭氧催化氧化　COD 脱除

炼油行业每年都会产生大量 FCC 废催化剂[1]，因其含有 Ni、V 等重金属，《国家危险废物名录》已将其列入 HW50 系列[2]，属于有毒性废催化剂，"非法排放、倾倒、处置危险废物 3 吨以上的"即构成刑法第三百三十八条严重污染环境罪，必须进行无害化处理，如何固定 FCC 废催化剂重金属和高效回收利用 FCC 废催化剂成为人们关注的焦点。国外催化裂化废催化剂利用技术成熟[3-5]，日本约 60%、美国约占 30%催化裂化废催化剂最终处置途径是做建筑材料。中国石化海南炼化考察了 FCC 废催化剂做水泥原料替代铝矾土后对原料适应性及产品质量的影响，结果显示添加 0.81%FCC 废催化剂替代 2.74%的铝矾土对产品物理性能及化学组成无影响，环保指标满足国家标准[6]。青岛安工院提出废催化剂制备地质聚合物的新型无害化技术路线，确定了催化裂化废催化剂制备地质聚合物的工艺过程，工艺操作简单，浸出浓度满足 GB 5085.3—2007 要求[7]。臭氧作为一种强氧化剂[8]，因其工艺简单、方便、无残留，被广泛应用到难降解废水的氧化处理，但单纯臭氧氧化效果不理想，臭氧消耗较大[9]，因此臭氧催化氧化剂大量应用，以氧化铝或活性炭为载体，浸渍锰、镍、钒、铁等金属[10]。研究表明稀土、钒、镍等金属元素对臭氧氧化反应具有良好的催化活性[11~14]，将 FCC 废催化剂用于难降解废水臭氧氧化处理，能提高臭氧利用率，降低废水处理成本。本文以难降解有机胺废水为研究对象，FCC 废催化剂作臭氧催化剂，考察不同工艺条件下 COD 的脱除效果，并与工业常用臭氧催化剂进行了对比。

1 FCC废催化剂臭氧催化氧化实验

1.1 实验原料及仪器

催化剂：某炼厂FCC三旋平衡剂。

废　水：模拟含胺废水，COD浓度200~600mg/L。

臭氧发生器：CF-YG5臭氧机。

臭氧分析仪：LT-200型臭氧浓度检测仪。

1.2 实验装置

实验在自制的玻璃管反应器内进行，实验装置如图1所示，反应器尺寸φ36mm×1.5mm×1200mm，以氧气和氮气混合气作气源，通过流量计控制二者的比例来调整臭氧浓度，混合气进入臭氧发生器产生臭氧，从底部经气体分布器(陶瓷气体分布器)进入反应器，与含胺废水接触进行反应，处理后的废水从底部采样口采样分析COD，尾气经吸收瓶吸收后排空，吸收瓶中装填活性炭。

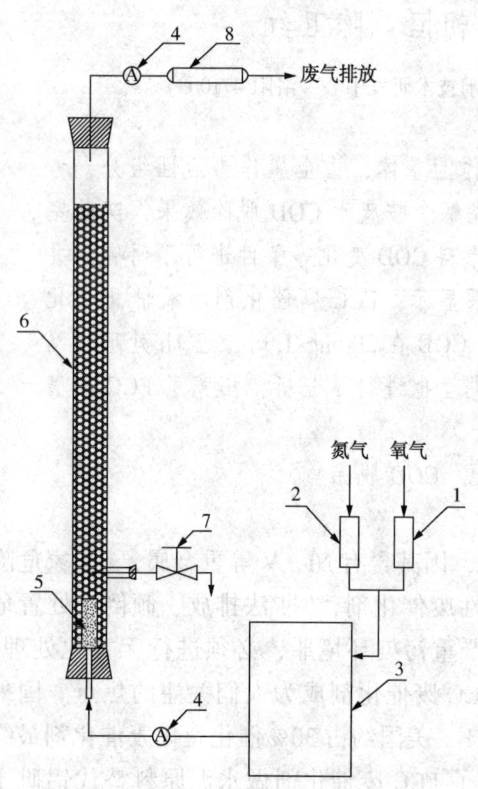

图1　实验装置示意图

1—氧气流量控制器；2—氮气流量控制器；3—臭氧发生器；4—臭氧在线检测；5—气体分布器；6—反应器；7—采样口；8—臭氧吸收瓶

1.3 实验方法

(1) FCC废催化剂表征：X荧光法测定组分含量；BET氮吸附容量法测定比表面积；水滴法测定孔体积。

(2) FCC废催化剂实验前先在烘箱中120℃温度下干燥4h。

(3) 臭氧催化氧化处理：向反应器内添加1L含胺废水，控制氧气和氮气的比例来调整臭氧浓度，气体经底部分布器进入反应器，气量为0.5L/min，与废水混合接触形成气液固三相浆态床反应，控制反应3h，每0.5h采一次样，反应温度常温。

1.4 分析检测

COD分析采用重铬酸钾滴定法(GB 11914—89)测定；臭氧浓度采用臭氧分析仪在线检测。

2 结果与讨论

2.1 FCC催化剂表征

FCC废催化剂组成见表1。

表 1　FCC 废催化剂性质

项　目	FCC 废催化剂	项　目	FCC 废催化剂
装置	某催化裂化装置	组成/%	
比表面积/(m^2/g)	113.58	SiO_2	45.98
孔体积/(cm^3/g)	0.1317	Al_2O_3	41.63
粒径分布/%		La_2O_3	3.110
<2.5	6.7	CeO_2	0.833
2.5~10	11.6	Fe_2O_3	1.375
10~20	33.9	NiO	1.010
20~40	46.3	V_2O_5	0.928
>40	1.5	MnO	0.010

由表 1 可以看出该催化剂上稀土、铁、镍、钒等金属含量较高，理论上应有催化效果。本次实验所用为 FCC 三旋平衡剂，粒径分布比较细，实验过程中流化效果较好，防止了催化剂沉淀。

2.2　FCC 废催化剂催化作用

废水 COD600mg/L，臭氧浓度 20mg/L，FCC 废催化剂加入量 20g，考察单独臭氧、FCC 废催化剂、臭氧和 FCC 废催化剂协同条件下废水的处理效果，实验结果如图 2。

由图 2 可知，单独臭氧氧化或 FCC 废催化剂吸附，废水处理效果都很差，3h 时 COD 去除率仅 30%左右，臭氧和 FCC 废催化剂协同作用下 COD 去除率大幅提升，0.5h 时 COD 去除率即达 60%，3h 时 COD 去除率达到 90%以上，说明 FCC 废催化剂协同臭氧氧化处理有机废水有很好的氧化效果。

2.3　工艺条件考察

2.3.1　FCC 废催化剂投加量

废水 COD 600mg/L，臭氧浓度 20mg/L，考察了不同 FCC 废催化剂添加量下的臭氧催化氧化效果，实验结果如图 3。

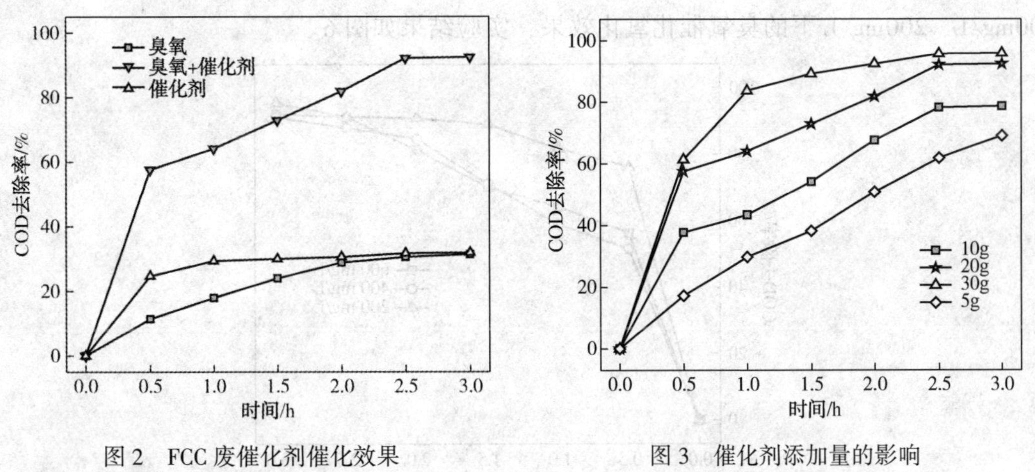

图 2　FCC 废催化剂催化效果　　图 3　催化剂添加量的影响

由图 3 可知，FCC 废催化剂的催化氧化效果随加入量的增加而提高，添加量到 20g 时已基本达到平衡状态，继续添加 COD 去除率增加幅度有限，因此适宜的催化剂添加量为 20g/L。

2.3.2 废水 pH 值

废水 COD600mg/L，臭氧浓度 20mg/L，FCC 废催化剂加入量 20g，用酸碱调节废水的 pH 值，考察 pH 值分别为 2、5、7、9、12 下的臭氧催化氧化效果，实验结果如图 4。

由图 4 可知，pH 值为酸性时 FCC 废催化剂的催化氧化效果最差，随着 pH 值的升高效果逐渐变好，pH 为 9 时的臭氧催化氧化效果最好。

2.3.3 臭氧浓度

废水 COD 600mg/L，FCC 废催化剂加入量 20g，考察了臭氧浓度分别为 36mg/L、29mg/L、20mg/L、14mg/L、7mg/L 下的催化氧化效果，实验结果如图 5。

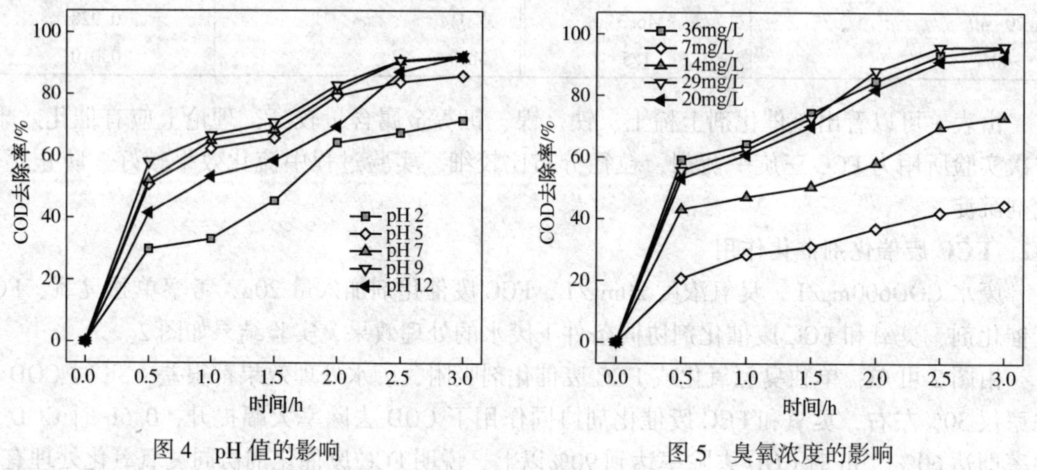

图 4 pH 值的影响　　图 5 臭氧浓度的影响

由图 5 可知，臭氧浓度为 7mg/L 催化氧化效果最差，浓度为 14mg/L 时次之，臭氧浓度继续增加虽催化氧化效果较好，但浓度太高造成浪费，由图 5 可以看出，适宜的臭氧浓度为 20mg/L。

2.3.4 废水 COD

臭氧浓度 20mg/L，FCC 废催化剂加入量 20g，考察废水 COD 分别为 600mg/L、400mg/L、200mg/L 下的臭氧催化氧化效果，实验结果如图 6。

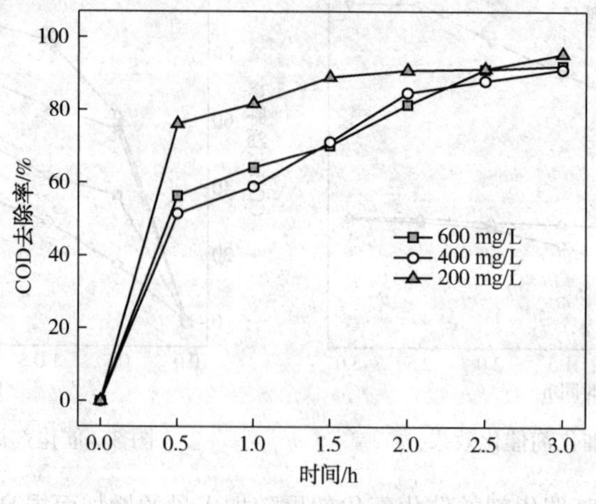

图 6 废水 COD 的影响

由图 6 可知，废水 COD 越低，臭氧催化氧化效果越明显，含胺废水 COD 在 200mg/L 时，经 1h 处理 COD 去除率达 80%以上，出水 COD 降至 50mg/L 以下，可以直接排放。

2.4 与工业催化剂对比

实验室考察了三种目前工业常用臭氧催化剂，编号分别为 A、B 和 C，评价前先将工业臭氧催化剂进行研磨并筛分，得到 60~120 目(120~250μm)的细粉，与 FCC 催化剂接近。

废水 COD 600mg/L，臭氧浓度 20mg/L，催化剂添加量为 20g，其臭氧催化氧化效果如图 7 所示。

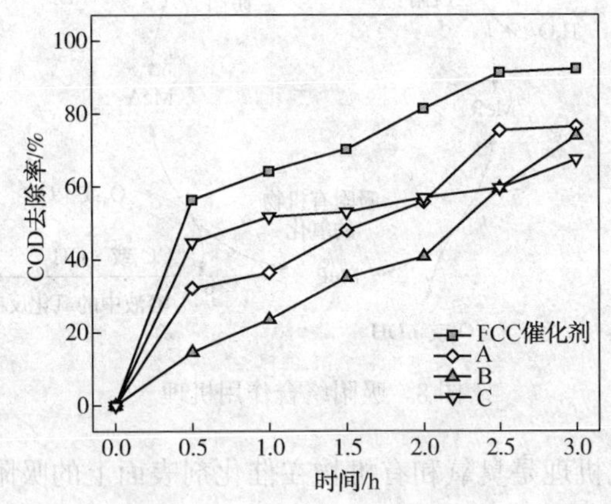

图 7 与工业臭氧催化剂对比

由图 7 可以看出，在相同条件下 FCC 废催化剂的臭氧催化氧化效果明显优于其他三种工业用臭氧催化氧化催化剂，因此 FCC 废催化剂用作臭氧氧化催化剂，是实现以废治废的一条非常理想的途径。

3 FCC 废催化剂催化机理分析

催化臭氧技术是基于臭氧的高级氧化技术，将臭氧的强氧化性和催化剂的吸附、催化特性结合起来，能有效解决有机物降解不完全的问题而越来越引起人们的广泛重视。研究发现，多相催化氧化的机理有 3 种：①催化剂促进臭氧分解产生羟基自由基，从而氧化降解有机物；②臭氧和有机物均吸附至催化剂表面，经电子转移和吸附位间的相互作用产生羟基自由基，促进有机物分解；③催化剂通过配位络合作用吸附有机物，被催化剂表面及液相中的氧化剂氧化分解。涉及的催化剂主要是金属氧化物载体(Al_2O_3、TiO_2、MnO_2等)，负载于载体上的金属或金属氧化物(Fe、V、Cu/TiO_2、Cu/Al_2O_3、TiO_2/Al_2O_3等)以及具有较大比表面积的孔材料，催化活性主要表现对臭氧的催化分解和促进羟基自由基的产生。

研究普遍认为，负载型金属氧化物遵循羟基自由基为主导的表面羟基理论，催化剂活性组分的过渡金属氧化物表面处于配位不饱和状态，水分子容易在表面与以金属离子为代表的 Lewis 酸性位点发生化学吸附与配位交换，经解离脱附后在催化剂表面形成羟基自由基，扩散至液相与有机物发生反应，过程见式(1)~式(4)[15]。

$$\equiv Me\text{-}OH + O_3 \longrightarrow \equiv Me + O_2^- \cdot + HO_2 \cdot \quad (1)$$

$$O_2^- \cdot + O_3 \longrightarrow O_3^- \cdot + O_2 \quad (2)$$

$$O_3^- \cdot +H^+ \longrightarrow HO_3 \cdot \quad (3)$$

$$HO_3 \cdot \longrightarrow \cdot OH+O_2 \quad (4)$$

也可以通过表面配位络合作用对有机物进行吸附，被臭氧氧化后的络合分解产物再被催化剂表面或液相中的其他氧化剂彻底氧化，作用机理见图 8[16]。

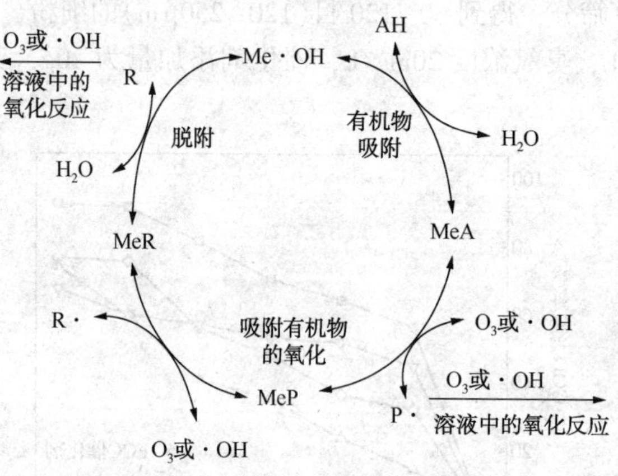

图 8　吸附络合作用机理

负载型稀土臭氧催化机理是臭氧和有机物在催化剂表面上的吸附，吸附于催化剂表面的臭氧可通过与表面质子化羟基或可变稀土金属间电子交换分解产生羟基自由基，以提高有机物分解速率。同时稀土元素通过与过渡金属复合，不但具有协同增效作用，还有效抑制金属离子的溶出，保证了催化活性不下降。

FCC 催化剂是一种多孔性分子筛催化剂，具有很大的比表面积、很强的吸附能力和离子交换性能。催化剂经长时间运行，原料油中含有的重金属 Ni、V、Fe、Mn 等在催化裂化过程中不断沉积在催化剂表面逐渐形成了臭氧催化活性位，另外 FCC 催化剂上含有大量的镧铈稀土，这些金属氧化物的存在为其作为臭氧催化剂形成了良好的基础优势，也是其协同臭氧氧化具有更高效率的原因所在。

4　结　论

(1) 单独臭氧或 FCC 废催化剂处理废水效果很差，臭氧和 FCC 废催化剂协同作用下 COD 去除效率大幅提升，说明 FCC 废催化剂协同臭氧氧化处理有机废水有很好的催化作用。

(2) FCC 废催化剂的投加量、臭氧浓度、废水 pH 值和初始 COD 浓度对臭氧催化氧化都有一定的影响，在合适的工艺条件下，处理后的出水 COD 可降至 50mg/L 以下，达到直接排放标准。

(3) FCC 废催化剂臭氧催化氧化效果优于三种工业用臭氧催化氧化催化剂，FCC 废催化剂用作臭氧氧化催化剂处理废水，是实现以废治废的一条非常理想的途径。

(4) FCC 废催化剂大的比表面积、强的吸附能力和离子交换性能以及沉积的多种金属组分是其协同臭氧氧化具有更高效率的原因所在。

参 考 文 献

[1] 周明，吴聿. FCC 废催化剂的处理与综合利用[J]. 石油化工安全环保技术，2011，27(4)：57-59.

[2] 赵晓敏 . FCC 废催化剂的综合回收利用[J]. 炼油技术与工程，2017，47(4)：51-55.

[3] 张宏哲 . 催化裂化废催化剂综合利用技术[J]. 化工进展，2016，35(2)：358-362.

[4] 陈祖庇 . 废催化剂的处理和利用[J]. 炼油技术与工程，2005，35(3)：1-6.

[5] 苑志伟 . FCC 催化剂再生利用的研究现状及进展[J]. 当代石油化工，2010，187(7)：27-30.

[6] 修振东 . 催化裂化废催化剂水泥资源化利用研究[J]. 炼油技术与工程，2015，45(1)：61-64.

[7] 张宏哲，房师平 . 一种利用催化裂化费催化剂制备地质聚合物材料的方法[P]. 中国专利：CN109305768 A，2019-02-05.

[8] 牛瑞胜，程鹏飞 . 臭氧催化氧化工艺在废水处理领域的应用[J]. 再生资源与循环经济，2019，12(8)：36-38.

[9] 刘晶冰，燕磊 . 高级氧化技术在水处理的研究进展[J]. 水处理技术，2011，37(3)：11-17.

[10] 刘祺，李本高 . 催化裂化废催化剂催化臭氧氧化含酚污水研究[J]. 石油炼制与化工，2019，50(12)：74-78.

[11] 童琴，董亚梅 . 负载型稀土臭氧氧化催化剂在水处理中的应用进展[J]. 化工进展，2019，38(1)：226-231.

[12] 余稷，姜蕊 . 废 FCC 催化剂协同臭氧催化氧化处理石化污水[J]. 当代化工，2018，47(11)：2281-2184.

[13] 李亚男，谭煜 . 臭氧催化氧化在石化废水深度处理应用中的若干问题[J]. 环境工程技术学报，2019，9(3)：275-281.

[14] 王东，刘志 . FCC 废催化剂对炼油厂生化后废水臭氧氧化催化作用[J]. 辽宁城乡环境科技，2001，21(2)：45-47.

[15] 彭澍晗，吴德礼 . 催化臭氧氧化深度处理工业废水的研究及应用[J]. 工业水处理，2019，39(1)：1-7.

[16] 段标标，隋铭皓 . 多相催化臭氧氧化技术机理研究进展[J]. 四川环境，2011，30(3)：45-47.

催化裂化烟气脱硫装置外排水污染物超标综合治理

周玉杰　刘辉章　刘　彬

（中国石油兰州石化公司，兰州 730060）

【摘　要】 催化裂化烟气脱硫装置长期运行后，外排水污染物频繁超标。本文介绍了烟气脱硫装置工艺原理、流程，分析了烟气脱硫装置外排水污染物超标的原因。针对废水处理系统存在的曝气管堵塞、鼓风机出口管线破裂以及上游装置喷氨流量计卡涩、催化剂失活等原因进行了重点分析，同时针对这些影响因素提出了相应的对策。通过采取设备维护、工艺操作调整、设备检修更新等措施，外排水污染物得到较好控制，取得了显著的效果。

【关键词】 烟气脱硫　污染物　COD　氨氮　措施

1　综　　述

催化裂化烟气脱硫装置是炼油厂环保重点控制装置，主要利用洗涤吸收系统洗涤余热锅炉烟气，降低外排烟气 SO_2 排放量，同时可降低催化烟气粉尘排放浓度，改善周边空气质量，大大降低 SO_2 和粉尘等污染物对炼厂周边环境污染，具有非常显著的社会效益。某公司300万吨/年催化烟气脱硫装置，自2016年10月开工至今已连续运行3年，在运行后期，频繁出现外排水污染物氨氮含量升高、COD偏高的现象，氨氮含量最高达到380mg/L，COD含量最高一度达到近2000mg/L，远远超过外排水氨氮≯200mg/L、COD≯600mg/L的指标要求，导致炼油催化污水排放不合格，在环保要求日益严格的情况下，外排污水指标不合格，直接影响装置长周期运行。

2　工 艺 介 绍

余热锅炉尾部烟气自底部烟道进入烟气脱硫吸收塔，烟气中的酸性气体与吸收塔内的碱性洗涤液接触时发生中和反应，烟气中大部分的酸性气体和颗粒物被洗涤下来。为改善吸收塔内洗涤液质量，需要根据吸收塔液位、洗涤液固含量和洗涤液 pH 值不断补充新鲜水和烧碱，另外抽出一部分洗涤浆液去废水处理系统。烟气脱硫装置废水处理主要包括澄清和氧化，澄清是通过加入絮凝剂，经絮凝沉淀后将废水中的颗粒物分离出来，从而大大降低外排水悬浮物含量。洗涤液由于吸收了烟气中的 SO_2 等酸性气体，富含大量的亚硫酸盐，造成废水中的COD较高。工艺上通过在三级氧化罐内注入空气将亚硫酸盐氧化为硫酸盐来降低外排水 COD。主要反应机理为：

$$SO_2+H_2O \longrightarrow H_2SO_3$$

$$H_2SO_3+2N_aOH \longrightarrow N_{a2}SO_3+2H_2O$$

$$N_{a2}SO_3+H_2SO_3 \longrightarrow 2N_aHSO_3$$

$$N_{a2}SO_3+1/2O_2 \longrightarrow N_{a2}SO_4$$

$$N_aHSO_3+1/2O_2 \longrightarrow N_{a2}SO_4+H_2O$$

通过以上反应，亚硫酸盐转化为硫酸盐，降低了外排水 COD。

3 外排水污染物超标原因分析

从反应机理上分析，氧化罐氧化不彻底，烟气中携带高耗氧类物质，导致正常注氧不能将废水中的耗氧类物质充分氧化，造成外排水 COD 含量超标。余热锅炉尾部 SCR 脱硝反应器喷氨量控制不准确，脱硝催化剂长期使用催化剂性能下降，都会导致喷氨过量(氨逃逸)，未参加反应的氨气随烟气携带至烟气脱硫系统，造成外排水氨氮含量超标。

3.1 氧化罐内部空气曝气管堵塞

烟气脱硫装置三级氧化罐经过长期运行，氧化风机出口压力逐渐缓慢升高，氧化风机机体温度升高，故而判断为三级氧化罐内部空气曝气管堵塞。空气曝气管堵塞后，一是造成空气注入量减少，且分布不均匀，这就导致空气对废水氧化不够，不能充分将废水中的亚硫酸盐氧化为硫酸盐，造成外排水 COD 超标；二是增加了氧化风机出口阻力，氧化风机电流和机体温度升高，对氧化风机长周期运行不利。

3.2 氧化风机机体出风管有裂缝

操作人员在机泵检查时，发现氧化风机周围有漏风的声音，经拆开机体管线保温检查，发现机体有一道约 15cm 长的横向裂纹，往外漏风，这造成通往氧化罐的风量减少，同样造成废水氧化不充分，导致外排水 COD 偏高。

3.3 喷氨时携带有机硫化物进入烟气

由于催化烟气脱硫装置外排水 COD 在运行后期突然显著升高，有一个骤变现象，氧化罐曝气管堵塞和氧化风机有裂缝都是缓慢发生的，不会导致外排水 COD 骤然波动的现象。我们对催化装置原料性质进行了长期比对，未发现原油性质有显著变化。对烟气脱硫装置使用的新鲜水、循环水做了水质分析，也未发现含有其他物质。最后，经过化学分析，是上游余热锅炉烟气中带有有机硫化物，该物质来源于脱硝模块使用的液氨，液氨净化不彻底，导致有机硫化物随喷氨一起进入锅炉尾部，随烟气携带至吸收塔，混溶于洗涤浆液，从而进入废水处理系统。该物质经简单的通风不能将其彻底氧化，造成外排污水 COD 大幅升高。

3.4 喷氨流量计卡涩故障

余热锅炉脱硝反应器使用装置自产液氨作为还原剂，按照一定摩尔比喷入炉膛与烟气中的 NO_X 反应，来降低外排烟气中的氮氧化物。由于长期使用流量计内部卡涩不灵活，导致喷氨摩尔比控制不准确，过量液氨随烟气携带至烟气脱硫吸收塔经洗涤后溶于洗涤液，导致外排水氨氮超标。

3.5 余热锅炉脱硝反应催化剂部分失活

余热锅炉尾部脱硝反应器设计使用周期三年，经过长期使用后，催化剂活性下降。装置停工检修时打开反应器内部检查发现，催化剂上部微孔积灰堵塞严重，部分催化剂受高温影响已坍塌开裂变形等情况。这会导致催化剂失活，反应效果下降，操作过程中为了进降低外排烟气中氮氧化物含量，不得不加大注氨量，这就导致恶性循环，未参加反应的氨随烟气夹带至烟气脱硫吸收塔经洗涤后溶于洗涤液，同样导致外排水氨氮超标。

4 综合治理措施

4.1 氧化罐曝气管清垢

针对氧化罐曝气管堵塞的情况，必须对三级氧化罐曝气管进行彻底清理，增大空气注入量，达到鼓风量设计要求。三级氧化罐为依次串联形式，清理时投用两台，清理一台，依次进行，经过近 20 天左右施工，氧化罐曝气管孔清理完毕。清理后，一方面清洁的曝气管孔使空气分布更加均匀流畅，氧化罐内废水可以得到全面充分氧化；另一方面降低了氧化风机出口阻力，提高了鼓风量，可以满足亚硫酸盐氧化需要。

4.2 切换氧化风机，对受损机体进行补焊

切除受损氧化风机，开备用机，对受损氧化风机机体进行补焊，消除设备隐患。

4.3 优化操作条件，减少注氨量

催化装置反应及锅炉岗位调整操作，由贫氧再生操作改为富氧再生操作，锅炉入口 CO 含量控制在 6.0%以上。锅炉岗位通过调节瓦斯量和配风比，控制炉膛温度在 860℃左右，此方法使烟气内氮氧化物含量大幅下降，从而大大减少了注氨量，两炉总注氨量从 36kg/h 下降至 15kg/h 以下，液氨加注量下降 58.3%，这就减少了液氨携带的其他物质进入烟气，从而减少了耗氧量。另一方面，上游两酸氨精制装置通过检修，优化了工艺流程，对换热分离设备进行了清理，提高了液氨精制纯度，确保没有外来含硫和其他耗氧量物质随喷氨进入烟气脱硫系统。

4.4 更换喷氨流量计和脱硝催化剂

2019 年装置利用大检修契机，更新了喷氨流量计和余热锅炉脱硝催化剂，实现了喷氨量的精准控制，同时更换催化剂后烟气中的氮氧化物和氨气充分反应，外排烟气中的氮氧化物含量大幅下降，外排水中氨氮含量大幅下降。

4.5 控制好三级氧化罐 pH 值

烟气脱硫装置后期还出现外排水乳化起泡等现象，排水口产生大量泡沫。调取 DCS 数据显示外排水 pH 值在 8.0~8.5 左右，虽未超过外排水 pH 值 6~9 的指标要求，但从亚硫酸盐氧化过程看，溶解于水中的亚硫酸盐首先电离水解，由于亚硫酸盐是强碱弱酸盐，水解后显碱性。而反应后生成物为硫酸盐，水解呈中性。所以若注碱量过多，pH 值偏高，不利于亚硫酸盐向硫酸盐转化，并且，碱液加注过多更容易导致吸收塔及整个系统结垢。操作上通过实验，将氧化罐注碱量在三台氧化罐入口处进行重新分布，1 号氧化罐提高碱液加注量，2 号氧化罐入口不需注碱，3 号氧化罐入口进行注碱补充，pH 值控制在 7.5 以下，偏中性的环境有利于亚硫酸盐转化为硫酸盐，同时，现场外排水起泡现象消失。

5 治理后效果

经过设备维护和操作优化，催化烟气脱硫装置外排水污染物大幅下降，COD 含量从最高峰时期的 2000mg/L 下降至 200mg/L 左右，全面达到了烟气脱硫装置外排水 COD ≯ 600mg/L 的指标要求。外排水氨氮含量由最高时的 380mg/L 下降到了 10mg/L 左右，大幅度小于污水氨氮≯200mg/L 的指标要求。

6 结论与建议

（1）在其他条件变化不大的情况下，若氧化风机出口压力有上升趋势，要考虑曝气管堵塞，及时清理曝气管管孔。同时，要根据技术协议及时调节絮凝剂加注量，絮凝剂加注过多或者过低，都不利于后续操作。絮凝剂加注过多，管线结垢严重，外甩线堵塞；加注量过低，外排水悬浮物过高，曝气管口容易结垢，悬浮物直接影响氧化效果。

（2）控制碱液加注量，调整好三级氧化罐 pH 值，既节约生产成本，减少系统结垢，又促进了亚硫酸盐转化率，还消除了外排水起泡现象。

（3）源头控制，从反应再生和锅炉燃烧操作入手，控制烟气中的氮氧化物含量，减少注氨量，另外，要提高液氨纯度，减少外来物质携带入烟气，避免再次出现 COD 骤然上升的情况。

参 考 文 献

[1] 李绍启，陈良军．催化裂化烟气脱硫废水 COD 处理探讨[J]．石油和化工设备，2017(07)．

[2] 郭峰．湿法脱硫废水处理技术[J]．电力环境保护，2004(03)．

[3] 潘娟琴，李建华，胡将军．火力发电厂烟气脱硫废水处理[J]．工业水处理，2005(09)．

[4] 郝琳．催化裂化装置烟气脱硫脱氮技术的应用与研究[D]．东北石油大学，2017.

[5] 靳胜英，赵江，边钢月．国外烟气脱硫技术应用进展[J]．中外能源，2014(3)：89-95.

[6] 张杨帆，李定龙，王晋．我国烟气脱硫技术的发展现状与趋势[J]．环境科学与管理，2006(4)：124-128.

[7] 曹孙辉．催化裂化烟气脱硫单元的运行分析及改进[J]．石油化工技术与经济，2018(2)．

丁腈硬胶生产污水达标排放探讨与实践

王永亨　孙子茹　白　斌

（中国石油兰州石化公司，兰州 730060）

【摘　要】 本文结合兰州石化公司合成橡胶厂1.5万t丁腈橡胶装置丁腈硬胶生产实际，深入讨论了丁腈硬胶生产污水达标排放中存在的问题，通过讨论制定并实施了优化聚合单元的操作和凝聚单元的工艺参数、调整污水处理药剂投加量、从源头采取隔胶捞胶、优化污水集输流程和操作等措施后，在丁腈硬胶生产期间，1#化污装置出口、化工污水入口污水中COD、拉开粉等特征污染物达到了控制指标要求，实现了达标排放的目标。

【关键词】 丁腈硬胶　污水　拉开粉　悬浮物　COD　达标排放

丁腈硬胶是以高温间歇聚合方法制备的丁二烯-丙烯腈共聚物，专用于航空油箱及火箭发动机等军工制品领域。兰州石化公司是国内唯一生产丁腈硬胶的企业，2009年原生产装置停产，2013年开始由1.5万t/a丁腈软胶装置替代生产。丁腈硬胶生产过程中使用一种特殊的助剂——拉开粉(化学名称为一、二、四丁基萘磺酸钠盐混合物，又名拉开粉BX，是烷基萘磺酸钠盐)，是一种阴离子表面活性剂，这种物质排入水中后，会与其他污染物结合在一起，形成有一定分散性的胶体颗粒，对工业废水和生活污水的物化、生化特性都有很大影响。拉开粉对动植物和人体都有慢性毒害作用，它不但能够抑制和毒死微生物，而且还有抑制其他有毒物质的降解，在废水生物处理过程中会使微生物中毒死亡，严重时导致废水生化处理系统不能正常运行。丁腈硬胶生产中因使用拉开粉的量较大，产生的污水中拉开粉浓度高，处理难度大，被认为是化工废水中处理难度最高的废水之一。

1　丁腈硬胶生产污水排放现状

丁腈硬胶是以丁二烯和丙烯腈为单体，拉开粉(一、二、四丁基萘磺酸钠盐混合物)作为乳化剂，过硫酸钾作激发剂，三乙醇胺作为活化相，经过高温、间歇乳液聚合反应制得胶乳，胶乳经掺混、分析合格后送入凝聚系统，在凝聚剂的作用下凝聚成橡胶颗粒，凝聚过程中产生的污水排入装置900单元的化污系统，凝聚完全的橡胶颗粒经过挤压、干燥、压块后包装为成品。由于拉开粉毒性大，且含有生物难降解的萘结构(两个相连的苯环)，对污水生化处理系统有较大的影响。

丁腈硬胶生产含拉开粉污水主要来自凝聚工序，这部分污水排放量大(约占硬胶生产总排水量的70%以上)，污水中拉开粉含量高(均值约360mg/L)，COD高(均值约3000mg/L)，污水中含有大量的胶粒，由于厂内污水处理装置对拉开粉没有去除能力，如果管控不当，不仅影响生产任务的完成，还会给下游污水处理装置造成冲击，存在公司外排污水超标排放的重大环境风险。公司下发的《2019 年橡胶厂丁腈硬胶生产期间污水管控方案》中，针对拉开粉、COD 等主要污染物，制定了严格的管控指标（1#化污出口 COD≤800mg/L，拉开粉≤60mg/L；化工污水入口 COD≤1000mg/L，拉开粉≤20mg/L），管控难度非常大。

2 丁腈硬胶生产污水达标排放存在问题分析

（1）原有丁腈硬胶生产聚合单釜产量低，吨产品拉开粉消耗量大，且拉开粉中 NaCL 含量直接影响胶乳稳定性，造成生产每吨丁腈硬胶产品产生的污水中拉开粉含量高。

（2）因丁腈硬胶采用高温法生产，与丁腈软胶的生产工艺不同，凝聚后碎胶粒多，易通过过滤筛网排入污水系统，碎胶屑悬浮在污水中，短时间内无法实现自然沉降分离，影响下游污水处理装置的稳定运行。

（3）丁腈硬胶生产污水含有的拉开粉，是一种表面活性剂，在集输过程中易产生泡沫，在生产装置污水收集池内投加消泡剂，效果不佳，造成下游污水处理装置污水处理过程中泡沫明显，影响正常处理。

（4）丁腈硬胶生产期间产生的污水中 COD、拉开粉等污染物浓度高，拉开粉对生化系统的微生物有一定的毒性，且生化处理对其适应性不高，厂内污水预处理装置对 COD 去除效率低，因此，在此类污水排放过程中，若管控不当，会直接影响下游污水处理装置的稳定运行和外排废水的达标排放。

3 采取的措施

3.1 提高单釜产量，减少单位产品拉开粉消耗量

3.1.1 聚合微负压精准投料

投料前，先将聚合釜抽真空至-0.05MPa 再加料，降低丁二烯气化的程度，投料时，改变单体和激发剂的加料顺序，即：由先加水项再加丁二烯、丙烯腈，最后加激发剂的加料顺序改为先加水项，再加激发剂，最后加丁二烯和丙烯腈，并且控制丁二烯的加料速度，使得丁二烯和丙烯腈同时完成加料，充分混合，稳定聚合反应速率，提高聚合单釜产量。

3.1.2 氨系统操作流程的优化

硬胶聚合反应采用氨作为冷剂，投料前，聚合釜氨列管内充满液氨，加料过程中撤走物料中的热量，导致加料后釜内物料升温慢，直接影响生产效率，为此，在聚合反应结束后，在聚合釜内通入蒸汽，蒸发聚合釜列管内的液氨。由于丁腈硬胶结丙较低，前期聚合反应较慢，前一批料反应结束后，聚合釜内的残余的液氨导致聚合反应越来越慢，因此前一批料反应结束后，聚合釜内通蒸汽将列管内的液氨蒸发干净后，再开始加料，加料后带釜内物料温度升高至 30℃时，再向列管内通入液氨，维持反应温度，确保聚合反应速率。

3.1.3 降低拉开粉中 NaCl 的含量

对以往生产进行总结，发现了拉开粉的质量指标对胶乳稳定性的影响规律，拉开粉中 NaCl 含量越低，胶乳稳定性越好，拉开粉的活性越高，聚合胶乳稳定越好。为此，和拉开粉生产厂家沟通，将拉开粉溶液中 NaCl 的含量由 0.6% 降至 0.02%，活性由 72 提高至 73.6。

通过对拉开粉关键指标的摸索，胶乳稳定性提高，聚合、单体回收系统堵塞现象明显改善，丁腈硬胶的单釜产量由4.13t提高至5.5t，提高了生产效率，降低了单位产品拉开粉的消耗量，进而减少了排入污水中拉开粉的量。拉开粉的消耗量见表1。

表1 丁腈橡胶装置历年生产硬胶拉开粉消耗统计表

时 间	牌 号	消耗/(kg/t)
2013年	NBR1704	1055
2016年	NBR3604	1035
2018年	NBR3604	1018
	NBR2704	708
2019年	NBR2704	664
	NBR1704	960

3.2 优化污水集输流程和药剂投加量

3.2.1 优化污水收集、储存流程

为了确保硬胶生产高浓度废水有序、小流量送出，根据丁腈硬胶生产实际，将生产期间产生的废水分为两部分，分别收集至900#的两个初沉池中进行处理。即：第一部分高浓度污水(凝聚单元二筛、三筛)通过软管排入丁腈900#TK901-1化污池。第二部分低浓度污水(剩余乳液清洗水、冷凝液、机封水、过滤水、雨排水)通过地沟排入TK901-2化污池。在白天凝聚开车时，900单元仅处理TK901-2的乳清水和聚合系统的污水，确保污水系统连续稳定运行。TK901-1化污池高浓度污水通过架设临时潜污泵排至TK901-2化污池，按1：3比例混合后处理，保证全天TK-901-2化污池提升泵以约30-40t/h流量进行连续稳定处理，杜绝流量增加对下游污水处理装置造成影响。通过实施以上措施，丁腈硬胶生产期间900#污水处理单元出口COD、拉开粉持续达标，较2018年硬胶生产时COD平均值降低了702.05mg/l，降幅为54.54%；拉开粉平均值降低了26.72mg/l，降幅为26.21%。2018年、2019年丁腈硬胶生产期间900#污水处理单元出口COD、拉开粉平均浓度对比见图1。

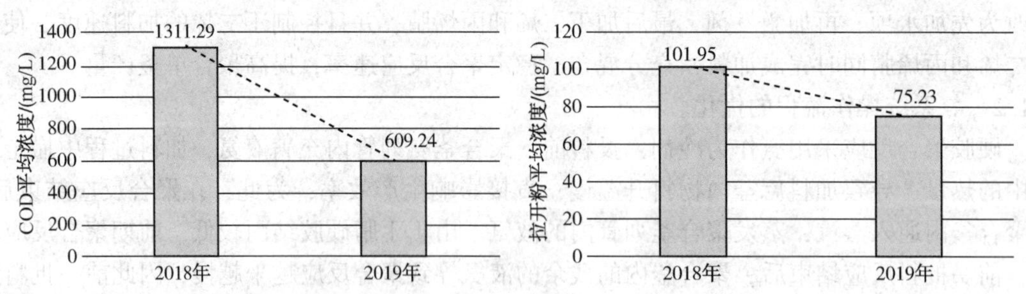

图1 丁腈硬胶生产期间900#出口COD、拉开粉平均浓度对比图

3.2.2 污水输转、处理流程的优化

软胶生产期间，丁腈900单元排出的污水经地下管网输送至1#化污1300池，经无阀滤池处理后，直接外排，不再进1#化污装置进行再处理。为了确保丁腈硬胶生产污水达标排放，将丁腈900#排出的污水在5万t/a丁腈装置8000#厂房西北角观察井内截流，通过架设潜污泵(额定流量约为60t/小时)，排至5万t/a丁腈装置化污地沟内，与5万t丁腈污水一

并送往 1#化污装置进行再处理，处理后的污水再送入污水处理厂。输送流程见图 2。

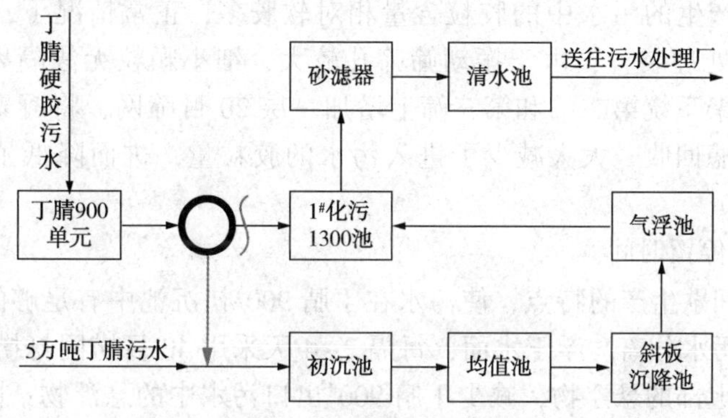

图 2 含拉开粉污水处理流程优化流程示意图

3.2.3 污水药剂投加量的优化

丁腈硬胶生产期间，1#化污装置根据出口污染物浓度、泡沫、悬浮物等情况，将碱式氯化铝加入量由 80kg/h 提高至 90kg/h，阴离子絮凝剂加入量由 4.2kg/h 提高至 6kg/h，消泡剂加入量由 10kg/h 提高至 12kg/h。

通过以上措施的实施，确保了 1#化污装置出口、化工污水入口污染物浓度相对稳定，且低于管控方案中的指标值，污水处理厂化工污水装置运行平稳，外排污水持续稳定达标。丁腈硬胶生产期间 1#化污装置出口和化工污水入口 COD、拉开粉浓度如图 3 所示。

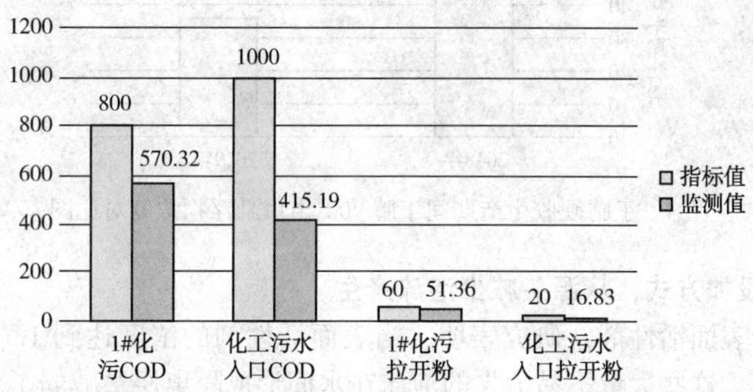

图 3 丁腈硬胶生产期间 1#化污出口、化工污水入口 COD 和拉开粉浓度统计图

3.3 控制污水中的胶粒含量

3.3.1 调整凝聚槽搅拌转速

根据凝聚槽搅拌转速和橡胶胶粒粒径成反比的原理，为了增加凝聚后橡胶颗粒的粒径，减少碎胶屑的产生，在丁腈硬胶生产期间，严格控制凝聚槽搅拌转速，在保证凝聚效果的前提下，将凝聚槽搅拌转速降低 3~7r/min，减少细小胶粒产生的量；

3.3.2 减少凝聚内物料湍流

为了确保胶浆在凝聚槽内和凝聚剂、乳清、补加水等呈稳流态，从而使凝聚后的橡胶颗粒粒径相对稳定，因此，在工艺操作过程中，严格控制，稳定胶乳、凝聚剂、乳清、补加水等流量，防止凝聚槽内由于物料流量不稳定产生较多湍流，造成细小胶粒产生，减少生产污水中的胶粒含量；

3.3.3 增加滤网截流胶粒

丁腈硬胶生产产生的污水中的胶粒含量相对软胶多，正常情况下，经筛网筛分后的污水直接排入污水处理装置，由于振动筛筛孔较大，细小颗粒无法隔离，因此，在硬胶生产过程中，在凝聚系统第二筛和第三筛上增加一层20目筛网，将凝聚后浆液中携带的大部分细小胶粒过滤回收，大大减少了进入污水的胶粒量，进而降低了污水中的悬浮物浓度；

3.3.4 增加污水的停留时间

利用丁腈硬胶间歇生产的特点，使污水在丁腈900#初沉池中有足够的停留时间，使其大部分细小胶粒和污水分离，浮于水面，每隔2~4天采用40目捞网打捞污水池、初沉池、DEA及斜板沉淀池上部的悬浮物，减少丁腈900#出口污水中的悬浮物；同时，在900单元污水沉降槽中加入阴离子絮凝剂6kg/h，提高混凝絮凝效果，减少污水中细小胶粒。

2019年丁腈硬胶生产期间，通过实施以上措施后，丁腈900#污水处理单元出口悬浮物平均浓度为36.81mg/L，与2018年同比，污水中悬浮物平均浓度下降41.09，降幅为52.75%（2018年、2019年丁腈硬胶生产期间丁腈900#出口悬浮物浓度对比见图4）。2019年从污水池TK-901中打捞出的细小胶粒3.81t，较2013年打捞出来的6.2t减少2.39t。

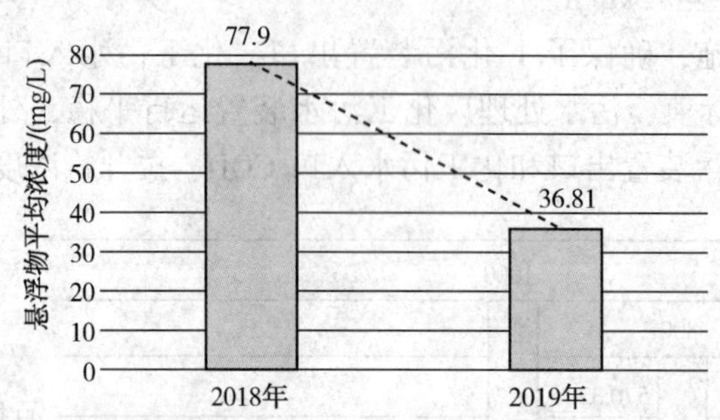

图4 丁腈硬胶生产期间丁腈900#出口悬浮物浓度对比图

3.4 改变消泡剂投加方式，从源头减少泡沫产生

拉开粉是一种表面活性剂，研究表明，当表面活性剂的浓度达到1mg/L时，水体就可能出现持久性泡沫，这些大量不易消失的泡沫在水面形成隔离层，减弱了水体与大气之间的气体交换，致使水体发臭。当表面活性剂在水体中的浓度超过CMC后能使不溶或微溶于水的污染物在水中浓度增大或者把原来不具有吸附能力的物质带入吸附层，这种增溶作用会造成间接污染，改变水体性质，妨碍水体生物处理的净化效果。

丁腈硬胶生产产生过的污水中拉开粉的含量大约200~450mg/L，废水进入废水集输至污水处理装置，在水流冲击下，污水池表面泛起大量的泡沫，直接影响污水处理装置的正常运行。为了是污水在集输过程中不产生大量的泡沫，常规采取的方法是在污水处理装置集水池中加入一定量的消泡剂，但消泡剂加入后混合不均匀，消泡效果不佳，消泡剂消耗量大。为此，创造性地提出在上网胶浆中加入消泡能力强、消泡速度快、抑泡时间长、完全环保、且不影响产品质量的消泡剂（消泡剂520），按照0.2kg/m^{3}的投加量，直接将消泡剂520加入上网胶浆罐中，经搅拌均匀后的胶浆送往凝聚单元。该措施实施后，从源头防止抑制了泡沫的产生，正常生产期间，凝聚槽、水洗槽、母液回收槽以及丁腈900#单元各污水处理槽中无明显的泡沫，不仅给污水处理装置的稳定运行提供了保障，还解决了生产过程中脱水挤压机堵塞的问题。

4 结　论

在丁腈硬胶生产过程中，通过采用聚合釜微负压精准投料、调整聚合加料顺序、优化氨系统操作、降低拉开粉中 NaCl 含量等措施，生产单位产品，拉开粉的消耗量明显降低，进而降低了污水中拉开粉的含量；通过优化凝聚系统工艺参数、调整污水处理药剂投加量、从源头采取隔胶捞胶等措施，污水中携带的胶粒量明显下降，排放污水中悬浮物含量达标；根据胶浆量在每罐胶浆加入消泡剂 520，从源头防止泡沫的产生，解决了污水集输过程中产生大量泡沫的问题；通过调整生产助剂的加入量、高低浓度污水分流和分开储存、优化污水掺兑和送出流程、调整污水处理装置药剂投加量等措施，1#化污装置出口、化工污水入口污水中 COD、拉开粉等特征污染物浓度达到了内控指标要求。

聚丙烯酰胺溶解因素对丁腈橡胶污水处理效果的研究

孙子茹　王永亨　白　斌

（中国石油兰州石化公司，兰州 730060）

【摘　要】本文通过对聚丙烯酰胺阳离子药剂溶解因素小试试验，分析其在丁腈橡胶污水处理装置应用中存在的问题，根据试验结论进行优化改进措施，使得污水处理絮凝效果显著，废渣量增加，且出水 COD 去除率提高，效果十分明显，达到预期目标。

【关键词】聚丙烯酰胺　阳离子　溶解因素　优化改造

1　丁腈橡胶污水处理原理

橡胶厂丁腈橡胶污水处理装置是通过混凝加气浮及沉淀配合使用，作为废水的预处理。也就是在污水中加入混凝剂(聚合氯化铝)，污水中的胶体微粒因电位降低或者消除以致失去原有的稳定性，胶体微粒相互接触，聚集为较大的颗粒。混凝后的污水再加入高分子絮凝剂(聚丙烯酰胺)溶液，由于该类高分子物质线型长度较大，可使相距较远的两胶粒间形成吸附架桥，最终导致胶粒逐渐增大，形成肉眼可见的较大絮凝体经气浮处理后从污水中分离出来，去除悬浮物后的污水送往石化公司污水处理厂再进行深度处理。

2　丁腈橡胶污水处理装置存在的问题

兰州石化合成橡胶厂丁腈橡胶污水处理装置使用到 PAM 阴、阳离子药剂由山东科宇水处理有限公司提供，PAM 阴离子药剂主要用于水路系统絮凝，PAM 阳离子药剂主要用于泥路系统脱泥。装置运行过程中，药剂存在浓缩时间不足，充分溶解度不够，不能保证应有的絮凝效果，造成后续污泥干化设施负荷过重，在上游装置来水水质较差的情况下，出水 COD 去除率不高。同时，污水装置压滤机运行过程中，发现部分泥水混合物从旁边流入调节池，造成调节池水质波动影响系统水质等问题。

3　聚丙烯酰胺阳离子药剂溶解因素分析

3.1　水温

选定 PAM 阳离子药剂浓度 0.1%(0.1g/100mL)为研究对象，分别在 10℃、15℃、

20℃、25℃、30℃水温下溶解，放置5min（无搅拌），在180nm波长下测其吸光度。其结果如下：

表1　水温对PAM阳离子溶解度的影响

药剂浓度/（mol/L）	水温/℃	溶解度/g
0.10%	10	0.64
0.10%	15	0.544
0.10%	20	0.671
0.10%	25	0.929
0.10%	30	1.066

因吸光度与溶解度成正比关系，由表1可以看出PAM阳离子药剂随温度升高，溶解度也随之提高。

PAM阳离子在30℃时吸光度最大，溶解性最好，但考虑25℃时吸光度与30℃时吸光度差距微小，溶解性差异微小，故选25℃为较优温度。在25℃下，PAM阳离子既有较好的溶解性，又不会存在较高水温发生水解的因素，同时也节约了加热成本。

3.2　搅拌强度

选定PAM阳离子药剂浓度0.1%（0.1g/100ml）为研究对象，PAM阳离子在25℃条件下，分别在转速600r/min、1000r/min、1400r/min磁力搅拌下溶解，搅拌10min，在180nm波长下测其吸光度。其结果如下：

表2　搅拌强度对PAM阳离子溶解度的影响

药剂浓度/（mol/L）	水温/℃	转速/（r/min）	溶解度/g
0.10%	25	600	0.926
0.10%	25	1000	1.499
0.10%	25	1400	1.415

因吸光度与溶解度成正比关系，由表2可以看出PAM阳离子药剂随转速的提高，溶解度存在不同的变化。

PAM阳离子在磁力搅拌转速1000r/min时吸光度最大，溶解性较好，故选转速1000r/min为较优搅拌强度。PAM阳离子药剂在1400r/min下，均出现溶解度下降趋势，分析原因：此时PAM阳离子并非是溶解度降低，而是过度的搅拌使PAM阳离子高聚分子链断裂，使PAM阳离子在污水中絮凝效果下降，很难起到吸附架桥的作用。

3.3　静置时间

选定PAM阳离子药剂浓度0.1%（0.1g/100mL）为研究对象，PAM阳离子在25℃、搅拌转速1000r/min条件下，分别静置12h、24h、48h，后在180nm波长下测其吸光度。其结果如下：

表 3 静置时间对 PAM 阳离子溶解度的影响

药剂浓度/(mol/L)	水温/℃	转速/(r/min)	时间/h	溶解度/g
0.10%	25	1000	12	1.846
0.10%	25	1000	24	3.316
0.10%	25	1000	48	2.702

因吸光度与溶解度成正比关系，由表 3 可以看出 PAM 阳离子药剂随静置时间增加，溶解度存在不同的变化。PAM 阳离子在静置 24h 后吸光度最大，溶解性较好，故选 24h 为较优静置时间。

4 原因分析

(1) 由实验不难看出，温度对 PAM 药剂溶解的重要性，低温对 PAM 溶解效果十分不利，但温度过高也是对能源的浪费，甚至会发生水解，使 PAM 药剂失去絮凝功效。从丁腈橡胶污水处理装置处理的水质温度来看，常年水温均在 25℃温度以上，也不存在较高水温发生水解的因素。

(2) 本次实验只对机械搅拌进行了简单研究，无法给出空气搅拌与机械搅拌的对比，但可以得出搅拌力度不宜过大和时间不宜过长的结论。丁腈橡胶污水处理装置无法使用机械搅拌的配药槽，使得 PAM 药剂与污水混合不够充分，对药剂溶解有一定影响，污水处理效果不好。

(3) 3PAM 阳离子药剂在静置时间因素方面有较大影响，丁腈橡胶污水处理装置使用一具 $8m^3$ 污泥浓缩罐进行溶解，浓缩时间不足，无法将泥渣浓缩，造成后续污泥干化设施负荷过重，出渣量不高。

5 优化改造

(1) 针对污水处理装置仅有一具污泥浓缩罐，浓缩时间不足的问题。为了延长污泥沉降时间，拆除 $8m^3$污泥浓缩罐，在 1#化污脱水机房西侧新增 2 台污泥浓缩罐，储罐规格为 ϕ3000mm×7000mm，单台有效容积 $35m^3$。彻底解决原有的 1#化污装置浓缩罐满足不了静置的时间，使絮凝过程中絮凝体较小，难以沉降下来，絮凝效果不理想，在来水水质较差的情况下，出水 COD 去除率不高的情况。

(2) 针对 1#化污处理装置污泥池只有一台污泥泵单台运行，故障率高，影响泥路系统的生产运行和装置出水水质达标排放，在 1#化污污泥池旁泵坑内新增 1 台自吸污泥泵，同时对压滤机母液水管线流程优化。

(3) 针对搅拌强度对药剂溶解有影响的问题，控制加水速率在 1500~1800L/h，配药槽液面在 1.0m 左右，改进空气鼓吹方式(多点鼓吹)，减少溶胞的出现。同时要求投加药时需缓慢少量加入，切记整桶倒入。

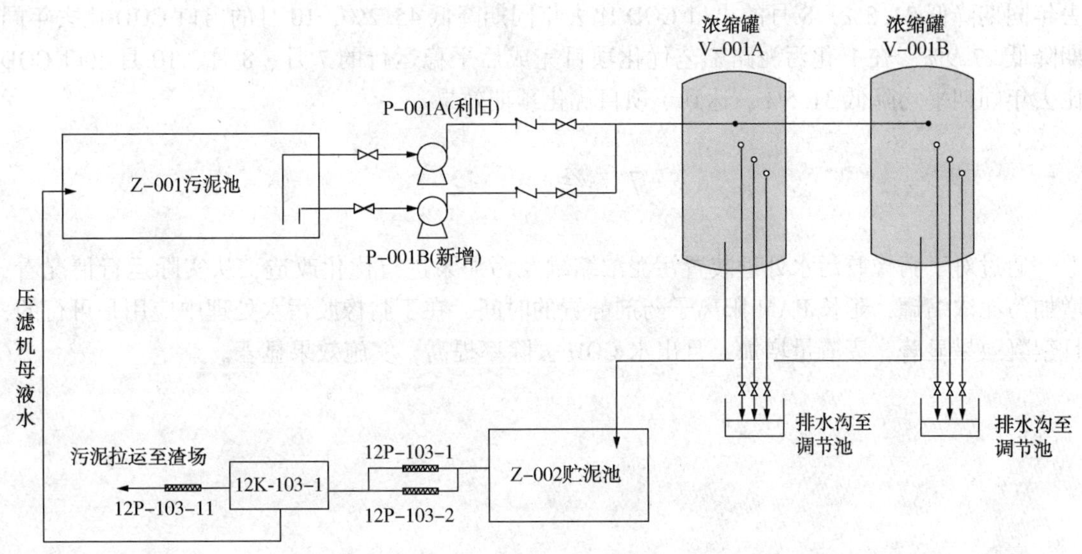

图 1　1#化污工艺优化项目新增工艺流程

6　改造后运行效果

6.1　改造前后产生渣量对比

表 4　改造前后产生渣量对比值表

时　　间	7 月渣量/t	8 月渣量/t	10 月渣量/t
改造前(2016 年)	70.8	49.24	8.7
改造后(2017 年)	100.62	89.18	81.12

根据表 4，可知自 1#化污泥路工艺优化项目完成运行后，在 2017 年 7 月的出渣量比去年同期高出 29.6%，8 月的出渣量比去年同期高出 44.7%，10 月的出渣量比去

年同期高出 89.3%(注：因 2016 年 9 月 1#化污大检修对其初沉池、调节池、斜板沉淀池、气浮池及集泥池底部沉积的淤泥进行了彻底清理工作，故 2016 年 10 月出渣量较往常过低，不具有数据对比价值)，在 1#化污泥路工艺优化项目完成后，平稳运行的 7 月、8 月出渣量比去年同期平均提高 37.5%，达到了项目优化预期效果。

6.2　改造前后水质(COD)对比

表 5　改造前后水质(COD)对比值表

时　　间	7 月 COD/(mg/L)	8 月 COD/(mg/L)	10 月 COD/(mg/L)
改造前(2016 年)	445.5	536.8	494.8
改造后(2017 年)	367.2	369.5	386.7

根据表 5，可知自 1#化污泥路工艺优化项目完成运行后，在 2017 年 7 月的出口 COD 比

去年同期降低 21.3%，8 月的出口 COD 比去年同期降低 45.2%，10 月的出口 COD 比去年同期降低 27.9%，在 1#化污泥路工艺优化项目完成后平稳运行的 7 月、8 月、10 月出口 COD 比去年同期平均降低 31.5%，达到了项目优化预期效果。

7 结 论

通过对丁腈橡胶污水处理装置污泥浓缩罐及污泥泵进行优化改造，从实际运行情况看，增加污泥浓缩罐，延长 PAM 阳离子药剂静置的时间，在丁腈橡胶污水处理中应用是可行的，且絮凝效果显著，废渣量增加，且出水 COD 去除率提高，实施效果显著。

确保炼厂检修污水达标外排的研究

姜　斌

（中国石化济南炼化公司，济南 250101）

【摘　要】 随着环保要求的日益提高，做好炼油装置检修污水达标外排以及污水处理场的平稳运行工作已成为企业面临的一个难题。某炼厂通过吸取历次大检修的经验教训，通过提前介入除臭钝化剂选型工作、制定针对性较强的污水处理方案、采取较为完善的污水储存措施等，实现了污水处理场在整个大检修期间的平稳运行以及炼油装置检修污水全部达标外排的目标，为今后的污水环保管理工作积累了宝贵经验。

【关键词】 大检修　除臭钝化剂废水　污水处理　达标排放

炼厂进行大检修期间，生产装置在停工过程中排放的含除臭钝化剂等废水极易冲击污水处理场，造成生化系统运行效率降低或失效，由于受冲击后的恢复期较长，在此期间，炼厂的外排污水会出现长时间超标的情况，易造成环保事故。另外，在大检修中期，污水来水基本停止，污水处理场需保持极低负荷运行，生化系统平稳运行难度大，活性污泥易分解从而造成外排水水质超标。在环保要求越来越高、外排标准越来越严、环保监督监控手段越来越多的情况下，如何处理高浓度污染物检修废水，确保外排污水达标排放成为企业亟待解决的问题。

某炼厂结合历次大检修出现的问题，总结经验教训，积极探索高浓度污水处理工作，如参与除臭钝化剂选型、增设污水排放专线、增设污水暂存池、调整污水运行方案等，并制定详细的高浓度污水冲击应急预案，全力保障污水处理系统的稳定运行。

1　污水处理场简介

某炼厂污水处理场于 1992 年投用，污水处理能力 500t/h，主要构筑物容积约 53900 立方米，污水处理场自投运以来，外排水质能够满足达标排放的要求。

污水处理场工艺流程：污水经格栅去除大颗粒杂质后进入隔油池，除油后进调节罐进行二次除油，出水进入浮选装置，去除水中乳化油，浮选出水进入生化处理系统，去除水中 COD 及氨氮等，再经污水深度处理装置去除浮悬物和部分有机物，最后外排或回用。

2　检修前采取的准备工作

2.1　提前参与除臭钝化剂选型

因本次大检修为四年一修，预计上游装置产生的钝化剂废水将比往次检修产生量要多、浓度要高，因此，污水处理场技术人员与相关主管部门沟通，共同参与除臭钝化剂的选型工作。

为减小钝化剂废水对生化系统造成的影响，技术人员进行了生化曝气系统模拟试验，将不同浓度的钝化剂原液样品注入观察，并进行微生物镜检，选择合适的钝化剂使用浓度配比。

2.1.1　钝化剂使用浓度选择试验

取一级生化含盐系统活性污泥200mL，二种钝化剂(A、B两个厂家)稀释液各取10mL，加入稀释液后静置半小时进行镜检，同时取未加入钝化剂稀释液200mL作为平行样进行比对。

图1　除臭钝化剂稀释液

(1) 目测。加入B厂家的活性污泥液面出现浮油。静置半小时后，A杯、B杯内活性泥水样较平行样浑浊。

(2) 镜检。微生物镜检共采集三组水样进行分析，分别为加入A厂家稀释液混合样、B厂家稀释液混合样及没有加入稀释液的平行样。

三组水样均在显微镜目镜倍数×10、物镜倍数×4截取图片，并在图片内计算活体微生物数量。

通过镜检发现，平行样内的微生物种群及活跃度高，B混合样内微生物活跃度最低。

2.1.2　试验结果

经过三次共计6组不同类别、不同浓度钝化剂的微生物镜检试验，技术人员推荐了最佳钝化剂使用类型及使用浓度，从源头上控制污染物的排放。

2.2　增设污水排放专线及储存设施

2.2.1　新增高浓度污水排放专线

为避免高浓度污水直排下水系统，污水处理场新增环保停工专线。污水水质出现异常情况时，高浓度检修废水可经专线排入污水罐暂存，避免直排污水处理系统。

该专线在本次停工过程中起到了至关重要的作用。当装置污水水质较差时投用该专线，将来水收集到污水暂存罐进行存储。当水质较好时，污水切换至正常下水系统直接进入污水处理场。

2.2.2　新增污水暂存池

为减少高浓度除臭钝化剂污水对污水系统的影响，污水处理场将一座隔油池临时作为高浓度污水暂存池使用，停工装置产生的钝化剂污水全部存放至暂存池。因除臭钝化剂污水异味较大，通过投加片碱调整污水pH值，达到减少异味的目的。

3 加强检修污水监控、制定污水处理方案

3.1 增加污水处理场调节罐出水采样分析频次

在上游装置停工期间，污水处理场每2h对来水口进行巡检，将巡检情况填写在交接班记录本内，同时每8h对调节罐出水采样，发现异常及时汇报，要做到来水水质差时及时调整操作，确保污水处理系统平稳运行。

表1 检修停工期间污水处理场来水分析汇总表

日期	石油类/(mg/L)	pH	COD/(mg/L)	氨氮/(mg/L)
第一天	374	7.62	612	33.9
第二天	249	7.76	535	13.4
第三天	52.3	7.6	500	21.4
第四天	101	7.73	441	19.2
第五天	96.1	7.66	764	30.3
第六天	104	7.61	534	21.2
第七天	83.4	7.33	552	22.6
第八天	168	7.66	525	24.1
第九天	88.4	7.19	525	34.6
第十天	58.3	7.78	685	23.3
第十一天	86.5	7.76	717	23.3
第十二天	281	7.26	609	24
第十三天	93.1	8.26	729	16.2
第十四天	82.6	7.72	218	4.94
第十五天	167	8.12	790	21.2
第十六天	65.6	8.39	674	13
第十七天	81.8	7.9	376	9.88
第十八天	79.5	8.47	439	4.23
第十九天	64.1	7.82	490	6.35
第二十天	55.2	7.88	414	14.1
第二十一天	56.7	7.76	238	6
第二十二天	55.5	8.07	402	6.42
第二十三天	99.6	7.26	343	11.6
第二十四天		7.42	179	8.46
第二十五天		7.62	188	12
最大值	374	8.47	790	34.6
最小值	52.3	7.19	179	4.23
平均值	114.9	8	478	17

检修停工初期，污水处理场来水口各项分析数据正常，来水石油类最大值374mg/L，平均值115mg/L；来水COD最大值790mg/L，平均值478mg/L；来水pH及氨氮均未超标。

3.2 高浓度污水的处理

3.2.1 检修产生的除臭钝化剂污水种类

除臭钝化剂污水种类与水质见图2、表2。

(a)某装置除臭钝化剂废液

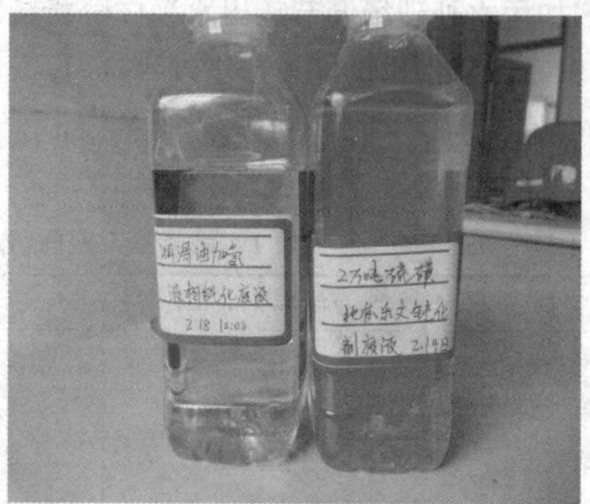

(b)某装置液相钝化废液

(c)某装置液相钝化废液

(d)某装置气相钝化剂废液

图2 除臭钝化剂污水

表2 除臭钝化剂污水水质数据

废液名称	外观检查			水质分析/(mg/L)			
	水色	透明度	悬浮物	COD	氨氮	硫化物	PH
除臭钝化剂废液	暗黄	差	黑色块状物，液面有油状物	7455	16.2	<0.4	3.5
液相钝化剂废液①	浅黄	一般	液面有油状物	4490	3.17	<0.4	5
液相钝化剂废液②	黄色	较差	无	4804	115	4.72	8.5
气相钝化剂废液	乳白色	差	较多悬浮物，静置后有大量沉淀物	817	62.1	1.5	8.8
液相钝化剂废液③	黑色	极差	黑色颗粒悬浮物	—	—	—	—

3.2.2 除臭钝化剂污水试验

3.2.2.1 混合水外观检查

分别将5种钝化剂废液按不同比例加入活性污泥水样中，进行外观检查。稀释比例如表3。

表 3　除臭钝化剂废液稀释比

名　　称	体积/mL	稀释比例
除臭钝化剂废液	100	1：4
活性污泥水	400	
液相钝化剂废液①	100	1：4
活性污泥水	400	
液相钝化剂废液②	30	1：10
活性污泥水	300	
气相钝化剂废液	30	1：10
活性污泥水	300	
液相钝化剂废液③	30	1：10
活性污泥水	300	

如图 3 所示，除臭钝化剂废液混合水、气相钝化剂废液混合水及液相钝化剂废液混合水外观检测水质浑浊。

(a)含除臭钝化剂废液混合水

(b)含气相钝化剂混合水

(c)三套装置的液相钝化剂混合水

(d)三套装置的液相钝化剂混合水

(e)三套装置的液相钝化剂混合水

图 3　5 种钝化剂废液混合水

3.2.2.2 镜检试验

(1) 除臭钝化剂废液混合水

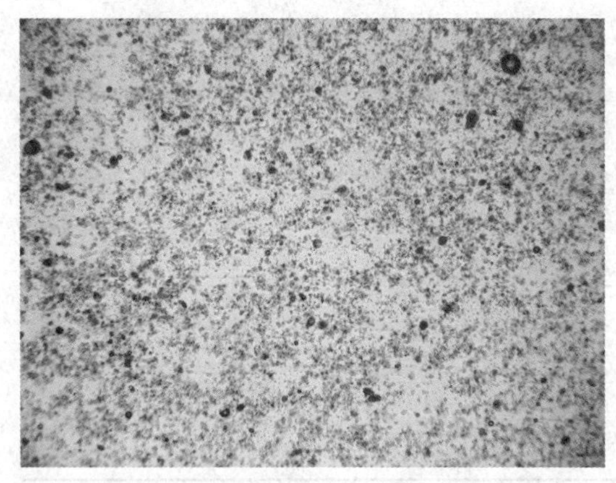

图4 放大倍数为4倍

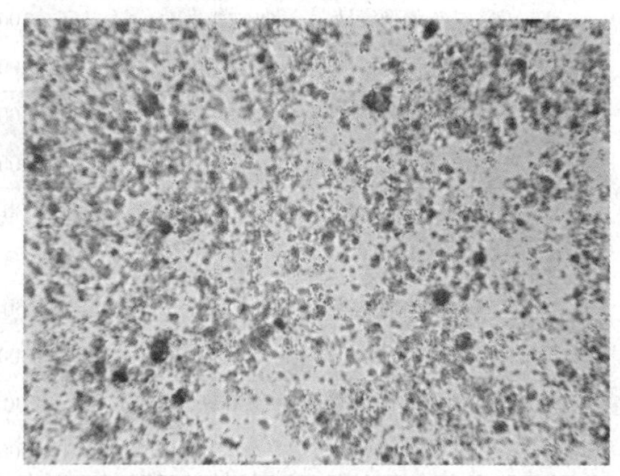

图5 放大倍数为10倍

(2) 液相钝化剂废液混合水①

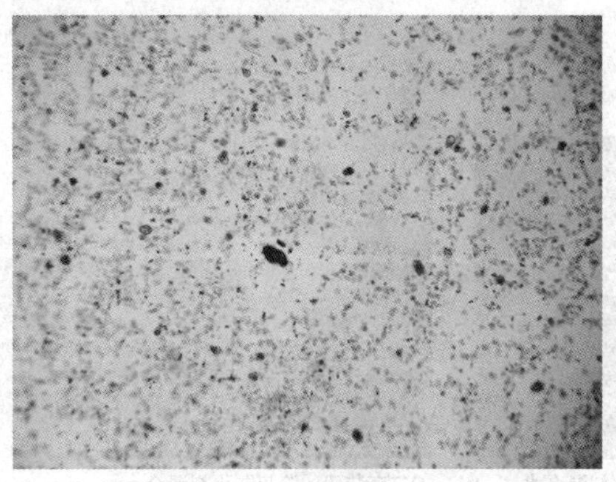

图6 放大倍数为4倍

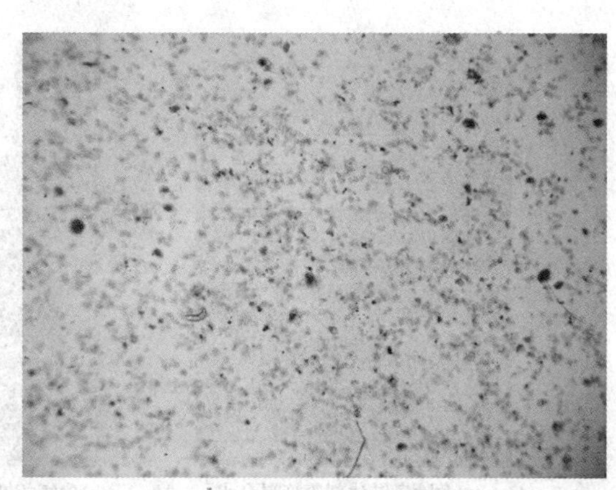

图7 放大倍数为10倍

(3) 液相钝化剂废液混合水②

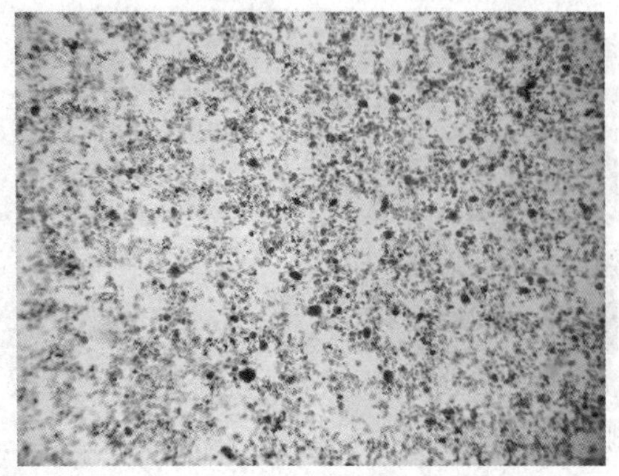

图8 放大倍数为4倍

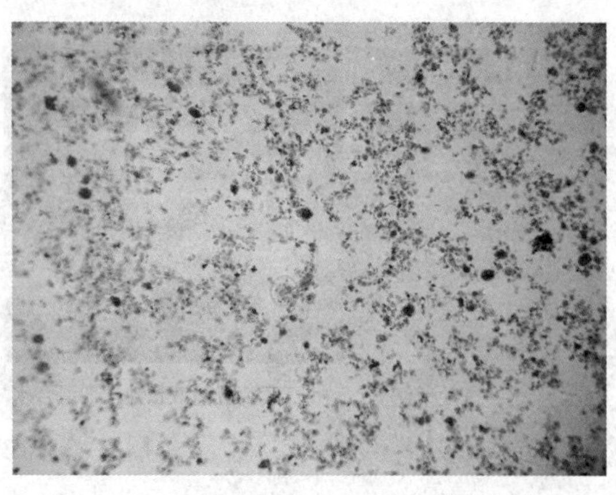

图9 放大倍数为10倍

(4) 气相钝化剂废液混合水

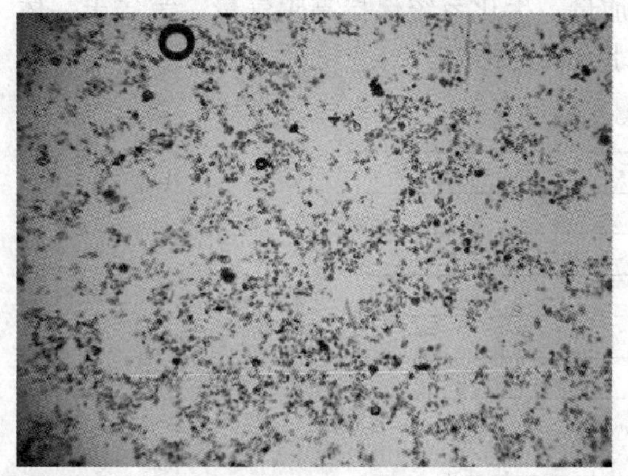

图 10　放大倍数为 4 倍

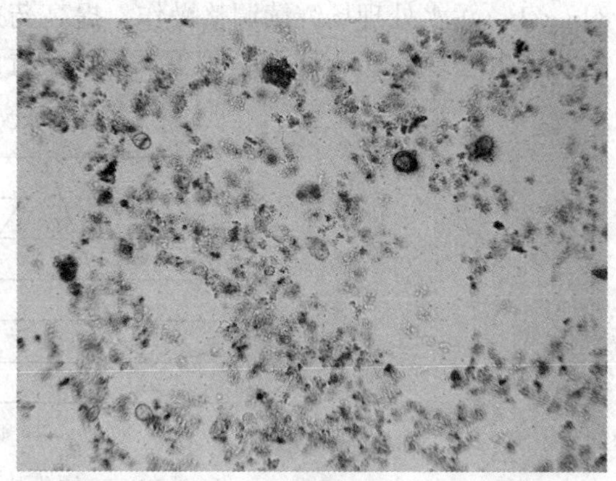

图 11　放大倍数为 10 倍

(5) 液相钝化剂废液混合水③

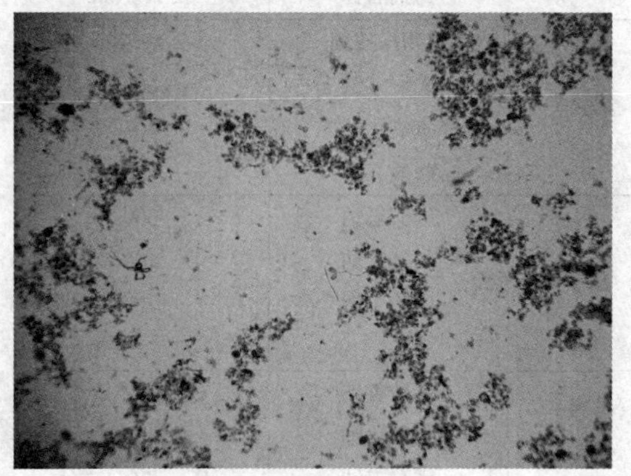

图 12　放大倍数为 4 倍

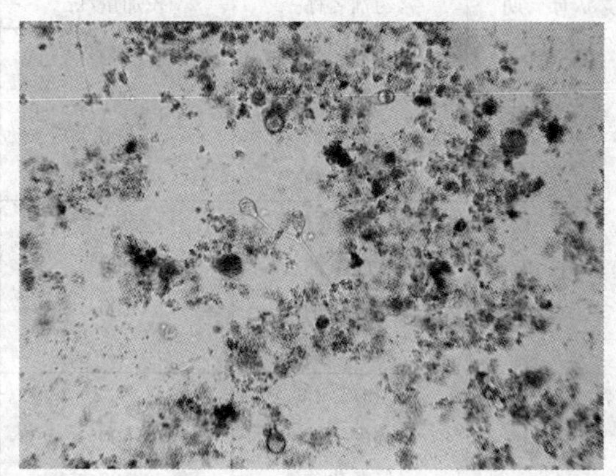

图 13　放大倍数为 10 倍

表 4　镜检试验结果汇总

样品名称	活性污泥颜色	活性污泥形态	微生物活性
除臭钝化剂废液混合水	棕色	颗粒分散、细碎	差
液相钝化剂废液混合水①	棕色	颗粒分散、细碎	差
液相钝化剂废液混合水②	棕色	颗粒分散、细碎，存在少量菌胶团	一般
气相钝化剂废液混合水	棕色偏白	颗粒较小，分散	一般
液相钝化剂废液混合水③	棕色偏黑	颗粒小，存在菌胶团	较差

3.2.3　处理高浓度钝化剂污水

大检修期间，污水处理场收集高浓度污水共计约 7400t，按照试验结果确定的最佳稀释比例，每天约排放 400t 高浓度污水，与系统污水混合后进行处理，稀释比约为 7∶100。在处理高浓度污水期间，污水处理场运行平稳，生化系统没有受到冲击，污水全部达标外排。

3.3　根据应急预案应对水质异常情况

处理高浓度污水期间，污水处理场一体化装置出水 COD 突然增高，技术人员立即启动应急预案调整操作，并开始向生化系统增投污泥增效剂。一体化装置出水 COD 最高升至 84mg/L，污水处理场继续调整操作，提高药剂加量，生化系统保持高曝气量。第二天一体化装置出水 COD 开始下降，第五天后该装置出水全部达标。

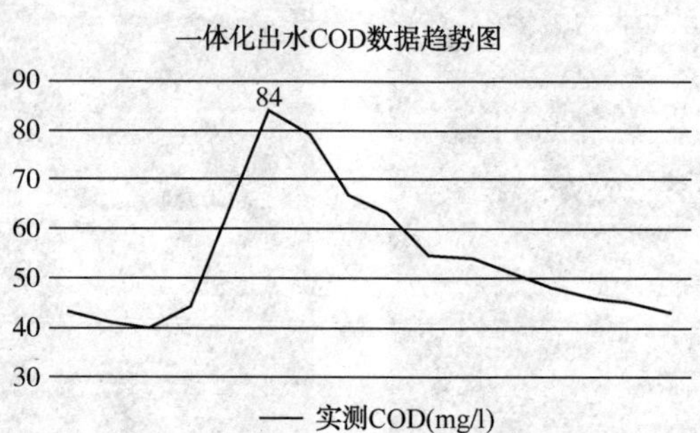

图 14 一体化装置出水 COD 趋势图

表 5 生化系统投加药剂记录

日 期	药剂名称	投加量/kg	日 期	药剂名称	投加量/kg
第一天	生物增效剂	59.2	第四天	生物增效剂	59.2
	碳酸氢钠	600		碳酸氢钠	600
	氢氧化钠	100		氢氧化钠	100
	磷酸三钠	25		磷酸三钠	25
第二天	生物增效剂	59.2	第五天	碳酸氢钠	300
	碳酸氢钠	600		氢氧化钠	100
	氢氧化钠	100		磷酸三钠	25
	磷酸三钠	25			
第三天	生物增效剂	59.2	第六天	碳酸氢钠	300
	碳酸氢钠	600		氢氧化钠	100
	氢氧化钠	100		磷酸三钠	25
	磷酸三钠	25			

4 保持污水处理场在检修中后期的平稳运行

4.1 引入生活污水

检修中期，上游装置排水已基本停止，为了维持系统稳定运行，污水处理场将生活污水引入系统，污水处理量保持在较低水平。

4.2 适度提高污水中的污染物浓度

因生活污水可生化性较好，活性污泥在系统引入生活水初期会大量生长，到中后期又因污水中的污染物浓度太低不能满足大量活性污泥的生长需要，导致污泥大量死亡并分解，易造成生化系统波动。污水处理场提前储存部分高浓度的污水，当调节罐出水水质极好时引入适量高浓度污水，与生活污水混合后进入污水处理场。

4.3 控制生化系统活性污泥浓度

为减少污泥分解，除及时调整生化曝气量外，技术人员根据污泥浓度适时运行两相脱水机，将多余活性污泥排出系统，保持系统内污泥活性。

5 结 论

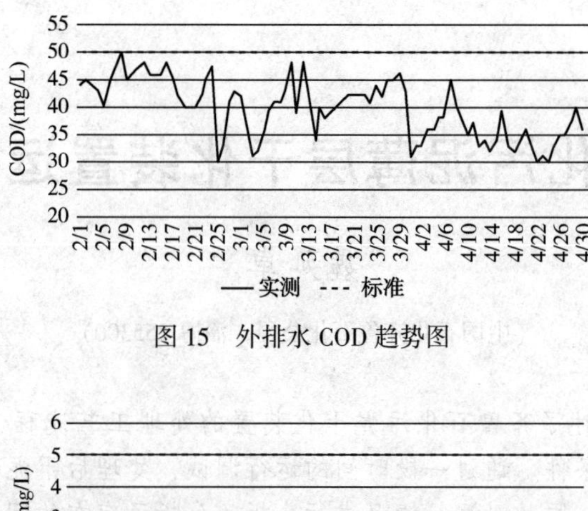

图 15 外排水 COD 趋势图

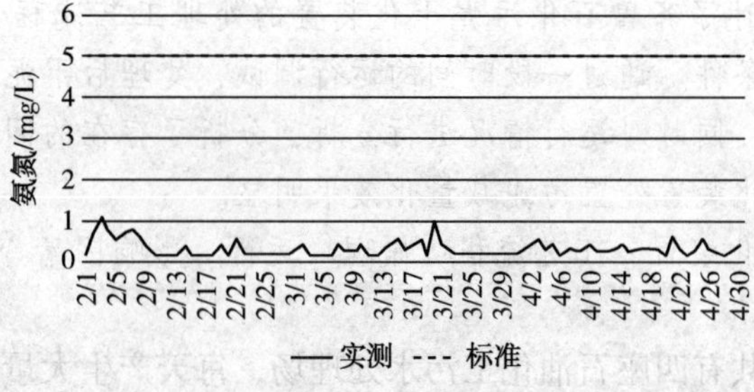

图 16 外排水氨氮趋势图

整个大检修期间，污水处理场运行平稳，炼油装置检修废水经处理后全部实现达标外排，说明污水处理场采取的措施针对性较强，处理方案有效得当，为今后的污水系统管理工作积累了宝贵经验。

齐鲁石化污泥薄层干化装置运行分析

魏延卓

（中国石化齐鲁石化公司，淄博 255300）

【摘　要】 阐述了齐鲁石化污泥干化装置的处理工艺流程、核心装置薄层干化机的原理和运行条件。通过一段时间的运行调试，处理后干泥可以达到设计含固率，装置运行稳定。同时对运行情况进行分析，分析了存在的问题提出影响因素和控制办法。污泥干化装置处置污泥减量化效果明显。

【关键词】 干化装置　工艺流程　原理　运行　影响因素

目前齐鲁石化公司共有四座石油化工污水处理场，每天产生大量剩余污泥。其中炼油污水处理场(两座)产生污泥约 30t/d，含水率 75%；橡胶污水处理场产生污泥约 2t/d，含水率 85%；乙烯污水处理场产生污泥约 30t/d，含水率 75%，在进行污泥非危废鉴定之前，这些污泥需外委有资质的固废处理中心处置，处理费用成本很高。为此，齐鲁石化 2018 年新建了一套污泥干化装置，目的是处理各污水处理场的大量活性污泥，实现污泥的减量化处置，节约危废处置费用。

1　齐鲁石化干化装置介绍

齐鲁石化污泥干化装置采用德国 SMS 公司的薄层干化技术，装置设计处理能力 150t/d，年操作时间为 8000h。本装置分为四部分：湿污缓存仓及输送、污泥干化及冷却、干污泥输送及贮存、蒸发尾气处理。核心设备是采用薄层干化方式的卧式污泥干化机，干化机机身由柱形加热外壳和尾盖构成，内部配有可拆卸的桨叶搅拌器，采用电机驱动。处理后的干化污含固率达 70%以上，根据含水率不同呈小米到黄豆大的颗粒状，具有一定的热值。

1.1　工艺流程简述

经过污泥脱水机后的污泥含水率约为 80%，采用管道输送至干化装置污泥缓冲仓中，湿污泥储存仓由仓体、液压滑架(包含液压动力装置)、换气风机组成；湿污泥储存仓下设置双螺旋正压给料机，将湿污泥挤压送入螺杆泵中，确保螺杆泵连续供料，不出现干运行的情况；湿污泥由螺杆泵连续送入干化机；双螺旋正压给料机和螺杆泵均为变频控制且两者直接联锁控制，即双螺旋正压给料机的频率随着螺杆泵频率的变化而变化。进入卧式薄层干化机中的污泥被转子分布于热壁表面，转子上的桨叶在对热壁表面的污泥反复翻混的同时，向前输送到出泥口。在此过程中，污泥中水分被蒸发。卧式薄层干化机由带加热层的圆筒形壳体、壳体内转动的转子和转子的驱动装置三部分组成。利用1.2MPa的饱和蒸汽作为热媒。自卧式薄层干化机产出的70%含固率的污泥首先进入冷却器进行冷却；冷却器采用循环冷却水作为冷却源，通过间接的方式将污泥冷却至50℃。冷却后的污泥通过链板提升机送至干污泥料仓储存。干化过程中产生的废蒸汽在干化机内部与污泥逆向运动，由污泥进料口上方的蒸汽管口排出，进入直接喷淋冷凝器，在冷凝器中，废蒸汽通过水洗，水量要求180t/h，水分从蒸汽中冷凝下来，少量不凝气体(少量的蒸汽，空气/氮气和污泥挥发物)经过除雾器，通过废气引风机排出干化系统。冷凝系统采用3#水源井出水直接喷淋冷却。自干化系统排出的废气约为系统水蒸发量的5%~10%，废气引风机使整个干化系统处于负压状态，这样可以避免臭气及粉尘的溢出，确保干化装置厂房内良好的操作环境。废气进入单独的臭气处理装置进行处理。处理工艺流程图见图1。

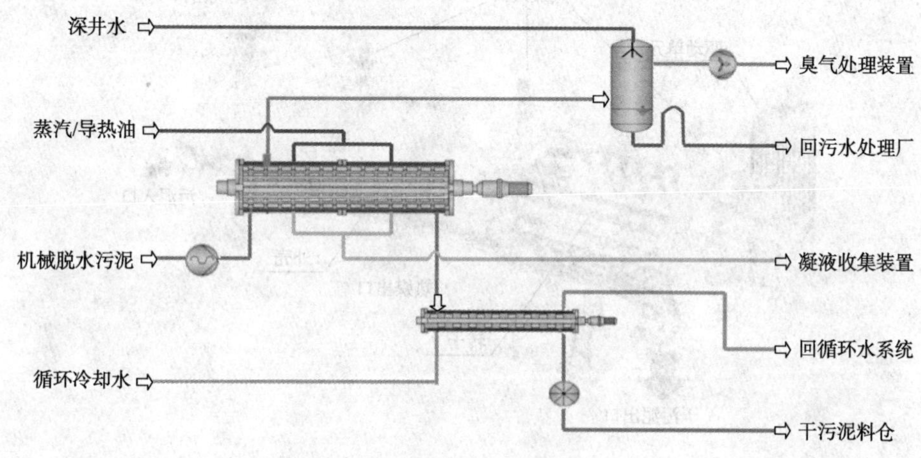

图1 处理工艺流程图

1.2 各部分介绍

(1) 湿污泥缓存仓及输送

缓存干化机前端脱水湿污泥，向干化机连续供泥，保证干化系统连续正常运行。仓体选用碳钢+防腐处理，侧壁厚度不小于8mm，底板厚度不低于10mm，侧壁设有加强肋筋，配套液压站，为滑架提供动力。料仓配套支架、平台，便于对上下游设备进行巡检和维修。料仓系统臭气引入厂区臭气处理系统。料仓顶部配备液位计。

缓存仓下部设有滑架和卸料螺旋，滑架受液压装置驱动，在料仓的平底上往复运动，将污泥推向卸料螺旋，卸料螺旋再将污泥送至污泥输送泵。湿污泥含水率为80%左右，使用螺杆泵送料。

(2) 薄层干化机

如图2所示，卧式薄层干化机由三部分组成：固定的带夹套的圆筒形壳体、转动的布满叶片的转子和转子驱动装置。外壳为压力容器，其壳体夹套间可注入蒸汽或导热油作为污泥干燥工艺的热媒(本装置采用蒸汽作为热媒)，材质为欧标的耐高温锅炉钢；内筒壁作为与污泥接触的传热部分，提供主要的换热面积以及形成污泥薄层的载体，其材质有多种材料可选，其中Naxtra-700高强度结构钢覆层材料防腐、耐磨性优于其他材料；转子为一根整体的空心轴，其特殊的加工工艺可以确保转子在受热的同时高速转动时不产生挠度，始终使叶片与内筒壁的距离保持5~10mm，因此干化机内的干固体量较少，污泥在干化机中的停留时间很短，约10~15min。叶片设置有多种形式，具备布层、推进、搅拌、破碎的功能；在转子的转动及叶片的涂布下，进入干化机的污泥会均匀的在内壁上形成一个动态的薄层，污泥薄层不断被更新，在向出料口推进的过程中不断被干燥。进入卧式薄层干化机中的污泥被转子分布于热壁表面，转子上的桨叶在对热壁表面的污泥反复翻混的同时，向前输送到出泥口。在此过程中，污泥中水分被蒸发。

卧式薄层干化工艺可通过污泥中的蒸发水实现系统内自惰性化的要求。在开机及紧急情况下采用低压蒸汽、氮气作为干化系统的惰性化介质。在乏气箱出口设有氧含量分析仪，通过对干化系统内氧含量的控制，使本污泥干化工艺设计达到本质安全。

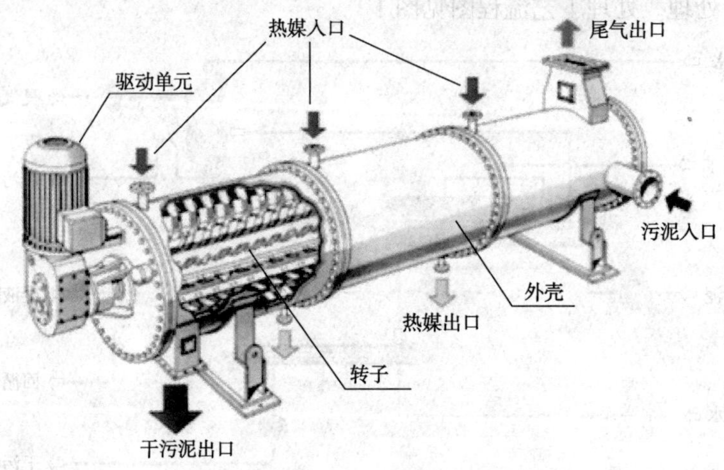

图2 卧式薄层干化机结构原理图

(3) 干污泥输送及贮存

卧式薄层干化机产出含水率30%的污泥首先进入冷却螺旋输送机进行冷却，温度由90℃降低到50℃以下。冷却螺旋输送机为带有夹套的螺旋输送器，兼顾冷却与输送干污泥的作用。冷却后的干污泥由链板提升机送至干污泥料仓。

干污泥料仓的作用是对干污泥进行中转和暂存，料仓中的干污泥可根据需要送至下游焚烧装置，也可装袋外运。

(4) 蒸发尾气处理

干化过程中产生的废蒸汽在干化机内部与污泥逆向运动，由污泥进料口上方的乏气箱排出，进入喷淋冷凝器。在喷淋冷凝器中，废蒸汽通过水洗，水分从蒸汽中冷凝下来。少量不凝气(空气和污泥中挥发物)及水蒸气经过除雾器，由废气风机排出干化系统。自干化系统排出的废气约为系统水蒸发量的5%~10%，废气风机使整个干化系统处于负压状态，避免臭气及粉尘的溢出。

干化装置对废蒸汽进行直接喷淋冷凝。喷淋水使用厂区深井水，喷淋后的污水只增加了可降解的COD、氨氮和SS，喷淋后的污水直接返回污水处理厂进行处理，喷淋后的污水温升约为15~20℃，污染物浓度增加值比较低，不会对污水厂运行造成冲击。

1.3 工艺特点

1.3.1 安全性方面

采用完善的工艺设计和机械密封设计，依据物料性质采用低压蒸汽、氮气和喷淋水作为附加的安全措施，保证干化系统氧气含量始终低于2%。

1.3.2 经济性方面

① 低能耗——系统热能消耗低。

② 热回收——如有需要，可回收80%左右的热量。

③ 尾气处理——尾气产生量极少，处理简单，费用低。

④ 长寿命设计和低维护要求。

⑤ 低维护——转动设备数量少。

⑥ 低磨损——更低的外缘线速度，约10m/s，低转速决定了低磨损。

⑦ 防腐蚀——与介质接触的非加热部件采用不低于SS316的材质。

⑧ 高耐磨——与介质接触的加热部件采用特殊高耐磨钢覆层。

2 装置运行分析

2.1 生产考核期间数据

齐鲁公司干化装置2019年3月份建成投用，调试运行期间间断运行，2019年6月份开始连续运行。2020年5月8日~11日进行了为期三天的装置生产达标考核，考核期间日处理量均超过150t，各项参数符合要求。

表1 原料检测指标及方法

序号	原材料名称	检测项目	控制指标	分析方法
1	湿污泥	含水率/%	80±5	CJ/T 221—2005

表2 产品检测指标及方法

序号	产品名称	检测项目	控制指标	分析方法
1	干污泥	含水率/%	≤30	CJ/T 221—2005

表3 运行成本分析

序号	物料名称	72小时处理量	含水率分析
1	湿污泥	503t	80%±5%
2	干化污泥产量	168t	≤30%
序号	物料消耗	数量	
1	电	24317kWh	
2	蒸汽	322t	
3	氮气	1440t	
4	净化风	1130Nm^3	
成本	单位变动成本/(元/t)	单位生产成本/(元/t)	
	171.37	233.87	

由考核数据可以看出，处理后干泥可以达到设计含水率小于 70%要求，且成本较低，可实现污泥减量化处置及降低成本的目的。

2.2 调试期间装置运行存在的问题

(1) 在污泥干化开车初期，出现了干化机出口污泥堵料的情况，主要是由于处理的污泥含水率或者含油率过高，造成干化机干化效果不好。

(2) 干化机蒸汽冷凝液疏水器机械故障频发，导致蒸汽疏水不畅，影响干化效果。

(3) 尾气喷淋效果不好，导致大量颗粒状污泥进入尾气风机，堵塞叶片风道，影响干化机内部负压，造成停车。

(4) 运行半年后，尾气喷淋塔内部结垢严重，堵塞喷淋水出口，导致干化机停车。

3 结 论

(1) 污泥薄层干化装置对污泥进行干化，污泥含水率从 80%左右降到 30%以下，减量化效果明显。

(2) 薄层干化装置操作简单，能耗较低，全封闭负压式设计，现场异味小，环境好。

参 考 文 献

[1] 殷述学. 卧式薄层干化技术在工业污泥处置中的应用[J]. 城市建筑，2016(36)：401.

[2] 李家祥，贺阳，范跃华 . 4 种污泥干化技术及设备的比较与展望[J]. 中国市政工程，2013(1)：80-84.

[3] 邹道安，黄瑾，白海龙 . 污泥热干化和燃烧特性试验研究[J]. 环境污染与防治，2012，34(4)：5-10.

高含硫气田水处理系统工艺优化降低污泥产生量

刘二喜　吴新梅

（中国石化中原油田普光分公司采气厂，达州 636156）

【摘　要】 本文从污泥产生的源头出发，分析了气提后水中硫含量、混凝药剂类型、不同水质 pH 值对高含硫气田水处理系统污泥产生量的影响，实验优化了气提运行参数，复配混凝药剂，并确定了混凝加药最佳的水质 pH 值范围为 7.0~7.5，可减少水处理系统污泥产生量 30%以上。

【关键词】 水处理　气提运行参数优化　加药优化　污泥产生量

1　前　言

中石化普光气田天然气开发过程地层产出水中硫含量高达 1000~3500mg/L，且携带有大量的杂质，悬浮于水中，除硫工艺采用“气提脱硫+氧化除硫”相结合的方式[1-2]，在水中硫化物氧化成单质硫后再投加混凝、絮凝药剂反应沉淀等工艺实现泥水分离，通过污泥泵输送至板框压滤机进行压滤，污泥压滤、脱水固化形成固废后委托专业单位进行填埋处置。据统计，气田水处理站每年产生污泥固废约 800~2000t。

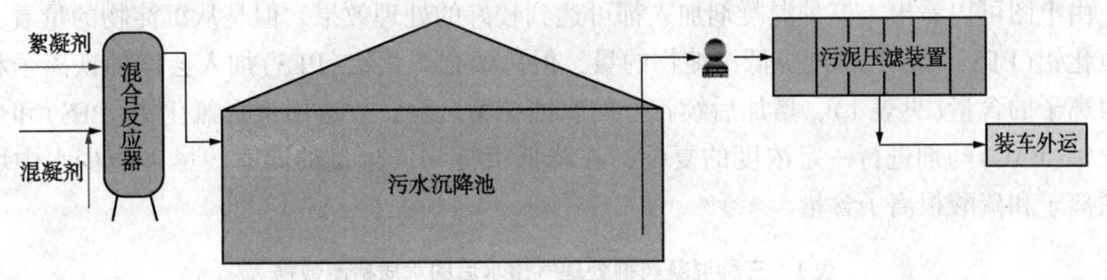

图 1　水处理系统污泥产生示意图

目前，普光气田水处理系统污泥产生量大，导致污泥处置费用高，不利于生态环境的保护。本文从污泥产生的源头出发，分析了水中硫化物含量、混凝药剂类型、不同水质 pH 值条件对高含硫气田水处理系统污泥产生量的影响，实验优化了气提运行参数，优选并复配混凝药剂，确定最佳加药水质条件，减少系统污泥产生量，降低固废处置费用，实现气田清洁、绿色发展。

2 污泥产生量大的影响因素分析

2.1 气提后水中硫含量对污泥产生量的影响

实验分析污泥成分发现，污泥中单质硫所占比例达10%，由于前端气提工艺脱硫效果较差，导致气提后水中硫化物含量高，氧化除硫产生了大量的硫单质，导致水中悬浮物含量高，污泥产生量大。

2.2 混凝药剂对污泥产生量的影响

水处理系统沉淀物过多直接导致污泥产生量大，而沉淀物过多除水质本身携带的杂质外，主要影响因素为混凝药剂类型及其加量，所以在满足水质处理指标要求的前提下，减少沉淀过程中沉淀物的量是减少污泥产生量的重要措施。

根据调研各类废水处理文献，筛选混凝性能优良、矾花密实、沉淀速度快的聚合氯化铝(PFS)、聚合氯化铝铁(PAFC)和水处理系统在用的聚合氯化铝(PAC)三种药剂配置成10%质量浓度进行水质沉淀实验[3~5]，实验结果见图2。

图2 三种混凝药剂水质沉淀效果

由上图可以看出，三种混凝剂加入都可达到较好的处理效果。但是从沉淀物的量看，聚合氯化铝(PFS)可以大幅度降低沉淀物的量，但是聚合氯化铝(PFS)加入会增加铁离子和硫酸根离子的含量(见表1)，增加后续管壁的腐蚀结垢风险，故选用聚合氯化铝(PFS)和聚合氯化铝(PAC)药剂进行一定浓度的复配，在降低沉淀物产生量的同时，尽可能少水中增加的铁离子和硫酸根离子含量。

表1 三种混凝药剂处理气田水后的水质检测数据

名　　称	总铁/(mg/L)	悬浮物/(mg/L)	SO_4^{2-}/(mg/L)
聚合氯化铝(PAC)	3.0	16	3420
聚合氯化铝(PFS)	3.72	24	4345
聚合氯化铝铁(PAFC)	3.34	21	3840

2.3 不同水质 pH 值对污泥产生量的影响

系统水质 pH 值不同，沉淀过程中混凝药剂加量不同[6-7]，产泥量也不同，实验对比不同水质 pH 值条件下的混凝剂加药量(以聚合氯化铝(PAC)为例)及污泥产生量见图3。

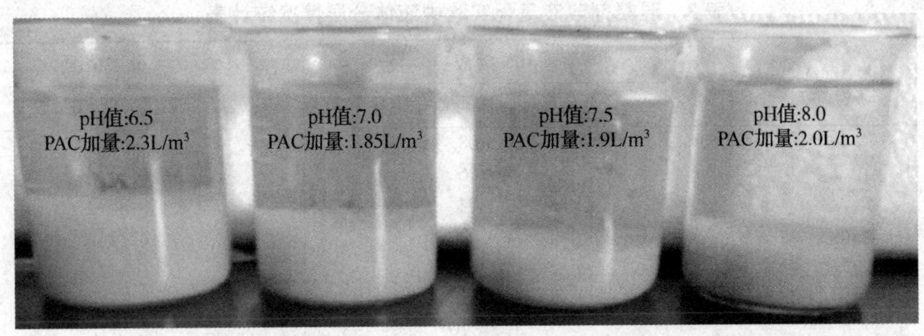

图3　不同水质 pH 值条件下的聚合氯化铝加药量及污泥产生量

3　制定水处理系统污泥减量工艺优化方案

3.1　优化气提运行参数

现场开展影响气提脱硫效率正交试验（见表2），优化气提效果最佳运行参数组合为：pH 值为5.5，气液比为30：1，压力在0.15MPa，硫化物去除效果最佳，气提脱硫效率提高至80%，降低后续氧化除硫过程中产生的单质硫，减少污泥产生量。

表2　气提效果影响因素正交试验数据

因素 / 水平	A 因素 pH 值	B 因素 气液比	C 因素 压力	试验指标 脱硫效率/%
1	5.5	10	0.3	42.2
2	5.5	20	0.2	61.8
3	5.5	30	0.15	80.2
4	6.5	10	0.2	40.4
5	6.5	20	0.15	61.9
6	6.5	30	0.3	56.1
7	7.5	10	0.15	37.9
8	7.5	20	0.3	40.6
9	7.5	30	0.2	48.1
K1	184.2	120.5	138.9	总和 469.2
K2	158.4	164.3	150.3	
K3	126.6	184.4	180.0	
k1	61.4	40.2	46.3	
k2	52.8	54.8	50.1	
k3	42.2	61.5	60.0	
R	19.2	21.3	13.7	

3.2　优化混凝药剂配方

试配制以下8种复配混凝剂开展实验分析，根据复配药剂的分层情况（见表3），优选出“10%溶液中聚合硫酸铁与聚合氯化铝质量比为0.4：10”复配混凝剂进行下步实验。

表 3 混凝剂溶液复配实验中液体分层情况统计表

序号	10%溶液中	分层情况
	聚合硫酸铁：聚合氯化铝比例	静置 24h
1	2：08	分层
2	4：06	分层
3	6：04	分层
4	8：02	分层
5	0.4：10	不分层
6	0.8：10	分层
7	1.2：10	分层
8	1.6：10	分层

取水处理系统现场 4 份水样，开展在用的聚合氯化铝(PAC)和复配混凝剂开展水质沉淀试验，水质沉淀效果见图 4 和图 5。

图 4 聚合氯化铝(PAC)水质沉淀效果

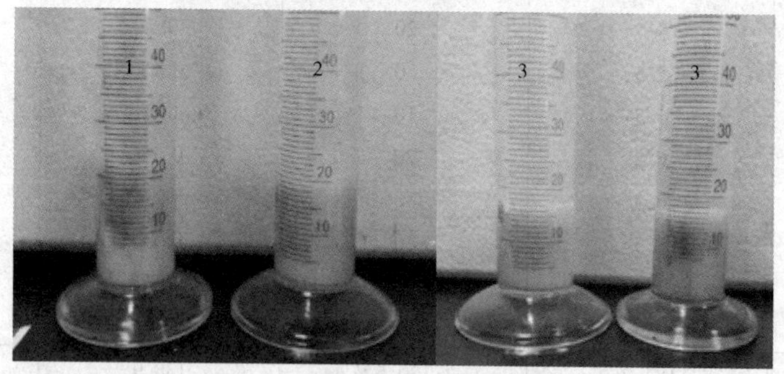

图 5 复配混凝剂水质沉淀效果

并对水质沉淀后上清液进行铁离子和硫酸根离子检测，结果见表 4。

表 4 不同混凝剂水质沉淀后上清液离子检测数据

序号	聚合氯化铝(PAC)		复配混凝剂(PAC+PFS)	
	总铁/(mg/L)	SO_4^{2-}/(mg/L)	总铁/(mg/L)	SO_4^{2-}/(mg/L)
1	3.25	4200	3.42	4458
2	3.72	3880	3.81	4028
3	3.48	4012	3.62	4277
4	4.80	3972	4.88	4102

通过对比聚合氯化铝(PAC)和复配混凝剂的水质沉淀效果及上清液离子数据可知，总铁、硫酸根离子的含量稍有增加，复配混凝剂(PAC+PFS)沉淀产泥量相对在用聚合氯化铝(PAC)混凝剂可减少 30%。

3.3 确定最佳加药条件下的水质 pH 值

根据不同水质 pH 值对污泥产生量的影响实验，确定了混凝效果最佳水质 pH 值范围是 7.0~7.5，并对复配混凝剂在不同水质 pH 值条件下的加药量及污泥产生量进行实验验证，实验结果见图 6。

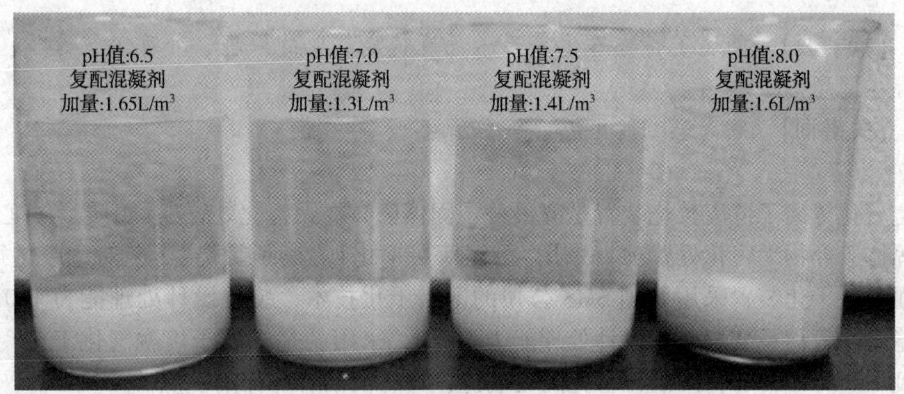

图 6 不同水质 pH 值条件下的复配混凝剂加药量及污泥产生量

4 结 论

(1) 水处理系统污泥产生量受气提后水中硫含量、混凝药剂类型及水质 pH 值影响。

(2) 优化气提效果最佳运行参数，气提脱硫效率可提高至 80%，降低后续氧化除硫过程中产生的单质硫，减少污泥产生量。

(3) 复配混凝剂(PAC+PFS)沉淀产泥量相对在用聚合氯化铝(PAC)混凝剂可减少 30% 以上。

(4) 控制水质条件 pH 值在 7.0~7.5 之间，可减少混凝剂加药量，降低水系统产泥量。

参 考 文 献

[1] 杨杰. 高含硫气田水中硫化氢脱除技术研究[C]. 全国天然气学术年会论文集. 贵阳：中国石油学会，2014.

[2] 刘二喜，刘方检. 普光气田产出水处理系统工艺优化[J]. 给水排水，2019.

[3] 余锡宾，宋继法. 新型水处理混凝剂聚合硫酸铁[J]. 化工时刊，1991.

[4] 郭译文，武福平，张国珍. 微污染窖水处理中混凝剂筛选的实验研究[J]. 绿色科技，2018.

[5] 汪广丰. 给水处理混凝剂净水效果对比[J]. 中国给水排水，1993.

[6] 卞惠芳，骆丽君. PFS 和 PAM 复合混凝剂对印染废水混凝试验研究[J]. 化工时刊，2003.

[7] 吕景花. 混凝沉淀法处理含油清洗废水中磷的实验研究[J]. 工业水处理，2019.

齐鲁石化等离子危废焚烧装置运行分析

魏延卓

（中国石化齐鲁石化公司，淄博 255300）

【摘　要】 阐述了齐鲁石化等离子危废焚烧装置的原理、处理工艺流程、运行存在问题。

【关键词】 等离子　气化炉　原理　运行　存在问题

齐鲁石化等离子危废焚烧装置是齐鲁公司固体废弃物无害化处置项目中最为核心的一个单元。固体废弃物无害化处置项目采用“污泥薄层干化+等离子焚烧”工艺对危废进行处置，其中污泥薄层干化装置采用德国 SMS 公司的薄层干化技术，装置设计处理能力 150t/d，目前运行稳定。等离子焚烧装置设计处理能力 75t/d，采用的是等离子熔融气化工艺，炉内温度可达到 1450~1600℃，产出无害化的玻璃渣，具有清洁、环保的优点。

1　等离子焚烧工艺介绍

1.1　等离子原理

等离子体是宇宙中在固态、液态、气态外的第四种物质状态。等离子体是气体与电弧接触电离产生离子和电子，电子能量高，可与原子、分子碰撞，产生各种粒子，那些获得能量的分子或原子被激发，从而成为活性基团，它是一种高温、离子化和传导性的气体状态。由于电离气体的导电性，使电弧能量迅速转移并变成气体的热能，形成一种高温气体射流（温度达 4000~7000℃以上）和高强度热源，外观与普通燃烧的火焰相似。等离子体气化反应不是通常的氧化反应，可以避免由氧化反应而产生的有毒有害氧化物。

等离子炬用来产生热等离子体，危废在等离子炬的熔融区域的温度亦达到 1600℃，在缺氧状态下有机物将会被迅速裂解气化，即可能合成二噁英的环状有机物将被迅速开环裂解成甲烷、乙炔、一氧化碳、氢气等清洁的可燃气。同时由于高温熔融，具有催化合成二噁英作用的金属亦将会被固化在玻璃体内，减少后端再合成二噁英。

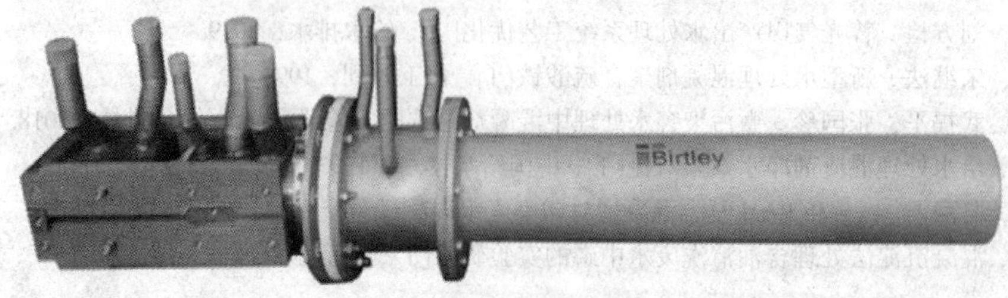

图 1　齐鲁石化等离子焚烧装置用的等离子炬

1.2 工艺流程简述

等离子危废焚烧装置整体采用微负压处理工艺，工艺系统中设计采用的工艺路线为：上料配伍装置+等离子气化炉+二燃室+余热换热器(SNCR)+空气急冷+布袋除尘(活性炭喷吹)+碱洗脱硫塔+湿电除尘器+烟气再热器+引风机，烟气经处理后达标排放。

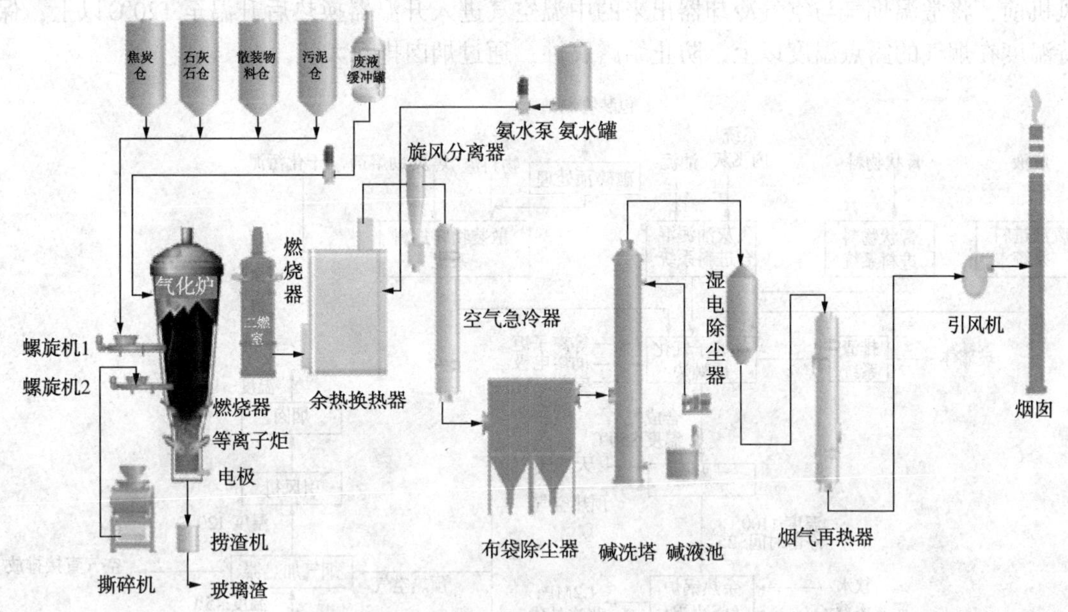

图2 等离子焚烧装置工艺流程简图

固废、散装物料以及一定比例的焦炭、石灰石、碎玻璃通过各自的称重传感器进行流量控制，以一定的比例通过刮板进入缓冲仓。物料通过缓冲仓底部的称重传感器精确称重后，再通过螺旋进入气化炉。缓冲仓底部有双阀锁气，确保气密性良好和避免回火的发生。

来自厂区的废液通过槽车泵送至废液缓冲罐内，废液经过计量泵加压后，通过喷嘴雾化进入等离子气化炉。

污泥、其他固废以及废液进入等离子气化炉，在炉内进行缺氧燃烧，等离子气化炉底部熔融区温度达到1450~1600℃以上，上部气化区域达到1200℃以上。在气化炉中需要添加焦炭作为床层，并采用预热空气，提高整个系统的热效率。在1450~1600℃的反应温度下，无机物熔融成为液态进入炉底，形成玻璃熔液，通过添加助熔剂及其他氧化物组分降低玻璃液熔点便于排出，排出的玻璃化渣完全无毒无害，可作为沙石骨料筑路使用。

等离子气化反应生成CO、H_2、CH_4等合成气。合成气体经过二燃室再燃后将合成气中的有机成分、CO和H_2混合气氧化成CO_2和H_2O，并释放大量的热，二燃室温度可达1100℃以上，烟气停留时间大于2s。从二燃室中出来的1100℃烟气，进入余热回收系统，余热换热器构造分为多回程形式，烟气温度由1100℃降至500℃。余热换热器采用水管形式，烟气在余热回收器管壳中进行折流，可有效防止结垢、挂壁。余热换热器同时还带有吹扫装置，根据不同的工况，定期对换热器内部进行吹扫，出灰温度小于100℃，可以有效地防止换热器的堵塞，余热换热器收集的粉尘定期返回至等离子气化炉重新处理。空气急冷器采用强制空气冷却，将烟气温度在1s由500℃急冷至200℃以下。通过急冷后的烟气进入布袋除尘器，布袋除尘器的除尘效率一般能够达到99%以上，是现在应用最为广泛的除尘手段。经过除尘后的烟气进入碱洗脱硫塔，可以有效地降低烟气中二氧化硫、氯化氢等酸性气体的含量，同时可以除去部分烟气中粉尘。烟气再进入湿电除尘器，通过湿电除尘器可以有效去除烟气中微小颗粒，多级除尘装置，使烟气中的飞灰的含量降至排放标准以下。在烟气通过引风机前，将常温烟气与空气冷却器出来的中温空气进入升温器换热后升温至120℃以上，保持温度在烟气的露点温度以上，防止结露腐蚀，通过烟囱排入大气。

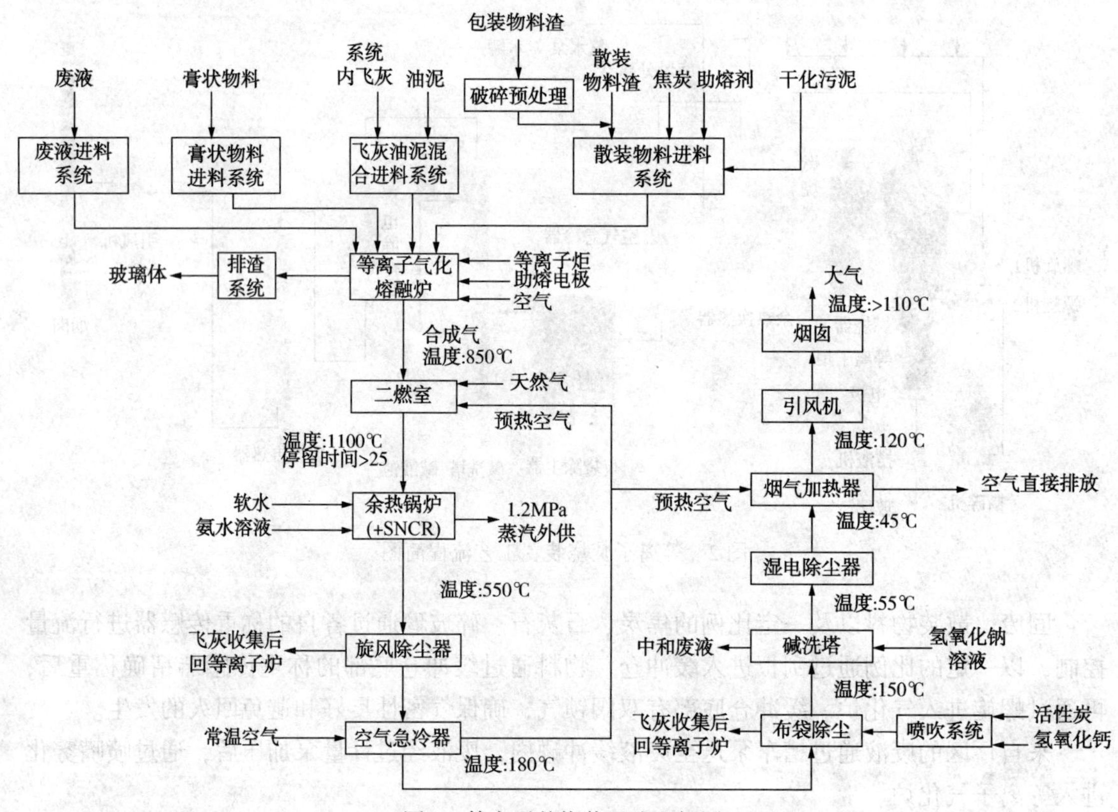

图3 等离子焚烧装置流程框图

1.3 等离子气化炉

等离子气化炉是本套装置最为核心的设备，炉体从功能上可分为三部分，从下往上依次为炉底熔融段、功能段、气化区，见图4。

炉底为气化炉内存放液态渣的场所，温度达到1400℃。反应生成的液态渣储存在炉底中，并定期通过侧面的排渣口排出。炉底设有电辅热系统，维持炉底液态渣的流动性，保证液态渣的顺利排除。炉底根据物料熔渣特性设计储存量和除渣满足工艺需求。

功能段是等离子气化炉最重要的部分。等离子炬、燃烧器、助燃空气均布置在该部分。等离子炬的高温火焰可将难降解的物料熔融气化。焦炭在此形成床层，保证炉内的还原气氛，并补充部分热量。热解产生的气体进入气化区充分气化，熔融浆液通过焦炭床层流入炉底。

等离子气化过程属于缺氧气化而非燃烧，反应生成 CO、H_2、CH_4等合成气，通过炉顶排除，进入二燃室。在气化炉出口烟道设有合成气成分在线检测设备。时刻检测炉内 H_2、

CO、CH_4、O_2含量和热值分析，便于指导物料配比。在等离子气化炉的炉顶，设有紧急排放烟囱。在事故状态下，气化炉内的合成气可通过炉顶放散阀和紧急排放烟囱排入大气，避免事故的扩大。

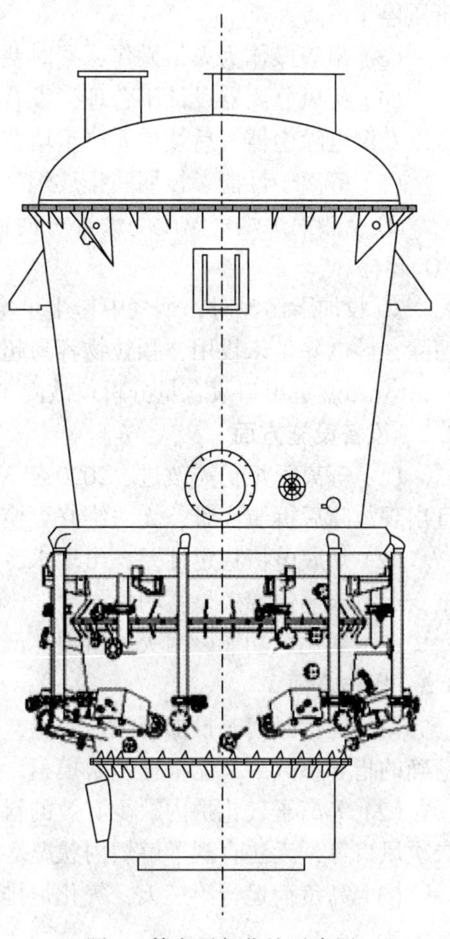

图4 等离子气化炉示意图

2 装置开车进程

2018 年 2 月齐鲁公司固体废弃物无害化处置项目开工建设；9 月 22 日等离子单元气化炉点火烘炉，11 月 2 日烘炉结束。

2.1 第一次投料试车

2018 年 12 月 22 日等离子单元点火开车(主要试烧保温棉)，2019 年 1 月 24 日产出合格玻璃渣。2019 年 2 月 5 日，气化炉因炉顶耐火材料脱落，停炉检修，重新制作并更换了新的炉顶。

2.2 第二次投料试车

2019 年 4 月 20 日，气化炉完成检修，重新点火烘炉；5 月 19 日，烘炉结束；6 月 26 日，等离子熔融气化炉开始投加焦炭建立焦炭床层，29 日发现 3# 等离子炬炬套漏水，停运等离子炬运行并组织检查。7 月 15 日投加干化污泥，因物料配伍和投料方案存在问题，7 月 18 气化炉炉内结焦，停炉检修。

2.3 第三次投料试车

2020 年 3 月 25 日等离子单元再次点火升温，4 月 6 日开始投加玻璃砂筑造熔池，4 月 11 日第一次排渣，4 月 17 日投加干化污泥，19 日顺利出渣。此后逐步提高运行负荷，4 月 29 日到 5 月 2 日进行了等离子单元的性能考核，日处理干化污泥最高达到 30. 39 吨。本次开工期间共投加干化污泥 91. 3t，焦炭 39. 1t，玻璃 16. 8t，碳酸钠 6t，产出玻璃渣 56. 06t。

3 等离子装置运行存在问题

等离子危废焚烧技术在国内虽有应用先例，但处理规模达 75t/天等离子危废焚烧装置在国内尚属首次，相关技术尚在探索阶段，存在诸多问题。

3.1 设计方面

(1) 2020 年 3 月开车前，气化炉新改造的中间进料设施设计不合理，开工初期即烧毁。投料时仍是侧面进料，物料进入炉内后不能均布，堆在一侧呈现较大斜坡，无法实现均匀熔融，导致处理效率大幅降低。

(2) 空气急冷器缺少吹灰措施，每次投料运行 3h，急冷器压差就会从 600Pa 涨到 3000Pa，引风机频率逐步升高到满频，须人工清理 2h。且存在烟气流道瞬间堵塞、气化炉正压停车风险。

(3) 出渣操作为人工操作，费时费力且危险性大。

(4) 旋风分离器设计不合理，没有除尘效果，导致后续空气急冷器、布袋除尘器、碱洗塔以及湿电除尘器等后续单元严重堵塞，影响正常运行。

(5) 等离子性能考核期间排放烟气不能正常达标。

① 余热锅炉烟气温度绝大部分时间只有 700℃左右，无法满足 SNCR 投用条件，导致 NO_X 超标。

② 投加干污泥时，烟气中粉尘量增加，旋风除尘效果不好，布袋除尘经常因为压差高切除，湿电除尘未投用，颗粒物容易超标。

③ 二燃室出口氧含量分析仪故障未投用，二燃室补风不能及时调整，CO 有超标现象。

3.2 设备设施方面

(1) 等离子炬仍需改进，2020 年 3 月份投料期间等离子炬再次出现漏水、停运等问题，且出现故障后拆装困难，无法维修更换。

(2) 炉底电极稳定性差，出现水冷套漏水状况，因电极埋在熔池里面，拆除更换极为困难，运行末期保温效果不明显。

(3) 气化炉功能段耐火材料损坏严重，初步怀疑与投加大量碳酸钠有关。

3.3 操作方面

(1) 运行时何时投加污泥、焦炭，何时排渣，一次风、二次风补风风量如何调整等没有精确的指导参数，只能根据经验摸索。

(2) 等离子气化炉内缺少有效的料位、熔池情况监控设施，只能借助其他开口如炬口、二次风口等，无法直观了解炉内状况。

(3) 高负荷运行第三天，气化炉排渣困难，严重制约长周期运行。

4 国内等离子焚烧工艺发展现状

全国范围内，等离子焚烧工艺大规模处理危废工业应用尚不成熟，山东博润公司是目前国内等离子装置工业化最多且最大的企业，但是等离子炬未实现长周期运行，整个工艺存在很多问题，能耗大、排渣难等问题依然没有解决。

等离子危废焚烧技术优点明显，发展潜力大，但是工艺不成熟。目前国内危废处理的设计方向倾向于协同处理工艺，即危废先在回转窑等成熟工艺炉内焚烧，焚烧产生的灰渣用等离子炉焚烧产出玻璃体，实现无害化处置，因为灰渣无热值，不产生大量烟气，这样等离子炉体积相对较小，耗能大和排渣难的问题就可以解决。国内现在在建的如广东广船国际、广东海星沙等危废处理装置基本都是这种协同工艺。

目前国内研究等离子焚烧技术比较成熟的公司有以下几家：

(1) 中国航天科技集团公司第六研究院 11 所下属西安航天源动力工程有限公司。自己生产等离子炬(已经工业化，运行稳定)，开发等离子装置工艺包，目前倾向于回转窑焚烧和等离子处理灰渣的协同处置工艺。

(2) 中国广核集团。自己生产等离子炬(已经工业化，运行稳定)，等离子装置工艺包为分体炉。

(3) 上海博士高环保科技有限公司。不生产等离子炬，开发等离子装置工艺包，主要是协同处理工艺包，回转窑焚烧加等离子处理灰渣方式。

(4) 山东博润。自己生产等离子炬，开发等离子工艺包，主推熔融气化一体炉，是现在国内等离子工业化装置最多的企业，但是工艺存在很多问题，能耗大、排渣困难依然没有解决。

5 结 论

等离子危废焚烧技术的优点在于安全、高效、无二次污染和较广泛的适用性，实现最大程度的减量化、无害化。缺点在于该技术以电力作为能源，炉内控制温度高，经济成本高；该技术尚处于起步阶段，工艺包不成熟，暂时没有运行比较稳定的装置，且过程控制中要求自动化程度很高，大规模推广需要坚实工程基础。

参 考 文 献

[1] 章鹏飞，李敏，吴明，等. 我国危险废物处置技术浅析[J]. 能源与环境，2019(4)：22-24.

[2] 王立锁. 危险化学废弃物的等离子气化工艺研究[J]. 化工管理，2018(2)：74-75.

[3] 唐兰，黄海涛，郝海青，等. 固体废弃物等离子体热解/气化系统研究进展[J]. 科技导报，2015，34(5)：109-114.

高含硫污水负压抽提及定向氧化组合脱硫技术研究

王和琴[2]　欧天雄[2]　李智慧[1]　张　丽[1]　罗廷辉[2]　吴新梅[2]　韦小科[2]

(1. 中国石化中原油田石油工程技术研究院，濮阳 457000；2. 中国石化中原油田普光分公司，达州 635000)

【摘　要】 针对含硫气田水的种类、含量及来水规模，对于超高含硫污水应先采用物理技术进行预处理，减少药剂投加量和二次污染物量。本文提出了更适用于目前普光气田高含硫产出水的负压抽提和亚硫酸钠定向氧化脱硫组合技术，脱硫率可达到99.4%，且同时可进一步控制腐蚀速率。

【关键词】 高含硫　污水　负压抽提脱硫　定向氧化脱硫

高含硫气井开发过程产生的含硫污水，主要来自气井生产过程中产生的凝析水、少量地层水。气井生产不同时期，气井产出水的特性不同，生产初期矿化度高、pH值低、硫和悬浮物含量高的特性，呈现明显的酸压产物特征，随着生产的稳定，逐渐过渡到明显的凝析水的特征，即矿化度低、pH值低、高含硫。硫化物在水中有H_2S、HS^-、S^{2-}三种存在形态，不同pH值下的存在形态不同。当溶液呈酸性时，主要为H_2S分子态，其易挥发到空气中；当溶液呈碱性时，主要为HS^-和S^{2-}离子态，其在水中相对稳定。总站加酸后pH值≤5.5时，污水中硫化物主要以H_2S分子态存在。

国内外对油气开采中存在的硫化物污染处理方法主要有物理化学处理和生化处理方法，其中物理化学处理方法主要有：①加氯法②中和法③曝气法④氧化法⑤沉淀法⑥汽提法⑦电化学氧化法⑧超临界水氧化法⑨树脂法等。针对废水中硫化物的质量浓度为2000mg/L以上时，一般采用酸回收法、汽提法或沉淀法处理，且能回收其中的硫化物。根据目前现场气提塔运行情况发现H_2S脱除效率低，不足以满足水质要求。

1　负压抽提脱硫技术

1.1　负压抽提脱硫技术原理

根据亨利(Henry)定律和道尔顿(Dalton)定律，气体在水中的溶解度取决于水温、水表面的总压、气体分压等，不同气体的溶解度与其分压成正比。负压脱硫技术的原理基本上是通过降低液面上方硫化氢气体分压导致硫化氢气体从水中逸出，依据热学理论，液体相变温度与相变之间满足微分方程-“克拉珀龙-克劳修斯”方程：

$$\frac{dp}{dT}=\frac{L}{T(v_1-v_2)}$$

当压力足够小时，水就可以在低温下沸腾，从而导致溶解在水中的硫化氢气体大量逸出。理论计算显示只要压力在 8.6kPa(真空度约为-0.091)，水就可在 41℃沸腾；压力在 7kPa(真空度约在-0.093)，水就可以在 37℃下沸腾；这样的压力(或真空度)较易达到。压力在 2.8kPa(真空度约-0.097)，水会在 20℃下沸腾，但这样的真空度很难达到。

1.2 负压抽提脱硫技术参数优化

负压抽提技术是对气液两相进行分离的技术，因此在利用负压抽提脱硫技术来处理高含硫气井产出水时，需要将气井产出水中的硫化氢大部分以硫化氢分子存在，同时硫化氢在水中的存在形态受到 pH 值的影响，故将 pH、负压值、反应时间、作为考察的参数进行优化试验，所用试验装置、工艺流程分别如图 1 和图 2 所示。

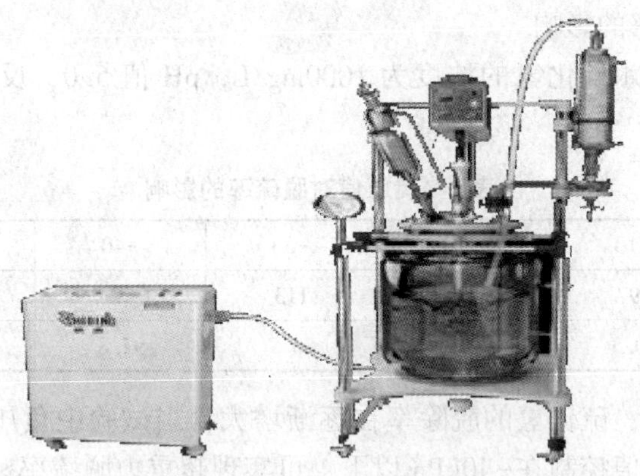

图 1 负压抽提脱硫试验装置图

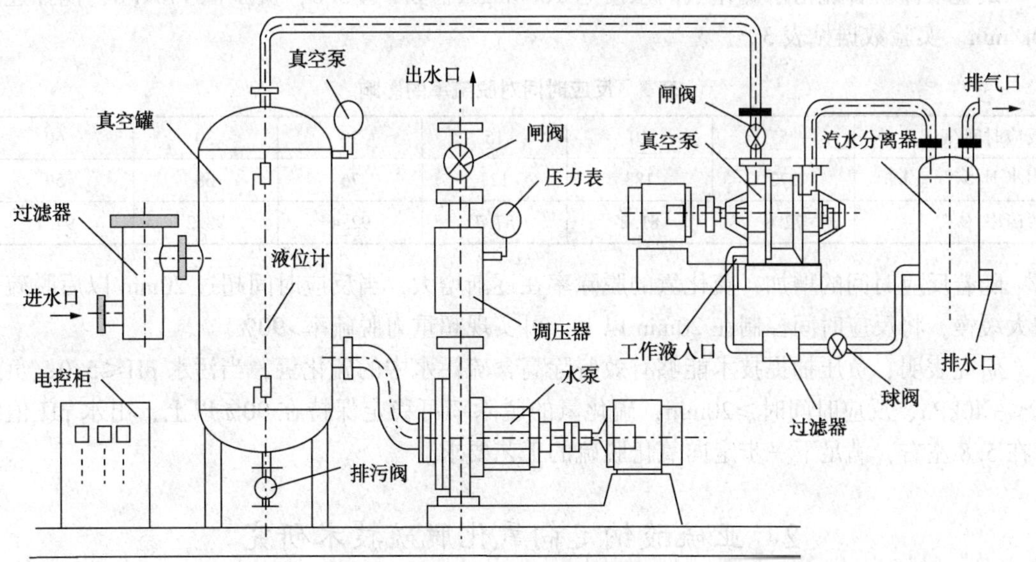

图 2 负压抽提脱硫工艺流程图

1.2.1 pH 值对脱硫率和出水 pH 值的影响

试验条件：含硫污水硫化氢的浓度为 1000mg/L，负压值-50kPa，转速 60r/min，反应时间 30min。实验数据见表 1。

表 1　pH 值对脱硫率和出水 pH 值的影响

进水 pH 值	4	4.5	5	5.5	6	6.5
出水 pH 值	4.6	5.2	5.7	6.3	6.8	7.5
出水 H_2S/(mg/L)	57	65	73	102	196	379
脱硫率/%	94.3	93.5	92.7	89.8	80.4	62.1

随着含硫污水 pH 值的升高，硫化氢的脱除率在逐渐下降，出水 pH 值也升高，当 pH 高于 5.5 时脱硫率下降迅速，当含硫污水 pH 值控制在 5.0 以下，可实现负压抽提脱硫率>90%，出水 pH 值在 5.8 左右能够满足定向氧化脱硫的工艺需求。

1.2.2　负压值对脱硫率的影响

试验条件：含硫污水硫化氢的浓度为 1000mg/L，pH 值 5.0，反应时间 30min。实验数据见表 2。

表 2　负压值对脱硫率的影响

负压值/kPa	-10	-20	-30	-40	-60	-80
出水 H_2S/(mg/L)	297	185	113	72	66	59
脱硫率/%	70.3	1	88.7	92.8	93.4	94.1

随着负压值的增加，硫化氢的脱除率在逐渐增大，当试验中负压值低于-40kPa 以后脱硫率增大缓慢，将负压值控制在-40kPa 以下，可实现超重力脱硫率>90%。

1.2.3　反应时间对脱硫率的影响

试验条件：含硫污水硫化氢的浓度为 1000mg/L，pH 值 5.0，负压值-40kPa，搅拌速度 60r/min。实验数据见表 3。

表 3　反应时间对脱硫率的影响

反应时间/min	5	10	15	20	30	60
出水 H_2S/(mg/L)	272	188	123	76	68	59
脱硫率/%	72.8	81.2	87.7	92.4	93.2	94.1

随着反应时间的增加，硫化氢的脱除率在逐渐增大，当反应时间超过 20min 以后脱硫率增大缓慢，将反应时间控制在 20min 以上，可实现超重力脱硫率>90%。

研究表明，负压抽提技术能够有效脱除高含硫污水中的硫化氢，当污水 pH≤5.0、负压值≤-40kPa、反应时间时≥20min，硫化氢的脱除率可稳定保持在 90%以上，出水 pH 值维持在 5.8 左右，满足下一步定向氧化脱硫的工艺要求。

2　亚硫酸钠定向氧化脱硫技术研究

2.1　亚硫酸钠氧化脱硫原理

亚硫酸钠在水溶液中具有较强氧化能力，普遍应用于生活饮用水、工业用水、生活污水和工业污水处理。在水处理工业中用作锅炉水除氧剂，工业用水除氯剂，制革废水除硫除铬剂，以及抗氧化剂和防腐剂。与其他水处理化学氧化剂相比，亚硫酸钠具有处理效果好、反应速率快、成本低、能耗少和操作简单等优点。其主要反应机理如下所示。

$$Na_2SO_3+2Na_2S+6HCl = 3S\downarrow+NaCl+3H_2O \quad (1)$$

$$S+Na_2SO_3 = Na_2S_2O_3(\text{白色结晶粉末}) \quad (2)$$

$$Na_2S_2O_3+2HCl = S\downarrow+SO_2+NaCl+H_2O \quad (3)$$

$$H_2S+(\text{浓})H_2SO_4 = 4SO_2+4H_2O \quad (4)$$

$$H_2S+SO_2 = 3S\downarrow+2H_2O \quad (5)$$

2.2 亚硫酸钠氧化脱硫技术参数优化

2.2.1 药剂投加比例对脱硫率和产硫量的影响

试验条件：含硫污水硫化氢的浓度为200mg/L，pH为5，反应时间10min。实验数据见表4。

表4 药剂投加量对脱硫率和产硫量的影响

药剂投加量/(mg/L)	100	200	300	400	500	600
出水 H_2S/(mg/L)	105.2	71	38.6	20.6	5.2	6.4
产硫量/mg	57	76	84	112	104	93
脱硫率/%	76.2	82.1	88.5	98.6	98.9	98.8

随着药剂投加量的增加，硫化氢的脱除率在逐渐升高，当药剂投加为400mg/L时脱硫率达到98.6%，单质硫黄产量为112mg；当药剂投加量高于400mg/L时脱硫率基本上没有太大变化，而单质硫产量出现下降趋势，这是因为过量的 SO_3^{2-} 会和新生态单质S反应，重新生产 $S_2O_3^{2-}$，使得单质硫产量下降。

2.2.2 pH对脱硫率和产硫量的影响

试验条件：含硫污水硫化氢的浓度为200mg/L，药剂投加量400mg/L，反应时间10min。实验数据见表5。

表5 pH对脱硫率和产硫量的影响趋势

pH	4	5	6	7	9	11
出水 H_2S/(mg/L)	1.8	3.6	30.8	77.4	124.8	151.2
产硫量/mg	110	108	81	47	13	11
脱硫率/%	99.1	98.2	84.6	61.3	37.6	24.4

随着pH的增加，硫化氢的脱除率在降低，当pH大于5以后脱硫率和产硫量下降迅速，这是由于亚硫酸钠是在酸性条件下氧化性较强，酸性条件不仅可以促进反应和提高脱硫率，还可以抑制亚硫酸根和新生态单质硫的反应，从而提高硫单质的产量。

2.2.3 反应时间对脱硫率和产硫量的影响

试验条件：含硫污水硫化氢的浓度为200mg/L，pH值5.0，药剂投加量400mg/L。实验数据见表6。

表6 反应时间对脱硫率和产硫量的影响

反应时间/min	1	3	5	10	20	30
出水 H_2S/(mg/L)	19.4	12.6	5.6	6.2	6.4	5.4
产硫量/mg	58	86	93	103	105	108
脱硫率/%	74.9	86.5	92.1	98.9	98.8	99.1

随着反应时间的增加，硫化氢的脱除率和单质硫产量在逐渐增大，当反应时间超过

10min 以后脱硫率基本上变化不大。

研究表明，亚硫酸钠定向氧化脱硫技术能够有效脱除高含硫污水中的硫化氢，当污水 pH 为 5.0、药剂投加量为 400mg/L、反应时间为 10min，硫化氢的脱除率可稳定保持在 98%以上，单质硫产量在 100mg 以上，实现了定向氧化脱硫；亚硫酸钠所需的药剂投加量更低，脱除硫的效率更好，更有利于进行快速的定向氧化脱硫。

3 负压抽提脱硫+亚硫酸钠定向氧化脱硫组合工艺研究

根据前面对负压抽提及亚硫酸钠定向氧化脱硫技术的分析和室内研究，通过组合试验进一步考察两者组合实施的脱硫率及对气井产出水溶解氧含量的变化：

采用气提塔出水和硫化钠配置成硫化氢的浓度为 1000mg/L 的污水；负压抽提参数设置为：负压值－40kPa、反应时间 20min；亚硫酸钠定向氧化设置参数如下：反应时间为 10min。实验结果如表 7。

表 7 组合脱硫实验数据

序号	负压抽提试验参数				亚硫酸钠定向氧化试验参数		脱硫率/%	溶解氧量/mg	腐蚀速率/(mm/a)
	pH	负压值	搅拌速度	反应时间	药剂投加量	反应时间			
1	4.5	-40kPa	60r/min	20min	100mg/L	10min	99.7	0.08	0.0632
2	4.5	-40kPa	60r/min	20min	200mg/L	10min	99.7	0.07	0.0511
3	4.5	-40kPa	60r/min	20min	400mg/L	10min	99.8	0.05	0.0375
4	5	-40kPa	60r/min	20min	100mg/L	10min	99.4	0.07	0.0552
5	5	-40kPa	60r/min	20min	200mg/L	10min	99.4	0.07	0.0389
6	5	-40kPa	60r/min	20min	300mg/L	10min	99.6	0.05	0.0326

由表 7 可知：高含硫气井产出水将 pH 调整在 5.0 以下，进入负压值-40kPa、搅拌速度 60r/min、反应停留时间 20min 的负压抽提设备，同时加入亚硫酸钠 100mg/L、反应时间 10min，出水含硫量为 6mg/L，溶解氧含量 0.07mg/L，脱硫率达到 99.4%

4 结 语

亚硫酸钠定向氧化脱硫技术能够有效脱除高含硫污水中的硫化氢，当污水 pH 为 5.0、药剂投加量为 400mg/L、反应时间为 10min，硫化氢的脱除率可稳定保持在 98%以上，单质硫产量在 100mg 以上；采用负压抽提和亚硫酸钠定向氧化脱硫组合技术，效率更高，所消耗的药剂更少，脱硫率可达到 99.4%，且亚硫酸钠同时起到除氧剂作用，进一步控制腐蚀速率。

参 考 文 献

[1] 吴新梅，欧天雄，刘宇程，等．气田高含硫污水负压气提脱硫及尾气无害化处理技术研究[J]．石油与天然气化工，2020(02)：115-120.

[2] 何军，何懿伦，茅新华．电絮凝、膜法负压脱硫中试装置处理炼油厂含硫废水[J]．聚酯工业，2019，32(04)：33-34.

[3] 刘磊，张博，郭宏峰，等．含硫污水处理技术研究[J]．石油化工应用，2017，36(02)：9-13.

煤化工火炬气回收及综合利用

胡　璇[1]　胡跃华[2]

（1. Lightship Engineering，LLC，Massachusetts；2. 中国石化长城能源化工(贵州)有限公司，贵阳 550008）

【摘　要】 煤化工在装置正常开停工、气化炉切换和系统置换等过程中产生的大量含硫气体需要通过火炬燃烧排放，且燃烧过程中产生大量氮氧化物、硫氧化物等污染组分，造成污染物超标排放，能源浪费严重。而采用火炬气回收系统，可实现火炬气全部回收利用及达标排放，从而提高煤化工项目节能减排和经济效益。

【关键词】 煤化工　火炬气　回收利用　节能减排

火炬作为石油化工、煤化工等企业重要安全与环保设施之一，用于处理各生产装置在正常生产、开停车、事故及紧急状况下排放的可燃性气体，以保护设备和人身安全。火炬系统虽然可确保偶然性、短时间装置事故状态火炬气体的安全排放，但在装置正常开停工、气化炉切换和系统置换等过程中产生的大量含硫气体仍然需要通过火炬燃烧排放，且持续时间相对较长，此时的火炬气体在燃烧过程中产生氮氧化物(NO_x)和硫氧化物(SO_x)等污染组分的排放超标问题，环保压力巨大，同时也造成能源的浪费。

目前我国煤制烯烃装置在开停工、气化炉切换倒炉、生产调节等过程的排放气均经全厂火炬系统燃烧后直排大气[1]，为有效解决火炬气体的达标排放问题，借鉴炼油行业已成熟运行的气柜回收技术[2]及锅炉粗煤气掺烧技术且最高可掺烧至40%[3]。某企业67×10^4t/a煤制烯烃生产装置仅甲醇合成系统开停工、倒炉时火炬气排放总量约为11×$10^4$$Nm^3$/h(干基)，折合热值约为120×$10^4$MJ/h。如此大量的可燃气被排至火炬系统燃烧，造成可回收资源的浪费，且大量含硫可燃气在没有利用和处理的情况下燃烧排空，也对大气造成污染。因此，采用火炬气达标排放系统，实现火炬气的全部回收利用及达标排放，达到提高工厂能效、保护环境的目的，可提高煤化工项目的节能减排水平和经济效益。

1　火炬气回收目的

实现煤制甲醇工艺装置酸性气全处理，减少或杜绝开工、吹扫时产生的H_2S浓度低于硫处理装置处理限值的酸性气排放。回收全厂开停工、系统切换、正常工艺操作等过程所产生含硫火炬气，进行脱硫脱硝后达标排放，并可作为掺烧燃料气、开工燃料气等，避免直排火炬燃烧造成的能源浪费。回收烯烃装置开停工及正常工况下的排放气或泄漏气，使高纯度烯烃气尽可能返回MTO装置，提高原料的综合利用率，同时将低纯度高热值烯烃气作为燃料气使用，补充燃料气管网回收热量，提高经济性。

2 火炬气回收原则

2.1 安全性原则

全厂设置事故火炬和火炬气回收两套完整系统，事故工况下由事故火炬系统进行安全保障。而火炬气回收系统是基于火炬管网而设置，其对正常工况、装置开停工、定期气化炉切换以及系统置换排放的火炬气进行达标排放。

2.2 匹配性原则

对锅炉燃烧器进行设计改造，当火炬气中断时，锅炉低负荷同样可正常稳定燃烧，保证安全。同时将原为事故火炬系统配置的水、电、气、风等公用辅助系统的能力稍微增大即可满足火炬气回收系统和事故火炬系统的正常运行。

2.3 可靠性原则

火炬气回收系统是基于对煤制烯烃各工艺生产装置的特点和生产经验而设置。重点在于污染源去向的安全可控、回收利用和达标排放，利用各类成熟、标准设备进行综合配置和调控，实现清洁生产、提升效益的目标，无论技术上还是设备上均确保安全、成熟和可靠。

3 事故火炬及火炬气回收系统工艺特点

3.1 事故火炬系统

某企业67×10^{4}t/a煤制烯烃生产装置，共设置四套事故火炬系统，一是甲醇常规火炬，服务于甲醇装置常规火炬气排放，设计处理能力131×10^{4}Nm^3/h，火炬排放总管和火炬筒直径为DN1350mm。二是酸性气火炬，服务于甲醇装置酸性气排放，设计处理能力10×10^{4}Nm^3/h，火炬排放总管和火炬筒直径为DN800mm。三是烯烃高压火炬，服务于MTO、PP、LLDPE、罐区等排放的高压火炬气，设计处理能力1200t/h，火炬排放总管和火炬筒直径为DN1500mm。四是烯烃低压火炬，服务于罐区、MTO装置反再部分排放的低压火炬气，设计处理能力100t/h，火炬排放总管和火炬筒直径为DN900mm。其工艺特点是四套火炬系统用于处理各工艺装置发生事故或紧急状态下排放的可燃性气体，可燃气体由各装置经相应的气体管道排放至各自的火炬系统，经分液罐、水封阀组、水封罐后排入火炬筒体，经过流体密封器排出火炬头，并由长明灯引燃，满足环保的要求。

3.2 火炬气回收系统

依托事故火炬气管网作为基础管网，增加三个火炬气回收系统。从而在确保工艺装置安全的前提下，将开停工、切换等可控性非正常生产工况下的含硫可燃气体进行达标排放和综合利用。火炬气回收系统将非事故状态下经火炬排大气的硫氮氧化物(SO_x、NO_x)含量降至最低。在出现任何事故状态时，火炬气回收系统自动切断，依靠事故火炬系统确保装置的安全性。其工艺特点是该系统与火炬管网以及工艺装置操作配合紧密，与事故火炬系统紧密依存，密不可分。

3.2.1 含硫可燃气回收系统

该系统的实质是对全装置非事故状态下所有含硫可燃气进行环保处理，在回收热的同时进行烟气净化，减少污染物排放，实现甲醇装置开停工、切换等工况火炬气的达标排放。系统还与气化、变换、净化、甲醇合成等装置紧密配合，在安全可靠的前提下，实现含硫可燃气的达标排放。甲醇装置事故工况下，含硫火炬气进入事故火炬系统，以确保事故状态下的安全性。装置开停工过程中产生的含硫可燃气，经冷却后直接进入回收系统，并做环保化处理。气化炉按计划切换过程中产生的含硫可燃气，经回收系统回收热量，减少 SO_x 排放。含硫可燃气回收系统取代原设计开工火炬的功能，充分回收热值，减少环境污染。

3.2.2　酸性气达标排放系统

正常生产过程，酸性气通过湿法制酸或克劳斯装置进行处理。在开停工过程及正常生产时所产生的低浓度酸性气通过气柜回收，当酸性气柜液位达到一定高度后，启动气柜压缩机直接送制酸或制硫黄装置，与正常送硫回收处理装置的高浓度酸性气进行掺混，实现达标处理。同时利用酸性气柜进行配气，确保满足进入硫回收装置原料要求，正常生产过程酸性气通过酸性气管网进入到酸性气柜，经过酸性气压缩机送至硫回收装置进行处理。酸性气系统利用气柜配气，从而满足不同的硫化氢处理装置的进料要求。开车时，酸性气浓度低于原脱硫装置设计限值时，采用气柜回收配气进行脱硫处理。酸性气柜还可回收气化炉开工高压闪蒸罐、真空闪蒸罐等超低浓度酸性气收集处理。

3.2.3　烯烃火炬气回收系统

烯烃装置排放的火炬气体均不含硫，该气体为高附加值的烯烃组分，装置正常生产调节时产生的含烯烃排放气通过气柜回收并通过压缩机返回装置回用。烯烃装置低压火炬气直接送低压事故火炬燃烧，不做回收处理；其他烯烃排放气体均可通过气柜回收，并根据气柜内烯烃浓度的不同有选择性地送到燃料气系统、锅炉、烯烃高压火炬等。全装置事故状态下排放的含烯烃火炬气则直接排放到高、低压火炬燃烧，确保装置安全。当烯烃排放气浓度无法满足装置回用要求时，可送回收装置掺烧，也可送全厂燃料气管网回收热量。

4 使用效果

以某企业 67×10^4t/a 煤制烯烃生产装置，煤中硫含量 2.09%为例，全厂原始开车时，从合成气具备引气进气体冷却单元和火炬气回收单元起，到各工艺生产装置完全具备条件，气化装置生产的合成气完全引入下游工艺生产装置而不需引入火炬气回收装置止。以锅炉脱硫效率 99%，超临界锅炉平均发电标煤耗 290gce/kWh，可节省原料煤折合 4.45 万 tce，减少大气排放总硫 1260t，多发电 1.55 亿度，增加企业经济效益 8500 万元。

综上所述，火炬气回收系统是煤化工生产过程中，除系统超压、安全阀启跳以外，如原始开车、倒炉切换、打通全工艺流程、降负荷停车以及系统初期吹扫等各种工况下，通常需要排放至事故火炬进行焚烧的含硫或不含硫可燃性气体，改为收集、存储并送锅炉进行掺烧，依托锅炉附属脱硫设施进行净化达标排放的新型清洁环保型节能系统。既充分利用了能量、节约了资源、提高了企业的经济性，又减少生产中带来的环境污染难题，具有很好的环保性和经济性。

参 考 文 献

[1] 赵中 . 高架火炬在煤化工装置中的特性及设计要点[J]，化学工程，2017，12(1)：70-73.
[2] 姚亚娟 . 火炬气回收利用的研究进展[J]. 石油化工技术与经济，2016，4(1)：58-62.
[3] 詹树新，李冰 . 提高锅炉掺烧火炬气比例的可行性研究[J]. 锅炉制造，2010，1(1)：12-13.

CFB 锅炉 NO_x 排放控制

赵学军

（中国石化天津石化公司热电部锅炉车间，天津 300271）

【摘　要】 本文介绍了 CFB 锅炉中 NO_x 产生的工艺原理，并通过 SNCR 脱硝技术降低脱硫塔出口 NO_x 含量。针对天津石化 CFB 锅炉的运行现状进行分析，归纳出了 CFB 锅炉在运行过程中 NO_x 控制方法，为保证环保排放达标及实际生产中运行人员的调整提供了一些参考意见。

【关键词】 SNCR 技术　NO_x　CFB 锅炉

1 装置简介

天津石化热电部 8#、9#、10# CFB 锅炉是天津石化 100 万 t/a 乙烯及配套项目主要的配套装置之一，主要包括 3 台 465t/h 循环流化床锅炉（CFB），每小时产 12.5MPa，540℃蒸汽 3×465t。该电站 8#、9#、10#锅炉脱硝处理烟气量为 $3\times413316Nm^3/h$（干基，$6\%O_2$），锅炉初始 NO_x 排放值在最大工况下高达 $400mg/Nm^3$。为了满足国家环保法规，改善本市及周边的大气质量，对该电站锅炉实施烟气脱硝环保工程。经脱硝装置后，出口烟气中氮氧化物浓度为 $90mg/Nm^3$，综合最大脱硝效率为 77.5%。国标要求 NO_x 排放标准是 $50mg/m^3$，该厂排入大气中的 NO_x 含量在 $30\sim40mg/m^3$。

2 脱硝原理及流程

2.1 非催化还原法（SNCR）脱硝原理

非催化还原法就是在不采用催化剂的情况下，在炉膛和循环流化床分离器入口处烟气温度适宜区间均匀喷入氨或尿素等氨基还原剂，在炉中迅速分解，与烟气中的 NO_x 反应生成 N_2 和 H_2O，而基本不与烟气中的氧气发生作用的技术。

以尿素为还原剂的主要反应为：

$$2NO+CO(NH_2)_2+1/2O_2 \longrightarrow 2N_2+CO_2+2H_2O$$

2.2 非催化还原法脱硝原理

以尿素为还原剂的 SNCR 系统烟气脱硝过程由以下四个基本过程完成：

（1）尿素溶液制备、储存系统

固体袋装尿素颗粒储存在尿素仓库内，通过人工将袋装尿素拆袋后加入尿素溶解罐中，与除盐水进行混合制备成 50%尿素溶液，再由尿素溶解泵将制备好的溶液打入尿素储罐中储存。

（2）HFD 高流量循环模块

HFD 尿素溶液高流量循环模块直接接收从尿素溶液储罐来的 50%尿素溶液。

（3）稀释计量模块

通过将高流量模块输送来的 50%浓度的尿素溶液在该模块中由除盐水稀释至 5%左右的尿素溶液，并将稀释后的尿素溶液分别输送至 3 个分配模块。

（4）脱硝分配及喷射系统

稀释后 5%左右的尿素溶液分别送至锅炉 DM1 区和 DM2 区分配模块。DM1 区为标高较高位置，竖直布置，炉左炉右各 6 支。DM2 区为标高较低位置，水平布置 6 支喷枪，炉左炉右对称布置。保证锅炉在 60%～100%BECR 负荷范围内变化都能够达到很好的 NO_x 减排效果。尿素溶液在喷枪入口处与工厂风混合雾化，通过喷嘴喷入锅炉中，尿素溶液在炉膛的横截面上与烟气垂直接触，在雾化的瞬间捕捉烟气中的氮氧化物并迅速与之反应，达到脱除氮氧化物的目的。

3 NO_x 排放不稳定的原因分析

天津石化热电部 SNCR 脱销系统投入后存在着环保指标排放不稳定及尿素溶液消耗量大的问题，不但 NO_x 排放平稳率不高并造成吨蒸汽生产成本高，同时尿素的大量喷入炉膛对锅炉设备的腐蚀也不可小觑. 针对这些问题，我们经长期运行研究，总结出主要原因分别为下几方面。

（1）脱硫石灰石系统的扰动。石灰石下料不稳定或者在大幅压低 SO_2 瞬时值时大量投入石灰石后，超量的石灰石会对氮氧化物的生成发生促进作用，导致 NO_x 排放突增或突减.

（2）锅炉负荷变化。当锅炉负荷大幅变化后，炉内温度场迅速变化，且一二次风配比不当，造成平均床经常高于或者温低于 SNCR 脱销最佳的反应温度，导致 NO_x 环保指标不稳定。

（3）脱硝系统的泄露和管道结晶，喷入炉膛的尿素量不稳定，使 NO_x 的控制不稳定 .

（4）雾化压缩空气质量差，带水严重，压力不稳定不能稳定在正常工艺值 . 各层尿素喷枪经查有雾化不好，不雾化或堵塞现象 .

（5）脱硝尿素流量调整门开关线性不好。脱硝调整门指令反馈不一致，指令调整后反馈不能及时跟踪导致喷入炉膛的尿素流量忽大忽小。

（6）运行人员的操作水平不够，不同情况下的负荷不能及时控制合理锅炉床温，负荷低时，炉内温度场低，未能及时切换各层喷枪，操作员用减料降负荷方式控制 NO_x，误认为减少燃料就可以控制 NO_x，忽略了尿素反应的温度场。

（7）仪表不准确或仪表管道堵塞，运行中发现经常出现塔出口 NO_x 参数波动慢的现象或滞后严重，导致操作员不能及时正常调整跟踪。塔出口 NO_x 表计作为控制目标，表计位置距炉膛较远，NO_x 实际值反映到塔出口表计时间长，需要操作员根据炉出口参数提前预判调整入炉尿素量大小。

4 运行中控制 NO_x 稳定排放措施 .

为解决 NO_x 排放平稳率低及 SNCR 脱销过程中尿素消耗量大、氨逃逸量高以及脱销效率偏低的问题，我们通过试验和运行观察，得出了以下优化方法。

4.1 设备方面

(1) 制定定期工作内容。每月15日定期清理检查各入炉喷枪，检查尿素喷淋雾化情况，保证尿素溶液喷射均匀和雾化良好，充足，喷枪头不堵塞，SNCR系统无泄漏。

(2) 保证工厂风压力稳定0.5~0.6MPa，且压缩空气品质干燥，每月15日定期清理雾化用工厂风滤罐，喷枪堵塞及时疏通。检查压缩空气干燥器虑罐情况，发现异常立即清理汇报。

(3) 加强外操巡检管理发现跑冒滴漏及时联系处理，减少运行中SNCR系统的跑冒滴漏便可以在一定程度上增强脱硝效率，并减少尿素消耗量。

(4) 更换大量程的尿素流量计，目前9#炉尿素流量上限到0.8m^3/h。更换大量程流量计能使操作员更好的监控尿素流量的变化，控制尿量的大小控制NO_x的平稳排放。

(5) 更换精密度高线性好的尿素调整门，保证操作员能做到控制流量大小精细。避免了大开大关调整门。

(6) 每小时前十分钟定期吹扫仪表管道，保证仪表准确无误，避免了表计堵塞，反应迟钝等不准确现象。

(7) 新增备用臭氧系统定期启动做到随时能启动。

(8) 停炉后，要对布风板对风帽逐个检查疏通，对磨损严重或磨掉的风帽进行更换，保证流化风量和流化正常，便于控制床温，能够准确地判断脱硝反应温度场。

4.2 运行调整方面控制

4.2.1 抑制热力型和快速型NO_x的生成

操作员合理控制好一二次风配比，有效控制尿素反应区间的温度，以天津石化热电部CFB锅炉为例，通常控制锅炉床温在850~960℃之间，脱硝效果较好。一方面，CFB正常床温在830~950℃，由于CFB锅炉床温远低于氮的最佳析出温度1540℃，热力型NO可以忽略不计。另一方面，燃料型NO形成随床温降低而降低。运行中发现当平均床温超过950℃后，平均床温每上升1℃，NO生产量上升3mg/Nm^3。将平均床温控制在850~950℃，既可以抑制NO生成量，也能够保证90%以上脱硫效率。

4.2.2 分段燃烧

天津石化热电部CFB锅炉送风通过一次流化风布风板、一次风环管，二次风环管及冷渣器回风管逐级送入。通过合理调整不同负荷下一二次风配比，从而拉长燃料的燃烧区域，使密相区缺氧燃烧，稀相区富氧燃烧，以及炉膛温度沿高度均匀分布，最终达到抑制NO的生成作用。

(1) 高负荷时(300t/h以上)：

① 一次风量保证流化和冷渣器冷却即可，一次风环管开度10%~25%，流化风挡板30%~45%，一次风机电流205~240A。

② 保证合适过量空气系数的情况下加大二次风，二次风调节氧量，保证密相区缺氧燃烧降低NO的生成。

③ 保证冷渣器正常运行，加大冷渣器进风量，保证冷渣器内部流动性，一方面有利于

提高冷渣器的冷却效果，减少热损失，另一方面加热一次风由回风管回至炉膛，因回风管布置在二次风管以上，充当上二次风，实现分段燃烧。

(2) 低负荷时(300t/h 以下)，因负荷低，床温整体水平低，不利于 NO 的生成，二次风量保持最低，一次风调整氧量，流化风挡板 25%~30%，一次风环管开度 5%~10%，冷渣器风量调整与高负荷相同。

4.2.3　合理调整焦煤比

由于焦中含氮量远低于煤，发热量焦明显大于煤，加大石油焦的燃烧比例，燃烧后 NO 生成量就少，三期锅炉设计燃料是全焦，综合国家对煤的燃烧总量的限制，以及 CFB 炉内颗粒度和颗粒含量的要求，调整焦煤掺烧比例：一般为全焦燃烧，定期将任意一料仓换煤，调整炉内床料粒度及分布。有效控制入炉燃料的颗粒度，保证物料颗粒最优化，同时选用高质煤，保证燃煤成分。

4.2.4　控制石灰石入炉量

投入石灰石过多，未参与脱硫反应的 CaO 会对 NO 的形成起催化作用进而促进氮氧化物的生成。通过运行中观察发现，当炉出口 SO_2 均值低于 800mg/Nm^3 时，NO_x 生成量显著增加，需要大量喷入尿素溶液以维持烟气中氮氧化物的达标排放，造成了一定程度上的浪费；而在 SO_2 含量在 1200mg/Nm^3 以上时，继续减少石灰石给料量不会对本炉 NO_x 排放值有明显变化。故综合考虑，在负荷稳定时，我们通过协调控制炉侧烟气中 SO_2 含量在 1200~1500mg/Nm^3 时，易于控制 NO_x 排放稳定且稳定尿素喷入量。投入过多的石灰石会一定程度上降低床温，当负荷偏低同时石灰石投入量大造成平均床温低于 850℃时，就会造成脱销效率显著降低，尿素用量显著增高.

4.2.5　负荷不同选择合适的喷枪投入量

在高负荷下(300T/h 以上)，投用 DM1 和 DM2 两组喷枪；而低负荷(300T/h 以下)时，投用 DM1 和 DM3 两组喷枪。在停炉过程中，床温降至 800℃后，停运 DM1 模块，只保留 DM3 模块.

4.2.6　保证合理给水温度

提高给水温度接近设计温度 225℃，给水温度与设计值，为提高负荷，需要更多的燃料，更高床温，这些都会造成氮氧化物生产量升高，进而增加尿素溶液消耗量。

4.2.7　保证合理的燃烧强度，控制合理的氧量

运行中应优化调整，使炉内燃烧充分，控制烟气含氧量 4.0%以下 3.0%以上，此时烟气温度 900℃左右，对应燃烧室中心温度近 1000℃，也即是最佳反应温度 850~1100℃区间，各负荷段的尿素耗量较低，NO_x 排放也易于调控。

4.2.8　灵活调整燃料配比量

运行过程中非石灰石原因出现 NO_x 生成较高的现象，尽快调整燃料配比量，增加石油焦，减少燃煤的投入量。必要时投入下层喷枪控制参数及臭氧系统。

4.2.9　保证尿素溶液的浓度

保证尿素溶液的浓度，从而保证脱硝效率。严格控制氨区制液的浓度控制在 5%左右，必要时取样化验入炉尿素浓度，发现问题及时沟通解决.

5 结 论

经 SNCR 脱硝装置后，CFB 锅炉脱硫塔出口烟气中氮氧化物浓度有效控制在 $50mg/Nm^3$ 以下，高质高效的达到了环保排放的目的。通过本文分析及改善措施后，脱硝平稳率达到了 99.5%。同时也降低了脱硝成本。

参 考 文 献

[1] 刘欣汉．灵州电厂 2×135MW 机组 CFB 锅炉烟气脱硫改造技术研究[D]．华北电力大学，2015.

[2] 朱杰，谢百成，焦新峰．CFB-FGD 应用于大型循环流化床锅炉二级脱硫的理论和实践[J]．电力科技与环保，2015.

FCC 装置再生烟气脱硫废水处理技术研究

李鸿莉　刘　博

（中国石油兰州石化公司，兰州 730060）

【摘　要】 湿法脱硫技术用于 FCC 装置再生烟气脱硫产生的废水主要污染物为 COD 及悬浮物，其中 COD 主要构成是亚硫酸盐类，目前常采用氧化工艺进行处理，受氧化效率及氧化条件影响，废水达标存在问题，本文通过工业试验，对脱硫废水中 COD 处理技术进行了深入研究，比选了氧化工艺形成了改造工艺路线。

【关键词】 湿法脱硫　COD　氧化工艺比选

1　概　　述

某炼油厂重油催化裂化装置再生烟气脱硫装置采用美国贝尔格公司（BELCO®）EDV®湿法洗涤工艺，脱硫废水经澄清池沉淀后采用两级氧化工艺降解废水 COD，排入公司高盐废水系统，澄清池底部产生废渣经过滤箱过滤后滤饼外送。脱硫废水水量在 30～50t/h，废水排放内控指标共三项：pH6～9、COD≤600mg/L、悬浮物（SS）≤200mg/L，实际运行中存在 COD 超标问题，对后续高盐废水处理装置稳定运行造成影响，为此公司组织了工业试验研究，寻找适宜的改造技术方案予以解决。

表 1　烟气脱硫废水水质统计表

项　　目	pH	COD/（mg/L）	SS/（mg/L）
指标	6～9	≤600	≤200
平均值	7.85	470.79	87.65
最大值	8.39	1740	162
最小值	7	96	36

2　FCC 装置再生烟气脱硫废水水质分析

废水 COD 构成主要为还原性物质亚硫酸钠，对碱洗塔下部出水、氧化塔出水水质进行监测分析。

2.1　碱洗塔底废水水质分析

碱洗塔底部水样 COD 均值为 1385mg/L，最大值为 3600mg/L，最小值为 442mg/L，见图 1。

2.2 氧化塔底废水水质分析

氧化塔底部水样 COD 均值为 131mg/L，最大值为 658mg/L，最小值为 22mg/L，见图 2。

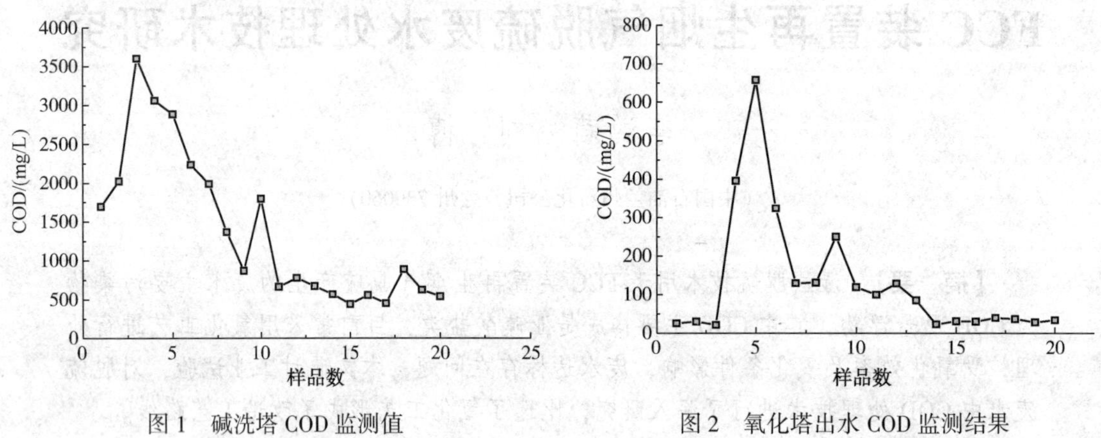

图 1 碱洗塔 COD 监测值　　图 2 氧化塔出水 COD 监测结果

针对 COD 监测数据，拟定工业实验目标值为：COD≤60mg/L。对废水氧化工艺组织了比选研究，确定最佳工艺路线。

3 空气氧化处理碱洗塔底部水

碱洗塔塔底水 COD 主要组成物质为亚硫酸盐，在较低温度下，空气可氧化亚硫酸盐为硫酸盐，从而实现外排水的 COD 达到排放标准。并且空气氧化过程成本低廉，且不引入新的污染源。从不同温度、反应时间下空气氧化对 FCC 烟气脱硫装置废水 COD 去除能力进行了试验研究。

3.1 常温条件下废水氧化试验研究

试验温度 18℃，空气流量 0.25m³/h。反应进行至 90min 时，处理水 COD 值为 83.27mg/L，反应至 180min 时，处理水 COD 值为 63.67mg/L，此时气水比为 83：1。持续进行反应，处理水 COD 无明显下降。试验结果显示，在室温情况下，空气氧化可降低 FCC 烟气脱硫废水的 COD 值，COD 值最低可达 60~70mg/L。试验结果见图 3。

3.2 40℃下废水氧化试验研究

试验过程中，控制反应温度在 40℃±4℃，空气流量为 0.1m³/h。

如图 4 所示，由试验结果可知，反应进行到 3h 后，处理水 COD 即降低至 44.40mg/L，达到了试验目标值，此时气水比约为 33：1，持续进行反应，处理水 COD 无明显下降。在 40℃的条件下，空气氧化可降低 FCC 烟气脱硫废水的 COD 值，COD 值最低可达 35~45mg/L。

增加反应系统温度，可以在降低反应气水比的条件下，增加氧化反应深度，处理后水 COD 可达到更低(18℃时最低为 63.67mg/L，40℃时刻达到 44.40mg/L)。

40℃下，增加空气流量至 0.25m³/h，进行空气氧化反应，试验结果如图 5 所示。

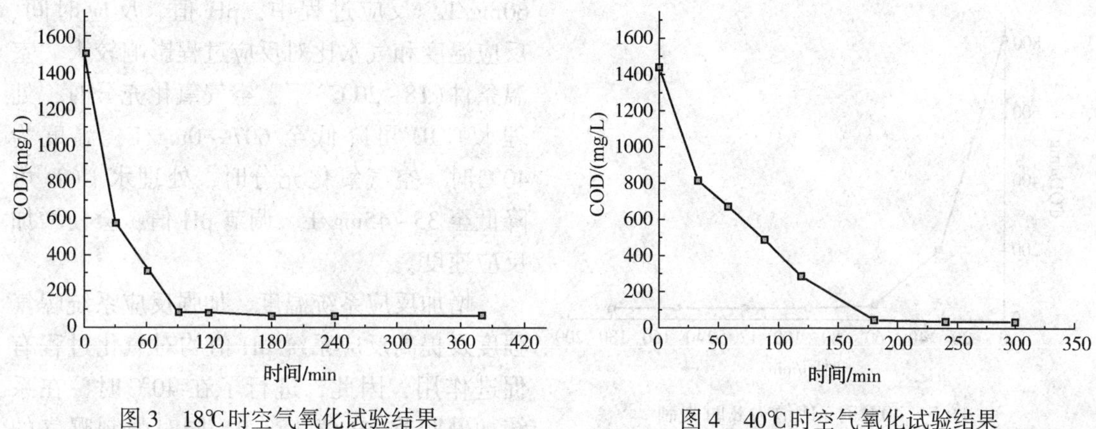

图 3　18℃时空气氧化试验结果　　图 4　40℃时空气氧化试验结果

增加了反应过程中的气水比，达到排放要求的 COD 值出现在 120min 处，说明反应速度明显增加，气水比对反应速度影响较大。起始 COD 值低是因为该水样未进行反应时，温度为 18℃，在电炉上面加热至 40℃进行的反应，加热过程中水中有空气气泡产生，会降低反应水 COD 值。反应体系在进行到 120min 时，其 COD 即达到 39. 48mg/L。

塔底水加入碳酸钠调节 pH 值至 8. 0，在 40℃条件下进行空气氧化反应，试验结果见图 6。

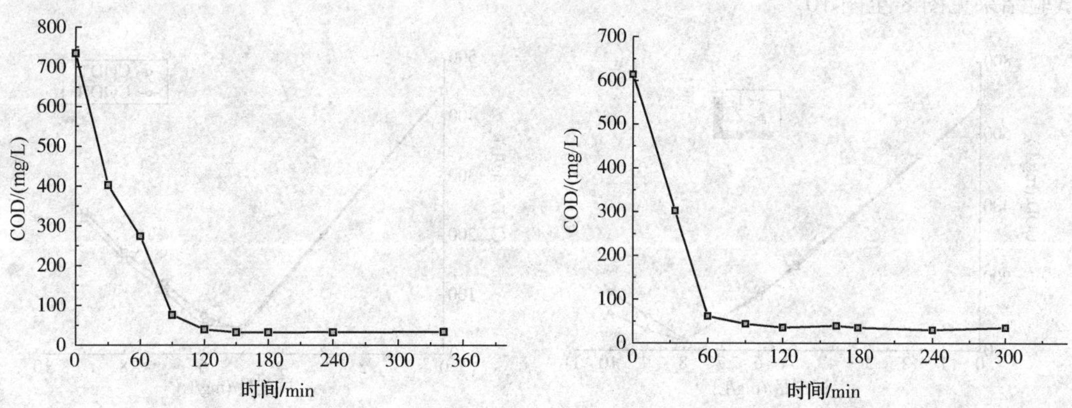

图 5　40℃时增加气水比空气氧化试验结果　　图 6　40℃时 pH 值为 8 时空气氧化试验结果

在 90min 时，反应体系 COD 即达到 44. 0mg/L，说明加碱会加快反应过程的进行。

和未进行 pH 调节的氧化过程相比，加入碳酸钠会使反应过程进行的更加迅速，这是由氧化反应过程所决定的：

FCC 烟气脱硫装置废水中的 COD 主要组成物质是亚硫酸盐，在水中可被空气氧化为硫酸盐，反应过程如下：

$$2SO_3^{2-}+O_2 \longrightarrow 2SO_4^{2-}$$

$$2HSO_3^{-}+O_2 \longrightarrow 2SO_4^{2-}+2H^{+}$$

$$H^{+}+OH^{-} \longrightarrow H_2O$$

加入碳酸钠可降低反应过程中产生的氢离子浓度，增加反应速度。

空气氧化处理 FCC 脱硫烟气处理装置废水，反应充分的条件下可降低处理水 COD 至

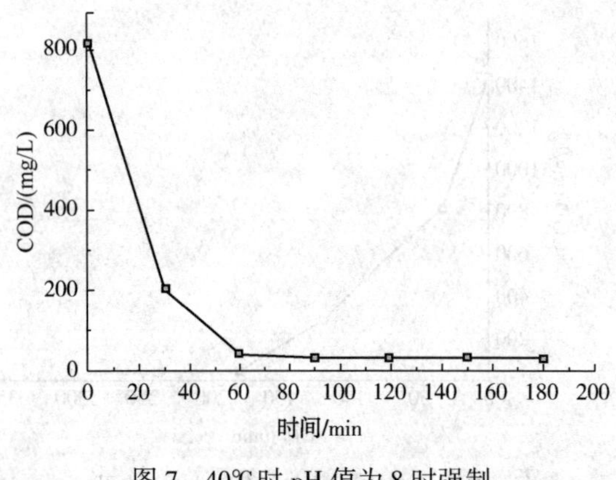

图 7　40℃时 pH 值为 8 时强制曝气氧化试验结果

60mg/L，反应过程中，pH 值、反应时间、反应温度和气水比对反应过程影响较大。室温条件(18~20℃)下，空气氧化充分时，处理水 COD 可降低至 607 ~ 0mg/L，温度为 40℃时，空气氧化充分时，处理水 COD 可降低至 35~45mg/L，调节 pH 值，会使增加反应速度。

增加反应系统温度、加强反应系统曝气强度及提高反应系统 pH 值均对氧化过程有促进作用，因此，进行了在 40℃时，在系统加碱调节 pH 值为 8.0，同时强制曝气的试验，试验结果见图 7。

4　H_2O_2氧化和 Fenton 试剂氧化反应比较

双氧水和 Fenton 试剂对 FCC 烟气脱硫污水的还原性物质均有氧化效果，可得到去除该污水 COD 的目的，对相同双氧水用量的两组双氧水氧化和 Fenton 试剂氧化进行对比研究，试验结果见图 8 至图 10。

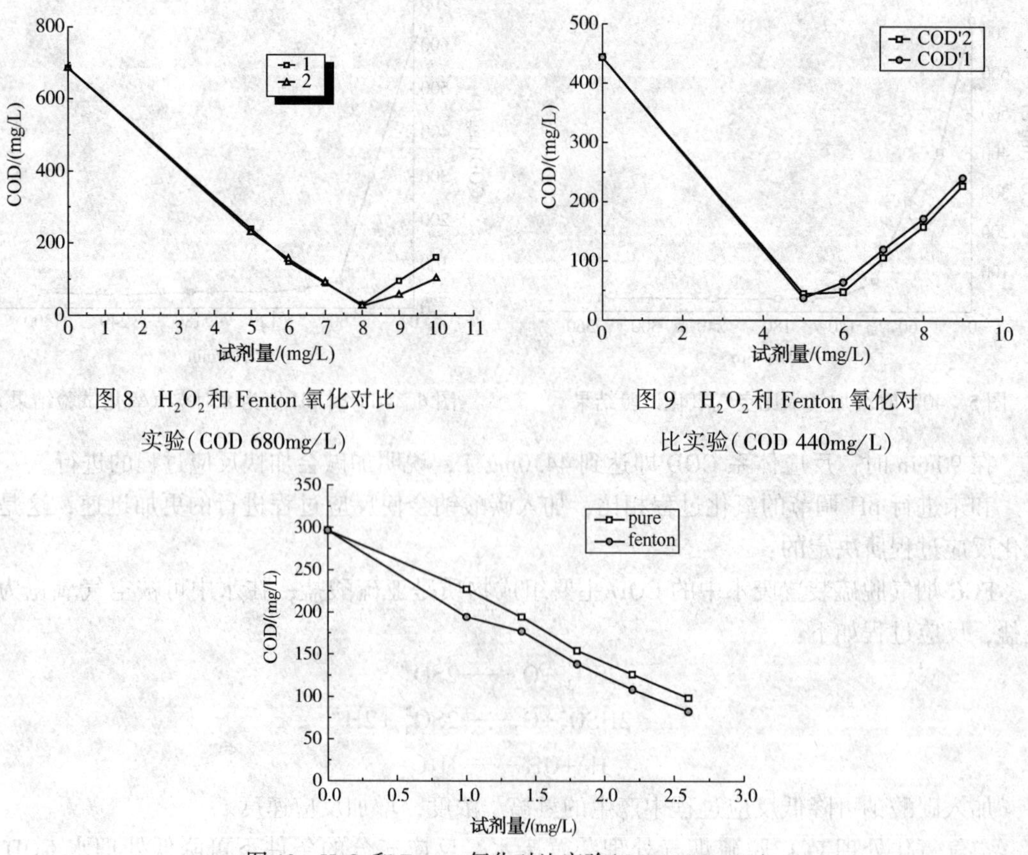

图 8　H_2O_2和 Fenton 氧化对比实验(COD 680mg/L)

图 9　H_2O_2和 Fenton 氧化对比实验(COD 440mg/L)

图 10　H_2O_2和 Fenton 氧化对比实验(COD 296mg/L)

对 COD 为 680mg/L、296mg/L 和 440mg/L 的 FCC 烟气脱硫废水分别进行了 Fenton 氧化试验和单独用双氧水氧化的试验，试验结果发现，两者曲线基本相同。在处理 FCC 烟气脱硫废水时，单独用双氧水对其进行氧化，可以达到使用 Fenton 试剂的效果。

5 试验结论及改造路线

5.1 试验结论

（1）FCC 烟气脱硫废水盐含量高，会对生物水处理系统造成冲击，对于无含盐废水处理系统的炼化公司，适宜于源头处理后实现达标排放，排放水污染物主要为 SS 和 COD。

（2）Fenton 试剂和双氧水均可达到降低外排水 COD 的目的，使外排水达标排放，但处理过程中，药剂用量和外排水 COD 的值成正比，运行成本较高。

（3）空气氧化可降低排放水 COD 且不产生二次污染物，在 40℃、加碱调节 pH、强制曝气的条件下，可在 60min 内使体系 COD 即降低至 50mg/L 以下，实现该废水达标排放的目的。

（4）FCC 烟气脱硫废水处理，应充分利用空气氧化能力，减少药剂消耗和处理成本，实现外排水达标排放。

5.2 推荐改造路线

如图 11，新建氧化塔，实现脱硫废水三级氧化，同时引入现有装置余热，提高氧化工序反映温度在 40℃左右，从而提高氧化效率，提升外排废水水质。

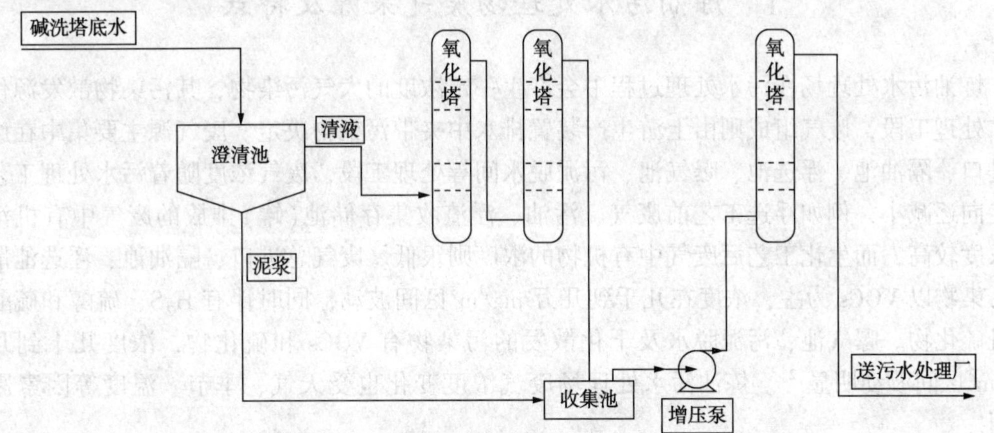

图 11 FCC 废水处理装置改造示意图

参 考 文 献

[1] 王敏琪．火电厂湿式烟气脱硫废水特性及处理系统研究[D]．浙江工业大学，2013.

[2] 陈美秀．石灰石-石膏湿法脱硫装置节能减排优化设计的研究[D]．浙江大学，2012.

催化氧化工艺在炼油污水废气处理中的应用及安全稳定运行对策

彭 波[1] 王天奇[1] 胡明刚[2]

（1. 中国石化金陵石化公司公用工程部，南京 210033；2. 青岛诺诚化学品安全科技有限公司）

【摘 要】 催化氧化工艺在废气治理行业是一种重要的技术手段[1]，该工艺在污水处理工段所产废气治理中的应用已日渐成熟，其中反应器入口 VOCs 浓度、催化氧化床层温度等关键参数的安全、稳定、可控是工艺设计的关键。通过 HAZOP 分析、分析仪表设置、联锁控制等措施，使得污水处理场废气浓度波动剧烈的特点得到了有效监测与控制，保证了该装置的长期稳定运行与达标排放。

【关键词】 催化氧化 污水处理废气 VOCs 浓度 安全 温度

1 炼油污水处理场废气来源及特点

炼油污水处理场在污水处理过程中会产生一定浓度的大气污染物，其污染物散发源位于污水处理工段，废气组成则由上游生产装置排水中夹带污染物决定。废气源主要集中在废气总进口、隔油池、浮选池、曝气池、污泥脱水间等处理工段，废气浓度随着污水处理工艺流程走向逐减小，例如浮选工艺前废气、污油、浮渣收集存储池（罐）排放的废气中有机污染物浓度较高，而生化工艺后废气中有机物的浓度则很低。废气总进口、隔油池、浮选池散发的污染物以 VOCs 为主，浓度在几千到几万 mg/m^3 区间波动，同时伴有 H_2S、硫醇和硫醚等有机硫化物。曝气池、污泥脱水及干化散发的污染物有 VOCs 和硫化物，浓度几十到几百 mg/m^3 区间波动明显[2]。炼油污水处理场废气浓度变化也受天气、季节、温度等因素影响剧烈。

污水处理场废气主要来自缓冲池、含油浮选、含盐浮选、污油罐、罐中罐、调节罐及油泥和剩余活性污泥储罐，以及曝气池和 MBR 好氧区的废气。此外，污水处理场其他产生废气源的诸如浮选泵房污油池、浮渣池、格栅井等废气也一并收集处理。浮选处理工艺以前段排放废气归类为高浓度废气，浮选以后处理工艺产生的废气归类为低浓度废气。

污水处理场废气会造成区域环境内人员发生急性中毒事件，引发呼吸道、消化系统、生殖系统等疾病，也会导致区域环境受到破坏，不符合国家环保法规要求。因此，污水处理场废气必须得到有效收集处理达标排放。废气经本装置处理后，净化气排放总烃浓度低于 $80mg/m^3$，苯浓度小于 $4mg/m^3$，甲苯浓度小于 $15mg/m^3$，二甲苯浓度小于 $20mg/m^3$，浓度指标满足我国大气污染物综合排放标准（GB 16297—1996）和石油炼制工业污染物排放标准（GB 31570—2015）的规定。

2 废气处理技术

随着环保治理技术日益发展，有机废气的处理技术主要有：低温等离子、TO 焚烧、RTO 蓄热焚烧、催化氧化法(RCO，Regeneration Catalytic Oxidizer)等[3~5]，每种方法各有特点，也都存在一定的缺陷，详见表 1。

表 1 几种废气处理技术对比

处理工艺	催化氧化	TO 焚烧	低温等离子	RTO 蓄热焚烧
投资	中等	大	较低	较大
进气浓度/(g/m^3)	不限	1~8	<1	1~10
排放浓度/(mg/m^3)	<10	<10	20~50	<10
运行温度/℃	300~500	800~1000	40	800~1000
运行成本	中等	较高	低	中等
净化率	较高	高	低	高
维护成本	较小	较大	较小	较大

催化氧化机理可用 Langmuir-Hinshelwood(L-H)模型来解释。催化反应由吸附在催化剂表面 O_2 与 VOCs 发生，具体的过程分为三步：首先，O_2 吸附在催化剂表面，并在贵金属作用下转化为活性氧；然后，VOCs 分子吸附在催化剂表面，但是 VOCs 不发生离解。最后，活性氧 ∗O 与贵金属表面的 VOCs 发生反应生成 CO_2 和 H_2O，如此循环往复使催化氧化反应持续进行，其反应式为：$C_nH_m+(n+m/4)O_2=nCO_2+(m/2)H_2O$。其催化剂有“三怕”：①毒性物质，如 Pb、S 等；②粉尘，易覆盖活性中心，或造成活性组分流失；③高温，易烧结。

3 RCO 废气处理装置

3.1 工艺流程

分公司污水处理场 2018 年 7 月新建投运一套 20000m^3/h(标准状态，下同)高浓度废气处理装置，为分公司炼油污水处理场尾气处理装置提标改造项目。主要技术采用 RCO 蓄热式催化氧化技术，由中石化青岛安工院成套供货。同时从原 A，B 套低浓度尾气处理装置引风机出口引低浓度废气至新装置，用于稀释高浓度废气后一并处理，减轻原低浓度废气处理装置负荷，工艺流程见图 1。

3.1.1 预处理部分

高浓度废气经过管道输送至装置入口，由于该股废气的湿度较大，长距离管道输送会有凝液形成，因此废气首先进入脱液罐。高浓度尾气中的硫含量约为 50μg/g，含硫化合物会影响反应器内催化剂的使用寿命，脱水后的高浓度有机废气通过风机 C-1001A/B 升压后进入脱硫罐，经过脱硫处理后硫含量降至 1μg/g 以下。高浓度有机废气的 VOCs 浓

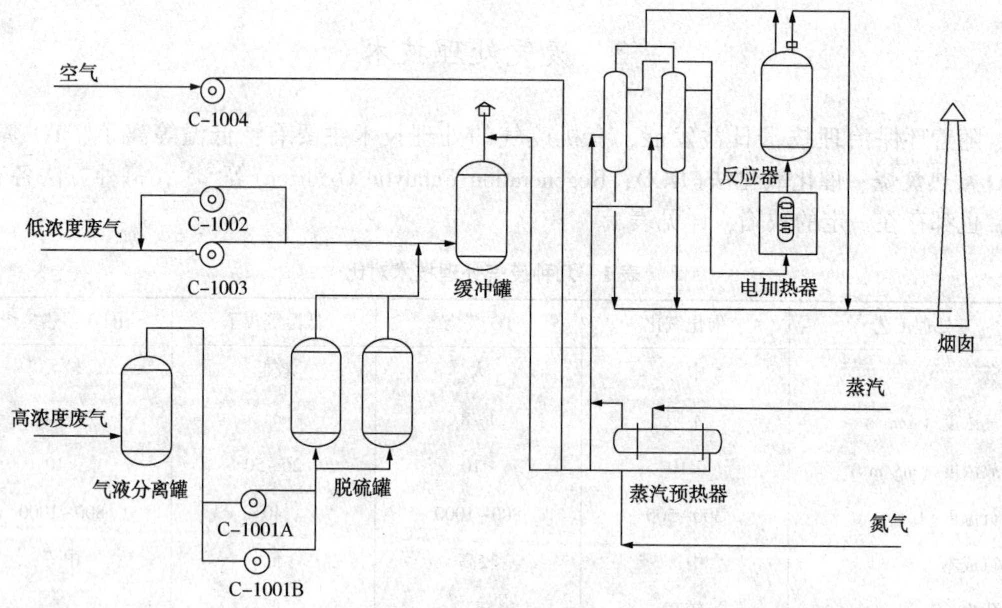

图 1　RCO 废气处理工艺流程

度需要稀释至 $7g/m^3$以下，以确保可燃气体浓度低于爆炸范围。根据不同的工艺条件，系统分别选择低浓度废气和空气稀释方式通过混合器 M-1001 后进入缓冲罐。气体在缓冲罐中进行稳压缓冲后进入反应部分，缓冲罐可为在线分析仪表争取响应时间，保证系统的安全稳定。

3.1.2　反应部分

经过稀释处理后的气体首先进入蒸汽换热器预加热，换热器出口气体温度控制在 120~130℃。然后，气体进入余热回收换热器(开车阶段此处换热不明显，无法达到需要的起始温度)，气体通过余热回收换热器之后进入电加热器内升温至 320~370℃，达到起燃温度后的气体从催化反应器底部进入。气体首先在反应器底部的低温催化剂床层进行催化氧化反应，经过反应放热，低温催化剂床层出口温度升至 390~450℃[6,7]。气相继续进入高温催化剂床层进行反应，高温床层出口温度约为 450~550℃。反应器出口的高温气体进入换热器，与低温进料换热之后温度降至 150℃左右，通过烟囱排放大气。

3.2　装置运行情况

RCO 废气处理装置于 2018 年 7 月 1 日正式开工运行至今已稳定运行 1 年多时间，并于 2018 年 10 月进行标定。在标定过程中，调节反应器进口温度 325~375℃，反应器进口废气非甲烷总烃浓度在 $3\sim8g/m^3$的条件下，控制反应器出口温度在 450~520℃。在装置标定期间，装置连续平稳运转。净水工区将引风机处理负荷及变频器调节至 50%~60%，高浓度废气收集处理量为 $1800\sim3200m^3/h$。标定期间因各废气源废气产生量不足，使得引风机收集高浓度废气量没有达到标定要求的 70%负荷以上，从现场监控负压表也可看出其各负压都在-3kPa(已达到报警值)。本次标定以非甲烷总烃作为标定主要参数，标定期间相关数据见表 2 和表 3。

表 2 标定期间 RCO 装置非甲烷烃浓度 mg/m³

采样时间	非甲烷烃浓度	
	进口	出口
10-17T10：30	6910	82.1
10-17T14：30	6560	7.5
10-18T10：30	6570	12.3
10-18T14：30	7180	11.0
10-19T10：30	5530	10.2
10-19T13：30	4840	1.5
10-19T14：30	4950	1.8

表 3 标定期间 RCO 装置苯系物分析数据 mg/m³

采样日期	苯		甲苯		二甲苯	
	进口	出口	进口	出口	进口	出口
10-17	0.0407	0.0405	0.0141	0.0070	0.315	0.178

注：苯系物由江苏国恒检测分析，因其为非重点指标，故仅分析一个样。

从表 2 可看出，有六个分析数据达到≤80mg/m³，其中 17 日上午的数据超标，主要是标定刚开始，其反应器温度未能调控到最佳状态，经过及时操作调整，其他数据都能达标。从表 3 可看出其苯系物处理也能达到排放标准。

标定期间 RCO 装置反应器温度和高浓度废气流量见表 4，可以看出，反应器入口温度在 340~370℃，出口温度在 462~515℃时，其处理效果良好，通过标定，我们及时修订工艺操作卡片和相关温度控制指标。

表 4 RCO 装置标定反应温度及处理废气流量

采样时间	反应器温度/℃		高浓度废气流量/(m³/h)
	入口	出口	
10-17T10：30	310	405	3200
10-17T14：30	340	505	3000
10-18T10：30	346	462	3000
10-18T14：30	345	467	3000
10-19T10：30	346	485	3000
10-19T13：30	375	515	1800
10-19T14：30	370	512	1800

3.3 异常工况及处理措施

在 RCO 废气处理装置运行期间，出现了一些异常情况，经过调整处理，确保了其稳定运行。

(1) 脱硫罐温升明显。原因是废气中 H_2S 含量过高(最高时达到 240μg/g，是设计上限的 4.8 倍)，导致吸附放热量迅速增加，热量无法及时带走导致温升，正常温度应控制在 60℃以下。处理措施：降低高浓度废气进气量，直至关闭高浓度废气风机和管道阀门。如果停止高浓度废气后温度仍然上升或降温不明显，打开脱硫罐进口管线上的氮气阀门，向系统内注入氮气，排出氧气，避免脱硫炭燃烧风险。

(2) 脱硫罐出口硫含量超标。设计寿命之内脱硫罐出口的硫含量超标，可能是瞬时高浓度废气的中 H_2S 浓度过高，导致脱硫炭床层被击穿。此时通过降低高浓度废气的进气量，H_2S 报警信号会解除。如果报警信号持续，则考虑是脱硫炭寿命已到。每一罐炭的设计寿命是 4200h，正常情况下，使用 2100h 后应加强现场采样分析的频次。分析确定脱硫炭寿命快要到达后，进行脱硫罐切换作业，同时做好备用炭的采购、更换事宜。如不注重硫含量检测，催化剂的寿命将受到影响。

(3) 反应器内温度飞升。原因是进入反应器的气体中有机物浓度过高，此时的处理措施可分为几个步骤进行处理。首先降低高浓度有机气的进气量，增加新鲜空气的补入量；如果温度持续升高，切断电加热器和蒸汽预热器，打开余热回收换热器的旁通阀，打开反应器前段的氮气减压阀补充氮气；如果长时间温度超过设定值，催化剂的活性会退化，直至失去催化性能。

(4) 反应器内温度降低。原因是高浓度有机废气的浓度过低或废气量低，无法维持床层温度。此时应打开蒸汽预热器，提高高浓度有机废气的进气量。如果通过监测数据呈现长期下降趋势，则可能是催化剂的活性降低造成的。

(5) 反应器的爆破片在事故状态时起到泄压保护的作用，如果在装置运行过程中，泄压管线上的温度传感器报警，应考虑爆破片损坏，考虑停工进行更换。

4 RCO 装置安全稳定运行对策

金陵石化污水处理场 2012 年投用的 5000m^3/h 高浓度催化氧化废气处理装置在运行过程出现过两次闪爆。主要是因为废气中可燃气体浓度过高，由于电加热器漏水产生静电火花，导致位于反应器前端的箱体过滤器处同一位置发生闪爆，致使过滤器密封门开裂变形，未造成人员伤亡。

为汲取深刻教训，确保新 RCO 装置安全稳定运行，认真分析了原有装置存在的缺陷，对新建装置从设计环节到运行管理全过程进行了 HAZOP 分析，找出诸多问题，提出一些改进措施。

4.1 控制废气浓度，确保可燃气体浓度始终在爆炸下限

污水处理场高浓度废气受来水中夹带污染物不同而变化，上游生产装置异常不仅导致污水处理场水质变化，而且也会导致废气浓度剧烈波动；污水处理场废气也随气温变化而变化，同时也随工艺操作变动如污油罐加温、浮选排渣操作等变化。因此，废气如不进行稀释，废气中有机物浓度升高，反应器温度会升高，极容易损坏催化剂活性，同时会使得有机物浓度达到爆炸极限，反应器内易发生爆炸可能。

根据污水处理场气源产生的废气浓度大小分高浓度废气和低浓度废气两个收集系统，分

别引到装置界区，并设有浓度自动调节装置。用空气或低浓度废气与高浓度废气混合调节废气中污染物浓度，加入稀释空气(最大量 10000m^3/h)，使进入装置的废气浓度在 25%LEL(爆炸下限)以下。可同时引入低浓度废气最大量在 15000m^3/h，以灵活调控废气中可燃气体浓度。

同时针对污水处理场废气浓度变化较大的特点，我们在调节控制上利用 DCS 系统的 PID 整定，实现系统进气 VOCs 浓度自动控制，使废气中污染物浓度变化始终处于相对稳定的状态，最大限度避免出现异常波动情况发生。

4.2 完善报警联锁系统，实现自动化操控

装置设有多点报警、联锁系统，紧急情况下自动停车。在脱硫罐设置氮气补充线，以防止脱硫罐剧烈温升导致的自燃，通过监控温度变化，一旦温度达到设定值，系统充氮保护，氮气阀门自动打开补充氮气隔绝空气起到阻燃作用。反应器分层设置温度仪表，温度六取一联锁保护。在催化反应的起始温升电加热器设置温度控制回路 TIC-70001、设有温度高自保停机联锁、设有 DCS 高温报警提醒和手动停机按钮等；在烟气换热器高温烟气设置热旁路，管线增设温度调节阀 TV-70001 装置联锁逻辑见图 2。

4.3 增设先进的废气 VOC 浓度和可燃气体浓度在线检测仪

增设先进的废气 VOC 浓度和可燃气体浓度在线检测仪，能在极短时间捕捉到其浓度变化，实现自动调控与联锁。严格按高浓度废气流速 15m/s 核定，距装置 100m 安全距离，设置高浓度气 VOC 仪表 AT-70001，一旦仪表报警后可提前启动调节手段，设置联锁保护。同时又在混合气总管设置 VOC 仪表 AT-70002/70003，不仅进行控制调节，而且设置二选一联锁保护，该在线检测表灵敏度较高，能在 5s 内及时分析采集到 VOC 和可燃气体浓度，为提前启动调节手段，实现联锁保护，赢得时间。

这样，高浓度废气进装置有两道在线仪表检测防线，可以及时捕捉到废气浓度变化，适时进行浓度调控，最终使可燃气体浓度始终处于 25%的下限以下。

AT-70002 为氢离子火焰浓度分析仪(FID)，样气由 FID 仪表自带的活塞泵从管道内抽出后送至仪表检测室，其仪表样气管路设置了冷凝除水器、物理过滤器、水滴分离器、止回阀、阻火器等部件，保证了样品气的纯净和系统安全。

4.4 设置气相缓冲罐

为延长爆炸性气体进反应器时间，争取自控仪表阀门的响应时间，在混合废气进反应器前设置气相缓冲罐。通过该缓冲罐，使高、低浓度废气充分混合，可为得到进反应器前准确的废气浓度和含爆炸气体浓度，争取 10s 时间，即使考虑到自控阀门开关动作反应时间在内，也能通过该缓冲作用赢取足够反应时间。

4.5 每个废气源收集处增设阻火器

污水处理场废气收集集中处理，必然带来各气源点由废气收集管相联通，当出现爆炸或火灾事故时，极易发生连环爆炸或火灾事故，危险极大。因此，为消除该安全隐患，在每个废气源收集处增设阻火器，在高低浓度废气混合处设有阻火器，两级阻火隔离，以确保将事故控制或限制在一定范围程度，达到隔离效果。另外，装置设置紧急泄放管线，管道内高浓度气能及时从反应器入口段走短路放空。反应器设置爆破片，释放爆炸冲击，保护反应器。

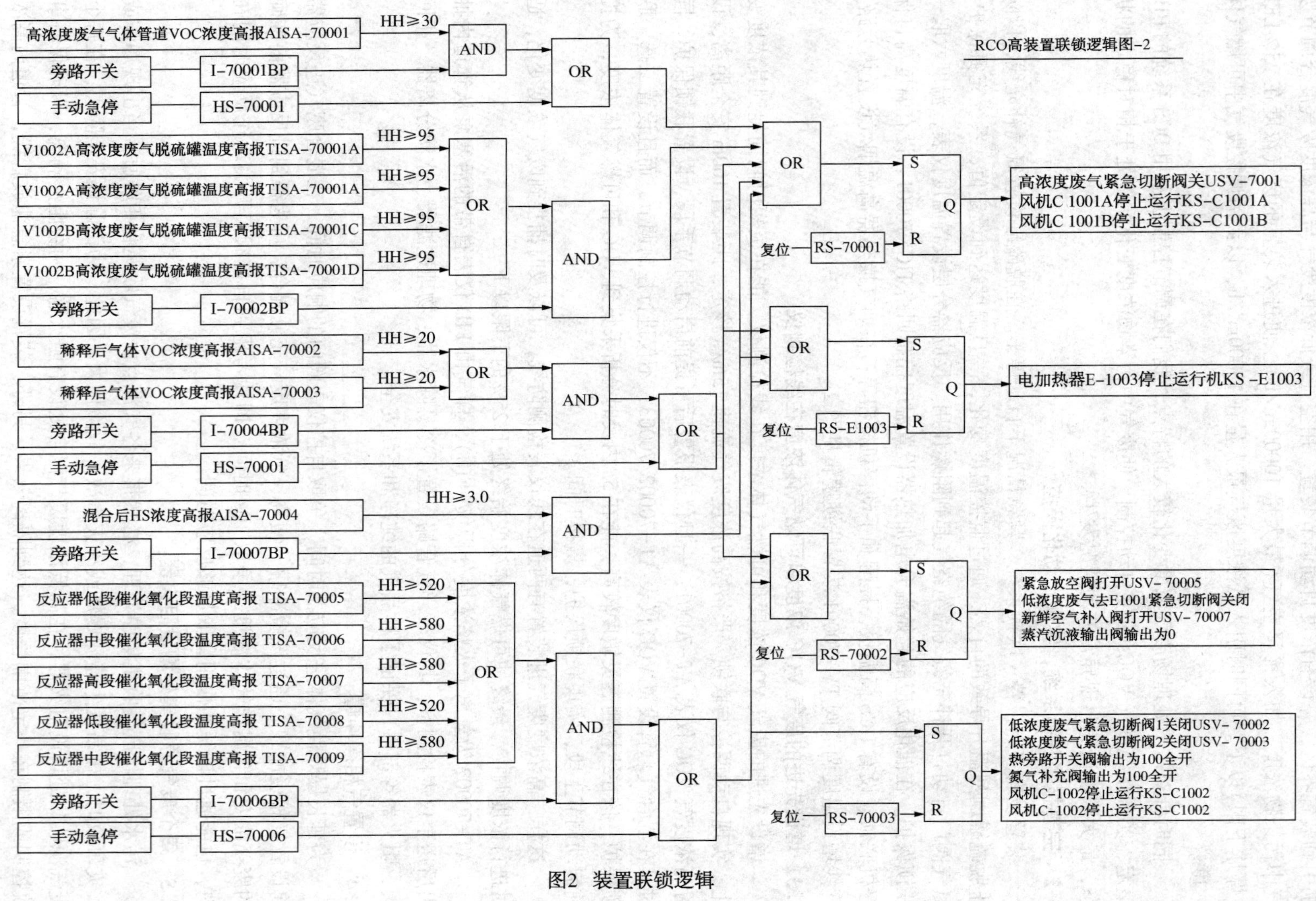
RCO高装置联锁逻辑图-2
高浓度废气气体管道VOC浓度高报AISA-70001
HH≥30
AND
旁路开关
I-70001BP
手动急停
HS-70001
OR
V1002A高浓度废气脱硫罐温度高报TISA-70001A
V1002A高浓度废气脱硫罐温度高报TISA-70001A
V1002B高浓度废气脱硫罐温度高报TISA-70001C
V1002B高浓度废气脱硫罐温度高报TISA-70001D
HH≥95
HH≥95
HH≥95
HH≥95
OR
AND
旁路开关
I-70002BP
OR
S
Q
R
复位
RS-70001
高浓度废气紧急切断阀关USV-7001
风机C 1001A停止运行KS-C1001A
风机C 1001B停止运行KS-C1001B
稀释后气体VOC浓度高报AISA-70002
稀释后气体VOC浓度高报AISA-70003
HH≥20
HH≥20
OR
AND
旁路开关
I-70004BP
手动急停
HS-70001
OR
OR
S
Q
R
复位
RS-E1003
电加热器E-1003停止运行机KS -E1003
混合后HS浓度高报AISA-70004
HH≥3.0
旁路开关
I-70007BP
AND
反应器低段催化氧化段温度高报 TISA-70005
反应器中段催化氧化段温度高报 TISA-70006
反应器高段催化氧化段温度高报 TISA-70007
反应器低段催化氧化段温度高报 TISA-70008
反应器中段催化氧化段温度高报 TISA-70009
HH≥520
HH≥580
HH≥580
HH≥520
HH≥580
OR
AND
OR
S
Q
R
复位
RS-70002
紧急放空阀打开USV- 70005
低浓度废气去E1001紧急切断阀关闭
新鲜空气补人阀打开USV- 70007
蒸汽沉液输出阀输出为0
旁路开关
I-70006BP
手动急停
HS-70006
OR
S
Q
R
复位
RS-70003
低浓度废气紧急切断阀1关闭USV- 70002
低浓度废气紧急切断阀2关闭USV- 70003
热旁路开关阀输出为100全开
氮气补充阀输出为100全开
风机C-1002停止运行KS-C1002
风机C-1002停止运行KS-C1002

图2 装置联锁逻辑

5 小 结

废气处理装置易发生闪爆事故，且由于废气收集系统互为连接，一旦发生闪爆，极易导致连环闪爆等，因此，装置的安全稳定运行极为关键，有效的安全应对设施是确保装置安全稳定达标处理的前提和保障。现 RCO 废气处理装置已稳定运行一年多，通过进行安全风险评估(HAZOP)分析等，完全可以识别出危险，制定有针对性的措施，使得装置运行始终处于高效、安全状态。

参 考 文 献

[1] 袁烨，曹刚，翟星. 挥发性有机物治理工艺及催化剂研究进展[J]. 工业催化，2019，27(7)：11-18.
[2] 赵雷，王莜喃，王新，等. 石化 VOC 废气深度净化技术开发及工业应用[J]. 环境工程，2016，(S1)：569-571.
[3] 杨传忠，荣中原，廖庆花，等. 污水处理厂臭气处理方法分析[J]. 再生资源与循环经济，2019，12(07)，38-40.
[4] 关超敏. 常用 VOCs 废气处理工艺的优缺点分析[J]. 中国环保产业，2019，(07)，46-48.
[5] 刘鑫，徐丽，王灏瀚. 关于 VOCs 有机废气处理技术研究进展[J]. 四川化工，2016，19(04)，12-16.
[6] 张斌. 低温催化氧化装置处理石化生产废气[J]. 安徽化工，2018，44(06)，104-105，109.
[7] 程龙军，尹树孟，宫中昊，等. 低温催化氧化中试装置对典型 VOCs 的治理效果分析[J]. 安全、健康和环境，2017，17(01)，33-36.

液氨罐区安全阀排放气治理方案探讨

贾永政

（中国石油兰州石化公司环境监测与管理部，兰州 730060）

【摘　要】 异味治理已成为石油化工企业需要面对普遍存在的问题，本文将常见液氨罐区氨臭异味治理作为一个典型问题进行分析，为解决氨气异常排放提供了解决思路。

【关键词】 液氨罐区　安全阀　恶臭　异味治理　冰机

氨常用于生产氮肥、硝酸、纯碱或含氮无机盐、有机中间体等化工制品，也常常被用于冰机作为冷冻剂使用。近年来，还常被用来制造氨水作为烟气脱硝助剂使用。氨在被大量广泛使用的同时，伴随而来的是恶臭异味扰民及环境污染等诸多负面影响。随着公众对环境保护的意识的增强，对生活环境中空气质量要求的提高，在一些工矿企业集中的地区尤其是石油化工企业周边的居民，对恶臭气体、异味气体的投诉也日益增多；因此，氨臭异味治理就成为企业需要面对普遍存在的问题之一，本文将就这一常见问题的治理进行探讨分析。

1　前　　言

在《石油化工企业设计防火标准》(GB 50160—2008)中对液氨罐区的设计与安全防护等方面做了诸多要求，对罐区的安全阀排放气处置也提出了明确要求，“5.5.10 氨的安全阀排放气应经处理后放空。”；在《恶臭污染物排放标准》(GB 14554—93)中将氨列为八种恶臭污染物之一，会定了其一次最大排放限值与无组织排放的厂界浓度限值；在《事故状态下水体污染的预防和控制规范》(Q/SY 08190—2019)中亦有明确要求“A.2.1 液氨储罐组应设吸收、排污措施。”；但是如何处理安全阀排放气却成为日常生产运行中亟待解决的问题。

2　氨的基本性质

（1）氨分子式为 NH_3，是一种无色但有强烈刺激性恶臭气味的气体。

（2）极易液化，在常压下冷却至-33.34℃或在常温下加压至700kPa至800kPa，气态氨就液化成无色液体，同时放出大量的热。液态氨汽化时要吸收大量的热，使周围物质的温度急剧下降，所以氨常作为制冷剂。

（3）极易溶于水，常温常压下氨在水中的溶解比为1：700，水溶液即氨水呈弱碱性，具有极强的腐蚀作用。

（4）人体接触氨气浓度达到67.2mg/m^{3}时，鼻咽部位有刺激感，眼有灼痛感；140～210mg/m^{3}时，身体有明显不适；达到553mg/m^{3}时可立即出现强烈刺激症状；浓度3500～

7000mg/m^{3}时可立即死亡；

（5）氨能在纯净的氧气中燃烧，生成氮气和氢气，可与酸反应生成铵盐；在一定温度压力和催化剂的作用下氨气可分解为氢气、氮气。

从氨的基本性质可知，氨气对企业员工、周边居民造成人身伤害、对环境造成污染，因此，涉氨企业需要对所排放氨气进行治理，消除由此引发的风险。

3 液氨罐区排放氨气情况

根据相关标准规范内容，对液氨储罐区防火堤、防火间距、储存系数、液位计、压力表和安全阀、温度指示仪、应急处置措施等进行了要求。

液氨储罐多采用定压不同的双安全阀设计，根据罐内气体压力进行逐级起跳排放。其中，控制安全阀未辅助安全阀，起跳压力相对较低，气体泄放能力较弱、单次起跳泄放量较小，起到压力警示及初步降低储罐压力的作用；而工作安全阀为主安全阀，起跳压力相对较高，泄放能力强，单次起跳泄放量大，是火灾等导致罐内压力急剧陡升时的主要排放泄压手段。在日常运行中，根据超压情况逐级起跳排放，避免了单次排放量大的问题。

在采用以上设计后，排除罐区因设备、管线、法兰等泄漏造成的无组织排放氨气外，罐区排放氨气的途径仅有安全阀起跳这一可能；但是，罐区安全阀起跳存在阵发性、瞬时性的特点，这又对排放气体的处理造成困难。

4 液氨罐区排放氨气处理方案

通过参考氨气的基本性质以及工艺操作实际，可通过采取以下处理方案实现氨气排放治理的目的。

4.1 循环回收法

利用氨气极易液化成液氨的物理性质，将液氨储罐的辅助安全阀放空线引入氨气缓冲罐中，经由压缩机等对罐内氨气进行回收循环使用。

4.2 溶解吸收法

利用其常温常压下极易溶于水的特性，将液氨储罐的辅助安全阀放空线引入水或稀硫酸溶液中，将排放的氨气配置成氨水或硫酸铵溶液。可采用卧罐或水槽底部布设多孔吸收管进行吸附，也可使用气液对流吸附方式的吸收塔进行快速吸附。此方法将产生大量高氨氮水体，需有后续配套处理设施辅助处理氨气吸收液。

4.3 火炬焚烧法

由于氨气仅在纯氧条件下燃烧生成氮气和水，而在正常生产运行中不能满足该条件，所以在使用常规火炬焚烧氨气时，氨气需在催化剂作用下与氧气反应产生一氧化氮和水，此举将造成更为严重的环境污染；同时，氨气与空气中的二氧化碳在有水的条件下会生成铵盐，而铵盐附着火炬管线上将会堵塞火炬，从而带来风险。

此外，氨气完全燃烧温度约在1300℃，而炼化企业火炬一般采用炼厂干气或天然气作为火炬燃料，其燃烧火焰温度较低，此时氨气燃烧不充分，因此火炬焚烧处理氨气效果有待商榷。

（1）在纯氧中燃烧 $4NH_3+3O_2 = 2N_2+6H_2O$

（2）空气中催化氧化燃烧 $4NH_3+5O_2 = 4NO+6H_2O$

（3）与水、二氧化碳 $NH_3+CO_2+H_2O = NH_4HCO_3$

4.4 氨气催化分解法

利用氨气在一定温度压力和催化剂的作用下可分解为氢气、氮气的特性，采用预加热及催化分解的方式将排放的氨气分解为氢气和氮气，经由变压吸附(PSA)方式回收氢气燃烧再供热等措施，最终仅排放氮气，可有效防止氨气直排大气所产生的人体伤害及环境危害。

（1）高温高压及催化剂作用下分解反应 $2NH_3 = N_2+3H_2$

（2）回收氢气燃烧 $2H_2+O_2 = 2H_2O$

5 生产应用处理方案

兰州石化公司在实际生产中，氨气主要用作冰机冷冻剂，因此采用溶解吸收法，将氨储罐的辅助安全阀放空线引入氨水配置罐中溶解吸收，实现减少氨气外排的目的。在冬季停用冰机期间，将系统管线内无法回收的氨水输送到氨氮气提装置，加热后通过气提塔将氨与水分离，达到去除水体中氨氮的目的，水体排入下游污水处理设施进一步处理；分离出来的氨由闭路循环空气携带至吸收塔中，与硫酸发生中和反应形成硫酸铵溶液，送至硫酸铵储罐储存使用。

6 结束语

恶臭污染治理是环境空气质量改善的重点之一，企业要积极主动减少二丑污染物的排放，对原料、助剂、生产工艺、排放污染物等进行分析研究，制定并采取有效控制措施，加强恶臭污染物管控，确保排放污染物在达标排放的基础上，持续改善区域环境空气质量，促进企业健康绿色发展。

参考文献

[1] GB 50160—2008 石油化工企业设计防火标准[S].

[2] GB 14554—93 恶臭污染物排放标准[S].

[3] Q/SY 08190—2019 事故状态下水体污染的预防和控制规范[S].

某天然气净化厂挥发性有机物污染源排查与核算方法探讨

魏　媛　王洪春

（中国石化中原油田环保监测总站，濮阳 457001）

【摘　要】 综述了某天然气净化厂挥发性有机物污染源排查的主要范围，包括设备动静密封点泄露、有机液体储存调和挥发损失、有机液体装卸挥发损失、废水集输储存处理处置过程逸散、工艺有组织排放、冷却塔循环水冷却系统释放、工艺无组织排放和燃烧烟气排放等过程。通过排查，有针对性地提出了监测的主要污染源，提出了某天然气净化厂挥发性有机物总量核算的方法。

【关键词】 天然气净化厂　挥发性有机物　污染源排查　核算方法

挥发性有机物（VOCs），是指常温下饱和蒸汽压大于70Pa、常压下沸点在260℃以下的有机化物，或在20℃条件下蒸汽压大于或者等于10Pa具有相应挥发性的全部有机化合物。VOCs是臭氧和二次有机气溶胶的关键前体物，在大气光化学反应过程中扮演着极其重要的角色。我国作为制造业大国，VOCs排放量位居世界第一位，VOCs治理一直以来都是我国化工企业在大气污染防治方面的重点和难点之一。环境保护部提出了《“十三五”挥发性有机物污染防治工作方案》，并要求2020年石油炼制、石油化工行业VOCs排放量减少40%以上。本文主要对天然气净化厂挥发性有机物污染源进行了排查，对挥发性有机物排放情况进行监测，并核算挥发性有机物排放量，为某天然气净化厂提出治理技术评估方法，提高VOCs排放管控水平。

1　挥发性有机物调查范围

该天然气净化厂主要为含硫天然气的处理和净化，包括6套联合生产装置、公用工程和辅助生产设施，主要生产装置包括脱硫单元、脱水单元、硫黄回收单元、尾气处理单元、酸性水汽提单元和硫黄成型装置。公用工程包括新鲜水系统、消防水系统、蒸汽及凝结水系统、锅炉房、循环冷却水系统、空分空压站、燃料气系统、供电系统和通信系统。辅助生产设施包括污水处理装置、硫黄料仓、火炬与放空系统等。根据生产工艺确定本次调查监测的对象为天然气净化厂所属涉及VOC产生及排放的设备动静密封点泄露、有机液体装卸、储存和调好挥发损失、工艺过程有组织排放和无组织排放、废水收集、储存、处理过程中散逸等。具体调查范围见表1。

表1 挥发性有机物排查范围

序号	源项	描述
1	设备动静密封点泄漏	涉VOC物料的装置或设施的动、静密封点排放的VOCs(包括泵、压缩机、搅拌器、阀门、泄压设备、取样连接系统、开口阀或开口管线、法兰、连接件和其他等10大类)
2	有机液体储存与调和挥发损失	VOCs排放来自挥发性有机液体固定顶罐(立式和卧式)、浮顶罐(内浮顶和外浮顶)的静止呼吸损耗和工作损耗
3	有机液体装卸挥发损失	挥发性有机液体在装卸、分装过程中逸散进入大气的VOCs
4	废水集输、储存、处理处置过程逸散	废水在收集、储存及处理过程中从水中挥发的VOCs
5	工艺有组织排放	主要指生产过程中装置有组织排放的工艺废气，其VOCs的排放受生产工艺过程的操作形式(间歇、连续)、工艺条件、物料性质限制
6	冷却塔、循环水冷却系统释放	由于设备泄漏，导致有机物料和冷却水直接接触，冷却水将物料带出，冷却过程由于凉水塔的汽提作用和风吹逸散，从冷却水中排入大气的VOCs
7	工艺无组织排放	是指非密闭式工艺过程中的无组织、间歇式的排放，在生产材料准备、工艺反应、污染物通过生产加注、反应、分离、净化等单元操作过程，通过蒸发、闪蒸、吹扫、置换、喷溅、涂布等方式逸散到大气中，属于正常工况下的无组织排放
8	燃烧烟气排放	主要是指锅炉等设施燃烧燃料过程排放的烟气

2 基本情况的调查

天然气净化厂涉VOCs的主要物料为天然气(除甲烷外的其他有机气体)、甲基二乙醇胺(MDEA)、三甘醇(TEG)等。通过调查，原料天然气组分简单，主要是以甲烷、硫化氢、二氧化碳、氮气为主，占总组分的99.9%以上，不含苯、甲苯、二甲苯，C_2以上烃类，仅乙烷占0.02%左右，含有微量有机硫。有机辅料主要为MDEA和TEG，根据物化性质，三甘醇在20℃时蒸汽压小于10Pa，不属于挥发性有机物的范畴，因此天然气净化厂涉VOCs物料的主要为MDEA。主要物化性质见表2。

表2 MDEA和TEG主要物化性质一览表

物质名称	MDEA	TEG
分子式	$CH_2N(CH_2CH_2OH)_2$	$(CH_2OCH_2CH_2OH)_2$
相对分子质量	119.17	150.2
相对密度(20℃)	1.0418	1.125
沸点/℃(101.3kPa)	230.6	285.5
凝点/℃	-14.6	-7.2
闪点/℃	126.7	165.6
蒸气压	≤98Pa	1.33Pa(25℃)
水中溶解度(20℃)	完全互溶	完全互溶

3 挥发性有机物调查监测内容

3.1 动静密封点检测

根据《石化企业泄漏检测与修复工作指南》和《泄漏和敞开液面排放的挥发性有机物检测技术导则》(HJ 733—2014)的要求，进行 LADR 检测对象应包括作业流体为 VOCs 含量占比不低于 10%(重量百分比)的设备，或 OHAPs 含量占比不低于 5%的设备。根据上述调查，确定本次 LADR 实施的范围主要为脱硫、尾气处理、酸性水汽提、硫黄回收等单元。检测的密封点包括胺液泵、空冷器、放空阀和安全阀、法兰以及各种阀门、仪表等。

根据天然气净化厂的工艺流程图(PFD)、管道仪表图(P&ID)等资料，筛选并建立了密封点检测台账，台账内容包括了装置名称、区域、楼层、PID 图号、设备管道位号、设备管道描述、组件标签号、密封点扩展号、密封点位置描述、密封点类型、介质及检测值等。

根据密封点检测台账现场核实了密封点位置，并对部分改造后的工艺的密封点进行了补充。硫化氢的高风险性，要求净化装置的动静密封点具有良好的气密性，从实际运行效果看，净化装置密封性是有保障的，有效防止了生产过程中物料的泄漏。为检测联合装置的设备的动静密封点的泄露情况，利用便携式气体检测仪(DataFID)对约 3 万个动静密封点进行了现场检漏检测，只发现个少数几个漏点，车间及时进行了修复。有 98%以上的密封点检测值在 1ppm 以下，检测结果显示天然气净化厂设备动静密封点密封效果较好。

3.2 有机液体储存、装卸 VOCs 污染调查监测

有机液体在储存、装卸过程中 VOCs 的有组织和无组织排放源。主要为天然气净化厂 MDEA、TEG 储罐区。有机液体储存调和 VOCs 污染源排查收集的技术资料主要包括储存设施、物料、所在地气象信息、有机气体控制设施等相关信息。

为了调查 MDEA、TEG 储罐区是否有挥发性有机物排放，在调查过程中对大罐呼吸气进行了取样监测。现场检测分为现场采样和实验室分析检测两部分。固定源现场采样执行 HJ 732 或 HJ/T 397 的相关规定，实验室分析检测执行 HJ/T 38 或 HJ 734 的相关规定。无组织排放现场采样执行《大气污染物无组织排放监测技术导则》(HJ/T 55—2000)。监测结果显示，大罐气中含挥发性有机物量及小，证明 MDEA、TEG 性质稳定，不易挥发。

3.3 废水集输、储存、处理处置过程逸散 VOCs 污染源调查监测

废水可分为水相和油相两类，水相和浮油等油相中均含 VOCs，废水在收集和处理过程中普遍存在直接接触大气、VOCs 逸散至大气的情景。通过调查显示，净化厂由于废水主要来源于工艺装置废水和检修废水，还有少量的石油类等污染物。

对废水主要调查了废水收集系统、废水处理设施、废水水量和水质、废气收集处理设施等相关信息。根据现场实际调查情况，对联合装置的废水收集及处理设施进、出水中的 EVOCs 进行了 3 天，每天 4 次的取样监测，监测结果显示，废水中 EVOCs 的含量及微，挥发性量很小。

3.4 其他源项 VOCs 污染源调查监测

其他源项的调查范围包括了工艺装置、动力站及火炬设施、循环水场等环节的 VOCs 污染源，包括：燃烧烟气排放、工艺有组织排放、火炬排放、工艺无组织排放、非正常工况(含开停工及维修)排放、冷却塔及循环水冷却系统释放、事故排放等。

现场检测包括如下 4 个方面：

(1) 有组织排放

对工艺装置、动力站排放的烟气进行了为期 2 天，每天 1 次(采 3 个平行样)的取样监测。采样及分析方法应满足 HJ/T 397、HJ 732、HJ/T 38、HJ 734 等相关标准的要求。监测的项目主要为排放的挥发性有机物(以非甲烷总烃代替)浓度及排放速率。

监测结果显示，该厂烟气所排放的挥发性有机物(以非甲烷总烃代替)浓度及排放速率符合地方排放标准的要求。

(2) 冷却塔、循环水冷却系统

循环冷却水主要负责为全厂换热器及机泵提供冷却水，在循环过程中可能物料或设备油料进入循环水中，使循环水中含挥发性有机物。

为了调查循环水中的挥发性有机物的情况，监测了为期 2 天，每天 4 次的两个循环水场进出口的挥发性有机物的含量。采样及分析方法满足 HJ 493、HJ 501 等相关标准的要求。

监测结果显示，循环水中挥发性有机物的含量极微，数值在监测标准的检出范围左右。证明该厂循环水中挥发性有机物的含量极微。

(3) 火炬排放

应连续监测、记录引燃设施和火炬的工作状态(火炬气流量、火炬头温度、长明灯燃料气流量、长明灯火焰温度等)。宜对火炬气组成进行连续监测或在间歇排放事件中火炬燃烧时至少每 3h 进行 1 次人工采样的组成分析，火炬气采样及分析方法可参照执行 HJ 732、HJ 734。

(4) 无组织排放

根据《大气污染物无组织排放监测技术导则》(HJ/T 55—2000)标准，制定了厂界无组织排放现场监测点位。并对厂界空气中的挥发性有机物常规监测项目(非甲烷总烃、苯、甲苯、二甲苯等)进行了为期 2 天，每天 4 次的监测。

4 核算方法的探讨

4.1 设备动静密封点泄漏 VOCs 污染源调查监测核算

目前国家或地方只针对石油炼制和石油化工企业的设备动静密封点 VOCs 排放量有相关的核算方法，即《石化企业泄漏检测与修复工作指南》。根据本次密封点泄露检测结果，参照了《石化企业泄漏检测与修复工作指南》对密封点排放速率的核算方法进行了核算，天然气净化厂不属于石油炼制和石油化工行业，因此核算结果只能作为管理部门的一个参考。

《石化企业泄漏检测与修复工作指南》中密封点排放速率核算方法主要包括实测法、相关方程法、筛选范围法和平均排放系数法。排放量核算结果的准确度从高到低排序为：实测法、相关方程法、筛选范围法、平均排放系数法。根据检测的结果，本次计算采用了相关方程法。即通过对各可达密封点进行现场检测，将得到的泄漏检测值和 TOC 中 VOCs 的质量分数代入相关方程，可得出设备的 VOCs 排放速率。

4.2 有机液体储存调和排放量核算

该厂罐区 MDEA 罐和 TEG 罐都为立式固定顶罐(有机化学品)，根据采集大罐呼吸气分析结果可知，MDEA 罐和 TEG 罐非甲烷总烃含量很低，利用便携式气体检测仪(DataFID)现场检测，TOC 在 0.10~0.27 之间。可见 MDEA 和 TEG 比较稳定，不易挥发。

但本次调查还是参照了《石化企业泄漏检测与修复工作指南》有机液体储存调和过程中 VOCs 无组织排放的定量估算方法(公式法)进行了核算，只能作为管理部门的一个参考值。

4.3 废水集输、储存、处理处置及循环冷却水冷却过程逸散 VOCs 污染源调查监测核算

废水集输、储存、处理处置过程 VOCs 定量估算方法主要包括实测法、物料衡算法、模型计算法、排放系数法和有机液体储存调和污染源排查中的公式法等，核算过程可使用一种及一种以上的核算方法配合使用。根据本次对天然气净化厂的调查和监测，选取了物料衡算法进行了核算。循环冷却水冷却过程中的散逸参考了废水中的核算方法及物料衡算法。

4.4 工艺有组织排放和燃烧烟气排放核算

该厂工艺有组织排放主要为净化尾气的排放，燃烧烟气排放主要是动力锅炉烟气排放，经过实测，采取了实测法进行了核算。

4.5 火炬废气及非正常工况 VOCs 核算

火炬系统长明灯采用产品天然气为燃料，净化装置开停工、事故状态下，净化装置需将不合格的天然气、脱硫再生酸气放空至火炬系统燃耗。因火炬系统不具监测条件，因此只进行了调查。根据调查的基本数据采用了物料衡算法。

参考文献

[1] 孟凡伟，周学双．油气田开发业挥发性有机物排放来源及控制措施[J]．油气田环境保护，2015，6：32.

[2] Atkinson R. Atmospheric Chemistry of VOCs and NO_x[J]. Atmospheric Environment，2000，34(12-14)：2063-2101.

[3] Atkinson R，Arey J. Atmospheric degradation of volatile organic compounds[J]. Chem Rev，2003，103(12)：4605-4638.

[4] Ziemann P J，Atkinson R. Kinetics，Products and mechanisms of secondary organic aerosol formation[J]. Chem Soc Rev，2012，41(19)：6582-6605.

[5] Volkamer R，Jimenez J L，Martini F S，et al. Secondary organic aerosol formation from anthropogenic airpollution：Rapid and higher than expected[J]. Geophys Res Lett，2006，33(17)：L17811.

水轮机冷却塔振动原因分析及对策

张尔东

（中国石油哈尔滨石化公司，哈尔滨 150056）

【摘　要】 研究冷却塔的运行状况，分析水轮机运行中振动大的原因，通过相应的技术改造，取得了良好的效果。

【关键词】 冷却塔　水轮机　振动　风筒

1 冷却塔运行状况及分析

1.1 冷却塔运行状况

哈尔滨石化公司三循凉水塔原有2间4000m³/h大型工业电机驱动风机式逆流冷却塔，2012年公司响应国家节能减排要求分别将风机驱动改造为水轮机驱动风机，改造后当风机转速大于100r/min时，（正常类似风机设计转速127r/min），冷却塔风筒振动值严重超标，最大值达到18.5mm/s，比规范设计要求超3倍，严重影响冷却塔长周期安全运行，且风机转速达不到风机的额定转速，冷却塔的冷却效果受到严重限制，特别在夏季更严重影响正常生产工艺指标，由于上述问题是个较大的技术难题，公司也咨询并还邀请了国内几家权威机构来现场查看诊断，但最终都无法找到问题的原因及彻底解决的方案。几年来此冷却塔进入夏季仅能靠补充冷水和减小负荷的办法维持生产。2019年改造前冷却塔运行工况测试数据见表1、表2。

表1　原设计相关参数

设计单塔处理水量	4000m³/h	数　量	2台
设计供水水温	30℃	设计回水温度	40℃
夏季运行供水温度	30℃	夏季运行回水温度	40℃
风机直径	9140mm（6片风叶）	风机设计转速	127r/min
水泵运行数量	3台	水泵额定流量	3470m³/h
水泵额定扬程	71m	水泵电机额定功率	800kW

表 2　改造水轮机后现场冷却塔检测振动数据表

检测序号	风机转速	水轮机进水管振动值	风筒振动值	塔顶振动值
第一次	100r/min	1mm/s	12~16mm/s	10.1mm/s
第二次	108r/min	1mm/s	10~14mm/s	9.8mm/s
第三次	122r/min	1.2mm/s	18.5mm/s	16.5mm/s

注：(1)进水管振动检测点位于塔顶风筒与旁通阀之间；

(2)风筒振动检测点位于风筒收缩腰部即喉部；

(3)塔顶振动检测点位于塔顶十字梁与塔角四个方格中心。

由表 2 可知，风机转速超过 100r/min 时振动值严重超标，冷却塔已无法运行。

1.2　最终诊断结果

从目前上述运行状况说明，现场的振感来说比原电机驱动塔振动强烈得多，较为明显从冷却塔风机转速改变来看，在 100r/min 以下转动相对平稳，当风机转速逐渐提升时，冷却塔风筒和塔顶振幅明显加大，特别达到额定转速 120r/min 左右时，风筒振动更加强烈；从现场检测数据来看，随着风机转速从 100r/min 至 122r/min 时，风筒振动值飙升至 18.5mm/s，此种状态运行对冷却塔长周期安全运行有较大的影响。

1.3　综合导致振动原因的分析

1.3.1　风机因素

现风机叶片数量为 6 片，按 9140mm 风机直径，风机夹角偏大，风速相对不均匀，风场波动性较大，易产生较大振动，另风机为玻璃钢材质风机，本体较重，当负载时叶尖下沉较大，从而改变原风机的叶型，打破风机的平衡，从而产生一定振动，而碳纤维风机可改变现状，其重量仅玻璃钢风机的 1/3，性能强度是玻璃钢的 5 倍，负载时叶型变化量较小，运行效率相对玻璃钢可提高 15%，故建议更换为 8 片碳纤维风机，这也是消除振动方法之一。

1.3.2　风筒因素

目前现冷却塔的风筒由于已超出玻璃钢产品的使用寿命(玻璃钢的使用寿命一般均在 15 年)，并且根据现场测量风筒的局部厚度太薄，易导致冷却塔风筒振动。

1.3.3　水轮机因素

(1) 水轮机是风机运行的动力源，如水轮机振动则影响到冷却塔的振动，现水轮机带减速装置，减速机为行星齿轮结构，受润滑油和密封限制，容易失油，齿轮易磨损或损坏，如磨损或损坏，易产生振动，从现场观察水轮机端盖上存积一定的润滑油，说明减速箱是漏油，如在低转速时，磨损相对好点，如高速运行则易损坏。

(2) 在减速箱上端有一减速传动轴，且较短，轴承如有磨损摆动较大，易产生振动。

(3) 由于水轮机结构问题，造成整体高度较高，重心偏高，振动扩大。

(4) 水轮机本体靠出水框支撑，支撑强度较差，应加强水轮机支撑强度，即给水轮机加装 4 只支撑腿。

1.3.4　水轮机附件因素

附件主要分析水轮机出水框和出水管，现出水管为 2 支 DN600 的螺旋管，出水分流相对较差，使水轮机转轮出水不均匀，易使转轮转动不平衡，另还增加水轮机出水压力，阻碍水轮机转速，如要出水分流均匀，可采用 4 支 DN400 分流管，如采纳可降低水轮机高度，降低振动，也使风机位置靠近风筒喉部。

另水轮机底座-出水框与底梁对接无任何紧固件，处于浮动状态，当水轮机负载时，依靠两只出水管来稳定运行状态，易产生振动。

1.3.5 风机与风筒相对位置不合理

现风机位置离风筒喉部上沿约450mm，偏离较大，风机叶尖距离风筒壁远大于有关规定30~40mm，造成风机上端的正压风沿风筒壁回流至风机下端的负压区，这样就产生扰流现象，由于风机叶片少，扰流现象很不均匀，易造成风筒振动。另风筒强度不足时，也易产生振动。

1.3.6 循环水回水压力过高因素

由于系统回水压力较高和水轮机做功需要一定的压力，当回水中的气泡集聚到一定的量和压力时，在水轮机出水时瞬间释放，就造成湍流现象，从而造成冷却塔横向振动，从现场观察这不是主要振动源，如对水轮机改造，可改善振动。

2 根据排查原因进行整改

（1）由于水轮机运行周期已较长，为了摸清水轮机内的磨损件磨损程度，打开水轮机内转动部件，详细检查发现相关磨损件，全部进行更换解除或降低振动源。

（2）更换过期及强度弱玻璃钢冷却塔风筒，RC-92型风筒模压工艺成型，梯形空腹加强筋结构，端中两处均设环向实心加强筋，风筒片间联结采用扣接式，板间连接严密无缝隙，整体强度高，表面光滑美观，不龟裂、不褪色，紧固件均为不锈钢材质，厚度不小于10mm，风筒壁承受的风载荷大于0.8kPa，寿命20年以上。

（3）风机改为碳纤维风机，由原来6片改为(8片风叶)，风机由单板结构改为双夹板结构，可降低风机高度；减小塔的振动。

（4）降低水轮机的安装高度。

（5）改造水轮机出水框，由原来的2支出水管改为4支出水管，出水管与布水器对接方式由原来的与布水支管对接改为干管对接，这样减轻布水支管的承载和降低对接点区域对喷头的直接冲击。

（6）水轮机改造，加装4只支撑柱，增设放气装置。

（7）水轮机底座加固。

3 整改技术方案

3.1 更换加厚型高强度玻璃钢风筒

风筒采用玻璃钢材质动能回收型(详见下照片)，能适应当地的气象条件，具有较强的抗风载荷能力，抗风载荷大于960Pa。风筒结构应采用T型大端面空腹加强筋，应力集中段和联接端埋有预制件以保证风机整体强度和运行强度，风筒应拼装严密，风筒动能回收值不得小于30%，风筒紧固件采用不锈钢材质，风筒外表面应不龟裂、不褪色，其表面胶衣应采用进口胶衣并能抗紫外线的长期照射，风筒内表面要求光滑。风筒内壁与风机叶尖间隙应符合GB 7190.2—2008中规定，风筒用不锈钢膨胀螺栓和塔顶平台圈梁固定，厂家提供螺栓布置图及风筒荷载，风筒顶部应能承受风机安装及检修荷载。使用寿命不得低于15年。风筒上设置观察孔。每个风筒上部需设置材质为不锈钢的避雷环，分两侧引至塔顶周围的栏杆。风筒上设玻璃钢检修门。检修门的型线依风筒型线设计，并使用橡胶密封垫圈，保证该部分的气密性。检修门上所有金属件均应采用不锈钢，易拆卸设计。风筒及检修门连接件部位应进行加固处理，风筒所采用的不锈钢紧固件及螺栓螺母均采用304材质，且业主将对所采用的不锈钢紧固件进行抽检。

3.2 纯玻璃钢叶片更换为碳纤维复合材料风机叶片

目前国内外轴流风机叶片的材质，主要有铝合金、玻璃钢及碳纤维三种。铝合金因为易变形、质量大，只用在小直径风机。玻璃钢(FRP)材质叶片，由于在湿热、酸碱等恶劣环境及抗变形等多方面的诸多优秀表现，而得到广泛应用，现在即使小风机的叶片也逐步被玻璃钢代替。

随着材料技术的进步，近年来，碳纤维(CFRP)越来越多地应用于在工业及民用产品中。碳纤维以其卓越的抗拉强度、弹性模量、比强度以及低密度、耐湿热、耐酸碱、高强度等性能(很多方面远远超过一般钢材)，广泛地应用于工业、航天、科研等各个领域中，在工业冷却塔行业，不仅风机中广泛使用，并且传动轴也普遍采用新型的高强度、高效率碳纤维。

此风机叶片采用机翼型设计，叶片各截面过渡圆滑，外表光洁无裂缝，含碳量不低于30%，单片叶片质量小于50kg；叶片迎风面采取防开裂措施。并且风机轮毂材质也为轻质高强度碳纤维材质，在国内属首创，见图1。

图1 碳纤维材质风机叶片与风机轮毂

与玻璃钢材质相比，碳纤维材质机械强度高，见表3。

表3 玻璃钢材质与碳纤维材质性能比较

	抗拉强度	弹性模量	比强度	耐疲劳强度	剪切强度
碳纤维材质	3500MPa以上	230~430GPa	2000MPa/(g/cm^3)	高(几乎无限)	
玻璃钢材质	140~290MPa	大约20GPa	63MPa/(g/cm^3)	低	
相差倍数	12~25倍以上	11~21倍以上	约32倍	相差非常大	接近

碳纤维新材料的选择及应用也为本次改造降低振动值起到较大作用。

3.3 降低水轮机安装高度

由于水轮机本体结构不可动，降低安装高度只能从风机和出水框来实现，风机结构形式采用由原来的单板改为双板，风机高度可降低 100mm 左右；出水框由原来的双管出水改为四管出水，出水框高度可降低 200mm，总体可降低水轮机安装高度 300mm，参考示意图见图 2。

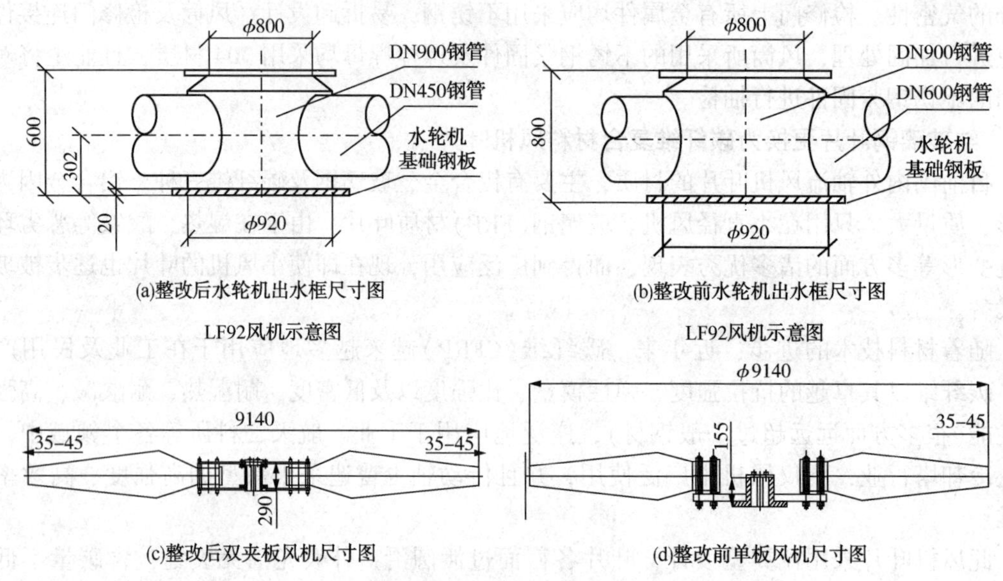

图 2　水轮机安装高度对比

3.4　改造水轮机出水框出水管数量

水轮机出水框由原来的 2 支 DN600 出水管整改为 4 支 DN450 出水管，提高水轮机转轮出水流场的均匀度，降低振动，整改示意图如图 3。

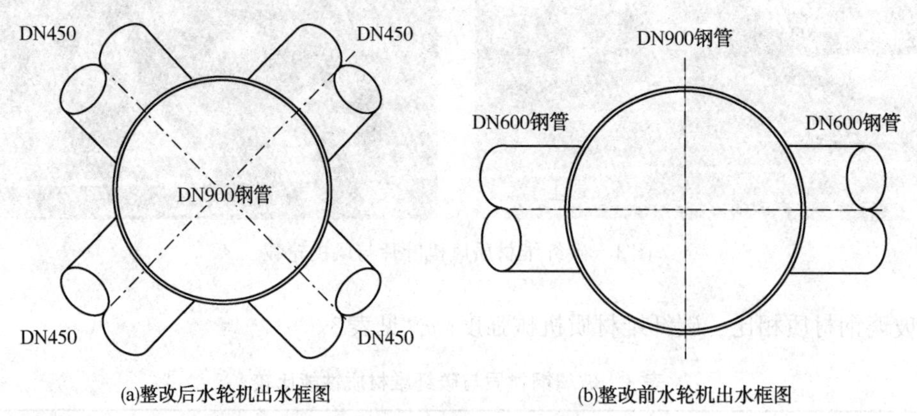

图 3　水轮机出水框出水管改造

3.5　改造水轮机

由于原水轮机支撑紧靠出水框支撑，支撑点所占面积较小，稳定性较差，故加装 4 只支撑柱，另循环水中的气体也无泄放点易产生振动，故加装一放气装置，此装置建议在检修时加装，整改示意图如图 4。

3.6　水轮机底座与基础对接方式

由于基础面较小，基础厚度较薄，水轮机底座与基础对接螺栓无预埋孔位置，现利用十字梁采用对夹方式紧固底座，安装方法见图 5。

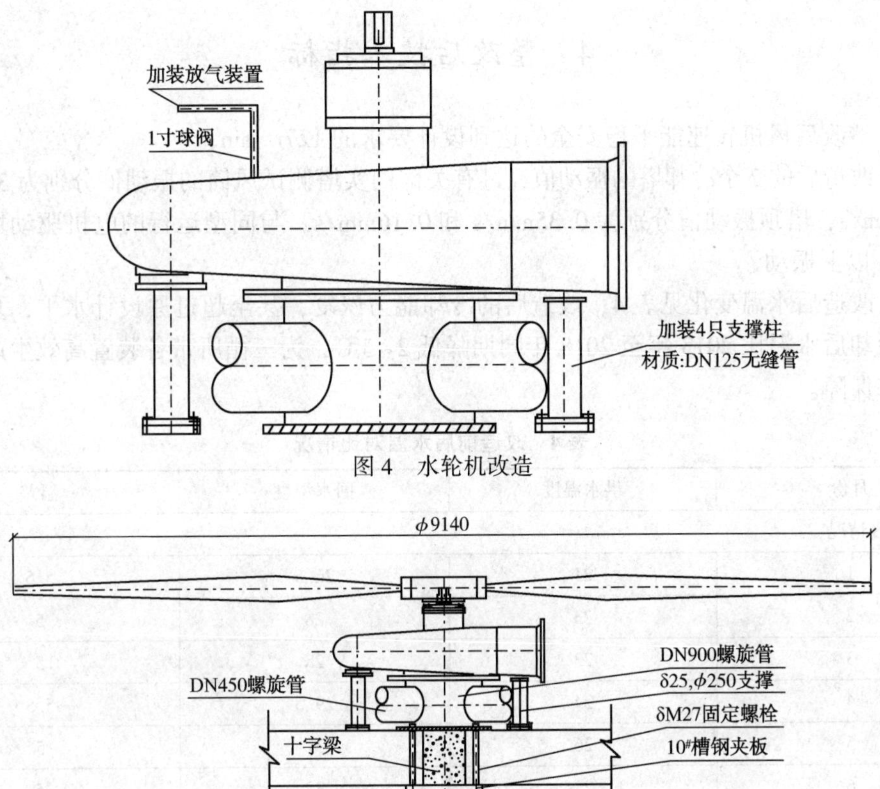

图 4 水轮机改造

图 5

3.7 水轮机出水管与布水器对接方式

出水管 2 根管合并成一支管，再与布水器干管对接，方法如图 6 所示。

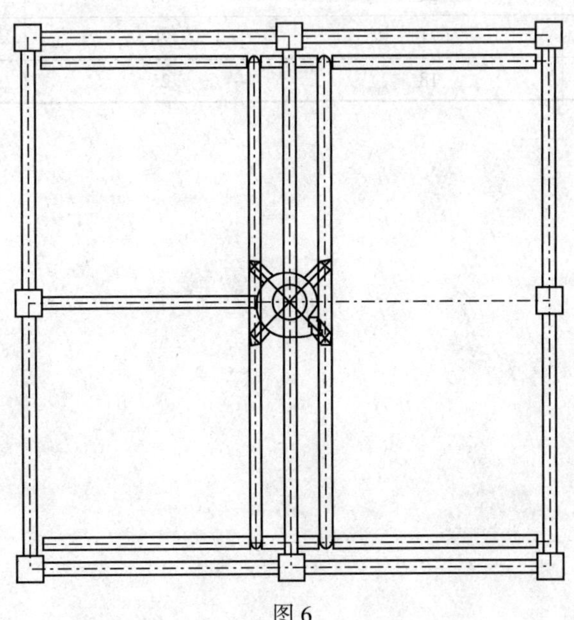

图 6

4 整改后技术指标

（1）整改后风机转速能平稳安全的达到设计要求的127r/min；

（2）改造后的2个冷却塔的振动值经过有关部门实塔测试风筒的振动值分别为3.28mm/s和2.83mm/s，塔顶振动值分别为0.35mm/s和0.16mm/s，与同型运行的电机驱动塔比较能降低50%以上振动。

（3）改造后水温变化见表4，改造后的冷却能力恢复，甚至超过原设计水平，夏季最炎热期间冷却后水温比2013年至2018年同期降低2~3℃，为三循所带各装置高效生产运行提供了可靠保障。

表4 改造前后水温对比情况

月份	供水温度	回水温度	温差
改造前温度情况：			
1	21	26.5	5.5
2	23	28	5
3	23	28	5
4	24	29.5	5.5
5	26	31	5
6	27	32	5
改造后温度情况：			
8	30	37	7
9	27	34	7
10	23	30	7
11	21	28	7
12	18	25	7

影响澄清池水质的原因及对策措施

周　聪　胡发良

（中国石化巴陵石化公司，岳阳 414003）

【摘　要】 本文针对水务部七里山供水车间澄清池运行中存在的影响水质主要问题，从排泥、加药、温度、pH 值、原水品质、搅拌机转速等几方面进行了较为详细的原因分析，提出了具体的对策措施，在此基础上提出了改进澄清池絮凝效果的建议，为澄清池运行中解决问题、优化出水品质创造了条件。

【关键词】 澄清池　影响因素　原因分析　絮凝反应　措施　建议

1 概　述

巴陵石化水务部城区供水车间共有机械加速澄清池 2 座，单座处理能力：1800～2000m^3。澄清池由三角配水槽、第一反应室、第二反应室、倒流室、分离室、集水槽以及附属设备搅拌机组成。其工作原理是：经加药混合的原水首先进入三角配水槽，通过 144 个 DN100 沿周边均匀布置的配水孔使进水均匀分配进入到第一反应室，在第一反应室原水与分离室回流下来的活性泥渣进行混合反应，生成矾花，经搅拌机叶片搅拌进一步反应，促使矾花长大，并在叶轮作用下提升至第二反应室，经导流窗口平稳地流入分离室，在这里进行泥水分离沉淀。清水上升到清水区，清水通过辐射集水槽的锯齿和环形出水堰，汇集流到总集水渠，然后分流进入砂滤池进行过滤处理。分离沉降的泥渣沉降到池底部，除部分活性泥回到第一反应区参与絮凝反应外，刮泥机将沉积池底积泥刮到中央，防止积泥沉淀板结，定期通过澄清池中部多孔管和底部 DN400 排泥管排出。

机械加速澄清池具有絮凝反应快、处理能力大、出水品质好、排泥控制方便的特点，但是出水品质影响因素多，一旦出现水质异常，需要从诸多影响因素中找到对症原因，采取相应措施处理，才能解决问题，优化水质。

2 日常运行中澄清池水质存在的主要问题

日常运行中，澄清池会遇到各种各样的问题，有工艺方面的，有设备方面的，不仅影响运行效果，也影响到澄清池生产负荷和出水品质。而澄清池生产运行中存在的最主要问题，就是出水水质差的问题，这个问题不仅直接影响到砂滤池的运行状况，还有可能影响到用户工业循环水和化学水的生产和节水减排。澄清池出水水质差，表现在清水浑浊不清、浊度高、色度不达标、各类水质指标超标，最终导致清水综合合格率低。那么，导致澄清池水质差的因素有哪些呢？下面我们从几个主要方面来分析。

3 影响澄清池水质的因素分析

3.1 原水混凝处理方面的因素

原水在澄清池中首先要经过混凝处理，混凝效果好，泥水分离效果佳，澄清池的出水清洁度高，出水浊度低，水质就很好。而混凝效果受水温、pH 值、原水浊度、碱度影响较大。

3.1.1 水温的影响

由于无机盐类混凝剂溶于水时属于吸热反应，因此水温低时不利于混凝剂的水解，水解不充分则导致絮凝矾花形成差。另外，水温低，水的黏度大，水中胶粒的布朗运动强度减弱，彼此碰撞机会减少，不易凝聚，同时水的黏度大，水流阻力增大，使絮凝体的形成和长大受到阻碍，从而影响混凝效果。

3.1.2 水 pH 值的影响

用无机盐类混凝剂铝盐或铁盐时，对水中 pH 值都有一定要求，如用聚合铝盐时要求 pH 值在 5.5~8.5 之间，高了或低了都会影响絮凝效果。氢氧化铝是典型两性化合物，当 pH 值<4 时，混凝剂水解存在抑制，主要以$[Al(H_2O)_6]^{3+}$存在，$[Al(H_2O)_6]^{3+}$及其水解产物均起不到吸附桥架作用，因而吸附作用减弱，浊度去除效果变差。

当 pH 值>8.5 时，铝盐水解成的氢氧化铝可被看成铝酸，遇碱生成铝酸根离子，聚合成负离子，$[Al(OH)_4(H_2O)_2]^+$，去浊度效果也比较差。

当 pH 值在 6.5~7.5 这个区间时，氢氧化铝溶解度最小，混凝效果最好。铁盐混凝剂适应的 pH 值范围比铝盐宽一些，在 6.0~8.5 范围絮凝效果最佳。

3.1.3 水的碱度影响

水中碱度对 pH 值有一定影响，当水中有足够 HCO_3^-碱度时，对 pH 值有缓冲作用。硫酸铝、三氯化铁、硫酸亚铁在原水中发生水解生成氢离子 H^+，这时水中的碱度会不断中和氢离子，促使水解反应继续进行，如果水中碱度不够，H^+就不能很好中和，就会抑制水解反应进行，从而影响絮凝效果，使之变差。

3.1.4 原水浊度的影响

原水浊度高低对混凝反应也有较大影响。当水中浊度较低时，水中悬浮物颗粒细小均一，投加的混凝剂又少时，仅靠混凝剂和悬浮颗粒之间的接触，很难达到预期的絮凝效果，这时必须投加大量混凝剂，形成絮凝体沉淀物，依靠卷扫作用除去微粒，尽管如此，絮凝效果仍旧不理想。这就是低浊度原水难混凝处理的主要原因。

对于高浊度水，混凝剂在水中产生吸附桥架作用，将悬浮物和水中有机物质吸附在胶粒表面，增加胶粒稳定性，达到良好的絮凝效果。但是随着水中浊度的增加，混凝剂的投加量也相应增加，才能达到良好的絮凝效果，这时成本也增加。在通常情况下，原水浊度在 50~200mg/L 范围内，混凝处理效果是比较理想的。

3.2 负荷与加药量的变化

澄清池混凝处理过程中，生产负荷稳定时，絮凝反应建立了一个动态平衡，这时加药量也是稳定在一定数量的，这种情况下澄清池混凝处理效果好且稳定，出水浊度低，清洁度高，出水品质好。

如果澄清池来水负荷突然发生变化，负荷突然增加或者突然减少，就会打破絮凝反应的动态平衡，泥渣层强度和高度也会发生变化，这时加药量必须随着负荷的变化进行调整，加药量随着负荷增加而增加，反之加药量减少，直到重新建立其絮凝反应新的平衡，出水水质也就稳定了。

现场实际情况往往变化不可预测，后工序清水使用量波动大，时大时小，尤其是清水量猛增时，对澄清池负荷的冲击影响特别大，加药量在没有实现自动加药的前提下，很难做到迅速跟上负荷的变化，因此负荷突然变化与加药量变化，都会影响到澄清池的絮凝效果，短时间内水质波动是经常碰到的，尤其是较大的负荷变化时，还有可能引起澄清池翻池、水质恶化。这就要时刻监控负荷变化，及时调整加药量，维持澄清池内絮凝反应动态平衡不被打破。

3.3 设备故障影响

3.3.1 搅拌机故障

澄清池日常运行过程中，经常有可能遇到设备故障，对澄清池混凝处理带来不利影响，导致出水水质变差甚至恶化。最常见的设备故障是搅拌机故障，一旦发生搅拌机故障就会直接影响到澄清池混凝处理，导致出水水质急剧恶化。澄清池搅拌机发生故障停运，因为缺少了搅拌混合作用和提升作用，絮凝反应速度会变慢，絮凝反应动态平衡会被破坏，同时絮凝后缺少提升作用，会导致矾花碰撞长大受阻，泥水分离效果变差，最终到时出水浊度严重超标，甚至整个澄清池翻池。因此搅拌机故障是将导致澄清池絮凝反应减弱的最主要因素之一。

3.3.2 加药泵故障

加药泵发生故障主要有三种情形：加药泵打不出量；加药泵故障跳车；加药泵无法正常启动。加药泵发生故障后，加药量减少或者中断，混凝剂无法正常送进澄清池第一、第二反应区，尤其是第一反应区一旦缺少混凝剂，絮凝反应立即减慢或者终止，原水没有经过絮凝反应就直接被搅拌机提升送入清水区，导致水质恶化，澄清池生产无法正常进行下去。因此，一旦澄清池搅拌机发生故障，或者加药泵出现故障，都会对澄清池出水水质造成严重影响，必须尽快检修恢复。

3.3.3 排泥阀故障

排泥阀故障只要是无法正常打开，或者排泥阀关不死导致不停地排泥。排泥阀打不开导致排泥不畅，会使澄清池底部泥渣堆积，泥渣层厚度和强度增加，最终会导致第一反应区絮凝反应受影响，水质逐渐变得浑浊。排泥阀无法关闭或者关不死，连续排泥过量，活性泥浓度低，会使第一反应区泥渣层强度降低，甚至泥渣过滤层被破坏，絮凝反应减弱，细小矾花上浮，出水浊度上升。

3.4 操作方面的影响因素

3.4.1 搅拌机转速控制不当

澄清池混凝处理过程的过程离不开搅拌机的作用，搅拌机运行有三方面作用：充分混合作用，在反应区促进絮凝矾花形成、碰撞、长大；提升作用，絮凝后的混合物提升到第二反应区和分离区，便于泥水分离；刮泥收集作用，将活性污泥以外多余的泥渣推进集泥斗，通过排泥管排出去。机械搅拌机的转速(也即搅拌强度)要充分满足絮凝反应需要，既不使泥渣沉降，又不至于打碎矾花。搅拌绝对不能中途停止，否则泥渣全部沉降，活性泥渣层消失，第一反应区的絮凝反应平衡被破坏，出水水质恶化变差。因此日常运行中搅拌机转速调节控制要得当，并且要根据负荷进行调节，负荷增加时，搅拌机转速要降低，保证有充分的絮凝反应时间；当负荷降低时，搅拌机转速要调整增加，保证矾花形成后加快碰撞长大，便于泥水分离。

3.4.2 加药量控制不当

目前七里山供水车间澄清池投加的混凝剂主要是聚合氯化铝，它的分子式是 $[Al_2(OH)_nCl_{6-n}]_m$，其中 n 为 1~5 之间任一整数，m 为<10 整数，因此聚合氯化铝是一种无机高分子化合物，它对高浊度、低浊度、高色度以及低温原水都有良好的混凝效果。使用聚合氯化铝混凝剂形成絮凝体(矾花)快且颗粒大，易沉淀，投加量比硫酸铝、硫酸铁少，适用 pH 值范围宽。

尽管如此，混凝剂加药量要控制好，负荷增加时要调节加药泵冲程，按比例增加混凝剂投加量，负荷降低时也要调小加药泵冲程，按比例减少混凝剂投加量。如果负荷增减(或者浊度变化)时不去调控加药量，絮凝反应就会受到影响，水质逐渐劣化。聚合氯化铝加入过多时虽然不会使水发浑，但是浪费药剂，增加水处理成本。因此澄清池生产运行中控制好加药量十分重要。

3.4.3 排泥时间和排泥量控制不当

排泥操作也是影响澄清池出水水质的一个因素，排泥操作目的是控制好回流污泥浓度、调节控制好沉降比、及时排出多余的泥渣。回流活性污泥浓度对絮凝反应影响大，浓度高，接触絮凝效果好，出水清洁度高，但是过高的回流活性污泥浓度，会使泥渣过滤层强度过高，过滤效果反而下降，使水质变坏。排泥也是一样，排泥过多过少都会影响到水质清洁度，一般控制第二反应区 5min 沉降比在 3%~10%之间，沉降比大于 10%时要加强排泥，沉降比小于 3%时，只定期反冲，不排泥。因此日常操作中控制好排泥操作，也是保证水质的一个重要手段。

4 对策措施

4.1 优化混凝处理，保证良好絮凝效果

由于混凝处理是保证澄清池出水水质的关键，绝大多数影响因素都是通过影响澄清池混凝处理的絮凝过程，导致了出水水质发生变化，因此要保证澄清池出水良好水质，首先要就要优化混凝处理，确保达到良好的絮凝过程。

4.1.1 保证良好水力条件

澄清池混凝阶段要求原水与混凝剂均匀快速混合，时间为 20~30s，控制时间不要超过 2min。反应阶段要求有一定的搅拌强度，程度由大到小，同时要保证合适的反应时间(搅拌时间)，一般为 15~30min。因而控制好进水速度和搅拌机转速，保证在良好的水力条件下进行絮凝反应。

4.1.2 提高低温水混凝效果

为了提高低温水环境下混凝效果，可采取措施：合理选取混凝剂，按三氯化铝、聚合氯化铝、硫酸盐铁、硫酸铝顺序选择，一般在低温条件下，选用聚合氯化铝可以达到良好絮凝效果；适当投加黏土以增加矾花重量；投加助凝剂，如聚丙烯酰胺溶液以增加矾花强度，加快矾花长大；适当加大搅拌机转速和增加混凝剂投加量，但是过量会适得其反。

4.1.3 克服水的 pH 值影响

采用聚合氯化铝或者聚合铝作为混凝剂时，最适宜 pH 值范围是 6.5~7.5，这时形成的氢氧化铝溶解度最小，絮凝效果最好。当原水 pH 值偏低时一般采用石灰乳作为助凝剂，既调节了 pH 值，又起到了助凝剂作用。

4.1.4 调节好水的碱度

水的总碱度由 CO_3^{2-} 和 HCO_3^- 组成，总碱度过高过低都对絮凝反应有影响。聚合铝、聚合氯化铝等投入水中时，发生水解生成氢离子，絮凝反应中会有氢离子不断生成，如果不被中和，就会抑制水解反应，进而影响絮凝反应进行，这就要有碱度来中和氢离子 H+，当碱度不够时，通常采用碱化处理措施，如适当投加石灰水等，这样适当提高了水的碱度，对絮凝反应的影响就减小了。

4.1.5 消除浊度变化的影响

原水浊度变化会对澄清池絮凝反应造成一定影响，一般来说，原水浊度在 50~150mg/L 范围内，混凝处理效果是比较好调节的，浊度变化对絮凝反应影响不大，浊度超过 150mg/L 时就要调节增加加药量来控制了，并且要加强排泥操作。而对于低浊度原水的处理，难度要大一些，絮凝反应中形成矾花速度、矾花长大、以及泥水分离都要困难一些，容易造成矾花上浮，出水浑浊不清。通常可以采取的措施：投加助凝剂如石灰乳、聚丙烯酰胺；采用聚合物型混凝剂，如聚合氯化铝、聚合硫酸铁等，可以增加矾花重量，促进矾花长大和沉降；适当投加黏土，增加原水浊度。

4.2 针对负荷与加药量变化的措施

原水负荷突增，或者加药量突减甚至中断，都会对澄清池絮凝反应造成严重影响。因此，当澄清池负荷突然增加时，要马上跟踪负荷变化，逐步调大加药泵冲程，增加混凝剂投加量，使絮凝反应动态平衡不被打破。对于加药量的变化，通过观察加药设备运行状况、药槽液位下降速度以及澄清池水质变化来判断，及时调整好加药量，保证有充足的混凝剂供絮凝反应需要。

4.3 及时解决设备故障影响因素

日常运行中要及时消除设备故障对澄清池生产运行的影响，需要采取的措施有：加强巡检和设备维护，及时发现设备故障；运行设备出现故障后，严禁带病运行，立即切换备用设备运行；对故障设备检修不过夜，尤其是澄清池搅拌机是没有备用设备可以切换的，必须立即组织抢修；保证搅拌机和加药泵备件，以免抢修时缺少备件导致延误检修时间。

4.4 优化操作控制，提高操作管理水平

日常运行中要消除操作和管理影响因素，保证澄清池水质优良，可以采取以下措施：首先要加强员工技术培训，让员工真正掌握澄清池运行控制技术，会操作、会调节、会处理故障、会维护保养设备；坚强绩效考核管理，将澄清池出水水质合格率作为绩效考核重要指标，促使当班操作工提高责任心，时刻巡检、调控好澄清池指标，按工艺要求操作控制好加药、排泥、搅拌机转速、负荷调整等，保证混凝处理稳定，出水水质稳定；从技术上、设备检修、技改技措、运行控制等方面加强管理，及时消除影响澄清池混凝处理的不利因素，提高原水预处理操作管理水平。

5 结论与建议

5.1 结论

本文通过对影响澄清池出水水质的原因分析，可以看出澄清池生产运行最主要的问题是出水水质差的问题，而导致水质差的因素比较多，有工艺方面的影响因素：如水力条件、水温、pH 值、浊度、碱度、生产负荷变化、加药量变化以及搅拌机转速设定等；也有设备方面的影响因素，如搅拌机故障、加药泵故障、排泥装置故障等；同时也有操作管理方面的影响因素，如负荷调控不当、加药量调控不当、搅拌机转速调控不当、排泥操作不当，以及操作管理不到位等。无论哪方面的影响因素，都最终影响了澄清池混凝处理，影响到絮凝反应和絮凝效果，导致澄清池出水水质变化。因此，消除影响澄清池运行影响因素，最终还是保证澄清池混凝反应，优化了混凝处理效果，也就保证了澄清池良好的出水品质。

5.2 改进建议

（1）澄清池运行中加药(投加混凝剂)都是采取人工调节，投加药剂难以准确，尤其是负荷波动大的时候无法及时跟踪准确加药，建议增加净水剂自动加药装置，以原水负荷、浊度作为变化参数，来实现自动跟踪、自动调节加药量，实现自动控制水平，确保澄清池出水水质稳定。

（2）目前澄清池运行中混凝剂采用聚合氯化铝、碱式氯化铝、硫酸铝比较多，这些净水剂(混凝剂)在高浊度原水处理时都能达到良好絮凝效果，但是在冬季低浊度、高含盐的原水预处理时，往往效果不理想，低浊度水的净化处理一直是原水预处理的一个难题，而改进净水剂品种，采用聚合硫酸铁和助凝剂聚丙烯酰胺可以从絮凝反应上，改变矾花的形成和沉降速度，可以达到良好的混凝效果，可保证低浊度原水处理后，获得良好的清水品质。

乙烯装置水汽在线分析仪表系统升级与改造

杨志宏　高　翔　陈　斌

（中国石油兰州石化公司，兰州 730060）

【摘　要】 兰州石化乙烯厂，通过对乙烯装置水汽在线分析仪表系统的升级与改造，实现了水汽数据实时在线，提高了操作精准度，确保乙烯超高压蒸汽品质和裂解气压缩机长周期运行。

【关键词】 升级改造　实时数据　长周期运行

1　工艺条件

兰州石化公司 46 万 t/a 乙烯装置采用美国 KBR 公司的 SCORE 专利技术，由美国凯洛格布朗-路特(Kellogg Brown & Root)公司负责工艺包和裂解炉、脱甲烷及深冷分离、乙烯分离及制冷单元的基础设计，中国寰球工程公司负责其余部分的基础设计及全部的详细设，于 2005 年 4 月开工建设，2006 年 11 月 18 日正式投产开车。装置按照 59.525t/h 乙烯产量、年操作时间 7560h 进行设计。装置主要由原料预处理系统、裂解系统、急冷系统、压缩系统、分离系统和公用工程系统组成。

(1) 乙烯装置关键设备——裂解炉由总管来的锅炉给水经锅炉给水预热盘管预热后进入高压汽包。汽包给水送入第一急冷换热器(PQE)和第二急冷换热器(SQE)与高温裂解气换热产生超高压蒸汽回收热量。高压汽包出来的蒸汽进入裂解炉饱和蒸汽过热盘管过热后，由蒸汽减温器注入锅炉给水，再经热蒸汽过热盘管加热到 510℃后进入超高压蒸汽总管。

(2) 乙烯装置核心设备——裂解气压缩机汽轮机。汽轮机是将蒸汽的热能转换为机械能的旋转式动力机械。汽轮机的工作原理：将蒸汽的动能(热能)转变为旋转机械能，也就是说使蒸汽膨胀降压，增加流速，按一定的方向喷射出来，进入动叶片做功。

2　流程简述

界外二级脱盐水自脱盐水装置送至乙烯装置脱氧槽，经脱氧槽水处理，注入中和胺调整锅炉给水 pH(8.8~9.3)，通入低压蒸汽汽提除氧(溶解氧≤7μg/L)后，经锅炉给水泵加压，送至 5 台裂解炉汽包与裂解炉对流段饱和蒸汽生成过热超高压蒸汽，超高压蒸汽通过管路，输送至裂解气汽轮机，推动汽轮机叶片旋转做功，推动裂解气压缩机运行。

3　装置运行中水质控制存在问题

(1) 装置投产 10 年以来，随着装置设备的老化，特别是裂解炉超高压系统出现材质劣化现象，造成超高压蒸汽系统泄漏频繁，超高压蒸汽产气量下降，超高压蒸汽品质下降，裂解气压缩机汽轮机出现叶轮结垢甚至段间压力升高，汽轮机运行不稳定问题。因此，通过提升乙烯装置水汽品质，确保超高压蒸汽品质，实现裂解气压缩机长周期运行，减少超高温、超高压对设备材质的侵蚀，减少装置泄漏。

（2）在线水质仪表缺失的问题。装置水质仪表配置较少，锅炉给水脱氧槽，只有 pH 计检测、缺少溶解氧及电导和氢电导测量，其中溶解氧存在会对水系统及锅炉造成腐蚀，腐蚀脱落物附着或沉淀在锅炉或管线内部形成难溶铁垢，影响锅炉热效应。

（3）裂解炉水只有 pH 计及电导率检测，缺少磷酸根测量，缺少磷酸三钠的准确控制手段。

超高压蒸汽系统无在线水质仪表设置，超高压水质品质只能靠离线分析，无法做到实时监控，及时调整，无法保证裂解气压缩机汽轮机的蒸汽品质。

4 升级改造前水汽在线分析仪表安装简图

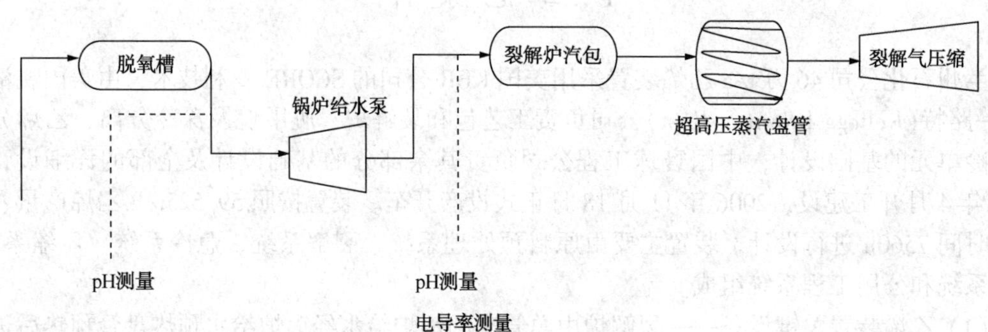

图 1 升级改造前水汽在线分析仪表检测点简图

5 乙烯装置水汽工艺指标

根据 GB/T 12145—2016《火力发电机组及蒸汽动力设备水汽质量》，对乙烯装置水质工艺指标要求分别见表 1、表 2、表 3。

表 1 二级脱盐水工艺指标

pH(25℃)	二氧化硅/(μg/L)	电导率/(μS/cm)	硬度/(μmol/L)	钠离子/(μg/L)	氯离子/(mg/L)	铁离子/(μg/L)	铜/(μg/L)
6.0~6.5	≤20.0	≤1.0	≤2	≤10	≤4	≤30.0	≤5.0

表 2 脱氧槽水处理工艺指标

氯离子/(mg/L)	油/(mg/L)	二氧化硅/(μg/L)	溶解氧/(μg/L)	硬度/(μmol/L)	pH(25℃)	铜/(μg/L)	铁/(μg/L)	电导率/(μS/cm)
≤4	≤0.3	≤15	≤7	≤2.0	8.8~9.3	≤5	≤30	实测

表 3 裂解炉汽包控制工艺指标

氯离子/(mg/L)	二氧化硅/(mg/L)	电导率/(μS/cm)	pH(25℃)	磷酸根/(mg/L)
≤4.0	≤2.00	≤30	9.0~10.5	0.05~4

6 完善在线水汽仪表的配置

优化在线水质仪表预处理系统确保工艺水质指标过程监测。通过完善乙烯装置水汽在线分析仪表配置和优化，使乙烯裂解炉水汽设备达到并符合 GB/T 12145—2016《火力发电机组及蒸汽动力设备水汽质量》检测点标准；通过升级改造水汽在线仪表的预处理系统，实现水汽在线表数据检测准确化、实时化；提升中控水质在线数据趋势控制率，指标合格率、平稳率；减轻人工分析劳动量强度。

6.1 完善在线水质仪表的配备

针对水汽在线表缺少问题，在脱氧槽后新增电导率仪、溶解氧分析仪、氢电导率，在裂解炉汽包水新增磷酸根分析仪，在超高压总管新增 pH 计、电导率仪、钠离子、硅酸根分析仪，具体测点见图 2。

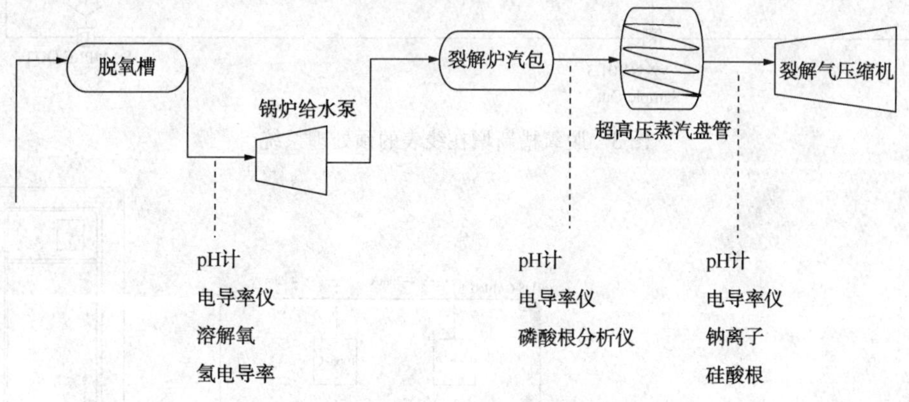

图 2 完善后的水汽在线分析仪表检测点简图

6.2 水汽在线分析仪表预处理优化方案

46 万 t 乙烯水汽介质存在高温、高压问题和悬浮固体污染物问题，对于水汽在线分析仪表，可靠检测运行的条件是，被测介质温度(25℃)、压力(1.5kg)恒定，介质中的污染颗粒物小于 10um，并且水汽内的化学成分清楚。

水汽在线仪表的检测部件多为玻璃材质，检测构件多为塑料和有机玻璃，因此无法承受高温高压水汽冲击，受到冲击后，测量数据不准确绳子损坏仪表。

水汽在线仪表的测量原理多是通过被测介质的物理或化学特性的不同，设计的检测方法，因此，被测介质中的化学物质，如果对检测方法有干扰，必须在预处理系统中进行去除。针对以上的原因，我们对预处理做了定制化设计要求，见图 3、图 4。

预处理系统材质使用 306L 不锈钢制外壳，其中冷却器盘管为 306L 材质加厚壁厚管材。为了易于观察冷却水流通状态，加装了流速显示转子。安装篮式过滤器，便于日常清理。为了减少结垢，设计大管径冷却水给回水管路，确保大流速通过冷却器壳程，减少沉积结垢。

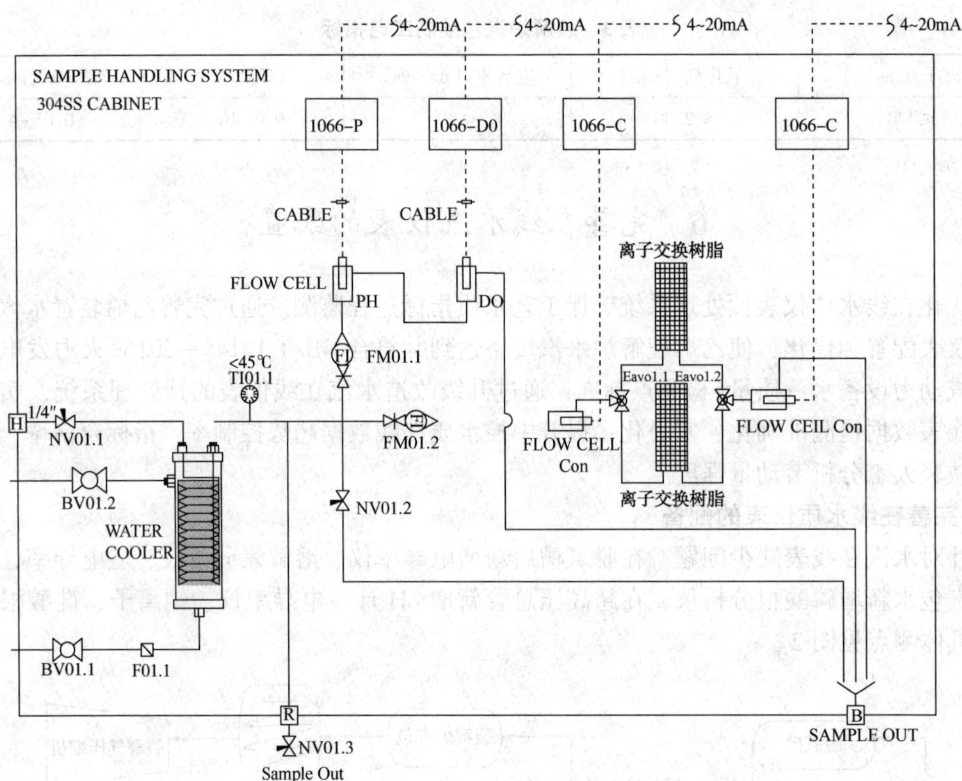

图 3　脱氧槽新增在线表的预处理系统

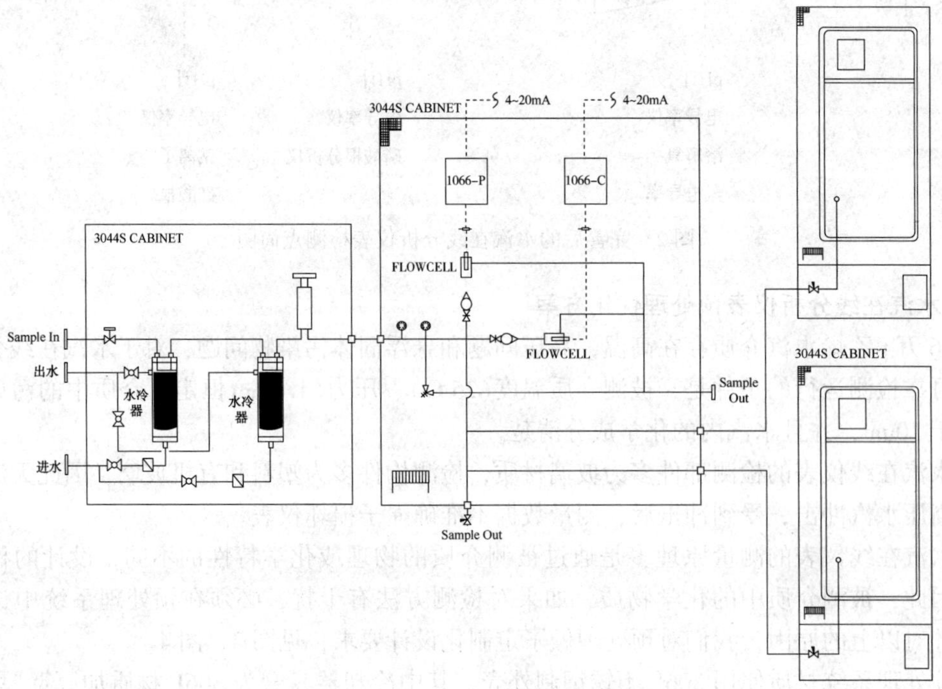

图 4　超高压蒸汽在线表预处理系统

7 水汽在线分析仪表系统升级与改造后的效果

乙烯装置水汽在线仪表在升级改造后，工艺合格率由原70%提高到90%以上，特别是锅炉给水pH合格率大幅提升，中和胺注入量得到精细化控制，消耗量下降10%左右。超高压蒸汽凝液具备水质分析，通过对分析数据的跟踪、比对、分析，建立了乙烯装置水汽质量报表，对装置掌握裂解炉超高压水汽品质，提供了技术数据，为裂解炉水汽处理提供了调整依据。乙烯装置水汽在线仪表的升级改造，大大降低了化验室人工分析工作量，避免了人工分析的先天不足，实现了水汽数据的实时反馈，提高了工艺调整的及时性和平稳率。

长岭炼化蒸汽系统节能优化调整

路明星

（中国石化长岭炼化公司，岳阳 414000）

【摘　要】 长岭分公司蒸汽系统存在关键装置蒸汽品质需要无法满足，管道运行方式不合理等问题，严重影响了炼油装置能耗指标。通过对装置蒸汽品质需求调查，蒸汽系统流量、流速、温度等参数的大数据分析和建模，计算得出最优运行方式，最终通过系统调节和改造，实现关键装置蒸汽品质提升。

【关键词】 节能优化　蒸汽系统　品质提升

长岭炼化公司始建于 1965 年，1971 年 5 月建成投产，目前拥有炼油化工生产装置 35 套，由于建厂时间较早，再加之经过多次的改扩建，最终蒸汽管网形成了一个多汽源多用户结构复杂的庞大蒸汽系统。目前蒸汽系统主要存在键装置蒸汽品质需要无法满足等问题，严重影响装置节能优化运行，为解决该问题分公司组织成立专家小组，通过大数据分析和系统建模等方式结合现场调查和调节，最终实现蒸汽系统优化运行。

1　系统简介

目前长岭分公司蒸汽系统设置 3. 5MPa 蒸汽、1. 0MPa 蒸汽、0. 5MPa 蒸汽三个压力等级管网。3. 5MPa 蒸汽系统管线总长 5. 4km，主要由 3# 催化、5 万 t 制氢、硫黄回收等装置外供，供给 100 万 t 柴油加氢、170 万 t 渣油加氢、240 万 t 汽柴油加氢等用户，不足部分由热电部提供（见图 1）；1. 0MPa 蒸汽系统管线总长 26km，主要由 100 万 t 汽柴油加氢、3# 催化、焦化、渣油加氢等装置外供，主要供给 40 万 t 加氢、3# 常压、12 万 t 乙苯、中创、长盛等用户，热电部作为调节单元（见图 2）；0. 5MPa 蒸汽主要为炼油装置内部自产自用，不足时由 1. 0MPa 蒸汽系统进行补充。

2　问题分析

通过前期的数据收集和现场走访，统计各装置蒸汽品质需求情况，共收集统计装置蒸汽产用情况表 30 余份，绘制装置用汽主要设备图 25 幅，另外借助 IP21 系统进行在线建模，搭建嵌套式蒸汽系统模型八个，其中包括 3. 5MPa、1. 0MPa 蒸汽系统总模型及各装置蒸汽系统分模型（如图 3、图 4），均已实现实时统计和监控，并将装置用汽设计值作为报警值进行设定，达到报警后进行光报警提醒。

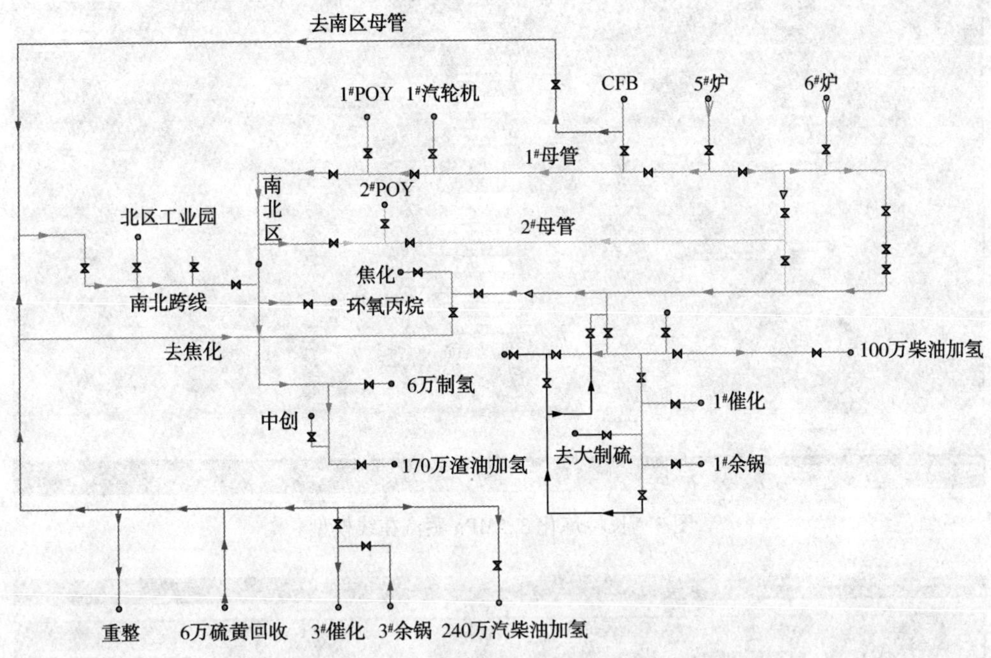

图 1　长岭炼化 3.5MPa 蒸汽管网系统图

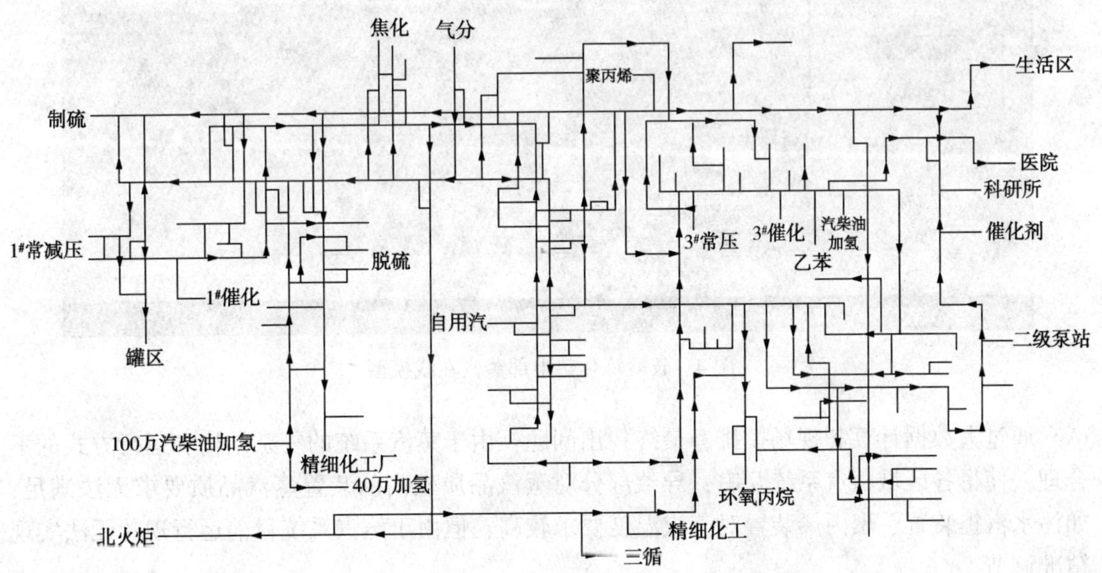

图 2　长岭炼化 1.0MPa 蒸汽管网系统图

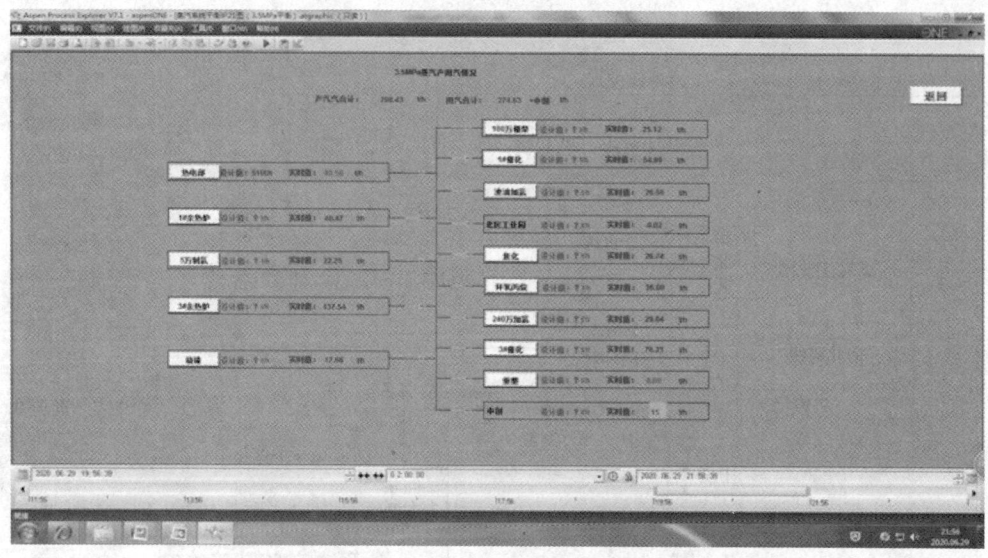

图3 长岭炼化3.5MPa蒸汽在线模型

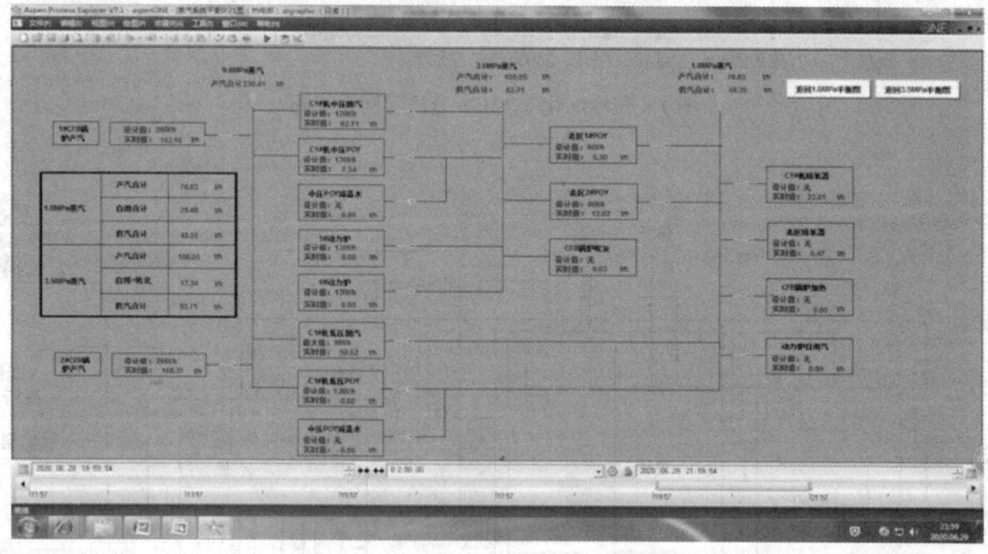

图4 长岭炼化热电部蒸汽在线模型

通过大数据计算和现场摸排，最终找出问题：由于蒸汽系统的复杂结构和运行方式的不合理，使得各区域蒸汽系统互串，导致部分对蒸汽品质较高的装置蒸汽品质要求无法满足，如污水汽提装置、聚丙烯装置对蒸汽温度要求较高，但由于蒸汽系统目前运行现状无法实现精准调节。

3 优化调节

采用蒸汽产用就近原则和高品质蒸汽专供原则，在不影响蒸汽平稳供应的前提下，通过操作调整将低压汽系统划分为南区、北区、东区三大区域。通过以上划分实现热电部供出的每条管线对应相应的装置，具体调节如下：

3.1 长盛装置低压汽调整

长盛装置低压汽线，从北区联箱至长盛总长 400m 左右，管径 DN200，管线保温效果较差，该条管线为长盛专线，而长盛用汽量仅为 5t/h 左右，蒸汽流速很低，为提高长盛用汽温度，降低管线热损失，将长盛蒸汽由中创低压汽管线供给，(开启长盛丁字路口处，中创低压汽去长盛阀)，停运长盛低压汽线北区联想至长盛丁字路口段，减少散热损失 150kW。

3.2 南区、北区 1.0MPa 蒸汽汽源调整

开启垅内 2#低压汽母管去重整阀门，关闭重整北区联络线隔离阀。开启 2#供热母管去高串低阀门，关闭 1#供热母管去高串低阀门。关闭南区低压汽去垄外低压汽阀门。关闭南北区低压汽跨线北区阀。最终将东区富余的低品质 1.0MPa 蒸汽送往蒸汽品质需求相对较低的催化剂、宾馆等垄外用户，将热电部产的高品质的 1.0MPa 蒸汽送至对蒸汽品质需求相对较高的南区、北区装置。

4 效果评价

4.1 长盛装置低压汽调整后情况

长盛装置低压汽调整后进装置蒸汽温度提高 10℃，蒸汽用量降低 0.5t/h(如表 1、表 2)。

表 1 长盛装置低压汽调整前进装置参数

时间	进装置温度/℃	进装置压力/MPa	进装置流量/(t/h)
2020-5-15 0：00	197.8	0.9	4.8
2020-5-15 5：00	199.0	0.9	4.9
2020-5-15 10：00	199.3	0.9	4.8
2020-5-15 15：00	200.9	0.9	4.8
2020-5-15 20：00	202.3	0.9	4.7
…	…	…	…
2020-5-19 19：00	198.8	0.9	4.3
2020-5-20 0：00	199.7	0.9	4.3
2020-5-20 5：00	198.8	0.9	4.3
2020-5-20 10：00	199.4	0.9	4.1
调整前平均值	200.7	0.9	4.6

表 2 长盛装置低压汽调整后进装置参数

时间	进装置温度/℃	进装置压力/MPa	进装置流量/(t/h)
2020-5-20 15：00	208.4	0.8	4.2
2020-5-20 20：00	201.7	0.8	4.2
2020-5-21 1：00	201.6	0.8	4.2
2020-5-21 6：00	204.2	0.8	4.2
…	…	…	…
2020-6-9 5：00	208.3	0.9	4.8
2020-6-9 10：00	209.2	0.9	4.7
2020-6-9 15：00	209.7	0.9	4.5
2020-6-9 20：00	208.8	0.8	4.6
调整后平均值	210.6	0.9	4.1

4.2 南区、北区 1.0MPa 蒸汽汽源调整后情况

南区、北区 1.0MPa 蒸汽汽源调整后，加氢污水汽提装置进汽温度提高 15.8℃，蒸汽用量降低 0.5t/h。(如表 3、表 4)

表 3 加氢污水汽提低压汽调整前进装置参数

时间	进装置温度	进装置压力	进装置流量
2020-5-20 0：00	238.9	0.9	9.6
2020-5-20 5：00	244.9	0.9	9.5
2020-5-20 10：00	242.3	0.9	9.3
2020-5-20 15：00	242.8	0.9	9.5
…	…	…	…
2020-6-5 1：00	256.5	0.9	9.2
2020-6-5 6：00	257.9	0.9	9.2
2020-6-5 11：00	259.9	0.9	9.2
2020-6-5 16：00	260.8	0.9	9.1
调整前平均值	249.2	0.9	9.5

表 4 加氢污水汽提低压汽调整后进装置参数

时间	进装置温度	进装置压力	进装置流量
2020-6-5 21：00	260.9	0.9	9.1
2020-6-6 2：00	260.9	0.9	9.1
2020-6-6 7：00	260.9	0.9	9.1
2020-6-6 12：00	262.0	0.9	8.9
…	…	…	…
2020-6-9 5：00	254.0	0.9	9.1
2020-6-9 10：00	260.9	0.9	9.1
2020-6-9 15：00	264.0	0.9	9.1
2020-6-9 20：00	266.3	0.9	9.2
调整后平均值	265.0	0.9	9.0

5 结 论

对于复杂庞大的蒸汽系统，应借助大数据分析和建模等手段，理清蒸汽运行情况，采用蒸汽产用就近原则和高品质蒸汽专供原则，将网状运行方式梳理、调整，划分区域，针对不同区域不同装置的蒸汽品质要求情况进行精准施策，最终实现节能优化运行。

参 考 文 献

[1] 章熙民，朱彤．传热学[M]．北京：中国建筑工业出版社，2014.
[2] 廉乐明，谭羽非．工程热力学[M]．北京：中国建筑工业出版社，2014.

浅谈水平衡测试工作在某炼油化工厂节水管理中的应用

杨秋月

（中国石化长岭炼化公司，岳阳 414000）

【摘　要】 本文以长岭炼化为研究对象，对企业进行水平衡测试分析，本文介绍了水平衡测试工作方案及内容，通过对各装置用水明细及排水水质、水量的摸底，挖掘企业在节水方面的潜力，找出用水过程中的问题，旨在进一步加强企业工业用水管理，最大限度地节约用水和合理用水，提升水质，增大回用水量，提高用水效率，降低新鲜水耗，减少污水排放量，节能增效，促进企业绿色低碳发展。

【关键词】 水平衡测试　节水潜力　用水管理

1　水平衡测试

1.1　水平衡测试准备工作

1.1.1　测试边界的划分

炼厂生产装置及辅助生产装置生产、生活用水取自长江，由二级泵站加压后输送至各用水单位。本次测试过程中，我们把二级泵站供水总表划分为一级表，各装置进、出水计量表划分为二级表，装置内部的计量仪表划分为三级表。

1.1.2　计量器具情况摸底

与计量办和各用水单位对接全厂各供水点、用水点及排水点的水表配备情况，对全厂各供水点及用水点的水表配备率及计量情况进行摸底，汇总计量数据偏差大或缺失的测试点。并根据运行部供水、用水、排水的计量器具配备情况绘制水系统计量网络图。

1.1.3　用水明细调查

与各装置对接，根据用水管网图和用水工艺，绘制出供水、用水、及排水工艺流程图。对各装置内部流程进行梳理，绘制装置内部不同介质能源（包含新鲜水、除盐水、除氧水、循环水、凝结水、含硫污水、脱硫净化水以及污水回用水）使用情况框架图。统计主要用水设备及工艺设计及最大用量。与装置对接主要用水设备及工艺的水质要求，挖掘节水潜力。

1.1.4　建立在线监测平台

根据前期各装置用水、排水计量器具的统计以及用水工艺的梳理，在在线监测系统IP21系统里搭建不同水质的在线平衡和累计量平衡表，能够清晰明了的实时观察用水及平衡情况。

1.2 水平衡测试工作的开展

1.2.1 采用测试方法

本次水平衡测试采取逐级平衡法进行测试平衡，从下往上平衡，即先从装置到车间部门，再到全公司。测试取数期间，有计量仪表的采用仪表读数，无计量或偏差较大点采用便携式超声波流量计测量。

1.2.2 确定测试时间

根据生产特点，选取生产运行稳定的、有代表性的时段 10：00，每次连续测试时间为 72h，每 24h 记录一次，共取 3 次测试数。

1.2.3 现场测试内容

根据工业水管理规定相关要求以及 GB/T 12452—2008《企业水平衡测试通则》，确定测试内容为：

（1）二级泵站的日供新鲜水量；

（2）各装置用水点的日取新鲜水水量

（3）各装置用水设备、设施的日取水量、重复利用水量、排水量、耗水量等。

（4）对各装置排水口进行采样，测试分析污水盐含量。

2 水平衡测试结果

2.1 水平衡测试结果分析

此次水平衡测试工作包含了各装置实际用水情况，汇总了各装置不同介质的实际用水及排水数据。通过装置内部输入水量与输出水量的平衡关系，从装置内部着手，再上升至全公司，统计测试了全公司不同水质供用平衡情况。能够详细的展现各装置用水明细及排水明细，对污水处理的合理调控和监管具有一定的指导作用。

通过测试发现该炼厂新鲜水主要用于化水系统制水、循环水补水、消防水补水、烟脱补水以及厂区装置生活用水，其中化水系统用水占比 45%左右，循环水补水占比 28%。循环水系统中，测试发现部分循环水场新鲜水补水率偏高，而目前污水回用水率 28%，倘若进一步提高污水回用量，增加污水回用率，可进一步降低新鲜水耗。同时，部分采用循环水、软化水作为机泵冷却的装置未完全将冷却水返回系统管网，一定程度上增加了循环水补水量，未返回系统管网的冷却水排入污水系统，也增加了污水处理量。排水系统污水中除生产污水外还包含一部分伴热冷凝水以及生活污水，占整个污水处理总量的 10%左右，降低生活水用量，提升凝结水回收利用率，将进一步降低污水处理量和新鲜水耗。

2.2 计量仪表问题

本次测试，通过现场调研，以及利用各用水单元之间的定量关系核对，发现部分二级计量仪表缺失或计量偏差的现象，同时少量仪表不具备校验工况，只能在大检修条件下才能校验，不能保证计量的准确性，需进一步抓好计量管理工作。

3 节水潜力及建议

（1）严格污水过程管控，从源头上实现减排。通过此次水平衡测试，各装置生活用水量相差较大，与同类装置或去年平均值相比较存在一定的差别，而装置生活用水通过处理后基本进入含油污水系统，因此，根据人员数量设定各装置生活水用量意义重大，一方面可以降低新鲜水消耗，一方面还可以降低污水处理量。此外，部分装置的机泵冷却水直接排入含油污水系统，未达到能源的循环利用，一定程度上增加了能耗，将此类用水设备进行改造，冷却用循环冷却水返回系统管网，将一定程度上降低新鲜水耗。

(2) 加强污污分治管理，提升回用水水质。一直以来，污水中电导率过高，氯离子含量超标，加大了设备腐蚀的概率，是制约污水回用的较大因素。通过水质、水量的测试，找出高含盐废水来源，完善相关流程，严格按照含油、含盐污水处理系统彻底分开运行，提高回用水水质。

(3) 扩宽合格污水回用途径，提升污水回用率。通过此次水平衡测试，掌握了装置主要用水设备及工艺对水质的相关要求。目前 CFB、1#催化、3#催化等 3 套烟脱装置的回用水利用率分别为 100%，50%，30%。根据 2 月份开展的含油污水回用至循环水补水试验表明，含油污水回用水水质满足回用标准，回用水率达到 60%，回用情况良好。1#催化、3#催化烟脱装置可根据工艺调整回用水量，每小时可降低新鲜水耗 15 吨左右。储运部球罐喷淋用水及部分装置用的机泵冷却水可用回用水代替新鲜水，每小时可降低新鲜水耗 50 吨左右。其次，根据目前第二循环水场回用情况，积极开展除二循以外的其他循环水装置使用污水回用水工作，降低新鲜水补水率。

4 结 论

通过水平衡测试，依据掌握的资料和获取的数据可以对装置用水现状进行合理化分析。找出用水过程中存在的问题和节水潜力，制订出切实可行的技术、管理措施和规划，达到节能降耗目标。其次，通过对计量器具的摸底，健全装置用水三级计量仪表。既能保证水平衡测试量化指标的准确性，又为今后的用水计量和考核提供技术保障。水平衡测试工作是一项系统而全面的工作，在各装置积极配合的过程中，一定程度上提升了人员的节水意识，同时水平衡测试结果和收集资料为制定用水定额和计划用水量指标提供了较准确的基础数据，进一步为企业实现绿色生产提供了保障[1,2]。

参 考 文 献

[1] 胡凯浩．基于企业水平衡测试的工业节水探索[J]，科学技术创新，2019(32)：168-169.
[2] 顾云．福建省火电厂水平衡测试应用研究[J]．科学技术创新，2019(12)：63-64.

炼化企业水环境特征污染物预警体系建立

王　瑜[1]　王春磊[2]　李鸿莉[1]　徐　静[1]

（1. 中国石油兰州石化公司环境监测站，兰州 730060；2. 兰州石化职业技术学院）

【摘　要】 国内一些炼化企业现有的炼油化工污水系统经过达标升级改造已经满足了国标排放要求，但受到炼化装置源头个别装置排放特征污染物超标的冲击，对污水处理装置生化系统造成巨大影响。缺乏对水环境特征污染物专业性识别和针对性监测，缺乏规范的指标筛选办法，大量监测数据被浪费，亟待建立一套特征污染物水环境预警系统来针对性识别特征污染物的指标，快速预警污水排放不达标的情况。本文通过选择合适的能够代表水污染状况的特征污染物指标，建立了水环境特征污染物筛选方法，筛选出重点监控特征污染物清单，通过搭建布控监测监控网络，最终建立了水环境特征污染物预警体系。该企业建立特征污染物监控预警体系以来，炼化装置污水系统受冲击的次数大幅减少，监测监控的有效性大幅提高，保证了污水系统正常稳定运行。

【关键词】 特征污染物　水环境　预警体系　苯系物　丙烯腈

国内一些炼化企业末端污水处理装置由于受到炼化装置源头个别装置排放特征污染物超标的冲击，对污水处理装置生化系统造成巨大影响。由于特征污染物数量较大，且没有建立特征污染物的预警机制，导致排查起来非常困难，不能及时的消除某些特征污染物对污水处理装置生化系统的影响，直接影响外排水的达标，容易导致环境违法事件发生。建立炼化企业水环境特征污染物预警体系非常必要：

（1）是实现污水处理装置的稳定运行和达标排放的需要。国内一些炼化企业现有炼油化工污水系统经过达标升级改造已经满足了国标排放要求，但存在源头个别装置排放特征污染物浓度高，易对下游污水系统正常运行产生冲击的风险以及上下游优化不足的问题，对炼化装置污水中特征污染物无法及时准确判断、控制，不能有效应对其对污水处理厂的冲击，对污水处理装置的稳定运行达标排放造成影响。

（2）是有效提升环境监测监控效果的需要。国内一些炼化企业已经建立了从源头装置到末端排放口上下游一体化的环境监测网络，为装置的环保管理提供数据支撑，但是实施监测的污染物项目以国家和行业排放标准为依据，监控的重点放在达标排放上面，缺乏对特征污染物专业性识别和针对性监测，缺乏规范的指标筛选办法，大量监测数据被浪费，对污水系统监控的效果不强，亟待建立一套特征污染物水环境预警系统来针对性识别特征污染物的指标，快速预警污水排放不达标的情况。

1　建立水环境特征污染物筛选方法

选择合适的能够代表水污染状况的特征污染物指标，才能真实反映污水系统的健康水平，制定针对性的污染防治方案；不合理的水质评价指标体系，会掩盖水环境真实污染性质和污染程度，最终会误导污水管控的方向。因此，建立特征水污染物筛选方法是污水管理的重要基础性工作。

水污染物通常可分为三大类，即生物性、物理性和化学性污染物。相应的水质指标分为物理、化学和微生物学指标 3 类。常用的水质指标主要有以下几项：

(1) 水温、悬浮物(SS)、浊度、透明度及电导率等物理指标，pH 值、总碱(酸)度、总硬度等化学指标，用来描述水中杂质的感官质量和水的一般化学性质，有时还包括对色、嗅、味的描述。

(2) 氧的指标体系，包括溶解氧、生化需氧量、化学需氧量、总需氧量等，用来衡量水中有机污染物质的多少，也可以用碳的指标来表示，如总有机碳、总碳等。

(3) 氨氮、亚硝酸盐氮、硝酸盐氮、总氮、磷酸盐和总磷等，用来表征水中植物营养元素的多少，也反映水的有机污染程度。

(4) 金属元素及其化合物，如汞、镉、铅、砷、铬、铜、锌、锰等，包括对其总量及不同状态和价态含量的描述。

(5) 其他有害物质，如挥发酚、氰化物、油类、氟化物、硫化物以及多环芳烃等致癌物质。

(6) 细菌总数、大肠菌群等微生物学指标，用来判断水体受致病微生物污染的情况。

(7) 还可根据水体中污染物的性质采用特殊的水质指标，如放射性物质浓度等。

总之，有的水质指标是水中某一种或某一类杂质的含量，直接用其浓度表示，如某种重金属和挥发酚；有些是利用某类杂质的共同特性来间接反映其含量的，如 BOD、COD 等。

基于水环境指标的复杂性和多样性，废水污染管控时，既要选择反映一般状况的常规水质因子如 pH、化学需氧量、氨氮、总氮、总磷、酚、氰化物、砷、汞、铬(六价)、以及水温；还要选择一些特征水质参数，可根据石油炼制和石油化学行业编制的特征水质参数进行选择。特征水污染物指标的筛选一般遵循以下原则：

(1) 选择国家优先控制常规水污染物总量控制指标。包括 COD、氨氮、总磷、总氮几种污染物的总量控制指标。

(2) 选择具有环境与健康危害性，在水中难以降解，具有生物累积性和水生生物毒性的污染物。主要包括重金属和有毒有害有机物。监测结果表明，水体污染以有机污染为主，目前大多采用综合指标如 COD(化学需氧量)、BOD_5(五日生化需氧量)、TOC(总有机碳)、石油类、挥发酚等反映有机污染状况，但因水中微量或痕量有毒有机物的浓度很低，综合指标无法表征特别是不能反映水中微量或痕量有毒有机物的状况。存在于环境中的痕量和超痕量的有机物大多属于持久性、生物可积累的有毒化合物，对污水系统造成的危害程度是有机综合指标所无法体现和替代的。所以，除了综合指标外，还应增加反映微量或痕量有机污染的指标，并对这些种类繁多的有机污染物进行优先筛选、优先监测以及优先控制。

(3) 选择具有较大的生产量、使用量和排放量的污染物。根据生产过程的原辅用料、生产工艺、中间及最终产品类型，监测结果确定实际排放的污染物指标进行筛选。

(4) 优先选择广泛存在于水系统中，具有较高的检出率和稳定性的污染物。根据已有的监测数据，可以了解各个排口污染物排放状况，一般超标严重的指标也表明纳污水体接纳了较多的此类污染物，表征该类污染物的指标也是特征污染指标。

(5) 优先选择已经具备一定监测条件，存在可用于定性和定量分析的化学标准物质的污染物。

2 创建重点监控特征污染物清单

国内炼化企业污水处理装置生化系统大多采用活性污泥法，活性污泥法是以活性污泥为主体的生物处理方法。活性污泥法的生物反应器是曝气池，系统主要组成还有二次沉淀池、污泥回流系统和鼓风曝气系统。目前装置生化系统活性污泥泥性较为松散，沉降性能较差，污泥浓度较高，不能完全满足中控指标要求，且丝状菌、放线菌较多，使得污泥膨胀，生物泡沫生长较快，生化系统抗冲击能力弱，出水氨氮时有波动。

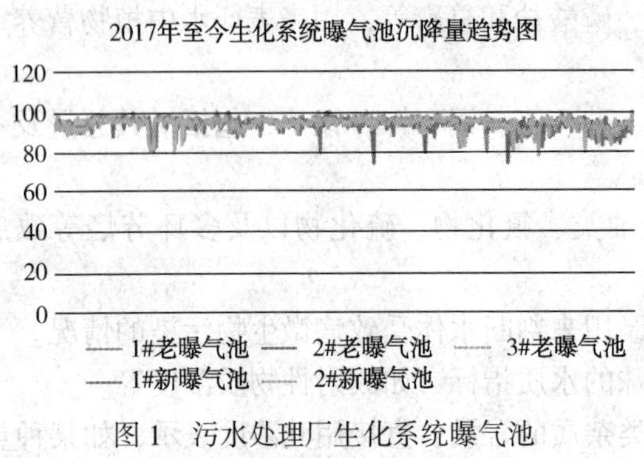

图 1 污水处理厂生化系统曝气池沉降量变化趋势图

图 1 为某炼化企业污水处理厂 2017 年至今生化系统各间曝气池沉降量变化趋势图，由图中可以明显看出，生化系统曝气池沉降量偏高持续时间较长，且 5 间曝气池沉降量平均值均超过 94%。

2017~2018 年该企业炼化污水装置受上游多次冲击，污水处理装置生化系统活性污泥泥性逐步变差。为避免此类情况发生，对国内外相关炼化企业污水系统中特征污染物项目进行了调研，联合污水处理厂通过对上游水质监测、入口水质监控、活性污泥小试实验等措施，梳理整理出抑制污泥活性、硝化作用、厌氧消化作用的特征污染物清单及微生物致毒性浓度阈值范围。具体如表 1 所示。

表 1 抑制污泥活性的特征污染物清单及阈值范围

序 号	污 染 物	抑制污泥活性的阈值范围/(mg/L)
	金属/非金属无机物	
1	氨	480
2	砷	0.1
3	镉	1~10
4	铬(Ⅵ)	1
5	铬(Ⅲ)	10~50
6	铬(总量)	1~100
7	铜	1
8	氰化物	0.1~5
9	碘	10
10	铅	1.0~5.0
11	汞	0.1~1
12	镍	1.0~2.5
13	硫化物	25~30
14	锌	0.3~5

续表

序　号	污　染　物	抑制污泥活性的阈值范围/(mg/L)
有机物		
15	蒽	500
16	苯	100~500，125~500
17	2-氯酚	5，20~200
18	1,2-二氯苯	5
19	1,3-二氯苯	5
20	1,4-二氯苯	5
21	2,4-二氯酚	64
22	2,4-二甲基酚	40~200
23	2,4-二硝基甲苯	5
24	1,2-二苯肼	5
25	乙苯	200
26	六氯苯	5
27	萘	500
28	硝基苯	30~500
29	五氯酚	0.95，50，75~150
30	菲	500
31	酚	50~200
32	甲苯	200
33	2,4,6-三氯酚	50~100
34	表面活性剂	100~500

表2　抑制硝化作用的特征污染物清单及阈值范围

序　号	污　染　物	抑制硝化作用的阈值范围/(mg/L)
金属/非金属无机物		
1	砷	1.5
2	镉	5.2
3	氯酸盐	180
4	铬(Ⅵ)	1~10
5	铜	0.05~0.48
6	氰化物	0.34~0.5
7	铅	0.5
8	镍	0.25~0.5，5
9	锌	0.08~0.5
有机物		
10	三氯甲烷	10
11	2，4-二氯酚	64
12	2，4-二硝基苯酚	150
13	苯酚	4.4~10

表 3 抑制厌氧硝化的特征污染物清单及阈值范围

序　号	污 染 物	抑制厌氧硝化的阈值范围/(mg/L)
金属/非金属无机物		
1	氨	1500~8000
2	砷	1.6
3	镉	20
4	铬(Ⅵ)	110
5	铬(Ⅲ)	130
6	铜	40
7	氰化物	4~100，1~4
8	铅	340
9	镍	10，136
10	银	13~62
11	硫化物	50~100
12	硫酸盐	500~1000
13	锌	400
有机物		
14	丙烯腈	5
15	四氯化碳	2.9~159，4，10~20，
16	氯苯	0.96~3
17	三氯甲烷	1.5~16，10~16
18	1,2-二氯苯	0.23~3.8
19	1,4-二氯苯	1.4~5.3
20	氯甲烷	3.3~536.4，100
21	五氯酚	0.2，0.2~1.8
22	四氯乙烯	20
23	三氯乙烯	1~20

3 搭建布控监测监控网络

3.1 增设炼油污水入口特征污染物监测项目

为加强对炼油污水入口水质监控和源头预防，炼油污水入口增加监测特征污染物 6 项，分别为苯、甲苯、乙苯、邻二甲苯、间二甲苯和对二甲苯，频次为 2 次/周。化工污水入口增加监测特征污染物 8 项，分别为、甲苯、乙苯、邻二甲苯、间二甲苯、对二甲苯、苯乙烯和丙烯腈，频次为 3 次/周。

3.2 增加上游装置特征污染物监控点位和监测项目

在特征污染物的源头装置增加监控点位，同时在已有监测点位中，增加特征污染物监测项目，包括苯系物、丙烯腈、重金属、挥发酚等。

3.3 加密关键排放口特征污染物监测频次

特征污染物苯系物和丙烯腈对污水系统的正常运行影响较大，监测计划中对涉及该污染物的关键排放口加密了监测频次。

3.4 收紧重点装置特征污染物排放指标

收紧重点装置特征污染物排放指标，例如某炼油装置苯系物(苯、甲苯、乙苯、二甲苯、苯乙烯)排放指标由原来的不控制调整为100mg/L。

4 建立水环境预警体系

本课题采用层次分析法对预警体系特征污染物指标集进行优化，通过计算、对比各特征污染物指标的权重，选择权重较大的特征污染物指标构建预警指标体系。

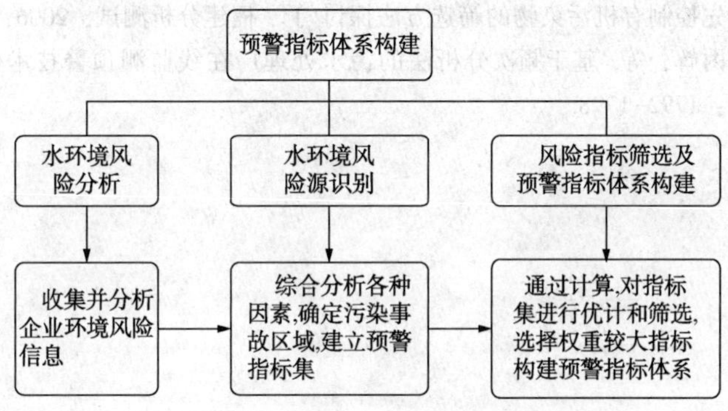

图2 预警体系构建流程图

具体步骤主要包括：

(1) 对炼化污水系统的水环境进行风险分析，通过收集历年炼化污水系统入口的特征污染物监测数据，分析特征污染物对污水系统水环境的风险信息，对水环境的特征污染源进行识别，确定影响炼化污水系统的特征污染物主要有苯系物、重金属、丙烯腈、挥发酚、氰化物和硫化物等；

(2) 建立预警体系指标集，在指标分层的基础上，结合特征污染物对水环境影响大小、排放浓度及水环境要求等各方面因素，构建各层次之间的判断矩阵；

(3) 采用层次分析法对指标层进行两两比较，建立比较矩阵，通过计算各指标比较矩阵的最大特征值，进行一致性判断，最终选择苯系物、丙烯腈为预警体系指标。

5 结 论

5.1 监测监控的有效性大幅提升

通过将特征污染物清单及其致毒性浓度阈值与企业监测计划相融合，加密对上游关键排放口特征污染物的监测频次，加大对炼油化工污水入口特征污染物废监测力度，提高了监测项目的针对性和靶向性，监测监控的有效性大幅提升。

5.2 为企业污水管控发挥积极作用

通过建立以特征污染物为要素的水环境预警体系，特征污染物超过其致毒性浓度阈值时及时预警，便于准确判断、控制、应对特征污染物对下游污水系统的冲击，从而保证了污水系统正常稳定运行。

参 考 文 献

[1] 姚瑞华，吴悦颖，王东，等．国家重点监控水污染企业筛选方法辨析[J]．环境监测管理与技术，2010.10：1-4.

[2] 陈辉琴．基于污水厂进水水质联动控制系统的指标阈值研究[D]．重庆：重庆大学城市建设与环境工程学院，2011.

[3] 李俊红，刘树枫，袁海林．浅谈环境预警指标体系的建立[J]．西安建筑科技大学学报，2000.3：78-81.

[4] 吴利桥，葛晓霞．河流特征水污染物筛选技术要点[J]．人民珠江，2014.3：109-110.

[5] 裴淑玮，周俊丽，刘征涛．环境优控污染物筛选研究进展[J]．环境工程技术学报，2013.7：363-368.

[6] 陈晓秋．水环境优先控制有机污染物的筛选方法探讨[J]．福建分析测试，2006，15(1)：15-17.

[7] 张嘉治，张雷，郑丙辉，等．基于频次分析法的污水处理厂在线监测预警技术研究[J]．中国环境科学，2012，32(10)：1792-1798.

生产装置强化环保风险管控的探索与实践

郑理富

（中国石油兰州石化公司炼油厂，兰州 730060）

【摘　要】 针对车间环保"三多一大"现象，矢志不渝采取诸如加快环保隐患治理、加快装置改造、对于环保指标，建立预警机制、探索绿色安全检修措施、全面提升环保风险管控等，力求从本质上消减环保风险，全面提升环保风险管控水平，确保车间环保工作整体受控。事实证明：车间对环保风险管控的探索与实践是富有成效的，为美丽炼厂、"兰州蓝"做出了应有的贡献。

【关键词】 强化环保风险　管控措施　探索与实践

催化二联合车间拥有 300 万 t/a 重油催化裂化、40 万 t/a 气体分馏、3 套酸性水汽提、2 套气体精制、2 套硫黄回收、1 套烟气脱硫、1 套干气净化等 11 套生产装置。其中环保装置 6 套(炼厂总共有 7 套环保装置，车间占到 6 套)。针对"三多一大"(即环保装置多，环保隐患多，环保改造项目多，环保风险大)现象及二氧化硫数据时时上传到兰州市环保局和中国石油炼化分公司的实情，坚持从思想认识、组织领导、责任措施等方面真正把环保工作摆在更加突出位置，坚决扛起防范化解重大环境风险的政治责任。

1 环保装置存在问题

环保装置，存在历史欠账。随着环保法规要求的不断提高，造成环保装置频繁改造。

(1) 部分环保装置不能满足环保生产要求

酸性水汽提装置预处理单元恶臭气体存在排入大气的风险。

(2) 环保装置自身存在问题有待解决

建设项目前瞻性不足；原油含硫量不断提高，造成酸性水量不能被平衡，汽提装置被迫改造；为适应二氧化硫排放要求，硫黄回收装置进行改造，别无选择；为实现尾气达标排放，尾气单元改造迫在眉睫。

(3) 员工对环保定位不准

员工对环境因素关注度不足，敏感性不强，异常情况汇报不及时，存在一些错误认识。人人都是环保员的责任没有压实。

(4) 绿色检修需要进一步探索

公司 2019 年提出装置大检修要实行密闭吹扫，绿色检修，达到这些要求，面临艰巨挑战。

(5) 环保管控措施有待细化

环保风险较大，迫切需要改变以往粗放的管理模式，实行精细化管理。

2 解决问题技术途径探讨

环保装置平稳运行，只有从技术上入手，有的放矢，对症下药，才能事半功倍。

2.1 恶臭气体治理技术

采用“湿法恶臭气体治理技术”。通过真空泵将分散的恶臭气体引入脱臭系统，进行溶剂吸附，水洗，尾气通过排气筒排入大气。技术上不够成熟，致使其使用不久就被闲置下来；“干式恶臭气体治理技术”。恶臭气体，靠自压进入水洗塔，再进入吸附塔吸附。这解决了脱臭问题，但 VOCs 超标未得到很好解决；采用三级脱除工艺，在除氨、除臭的基础上，增设除烃工艺。此技术相对成熟，效果理想。

2.2 二氧化硫排放达标技术

采用前碱洗工艺，尾气进入焚烧炉前进行碱洗，二氧化硫不能稳定达标。气体精制装置来的氧化尾气、酸性气带烃等操作波动，均会造成二氧化硫超标；探讨后碱洗工艺，将焚烧后的尾气引入吸收塔，进行碱洗，技术成熟，能达标排放。

2.3 建立预警机制

建立预警机制，实行环保工作全员管，对全过程实施管控。

2.4 装置绿色检修的探讨

环保装置，不断自我完善，必不可少。他山之石，可以攻玉。组织人员外出考察，吸收别人先进经验，为我所用，不失为一种明智选择。

2.5 全面推行网格化管理，提升环保管控水平

全面推行“三精”管理，网格化管理，让管理与技术相辅相成，相得益彰。

3 解决问题的措施

机遇与挑战同在。从中央到地方，生态文明建设提到前所未有的高度，有利于环保问题解决。

3.1 加快环保隐患治理步伐，从技术上为环保风险管控打下坚实基础

深入细致排查各类环境隐患，坚持一隐患一方案，精准治理，着力提升装置环保运行水平。

3.1.1 按照轻重缓急，分门别类扎实推进

一、二套酸性水汽提装置预处理单元原料水罐罐顶恶臭气体排入大气(设有水封罐，大量带烃，会顶开水封罐)，对环境造成污染。高效推进治理项目施工，彻底消除隐患。各套装置恶臭气体分析见表 1。

表 1 酸性水汽提装置预处理单元恶臭气体入口分析

序号	分析项目	化学分子式	一套分析数值/(mg/m^3)	二套分析数值/(mg/m^3)
1	硫化氢	H_2S	8880	12300
2	二硫化碳	CS_2	未检出	未检出
3	苯乙烯	$C_6H_5CH:CH_2$	1.2	4074

续表

序号	分析项目	化学分子式	一套分析数值/(mg/m^3)	二套分析数值/(mg/m^3)
4	三甲胺	$R-NH_2$	未检出	未检出
5	氨	NH_3	18.9	176
6	非甲烷总烃	—	122	696

备注：一套分析是指 60t/h 酸性水汽提装置；二套是指 110t/h 装置，下同。

除臭系统采用三级组合脱臭专有技术，包括一级水洗脱氨、二级固定床吸附脱烃、三级干法催化氧化脱硫。治理后，罐区恶臭气体浓度、VOCs 高的现状得到明显改观。气体分析见表 2。

表 2　酸性水汽提装置预处理单元治理后气体分析

序号	分析项目	化学分子式	一套/(mg/m^3)	二套/(mg/m^3)
1	硫化氢	H_2S	77.1	58.9
2	苯乙烯	$C_6H_5CH:CH_2$	<0.002	<0.002
3	氨	NH_3	11.7	6.78
4	非甲烷总烃	—	50.5	36.6

表 1、表 2 对比，除臭后气体浓度大幅度下降，完全实现达标排放。各装置恶臭气体脱除率见表 3。

表 3　各套装置恶臭气体脱除率

序号	气体介质	一套脱除率/%	二套脱除率/%	备注
1	硫化氢	99.3	99.4	
2	氨	64.1	93.4	标定时一套水洗水量较低
3	非甲烷总烃	70	93	

从表 3 可知，硫化氢脱除率达 99%，其中一套氨脱除率不理想，系标定时水洗水量较低，非甲烷总烃脱除率不理想，可以通过增设闪蒸罐来解决。对原料水罐环境监测，证实了脱除率高的事实。改造后，罐区再未发现毒死的麻雀、鸽子等。预处理单元环境检测见表 4。

表 4　酸性水汽提装置预处理单元环境检测

监测点	监测日期	硫化氢/(mg/m^3)	氨/(mg/m^3)	苯乙烯/(mg/m^3)
一套脱臭系统出口	2017/9/8	0.006	0.016	<0.0015
二套脱臭系统出口	2017/9/8	0.008	0.020	<0.0015

从表 4 看出，各种物质外排浓度可以忽略不计。这一技术措施，获得公司 2017 年科技进步技术成果二等奖。在此基础上，持续推进酸性水中间罐 V5407、80t/h 溶剂再生系统溶剂罐无除臭系统、中间罐 V108、V113 只设置一具吸附剂罐等项目。

3.1.2　提高闪蒸效果，提高非甲烷总烃脱除率

由表 3 看出，非甲烷总烃在一套、二套酸性水汽提装置预处理单元脱除率不理想。新增闪蒸罐降低酸性水带烃量。酸性水分别来自 7 套上游装置，经汇合送至预处理罐区存

储。罐区设有酸性水脱气罐，操作压力 0.03~0.1MPa，日常控制 0.05MPa，经脱烃后进入储罐。脱气罐脱气效果有限，制约轻烃脱除。优化酸性水加工流程：将酸性水首先改送至 300 万 t/a 催化裂化装置原汽油脱硫醇系统汽油气液分离罐 D603，进行一次闪蒸，酸性水再输转至酸性水汽提装置预处理罐区进行第二次闪蒸。目前，这一隐患项目正在初设阶段。

3.2 加快装置改造步伐，满足不断提高的环保要求

两酸装置的发展史，是不断改造的历史。笔者作为一名技术人员，一直奔波在改造的路上。先后参与了 110t/h、120t/h 酸性水汽提装置，0.5 万 t/a、1.5 万 t/a、3 万 t/a 硫黄回收装置的改造。装置改造历程见图 1。

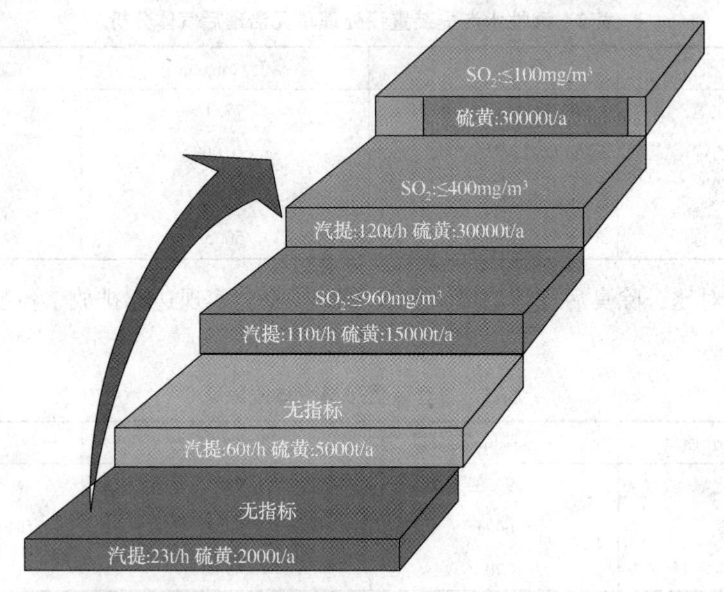

图 1 酸性水汽提装置、硫黄回收装置改造历程

从图 1 看出，起初二氧化硫排放无指标，到最新的≤100mg/m^3，实现质的跨越。2020 年，在完成一套尾气达标改造基础上，二套硫黄回收尾气达标改造正在如火如荼进行。催化烟气脱硫装置自投产后，经历了两次大的改造：2016 年脱硝改造；2019 年脱渣改造等。

3.3 对于环保指标，建立预警机制

坚定打赢污染防治攻坚战既是国家的要求，也是提升企业影响力和整体形象的重要体现。将环保指标层层分解，人人身上背指标。利用微信群，每天由专人负责通报各装置污水排放情况，出现超标，各级人员在第一时间内采取技术措施，及时纠偏。跑冒滴漏等信息，微信群里快速传播。鉴于二氧化硫数据上传，相关装置制定车间级预警值，达到预警值，各级人员形成快速反应机制，抑制二氧化硫快速上涨。出现超标的苗头，汇报炼厂调度，实时启动应急预案，相关上游装置自行排查。具体指标见表 5。

表 5　车间各装置预警值

装置 \ 预警值	二氧化硫/(mg/m³)	氮氧化物/(mg/m³)	颗粒物/(mg/m³)
二套硫黄排放口	90	—	—
一套硫黄烟气脱硫入口	600	—	—
重催烟气脱硫出口	40	85	25
排放指标	400/100/50	100	30

3.4　探索装置绿色大检修措施

2019 年车间有 8 套装置大检修，所有检修装置都探索密闭吹扫，先后增加管道、阀门和金属软管等临时设施 3000 米，实现密闭退料、密闭排放。特别值得一提的是两酸装置、气体精制装置均实现化学清洗污水统一回收处理，化学清洗污水零排放；通过优化工艺，富气压缩机开停机实现火炬零排放；各装置，均制定排水方案，处理过程中实行"三严"(严格排水量、严格排水时间、严格化验分析)，做到错峰排放，减少对污水处理厂冲击；酸性水罐采用机械清洗，提高生产效率，减少污水量；全面推行定力距紧固技术，螺栓全部用煤油浸泡、清洗、修复，确保螺母在螺杆上能用手轻松从头部转到根部，经检查验收合格后再使用；中压蒸汽管线阀门、法兰泄漏点多，将法兰阀改为焊接阀，以减少泄漏点；对中压蒸汽系统的阀门、法兰垫片全部由专业机构进行研磨；利用检修的机会，对所有泄漏点进行彻底消漏，对 VOCs 泄漏超标的部位，列入大检修项目进行彻底根除。

3.5　全面提升环保风险管控，夯实网格化管控基础

坚持"源头防治、过程整治、末端管治"思路，细化源头防控，突出异常排放管控，大力推行"源长制"、网格化管控。

3.5.1　建立"四有四保"网格化管理，大力推行环保工作"源长制"

制定"四有四保"网格化管理机制，即：职责有清单，保属地覆盖；区域有划分，保日常检查；会诊有方案，保问题解决；过程有记录，保职责落实。"四有四保"满足了安全管理全员、全过程、全方位、全天候、强制性的要求，是一个完整 PDCA 循环。在将区域划分到班组的同时，车间领导，按照职责，增加到相应区域，很好的践行有感领导，起到示范引领作用。突出问题，组织工艺、设备、安全技术人员进行讨论，在充分辨析的基础上，形成解决方案。按照 HSE 体系的要求，检查过后，形成痕迹，检查出的典型性问题，在车间碰头会上进行分享。未检查或未形成痕迹的，月度经济考评中，予以考核。推行环保工作"源长制"，是公司大力推行的一种创新机制，旨在将环保工作放在更加突出的位置，凸显"环保优先"的思想，为公司环保工作上水平打下坚实的基础。

3.5.2　进一步细化污水管理制度，适应公司不断提高的管理要求

建立工业污水系统每班采样、记录制度。两酸装置，系环保装置，本身处理的原料为高含硫污水，一旦泄漏，污染可想而知；催化装置，工业污水含油，时有超标现象；烟气脱硫，氮氧化物不能平稳达标。正视存在的问题，采取强化管理措施，以弥补技术上不足。坚持每班对工业污水系统采样、留样、记录、监控的措施，确保水环境不被污染；对于属地内的工业污水系统，要求由班长进行检查，做到早汇报，早处理。常减压装置三顶水脱出的油渣，利用专线排入污水处理厂，为公司彻底消除最后一公里含硫污水系统，奠定坚实的基础。

3.5.3 多措并举，抓好废气达标排放

炼厂实行废气超标排放，不问原因，进行经济处罚，并对领导进行诫勉谈话。针对这一转变，废气管控提到前所未有的高度。如硫黄回收装置酸性气紧急放火炬事件，除制定应急预案外，还采取如下措施：

（1）硫黄回收装置实行热备

一套运行，另一套处于热备状态。一旦一套装置出现问题，另一套装置能立即投入运行，避免酸性气大量排火炬对环境造成污染；

（2）设置酸性气流量计

酸性气排火炬线总出口处，设置酸性气流量计，信号接入操作室，出现异常排放，就能第一时间知晓，进而采取相应措施；

（3）完善工艺流程，确保二氧化硫稳定达标排放

针对尾气单元跨线阀不严，在跨线蝶阀后加盲板隔离(根据一套硫黄尾气治理经验，二套硫黄回收装置尾气治理将跨线阀取消)，使尾气全部进入吸收塔进行处理，确保二氧化硫平稳达标排放；开工线流程改造，增设硫黄开工线到尾气进吸收塔管线，这样硫黄回收装置开工时，首先将烟气脱硫单元运行正常，开工尾气通过烟气脱硫吸收塔吸收，可解决装置开工时烟气中二氧化硫超标排放的问题。

经过坚持不懈的努力，目前车间硫黄回收装置、催化烟气脱硫装置二氧化硫排放浓度稳定维持在个位数，废气治理，取得阶段性成果。

3.6 对固废进行减量化攻关，实现固废减量化目标

环保新技术的应用必将推进环保治污减排的革命，提升企业的精细化管理水平，有效推动“三废”减量化、资源化、无害化。

3.6.1 采用深度氧化再生技术，减少固废量

目前车间每年产生废碱约5000t，均采用填埋的方式，即对环境造成一定污染，又造成资源浪费。采用深度氧化再生技术，实现废碱循环利用，节约新鲜碱液用量，会产生良好的经济效益。目前，初设已经完成，建设场地已具备建设条件；

3.6.2 催化装置进行MIP改造

装置改造后，催化剂损耗，由1.46kg/t降低到1.10kg/t，仅这一项，就少产生废催化剂1080t，固废减排效果非常明显。

经过坚持不懈的攻坚克难，环保风险得到降低，环保工作全面受控。面对环保治理对标对表差距问题，需进一步强化环保风险管控。

炼油系统检修水冷器水侧监测及措施实施效果评价

赵　燕

（中国石油兰州石化公司，兰州 730060）

【摘　要】 通过大检修期间对水冷器水侧腐蚀、结垢及微生物黏泥情况的检查，结合水冷器运行状况、循环水水质情况，分析现状存在原因及提出改进措施。经过三个检修周期持续改进，水冷器腐蚀、黏泥污泥附着明显减轻，泄漏率逐年降低，保证了循环水系统长周期运行。

【关键词】 水冷器　腐蚀结垢　检查　分析　措施

水冷器水侧腐蚀结垢控制是炼化企业设备防腐蚀工作之一，循环水系统对炼油行业起着重要作用。炼油系统高含硫介质存在腐蚀，循环水系统的长期使用、循环水介质的腐蚀、检修维护不到位等，泄漏不可避免。本炼油循环水系统补充水为一次澄清的黄河水，浊度较高，尽管优选了水处理配方进行处理，还存在菌藻黏泥、腐蚀产物沉积及结垢、杂物堵塞管束的现象，换热效率下降，形成垢下腐蚀。多年以来公司组织对检修期间水冷器水侧进行检测，评定系统运行状况，制定改进措施，逐步落实，取得了明显的效果。

1　水冷器检修检测的作用

循环水系统日常通过水质分析及试片试管监测腐蚀速率、黏附速率控制运行，循环水运行效果最终体现在水冷器水侧的腐蚀、结垢及微生物黏泥沉积的程度。把握三年一检修打开水冷器的机会，主要意图：检查水冷器外观及腐蚀结垢产物表观；采集水冷器水侧垢样，留影像资料作对比；结合循环水日常运行情况，分析研究产生腐蚀结垢现原因，制定循环水系统运行管控措施；每个检修期筛选出腐蚀结垢较为严重、泄漏痕迹较为明显的水冷器作为日常重点管理对象；评价对比每个周期循环水药剂性能、设施运行及采取措施的效果，为下个周期提出改进措施，不断提升循环水品质，加强做细水冷器的日常管理。

2　监测情况

2.1　补充水及循环水结垢倾向

循环水补水水源为黄河水经沉淀过滤处理后作为循环水补充水，结垢指数为5.6，近三年循环水浓缩倍数稳定控制，水质结垢指数、稳定指数大部分控制在6以下，饱和指数大于0，综上判定该循环水属结垢水质[1]，通过投加缓蚀阻垢剂控制结垢及垢下腐蚀。

2.2 炼油系统水冷器水侧腐蚀结垢检查情况

近年来随着公司循环水水质合格率的逐年提高，系统泄漏率逐年下降，三个检修周期水冷器水侧腐蚀、污垢沉积、物料泄漏、塔壁塔池菌澡黏泥逐年好转。

2014 年大检总体情况是：几乎每个装置有部分冷器水侧出现泄漏物、黏泥、污垢腐蚀产物，沉积较厚，填料碎片、塑料桶密封圈、木屑等杂物较多，塔壁布有菌澡。

2016 年大检修总体情况是：部分装置有泄漏物、腐蚀结垢产物，堵管现状大有改善，填料碎片、杂物仍然存在，泄漏水场塔壁有菌澡。

2019 年大检修总体情况是：几乎无泄漏痕迹水冷器，系统菌澡及微生物黏泥甚微，循环水场塔壁无菌藻，腐蚀结垢产物水冷器减少，无堵管，相比前两周期有很大改善。

表 1 近三年垢样结果对比

年份	550℃灼烧减量/%	950℃灼烧减量/%	酸不溶物/%	Fe_2O_3/%	CaO/%	P_2O_5/%
2014 年	17.15	4.18	8.96	54.21	18.56	8.91
2016 年	18.54	5.22	8.48	43.00	13.14	7.43
2019 年	12.49	4.86	2.59	23.55	13.59	3.43

水冷器垢样检测项目包括 550℃灼烧失重、950℃灼烧失重、酸不溶物、钙、五氧化二磷、三氧化二铁等。550℃灼烧失重主要是表征有机物、生物黏泥、硫化物含量，950℃灼烧失重主要是碳酸盐分解，酸不溶物是二氧化硅等酸分解残留物，钙、五氧化二磷代表结垢程度即药剂分散性能的优劣。三氧化二铁代表垢样中总铁含量，即腐蚀产物[2]。

从表 1 中可以看出三个检修周期的垢样中 Fe_2O_3 含量从 54.21%降低到 23.55%，说明系统腐蚀程度逐年减轻。2019 年 550℃灼烧失重相比前两年降低，说明系统有机物泄漏及菌澡黏泥减少；950℃灼烧失重较低，说明阻碳酸盐垢效果较好；五氧化二磷含量逐年降低，说明磷系配方药剂分散性能增强；2019 年系统酸不溶物有较明显降低，原因是 2017 年新增补充水过滤设施效果好，使得循环水系统补充水泥沙含量大大降低，浊度由前期平均 10NTU 左右降至 3NTU 以下。垢样结果分析与现场表观一致，逐年好转说明实施措施有好的效果。

3 影响因素

3.1 补充水浊度高，硬度较高

炼油循环水场以新鲜水经简单处理后作为补充水，浊度、钙离子合格率为 50%左右，泥沙等去除率低，品质比水厂直供过滤水低。经浓缩后循环水中含盐量、悬浮颗粒达过饱和状态，在水流速偏低状态下沉积，导致水冷器结垢堵塞，局部腐蚀加强，缩短运行周期。

3.2 设备设施不完善

加药计量泵不完善，药剂浓度不稳定。监测设施及仪表投用率低，缺乏现场及时了解水质变化的情况。杂物碎片过滤不彻底，随着循环水堵塞在水冷器进水管束口，加速结垢及垢下腐蚀，换热效率降低。

3.3 流速、温差控制不达标

介质温度高、循环水流速低的工艺操作问题长期存在，为了节能降耗，用水单位控制水冷器循环水出口流速过小，造成固形物的沉积，同时影响金属表面的缓蚀效果。介质温度高，循环水温升高，一方面加速了各种盐类的结晶析出沉积，另一方面加速了溶解氧的扩散，产生氧去极化作用，导致腐蚀加速[3]。尤其位置高、循环水流速低、介质温度高的水冷器，污物、黏泥、腐蚀产物在管板、折流板沉积较多，这是炼油水冷器出现管束堵塞、垢下腐蚀加剧的典型状况。

2017 年对具备测速条件的水冷器开展了流速普查，管程流速合格的占 10%，温差合格的占 75%。

表 2　水冷器管程循环水流速情况

指　标	管程流速 0.9~1.0m/s		温差≤10℃
实测不合格台数 占百分比	≤0.9m/s 90%	≤0.6m/s 50%	温差≥10℃ 25%

典型水冷器情况：

2015 年测 120t/h 酸性水汽提 E101、E-106、E-109 三台水冷器流速循环水分别为 0.011m/s、0.574m/s、未测出，2016 年大检修检查到垢下腐蚀产物、填料碎片等堵塞管束较为严重。

2017 年抽查 550 万 E-521，循环水阀门基本关闭，无流速。2019 年检查上半部分沉积厚约 1cm 灰白色钙垢及垢下腐蚀。

2016 年测得延迟焦化 E-113 流速 0.04m/s，温差 32℃，2016 年大检修沉积灰白色钙垢厚而致密，而位置相近的如 E-101/1-6 水冷器基本无结垢，属典型的流速低温差高双重因素导致。表观现象如图 1。

(a)120t/h酸性水汽提E101水流速0.011m/s

(b)延迟焦化E-113,水流速0.04m/s

图 1　流速对水冷器结垢腐蚀的影响

3.4　换热器材质、结构及表面光洁度

水冷器使用周期长，无防腐涂层，表面腐蚀粗糙，形成较多腐蚀微电池，粗糙部位极易从循环水中捕集到固体颗粒，形成沉积物，使得缓蚀剂很难在表面形成保护膜，致使缓蚀剂抑制腐蚀作用削减，最终形成腐蚀、结垢共存现象。做过防腐处理的水冷器除了防腐，也增加了表面光洁度，因此水冷器污垢沉积及腐蚀控制效果好。

换热器结构不同，结垢程度不同，列管采用焊接的换热器比胀管换热器在管口更容易附着污物。如重整 E-241 每次检修局部结白色硬垢，2019 年大检修打开后团块状白垢，防腐蚀监测列管焊缝脱焊，氨介质泄漏，碱性环境形成大量的垢，换热器管板及焊缝坑蚀腐蚀严重。

4 采取措施及取得的效果

针对循环水系统检查出现的问题，制订了以下列措施，通过两个周期的运行，取得了好的效果：

4.1 每个检修周期筛选出问题水冷器，采取整改措施

挑选结垢腐蚀产物多、泄漏物明显的水冷器，分析成因，采取堵管换型、增加防腐涂层、材质升级、更换管束等措施。开展循环水进出口测速、测温及测漏工作，从操作上进行了控速控温优化。

取得效果的典型水冷器：500 万、550 万常减压装置部分水冷器做了防腐涂层，无垢下腐蚀，黏泥泥沙附着明显减少。300 万重催 E-307 通过做防腐涂层、流速温差控制，无结垢无腐蚀，相比之前有明显的改观。40 万气分 E-507 极易结垢，运行不到半年因结垢堵管清理，流速偏小，温差达 34℃，经设计核算换热器偏大，后通过堵管、流速温差调整，使用周期明显增长，运行一年半，无污堵现象，对比见图 2。

做防腐前E-307黏泥沉积物布满管板,堵塞管束

做防腐后E-307,有少许垢

堵管之前40万气分E-507运行半年,结垢堵管

堵管之后E-507运行两年,少许垢未堵管

图 2 措施实施前后换热器外观对比

4.2 加强系统运行管理提高循环水水质合格率

逐年提高循环水水质合格率对标指标；建立了介质泄漏工作机制，对以往有泄漏的水冷器每周监测，发现泄漏立即响应；每年夏季进行一次杀菌剥离和补膜处理，加强菌澡繁殖和黏泥控制；炼油新鲜水一体化预处理装置的投用，使得循环水场补充水浊度控制在 3NTU 以下，大大降低了系统泥沙及污垢沉积；提高塔池围堰阻挡风吹飘物进入水池，在循环水泵吸入口加装过滤网，定期更换。

2019 年大检修，系统菌澡黏泥量明显减少，塔壁干净，塔池污泥减少，菌澡繁殖引起的腐蚀减轻。水冷器水侧污垢沉积及垢下腐蚀减轻，无污堵现象。2014 年大检修塔池底泥沙含量 370 吨，2019 年减少到 89 吨。几年来多措并举，水质较难控制的二循在 2019 年塔壁呈现防腐本色，无菌澡尸体，系统 2014 年、2016 年生物黏泥、泥沙及泄漏沉积严重的 3 台水冷器在 2019 年外观明显好转。

4.3 保障冷却塔填料的招标质量，杜绝填料碎片进入水系统

公司制订了填料采购技术规格要求，填料采购按照技术要求进行验收，严格把控冷却塔调料质量，杜绝填料产生碎片。在循环水泵吸入口加装过滤网，提高塔池围堰，增加塔池周围风吹飘物的隔离设施。

5 结　论

通过大检修对水冷器水侧的检查，提出改进措施并付诸实施，取得了明显效果，数据如表 3。

（1）三个检修周期检查对比，换热器腐蚀、结垢趋势逐次明显下降，菌澡控制好，系统黏泥含量明显减少，需要监测的重点水冷器台数成倍下降。2019 年大检修换热器无锈瘤，有锈蚀和结垢台数少，程度轻。

（2）腐蚀速率、黏附速率及超标次数逐年降低，五年内数值降低了约 5 倍，保证了循环水场水质达标运行。

（3）通过检查评价现用防腐材料的性能，给后期防腐起到有效的指导。多措并举使得水冷器泄漏率逐年降低，对装置长周期和降本增效起到非常关键的作用。

表 3　近 5 年腐蚀、泄漏及问题水冷器情况

项　目	2014	2015 年	2016 年	2017 年	2018	2019 年
平均腐蚀速率/(mm/a)	0.0602	0.0322	0.0306	0.0194	0.0126	0.0123
黏附速率/mcm	23	20	13	6.5	5.2	3.6
腐蚀速率超标次数	5	3	1	0	0	0
泄漏次数	18	14	14	12	9	4
重点监测水冷器台数	68	—	37	—	—	16

参 考 文 献

[1] 李本高．现代工业水处理技术与应用[M]．北京：中国石化出版社，2004.
[2] 周本省．工业水处理技术[M].2 版．北京：化学工业出版社，2002：87.
[3] 郑书忠．工业水处理技术及化学品[M]．北京：化学工业出版社，2010：270-271.

水中硅酸盐含量检测方法的改进

沈锦芳[1]　张展文[2]

（1. 中国石化镇海炼化公司质管中心，宁波 315200；
2. 深圳市朗诚科技股份有限公司，深圳 518029）

【摘　要】 采用抗坏血酸为还原剂的全自动间断化学分析法替代以 1-氨基-2-萘酚-4-磺酸与亚硫酸钠溶液为还原剂的手工分光光度法 GB/T 12149—2017《工业循环冷却水与锅炉水硅酸盐测定》测定工业循环水、锅炉汽水等水样中的硅酸盐。结果表明：以抗坏血酸试剂替代 1-氨基-2-萘酚-4-磺酸亚硫酸钠试剂，具有安全无毒、试剂稳定性好、方法灵敏度高等优点，采用全自动间断化学分析仪替代手工分析，具有自动快速批量测定，数据准确、精密度好等优点，可以大大节省人工操作时间，提前预警硅垢的产生，为生产工艺提供及时准确的硅检测数据。

【关键词】 硅酸盐　全自动间断化学分析仪　分光光度法

1　研究背景

硅是天然水体的主要杂质之一，在多个工业行业里，硅是造成循环水换热、锅炉等设备表面结垢的主要原因，硅酸盐容易在换热表面、锅炉水冷壁、蒸发器、汽轮机叶片等热负荷较高的部位结生硅垢，硅垢热阻大会造成换热效果差、能源浪费，还容易形成垢下腐蚀甚至容易引发爆管等安全事故，且硅垢是设备表面形成的多种水垢中最难清除的垢，故循环水、锅炉用水等都要求检测硅酸盐含量且有较严苛的控制指标。

硅酸盐测定的国家标准方法一般都是硅钼蓝分光光度法，硅与钼酸铵反应生成硅钼黄后，再采用还原剂还原成硅钼蓝比色定量，不同标准采用的还原剂各有相同。GB/T 12149—2017《工业循环冷却水与锅炉水硅酸盐测定》是经典的硅钼蓝手工分光光度法，采用钼酸铵作为显色剂与硅反应生成硅钼黄后，再采用 1-氨基-2-萘酚-4-磺酸与亚硫酸钠溶液作为还原剂将硅钼黄还原成硅钼蓝后进行比色定量。1-氨基-2-萘酚-4-磺酸与亚硫酸钠溶液还原剂在实际应用中会出现结晶且不稳定，特别是在气温低的季节，随着实验室温度降低试剂的溶解度随之降低，试剂结晶析出导致试剂浓度变化，对样品测定数据的准确性、重复性都有较大的影响；另外 1-氨基-2-萘酚-4-磺酸与亚硫酸钠溶液有强烈的刺激性气味且有一定毒性，会使分析人员出现恶心、呕吐等不适感。

本文对硅酸盐测定方法的改进主要体现在两个方面：

（1）采用全自动间断化学分析法取代手工分光光度法，实现全自动批量分析，提高分析效率，实现实验室的降本增效。

（2）根据硅酸盐化学反应原理，可以对还原剂采取改进措施，用抗坏血酸代替 1-氨基-

2-萘酚-4-磺酸与亚硫酸钠作为还原剂。抗坏血酸具有不会产生刺激性气味，实验室温度变化不易形成结晶或沉淀，配制简单方便快捷，无毒性等优点，在分析成本上抗坏血酸较1-氨基-2-萘酚-4-磺酸更为便宜经济。经试验采用抗坏血酸作为还原剂测硅数据的重复性、稳定性优于采用1-氨基-2-萘酚-4-磺酸与亚硫酸钠作还原剂的国家标准。

2 试验部分

2.1 测定原理

2.1.1 全自动间断化学分析仪工作原理

全自动间断化学分析仪是将比色分析法自动化的一种分析测试手段，它完全模拟人工比色法，将样品、试剂和显色剂加入比色皿中产生颜色反应，其浓度与颜色成正比关系，经比色计检测透光强度，得到相应的峰值吸光度，再通过标准曲线自动计算得到相应的浓度。

2.1.2 化学反应原理

硅酸根与钼酸盐反应生成硅钼黄(硅钼杂多酸)，硅钼黄被还原剂还原成硅钼蓝，用草酸掩蔽磷酸盐，在630nm处分光光度法测定。对于低含量硅测定，可采用灵敏度更高的880nm波长进行检测。

2.2 主要仪器

(1) 德国DECHEM-TECH CLEVERCHEM系列间断化学分析仪或其他全自动间断化学分析仪。

(2) 分光光度计。如果没有间断化学分析仪，还原剂的改进也适用于普通分光光度计。

2.3 主要试剂

(1) 1+1盐酸溶液。

(2) 100g/L草酸溶液。

(3) 75g/L钼酸铵溶液。

(4) 1-氨基-2-萘酚-4-磺酸(2.5g/L)溶液：称取0.5g1-氨基-2-萘酚-4-磺酸，用50mL含有1g亚硫酸钠的水溶解，把溶液添加到含有30g亚硫酸氢钠的100mL水中，用水稀释定容至200mL，混匀，若有沉淀则需要过滤。

(5) 1%抗坏血酸。

(6) 硅酸盐标准储备液(500mg/L，以SiO_2计)：准确称取2.3670±0.0002g九水硅酸钠(优级纯)，溶于纯水中，稀释定容至100mL，混匀。避光、4℃下可保存在塑料瓶中，可保存数个月。

(7) 硅酸盐标准使用液(10.0mg/L，以SiO_2计)：准确吸取2.0mL硅酸盐标准储备液，纯水稀释定容至100mL，摇匀。临用前现配。或直接购买市售有证标准溶液根据浓度进行稀释后使用。

2.4 实验过程

为验证上述两个改进措施的效果，进行了手工法与全自动间断化学分析仪法间的比对实验，以及抗坏血酸与1-氨基-2-萘酚-4-磺酸还原剂间的比对实验，实验过程如下：

（1）使用手工法，分别采用抗坏血酸、1-氨基-2-萘酚-4-磺酸作还原剂同时测定相同的标样及样品，并对试样重复测定两次，取样后上午同时测定一次，下午同时再测定一次，比较两种试剂分析试样数据的稳定性。

（2）使用相同的还原剂1-氨基-2-萘酚-4-磺酸，手工法和仪器法同时测定相同的标样及样品，并对试样重复测定两次，取样后上午同时测定一次，下午再同时测定一次，比较手工法、仪器法分析数据的稳定性。

（3）使用相同的还原剂抗坏血酸，手工法和仪器法同时测定相同的标样及样品，并对试样重复测定两次，取样后上午同时测定一次，下午同时再测定一次，比较手工法、仪器法分析数据的稳定性。

3 结果与讨论

3.1 GB/T 12149—2017 样品、试剂用量、反应时间及比色条件(表1)

表1 GB/T 12149—2017 手工硅钼蓝比色法样品、试剂用量、反应时间及比色条件

试剂种类	试剂量/mL	反应时间/s	反应过程
样品	50	—	酸化
试剂1(1+1盐酸溶液)	1.0	—	
试剂2(钼酸铵溶液)	2.0	300	显色
试剂3(草酸溶液)	1.5	60	掩蔽
试剂4(1-氨基-2-萘酚-4-磺酸+亚硫酸钠溶液)	2.0	600	还原

3.2 全自动间断化学分析仪法样品、试剂用量、反应时间及比色条件(表2)

表2 全自动间断化学分析仪硅钼蓝法样品、试剂用量、反应时间及比色条件

试剂种类	试剂量/μL	反应时间/s	反应过程
样品	400	36	酸化
试剂R1(1+1盐酸溶液)	50	—	
试剂R2(钼酸铵溶液)	100	240	显色
试剂R3(草酸溶液)	100	60	掩蔽
试剂R4(1-氨基-2-萘酚-4-磺酸+亚硫酸钠溶液或抗坏血酸溶液)	100	480	还原

从表1与表2可以看出：

（1）采用全自动间断化学分析法，样品取样量、试剂用量都是以μL级计，比手工法可节约大量试剂。

（2）分析时间：从单样分析时间上看，全自动间断化学分析法远少于手工法，考虑到批量分析，全自动间断化学分析法的效率更高。

3.3 GB/T 12149—2017 与全自动间断化学分析仪法的标准曲线对比

表 3 GB/T 12149—2017 手工硅钼蓝比色法校准曲线

标准曲线（浓度以 SiO_2 计）							
比色波长/比色皿光程：640nm/10mm							
浓度/(mg/L)	2.00	1.60	1.20	0.80	0.40	0.20	空白
吸光度	0.222	0.177	0.129	0.086	0.043	0.018	0.060
$y=0.11161x-0.00243$，$R=0.9998$							

表 4 全自动间断化学分析仪法采用 1-氨基-2-萘酚-4-磺酸作还原剂的校准曲线

标准曲线（浓度以 SiO_2 计）							
比色波长/比色皿光程：630nm/10mm							
浓度/(mg/L)	10.000	5.000	2.500	1.250	0.625	0.000	空白
吸光度	0.435	0.203	0.101	0.049	0.024	-0.001	0.028
$y=0.0435x-0.0052$，$R=0.9995$							

注：当样品浓度大于标准曲线最高点浓度，采用仪器自动稀释功能。

表 5 全自动间断化学分析仪法采用抗坏血酸作还原剂的校准曲线

标准曲线（浓度以 SiO_2 计）							
比色波长/比色皿光程：630nm/10mm							
浓度/(mg/L)	10.000	5.000	2.500	1.250	0.625	0.000	空白
吸光度	0.527	0.255	0.124	0.063	0.040	0.002	0.014
$y=0.0523x-0.0004$，$R=0.9995$							

注：当样品浓度大于标准曲线最高点浓度，采用仪器自动稀释功能。

从表 3 至表 5 数据可以看出，用抗坏血酸作还原剂灵敏度高于 1-氨基-2-萘酚-4-磺酸还原剂。

3.4 GB/T 12149—2017 与全自动间断化学分析仪法实际样品分析数据对比

表 6 抗坏血酸与 1-氨基-2-萘酚-4-磺酸-还原剂手工法比对数据

样品名称	1-氨基-2-萘酚-4-磺酸-还原剂		抗坏血酸-还原剂	
	上午分析	下午重复分析	上午分析	下午重复分析
10.0mg/LSiO_2标样	6.58	6.85	10.120	0.994
样品 1	66.99	54.35	53.997	56.129
样品 2	29.46	27.00	28.716	29.501
样品 3	25.92	19.64	24.121	23.366
样品 4	0	2.07	0.591	0.427
样品 5	1.25	2.93	0.897	0.794
样品 6	84.78	69.92	73.9	73.312

为了测试试剂有效期，1-氨基-2-萘酚-4-磺酸-还原剂及抗坏血酸常温放置 4 天后用于样品对比测定。表 6 数据显示，使用 1-氨基-2-萘酚-4-磺酸作还原剂，试剂只能稳定 3

天左右，手工法分析时样品数据的重复性及稳定性方面不如抗坏血酸还原剂。

表 7　1-氨基-2-萘酚-4-磺酸-还原剂手工法与仪器法比对数据

样品名称	1-氨基-2-萘酚-4-磺酸手工法		1-氨基-2-萘酚-4-磺酸仪器法	
	上午分析	下午重复分析	上午分析	下午重复分析
10.0mg/LSiO_2标样	10.16	9.67	10.227	10.030
样品 1	30.5	48.4	55.318	54.68
样品 2	37.71	46.16	30.349	31.099
样品 3	19.14	26.92	23.767	24.577
样品 4	1.16	0.7	0.506	0.506
样品 5	1.82	1.12	0.932	0.996
样品 6	75.5	80.56	73.031	77.727

表 7 数据说明在使用相同还原剂(1-氨基-2-萘酚-4-磺酸)时，仪器法分析稳定性比手工法好。

表 8　抗坏血酸还原剂手工法与仪器法比对数据

样品名称	抗坏血酸还原剂-手工法	抗坏血酸还原剂-仪器法
10.0mg/LSiO_2标样	10.21	10.015
样品 1	53.753	57.858
样品 2	28.241	29.254
样品 3	23.529	23.674
样品 4	0.403	0.379
样品 5	1.009	0.922
样品 6	67.389	70.3

从表 8 数据可以看出在使用相同还原剂(抗坏血酸)，仪器法和手工法测定样品结果具有一致性。

4　结　论

采用全自动间断化学分析法、使用抗坏血酸作还原剂测定硅酸盐，与以 1-氨基-2-萘酚-4-磺酸加亚硫酸钠作还原剂的传统手工硅钼蓝分光光度法相比，具有以下优势：

(1) 全自动间断化学分析法可实现样品全自动批量分析，达到提高劳效、降本增效目的。

(2) 抗坏血酸作还原剂，其灵敏度高于 1-氨基-2-萘酚-4-磺酸，稳定性强；1-氨基-2-萘酚-4-磺酸配制后有效期短，时间长于 4 天会变质失效，试剂颜色变深，有深褐色沉淀，数据准确性差。

(3) 虽然仪器法均可采用抗坏血酸及 1-氨基-2-萘酚-4-磺酸作还原剂，综合考虑，用抗坏血酸优于 GB/T 12149—2017《工业循环冷却水与锅炉水硅酸盐测定》标准中的 1-氨基-2-萘酚-4-磺酸与亚硫酸钠组合还原剂。

参 考 文 献

[1] GB/T 12149—2017. 工业循环冷却水和锅炉用水中的硅测定[S].

[2] GB/T 9742—2008. 化学试剂硅酸盐测定通用方法[S].

[3] 邹潍力，胡浩光，彭家杰，等. 连续流动分析法测定地表水中硅酸盐[J]. 农业与技术，2012(12)：17-18.

[4] 王丽平，赵萍. 流动注射光度法测定海水中可溶性硅酸盐[J]. 海洋环境科学，2013(02).

[5] 王宁，袁钟才，李芝凤，等. 抗坏血酸还原海水中硅酸盐化学工艺优化研究[J]. 海洋技术，2005(03).

[6] 李永生，高秀峰. 同时测定磷酸盐/硅酸盐流动注射分析系统的研究[J]. 四川大学学报(工程科学版). 2008(04).

苯胺装置废水总氮含量测定影响因素研究

王　瑜　吴　燕　李鸿莉　陈兰云

（中国石油兰州石化公司环境监测与管理部，兰州 730060）

【摘　要】 针对苯胺装置废水色度较高的情况，监测站开展专题实验，通过苯胺污水装置出水投加次氯酸钠屏蔽色度干扰、投加5%盐酸羟胺溶液掩蔽三价铁离子干扰、C18树脂柱过滤屏蔽有机化合物干扰的对比试验，发现三种干扰因素对分析结果无影响，现行总氮测定方法 HJ 636—2012《碱性过硫酸钾消解紫外分光光度法》适用于苯胺废水的总氮分析。

【关键词】 总氮　苯胺装置　干扰　影响因素

总氮是衡量水质的重要指标之一。在环境监测中，总氮指的是样品中溶解态氮及悬浮物中氮的总和，包括亚硝酸盐氮、硝酸盐氮、无机铵盐、溶解态氮及大部分有机含氮化合物中的氮。即总氮包括无机氮和有机氮。

《水质 总氮的测定碱性过硫酸钾消解紫外分光光度法》(HJ 636—2012)[1]为测定总氮的国家标准方法，适用于地表水、地下水、工业废水和生活污水中总氮的测定。该方法的原理为在120~124℃下，碱性过硫酸钾溶液使样品中的含氮化合物的氮转化为硝酸盐，采用紫外分光光度法于波长220nm和275nm处，分别测定吸光度A220和A275，按公式计算校准吸光度A，总氮(以N计)含量与校准吸光度A成正比。

苯胺装置废水具有色度高、含有三价铁离子和某些有机化合物的特点，总氮含量测定数据波动较大。针对该情况监测站开展专题比对分析实验，查找、优化分析方法，力求真实反映生产实际情况。

1　实验部分

1.1　苯胺废水单因素影响实验

根据苯胺废水的特点，结合《水质 总氮的测定 碱性过硫酸钾消解紫外分光光度法》[1]，拟定色度、三价铁离子、某些有机化合物、测氯酸钠为可能产生干扰的因素。具体实验方案见图1。

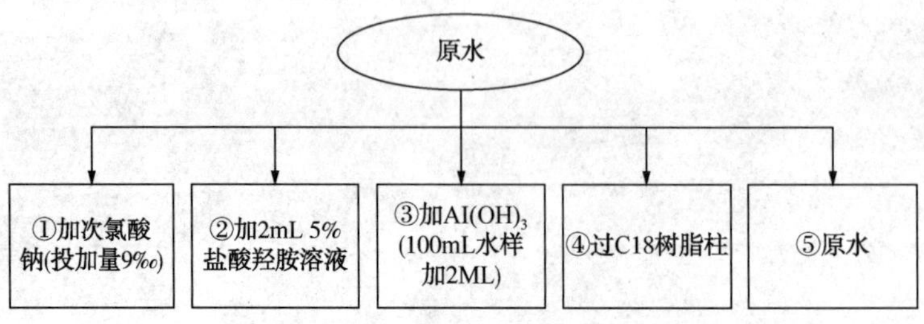

图1　苯胺废水单因素影响实验方案

其中，次氯酸钠：降低水样的色度。

5%盐酸羟胺溶液：掩蔽三价铁离子。

$Al(OH)_3$悬浮液：去除水样中的悬浮物，同时可降低水样色度。

C18 树脂柱：可去除某些非极性有机化合物。

表 1 影响因素分解表

序号	项 目	影响因素
1	加次氯酸钠	根据生产实际
2	加 2mL 5%盐酸羟胺溶液	Fe^{3+}
3	加 $Al(OH)_3$(100mL 水样加 2mL $Al(OH)_3$)	色度、悬浮物
4	过 C18 树脂柱	某些有机化合物
5	水样	无

1.2 预处理后综合因素影响实验

根据《水和废水监测分析方法(第四版)》[2]，当水样成分复杂时，可先加 $Al(OH)_3$絮凝共沉淀，再过吸附树脂柱进行预处理，排除水中大部分常见有机物。预处理后综合考虑次氯酸钠和三价铁离子对总氮含量测定的影响。选用生化出口水样进行实验，具体实验方案见图 2。

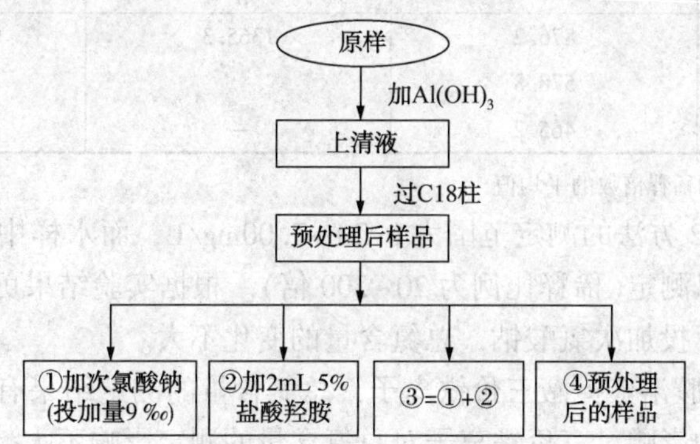

图 2 预处理后综合因素影响实验方案

表 2 预处理后影响因素分解表

序号	项 目	影响因素
1	加次氯酸钠	有机化合物、色度、考虑生产实际
2	加 2mL 5%盐酸羟胺溶液	有机化合物、色度 Fe^{3+}
3	加测氯酸钠+2mL 5%盐酸羟胺溶液	有机化合物、色度、Fe^{3+}、考虑生产实际
4	预处理后样品	有机化合物、色度

1.3 色度测定实验

根据水样的实际颜色为黄棕色和红棕色，使用可见分光光度计，选取吸收波长为 450nm，进行吸光度测定，以获得不同因素对色度的影响数据。

1.4 硝酸根和亚硝酸根测定实验方案

监测指标：硝酸根、亚硝酸根

监测方法：离子色谱(《水质无机阴离子的测定 离子色谱法》[2])

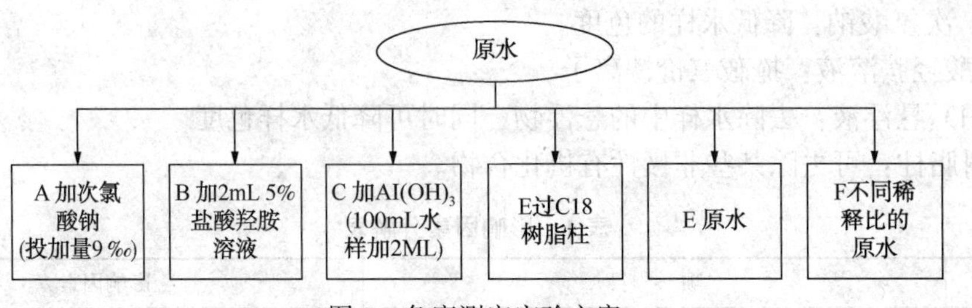

图 3 色度测定实验方案

2 实验结果与讨论

2.1 苯胺废水单因素影响实验结果

选用连续三天生化出口的水样进行实验，所得到的总氮数据结果见表3。

表 3 单因素影响实验结果(总氮)

序号	加次氯酸钠/(mg/L)	加5%盐酸羟胺溶液/(mg/L)	加 $Al(OH)_3$ 悬浮液/(mg/L)	过C18树脂柱/(mg/L)	原样/(mg/L)
1	1006.1	876.2	1365.3	975.4	992.9
2	661.6	578.8	—	853.5	721.7
3	487.0	465.2	—	585.4	499.9

注：表中总氮数据为不同稀释倍数的平均值

由于 HJ 636—2012 方法的测定范围为 0.20~7.00mg/L，而水样中总氮含量很高，需要经过大比例稀释才可以测定(稀释比例为 20~200 倍)。根据实验结果可得到如下结论：

(1) 按照生产实际投加次氯酸钠，总氮含量的变化不大。

(2) 加 5%盐酸羟胺溶液掩蔽三价铁离子，总氮含量的测定结果有轻微下降，但幅度不大，加上大比例稀释的影响，三价铁离子对总氮含量的测定影响不大。

(3) 加 $Al(OH)_3$溶液进行絮凝共沉降后，总氮含量的测定值反倒升高，原因分析为 $Al(OH)_3$溶液配制过程中会使用氨水，此过程会引进氮元素。

(4) 过 C18 树脂柱可以去除某些非极性有机化合物，但是总氮含量的测定结果并没有降低，说明有机化合物对总氮测定的影响不大。

2.2 预处理后综合因素影响实验结果

选用连续三天生化出口水样进行实验，先加 $Al(OH)_3$ 絮凝共沉淀、再过 C18 吸附树脂柱进行预处理后，加次氯酸钠和 5%盐酸羟胺溶液，所得到的总氮数据结果见表 4。

表 4 预处理后综合因素影响实验结果(总氮)

序号	加次氯酸钠/(mg/L)	加5%盐酸羟胺溶液/(mg/L)	加次氯酸钠和5%盐酸羟胺溶液/(mg/L)	预处理后水样/(mg/L)
1	901.0	905.8	1200.3	1135.0
2	626.3	653.7	1446.3	802.5
3	592.6	449.4	635.5	482.1

注：表中总氮数据为不同稀释倍数的平均值。

通过实验结果可以得到如下结论：

(1) 按照生产实际投加次氯酸钠，总氮含量变化不大。

(2) 加5%盐酸羟胺溶液掩蔽三价铁离子，总氮含量的测定结果有轻微下降，但幅度不大，加上大比例稀释的影响，三价铁离子对总氮含量的测定影响不大。

(3) 加次氯酸钠和5%盐酸羟胺溶液，总氮含量的测定结果比预处理后水样的略高，加上大比例稀释的影响，对总氮含量的测定影响不大。

2.3 色度测定实验结果

取用生化出水水样，在450nm 波长处分别对原样、稀释后水样、加次氯酸钠水样、加5%盐酸羟胺水样、加 $Al(OH)_3$ 水样、过 C18 树脂柱后水样进行吸光度测定，所得的实验结果见表5。

表5 色度测定实验结果

序号	项目	吸光度值	序号	项目	吸光度值
1	原液	1.502	2	原液	1.266
	原液稀释50倍	0.033		原液稀释50倍	0.027
	原液稀释100倍	0.017		原液稀释100倍	0.014
	原液加次氯酸钠	0.478		原液加次氯酸钠	0.370
	原液加5%盐酸羟胺2mL	1.226		原液加5%盐酸羟胺2mL	1.024
	原液加 $Al(OH)_3$	1.286		原液加 $Al(OH)_3$	1.102
	原液经C18柱过滤	0.764		原液经C18柱过滤	0.650

通过实验结果可以得到如下结论：

(1) 加次氯酸钠对色度的影响很大，样品色度明显下降。

(2) 过C18树脂柱对色度的影响很大，样品色度明显下降，但是下降幅度没有投加次氯酸钠后下降幅度大。见图4。

(3) 加5%盐酸羟胺溶液后，样品色度会轻微下降，但下降幅度不大。

(4) 加 $Al(OH)_3$ 溶液后，样品色度会轻微下降，但影响不大。

(5) 经过50~100倍的稀释后，样品色度值很低，基本可忽略。

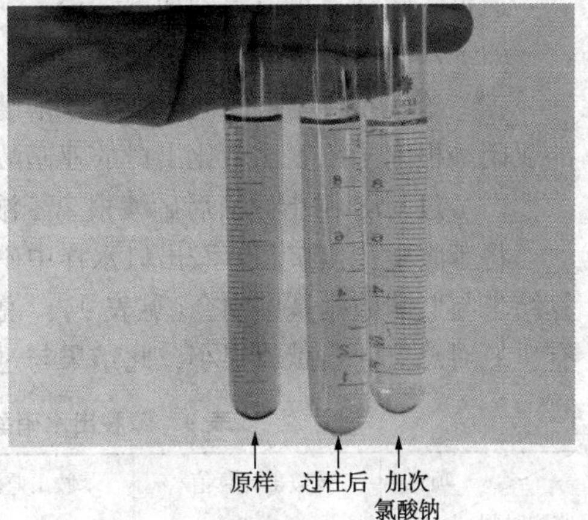

图4 过C18树脂柱和加次氯酸钠色度变化对比图

加次氯酸钠和过C18树脂柱均会使样品色度明显下降，但是总氮含量基本没有变化，说明色度对总氮含量测定影响不大。见表6、表7。

表6 加次氯酸钠后色度对总氮的影响结果

项目 / 监测时间	色度下降值	总氮变化值
2019.1.8	1.502→0.478	992.9→1006.1
2019.1.9	1.266→0.370	721.7→661.6

表 7　过 C18 柱后色度对总氮的影响结果

项目 / 监测时间	色度下降值	总氮变化值
2019. 1. 8	1. 502→0. 764	992. 9→975. 4
2019. 1. 9	1. 266→0. 650	721. 7→853. 5

注：表中总氮数据为不同稀释倍数的平均值。

2. 4　硝酸根和亚硝酸根测定实验结果

对连续四天生化出口水样、苯胺装置出口水样中的硝酸根和亚硝酸根浓度进行了分析，实验结果见表 8。

表 8　硝酸根和亚硝酸根测定结果

序号	点位名称	NO_3^-/(mg/L)	NO_2^-/(mg/L)
1	苯胺生化出口	3480	440. 5
	苯胺出口	4170	147. 5
2	苯胺生化出口	2490	482
	苯胺出口	2490	43. 2
	苯胺出口(柱后)	2630	54. 4
3	苯胺生化出口	1540	300. 5
	苯胺出口	2540	94. 1
	苯胺出口(柱后)	2395	72. 3
4	苯胺出口	1905	未检出

注：表中硝酸根和亚硝酸根数据为平均值

通过实验结果可以得到如下结论：

(1) 水样中亚硝酸根离子浓度很低，主要为硝酸根离子。

(2) 苯胺装置出口的硝酸根离子浓度比生化出口的硝酸根离子浓度要高，苯胺装置出口的亚硝酸根离子浓度比生化出口的亚硝酸根离子浓度要低。

(3) 过 C18 树脂柱前后硝酸根离子浓度变化不大。

将苯胺生化出口和苯胺出口水样中硝酸根和亚硝酸根换算为硝酸盐氮和亚硝酸盐氮，计算结果与监测数据基本吻合(见表 9)，说明苯胺生化出和苯胺出水中的氮主要为硝酸盐氮。有机氮对总氮的贡献值很小，此结果与过 C18 树脂柱后的实验数据相吻合。

表 9　苯胺出水硝酸盐氮和亚硝酸盐氮的换算结果

项目 / 监测时间	苯胺出计算值/(mg/L)	苯胺出监测结果/(mg/L)	苯胺生化出计算值/(mg/L)	苯胺生化出监测结果/(mg/L)
第 1 天	986. 1	960. 8	919. 4	992. 9
第 2 天	575. 2	668. 7	708. 6	721. 7
第 3 天	602. 0	515. 2	439. 0	499. 9
第 4 天	430. 0	351. 9	—	—

注：表中硝酸根和亚硝酸根数据为平均值。

2. 5　质量控制

选取曲线校核点和质控样(环境生态部标准物质研究所配置的标准样品)两种方法，保证数据的准确性。

2. 5. 1　曲线校核点分析

选取曲线 2 个浓度的校核点进行分析，数据结果满足误差要求，见表 10。

表 10 曲线校核点测定结果

试验方案	样品体积 V_0/(mL)	A220	A275	A220-2A275	测定结果 C/(mg/L)	相对误差/%	结果评价
校核点浓度	3.00	0.365	0.019	0.327	3.11	3.6	合格
3.0mg/L	3.00	0.360	0.017	0.326	3.10	3.3	
校核点浓度	7.00	0.785	0.022	0.741	7.21	3.0	合格
7.0mg/L	7.00	0.795	0.028	0.739	7.19	2.7	

注：质量控制要求曲线校核点测定结果与校准曲线该点浓度的相对误差应≤10%。

2.5.2 质控样分析

连续三天进行质控样分析，数据结果符合要求，见表 11。

表 11 质控样测定结果

序号	样品体积 V_0/(mL)	A220	A275	A220-2A275	计算结果 C/(mg/L)	测定结果/(mg/L)	结果评价
1	10.00	0.119	0.020	0.079	0.654	0.640	合格
	10.00	0.126	0.025	0.076	0.625		
2	10.00	0.089	0.009	0.071	0.635	0.630	合格
	10.00	0.086	0.008	0.07	0.625		
3	10.00	0.094	0.008	0.078	0.645	0.645	合格
	10.00	0.086	0.004	0.078	0.645		

注：质控样标准值：0.651±0.064mg/L。

3 结 论

（1）通过对生化出口水样加次氯酸钠对比实验结果可以发现，加次氯酸钠对降低水样色度效果明显，但是对总氮影响不大。

（2）通过对生化出口水样加 5%盐酸羟胺溶液对比实验结果可以发现，加盐酸羟胺溶液可以掩蔽三价铁离子，但是对总氮影响不大。

（3）通过对生化出口水样过 C18 树脂柱对比实验结果可以发现，过 C18 树脂柱可以降低水样色度、去除某些非极性有机化合物，但是对总氮影响不大。

（4）通过质控样和曲线校核点分析，可以保证数据准确可靠。

综上所述，总氮测定采用的《碱性过硫酸钾消解紫外分光光度法》(HJ 636—2012)方法适用于苯胺废水，色度、三价铁离子、某些非极性有机化合物等干扰因素对分析结果影响不大。

参 考 文 献

[1] HJ 636—2012 水质 总氮的测定 碱性过硫酸钾消解紫外分光光度法[S]. 北京：中国环境科学出版社，2012.

[2] 国家环境保护总局《水和废水监测分析方法》委会编. 水和废水监测分析方法[M]. 4 版. 北京：中国环境科学出版社，2002：266-268.

[3] HJ 84—2016 水质无机阴离子的测定 离子色谱法[S]. 北京：中国环境科学出版社，2016.

煤制乙二醇装置污水处理中 TOC 的测定

彭剑声　丁继亮　张　娴

（中国石化湖北化肥公司，枝江 443200）

【摘　要】 使用 NDIR 检测器，配套自动进样器，分析煤制乙二醇装置污水中 TOC 含量，完全实现无人值守操作，自动完成多个污水样品中的 TOC 分析。同时可以测定样品中的总氮。

【关键词】 煤制乙二醇　TOC　NDIR　自动进样

依托中国石化科研方面的优势，2013 年 9 月湖北化肥分公司组建的 20 万吨/年煤制乙二醇工业示范装置进入试车阶段。2014 年 3 月 9 日，煤制乙二醇工业示范装置生产出乙二醇优级品。该装置以煤为原料，通过气化、变换、净化、变温变压分离提纯得到 CO 和 H_2，CO 通过催化偶联合成草酸酯，草酸酯加氢生成乙二醇。工艺废水成分复杂，为了废水达标排放，湖北化肥分公司联合中国石化炼化工程洛阳技术研发中心、上海工程有限公司，共同研发《生物流化床处理煤制乙二醇污水工业应用》项目，包括设计规模为 15t/h 乙二醇污水预处理系统和 200t/h 综合污水处理系统，该项目于 2019 年底验收投用。该项目占地面积少，废气排量少，且降低土壤及地下水污染风险，并新增总氮、总磷控制工艺，使化学需氧量、氨氮、悬浮物等污染物排放指标，进一步优于国家标准，为公司建成清洁、高效、低碳、循环的绿色企业，助力美丽中国建设提供了有力的技术支持。为了监测总有机碳的含量[1]，公司新添置了一台德国耶拿 multi N/C2100 分析仪。该仪器在污水处理分析中发挥了重要作用。

1　仪器配置

（1）C 检测器：NDIR（非散射红外检测器）；N 检测器：CHD（电化学检测器）。

（2）自动进样器：AS60，60 位。

（3）载气：高纯氧。

（4）N/C 分析的专用催化剂（CeO_2）。

（5）multiWin 控制软件。

2　分析原理

在专用催化剂存在的情况下，通过热催化高温氧化反应进行消解反应。通过这种途径，即便是非常稳定、复杂的含碳或氮的化合物都可以在一定数量上被消解。样品直接进入填充的反应管中高温区。在这个区域中样品在载气流中发生高温催化和氧化反应。载气同时也是氧化剂。

（1）$R+O_2 \longrightarrow CO_2+H_2O$

（2）$R-N+O_2 \longrightarrow NO+CO_2+H_2O$

（3）$R-Cl+O_2 \longrightarrow HCl+CO_2+H_2O$

上面公式中的 R 代表含碳的物质

经高温分解的气体在一个旋管冷凝器中冷却，然后冷凝水在接下来的 TIC 冷凝管中与测定用气体分离。在进一步的干燥并除去腐蚀性气体之后，CO_2测定用气体通过 NDIR，NO 测定用气体通过 NO 检测器(CHD)。

样品注入含酸的 TIC 反应器，产生的二氧化碳被吹扫出来，然后用 NDIR 检测器测定无机碳。二氧化碳或者氮氧化物的浓度每秒被测定几次，于是可以得到信号随时间变化的峰图。峰面积与测试溶液中碳或者氮的浓度成比例。通过使用先前确定的标定方程可以计算样品中碳或者氮的含量。

总有机碳分析是测定样品中所有的有机碳含量。这里使用的是差值法，如下面公式所示：

$$TOC=TC-TIC$$

其中，TOC 为总有机碳，TC 为总碳，TIC 为总无机碳。

同一个样品按顺序测定总无机碳和总碳，两者之间的差异就是总有机碳。总结合氮(TNb)可以与总有机碳同时测定。

3 重复性实验和分析应用

3.1 方法的重复性实验

将 400mg/L(以 C 计)邻苯二甲酸氢钾标准液稀释成 20mg/L、40mg/L、80mg/L 浓度进行重复性实验，数据见表 1。

表 1 标准样品的重复性实验

样品	TOC 测定值/(mg/L)						平均值	标准偏差	RSD/%
20mg/L	20.23	20.32	20.21	20.22	20.24	20.23	20.24	0.0397	0.20
40mg/L	40.55	40.54	40.13	40.22	40.32	40.36	40.35	0.1687	0.42
80mg/L	80.25	80.36	80.46	80.89	80.22	80.35	80.42	0.2449	0.30

由表 1 中可以看出，对不同浓度样品 TOC 值的测定中，相对标准偏差 RSD%<0.5%，说明该分析方法的重复性好，准确度高[2]。

3.2 现场样品的重复性分析

将新装置的现场样品进行 TOC 测定，比较分析方法的重复性，数据如表 2。

表 2 现场样品重复性分析精密度比较

样品	TOC 测定值/(mg/L)						平均值	标准偏差	RSD/%
EG 污水井	1600.65	1605.32	1604.56	1606.55	1602.36	1607.45	1604.48	2.568	0.16
BAF 调节池	31.03	30.88	30.98	30.77	30.65	30.39	30.78	0.2373	0.77
总排出口	8.61	8.56	8.46	8.71	8.58	8.64	8.59	0.0838	0.98

由表 2 中数据可知，对不同的现场样品进行 TOC 值的测定，相对标准偏差 RSD% < 1.0%，表明该分析方法的重复性好，精密度高。

4 结 语

使用 multi N/C2100 分析仪对乙二醇装置污水处理系统的相关样点进行 TOC 监测，分析时间短，自动化程度高，一次能分析 50 个样品，能快速指示污水中有机物的污染程度，为现场污水处理工艺操作、达标排放提供准确的指导数据。同时可测定样品中总氮含量。样品中 TOC 数值与 COD 数值成正比例关系[3,4]，TOC 值大小间接反映出 COD 值的大小。

参 考 文 献

[1] HJ 501—2009 水质 总有机碳的测定 燃烧氧化-非分散红外吸收法[S].
[2] 林化学工业公司研究院编. 气相色谱使用手则[M]. 北京：化学工业出版社，1997：446.
[3] 黎松强，吴馥萍. 有机化工废水 COD 与 TOC 的相关性[J]. 精细化工，2007(03)：282-286.
[4] 陈光，刘廷良，孙宗光. 水体中 TOC 与 COD 相关性研究[J]. 中国环境监测，2005(05)：9-12.